U0142264

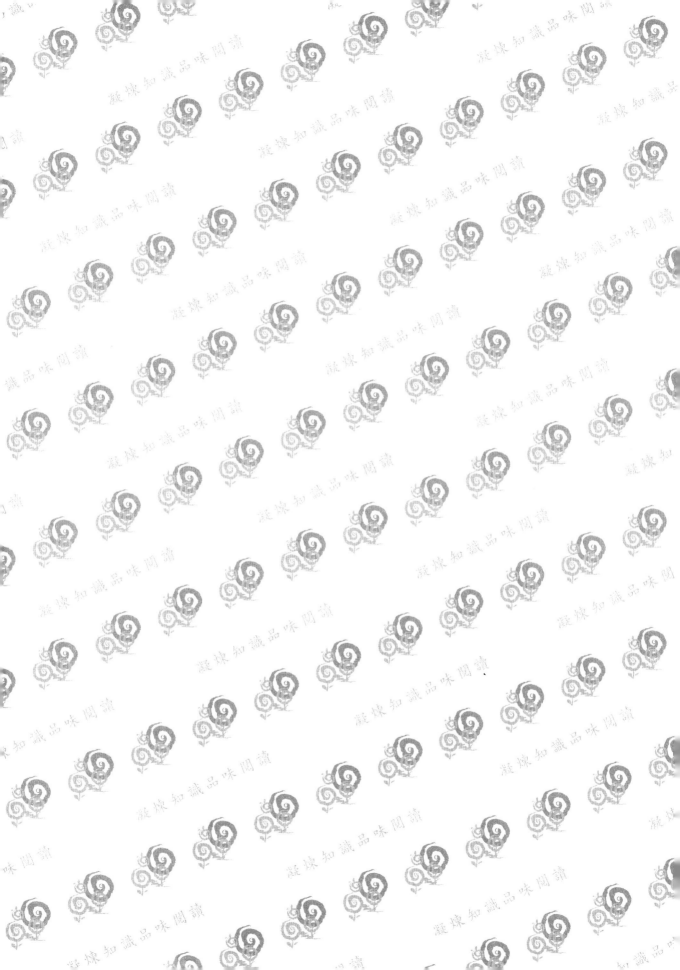

dsPIC數位訊號
控制器應用開發
Applications of dsPIC Digital Signal Controller

五南圖書出版公司 印行

曾百由 著

Microchip Technology Taiwan

台北市中山區民權東路三段四號 12F

電話: 886-2-2508-8600

技術服務專線: 0800-717-718

授 權 同 意 書

茲同意 **曾百由** 先生撰寫之『 **dsPIC 數位訊號控制器應用開發** 』一書，其內容所引用到 Microchip Data Books / Sheets 的資料，已經 Microchip 公司同意授權使用。

有關 Microchip 公司所規定或擁有的註冊商標及專有名詞之聲明，必須敘述於所出版之中文書內。為保障讀者權益，其內容若與 Microchip Data Books / Sheets 中有相異之處，則以 Microchip Data Books / Sheets 之內容為基準。

此致

　　　　　　　　曾百由 先生

授權單位: 美商 Microchip Technology Taiwan

代表人 : 台灣區總經理

　　　　馬思顯

中 華 民 國 一 百 零 九 年 十 月 三 十 日

序

　　科技一日千里，不論是地面上的電動車、智慧製造、工業 4.0，或者是翱翔於天際的無人飛行器、太空載具，隨著電子電路、半導體與製造技術的推展，人類的生活也快速發生顯著的變化。

　　「學如逆水行舟，不進則退。」不但是學習的座右銘，也是現今工程技術的寫照。多年前 Microchip 推出第一個 16 位元 dsPIC 微處理器時，有鑑於國內微處理器相關學習工具的欠缺，在當時筆者撰寫了個人第一本教科書，希望提供有志的莘莘學子與專業人士提升微處理器的知識與技術。時至今日，即便作為基礎教科書的價值仍然存在，但現今的微處理器技術已有顯著的改變，不論是功能或效能都不再是過去的產品可以比擬。

　　本著當時分享知識的初衷，當 Microchip 推出新一代 dsPIC33CK 系列微處理器時，終於迎來一個更新的契機。新的設計、新的技術所帶來的自然是更多、更好、更新的微處理器效能，但是當然也就不再是初學者可以容易學習的入門教材。特別是現代的教學方式講求快速與創意，基本與紮實的學習不再是人人願意遵循的方式，但是完整與確實的學習才是可長可久的基礎能力。

　　有幸的是，新的產品仍然可以在舊的實驗板上展現功能，雖然有點像舊瓶裝新酒，但一方面是友善環境的重生，一方面可以讓讀者與過去的產品技術做一個對照，溫故知新以了解微處理器進步的發展歷程。

　　在撰寫的過程中，非常感謝家人，讓我可以無慮地進行實驗開發與資料撰寫。同時也要感謝所有參與本書的朋友與學生，提供各種實驗與校正的協助。

　　人生也像學習一般，如果安於現狀裹足不前，終會像浮萍漸漸漂流至角落而停滯。希望本書的內容可以給有心的讀者在學習的道路上一點向前邁進的推力，持之以恆終能開花結果，品嘗人生甜美的果實。共勉之！

國立臺北科技大學機械工程系

曾百由

前　言

　　dsPIC33CK 系列數位訊號處理控制器是 Microchip 推出的新一代 16 位元控制器，除了包含一般傳統微處理器所具備的基本功能之外，更整合了強大功能的數位訊號處理引擎。這兩大功能的結合，使得 Microchip 的 dsPIC33CK 控制器具備有完整的能力作為電能管理、馬達控制、訊號處理、系統控制等應用的核心處理器。更因為 dsPIC33CK 控制器內建的數位訊號處理器 DSP 引擎及特殊的硬體架構設計，使它除了具備一般數學演算能力外，同時也可以運用在向量運算、矩陣運算、快速傳立葉轉換演算法及濾波器運算等數學運算處理工作，因而可以獨立作為一個進階的控制系統核心處理器。再加上 Microchip 微處理器一貫具有的強大周邊功能，可以整合類比及數位感測器的訊號並加以處理，輔以各種完整的數位通訊介面，使 dsPIC33CK 數位訊號控制器成為 Microchip 16 位元產品中功能最優越完整的單晶片微控制器。

　　除了微處理器硬體的優點之外，Microchip 同時為 dsPIC33CK 控制器發展多項配合的軟硬體，包括 MPLAB X IDE 開發環境、MPASM 組合語言編譯器、MPLINK 聯結器、Microchip XC16 C 語言程式編譯器、MCC（Microchip Code Configurator）程式設定器以及 Microchip ICD4/PICKit4 線上燒錄除錯器（In-Circuit Debugger）和 Microchip Real ICE 硬體模擬器（In-Circuit Emulator）等等，讓使用者開發 dsPIC33CK 應用程式時，能夠更方便、更有效率的完成程式的撰寫、編譯、除錯、燒錄和執行。

　　撰寫這本書的目的，是為了引導對於高階微控制器有興趣的使用者，藉由對 dsPIC33CK 控制器做有系統的介紹達到有效率的學習。這本書使用的主要工具為 Microchip XC16 程式編譯器，因此書中除了介紹 dsPIC33CK 控制器各項基本的硬體功能以及相關開發工具的使用之外，將有順序地詳細介紹 Microchip XC16 編譯器的使用及 MCC 函式庫中各項函式的功能與使用方法，幫助讀者對 dsPIC33CK 控制器以及 C 程式語言建立基本的認識與程式撰寫能力。除了文字內容之外，本書並配合練習用的實驗電路板 APP020 Plus，配合章節的進度利用實驗板上的外部硬體與 dsPIC33CK 控制器的功能撰寫相關範例程式，作為介紹與訓練的輔助工具，希望讀者能夠按部就班地練習，以達到最大的學習效果。預期在閱讀完本書之後，讀者可以對 dsPIC33CK 控制器進行一般的程式撰寫與應用開發。

本書的章節安排將循序漸進地由簡單的硬體功能開始，而逐步地將 dsPIC33CK 控制器的各項核心與周邊功能逐步地介紹。並且在每一章中，先對 dsPIC33CK 控制器的相關硬體做介紹，然後提供適當的範例程式，引導讀者使用 MPLAB XC16 編譯器與 MCC 程式設定器所提供的各項函式與功能開發相關的應用程式。本書的章節內容概述如下：

第 1 章「dsPIC 數位訊號控制器介紹」將初步地介紹 dsPIC33CK 微控制器硬體架構、功能與應用，並介紹 Microchip 開發工具的應用及程式開發流程；

第 2 章「Microchip 開發工具」介紹 Microchip 提供的 dsPIC33CK 微控制器相關軟硬體開發工具；

第 3 章「MPASM 程式組譯器與 MPLINK 聯結器」將對 dsPIC33CK 微控制器開發使用的組合語言程式組譯器與聯結器的流程做基本的介紹；

第 4 章「MPLAB XC16 編譯器」將對 C 程式語言及 Microchip XC16 編譯器的使用做基本的說明作為後續章節的基礎；

第 5 章「APP020 Plus 實驗板」中對本書所使用的實驗板，做各項硬體介紹與功能選擇說明；

第 6 章至第 19 章將有系統地介紹 dsPIC33CK 控制器的周邊功能與與數位訊號處理功能，並針對 MPLAB XC16 編譯器與 MCC 程式設定器提供的各個函式庫詳細地說明，並提供眾多的範例程式。所介紹的各項 dsPIC33CK 控制器功能包括：數位輸出入埠、控制器的設定、液晶顯示器的驅動、計時器 / 計數器、中斷、類比訊號功能、UART 通用非同步接收傳輸、CCP 計時器、輸出比較與馬達控制 PWM、輸入捕捉、QEI 四分編碼器介面、SPI、I^2C 與 CAN Bus。dsPIC33CK 的功能甚多，在本書有限的篇幅中無法全部介紹。有關 DSP 數位訊號處理的功能，讀者可以參考作者早期有關 dsPIC30F4011 的著作，其他還有許多周邊功能則請讀者在學習本書之後，具備相當基礎能力後再自行參考資料手冊。未來如有機會，再逐步調整本書內容。

　　希望藉由本書有系統的整理，使讀者可以於短時間內自我學習高階 dsPIC33CK 微控制器程式的開發與應用。如果讀者覺得本書內容過於艱澀而無法學習時，建議讀者參考作者其他有關 Microchip PIC18 系列 8 位元微控制器的相關著作，由基本的微控制器學習入門開始。

　　本書的撰寫內容，參考了許多 Microchip 的原廠資料與範例程式；非常感謝 Microchip 臺灣分公司的大力協助與資料提供，特別是台北辦公室的何仁杰先生在軟硬體開發上的協助與意見提供。在何先生的協助下，Microchip 也配合更新發展新的實驗板 APP020 Plus-CK，其功能與書中範例完全相容。細節請參見附錄說明。

　　APP020 Plus 實驗板與相關應用程式開發的軟硬體可向 Microchip 台灣分公司（http://www.microchip.com.tw）洽詢。本書相關範例與參考資料可以在教材網頁連結或原廠網站下載取得。本書的範例程式歸類為兩個部分，在 Traditional 資料夾的範例程式僅使用簡單的 C 語言與暫存器設定方式完成，未使用到 MCC 程式設定器的函式庫。在 MCC 資料夾中的範例程式則使用 MCC 開發工具及其提供的函式庫撰寫範例程式，供讀者自行參考比較兩種開發方式的差異。

https://myweb.ntut.edu.tw/~stephen//MCU_dsPIC33CK/index.htm
解壓縮密碼：TaipeiTech_dsPIC33CK

目錄

dsPIC 數位訊號控制器介紹

    dsPIC 數位訊號控制器是 Microchip 最先進的 16 位元微處理器。在第一章中，將針對 dsPIC33 系列的數位訊號控制器做基本的介紹，包括它的特點以及眾多的周邊硬體，特別是有異於 Microchip 傳統的 8 位元微處理器的硬體架構做一個基礎的說明，使讀者了解 dsPIC 控制器的功能與特性，以便針對所需要的應用選擇適當的數位訊號控制器。

    dsPIC 數位訊號控制器是一個先進的 16 位元處理器，具有真實硬體的 DSP 數位訊號處理能力，同時又保有一般微處理器所具有的基本即時控制功能。更勝於 Microchip 以往的 8 位元微處理器，dsPIC 數位訊號控制器加強了許多基本的功能，例如：具備了特別的核心處理器 8 層不可遮罩中斷優先順序，加上周邊功能 7 層中斷優先順序以及中斷向量表、強化的內建周邊硬體功能以及優秀的電能管理等。同時，dsPIC 數位訊號控制器還有數位訊號處理器所應具有的完整數學運算能力，例如：兩個 40 位元的累加器、可於單一週期完成的 17×17 乘法運算及累加運算器和 40 位元的多位元移位器、雙運算元的同時資料擷取、以及零負擔的程式循環指令等特點，使 dsPIC 控制器成為一個功能強大的數位訊號控制器。dsPIC 數位訊號控制器有 dsPIC30 與 dsPIC33 兩個系列，另外還有不具備 DSP 引擎的 PIC24 系列微控制器，針對不同目標市場而設計稍有不同的功能。本書將以 dsPIC33CK256MP505 微處理器作為標的，介紹其核心架構與周邊功能。

    在本章中，將會為讀者介紹 dsPIC 數位訊號控制器所具有的特點與功能。除了本書所介紹與使用的 dsPIC33 數位訊號處理器之外，PIC24 與 dsPIC30F 系列控制器也有高度的相容性：利用本書所介紹的 dsPIC33 數位訊號處理器程式發展環境與工具開發應用程式，可以幫助讀者有效地延伸本書所介紹的各個硬體概念與程式撰寫技巧到其他相容的控制器上。

1.1　dsPIC 數位訊號控制器簡介

哈佛式資料匯流排架構 Harvard Architecture

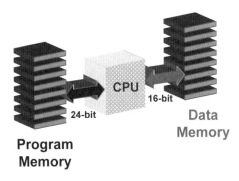

圖 1-1　哈佛式架構中獨立的程式與資料匯流排

　　如圖 1-1 所示，dsPIC 數位訊號控制器是建立在哈佛式資料匯流排架構上，也就是說其處理器內的指令程式與數據資料分別建有獨立的資料匯流排。

　　哈佛式資料匯流排架構可以允許不同位元（bit）大小的數據資料（16 位元）與程式指令（24 位元）各自有不同的資料匯流排傳輸到數學邏輯處理單元（Arithmetic & Logic Unit, ALU），這種架構改善了程式指令傳輸的效率。由於使用這種架構，dsPIC 數位訊號控制器可以在執行指令擷取數據資料的同時，從程式記憶體預先擷取（Pre-fetch）下一個要執行的程式指令，因此也可以提高整個微處理器執行的效率。

程式記憶體與程式計數器 Program Memory & Program Counter

　　dsPIC33CK256MP505 的程式記憶體包含了使用者記憶體空間（User Memory Space）與設定記憶體空間（Configuration Memory Space）兩個部分，使用者記憶體空間可以規劃成單一程式區塊（Single Partition）或分割為雙重程式區塊（Dual Partition），如圖 1-2 所示。

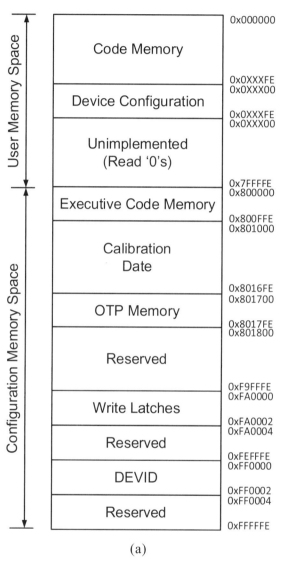

(a)

圖 1-2　dsPIC33CK256MP505 微控制器程式記憶體空間配置，(a) dsPIC33CK
　　　　系列微控制器程式與系統設定記憶體配置與位址

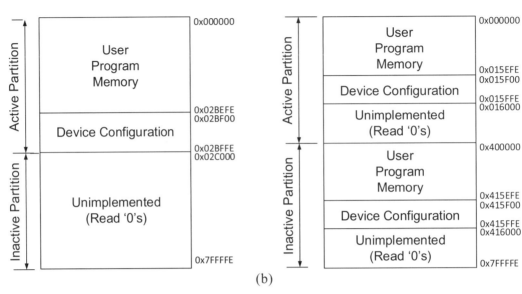

圖 1-2　dsPIC33CK256MP505 微控制器程式記憶體空間配置，(b) dsPIC33CK-256MP505 微控制器使用者記憶體空間配置與位址分配

　　依據不同的型號規格，使用者記憶體空間的長度也有所不同。如圖 1-2(a) 所示以 dsPIC33CK256MP505 為例，使用者記憶體空間由 0x000000 延伸到 0x02C000。其中 0x000000 到 0x02BEFE 為使用者的程式指令儲存空間（User Program Memory），0x02BFF0 到 0x02C000 為裝置功能設定記憶體（Device Configuration）；此後一直到 0x7FFFFE 則沒有建置實體的記憶體而無法使用。

　　如圖 1-2(b)，使用者記憶體空間除了傳統的單一程式區塊的使用方式外，也可以變更為兩個程式區塊以做為更靈活的程式記憶體運用方式；例如：穩定的韌體更新燒錄（Bootloader），故障時的程式儲存保護等等。使用者也可以自行在初始化或程式執行中自行選擇程式區塊的切換。

　　在裝置啟動之後，可以藉由

1. 程式計數器（Program Counter）的變化、
2. 使用組合語言指令（TBLRD/TBLWR）或
3. 程式記憶體映射區塊（Program Space Visiblity, PSV）

三種方式之一進行程式記憶體內容的讀取（或使用 TBLWR 更改）。一般應用大多使用程式計數器擷取程式指令藉以執行應用程式；TBLRD/TBLWR 指令為高階組合語言指令，在大量讀取程式內容或更新韌體時使用；PSV 則是利用程式記憶體作為資料儲存時的一種資料讀取方式。

dsPIC33CK 控制器的程式計數器是一個 24 位元長並可以做 4Mx24 位元程式空間定址的計數器。程式計數器在執行一個 3 位元組（byte）長的程式指令後將遞加 2，以定址到下一個要擷取的程式指令記憶體位址，也就是所謂的預先擷取指令的作法以節省程式執行時間。程式計數器的變化、指令執行與擷取的關係如圖 1-3 所示。每一個指令執行需要兩個完整的時序震盪脈波，經過指令解碼、資料擷取、執行運算與資料寫入等四個階段而完成。一個完整的指令執行時間又稱作指令執行週期（T_{CY}），其倒數為指令執行頻率（F_{CY}）則剛好是時序震盪脈波頻率（F_{OSC}）的一半。換言之，如果裝置使用 X MHz 的時脈訊號產生器，則指令執行頻率將會是 X/2 MHz。

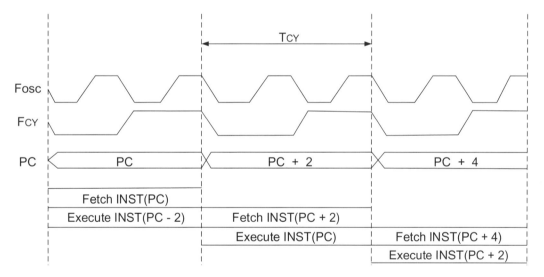

圖 1-3　程式計數器的變化、指令執行與擷取的關係

不論使用單一或雙重程式區塊，一個程式記憶體區塊包含了系統重置（reset）位址、中斷向量表（Interrupt Vector Table, IVT）、使用者程式指令記憶體及硬體設定位元記憶體（Configuration Bits）。

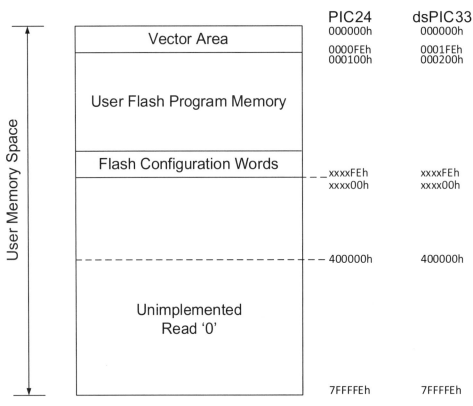

圖 1-4　dsPIC33CK 使用者記憶體空間配置

　　程式記憶體的前端是一個特殊的向量區域（Vector Area），作爲程式在特殊事件發生時的執行指令位址，包括重置向量（位址，Reset Vector）與中斷向量表（Interrupt Vector Table, IVT）。數位訊號控制器不論何種原因引發的重置，每次重置後程式執行的開始皆由重置向量 0x000000 開始。通常在這個位址會有一個 GOTO 指令（占兩個指令長度），將程式執行指引到實際執行程式的開始位址（dsPIC33CK 的實際應用程式執行指令位址是從 0x000200 開始）。緊接著在重置位址 GOTO 指令之後的就是從 0x000004 開始的中斷向量表，隨後才是使用者撰寫的應用程式指令記憶位址。在可使用的程式指令記憶體空間的最後，緊接著就是裝置設定位元記憶體作爲設定裝置系統功能的儲存位址，如圖 1-4 所示。dsPIC33CK 因爲操作電壓的關係，並未建置 EEPROM 的記憶體，如果需要永久資料儲存空間的話，可以使用 TBLWR 的方式寫入程式記憶體，也可以利用 PSV 功能快速讀取程式記憶體中的資料；當然也可以使用外部 EEPROM 裝置代替。

由於 dsPIC33 是一個 16 位元的處理器，每一個資料暫存器是以 16 位元為單位設計；但是程式指令的長度則需要 24 位元的長度，所以每一行指令將佔據兩個字元（在此系統中，每一字元為 16 位元）的長度。因此，程式計數器將以每次遞加 2 的方式增加，將程式位址更新到下一個指令的位址。每一個指令的兩個字元儲存在程式記憶體中的排列是依照 Little Endian 的規則，先放置在低位址字元再放在高位址字元，如圖 1-5 所示。由於指令長度只有 24 位元，因此最高位址的 8 位元數值將會是 0x00，除非應用設計將程式記體做為資料記憶體使用，例如：PSV。

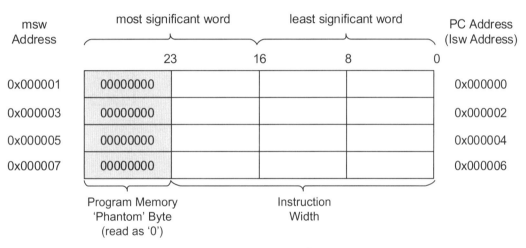

圖 1-5　程式記憶體指令儲存排列方式

◎ 數據資料記憶體 Data Memory

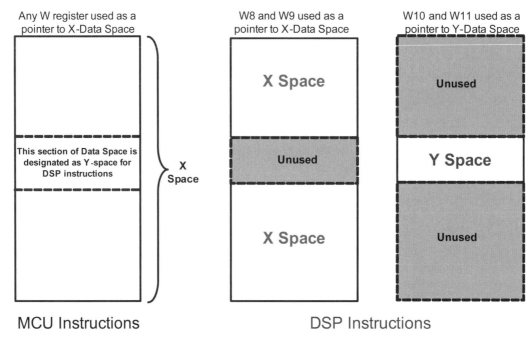

圖 1-6　dsPIC 控制器數據資料記憶體與工作暫存器使用關係

　　dsPIC 數位訊號控制器中的數據資料記憶體空間（Data Memory Space）可定義最多達 64K 位元組，而且有別於 Microchip 基礎的 8 位元微處理器的數據資料記憶體，對於大多數的程式指令碼而言，可視為一個完整的線性定址空間。比較特別的是，對某些 DSP 數位訊號處理的指令，數據資料記憶體將被分割為兩個區塊，稱為 X 與 Y 數據資料記憶區。這個切割使得特定的 DSP 數位訊號處理指令可以使用雙重運算元的資料擷取，也就是說單一個指令可以同時從 X 與 Y 數據資料記憶區擷取兩個運算元資料，如圖 1-6 所示。這兩個數據資料記憶區的位置與大小是固定的。當控制器不作數位訊號處理時，也就是只作為一般指令處理時，整個資料記憶體空間將被視為單一的 X 資料記憶區。

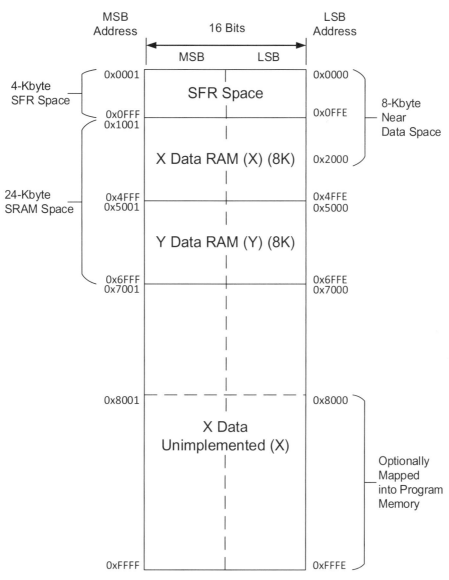

圖 1-7　dsPIC33CK256 控制器數據資料記憶體配置與位址分配

　　除此之外，dsPIC33 微處理器在數據資料記憶體的最低 4K 位元組
（0x0000~0x0FFF）被設定為特殊功能暫存器（Special Funtion Registers,
SFR）的使用。特殊功能暫存器是 dsPIC 數位訊號控制器用來控制整個數位訊
號控制器核心與周邊功能的暫存器，並儲存有各項功能的旗標與狀態位元，作
為控制器運算與判斷的用途。簡單的說，只要是跟硬體相關的暫存器都屬於特

殊功能暫存器，所以它們的使用是非常的頻繁，因此把他們規劃在記憶體位址最低的空間以方便快速擷取。根據不同型號的規格，dsPIC33 微處理器的資料暫存器（包含特殊功能暫存器）最高可達 32K 位元組（byte）的資料暫存器（0x0000~0x7FFF），或者是 16K 字元（word, 16-bit），可作爲一般運算使用的暫存器或資料儲存。數據記憶體的最前面 8K 位元組，位址 0x0000~0x2000（byte）的暫存器，也就是特殊功能暫存器的 4K 位元組加上一般數據資料記憶區的前面 4K 位元組，被稱爲近端（near）暫存器，可以在 C 語言中宣告變數時以 near 型式定義以方便快速讀寫資料。近端暫存器可以被任何需要數據資料的程式指令以直接定址方式擷取資料。當部分程式指令無法直接從非近端資料暫存器擷取資料時，便需要使用間接定址的方式擷取資料因此會影響資料讀寫速度。

　　當作爲 DSP 數位訊號處理器使用時，資料記憶體對於 DSP 程式指令而言，將被分割成 X 與 Y 數據資料記憶區。如圖 1-7，以 dsPIC33CK256 系列爲例，Y 數據資料記憶區的空間爲位址 0x5000~0x6FFF（byte）的範圍，其餘則被視爲是 X 數據資料記憶區，其大小則視型號而定，但是第一個 X 資料記憶區的範圍固定爲 0x0000~0x4FFF（byte）的空間。

◉ 工作暫存器陣列 Working Register Array

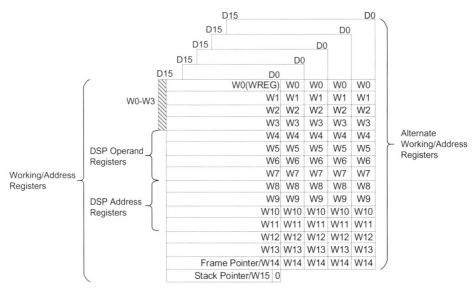

圖 1-8　dsPIC33CK 控制器數據資料記憶體工作暫存器使用方式

　　dsPIC33CK 數位訊號控制器擁有 16 個 16 位元的工作暫存器（W0~W15），每一個工作暫存器可作用為數據資料暫存器、數據資料位址指標、或者是位址偏移暫存器。第 16 個工作暫存器（W15）永遠被視為一個中斷與呼叫函式時的軟體堆疊指標來使用。如圖 1-8 所示，除了固定的工作暫存器之外，dsPIC33CK 還可以選用四個替代工作暫存器群組切換，以便在呼叫函式或其他需要的情況下保留主要工作站存器的資料以確保程式執行的安全性與穩定性。

◗ 數據資料定址模式 Data Memory Addressing

　　dsPIC 數位訊號控制器支援數種數據資料定址模式，包括內建定址、相對定址、固定定址、記憶體直接定址、暫存器直接定址以及暫存器間接定址等模式。每個指令通常都可支援幾種上述的定址模式，最多可達 6 種之多。工作暫存器廣泛地被使用為間接定址模式中的位址指標，而且可以在同一個程式指令執行中被修改並使用為指標。

◗ 餘數與位元反轉定址 Modulo & Bit Reverse Addressing

　　餘數定址模式（或稱循環定址模式）允許使用者在不增加控制器檢查緩衝區界限的負擔下建立起循環式的緩衝器。在這種模式下，當緩衝器的指標定址到緩衝器的界限時，將可以自動被設定回到緩衝器的起始位置，反之亦然。這種模式適用於 X 與 Y 數據資料記憶區，可大幅減少 DSP 數位訊號處理架構的負擔。同時，X 資料記憶區也支援位元反轉定址模式，因此在使用快速傅立葉轉換（Fast Fourier Transform, FFT）演算法時可大幅簡化資料重新排序的過程。

程式記憶映射區間 Program Space Visibility

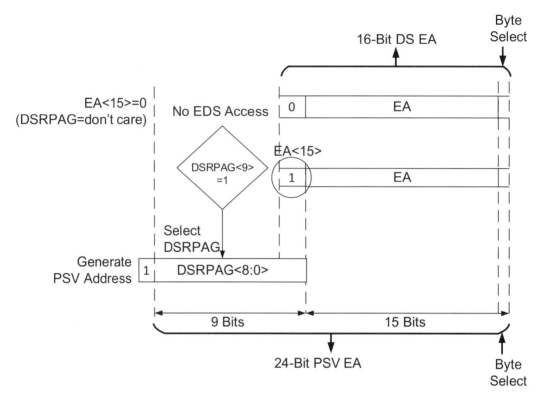

圖 1-9 dsPIC33 控制器使用程式記憶映射區間 PSV 進行程式記憶體資料讀取的位址設定方式

在數據資料記憶體最後 32K 位元組所在的位址並未實際建有資料記憶體，而是映射對應到程式記憶體特定的區間，也就是所謂的程式記憶映射區間（Program Space Visibility, PSV）。這個程式記憶映射區間利用程式記憶體儲存固定不變的資料，例如方程式的係數或查表功能中的資料表。PSV 功能使 dsPIC 數位訊號控制器得以將建立在程式記憶體中的資料表視同在數據資料記憶體中一般的讀取，加強了程式撰寫的彈性與執行的效率。但是 PSV 只能夠進行讀取資料，而無法改寫資料；改寫資料必須要使用 TBLWR 指令進行。如圖 1-9 所示，使用 PSV 時，必須要利用 DSRPAG 暫存器定義為所對應的程式記憶體區塊，然後搭配指令中的資料記憶體位址定義的較低 15 位元，結合成一個對應到程式記憶體空間的位址後，進行資料的讀取。

◎ 指令集 Instruction Set

　　dsPIC33 指令集包含了兩類的指令：微控制器（MCU）指令集與數位訊號處理（DSP）指令集。這兩類的指令集細密地整合成 dsPIC 的指令架構，並且可由單一執行單位來處理。整個指令集包含了許多定址模式，雖然是以組合語言形式呈現，但其設計已針對 C 程式語言的編譯與執行效率做最佳化的設計。

　　大多數的指令都可以在單一執行週期內處理完畢，僅有少數的特殊指令例外，例如改變程式執行流程的指令、雙字元移動指令以及程式記憶體讀寫指令。

　　對大部分的指令而言，dsPIC 數位訊號控制器可以在一個指令執行週期內執行數據資料的讀取、工作暫存器資料讀取、資料記憶體寫入以及程式記憶體或指令的讀取。因為這樣的設計與執行效率，dsPIC33 數位訊號控制器可以支援 3 個運算元的指令，允許如 C=A+B 的運算在單一執行週期內完成。同時 dsPIC33 也具備除法運算的硬體與指令，可以更快速地完成除法運算，有效提升資料處理的效率。

數位訊號處理引擎 DSP Engine

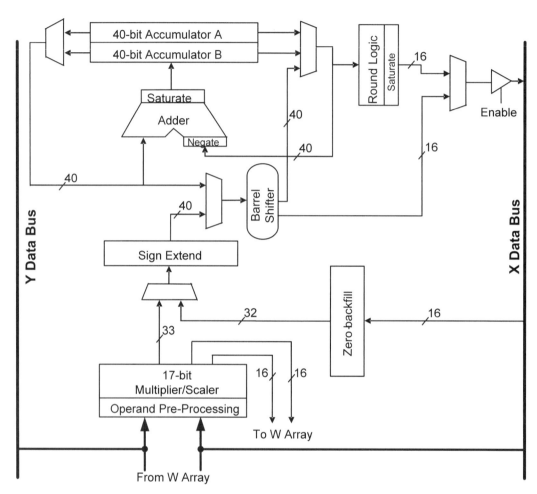

圖 1-10　dsPIC 控制器數位訊號處理（DSP）引擎方塊圖

　　dsPIC 控制器的數位式訊號處理引擎具備有一個高運算速度的 17 位元乘 17 位元乘法器、一個 40 位元的數學邏輯處理器、兩個 40 位元的飽和累加器以及一個 40 位元的多位元移位器（Barrel Shifter）。這個多位元移位器可以在單一指令執行週期內，將一個 40 位元的數值，向右移位達 15 位元或者向左移位達 16 位元之多。

　　dsPIC 控制器所具備的數位訊號處理指令已經過適當的設計以達到最佳的

即時執行效果，並可以與其他的微處理器指令集一同運算執行。所具備的乘法運算與累加指令以及其他相關指令可在執行兩個工作暫存器的乘法運算時，並同時從數據資料記憶體擷取兩個數據資料運算元。這是因為數據資料記憶體在執行數位訊號處理指令時被分割為 X 與 Y 資料記憶區，因此可同時擷取兩個數據資料。

除此之外，dsPIC33CK 系列微處理器具備有 4 個可選擇的替代累加器，作為程式執行時需要切換資料時使用，可以增加應用程式的穩定性。

⊙ 中斷 Interrupt

dsPIC 數位訊號控制器具備有一個向量式的中斷架構，每一個特殊事件中斷來源都有它自己的向量（位址）定義，而且可以動態地被指定為 7 種優先順序；相較之下，核心處理器可設定 8 種優先順序，藉由優先順序的高低可以決定某些中斷功能是否會被處理，而不需要關閉其中斷觸發的功能。每一個中斷狀態的進入與返回所需的延遲（Latencies）都是相同而且固定的，這樣的設計提供了即時應用程式開發時固定的時間成本計算。

中斷向量表 IVT 建立在程式記憶體內，緊接在重置指令位址之後。dsPIC33CK 微處理器的中斷向量表共有 254 個中斷向量（0x004~0x1FE），包含了最多 8 個 CPU 的不可遮罩中斷向量（Traps）以及為數眾多的中斷來源向量。一般而言，每一個中斷來源都有它自己的向量定義，每一個向量都包含了 24 位元的中斷執行程式起始位址。

除了中斷向量表外，dsPIC 數位訊號控制器並建有替代中斷向量表，其位置可由使用者定義在程式記憶體中。如果 ALTIVT 位元被設定，所有的中斷命令執行將使用這個替代中斷向量表而非原定的中斷向量表。這個替代中斷向量表的組成順序也被規劃成和原定中斷向量表一樣，可提供在應用程式與測試環境間一個方便的切換，而無需重新撰寫程式，在程式除錯與測試時有相當大的幫助。如果使用者選用雙重程式記憶體區塊（Dual Partition），則兩個程式區塊內都會建有中斷向量表。

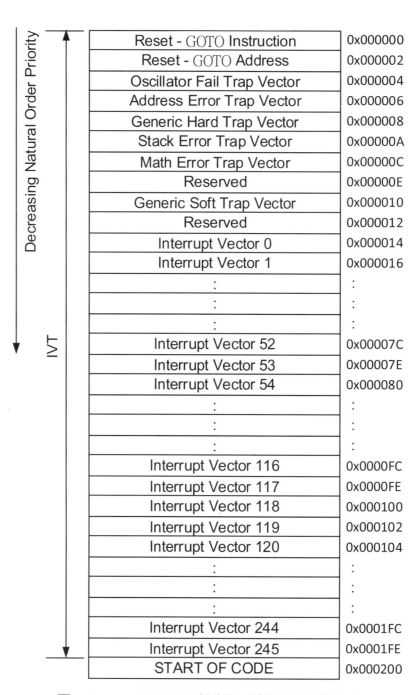

圖 1-11　dsPIC33CK 控制器中斷向量定義方式

◎ 系統與電能管理 System & Power Management

現代的應用程式通常需要彈性的處理模式來完成電能的節省、電磁干擾的降低以及錯誤狀況的處理。dsPIC 數位訊號控制器具備有許多系統與電能管理的特性，它們擁有數種震盪器操作模式、時脈來源切換以及震盪器故障偵測。除此之外，並具備有許多省電模式，可以選擇關閉或喚醒部分的控制器或周邊功能。同時它並兼有其他的安全特性，例如直流低電壓偵測（LVT）、異常電壓重置（BOR）、監視計時器（Watchdog Timer，看門狗計時器）重置以及數個不可遮罩的中斷（Traps）。

◎ 周邊功能 Peripherals

dsPIC 系列數位訊號控制器配備有眾多周邊功能的選擇以滿足不同需求的應用。主要的周邊功能簡列如下，在後續的章節中會詳細的討論：

數位輸出入	10 位元或 12 位元類比數位轉換器
計時器	通用非同步傳輸介面
輸入捕捉（Input Capture）	SPI
輸出比較（Output Compare）與 PWM	I²C
馬達控制波寬調變	資料轉換介面（DCI）
定位（光學）編碼器介面（QEI）	控制器區域網路（CAN）

使用者可根據不同的周邊功能組合選擇適當的 dsPIC 數位訊號控制器。

◎ dsPIC 數位訊號控制器種類

dsPIC 數位訊號控制器可依用途概分為 3 個大家族：

* 一般應用
* 馬達控制與電能轉換
* 感測器訊號處理

這樣的特性分類有助於使用者根據所需的應用挑選最適當的控制器。

■一般應用系列控制器

　　一般應用系列控制器具有 40 到 80 隻接腳，最適合應用於各種不同的 16 位元嵌入式應用。這一系列控制器具有訊號編碼解碼介面（CODEC DCI），可支援許多音效處理的應用。這一系列控制器的特性包括：

- 全部具備一個 12 位元，100KSPS 類比數位轉換器
- 多數具備有 CODEC 資料轉換介面
- 多數具有控制器區域網路 CAN 傳輸介面
- 全部具有雙通道的 UART
- 具有計時器，輸入捕捉以及輸出比較
- 具有各種串列通訊介面如 UART、SPI，I²C 等等

■馬達控制與電能轉換系列控制器

　　馬達控制系列控制器為 28 到 80 隻接腳，設計為支援馬達控制的應用。它們同時適用於不斷電系統、變頻器、切換式電力供應系統以及相關設備。這一系列控制器的特性包括：

- 全部有一個 10 位元，500KSPS 類比數位轉換器
- 全部有一個馬達控制波寬調變模組
- 全部具有一個定位編碼器介面
- 具有計時器，輸入捕捉以及輸出比較
- 具有各種串列通訊介面如 UART、SPI，I²C 等等

■感測器系列控制器

　　感測器系列控制器為較小的 18 到 28 隻接腳的處理器，設計為支援低成本嵌入式控制系統應用。它們具有一般系列控制器相同的特性，只是模組數量較少。這一系列控制器的特性包括：

- 全部具備一個 12 位元，100KSPS 類比數位轉換器
- 具有計時器，輸入捕捉以及輸出比較
- 具有各種串列通訊介面如 UART、SPI，I²C 等等

dsPIC 數位訊號控制器的應用範圍

在對於 dsPIC 控制器架構有基本的了解之後，讀者可針對個別的應用考慮 dsPIC 數位訊號控制器的適用性。由於其強大的處理效率與周邊功能，可應用的範圍相當地廣泛。以下舉幾個最常見的應用為例：

■ 馬達控制

dsPIC 數位訊號控制器可以應用於須要超過基本 8 位元微處理器功能的馬達控制應用。包括無刷直流馬達、交流感應馬達以及切換式磁阻（Switched Reluctance）馬達，皆可以用 dsPIC 數位訊號控制器來控制。這些應用通常要求無感測器控制、扭矩控制、可變換的速度、位置或伺服控制。除此之外，也可應用於雜訊降低或提高能源效率的用途。

■ 網際網路聯結

結合 Microchip 完整的 TCP/IP、乙太網路驅動器以及軟體數據機應用函式庫的開發工具，dsPIC 數位訊號控制器可以應用於乙太網路和數據機應用程式開發。

■ 語音與音效處理

dsPIC 數位訊號控制器可以應用於許多音效處理應用上，例如噪音抑制與回音消除、語音辨識以及語音播放。它同時可以用來作為高階音效系統中主要數位訊號控制器的輔助處理器，應付相關的工作，例如數位調變，等化器等等，以減輕主要處理器的負荷。

■ 電能轉換與監測

dsPIC 數位訊號控制器中許多 PWM 波寬調變模組及快速的類比數位轉換器可以完成許多電能轉換或電能管理的應用需求。它可以應付電能功率因子控制、不斷電系統、切換式電源以及複雜系統中的電能管理。

CHAPTER

1

■ 感測器控制

　　較小的 dsPIC 數位訊號控制器可適用於先進的感測器控制。所具備的類比數位轉換器以及串列傳輸介面周邊結合電能管理的特性，使它可以應用於開發智慧型感測器介面模組。

■ 汽車應用

　　Microchip 提供許多高規格、高品質、長壽命的處理器，適用於汽車環境中高溫與嚴苛的環境，以滿足汽車正常使用壽命的系統要求。

1.2　dsPIC 數位訊號控制器相容產品

　　繼 dsPIC30F 數位訊號控制器推出之後，Microchip 相繼推出了數種 16 位元的控制器以符合市場上各個不同層次的需求。目前總共有三種不同系列的 16 位元產品，分別為 dsPIC30、dsPIC33 與 PIC24，各個系列下又因為功能規格與市場需求衍生出許多不同次系列的產品與型號。

　　其中 dsPIC30 與 dsPIC33 為具有數位訊號處理功能的 16 位元數位訊號控制器，而 PIC24 則未配置數位訊號處理引擎。因此，這兩類控制器最大的差異在於數位訊號處理功能的有無。而較晚推出的 dsPIC33 與部分 PIC24 控制器則配合電子產品省電的趨勢，以 3.3V 作為操作電壓規格，不像 dsPIC30 系列有較為寬廣的操作電壓，可配合較早發展的 5.0V 電壓使用。

　　除了少部分功能的增加與改善之外，由於 PIC24 系列微控制器使用與 dsPIC33 數位訊號控制器相同的核心控制器硬體架構，因此在開發應用程式時，可以使用與 dsPIC33 數位訊號控制器完全相同的組合語言指令集〈數位訊號處理指令除外〉。而 dsPIC33 數位訊號控制器則可以使用所有與 dsPIC30 數位訊號控制器完全相同的組合語言指令集，包含數位訊號處理指令。

　　由於硬體與指令集的高度相容性，Microchip 組合語言組譯器與 C 語言 C30 或 XC16 編譯器也可以作為上述所有控制器的應用程式開發工具。除了少數新增功能之外，本書所介紹的 XC16 編譯器內容、周邊功能觀念與範例程式都可以被輕易地轉移到讀者所需要的不同系列控制器應用程式開發過程。由此也可以看出 Microchip 在產品相容性與延續性上的關注與努力。

CHAPTER 2

Microchip 開發工具

　　如果讀者已經根據上一章的介紹，決定使用 dsPIC 數位訊號控制器作爲應用的控制器，除了硬體之外，將需要適當的開發工具。整個 dsPIC 控制器應用程式開發的過程可以分割爲 3 個主要的步驟：

- 撰寫程式碼
- 程式除錯
- 燒錄控制器

每一個步驟將需要一個工具來完成，而這些工具的核心就是 Microchip 所提供的整合式開發環境軟體 MPLAB X IDE。

2.1　Microchip 開發工具概況

2.1.1　整合式開發環境軟體 MPLAB X IDE

　　整合式開發環境軟體 MPLAB X IDE 是由 Microchip 免費提供的，讀者可由 Microchip 的網站免費下載最新版的軟體。這個整合式的開發環境提供使用者在同一個環境下完成程式專案開發從頭到尾所有的工作，如圖 2-1 所示。使用者不需要另外的文字編輯器、組譯器或編譯器或程式工具，來產生、除錯或燒錄應用程式。MPLAB X IDE 提供許多不同的功能來完成整個應用程式開發的過程，而且許多功能都是可以免費下載或內建的。

　　MPLAB X IDE 提供許多免費的功能，包含專案管理器、文字編輯器、組譯器、聯結器、軟體模擬器以及許多視窗介面連接到燒錄器，除錯器以及硬體模擬器。

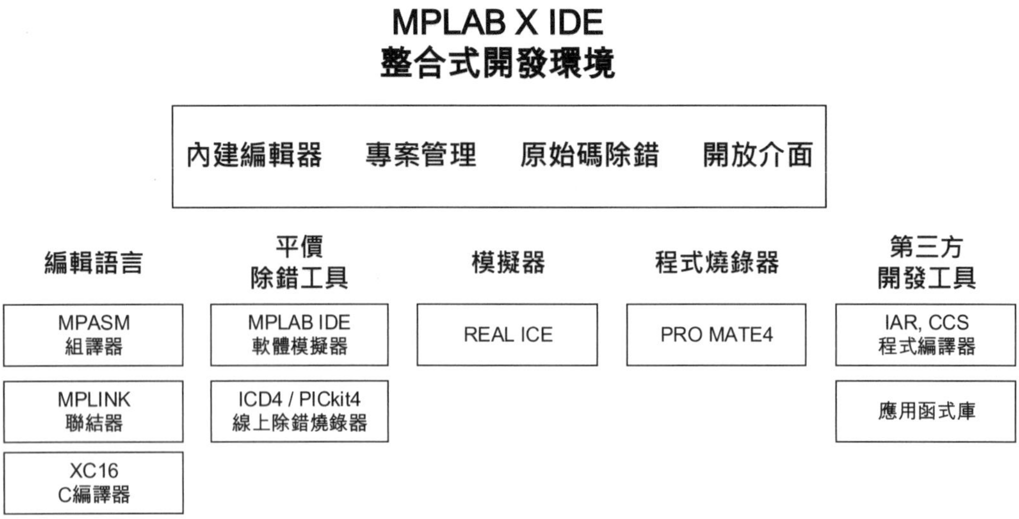

**MPLAB X IDE
整合式開發環境**

內建編輯器	專案管理	原始碼除錯	開放介面

編輯語言	平價 除錯工具	模擬器	程式燒錄器	第三方 開發工具
MPASM 組譯器	MPLAB IDE 軟體模擬器	REAL ICE	PRO MATE4	IAR, CCS 程式編譯器
MPLINK 聯結器	ICD4 / PICkit4 線上除錯燒錄器			應用函式庫
XC16 C編譯器				

圖 2-1　MPLAB X IDE 整合式開發環境軟體與周邊軟硬體

■ 開發專案

　　MPLAB X IDE 提供了在工作空間內產生及使用專案所需的工具。工作空間將儲存所有專案的設定，所以使用者可以毫不費力地在專案間切換。專案精靈可以協助使用者用簡單的滑鼠即可完成建立專案所需的工作。使用者可以使用專案管理視窗，輕易地增加或移除專案中的檔案。

■ 文字編輯器

　　文字編輯器是 MPLAB X IDE 整合功能的一部分，它提供許多的功能使得程式撰寫更為簡便，包括程式語法顯示、自動縮排、括號對稱檢查、區塊註解、書籤註記以及許多其他的功能。除此之外，文字編輯視窗直接支援程式除錯工具，可顯示現在執行位置、中斷與追蹤指標，更可以用滑鼠點出變數執行中的數值等等的功能。

2.1.2 dsPIC 數位訊號控制器程式語言工具

■ 組合語言程式組譯器與聯結器

MPLAB X IDE 整合式開發環境包含了以工業標準 GNU 為基礎所開發的 MPLAB 組合語言程式組譯器以及 MPLAB 程式聯結器。這些工具讓使用者得以在這個環境下開發 dsPIC 數位訊號控制器的程式而無須購買額外的軟體。組合語言程式組譯器可將原始程式碼組合編譯成目標檔案（object files），再由聯結器聯結所需的函式庫程式，並轉換成 16 進位編碼檔案輸出。

■ C 語言程式編譯器

如果使用者想要使用 C 程式語言開發程式，Microchip 提供了 MPLAB C30 與 XC16 這兩種 C 程式編譯器。這個程式編譯器提供完整功能免費試用期或限制些微功能的學生版本，也可以另外付費購買永久使用權。目前 XC16 版本已逐漸取代 C30 編譯器，XC16 編譯器讓使用者撰寫的程式可以有更高的可攜性、可讀性、擴充性以及維護性。而且 XC16 編譯器也被整合於 MPLAB X IDE 的環境中，提供使用者更緊密的整合程式開發、除錯與燒錄。正因為上述的優點，本書的程式撰寫將以 XC16 為基礎，對於 dsPIC 數位訊號控制器作詳細的介紹。

除了 Microchip 所提供的 CX16 編譯器之外，另外也有其他廠商供應的 C 程式語言編譯器，例如 Hi-Tech、CCS 等等。這些編譯器都針對 dsPIC 數位訊號控制器提供個別的支援。

■ 程式範本、含入檔及聯結檔

一開始到撰寫 dsPIC 數位訊號控制器應用程式，卻不知如何下手時，怎麼辦呢？這個時候可以參考 MPLAB X IDE 所提供的許多程式範本檔案，這些程式範本可以被複製並使用為讀者撰寫程式的基礎。使用者同時可以找到各個處理器的含入檔（.inc），這些含入表頭檔根據處理器技術手冊的定義，完整地定義了各個處理器所有的暫存器及位元名稱，以及它們的位址。聯結檔則提供了程式聯結器對於處理器記憶體的規劃，有助於適當的程式自動編譯與數據資料記憶體定址。

CHAPTER

2

■ 應用說明 Application Note

圖 2-2　Microchip 應用說明文件

　　如果使用者不曉得如何建立自己的程式應用硬體與軟體設計,或者是想要加強自己的設計功力,或者是工作之餘想打發時間,這時候可到 Microchip 的網站上檢閱最新的應用說明。Microchip 不時地提供新的應用說明,並有實際的範例引導使用者正確地運用 dsPIC 數位訊號控制器於不同的實際應用。

2.1.3　除錯器與硬體模擬器

　　在 MPLAB X IDE 的環境中,Microchip 針對 dsPIC 數位訊號控制器提供了 3 種不同的除錯工具:MPLAB 軟體模擬器、ICD4 或 PICKit4 線上即時除錯器以及 Real ICE 硬體模擬器。上述的除錯工具提供使用者逐步程式檢查、中斷點設定、暫存器監測更新以及程式記憶體與數據資料記憶體內容查閱等等。每一個工具都有它獨特的優點與缺點。

■ MPLAB X IDE 軟體模擬器

　　MPLAB X IDE 軟體模擬器是一個內建於 MPLAB X IDE 中功能強大的軟體除錯工具,這個模擬器可於個人電腦上執行模擬 dsPIC 控制器上程式執行的狀況。這個軟體模擬器不僅可以模擬程式的執行,同時可以配合模擬外部系統輸入及周邊功能操作的反應,並可量測程式執行的時間。

　　由於不需要外部的硬體,所以軟體模擬器是一個快速而且簡單的方法來完成程式的除錯,在測試數學運算以及數位訊號處理函式的重複計算時特別有用。可惜的是,在測試程式對於外部實體電路類比訊號時,資料的處理與產生會變得相當地困難與複雜。如果使用者可以提供取樣或合成的資料作為模擬的外部訊號，測試的過程可以變得較為簡單。

MPLAB X IDE 軟體模擬器提供了所有基本的除錯功能以及一些先進的功能，例如：

- 碼錶－可作為程式執行時間的偵測
- 輸入訊號模擬－可用來模擬外部輸入與資料接收
- 追蹤－可檢視程式執行的紀錄

■MPLAB REAL ICE 線上硬體模擬器

MPLAB REAL ICE 線上硬體模擬器是一個全功能的模擬器，它可以在真實的執行速度下模擬所有 dsPIC 控制器的功能。它是所有偵測工具中功能最強大的，它提供了優異的軟體程式以及微處理器硬體的透視與剖析。而且它也完整的整合於 MPLAB X IDE 的環境中，並具備有 USB 介面提供快速的資料傳輸。這些特性讓使用者可以在 MPLAB 的環境下快速地更新程式與數據資料記憶體的內容。

這個模組化的硬體模擬器同時支援多種不同的數位訊號控制器與不同的包裝選擇。相對於其功能的完整，這個模擬器的價格也相對地昂貴。它所具備的基本偵測功能與特別功能簡列如下，

- 多重的觸發設定－可偵測多重事件的發生，例如暫存器資料的寫入
- 碼錶－可作為程式執行時間的監測
- 追蹤－可檢視程式執行的紀錄
- 邏輯偵測－可由外部訊號觸發或產生觸發訊號給外部測試儀器

■MPLAB ICD4 及 PICkit4 線上除錯燒錄器

MPLAB ICD4 線上除錯是一個價廉物美的偵測工具，它提供使用者將所撰寫程式在實際硬體上執行即時除錯的功能。對於大部分無法負擔 REAL ICE 昂貴的價格卻不需要它許多複雜的功能，ICD4 是一個很好的選擇。

CHAPTER

2

　　ICD4 提供使用者直接對 dsPIC 控制器在實際硬體電路上除錯的功能，同時也可以用它在線上直接對處理器燒錄程式。雖然它缺乏了硬體模擬器所具備的一些先進功能，例如記憶體追蹤或多重觸發訊號，但是它提供了基本除錯所需要的功能。

　　除了 ICD4 之外，Microchip 也提供更平價的線上除錯燒錄機 PICkit4，雖然速度較為緩慢些，但也可以執行大多數 ICD4 所提供的功能。無論如何，使用者必須選擇一個除錯工具以完成程式的開發。

■ 程式燒錄器 Programmer

除了 ICD4/PICKit4 之外，Microchip 也提供了許多程式燒錄器，例如 MPLAB ProMate 4。這些程式燒錄器也已經完整地整合於 MPLAB X IDE 的開發環境中，使用者可以輕易地將所開發的程式燒錄到對應的 dsPIC 控制器中。由於這些程式燒錄器的價格遠較 ICD4 昂貴，讀者可自行參閱 Microchip 所提供的資料。在此建議使用者初期先以 ICD4 或 PICKit4 作為燒錄工具，待實際的程式開發完成後，視需要再行購買上述的程式燒錄器。

■ 實驗板

Microchip 提供了幾個實驗板供使用者測試與學習 dsPIC 數位訊號控制器的功能，包括有原廠的 dsPICDEM Starter Demo Board、dsPICDEM 1.1 General Purpose Demo Board、dsPICDEM.net1、dsPICDEM.net2 Demo Board 和 dsPICDEM MC1 Motor Control Development Board。這些實驗板並附有一些範例程式與教材，對於新進的使用者是一個很好的入門工具。有興趣的讀者可自行參閱相關資料。

配合本書的使用，讀者可使用相關的 Microchip APP020 plus 實驗板，其詳細的硬體與周邊功能將在後續的章節中詳細的介紹。

2.2　MPLAB X IDE 整合式開發環境

2.2.1　MPLAB X IDE 概觀

在介紹了 dsPIC 數位訊號控制器以及相關的開發工具後，讀者可以準備撰寫一些程式了。在開始撰寫程式之前，必須要對 MPLAB X IDE 的使用有基本的了解，因為在整個過程中它將會是開發應用程式的核心環境，無論是程式撰寫、編譯、除錯以及燒錄。我們將以目前的版本為基礎，介紹 MPLAB X IDE 下列幾個主要的功能：

- 專案管理器－用來組織所有的程式檔案
- 文字編輯器－用來撰寫程式
- 程式組譯器與聯結器－用來組譯程式、聯結檔案與建立機械碼

- 程式編譯器介面－聯結特定的程式編譯器用以編譯程式
- 軟體模擬器－用來測試程式的執行
- 除錯器與硬體模擬器介面－聯結特定的除錯器或硬體模擬器用以測試程式
- 程式燒錄介面－作爲特定的燒錄器燒錄處理器應用程式的介面

為協助讀者了解前述軟硬體的特性與功能，我們將以簡單的範例程式作一個示範，以實作的方式加強學習的效果。

首先，請讀者到 Microchip 本網站上下載免費的 MPLAB X IDE 整合式開發環境軟體。安裝的過程相當的簡單，在此請讀者自行參閱安裝說明。

2.2.2　建立專案

■ 專案與工作空間

一般而言，所有在 MPLAB X IDE 的工作都是以一個專案爲範圍來管理。一個專案包含了建立應用程式，例如原始程式碼，聯結檔等等的相關檔案，以及與這些檔案相關的各種開發工具，例如使用的語言工具與聯結器，以及開發過程中的相關設定。

一個工作空間則可包含一個或數個專案，以及所選用的處理器、除錯工具、燒錄器、所開啟的視窗與位置管理、以及其他開發環境系統的設定。通常使用者會選用一個工作空間包含一個專案的使用方式，以簡化操作的過程。

MPLAB X IDE 中的專案精靈是建立器專案極佳的工具，整個過程相當地簡單。

在開始之前，請在電腦的適當位置建立一個空白的新資料夾，以作爲這個範例專案的位置。在這裡我們將使用 "D:\dsPIC\ APP020 Exercises XC16" 作爲我們儲存的位置。要注意的是 MPLAB X IDE 目前已經可以支援中文的檔案路徑，讀者可以自行定義其他位置的專案檔案路徑。讀者可將本書所附範例程式複製到上述的位置。

現在讀者可以開啟 MPLAB X IDE 這個的程式，如果開啟後有任何已開啟的專案，請在選單中選擇 File>Close All Projects 將其關閉。然後選擇 File>New Project 選項，以開啟專案精靈。

第 1 步－選擇所需的處理器類別

下列畫面允許使用者選擇所要的處理器類別及專案類型。請選擇 Micro-chip Embedded>Standalone Project。完成後，點選「下一步」（Next）繼續程式的執行。

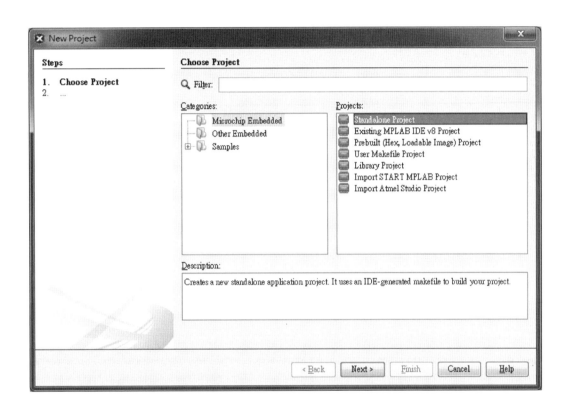

如果讀者有已經存在的專案，特別是以前利用舊版 MPLAB X IDE 所建立的檔案，可以選擇其他項目轉換。

第 2 步－選擇所需的微控制器裝置

　　下列畫面允許使用者選擇所要使用的微控制器裝置。請選擇 dsPIC33CK-256MP505。完成後，點選「下一步」（Next）繼續程式的執行。

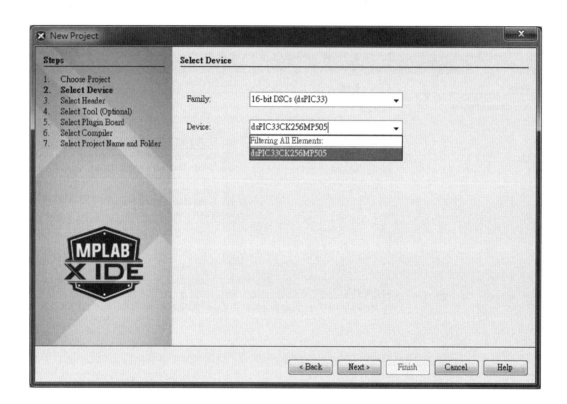

第 3 步－選擇程式除錯及燒錄工具

下列畫面允許使用者選擇所要使用的程式除錯及燒錄工具。讀者可是自己
擁有的工具選擇，建議讀者可以選擇 ICD 4 或 PICkit4，較為物美價廉。裝置
前方如果是綠燈標記，表示為 MPLAB X IDE 所支援的裝置；如果是黃燈標記，
則為有限度的支援。完成後，點選「下一步」（Next）繼續程式的執行。

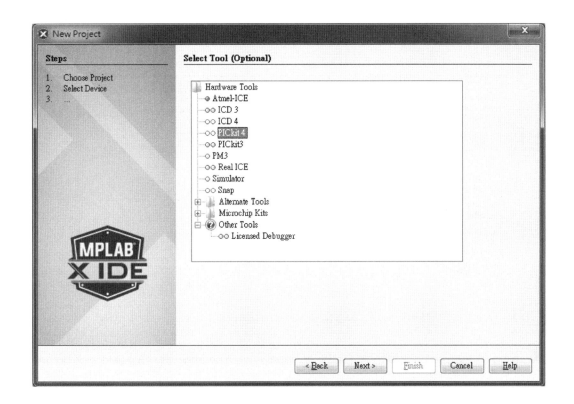

CHAPTER

2

第 4 步－選擇程式編譯工具

　　下列畫面允許使用者選擇所要使用的程式除錯及燒錄工具。如果是使用 C 語言可以選用 XC16、C30，或者是選用內建的 MPASM 組合語言組譯器。完成後，點選「下一步」（Next）繼續程式的執行。

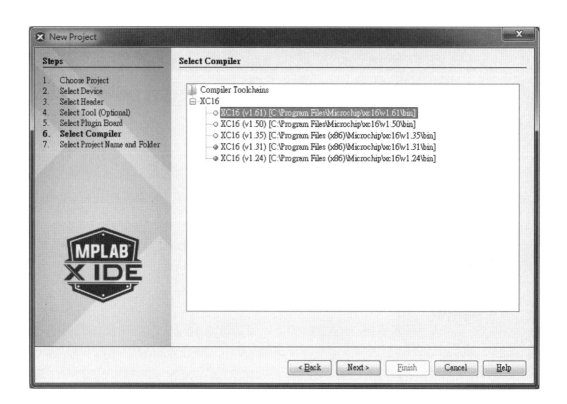

第 5 步－設定專案名稱與儲存檔案的資料夾

在下列畫面中，使用者必須為專案命名。請鍵入適當名稱作為專案名稱並且將專案資料夾指定到所設定的資料夾。

特別需要注意的是，如果在程式中需要加上中文註解時，為了要顯示中文，必須要將檔案文字編碼（Encoding）設定為 Big5 或者是 UTF-8，才能正確地顯示。如果讀者有過去的檔案無法正確顯示時，可以利用其他文字編輯程式，例如筆記本，打開後再剪貼到 MPLAB X IDE 中再儲存即可更新。

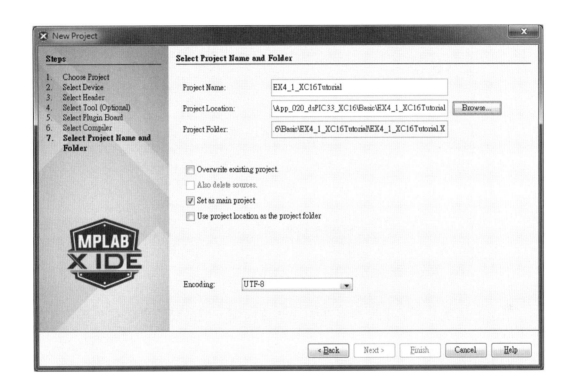

完成後，點選「結束」（Finish）完成專案的初始化設定。同時就可以看到完整的 MPLAB X IDE 程式視窗。

第 6 步－加入現有檔案到專案

　　如果需要將已經存在的檔案加入到專案中，可以在專案視窗中對應類別的資料夾上按下滑鼠右鍵，將會出現如下的選項畫面，就可以將現有檔案加入專案中。

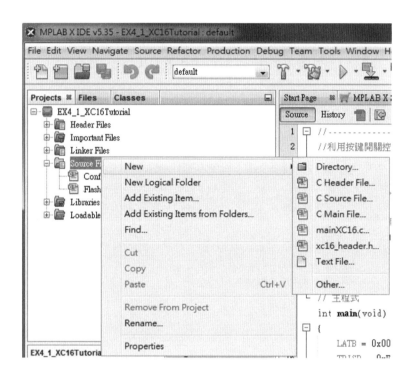

　　所選的檔案並不需要與專案在同一個資料夾，但是將它們放在一起會比較方便管理。

在完成專案精靈之後，MPLAB X IDE 將會顯示一個專案視窗，如下圖。

如果讀者發現缺少檔案時，不需要重新執行專案精靈。這時候只要在所需要的檔案類別按滑鼠右鍵，選擇 Add Existing Item ，然後尋找所要增加的檔案，點選後即可加入專案。使用者也可以按滑鼠右鍵，選擇 Remove From Project，將不要的檔案移除。

這時候使用者如果檢視專案所在的資料夾，將會發現 MyProject.x 專案資料夾與相關資料檔已由 MPLAB X IDE 產生。在專案管理視窗中雙點選 "My-Project.c"，將可在程式編輯視窗中開啟這個檔案以供編輯。

2.2.3 文字編輯器

MPLAB X IDE 程式編輯視窗中的文字編輯器提供數項特別功能，讓程式撰寫更加方便平順。這些功能包括：

• 程式語法顯示

CHAPTER

2

- 檢視並列印程式行號
- 在單一檔案或全部的專案檔案搜尋文字
- 標記書籤或跳躍至特定程式行
- 雙點選錯誤訊息時，將自動轉換至錯誤所對應的程式行
- 區塊註解
- 括號對稱檢查
- 改變字型或文字大小

程式語法顯示是一個非常有用的功能，使用者因此不需要逐字地閱讀程式檢查錯誤。程式中的各項元素，例如指令、虛擬指令、暫存器等等會以不同的顏色與字型顯示，有助於使用者方便地閱讀並了解所撰寫的程式，並能更快地發現錯誤。

2.2.4 專案資源顯示

在專案資源顯示視窗中，將會顯示目前專案所使用的資源狀況，例如對應的微控制器裝置使用程式記憶體空間大小，使用的除錯燒錄器型別，程式編譯工具等等資訊。除此之外，視窗並提供下列圖案的快捷鍵，讓使用者可以在需要的時候快速查閱相關資料。

上列的圖示分別連結到，專案屬性、更新除錯工具狀態、調整中斷點狀態、微控制器資料手冊，以及程式編譯工具說明。

2.3　建立程式碼

2.3.1 組譯與聯結

建立的專案包括兩個步驟。第一個是組譯或編譯的過程，在此每一個原始程式檔會被讀取並轉換成一個目標檔（object file）。目標檔中將包含執行碼或

者是 dsPIC 控制器相關指令。這些目標檔可以被用來建立新的函式庫，或者被用來產生最終的 16 進位編碼輸出檔作為燒錄程式之用。建立程式的第二個步驟是所謂聯結的步驟。在聯結的步驟中，各個目標檔和函式庫檔中所有 dsPIC 控制器指令和變數將與聯結檔中所規劃的記憶體區塊，一一地放置到適當的記憶體位置。

聯結器將會產生兩個檔案：

1. .hex 檔案—這個檔案將列出所有要放到 dsPIC 控制器中的程式、資料與結構記憶。

2. .cof 檔案—這個檔案就是編譯目標檔格式，其中包含了在除錯原始碼時所需要的額外資訊。

在使用 XC16 編譯器時，程式會自動地完成編譯與聯結的動作，使用者不需要像過去的方式需要自行指定聯結檔。XC16 的程式就包含一個 hlink 的聯結器程式，不需要再重新定義。

2.3.2 微控制器系統設定位元

XC16 程式碼中必須包含系統設定位元（Configuration Bits）記憶體的設定，通常可以在程式中會以虛擬指令 #pragma config 定義，或以另一個檔案定義。MPLAB X IDE 要求在專案中以設定位元定義設定位元選項後，產生一個相關的定義檔，並將檔案加入到專案中。例如，在燒錄或除錯程式碼之前，必須要自行定義系統設定位元。這時候可以點選 Window>PIC Memory Views>Configuration Bits 來開啟結構位元視窗。使用者可以點選設定欄位中的文字來編輯各項設定，並選擇下方的程式碼產生按鍵，自動輸出系統設定位元程式檔。

CHAPTER

2

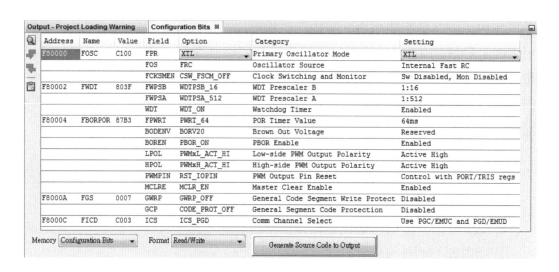

在範例中也可以將系統位元設定儲存為 Config.c 檔案，並加入到專案中。

⚙ 2.3.3 建立專案程式

一旦有了上述的程式檔與設定位元檔，專案的微控制器程式就可以被建立了，讀者可點選 RUN>Build Project 選項來建立專案程式。或者選擇工具列中的相關按鍵，如下圖中的紅框中按鍵完成程式建立。

程式建立的結果會顯示在輸出視窗，如果一切順利，這時候視窗的末端將會顯現 Build Successful 的訊息。

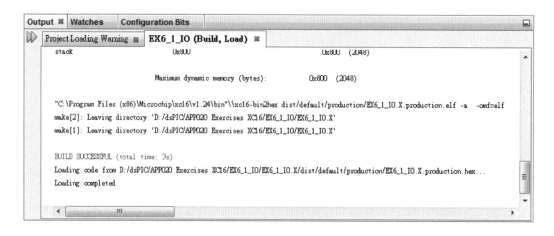

現在專案程式已經成功地被建立了，使用者可以開始進行程式的除錯。除錯可以用幾種不同的工具來進行。在後續的章節中，我們將介紹使用 PICkit4 線上除錯器來執行除錯。

2.4　MPLAB X IDE 軟體模擬器

一旦建立了控制器程式，接下來就必須要進行除錯的工作以確定程式的正確性。如果在這一個階段讀者還沒有計畫使用任何的硬體，那麼 MPLAB X IDE 軟體模擬器就是最好的選擇。其實 MPLAB X IDE 軟體模擬器還有一個更大的優點，就是它可以在程式燒錄之前，進行程式執行時間的監測以及各種數學運算結果的檢驗。MPLAB X IDE 軟體模擬器的執行已經完全地與 MPLAB X IDE 結合。它可以在沒有任何硬體投資的情況下模擬使用者所撰寫的程式在硬體上執行的效果，使用者可以模擬測試控制器外部輸入、周邊反應以及檢查內部訊號的狀態，卻不用做任何的硬體投資。

當然 MPLAB X IDE 軟體模擬器還是有它使用上的限制。這個模擬器仍然不能與任何的實際訊號作反應，或者是產生實際的訊號與外部連接。它不能夠觸發按鍵，閃爍 LED，或者與其他的控制器溝通訊號。即使如此 MPLAB X IDE 軟體模擬器仍然在開發應用程式、除錯與解決問題時，給使用者相當大的彈性。

基本上 MPLAB X IDE 軟體模擬器提供下列的功能：
- 修改程式碼並立即重新執行
- 輸入外部模擬訊號到程式模擬器中
- 在預設的時段，設定暫存器的數值

dsPIC 微控制器晶片有許多輸出入接腳與其他的周邊功能作多工的使用，因此這些接腳通常都有一個以上的名稱。軟體模擬器只認識那些定義在標準控制器表頭檔中的名稱為有效的輸出入接腳。因此，使用者必須參考標準處理器的表頭檔案來決定正確的接腳名稱。

如果要使用 MPLAB X IDE 軟體模擬器，可以點選 Window>Simulator 開啟相關的模擬功能。

CHAPTER

2

2.5　MPLAB ICD4 與 PICkit4 線上除錯燒錄器

　　ICD4 是一個在程式發展階段中可以使用的燒錄器以及線上除錯器。雖然它的功能不像一個硬體線上模擬器（ICE）一般地強大，但是它仍然提供了許多有用的除錯功能。

　　ICD4 提供使用者在實際使用的控制器上執行所撰寫的程式，使用者可以用實際的速度執行程式或者是逐步地執行所撰寫的指令。在執行的過程中，使用者可以觀察而且修改暫存器的內容，同時也可以在原始程式碼中設立至少一個中斷點。它最大的優點就是，與硬體線上模擬器比較，它的價格非常地便宜。

　　除此之外，還有另一個選項就是 PICkit4 線上除錯器，它雖然速度較ICD4 稍微緩慢，但可以提供相似的功能且價格更為便宜。

　　在這一章我們將會介紹如何使用 PICkit4 線上除錯器。首先，我們必須將前面所建立的範例專案開啟，如果讀者還沒有完成前面的步驟，請參照前面的章節完成。

2.5.1　安裝 PICkit4

　　在使用者安裝 MPLAB X IDE 整合式開發環境時，安裝過程中將會自動安裝 PICkit4 驅動程式。當 PICkit4 透過 USB 連接到電腦時，將會出現要求安裝驅動程式的畫面。這些驅動程式在安裝 MPLAB X IDE 時，將會自動載入驅動程式完成裝置聯結。

2.5.2　開啟專案

　　請點選 File>Open Project，打開前面所建立示範專案 my_first_c_project。

2.5.3　選用 PICkit4 線上除錯器

　　使用 PICkit4 的時候可以透過 USB 將 PICkit4 連接到電腦。這時候可以將電源連接到實驗板上。接著將 PICkit4 經由實驗板的 6-PIN 聯結埠，連接到待測試硬體所在的實驗板上。PICkit4 的聯結埠有 8 個孔位，使用時須注意對正連接位置。

　　如果在專案資源顯示視窗中發現除錯工具不是 PICkit4 的話，可以在 File>Project Properties 的選項下修改除錯工具選項，點選 PICkit4 選項。

2.5.4　建立程式除錯環境

　　與建立一般程式不同的是，程式除錯除了使用者撰寫的程式之外，必須加入一些除錯用的程式碼以便控制程式執行與上傳資料給電腦以便檢查程式。所以在建立程式時，必須要選擇建立除錯程式選項而非一般程式選項，如下圖所示。

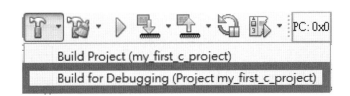

2.5.5　監測視窗與變數視窗

　　在 PICkit4 線上除錯器功能中有許多輔助視窗可以用來顯示微控制器執行中的數據資料幫助除錯。但是這些數據必須要藉由中斷點控制微處理器停止執行時，才會更新數據資料。其中最重要的是除錯監測視窗與變數視窗，它們可以在 Window>Debugging 選項下啟動。

　　點選 Window>Debugging>Watches 開啟一個新的監測視窗，如下圖所示。

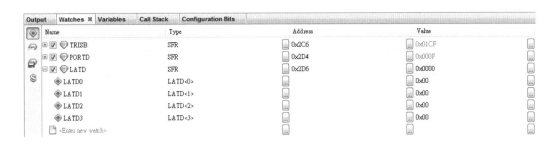

在視窗中只要輸入特殊暫存器或程式中的變數名稱，便可以在程式停止時更新顯示它們的數值資料。如果跟上一次的內容比較有變動時，將會以紅色數字顯示。數值的顯示型式，也可以選擇以十進位、二進位或十六進位等等方式表示。

點選 Window>Debugging>Variables 開啟一個新的變數視窗，如下圖所示。

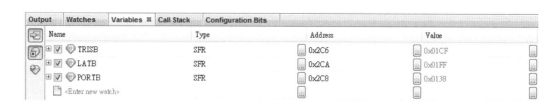

變數視窗會將程式目前執行中的所有局部變數（Local Variables）內容顯示出來以供檢查。

2.5.6　程式檢查與執行

使用者現在可以執行程式。執行程式有兩種方式：燒錄執行與除錯執行。

■ 燒錄執行

燒錄執行式將編譯後的程式燒錄到微控制器中，然後由微控制器硬體直接以實際的程式執行，不受 MPLAB X IDE 的控制。也就是以使用者預期的狀態執行所設計的程式。在 MPLAB X IDE 上提供幾個與燒錄執行相關的功能按鍵，如下圖所示。每個圖示的功能分別是，下載並執行程式、下載程式到微控制器、上傳程式到電腦、微控制器執行狀態。

下載並執行程式會降程式燒錄到微控制器後直接將 MCLR 腳位的電壓提昇讓微控制器直接進入執行狀態，點選後店完成燒錄的動作就可以觀察硬體執行程式的狀況。下載程式到微控制器及上傳程式到電腦則只進行程式或上傳的程序，並不會進入執行的狀態；程式下載完成後，可以點選微控制器執行狀態的圖示，藉由改變 MCLR 腳位的電壓，啟動或停止程式的執行。點選後的圖示會改變爲下圖的圖樣作爲執行中的區別。

■ 除錯執行

使用燒錄執行時只能藉由硬體的變化，例如燈號的變化或按鍵的觸發來改變或觀察程式執行的狀態，無法有效檢查程式執行的內容。除錯執行則可以利用中斷點、監視視窗與變數視窗等工具，在程式關鍵的位置設置中斷點暫停，透過監視視窗或變數視窗觀察，甚至改變變數內容，有效地檢查程式執行已發現可能的錯誤。

使用除錯執行必須要先用建立除錯程式編譯，以便加入除錯執行所需要的程式碼，如下圖所示。

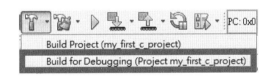

要開始除錯執行，必須在編譯除錯程式後，選擇下載除錯程式，如下圖所示，才能進行除錯。

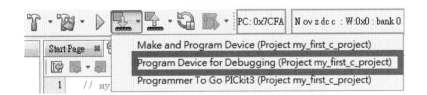

接下來，點選下圖中最右邊的圖示便會開始執行除錯程式。

使用者也可以直接點選這個圖示一次完成編譯、下載與除錯執行程式的程序。進入除錯執行的階段時，將會在工具列出下列圖示，分別代表停止除錯執行、暫停程式執行、重置程式、繼續執行、執行一行程式（指令）並跳過函式、執行一行程式（指令）並跳入函式、程式執行至游標所在位置後暫停、將程式計數器移至游標所在位置、將視窗與游標移至程式計數器（程式執行）所在位置。

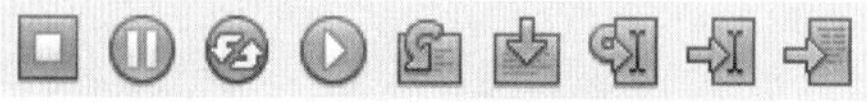

利用這些功能圖示，使用者可以有效控制程式執行的範圍以決定檢查的範圍。除了監視視窗與變數視窗外，如果是使用組合語言撰寫程式的話，工具列中的程式計數器（Program Counter, PC）與狀態位元的內容也會顯示在下圖中的工具列作爲檢查的用途。

PC: 0x7CFA
N ov z dc c : W:0x0 : bank 0

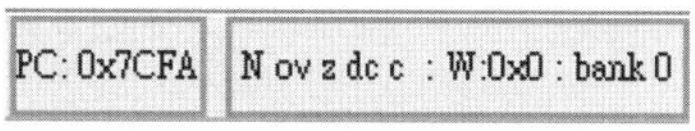

2.5.7 中斷點

由於使用暫停的功能無法有效控制程式停止的位置，除了利用暫停的功能外，使用者也可以利用中斷點（Breakpoint）讓程式暫停。要設定中斷點，只要在程式暫停執行的時候點選程式最左端，使其出現下圖的紅色方塊圖示即可。只要程式執行完設有中斷點的程式集會暫停並更新監視視窗的內容。

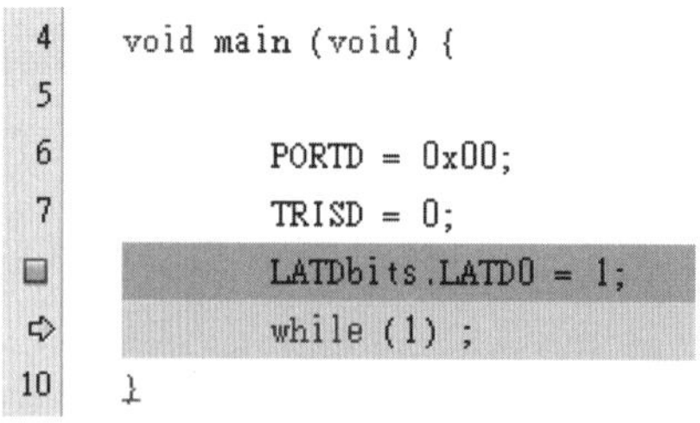

4 void main (void) {
5
6 PORTD = 0x00;
7 TRISD = 0;
LATDbits.LATD0 = 1;
while (1) ;
10 }

綠色箭頭表示的是程式暫停的位置（尚未執行）。

每一種除錯工具所能夠設定的中段點數量會因微控制器型號不同而有差異。以 PICkit4 與 dsPIC33CK256MP505 為例，所能提供的硬體中斷點為兩個，而且不提供軟體中斷點（通常只有模擬器才有此功能）。

2.6　軟體燒錄程式 Bootloader

除了上述由原廠所提供的開發工具之外，由於 dsPIC 微控制器的普遍使用，在坊間有許多愛用者為他開發了免費的軟體燒錄程式（Bootloader）。

所謂的軟體燒錄程式是藉由 dsPIC 系列微控制器所提供的線上自我燒錄程式（In Circuit Serial Programming, ICSP）的功能，事先在微控制器插入一個簡單的軟體燒錄程式，也就是所謂的 Bootloader。當電源啟動或者是系統重置的時候，這個軟體燒錄程式將會自我檢查以確定是否進入燒錄的狀態。檢查的方式將視軟體的撰寫而定，有的是等待一段時間，有的則是檢查某一筆資料，或者是檢查某一個硬體狀態等等。當檢查的狀態滿足時，這項呼叫軟體燒錄函式而進入自我燒錄程式的狀態；當檢查的狀態不滿足的時候，則將忽略燒錄程式的部分而直接進入正常程式執行的執行碼。

CHAPTER

2

MPASM 程式組譯器與 MPLINK 聯結器

　　到目前為止，讀者已經對 dsPIC 數位訊號控制器程式開發所需要的軟硬體環境有了基礎的認識。在本章中，將進一步地對開發程式軟體所需要的語言工具加以介紹。雖然本書的撰寫將使用 C 語言並以 MPLAB XC16 程式編譯器為基礎，但是由於 dsPIC 控制器的程式可以混合組合語言程式與 C 語言程式。使用者可以用不同的語言撰寫副程式或函式，再藉由聯結器相互呼叫；或者是可以在 C 語言所撰寫的程式中，嵌入一段組合語言指令以提高程式執行的效率或者使用者所需要的特別功能。因此，在正式介紹 XC16 程式語言之前，將在本章中對 dsPIC 的組合語言及 MPASM 組譯器做一個基本的介紹。

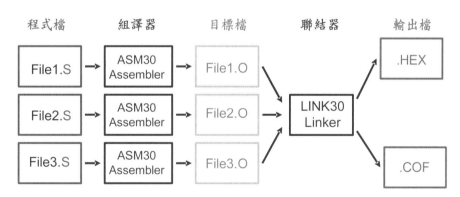

圖 3-1　MPLAB MPASM 組譯器與 MPLINK 聯結器功能示意圖

3.1　MPLAB MPASM 程式組譯器

　　MPLAB MPASM 程式組譯器是建立在 GNU 開放程式碼軟體的基礎上，對於有組合語言撰寫經驗的使用者可能會感覺到相當地熟悉。MPASM 程式組譯器可以組譯原始組合語言程式碼中指令及虛擬指令（Directive）來產生所需要的目標檔。除此之外，將利用聯結器 MPLINK 將目標檔轉換成微控制器最終所需要的燒錄輸出檔，如圖 3-1 所示。早期 dsPIC 數位訊號控制器有專屬的 16 位元程式組譯器 ASM30 與聯結器 LINK30，但隨著 MPLAB X IDE 電腦程式的更新與調整，現在所有系列的微控制器工具都統一稱作 MPASM 與 MP-LINK，而由 MPLAB X IDE 開發環境依照專案設定的控制器型號自行選用對應的工具執行。

3.1.1　指令與虛擬指令

　　指令與虛擬指令一般以下列兩個型式撰寫：

[label:]	instruction	[operand]	[;comment]
[標籤：]	指令	[運算元]	[; 註記]
[label:]	directive	[argument]	[;comment]
[標籤：]	虛擬指令	[敘述]	[; 註記]

　　標籤是用來標記程式位址。在聯結程式的時候，標籤會被用來計算程式記憶體的位址；所有的標籤必須以一個冒號（：）作為結束，而且可以用一個小數點（．）作為開始。當專案混合使用組合語言與 C 語言檔案時，使用組合語言撰寫的副程式名稱標籤應該要使用以小數點開始的名稱，以便由 C 語言程式中呼叫此組合語言的標籤。

　　運算元則是提供給指令所需要的資料來源或目標訊息。運算元包含了：

1. 常數－常數指的是 16 進位、8 進位、2 進位或 10 進位的數值；所有的常數數值必須以一個型號（#）作為開始。

2. 暫存器或記憶體位置－檔案暫存器，包括一般用途暫存器、特殊功能暫存器、工作暫存器以及累加器。

3. 條件程式－條件式的程式跳躍指令可以用狀態位元，例如零（Z，

Zero）或進位（C, Carry）旗標作為運算元。

敘述則類似運算元，用來提供虛擬指令來源或者目標的資訊。

表 3-1　MPASM 編譯器使用符號用途

符號	用途
.	虛擬指令或標籤的開始
:	標籤的結束
#	常數的開始
;	單行註記的開始
/*	多行註記的開始
*/	多行註記的結束

　　所謂的組合語言指令就是 dsPIC 數位訊號控制器在實際運作中所執行的資料處理運算或程式流程控制動作，它們是 dsPIC 控制器所認識的低階機械語言。資料處理可以將暫存器的內容進行數學或邏輯的運算，而程式流程控制則是依據資料的內容更改程式的流程，例如跳行或呼叫函式，而非依序地逐行執行程式指令。在處理暫存器資料的相關指令中，可以指定處理的資料長度為 8 位元或 16 位元以便提高與傳統的 8 位元控制器程式的相容性。Microchip 對於 dsPIC33CK 總共設計了 105 個基本指令，大致上可以依據它們的功能區分為下列的種類：

- MOVE 資料移動指令集
- MATH 數學運算指令集
- LOGIC 邏輯運算指令集
- SHIFT 資料移位指令集
- BIT 位元資料處理指令集
- STACK 堆疊運算處理指令集
- PROGRAM FLOW 程式流程指令集
- CONTROL 硬體控制指令集
- DSP 數位訊號處理指令集

dsPIC 系列控制器完整的指令集如表 3-2 所示。

CHAPTER

3

表 3-2(1)　dsPIC33CK 微控制器組合語言指令表

Base Instr #	Assembly Mnemonic	Assembly Syntax		Description	# of Words	# of Cycles	Status Flags Affected
1	ADD	ADD	Acc	Add Accumulators	1	1	OA,OB,SA,SB
		ADD	f	f = f + WREG	1	1	C,DC,N,OV,Z
		ADD	f,WREG	WREG = f + WREG	1	1	C,DC,N,OV,Z
		ADD	#lit10,Wn	Wd = lit10 + Wd	1	1	C,DC,N,OV,Z
		ADD	Wb,Ws,Wd	Wd = Wb + Ws	1	1	C,DC,N,OV,Z
		ADD	Wb,#lit5,Wd	Wd = Wb + lit5	1	1	C,DC,N,OV,Z
		ADD	Wso,#Slit4,Acc	16-bit Signed Add to Accumulator	1	1	OA,OB,SA,SB
2	ADDC	ADDC	f	f = f + WREG + (C)	1	1	C,DC,N,OV,Z
		ADDC	f,WREG	WREG = f + WREG + (C)	1	1	C,DC,N,OV,Z
		ADDC	#lit10,Wn	Wd = lit10 + Wd + (C)	1	1	C,DC,N,OV,Z
		ADDC	Wb,Ws,Wd	Wd = Wb + Ws + (C)	1	1	C,DC,N,OV,Z
		ADDC	Wb,#lit5,Wd	Wd = Wb + lit5 + (C)	1	1	C,DC,N,OV,Z
3	AND	AND	f	f = f .AND. WREG	1	1	N,Z
		AND	f,WREG	WREG = f .AND. WREG	1	1	N,Z
		AND	#lit10,Wn	Wd = lit10 .AND. Wd	1	1	N,Z
		AND	Wb,Ws,Wd	Wd = Wb .AND. Ws	1	1	N,Z
		AND	Wb,#lit5,Wd	Wd = Wb .AND. lit5	1	1	N,Z
4	ASR	ASR	f	f = Arithmetic Right Shift f	1	1	C,N,OV,Z
		ASR	f,WREG	WREG = Arithmetic Right Shift f	1	1	C,N,OV,Z
		ASR	Ws,Wd	Wd = Arithmetic Right Shift Ws	1	1	C,N,OV,Z
		ASR	Wb,Wns,Wnd	Wnd = Arithmetic Right Shift Wb by Wns	1	1	N,Z
		ASR	Wb,#lit5,Wnd	Wnd = Arithmetic Right Shift Wb by lit5	1	1	N,Z
5	BCLR	BCLR	f,#bit4	Bit Clear f	1	1	None
		BCLR	Ws,#bit4	Bit Clear Ws	1	1	None
6	BFEXT	BFEXT	bit4,wid5,Ws,Wb	Bit Field Extract from Ws to Wb	2	2	None
		BFEXT	bit4,wid5,f,Wb	Bit Field Extract from f to Wb	2	2	None
7	BFINS	BFINS	bit4,wid5,Wb,Ws	Bit Field Insert from Wb into Ws	2	2	None
		BFINS	bit4,wid5,Wb,f	Bit Field Insert from Wb into f	2	2	None
		BFINS	bit4,wid5,lit8,Ws	Bit Field Insert from #lit8 to Ws	2	2	None
8	BOOTSWP	BOOTSWP		Swap the Active and Inactive Program Flash Space	1	2	None
9	BRA	BRA	C,Expr	Branch if Carry	1	1 (4)	None
		BRA	GE,Expr	Branch if Greater Than or Equal	1	1 (4)	None
		BRA	GEU,Expr	Branch if unsigned Greater Than or Equal	1	1 (4)	None
		BRA	GT,Expr	Branch if Greater Than	1	1 (4)	None
		BRA	GTU,Expr	Branch if Unsigned Greater Than	1	1 (4)	None
		BRA	LE,Expr	Branch if Less Than or Equal	1	1 (4)	None
		BRA	LEU,Expr	Branch if Unsigned Less Than or Equal	1	1 (4)	None
		BRA	LT,Expr	Branch if Less Than	1	1 (4)	None
		BRA	LTU,Expr	Branch if Unsigned Less Than	1	1 (4)	None
		BRA	N,Expr	Branch if Negative	1	1 (4)	None
		BRA	NC,Expr	Branch if Not Carry	1	1 (4)	None
		BRA	NN,Expr	Branch if Not Negative	1	1 (4)	None
		BRA	NOV,Expr	Branch if Not Overflow	1	1 (4)	None
		BRA	NZ,Expr	Branch if Not Zero	1	1 (4)	None

表 3-2(2)　dsPIC33CK 微控制器組合語言指令表

Base Instr #	Assembly Mnemonic	Assembly Syntax		Description	# of Words	# of Cycles	Status Flags Affected
		BRA	OA,Expr	Branch if Accumulator A Overflow	1	1 (4)	None
		BRA	OB,Expr	Branch if Accumulator B Overflow	1	1 (4)	None
		BRA	OV,Expr	Branch if Overflow	1	1 (4)	None
		BRA	SA,Expr	Branch if Accumulator A Saturated	1	1 (4)	None
		BRA	SB,Expr	Branch if Accumulator B Saturated	1	1 (4)	None
		BRA	Expr	Branch Unconditionally	1	4	None
		BRA	Z,Expr	Branch if Zero	1	1 (4)	None
		BRA	Wn	Computed Branch	1	4	None
10	BREAK	BREAK		Stop User Code Execution	1	1	None
11	BSET	BSET	f,#bit4	Bit Set f	1	1	None
			Ws,#bit4	Bit Set Ws	1	1	None
12	BSW	BSW.C	Ws,Wb	Write C bit to Ws<Wb>	1	1	None
		BSW.Z	Ws,Wb	Write Z bit to Ws<Wb>	1	1	None
13	BTG	BTG	f,#bit4	Bit Toggle f	1	1	None
		BTG	Ws,#bit4	Bit Toggle Ws	1	1	None
14	BTSC	BTSC	f,#bit4	Bit Test f, Skip if Clear	1	1 (2 or 3)	None
		BTSC	Ws,#bit4	Bit Test Ws, Skip if Clear	1	1 (2 or 3)	None
15	BTSS	BTSS	f,#bit4	Bit Test f, Skip if Set	1	1 (2 or 3)	None
		BTSS	Ws,#bit4	Bit Test Ws, Skip if Set	1	1 (2 or 3)	None
16	BTST	BTST	f,#bit4	Bit Test f	1	1	Z
		BTST.C	Ws,#bit4	Bit Test Ws to C	1	1	C
		BTST.Z	Ws,#bit4	Bit Test Ws to Z	1	1	Z
		BTST.C	Ws,Wb	Bit Test Ws<Wb> to C	1	1	C
		BTST.Z	Ws,Wb	Bit Test Ws<Wb> to Z	1	1	Z
17	BTSTS	BTSTS	f,#bit4	Bit Test then Set f	1	1	Z
		BTSTS.C	Ws,#bit4	Bit Test Ws to C, then Set	1	1	C
		BTSTS.Z	Ws,#bit4	Bit Test Ws to Z, then Set	1	1	Z
18	CALL	CALL	lit23	Call Subroutine	2	4	SFA
		CALL	Wn	Call Indirect Subroutine	1	4	SFA
		CALL.L	Wn	Call Indirect Subroutine (long address)	1	4	SFA
19	CLR	CLR	f	f = 0x0000	1	1	None
		CLR	WREG	WREG = 0x0000	1	1	None
		CLR	Ws	Ws = 0x0000	1	1	None
		CLR	Acc,Wx,Wxd,Wy,Wyd,AWB	Clear Accumulator	1	1	OA,OB,SA,SB
20	CLRWDT	CLRWDT		Clear Watchdog Timer	1	1	WDTO,Sleep
21	COM	COM	f	f = f	1	1	N,Z
		COM	f,WREG	WREG = f	1	1	N,Z
		COM	Ws,Wd	Wd = Ws	1	1	N,Z
22	CP	CP	f	Compare f with WREG	1	1	C,DC,N,OV,Z
		CP	Wb,#lit8	Compare Wb with lit8	1	1	C,DC,N,OV,Z
		CP	Wb,Ws	Compare Wb with Ws (Wb – Ws)	1	1	C,DC,N,OV,Z

表 3-2(3)　dsPIC33CK 微控制器組合語言指令表

Base Instr #	Assembly Mnemonic	Assembly Syntax		Description	# of Words	# of Cycles	Status Flags Affected
23	CP0	CP0	f	Compare f with 0x0000	1	1	C,DC,N,OV,Z
		CP0	Ws	Compare Ws with 0x0000	1	1	C,DC,N,OV,Z
24	CPB	CPB	f	Compare f with WREG, with Borrow	1	1	C,DC,N,OV,Z
		CPB	Wb,#lit8	Compare Wb with lit8, with Borrow	1	1	C,DC,N,OV,Z
		CPB	Wb,Ws	Compare Wb with Ws, with Borrow (Wb – Ws – $\overline{C}$)	1	1	C,DC,N,OV,Z
25	CPSEQ	CPSEQ	Wb,Wn	Compare Wb with Wn, Skip if =	1	1 (2 or 3)	None
	CPBEQ	CPBEQ	Wb,Wn,Expr	Compare Wb with Wn, Branch if =	1	1 (5)	None
26	CPSGT	CPSGT	Wb,Wn	Compare Wb with Wn, Skip if >	1	1 (2 or 3)	None
	CPBGT	CPBGT	Wb,Wn,Expr	Compare Wb with Wn, Branch if >	1	1 (5)	None
27	CPSLT	CPSLT	Wb,Wn	Compare Wb with Wn, Skip if <	1	1 (2 or 3)	None
		CPBLT	Wb,Wn,Expr	Compare Wb with Wn, Branch if <	1	1 (5)	None
28	CPSNE	CPSNE	Wb,Wn	Compare Wb with Wn, Skip if ¹	1	1 (2 or 3)	None
		CPBNE	Wb,Wn,Expr	Compare Wb with Wn, Branch if ¹	1	1 (5)	None
29	CTXTSWP	CTXTSWP #lit3		Switch CPU Register Context to Context Defined by lit3	1	2	None
30	CTXTSWP	CTXTSWP Wn		Switch CPU Register Context to Context Defined by Wn	1	2	None
31	DAW.B	DAW.B	Wn	Wn = Decimal Adjust Wn	1	1	C
32	DEC	DEC	f	f = f – 1	1	1	C,DC,N,OV,Z
		DEC	f,WREG	WREG = f – 1	1	1	C,DC,N,OV,Z
		DEC	Ws,Wd	Wd = Ws – 1	1	1	C,DC,N,OV,Z
33	DEC2	DEC2	f	f = f – 2	1	1	C,DC,N,OV,Z
		DEC2	f,WREG	WREG = f – 2	1	1	C,DC,N,OV,Z
		DEC2	Ws,Wd	Wd = Ws – 2	1	1	C,DC,N,OV,Z
34	DISI	DISI	#lit14	Disable Interrupts for k Instruction Cycles	1	1	None
35	DIVF	DIVF	Wm,Wn	Signed 16/16-bit Fractional Divide	1	18	N,Z,C,OV
36	DIV.S(2)	DIV.S	Wm,Wn	Signed 16/16-bit Integer Divide	1	18	N,Z,C,OV
		DIV.SD	Wm,Wn	Signed 32/16-bit Integer Divide	1	18	N,Z,C,OV
37	DIV.U(2)	DIV.U	Wm,Wn	Unsigned 16/16-bit Integer Divide	1	18	N,Z,C,OV
		DIV.UD	Wm,Wn	Unsigned 32/16-bit Integer Divide	1	18	N,Z,C,OV
38	DIVF2(2)	DIVF2	Wm,Wn	Signed 16/16-bit Fractional Divide (W1:W0 preserved)	1	6	N,Z,C,OV
39	DIV2.S(2)	DIV2.S	Wm,Wn	Signed 16/16-bit Integer Divide (W1:W0 preserved)	1	6	N,Z,C,OV
		DIV2.SD	Wm,Wn	Signed 32/16-bit Integer Divide (W1:W0 preserved)	1	6	N,Z,C,OV
40	DIV2.U(2)	DIV2.U	Wm,Wn	Unsigned 16/16-bit Integer Divide (W1:W0 preserved)	1	6	N,Z,C,OV
		DIV2.UD	Wm,Wn	Unsigned 32/16-bit Integer Divide (W1:W0 preserved)	1	6	N,Z,C,OV
41	DO	DO	#lit15,Expr	Do Code to PC + Expr, lit15 + 1 Times	2	2	None
		DO	Wn,Expr	Do code to PC + Expr, (Wn) + 1 Times	2	2	None
42	ED	ED	Wm*Wm,Acc,Wx,Wy,Wxd	Euclidean Distance (no accumulate)	1	1	OA,OB,OAB, SA,SB,SAB

CHAPTER 3

表 3-2(4) dsPIC33CK 微控制器組合語言指令表

Base Instr #	Assembly Mnemonic	Assembly Syntax		Description	# of Words	# of Cycles	Status Flags Affected
43	EDAC	EDAC	Wm*Wm,Acc,Wx,Wy,Wxd	Euclidean Distance	1	1	OA,OB,OAB, SA,SB,SAB
44	EXCH	EXCH	Wns,Wnd	Swap Wns with Wnd	1	1	None
46	FBCL	FBCL	Ws,Wnd	Find Bit Change from Left (MSb) Side	1	1	C
47	FF1L	FF1L	Ws,Wnd	Find First One from Left (MSb) Side	1	1	C
48	FF1R	FF1R	Ws,Wnd	Find First One from Right (LSb) Side	1	1	C
49	FLIM	FLIM	Wb, Ws	Force Data (Upper and Lower) Range Limit without Limit Excess Result	1	1	N,Z,OV
		FLIM.V	Wb, Ws, Wd	Force Data (Upper and Lower) Range Limit with Limit Excess Result	1	1	N,Z,OV
50	GOTO	GOTO	Expr	Go to Address	2	4	None
		GOTO	Wn	Go to Indirect	1	4	None
		GOTO.L	Wn	Go to Indirect (long address)	1	4	None
51	INC	INC	f	f = f + 1	1	1	C,DC,N,OV,Z
		INC	f,WREG	WREG = f + 1	1	1	C,DC,N,OV,Z
		INC	Ws,Wd	Wd = Ws + 1	1	1	C,DC,N,OV,Z
52	INC2	INC2	f	f = f + 2	1	1	C,DC,N,OV,Z
		INC2	f,WREG	WREG = f + 2	1	1	C,DC,N,OV,Z
		INC2	Ws,Wd	Wd = Ws + 2	1	1	C,DC,N,OV,Z
53	IOR	IOR	f	f = f .IOR. WREG	1	1	N,Z
		IOR	f,WREG	WREG = f .IOR. WREG	1	1	N,Z
		IOR	#lit10,Wn	Wd = lit10 .IOR. Wd	1	1	N,Z
		IOR	Wb,Ws,Wd	Wd = Wb .IOR. Ws	1	1	N,Z
		IOR	Wb,#lit5,Wd	Wd = Wb .IOR. lit5	1	1	N,Z
54	LAC	LAC	Wso,#Slit4,Acc	Load Accumulator	1	1	OA,OB,OAB, SA,SB,SAB
		LAC.D	Wso, #Slit4, Acc	Load Accumulator Double	1	2	OA,SA,OB,SB
56	LNK	LNK	#lit14	Link Frame Pointer	1	1	SFA
57	LSR	LSR	f	f = Logical Right Shift f	1	1	C,N,OV,Z
		LSR	f,WREG	WREG = Logical Right Shift f	1	1	C,N,OV,Z
		LSR	Ws,Wd	Wd = Logical Right Shift Ws	1	1	C,N,OV,Z
		LSR	Wb,Wns,Wnd	Wnd = Logical Right Shift Wb by Wns	1	1	N,Z
		LSR	Wb,#lit5,Wnd	Wnd = Logical Right Shift Wb by lit5	1	1	N,Z
58	MAC	MAC	Wm*Wn,Acc,Wx,Wxd,Wy,Wyd, AWB	Multiply and Accumulate	1	1	OA,OB,OAB, SA,SB,SAB
		MAC	Wm*Wm,Acc,Wx,Wxd,Wy,Wyd	Square and Accumulate	1	1	OA,OB,OAB, SA,SB,SAB
59	MAX	MAX	Acc	Force Data Maximum Range Limit	1	1	N,OV,Z
		MAX.V	Acc, Wnd	Force Data Maximum Range Limit with Result	1	1	N,OV,Z
60	MIN	MIN	Acc	If Accumulator A Less than B Load Accumulator with B or vice versa	1	1	N,OV,Z
		MIN.V	Acc, Wd	If Accumulator A Less than B Accumulator Force Minimum Data Range Limit with Limit Excess Result	1	1	N,OV,Z
		MINZ	Acc	Accumulator Force Minimum Data Range Limit	1	1	N,OV,Z
		MINZ.V	Acc, Wd	Accumulator Force Minimum Data Range Limit with Limit Excess Result	1	1	N,OV,Z

CHAPTER

表 3-2(5)　dsPIC33CK 微控制器組合語言指令表

Base Instr #	Assembly Mnemonic	Assembly Syntax	Description	# of Words	# of Cycles	Status Flags Affected
61	MOV	MOV　f,Wn	Move f to Wn	1	1	None
		MOV　f	Move f to f	1	1	None
		MOV　f,WREG	Move f to WREG	1	1	None
		MOV　#lit16,Wn	Move 16-bit Literal to Wn	1	1	None
		MOV.b　#lit8,Wn	Move 8-bit Literal to Wn	1	1	None
		MOV　Wn,f	Move Wn to f	1	1	None
		MOV　Wso,Wdo	Move Ws to Wd	1	1	None
		MOV　WREG,f	Move WREG to f	1	1	None
		MOV.D　Wns,Wd	Move Double from W(ns):W(ns + 1) to Wd	1	2	None
		MOV.D　Ws,Wnd	Move Double from Ws to W(nd + 1):W(nd)	1	2	None
62	MOVPAG	MOVPAG　#lit10,DSRPAG	Move 10-bit Literal to DSRPAG	1	1	None
		MOVPAG　#lit8,TBLPAG	Move 8-bit Literal to TBLPAG	1	1	None
		MOVPAG　Ws, DSRPAG	Move Ws<9:0> to DSRPAG	1	1	None
		MOVPAG　Ws, TBLPAG	Move Ws<7:0> to TBLPAG	1	1	None
64	MOVSAC	MOVSAC Acc,Wx,Wxd,Wy,Wyd,AWB	Prefetch and Store Accumulator	1	1	None
65	MPY	MPY Wm*Wn,Acc,Wx,Wxd,Wy,Wyd	Multiply Wm by Wn to Accumulator	1	1	OA,OB,OAB, SA,SB,SAB
		MPY Wm*Wm,Acc,Wx,Wxd,Wy,Wyd	Square Wm to Accumulator	1	1	OA,OB,OAB, SA,SB,SAB
66	MPY.N	MPY.N Wm*Wn,Acc,Wx,Wxd,Wy,Wyd	-(Multiply Wm by Wn) to Accumulator	1	1	None
67	MSC	MSC　Wm*Wm,Acc,Wx,Wxd,Wy,Wyd, AWB	Multiply and Subtract from Accumulator	1	1	OA,OB,OAB, SA,SB,SAB
68	MUL	MUL.SS Wb,Ws,Wnd	{Wnd + 1, Wnd} = Signed(Wb) * Signed(Ws)	1	1	None
		MUL.SS Wb,Ws,Acc	Accumulator = Signed(Wb) * Signed(Ws)	1	1	None
		MUL.SU Wb,Ws,Wnd	{Wnd + 1, Wnd} = Signed(Wb) * Unsigned(Ws)	1	1	None
		MUL.SU Wb,Ws,Acc	Accumulator = Signed(Wb) * Unsigned(Ws)	1	1	None
		MUL.SU Wb,#lit5,Acc	Accumulator = Signed(Wb) * Unsigned(lit5)	1	1	None
		MUL.US Wb,Ws,Wnd	{Wnd + 1, Wnd} = Unsigned(Wb) * Signed(Ws)	1	1	None
		MUL.US Wb,Ws,Acc	Accumulator = Unsigned(Wb) * Signed(Ws)	1	1	None
		MUL.UU Wb,Ws,Wnd	{Wnd + 1, Wnd} = Unsigned(Wb) * Unsigned(Ws)	1	1	None
		MUL.UU Wb,#lit5,Acc	Accumulator = Unsigned(Wb) * Unsigned(lit5)	1	1	None
		MUL.UU Wb,Ws,Acc	Accumulator = Unsigned(Wb) * Unsigned(Ws)	1	1	None
		MULW.SS Wb,Ws,Wnd	Wnd = Signed(Wb) * Signed(Ws)	1	1	None
		MULW.SU Wb,Ws,Wnd	Wnd = Signed(Wb) * Unsigned(Ws)	1	1	None
		MULW.US Wb,Ws,Wnd	Wnd = Unsigned(Wb) * Signed(Ws)	1	1	None
		MULW.UU Wb,Ws,Wnd	Wnd = Unsigned(Wb) * Unsigned(Ws)	1	1	None
		MUL.SU Wb,#lit5,Wnd	{Wnd + 1, Wnd} = Signed(Wb) * Unsigned(lit5)	1	1	None
		MUL.SU Wb,#lit5,Wnd	Wnd = Signed(Wb) * Unsigned(lit5)	1	1	None
		MUL.UU Wb,#lit5,Wnd	{Wnd + 1, Wnd} = Unsigned(Wb) * Unsigned(lit5)	1	1	None
		MUL.UU Wb,#lit5,Wnd	Wnd = Unsigned(Wb) * Unsigned(lit5)	1	1	None
		MUL　f	W3:W2 = f * WREG	1	1	None

表 3-2(6)　dsPIC33CK 微控制器組合語言指令表

Base Instr #	Assembly Mnemonic	Assembly Syntax		Description	# of Words	# of Cycles	Status Flags Affected
69	NEG	NEG	Acc	Negate Accumulator	1	1	OA,OB,OAB, SA,SB,SAB
		NEG	f	f = f + 1	1	1	C,DC,N,OV,Z
		NEG	f,WREG	WREG = f + 1	1	1	C,DC,N,OV,Z
		NEG	Ws,Wd	Wd = Ws + 1	1	1	C,DC,N,OV,Z
70	NOP	NOP		No Operation	1	1	None
		NOPR		No Operation	1	1	None
71	NORM	NORM	Acc, Wd	Normalize Accumulator	1	1	N,OV,Z
72	POP	POP	f	Pop f from Top-of-Stack (TOS)	1	1	None
		POP	Wdo	Pop from Top-of-Stack (TOS) to Wdo	1	1	None
		POP.D	Wnd	Pop from Top-of-Stack (TOS) to W(nd):W(nd + 1)	1	2	None
		POP.S		Pop Shadow Registers	1	1	All
73	PUSH	PUSH	f	Push f to Top-of-Stack (TOS)	1	1	None
		PUSH	Wso	Push Wso to Top-of-Stack (TOS)	1	1	None
		PUSH.D	Wns	Push W(ns):W(ns + 1) to Top-of-Stack (TOS)	1	2	None
		PUSH.S		Push Shadow Registers	1	1	None
74	PWRSAV	PWRSAV	#lit1	Go into Sleep or Idle mode	1	1	WDTO,Sleep
75	RCALL	RCALL	Expr	Relative Call	1	4	SFA
		RCALL	Wn	Computed Call	1	4	SFA
76	REPEAT	REPEAT	#lit15	Repeat Next Instruction lit15 + 1 times	1	1	None
		REPEAT	Wn	Repeat Next Instruction (Wn) + 1 times	1	1	None
77	RESET	RESET		Software Device Reset	1	1	None
78	RETFIE	RETFIE		Return from Interrupt	1	6 (5)	SFA
79	RETLW	RETLW	#lit10,Wn	Return with Literal in Wn	1	6 (5)	SFA
80	RETURN	RETURN		Return from Subroutine	1	6 (5)	SFA
81	RLC	RLC	f	f = Rotate Left through Carry f	1	1	C,N,Z
		RLC	f,WREG	WREG = Rotate Left through Carry f	1	1	C,N,Z
		RLC	Ws,Wd	Wd = Rotate Left through Carry Ws	1	1	C,N,Z
82	RLNC	RLNC	f	f = Rotate Left (No Carry) f	1	1	N,Z
		RLNC	f,WREG	WREG = Rotate Left (No Carry) f	1	1	N,Z
		RLNC	Ws,Wd	Wd = Rotate Left (No Carry) Ws	1	1	N,Z
83	RRC	RRC	f	f = Rotate Right through Carry f	1	1	C,N,Z
		RRC	f,WREG	WREG = Rotate Right through Carry f	1	1	C,N,Z
		RRC	Ws,Wd	Wd = Rotate Right through Carry Ws	1	1	C,N,Z
84	RRNC	RRNC	f	f = Rotate Right (No Carry) f	1	1	N,Z
		RRNC	f,WREG	WREG = Rotate Right (No Carry) f	1	1	N,Z
		RRNC	Ws,Wd	Wd = Rotate Right (No Carry) Ws	1	1	N,Z
85	SAC	SAC	Acc,#Slit4,Wdo	Store Accumulator	1	1	None
		SAC.R	Acc,#Slit4,Wdo	Store Rounded Accumulator	1	1	None
86	SE	SE	Ws,Wnd	Wnd = Sign-Extended Ws	1	1	C,N,Z
87	SETM	SETM	f	f = 0xFFFF	1	1	None
		SETM	WREG	WREG = 0xFFFF	1	1	None
		SETM	Ws	Ws = 0xFFFF	1	1	None

表 3-2(7)　dsPIC33CK 微控制器組合語言指令表

Base Instr #	Assembly Mnemonic	Assembly Syntax		Description	# of Words	# of Cycles	Status Flags Affected
88	SFTAC	SFTAC	Acc,Wn	Arithmetic Shift Accumulator by (Wn)	1	1	OA,OB,OAB, SA,SB,SAB
		SFTAC	Acc,#Slit6	Arithmetic Shift Accumulator by Slit6	1	1	OA,OB,OAB, SA,SB,SAB
89	SL	SL	f	f = Left Shift f	1	1	C,N,OV,Z
		SL	f,WREG	WREG = Left Shift f	1	1	C,N,OV,Z
		SL	Ws,Wd	Wd = Left Shift Ws	1	1	C,N,OV,Z
		SL	Wb,Wns,Wnd	Wnd = Left Shift Wb by Wns	1	1	N,Z
		SL	Wb,#lit5,Wnd	Wnd = Left Shift Wb by lit5	1	1	N,Z
91	SUB	SUB	Acc	Subtract Accumulators	1	1	OA,OB,OAB, SA,SB,SAB
		SUB	f	f = f − WREG	1	1	C,DC,N,OV,Z
		SUB	f,WREG	WREG = f − WREG	1	1	C,DC,N,OV,Z
		SUB	#lit10,Wn	Wn = Wn − lit10	1	1	C,DC,N,OV,Z
		SUB	Wb,Ws,Wd	Wd = Wb − Ws	1	1	C,DC,N,OV,Z
		SUB	Wb,#lit5,Wd	Wd = Wb − lit5	1	1	C,DC,N,OV,Z
92	SUBB	SUBB	f	f = f − WREG − (C)	1	1	C,DC,N,OV,Z
		SUBB	f,WREG	WREG = f − WREG − (C)	1	1	C,DC,N,OV,Z
		SUBB	#lit10,Wn	Wn = Wn − lit10 − (C)	1	1	C,DC,N,OV,Z
		SUBB	Wb,Ws,Wd	Wd = Wb − Ws − (C)	1	1	C,DC,N,OV,Z
		SUBB	Wb,#lit5,Wd	Wd = Wb − lit5 − (C)	1	1	C,DC,N,OV,Z
93	SUBR	SUBR	f	f = WREG − f	1	1	C,DC,N,OV,Z
		SUBR	f,WREG	WREG = WREG − f	1	1	C,DC,N,OV,Z
		SUBR	Wb,Ws,Wd	Wd = Ws − Wb	1	1	C,DC,N,OV,Z
		SUBR	Wb,#lit5,Wd	Wd = lit5 − Wb	1	1	C,DC,N,OV,Z
94	SUBBR	SUBBR	f	f = WREG − f − (C)	1	1	C,DC,N,OV,Z
		SUBBR	f,WREG	WREG = WREG − f − (C)	1	1	C,DC,N,OV,Z
		SUBBR	Wb,Ws,Wd	Wd = Ws − Wb − (C)	1	1	C,DC,N,OV,Z
		SUBBR	Wb,#lit5,Wd	Wd = lit5 − Wb − (C)	1	1	C,DC,N,OV,Z
95	SWAP	SWAP.b	Wn	Wn = Nibble Swap Wn	1	1	None
		SWAP	Wn	Wn = Byte Swap Wn	1	1	None
96	TBLRDH	TBLRDH Ws,Wd		Read Prog<23:16> to Wd<7:0>	1	5	None
97	TBLRDL	TBLRDL Ws,Wd		Read Prog<15:0> to Wd	1	5	None
98	TBLWTH	TBLWTH Ws,Wd		Write Ws<7:0> to Prog<23:16>	1	2	None
99	TBLWTL	TBLWTL Ws,Wd		Write Ws to Prog<15:0>	1	2	None
101	ULNK	ULNK		Unlink Frame Pointer	1	1	SFA
104	XOR	XOR	f	f = f .XOR. WREG	1	1	N,Z
		XOR	f,WREG	WREG = f .XOR. WREG	1	1	N,Z
		XOR	#lit10,Wn	Wd = lit10 .XOR. Wd	1	1	N,Z
		XOR	Wb,Ws,Wd	Wd = Wb .XOR. Ws	1	1	N,Z
		XOR	Wb,#lit5,Wd	Wd = Wb .XOR. lit5	1	1	N,Z
105	ZE	ZE	Ws,Wnd	Wnd = Zero-Extend Ws	1	1	C,Z,N

CHAPTER

3

　　虛擬指令則是在 MPLAB X IDE 電腦軟體組譯與建立微控制器程式的時候，由程式組譯器將虛擬指令轉換成指定的編輯動作或指令，用來定義記憶體區間、常數的初始化、定義及宣告符號以及文字符號的替換等等。許多虛擬指令並不會變成實際執行的程式指令，只是作為 MPLAB X IDE 轉換程式時的工具或定義，讓使用者在撰寫程式時更為便利。所有的虛擬指令都以一個小數點（．）作為開始。由於 dsPIC 的指令及虛擬指令非常地眾多，本書無法將其一一地介紹。有興趣的讀者可參閱 Microchip 提供的相關技術手冊。在此，這裡僅將就其一般常用的格式與通用的指令做初步介紹，以便使用者在開發的初期，能夠有基本的知識來處理相關指令。

■ 常用虛擬指令

　　下列所示為一些常用的虛擬指令。這些虛擬指令在未來的範例中將會時常地引用它們。這些虛擬指令在 MPLAB X IDE 所提供的 dsPIC 程式範本中都可以看到。

.equ	定義符號為一個數值
.include	將另外一個檔的內容納入到現在的檔案中
.global	將符號定義為全域參數
.text	定義可執行程式區段的開始
.end	定義檔案中組合語言程式的結束
.section	定義一個程式、資料區間的開始
.space	在區間中設定一個空間
.bss	將變數加入到未初始化資料區間
.data	將變數加入到初始化資料區間
.hword	在區間內宣告字元資料
.palign	在區間內將程式碼對齊
.align	在區間內將資料記憶對齊

■ .equ

　　.equ 是組合語言程式檔案中最常用的虛擬指令。這個虛擬指令是用來定義一個符號並指定一個數值給這個符號。如果我們仔細地閱讀範例專案程式，我

們可以看見使用了 .equ 這個虛擬指令來指定一個符號 Fcy 為一個 1000000 的常數。在程式所有的內容中，Fcy 這個符號或者常數可以被用來代表指令執行週期的頻率。

```
;Program Specific Constants (literals used in code)
 .equ Fcy, #1000000 ;Instruction rate (Fosc/4)
```

在組合語言程式中，在包含標準的含入檔之前，選用的數位訊號控制器必需先被定義。如下列所示的方式，可以使用 .equ 虛擬指令來完成控制器種類的定義。除此之外，控制器的定義也可以用其他的方法來完成。我們將在介紹含入檔時，再予以討論。

■ .include

.include 這個虛擬指令將所定義的檔案內容，在虛擬指令所在的位置，納入到組合語言程式中。最常用的使用方式，是使用這個虛擬指令將標準含入檔的定義內容加入到程式。

```
 .equ __30F4011, 1
 .include "p30f4011.inc"
```

■ .global

.global 這個虛擬指令是用來讓在某一個檔案中定義的變數可以為其他的檔案所使用。在前面的範例中，__reset 這個符號被宣告為全域所以聯結器可以將它運用成一個位址，從重置向量跳躍到這個位址。這時候，__reset：標籤一定要在某一個程式檔案中被定義，用以標示程式碼的開始。這個檔案可以是使用者所撰寫的，或者是由組譯器，編譯器的函式庫檔案中所定義。

```
;Global Declarations:
 .global __reset ;Declare the label for the start of code
 .global Delay100ms
```

■ .text

　　.text 是一個 .section 虛擬指令的特殊形式。.text 是用來告知組譯器在這個虛擬指令後的程式碼必須要被放在一個可執行的程式記憶體區間。

```
;Start of code
.text ;Start of Code section
__reset:
 mov #__SP_init, W15 ;Initalize the Stack Pointer
 mov #__SPLIM_init,W0
```

■ .end

　　.end 虛擬指令是用來標示組合語言程式的結束。

```
.end ;End of code in this file
```

■ .section

　　.section 虛擬指令用來宣告一個記憶體區間。這個區間可以是在暫存器或者是在程式記憶體，而這個區間的位置可以由虛擬指令後面的參數來決定。在下面的例子中，一個區間被命名為 .xbss ，同是使用 "b" 參數定義這個區間是在非初始化的 X 數據資料記憶區。完整的記憶體區間型式可以在 Microchip 的 MPLAB ASM30 使用手冊中查閱。

```
;RAM Variables:
.section .xbss, "b"
var1:  .space 1 ;Allocate space (bytes) to variable
```

■ .space

　　.space 虛擬指令引導組譯器在目前的記憶體區間中保留一個空間。在下面的例子中，一個位元組的記憶體被保留給一個叫做 var1 變數。

CHAPTER

3

```
.section .xbss, "b"
var1:    .space 1 ;Allocate space (1 bytes) to variable
Array1:  .space 5 ;Allocate space (5 bytes) to array
```

■ .bss

.bss 虛擬指令也是一個記憶體區間 .section 虛擬指令的特殊形式。它可以將未初始化的數據資料變數附加到一個未初始化的數據資料記憶體區間。

```
;RAM Variables:
.section .bss, "b"
var2:    .space 1 ;Allocate space (1 bytes) to variable
```

■ .data

.data 虛擬指令也是一個記憶體區間 .section 虛擬指令的特殊形式。它可以將已初始化的數據資料變數附加到一個已初始化的數據資料記憶體區間。

```
;Initialized RAM Variables:
.section .data, "d"
var3:    .hword 0x55AA ;Set value 0x55AA to var3
```

■ .hword

.hword 虛擬指令用以在一個記憶體區間內宣告一些初始化的數據資料字元。它同時也可以用來在程式記憶體區間內宣告一些數據資料。

```
.palign 2 ;Allocate next word to two byte boundary
MyData: .hword 0x0002, 0x0003, 0x0005
```

■ .palign

.palign 虛擬指令可以用來在一個程式記憶體期間內將數據資料對齊。在下面的例子中，變數 Mydata 將從一個偶數的位置開始。

```
.palign 2  ;Allocate next word to two byte boundary
MyData: .hword 0x0002, 0x0003, 0x0005
```

■ .align

.align 虛擬指令可以將數據資料在一個資料記憶體區間內對齊。在下面的例子中，變數 Array2 將由一個可以被 8 整除的位址開始。當使用 dsPIC 的餘數定址法功能時，這個虛擬指令會非常地有用。

```
.section .bss, "b"
.align 8  ;Allocate data to eight byte boundary
Array2: .space 6
```

程式範例 3-1

在有了對指令以及虛擬指令的認識之後，我們現在可以用一個範例來了解它們是如何運作的。在這裡我們將對前面所建立的示範專案中的組合語言程式做一個詳盡的說明。專案中共有兩個組合語言程式，我們將分別地詳細描述它們的內容。由於 dsPIC33CK 控制器的功能較為複雜，在此先以 dsPIC30F4011 控制器程式作為範例。

■ Flash LED with timing loop and switch press.s 檔案

這個檔案一開始有許多以分號（；）開始的註記行。緊接著在幾行之後使用虛擬指令定義所使用的控制器為__30F4011，並納入含入檔來檢查所使用的控制器與定義是否正確。標準的含入檔接著被納入，以定義所有特殊功能暫存器位元的名稱與位址。

```
;------------------------------------------------------------
; 利用 Timer1 及按鍵開關控制 LED 閃爍
; Flash LED with Timer1 and switch press
;------------------------------------------------------------
  .equ __30F4011, 1
  .include "p30f4011.inc"
```

接下來 Fcy 符號被定義為一個數值，以便未來在改變工作頻率時可以輕易地完成修改。使用者僅需改變一行指令，便可以完成程式中所有應用工作頻率的指令修改。下面的指令僅作為範例，實際的程式必須配合硬體設定。

```
;程式特定常數;Program Specific Constants (literals used in code)
 .equ Fcy, #1000000 ;Instruction rate (Fosc/4)
```

接下來，__reset 以及 DelayXms 兩個符號被宣告為全域符號，因此聯結器可以利用這些符號在不同的目標檔中呼叫函式。

```
;全域宣告;Global Declarations:
 .global __reset ;程式起始位址
 .global DelayXms
```

可執行檔的開始是以一個 .text 虛擬指令作為開端，這個虛擬指令告訴控制器後續緊接的程式為可執行的程式碼，並將其放置在預設的程式記憶區間。聯結器會將 _reset: 標籤視為一個重置之後程式跳躍的標準位址標籤。所以這個標籤必須是全域的，以便讓聯結器使用它。

在設定好所有的暫存器變數後，聯結器會尋找最大可使用的空間以供堆疊使用並指定它作為 __SP_init 標籤的開始位址。程式碼將會將這個標籤載入到堆疊指標暫存器 W15，這樣便完成了軟體堆疊的設定工作。

聯結器同時提供了可使用堆疊空間以及程式碼的結束位置，並將它的數值由 __SPLIM_init 標籤載入到 SPLIM 暫存器。如此我們便可以在程式中檢查堆疊溢流（Overflow）的錯誤。也就是說當堆疊指標 W15 暫存器的數值等於 SPLIM 暫存器中所定義的位址，將會發生一個位址錯誤的訊息。要注意的是這個動作將會使用兩個指令週期來完成。W10 暫存器將會載入 __SPLIM_init 的數值並且在將其載入到 SPLIM 暫存器。在程式中不可能將一個 16 位元的數值以及一個 13 位元的近端記憶體位址載入到一個 24 位元的指令中。

```
;程式起始位址;Start of code
.text ;Start of Code section
__reset:
 mov #__SP_init, W15        ;堆疊指標初始化;
```

```
mov #__SPLIM_init,W0
mov W0,SPLIM              ;堆疊指標限制暫存器初始化;
```

在設定好堆疊之後，程式初始化 PORTE 作爲一個輸出埠來驅動 LED。這些 LED 是連接在 PORTE 的接腳 0 以及接腳 1 的位置。程式先清除栓鎖暫存器 LATE 中相關的腳位，所以當我們將這些腳位開關設定爲輸出時，LED 將不會發亮。程式接下來會清除在暫存器 TRISE 中相對應的腳位，將這些腳位轉換成輸出腳位。最後程式碼將會設定 RDE 爲 High，此時所連接的 LED 將會發亮。

接下來主要程式循環將以一個標籤 MainLoop：作爲開始。在循環的結尾將以一個程式跳躍指令回到這個標籤，所以程式將重複地循環。在迴圈內，程式將測試及連接到按鍵 S6 所對應的暫存器 PORTB 第 6 位元。如果按鍵 S6 被按下，則 LATD 的第 7 位元將被設定，使得連接到對應接腳的 LED 將被啟動發亮。放開按鍵 S1，則所對應的 LED 將被關掉。請注意，當一個輸出入埠被用來當作一個輸入時，將使用 PORTx 暫存器作爲對應的變數；但如果被使用者當作輸出時，將使用 LATx 暫存器來對應。同時必須將 RB3 設定爲數位輸入的腳位，以便讀取 SW6 按鍵的狀態。

```
;Initialize LED outputs on PORTE bits 0-4
 mov  #0xffff,W0      ;LED 初始化爲關閉狀態;
 mov  W0,LATE
 mov  #0xffe0,W0      ;初始化 LED 腳位爲輸出;
 mov  W0,TRISE
 bset LATE,#1         ;關閉 LED 2;
 bset ADPCFG, #3      ;設定 RB3 爲數位腳位
 bset TRISB,#3        ;設定 RB3 爲數位輸入
```

接下來，程式會呼叫一個函式 DelayXms。這個函式是被儲存在另一個檔案中，但是一開始就被宣告爲全域變數，所以我們可以在專案中的任何檔案來呼叫它。檔案聯結器會指定一個位址給這個函式標籤，因此它可以被適當地呼叫。在呼叫並執行這個延遲程式之後，會再次將暫存器 LATE 的第 1 位元反轉，使得所對應的 LED 重複地閃爍。

```
;每一次計時器 Timer1 週期延遲 Xms 後結束，反轉 LED 2 的狀態
;Loop to wait toggle LED RE1 every Timer1 period
MainLoop:
  btss PORTB,#3          ;檢查按鍵開關 SW6 是否按下;
  bclr LATE,#0           ;開啟 LED1;
  btsc PORTB,#3          ;檢查按鍵開關是否放開;
  bset LATE,#0           ;關閉 LED1;
  call DelayXms          ;等待 1000 分之 X 秒
  btg  LATE,#1           ;反轉 LED2 訊號狀態;
  bra  MainLoop          ;重新循環;
```

在程式的最後，有一個 .end 虛擬指令，表示這個虛擬指令之後不會再有任何的程式碼需要組譯。

```
  .end ;程式結束;End of code in this file
```

■Software delay loop.s 檔案

在專案中的第二個檔案是一個軟體延遲循環程式，它包含了前面所呼叫使用的 DelayXms 函式。它和先前的檔案非常地類似，也是同樣地以定義一個控制器標籤為開始，然後包含了標準的含入檔。

```
; 軟體等待迴圈;Software delay loop
;--------------------------------------------------------------
  .equ    __30F4011, 1
  .include "p30f4011.inc"
```

緊接著程式碼宣告了 DelayXms 標籤為一個全域變數，所以在其他檔案的程式可以呼叫這個函式。

```
;全域宣告;Global Declarations:
  .global DelayXms ;Declare the label for the start of code
```

緊接著，一個 .text 虛擬指令表示了接下來為可執行的程式碼。

這個 DelayXms 函式一開始在第一個指令前放置一個標籤。整個延遲的功能是一個 repeat 迴圈加上 do 迴圈來建立的。repeat 指令後面接著一個 nop 的

指令，這將會使這個 nop 指令被執行 9,998 次。因此，這個 repeat 以及 nop 指令將需要 10,000 個指令週期來完成執行。因爲假設的程式執行頻率 Fosc 爲 1MHz 時，所以這個循環迴圈將造成 10ms 的延遲。

　　do 指令將造成從 do 開始一直到標記著 DlyXmsEnd 的 nop 程式碼被執行 100 次。這其中包含了此次的重覆迴圈，所以總共的延遲將會是 100 倍。在 do 迴圈的最後一個指令有一些限制，所以程式利用一個額外的 nop 來避免 do 迴圈的結束是在 repeat 迴圈之中。

　　最後，程式以 return 指令作爲結束，所以它可以回到呼叫它的程式碼所在的位址。

```
;Code Section in Program Memory
.text ;Start of code section
DelayXms:
  do     #99, DlyXmsEnd ;Do the timing loop 100 times
  repeat #9998          ;Repeat NOP for 10,000 cycle delay
  nop                   ;Delay by executing NOP
DlyXmsEnd:
  nop      ;End of DO loop - last 2 instr cannot be REPEAT
  Return
```

　　檔案的最後同樣地以一個 .end 虛擬指令作爲程式的結尾，表示後面沒有多餘的程式碼需要組譯。

```
.end ;End of code in this file
```

　　控制器對於需要聯結的程式都會產生一個目標檔。對於聯結器 LINK30 如何從一個目標檔讀取程式碼以及資料並產生最後的輸出檔，讀者可參閱後續 MPLINK 的章節。

3.2　MPLINK 聯結器

　　MPLAB MPLINK 聯結器可以將由 MPASM 組譯器、XC16 編譯器以及先前所儲存的函式庫檔案，轉譯成一個可以執行的 ELF（或 COFF）格式檔案。

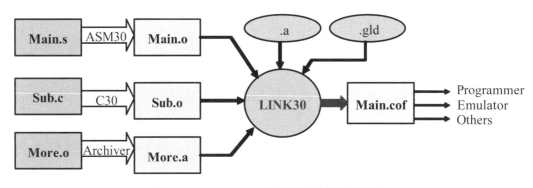

圖 3-2　MPLINK 聯結器功能示意圖

　　基本上，聯結器會將在專案內所有的已編譯或已組譯的檔案聯結在一起，而組成一個可以作軟體模擬，硬體模擬或者是燒錄到控制器中的可執行檔。相關的 hex 檔案以及對應資料都是由這個 ELF（或 COFF）檔案所產生的。

3.2.1　聯結敘述檔

　　聯結器使用一個聯結敘述檔來決定記憶區間放置的位址以及特定控制器的記憶體範圍。它同時支援中斷向量表以及軟體堆疊設定的架構。同時它也會指定特殊功能暫存器的位址。

　　我們可以用範例專案所使用的 p30f4011.gld 聯結敘述檔作為一個範例，藉此來說明聯結敘述檔中所包含的幾種資訊。

- 輸出檔案格式以及進入點
- 記憶區間資訊
- 基礎記憶位址
- 輸出入區間對應資料
- 近端及 X 數據資料記憶區間範圍檢查
- 中斷向量表
- 特殊功能暫存器位址

■輸出檔案格式以及進入點

　　聯結敘述檔的前面幾行定義了輸出格式、控制器系列以及進入點。

```
OUTPUT_ARCH("33CK256MP505")
CRT0_STARTUP(crt0_extendedch.o)
CRT1_STARTUP(crt1_extendedch.o)
#if __XC16_VERSION__ > 1027
CRT_STARTMODE(crt_start_mode_normal)
#endif
```

請注意這裡定義了使用的控制器型號、啟動程式的定義以及啟動的方式。前一章有提到 XC16 專案中的主程式不是真的由 main() 開始，而是由使用者看不到的啟動程式為程式起點，在此得到一個驗證。

■ 記憶區間資訊

在聯結敘述檔的下一個段落中，定義了所使用控制器的各種記憶區間。這個資訊告訴聯結器在這個控制器中有多少可以使用的記憶體。當記憶體區間在聯結的過程中被加入時，聯結器將會檢查每一個記憶體範圍。如果任何一個區間超出範圍，將會產生一個聯結錯誤的訊息。

在此使用 data 宣告了變數資料記憶體的位址由 0x1000 開始安排，區塊大小長度為 0x6000；所以當使用者在程式中如果有宣告變數作為變數處理時，除非特別指定，否則將會依順序由 0x1000 開始安排。

```
/*
** Memory Regions
*/
MEMORY
{
  data (a!xr) : ORIGIN = 0x1000, LENGTH = 0x6000
...
}
```

■ 基礎記憶位址

而由於 dsPIC33CK256MP505 微控制器的程式記憶體可以分割為兩個區塊，因此接下來先定義第一個區塊相關的記憶體位址。這部分的聯結檔敘述將會定義數個程式記憶體區間的開始位址與長度，稍後聯結器將會把程式碼或資料放入到這些區間中。每一個基礎位址將被定義為一個符號，這些符號將可以在程式中用來定義所對應記憶體區間的載入位址。以下為單一分割區塊程式記憶體規劃的敘述。

```
/*
 * Memory regions that are always present
*/

  FBOOT          : ORIGIN = 0x801800,      LENGTH = 0x2

/*
 * Single panel memory regions
*/

#ifndef __DUAL_PARTITION
  reset          : ORIGIN = 0x0,           LENGTH = 0x4
  ivt            : ORIGIN = 0x4,           LENGTH = 0x1FC
  program (xr)   : ORIGIN = 0x200,         LENGTH = 0x2BD00
  FSEC           : ORIGIN = 0x2BF00,       LENGTH = 0x2
  FBSLIM         : ORIGIN = 0x2BF10,       LENGTH = 0x2
  FSIGN          : ORIGIN = 0x2BF14,       LENGTH = 0x2
  FOSCSEL        : ORIGIN = 0x2BF18,       LENGTH = 0x2
  FOSC           : ORIGIN = 0x2BF1C,       LENGTH = 0x2
  FWDT           : ORIGIN = 0x2BF20,       LENGTH = 0x2
  FPOR           : ORIGIN = 0x2BF24,       LENGTH = 0x2
  FICD           : ORIGIN = 0x2BF28,       LENGTH = 0x2
  FDMTIVTL       : ORIGIN = 0x2BF2C,       LENGTH = 0x2
  FDMTIVTH       : ORIGIN = 0x2BF30,       LENGTH = 0x2
  FDMTCNTL       : ORIGIN = 0x2BF34,       LENGTH = 0x2
  FDMTCNTH       : ORIGIN = 0x2BF38,       LENGTH = 0x2
  FDMT           : ORIGIN = 0x2BF3C,       LENGTH = 0x2
  FDEVOPT        : ORIGIN = 0x2BF40,       LENGTH = 0x2
  FALTREG        : ORIGIN = 0x2BF44,       LENGTH = 0x2
  FBTSEQ         : ORIGIN = 0x2BFFC,       LENGTH = 0x2
#endif
```

上述的定義指定了 reset 這個符號為重置區塊的程式記憶體位址，從 0x0 開始，長度為 4 個位元組。接下來是中斷向量表 ivt 的定義，從 0x4 開始，長度為 0x1FC 個位元組。一般程式的安置就從 0x200 開始，緊接著是系統功能設定位元所在的暫存器位址，每個暫存器都需要兩個位元組（16 個位元）的長度。

■ 數據資料記憶區塊範圍

　　在聯結敘述檔中包含了對資料記憶區塊範圍的敘述。

```
__DATA_BASE   = 0x1000;
__DATA_LENGTH = 0x6000;
__YDATA_BASE  = 0x5000;
```

這裡定義了 Y 資料記憶體區塊的起始位置為 0x5000 開始，其他的則為 X 記憶
體區塊。

■ 程式記憶體區塊定義

　　程式記憶體區間的細部定義是由 SECTIONS 定義自開始，並依據需求定
義了幾個區塊。

```
/*
** ==================== Section Map =======================
*/
SECTIONS
{
```

　　讓我們看看下面範例中的第一個程式記憶體區間 .reset。由於 reset 在基
礎記憶體位址中被定義為由 0x00 開始，因此重置程式記憶體將由位址 0x00
的地方開始。

```
#if !defined(__CORESIDENT) || defined(__DEFINE_RESET)
 /*
 ** Reset Instruction
 */
 .reset :
 {
     SHORT(ABSOLUTE(__reset));
     SHORT(0x04);
     SHORT((ABSOLUTE(__reset) >> 16) & 0x7F);
     SHORT(0);
 } >reset
#endif
```

CHAPTER

3

　　.text 區間收集了從所有應用程式輸入檔所定義的可執行程式碼，並且將它們放置到 program 輸出區塊。有一些輸入程式碼的順序也可以在這裡定義，以確保 MPLAB XC16 可以正確地執行。例如：.handle 區間被用來作爲函式的指標而且將會第一個被載入。緊接的是中斷執行函式、函式庫區間 .libc 、.libm 以及 .libdsp。數學函式庫刻意地被安置在中間，所以由標準 C 函式庫或 DSP 函式庫來呼叫，都一樣地有效率。

```
.text :
{
  *(.init);
  *(.user_init);
  KEEP (*(.handle));
  KEEP (*(.isr*));
  *(.libc) *(.libm) *(.libdsp) ; keep together in this order
  *(.lib*);
} >program
```

剩餘的區塊對應資料緊接在後，用來定義其他不同型式的程式記憶體、暫存器、唯讀記憶體以及結構記憶區間。

■ 中斷向量表

　　在聯結敘述檔的尾端，主要及替代中斷向量表將會定義在第二個區間對應資料中。在這裡我們用一個震盪器故障錯誤不可遮罩中斷（trap）作爲一個例子，來說明中斷向量表的結構。

　　如果 __OscillatorFail 符號有被定義，則這個符號的位址將被使用；否則將會以 __DefaultInterrupt 符號所在的位址作爲替代。這表示，如果使用者並未提供一個中斷執行程式，則預設的中斷執行程式將會被呼叫。如果使用者並未提供一個預設的中斷執行程式，也就是一個稱作爲 __DefaultInterrupt 的函式，則聯結器將會自動產生一個這樣的函式。最簡單的預設中斷執行程式就是一個 RESET 指令。

```
SECTIONS
{
```

```
/*
** Interrupt Vector Table
*/
.ivt __IVT_BASE :
{
 LONG(DEFINED(__OscillatorFail)?ABSOLUTE(__OscillatorFail) :
     ABSOLUTE(__DefaultInterrupt));
 LONG(DEFINED(__AddressError) ? ABSOLUTE(__AddressError) :
     ABSOLUTE(__DefaultInterrupt));
 LONG(DEFINED(__HardTrapError) ? ABSOLUTE(__HardTrapError) :
     ABSOLUTE(__DefaultInterrupt));
 LONG(DEFINED(__StackError) ? ABSOLUTE(__StackError) :
     ABSOLUTE(__DefaultInterrupt));
 LONG(DEFINED(__MathError) ? ABSOLUTE(__MathError) :
     ABSOLUTE(__DefaultInterrupt));
 LONG(DEFINED(__ReservedTrap5) ? ABSOLUTE(__ReservedTrap5) :
     ABSOLUTE(__DefaultInterrupt));
 LONG(DEFINED(__SoftTrapError) ? ABSOLUTE(__SoftTrapError) :
     ABSOLUTE(__DefaultInterrupt));
 LONG(DEFINED(__ReservedTrap7) ? ABSOLUTE(__ReservedTrap7) :
     ABSOLUTE(__DefaultInterrupt));
     ...
```

CHAPTER

3

■ 特殊功能暫存器位址

特殊功能暫存器的絕對位址是由一系列的符號所定義。每一個特殊功能暫
存器的位址包含兩種形式，有底線（__）或沒有底線。如此，不論 C 語言程式
或組合語言撰寫的程式都可以用同一個名稱來引述特殊功能暫存器。根據一般
的定義，C 語言編譯器在每一個標籤前都會加上一個底線。

```
/*
** =============== Equates for SFR Addresses ==============
*/

 WREG0      = 0x0;
_WREG0      = 0x0;
 WREG1      = 0x2;
_WREG1      = 0x2;
 WREG2      = 0x4;
_WREG2      = 0x4;
     ...
JDATAH      = 0xFFC;
_JDATAH     = 0xFFC;
```

　　在這個範例中,似乎定義了比預期還要多的程式與資料記憶體資料;重要的是,千萬不要對聯結器以及聯結敘述檔感到恐懼。聯結器只是遵循指令來將使用者的程式碼以及變數記憶體放置在可以使用的記憶體空間。一般應用通常不會去更改聯結檔的定義,但是如果有必要的話,使用者還是可以自行更改,特別是程式記憶體區塊的部分,以便將程式分成數個不同的獨立區塊,對於程式管理與韌體更新將會有所幫助。

3.3　MPLAB Archiver/Librarian 函式庫生成

　　XC16 編譯器除了提供將 C 語言程式轉譯成可執行的機械碼程式輸出之外,也可以將程式檔利用 Archiver 存檔工具將程式轉存成一個可以匯出與其他程式結合為新專案的程式檔案,一般稱之為函式庫。一般程式撰寫的過程中,如果經常需要被執行的程式碼可以利用 C 語言中函式的方式集結成一個可以被其他程式碼呼叫執行的格式;當這樣的函式眾多時,便可以將它們集中在一個檔案中以便於管理,這樣的檔案稱之為函式庫。由於 C 語言規定在使用函式前必須要在同一檔案是先宣告函式原型,也就是函式的名稱、輸出資料型態格式、輸出入引數的格式等等,方能於程式中使用此函式;因此,函式庫程式通常又會提供一個這樣的函式庫原型定義表頭檔供各個檔案以 #include 系統定義字彙如程式中。

　　在早期的 XC16 版本,Microchip 針對每一個晶片型號或者是系列提供數學函式庫、資料輸出入函式庫、周邊功能函式庫與 DSP 函式庫等等;但是隨著產品種類的增加,要維護這樣日益龐大的函式庫扮成一個負擔。同時由於硬體的進步,新的功能因為超越傳統的設計,所需要的函式庫也必須要修正,導致函式庫的分歧日發明顯,反而造成使用者的困難。因此 Microchip 在近幾年推出 MPLAB Code Configurator(程式建構器,簡稱 MCC),直接將前述的函式庫檔案自動生成於專案中,而不需要以往集中式的函式庫建置方式。

　　一般要建立一個跟他人分享的函式庫時,通常會希望保留原始碼的內容不要公開,僅提供函式庫的使用方式;因此,實際執行提供的是一個副檔名為 .a 的檔案,附加上一個函式庫定義的表頭檔 .h ,便可以提供給他人使用相關的函式內容。副檔名為 .a 的函式庫檔案,其實是一個使用 Archiver 工具程式建立的檔案,裡面包含專案程式中的許多檔案與資料。由於函式庫檔案是一個編譯過的數碼檔案,所以一般人是無法分析其內容,所以可以保留撰寫者的原始內容;許多人也利用這樣的特性,將開發的函式庫作為商品販售他人。只有像 Microchip 這一類的廠商是為了販售硬體微控制器獲利而免費提供相關函式庫。.a 的函式庫檔案必須搭配編譯時產生的變數及函式定義檔(.elf 或 .coff),才能夠解析各個程式與資料記憶體的規劃與使用。一旦生成之後,一般函式庫檔案會在編譯器軟體安裝時一併集中安裝在程式附屬的資料夾中,例如數位訊號處理器的函式庫就安裝在 C:\Program Files (x86)\Microchip\xc16\v1.xx\lib 的資料夾下,版本又分為使用 elf 或 coff 格式的不同函式庫檔案。同一個路徑下,也有 C 語言標準的函式庫及數學函式庫等等。如果是使用者自行建立的函式庫,則必須加道專案中的對應資料夾中。函式庫對應的 .h 函式定義檔案如果是 XC16 編譯器提供的函式庫,在程式中使用 < > 定義路徑,例如每一個程式開頭使用的 <xc.h> 即使用 < > 的括號。如果是使用者自行建立的定義檔則使用 " " 的雙引號,編譯器就會以此區隔,在編譯器程式的預設路徑或專案下資料夾的路徑去尋找檔案。

一旦使用者的應用程式撰寫完成而使用編譯器處理時,將會在編譯後自動呼叫 MPLINK 聯結器將專案中不論是 C 語言或組合語言程式的 .o 目標檔案與函式庫的 .a 檔案聯結成一個完整的可執行程式,即可下載運用。因此,在後續的章節中,部分應用程式將會大量使用 MPLAB XC16 所提供的函式庫以縮短開發時間。

如果使用較新的 Microchip 16 位元控制器時,可以啟用 MCC 的功能,利用簡單的視窗介面完成功能設定後,不但可以使用原廠提供的函式庫,而且還可以看到 MCC 產生的函式庫原始碼,有助於讀者學習進階程式的開發使用。缺點是 MCC 產生的函示庫內容會隨著版本的更新有所變動,新舊版本間如果差異太大時,會造成使用者必須要調整應用程式內容,例如函式名稱與格式,才可以在新版本下完成編譯與燒錄執行;這對於經常性的程式更新會有一定程度的負荷。

CHAPTER 4

MPLAB XC16 編譯器

　　從這一章開始將進入本書的核心部分——利用 C 程式語言來撰寫 dsPIC 數位訊號控制器的程式。在詳細地介紹 XC16 編譯器的各項內容之前,將先用一個簡單的範例說明程式撰寫的環境與流程,以便使用者熟悉開發工具的操作。

　　對於高階微控制器應用,使用者多半會以 C 程式語言來撰寫 dsPIC 控制器所需要的程式。MPLAB XC16 是一個符合 ANSI 標準的 C 語言編譯器。這個工具讓使用者可以撰寫相容的或模組化的 dsPIC 程式,這將會讓程式有更大的可攜性,並且比組合語言的程式更容易了解。除了 C 語言本身的優勢之外,XC16 所提供的函式庫讓它成為一個更強大有效的編譯器。例如,建立浮點運算變數、三角函數、濾波器以及快速傅立葉轉換演算法在組合語言中是相當困難的。但是有了數位訊號處理、周邊功能以及標準數學等 C 語言函式庫,這些函式可以輕易地被呼叫而完成運算。同時,C 程式語言的模組化特性降低了函式互相影響的可能性。

　　除此之外,利用 C 程式語言撰寫 dsPIC 控制器的應用程式還可以節省使用者在撰寫過程當中,對於變數資料記憶體位址、函式的標籤與程式記憶體位址安排、資料建表、與各種指標或堆疊的存取處理等等所需要花費的時間與精神。這些在組合語言中相當瑣碎而頻繁但又是必要的程序將會透過 XC16 程式編譯器自動地安排與調整為使用者所撰寫應用程式變數作適當的規劃,而不需要使用者費心地去規劃、安排與執行。

　　本章的內容將簡單地描述 C 程式語言的詳細內容,並引導讀者了解 MPLAB XC16 程式編譯器的使用方法與流程。詳細的程式撰寫與函式庫介紹將會在後續的章節中說明。

4.1 C 程式語言簡介

　　要使用 XC16 編譯器來撰寫 dsPIC 控制器的程式,當然要對 C 程式語言有基本的認識。如果讀者對於 C 程式語言還不熟悉,在這裡會對 C 程式語言的基本要素做一個介紹。如果讀者已是一個有經驗的程式開發者,可以忽略掉這一個章節,直接進入後面的實戰內容。

　　C 程式語言是一種通用的程式語言,它是在 1970 年所發展出來的一個電腦程式語言。數十年來已成為撰寫電腦程式的主流語言,並衍生出更進階的 C++ 與其他的程式語言。大部分與電腦相關的程式,不論是那一種作業平台,幾乎都是可以由 C 程式語言來撰寫。

　　特別是與工程相關的發展工具,除了廠商所提供的操作介面之外,都會提供使用 C 程式語言的系統發展工具作為擴充功能的途徑。例如本書所介紹的 XC16 編譯器就是一個很好的例子,它提供了使用者在組合語言之外另一個發展工具的選擇。C 程式語言之所以成為一個通用的程式撰寫工具,主要是因為程式語言本身的可攜性、可讀性、可維護性以及極高的模組化設計特性。由於其語言的廣泛使用,早在 1983 年就由美國國家標準局,簡稱 ANSI ,制定了一個明確而且與機器無關的 C 語言標準定義,這就是 ANSI 標準版本的由來。

　　許多人通常會對撰寫程式語言感到害怕,但是 C 語言不是一個龐大的程式語言;相反地,它是一個非常精簡的程式語言。也就是因為它的精簡特性,使得 C 程式語言可以擁有很高的可攜性以及可讀性。同時,它也保留了非常好的擴充方式,讓使用者可以在基本的語法運算之外增加或擴充所需要的功能函式。

　　本書無意對 C 程式語言做一個詳細的介紹,坊間已經有許多引導讀者學習 C 語言的教材、課程與範例。在這個章節中,僅將簡介 C 程式語言中基本的運算元素、指令及語法。希望讀者在閱讀之後,能夠有基本的能力開始撰寫 C 語言程式,以便運用 XC16 編譯器來發展 dsPIC 控制器的應用程式。

4.1.1 C 程式語言檔的基本格式

　　讓我們以一個 C 語言範例程式 Flash LED with Timer1 and switch press.c

來說明 C 語言程式檔的基本格式。

```c
//--------------------------------------------------------------
//利用按鍵開關控制 D_LED2，並控制 D_LED2 閃爍
//--------------------------------------------------------------

#include <xc.h>

//--------------------------------------------------------------
// Constants
#define FCY 8000000/2 //定義指令執行週期 (使用 FRC 時脈)
#include <libpic30.h>

//--------------------------------------------------------------
// Main routine
int main(void)
{
  LATB = 0x0000;            //關閉 PORTB 腳位
  TRISB = 0xEFFF;           //設定 RB12 腳位為輸出至 D_LED2，正邏輯
  LATBbits.LATB12 = 1;      //開啟 D_LED2
  ANSELB = 0x0000;          //所有 PORTB 腳位都規劃為數位輸出入

  while(1)                  //永久迴圈
  {
    __delay_ms(500);       //延遲 0.5 秒鐘(要先定義 FCY)
    //LATBbits.LATB12 = !LATBbits.LATB12;     //反轉 D_LED2

    if(LATBbits.LATB12 == 1)
      LATBbits.LATB12 = 0;
    else
      LATBbits.LATB12 = 1;

  }
} //End of main()
```

在程式檔中，只要是以雙斜線（//）作為某一行開端的敘述，表示這一行是與程式無關的註解敘述。或者是當讀者看到某一行開端使用斜線加上星號（/*），表示這是一個註解敘述區塊的開始；而在註解區塊的結束，將會以星號加上斜線（*/）作為註記。除了這些註解敘述之外，其他所有的指述（Statement）都將會與程式的執行有關，這些指述就必須要依照標準 C 程式語法的規定來撰寫。

在範例程式的開端，我們看到了

```
#include <xc.h>
#define FCY 8000000/2
```

#include 與 #define 都不是 C 程式語言的標準指令，它們比較像是我們前面介紹的虛擬指令，用來定義或處理標準 C 程式語言所沒有辦法處理或執行的工作。

例如，上述的兩行指述就使用了 #include 將另外一個表頭檔的內容 "xc.h"，在這個位置包含到這個檔案中。另外，#define 準備用來將一個文字符號 FCY 定義等同於一個數值，8000000/2（=4,000,000）。

可執行程式碼的開端必須由一個 main（void）函式開始。在 main（void）前面所增加的 int 是用來宣告這一個程式回傳值的型別屬性為整數。我們將在稍後再詳細介紹型別屬性的意義。括號內的 void 表示這個 main 函式不需要任何參數的傳遞。而 main 這個函式所包含的範圍將包括在兩個大括號 { } 之間。

在這兩個大括號 { } 之間，就是許多可執行程式碼的指述（Statement）。每一個程式指述都會以一個分號（；）作為結束。這一些指述在經過 C 程式語言編譯器的轉譯之後，就會被改寫為可以在對應的機器以及作業系統下執行的指令集。每一個 C 程式語言編譯器都是針對特定的機器與系統，對這些指述作出特別的轉譯；因此，經過轉譯後的輸出是沒有辦法移轉到不同的系統或者機器上執行的。然而由於 C 語言有全球一致的標準，所以使用者仍然可以將以 C 語言撰寫的程式檔案移轉到不同的機器及系統上，經過重新編譯之後即可在不同的系統上執行。這也就是我們前面強調的可攜性。

在每一個指述裡面，都會包含有至少一個的運算子以及兩個以上的運算元。例如在第一個指述中，

```
LATB = 0x0000;          //關閉 PORTB 腳位
```

LATB 及 0x0000 就是兩個運算元，而等號（=）就是運算子。這一個指述會把一個常數 0x0000 寫入到 LATB 變數符號所代表的記憶體位址。LATB 的

記憶體位址則是在 xc.h 這個檔案中宣告定義了，所以使用者不用另行宣告。
事實上，所有跟硬體相關的記憶體位址都已經由 XC16 編譯器先行在 xc.h 定
義檔中藉由對應個別型號的定義檔完成宣告。

基本上，C 程式語言包含了 3 種運算子：數學運算子、關係運算子及邏輯
運算子。所有的基本運算子經過整理後，整理如表 4-1 所示。

表 4-1　C 程式語言的基本運算子

符號	功能	符號	功能
( )	群組	==	等於的關係比較
->	結構變數指標	!=	不等於的關係比較
!	邏輯反轉（NOT）運算	&	位元的且（AND）運算
~	1 的補數法計算	^	位元互斥或（XOR）運算
++	遞增 1	|	位元的或（OR）運算
--	遞減 1	&&	邏輯且（AND）運算
*	間接定址符號	||	邏輯或（OR）運算
&	讀取位址	?:	條件敘述式
*	乘法運算	=	數值指定
/	除法運算	+=	加法運算並存回
%	餘數運算	-=	減法運算並存回
+	加法運算	*=	乘法運算並存回
-	減法運算	/=	除法運算並存回
<<	向左移位	%=	餘數運算並存回
>>	向右移位	>>=	向右移位運算並存回
<	小於的關係比較	<<=	向左移位運算並存回
<=	小於或等於的關係比較	&=	位元且（AND）運算並存回
>	大於的關係比較	^=	位元互斥或（XOR）運算並存回
>=	大於或等於的關係比較	|=	位元或（OR）運算並存回

數學運算子主要是將定義的運算元做基本的算術運算；關係運算子這是在
比較運算元之間的大小與差異關係；而邏輯運算子則是將其運算元做邏輯上的

布林運算。

除了在設定週期的指述，是以除法運算子作 FCY 及 2 之間的除法運算；以及在另外一個指述中，以雙等號（==）作 LATBbits.LATB12 以及 1 之間是否相同的關係比較運算之外，我們可以看到在範例程式中，大部分的指述都只是將特定的變數指定為某一個數值。

除了運算子之外，在 C 語言裡面還有一個很重要的元素，就是控制程式流程的流程指述。控制流程述是用來描述程式碼及計算進行的順序，C 程式語言所包含的控制流程指述整理如下：

```
if(邏輯敘述)  指述;           [else  指述;]
while(邏輯敘述)  指述;
do  指述;  while(邏輯敘述)
for(指述 1;  邏輯敘述; 指述 2)  指述;
switch(敘述)   {case: 指述;  …[ default: 指述; ]}
return 指述;
goto label;
label: 指述;
break;
continue;
```

如果一個控制流程指述後面有超過一個以上的指述必須要執行，這時候可以用兩個大括號（{ }）來定義及開始與結束的範圍，這個範圍我們稱之為一個指述區塊（Block）。

```
{指述;  … ;  指述;}
```

4.1.2　變數型別與變數宣告

每一個程式指述裡面，都會有需要運算處理的數據資料。而這些數據資料都會被儲存在一個特別的記憶體位址，這些位址都需要一個符號作為在程式裡面的代表，這個符號就是我們所謂的變數（Variable）。由於運算需求的不同，每一個變數所需要的長度以及位址都有所不同，因此也產生了許多不同的變數型別（Data Type）。標準的 C 程式語言中定義了幾種可使用的變數型別，包含：

```
Int          整數
float        浮點數或實數
char         文字符號
short        短整數
long         長整數
double       倍準實數
```

這些基本的變數型別所佔用的記憶體長度，會隨著所使用的機器與編譯器的不同而有所改變。一般我們可以用下列的語法來宣告變數的型別屬性。

```
變數型別     變數名稱 1，變數名稱 2，… ；
例如：       int  fahr, celsius;
```

ⓞ❚4.1.3　函式結構

函式或稱作副程式，利用函式可以將大型計算處理工作分解成若干比較小型的工作，同時也可以快速地利用已經寫好的函式而不必重新撰寫。使用函式的時候，並不需要知道它們的內容；只要了解它們的使用方法、宣告方式及輸出入參數便可以利用它們來完成運算。因此，一般的 C 程式語言編譯器允許使用者利用已經編譯成目標檔的函式庫或程式碼，只要透過適當的聯結器處理，便可以將它們與使用者自行撰寫的程式聯結組合成一個完整的應用程式。一般的商業程式編譯器大多會提供一些函式庫的目標檔，雖然可以提供使用者應用這些函式庫，但保留了函式庫的原始程式碼以保護其商業利益。幸運的是，Microchip 在 XC16 編譯器中已經包含了函式庫中所有相關函式的原始程式碼，使用者如果有興趣了解相關的函式，或者希望訓練自己更好的程式技巧，不妨開啟這些函式庫的原始程式碼來學習更高階的程式技巧。要注意的是，部分的函式庫原始程式碼是以組合語言來撰寫的，其目的是要提高執行的效率。

一個函式的內容，基本上，就是一個指述區塊。為了方便編譯器了解這個指述區塊的開始與結束，在函式的起頭必須要給它一個名稱；同時要定義這個函式回傳值的資料屬性，以及需要從呼叫指述所在的位置傳入或傳輸函式的相關數據資料。例如，在範例程式中

```
int main(void)
```

就是一個函式定義的型別；在這裡，main 是函式名稱，int 指出回傳值的資料屬性為整數，括號內的 void 告訴編譯器沒有任何的輸出或輸入數據資料。而整個函式的範圍就是用兩個大括號（{}）來定義開始與結束的位置。

由於 main() 是應用程式的主程式，所以在這個函式區塊的結束之前不需要加入 return 指述；但是如果是在一般的被呼叫函式中，最後一行或者是在需要返回呼叫程式的地方就必須要加上 return 這個指述，以便程式在執行中由函式返回到呼叫的位址。

4.1.4　陣列

當程式中需要使用許多變數時，我們往往會發現變數的類別、名稱與數量常常會超出我們的想像。這時候，可以利用陣列（Array）來將性質相近或相同的變數整合在一個陣列中，給予它一個共同的名稱，並由陣列註標數字區分性質相近的變數。例如，如果我們要定義一年中每個月的天數，我們可以用下面兩種不同的方法來宣告我們所要的變數。

```
int Jan,Feb,Mar,Apr,May,Jun,Jul,Aug,Sep,Oct,Nov,Dec;
int Month[12];
```

第一種方法定義了 12 個整數變數，可以讓程式碼將每個月的天數儲存到這些變數中；第二種方法則定義了一個叫做 Month 的整數陣列，並保留了 12 個位址來儲存這些天數。這樣的方式，可以讓程式寫的比較簡潔，而且在執行重覆的工作時會特別有效率。要注意，在 C 語言中陣列註標是由 0 開始的；因此在上面的定義中，Month[0] 相當於第一種定義中的 Jan。

陣列的大小可以有好幾個陣列註標來擴張。所以如果使用者要定義一個陣列來表示每一年的某一天時，可以用下面的定義方式。

```
int day[12][31];
```

到這裡，我們已經介紹了 C 語言中比較基本且常用的元素。接下來，要介紹幾個 C 語言中比較進階而困難的元件，但是這些元件的使用將會大幅地提高程式撰寫以及執行的效率。

4.1.5 結構變數

結構變數（Structure）是 C 程式語言的一種特殊資料變數型別。在前面的陣列中，我們學到了如何將一群性質類似或相同的變數用陣列來宣告。但是，如果有一群不同型別的變數必須要一起處理，或者它們之間有某種共同的相關性時，要怎麼辦呢？

C 語言提供了一種變數型別叫作結構（Struct），它是由一個或多個變數組成，各個變數可為不同的型別，一起透過一個名稱宣告可以便於處理。例如，要定義一個點在平面上的座標，必須要定義兩個變數來使用。如果我們要定義兩個不同點的座標時，要怎麼處理呢？我們可以比較下面 4 個定義方式：

```
int x1, y1, x2, y2;
int x[2], y[2];
int point1[2] point2[2];

struct point{
  int x;
  int y;
} point1, point2;
```

如果使用的是第一種宣告，基本上這 4 個座標值是分開獨立的變數；第 2 種宣告則是將兩個不同點的 X 座標宣告成一個陣列，作 Y 座標宣告成一個陣列；第 3 種宣告這是將同一個點的 X 及 Y 座標宣告在各自的陣列中。這 3 種宣告的方式，在程式的撰寫上都有其使用的不方便。如果使用第 4 種，也就是結構型別的宣告。這時，如果要處理第一個點的 X 或 Y 座標時，可以用下列的指述在執行。

```
point1.x=point1.y;
```

我們可以看到，結構型別宣告可以讓程式的撰寫簡潔而有效率；同時又能夠維持程式的可讀性。這個方式在定義 dsPIC 輸出入埠的附屬腳位時，變得非常地有幫助。就像在程式範例中所使用的 PORTCbits.RC13，直接用名稱我們就可以看出來這個變數是 PORTC 輸出入埠的第 13 隻接腳 RC13。有興趣的讀者不妨打開 XC16 所提供的 dsPIC 各個表頭檔，將會發現有許多的硬體周邊與腳位都是以這樣的方式來定義的。

CHAPTER

4

4.1.6　集合宣告

　　集合（union）也是一種 C 語言的特殊資料變數宣告方式。這種宣告的目的是要將許多不同的變數經過集合的宣告後，放置到同樣一個記憶體的區塊內。有兩種情形使用者會需要以這種方式來做宣告：第一種是爲了要節省記憶體空間，將一些不會同時使用到的變數宣告放到同一個記憶體區間，這樣可以節省程式所佔用的記憶體；另一種情形則是因爲同一個記憶體在程式撰寫的過程中，或是在硬體的設計上有著不同的名稱。因此程式撰寫者希望藉由集合的宣告，將所使用或定義的不同名稱指向同一個記憶體位置。例如，我們可以把一個有關計時器的變數宣告如下：

```
union Timers {
  unsigned int lt;
  char bt[2];
} timer;

timer.bt[0] = TMRxL;    // Read Lower byte
timer.bt[1] = TMRxH;    // Read Upper byte
timer.lt++;
```

　　在這裡，我們宣告了一個集合變數 timer；它的 Timers 集合型別宣告型式定義了這個變數包含了一個 16 位元長度的變數 timer.lt 或者是可以用另一組兩個稱爲 timer.bt[0] 及 timer.bt[1] 的 8 位元長度變數。所以在後續的指述中，使用者可以個別的將兩個 8 位元的資料儲存到 8 位元的變數；也可以用 16 位元長度的方式來作運算處理。要注意的是，任何一個集合型式或變數名稱的運算處理將會改變這個記憶體位置裡面的內容。

4.1.7　指標

　　指標（Pointer）是一種變數，它儲存著另一個變數的位址。指標在 C 程式中用得很多，一方面是因爲有些工作只有指標才能完成，另一方面則是使用指標常可使程式更精簡而有效率。指標與陣列在使用上有密切的關係。

　　在指述中我們可以利用運算子 & 取得一個變數的位址。例如：

```
p=&c;
```

會將變數 c 的位址儲存到變數 p 中。這時候我們說 p 是變數 c 的指標。同時我們可以配合另外一個運算子 * 的運用，將指標所指向位址的記憶體內容讀取出來使用。藉由指標的使用，我們可以用間接定址的方式來做一些運算處理。例如：

```
ip=&x;      //ip 是變數 x 的指標
y=*ip;      //現在，變數 y 的內容等於變數 x 的內容
*ip=0;      //現在，變數 x 的內容等於 0
```

由這個範例我們可以看出，在某一些特別的運算中，我們可以使用指標間接指向變數所在的位址，而不必直接使用變數名稱。

本書對於 C 程式語言的介紹就將在這裡告一段落，如果讀者覺得還需要更多對 C 語言的了解，可以參閱 "The C Programming Language," B.W. Kerighan & D. M. Ritchie, 2nd Ed., Prentice Hall。

4.2 MPLAB XC16 編譯器簡介

4.2.1 MPLAB XC16 專案

在前面的範例專案中，我們學會了如何使用組合語言程式檔案完成專案。使用 XC16 建立專案的過程也是非常相似的，只是使用 C 程式語言檔案以及函式庫檔案。

建立一個組合語言專案包含了兩個步驟的流程。首先撰寫組合語言程式檔再對個別地組譯並產生目標檔；然後這些目標檔將被聯結並產生輸出檔。

建立一個 XC16 專案同樣地也是需要兩個步驟的流程。首先，C 原始程式檔案被編譯成目標檔；然後目標檔將被聯結並產生輸出檔。

CHAPTER

4

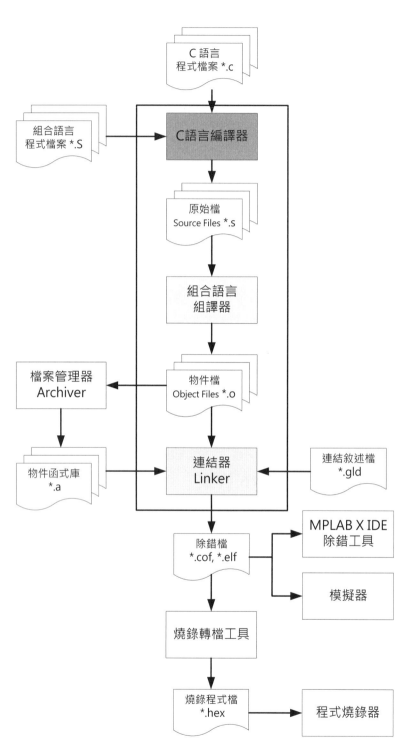

圖 4-1　XC16 編譯器與專案程式檔案關係

　　除了 C 程式語言檔之外，專案可能包含了函式庫檔案。這些函式庫檔案將會與目標檔聯結在一起。函式庫是由一些事先編譯過的目標檔所組成，它們是一些基本的函式，可以在專案中使用而不需要編譯。

　　在聯結時，MPLINK 聯結器利用專案的聯結敘述檔來了解控制器中可以運用的記憶體。然後，它將目標檔以及函式庫檔案中所有的程式碼以及變數安置到控制器可用的記憶體。最後，聯結器將產生輸出檔以供除錯與燒錄使用。

◉ 4.2.2　利用專案精靈產生專案

　　在建立程式專案之前，使用者必須先安裝 MPLAB XC16 編譯器。這裡我們將假設編譯器已經被安裝到預設的位置：“C:\Program Files\Microchip\XC16”。如果讀者的程式安裝在其他地方，請依照自己的路徑修改下面的範例。

　　在開始之前，請先為下面的範例專案建立一個新的資料夾。在這裡，“C:\XC16_Exercises\EX4_XC16Tutorial” 將作為我們使用的資料夾。如果讀者在前面的章節中已經建立了這個資料夾，只要將新的檔案加入這個資料夾即可。將 “Flash LED with delay loop.c” 複製到資料夾中。

　　建立專案的方式請參見第二章。

　　讀者可以在專案管理視窗中，在 “Source Files” 資料夾上按滑鼠右鍵，選擇 “Add Existing Item”，然後請選擇 “Flash LED with delay loop.c” 與 Config.c 檔案，將這些檔案納入到專案。Config.c 檔案是設定 dsPIC 微控制器的系統功能，細節會在後續章節再說明。

CHAPTER

4

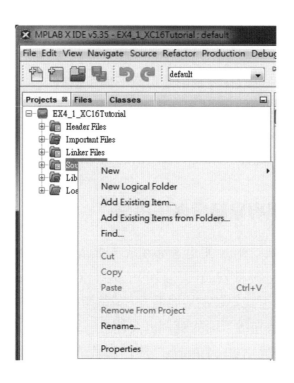

　　在完成專案設定與加入程式檔案後之後，MPLAB X IDE 將會顯示一個專案視窗。其中在來源檔案類別（Source Files）將包含 "Flash LED with timing loop and switch press.c" 與 "Config.c" 檔案。如果發現缺少任何一個檔案時，不需要重新執行專案精靈。這時候只要再所需要的檔案類別按滑鼠右鍵，選擇 "ADD Existing Item"，然後尋找所要增加的檔案，點選後即可加入專案。使用者也可以按滑鼠右鍵，選擇 "Remove"，將不要的檔案移除。

　　在專案視窗中雙點選 "Flash LED with timing loop and switch press.c"，將可打開這個檔案以供編輯。

4.2.3　XC16 編譯器程式語言功能與特性

XC16 編譯器是一個符合 ANSI 標準的 C 程式語言編譯器，並增加了一些擴充功能以支援 dsPIC 控制器特定的功能與硬體。在此介紹一些 XC16 的重要功能與特性，詳細的編譯器功能與使用，請參考 MPLAB® XC16 User Guide。

■ __attribute__ 屬性定義字

XC16 編譯器利用 __attribute__ 屬性定義字規範編譯器處理一些標準 C 程式語法所不能完成的函式或變數處理的特殊動作。請注意在 attribute 前後都是用雙底線。這個方式可以被用來定義區間、控制程式記憶體如何填寫、最佳化函式、定義中斷點函式等等。它類似於在其他編譯器，例如 XC8，所使用的 #pragma 虛擬指令。

■ 標準表頭檔

一個標準的表頭檔，例如這個範例程式所使用的 xc.h，一定要以 #include 指令包含在每一個 C 程式檔案中。表頭檔包含了所有特殊功能暫存器以及它們的位元名稱宣告，所以在程式碼中可以使用它們的名稱。聯結器將由聯結敘述檔，例如範例專案中內定的 p33ck256mp505.gld，取得特殊功能暫存器的位址。

■ 指標

所有 MPLAB XC16 的指標都是 16 位元的長度。指標讓使用者可以定址到整個數據資料記憶體（64KB）以及近端程式記憶體（32K Words）。當定義到遠端程式記憶體（>32K Words）的位址時，指標將轉換成處理點（handles）。也就是說，指標將指到一個 GOTO 指令，而這個指令將會被安置在近端程式記憶體中。

■ X 與 Y 數據資料記憶區

當使用 dsPIC 的數位訊號處理功能時，分別由 X 與 Y 數據資料記憶區讀取數據資料將會是非常地有用。在這個情況下，__attribute__ 定義字可以被用來定義資料變數和儲存在 Y 數據資料記憶區裡的區間。

■ 物件檔

MPLAB XC16 編譯器在將原始程式檔案編譯後，會產生一個物件檔（*.o）。新版本的 MPLAB XC16 編譯器可以由使用者選擇物件檔產生的格式，除了 Microchip 一貫支援的 COFF 格式物件檔（*.cof）之外，新增了 ELF 格式物件檔的支援。在預設的狀況下，編譯器將自動產生 COFF 格式的物件檔；使用者可以藉由功能選項 File>Project Properties 視窗中的輸出格式選項改變物件檔的格式。

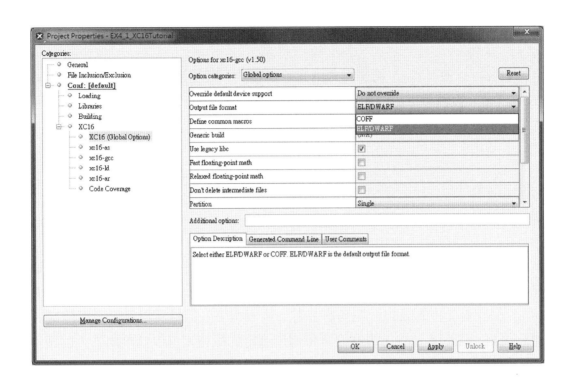

CHAPTER

4

■ 函式庫

在一般的 dsPIC 控制器程式撰寫時，通常都會引用到 MPLAB XC16 編譯器所提供的周邊功能函式庫或者數位訊號處理函式庫中的函式。當應用程式需要呼叫這些內建的函式時，必須要將這些函式庫納入專案才能成功地編譯使用者撰寫的程式。新版本的 MPLAB XC16 編譯器針對早期的 dsPIC 系列的微控制器提供了個別的周邊功能函式庫 peripheral-libraries-for-pic24-and-dspic-v2.00-windows-installer，使用者必須自行到 Microchip 官方網站下載安裝，便可以在專案中使用 XC16 提供的周邊函式庫。較新近的微控制器型號則不再提供固定的函式庫，而使採用 MPLAB Code Configurator（MCC）程式建構器根據使用者的設定產生函式庫，詳細的使用方式會在後續章節中說明。

在對編譯器有了更進一步的了解之後，將檢閱一個範例來了解執行的過程，接下來將利用 "Flash LED with delay loop.c" 檔案內的範例程式來做說明。

◎ 4.2.4　C 語言範例程式

讀者可以參考 4.1.1 範例程式內容或直接開啟電腦檔案 Flash LED with de-lay loop.c，後續將以這個簡單的範例程式介紹使用 MPLAB XC16 編譯器的基本知識。首先，讓我們一起檢視這個範例程式的組成元素。

```
//-------------------------------------------------------------
//利用按鍵開關控制 D_LED2，並控制 D_LED2 閃爍
//-------------------------------------------------------------
#include <xc.h>
```

檔案的開始為一些註記，每一行都是以雙斜線（//）開始。緊接著，標準表頭檔被包含到程式中，以定義所有的特殊功能暫存器。每一個 MPLAB XC16 編譯器支援的 dsPIC 控制器都有一個表頭檔。但是使用者只要在程式開端寫入 #include <xc.h>，專案便會依照所選定的微控制器型號自動載入編譯。

```
//-------------------------------------------------------------
// Constants
#define FCY 8000000/2 //定義指令執行週期（使用 FRC 時脈）
#include <libpic30.h>
```

接下來，定義控制器的工作頻率以便在後續的程式中設定計時器。利用 #define 指定一個數值給 FCY 符號。同時必須要納入定義檔，以便在程式中使用 XC16 編譯器提供的標準函式庫中的時間延遲函式。

```
//-------------------------------------------------------------
// Main routine
int main(void)
{
  LATB = 0x0000;           //關閉 PORTB 腳位為低電壓
  TRISB = 0xEFFF;          //設定 RB12 腳位為輸出至 D_LED2，正邏輯
  LATBbits.LATB12 = 1;     //開啟 D_LED2
  ANSELB = 0x0000;         //所有 PORTB 腳位都規劃為數位輸出入
```

範例使用 main( ) 作為可執行程式的開始，同時根據 ANSI C 的標準將會

有一個 int 型別的回傳值。值得注意的是，聯結檔將會加入一些啟動程式碼來呼叫這個主程式。主程式的第一部分藉由初始化輸出的栓鎖和改變 LED 所對應的腳位為輸出，為 LED 設定了一個對應的輸出入埠。

在主程式中，有一個 while(1) 迴圈來確保程式的執行永遠不會離開主程式而停止。在這個無窮迴圈內，程式碼首先利用函式庫中的 __delay_ms() 時間延遲函式延遲 0.5 秒以達到時間間隔的目的。再利用 if() 測試 RB12，也就是 LED2 的狀態以決定接下來的狀態變化。

```
while(1)                //永久迴圈
{
  __delay_ms(500);              //延遲 0.5 秒鐘(要先定義 FCY)
  //LATBbits.LATB12 = !LATBbits.LATB12;    //反轉 D_LED2

  if(LATBbits.LATB12 == 1)
    LATBbits.LATB12 = 0;
  else
    LATBbits.LATB12 = 1;
}
```

當判斷目前 RB12 設定的輸出（LATB12）為 1（高電壓）時，將會調整輸出設定為 0（低電壓）；反之，則將會調整輸出為 1（高電壓），因此而產生腳位電壓的變化而改變 LED 的明暗。由於程式的永久迴圈會不斷地在延遲 0.5 秒後再次進行判斷與調整，因此就會在硬體上看到每 0.5 秒由 LED 發生的變化。

當我們使用 XC16 編譯器時，在上述的程式建立與編譯過程中，編譯器針對範例程式產生目標檔（Flash LED with delay loop.o 與 Config.o）；而聯結器則使用這些目標檔將程式碼以及變數安置到記憶體中並產生一個輸出檔（.hex）作為燒錄到微控制器的程式檔。編譯過程中也將產生變數與函式的資源定義檔（.elf 或 .cof），所以使用者可以利用這些檔案建立函式庫，或者進行程式除錯的工作。

4.3　XC16 編譯器的編譯方式

在前面的章節中，提到了每一個 C 程式語言編譯器都是針對一個特定的機器及作業系統所制定的。當然 XC16 就是 Microchip 為了將標準的 C 語言程式編譯成可以在 dsPIC 數位訊號控制器上執行的程式碼所開發出來的。在引導讀者了解 XC16 所提供的各種函式功能之前，必須要先了解 XC16 編譯器在編譯程式時，對 C 語言程式的一些處理方式，才能夠充分配合所要使用的硬體，開發出所需要的應用程式。

由於一個編譯器的工作內容是相當複雜的，在這裡將只取出一般使用者常用的部分來做說明。如果讀者需要更進一步地了解 XC16 編譯器的工作方式，可以到 Microchip 的官方網站下載相關資料。

⊙ 4.3.1　記憶體空間

靜態或外部變數通常都會被安置在數據資料記憶空間。但是如果一個變數被宣告有程式記憶體的屬性，則這個變數將會被安置在程式記憶體空間。

例如，要將一個整數變數 var1 放置在程式記憶體空間裡的 PSV 區間時，可以使用下列的宣告：

```
int var1 __attribute__ ((space(auto_psv)));
```

這裡我們用了 __attribute__ 屬性定義字。要注意的是，被安置在程式記憶空間的變數是無法由 C 編譯器直接讀寫的。它們必須要藉由程式中所嵌入的組合語言指令（inline assembly）或者是由另外的組合語言模組來完成讀寫。

不過 XC16 編譯器確實支援了使用 const-qualified variable 的宣告型式，利用 dsPIC 控制器中程式記憶映射區間（PSV）的功能，將變數安置在程式記憶體空間中。這時候，編譯器將利用程式記憶映射區間 PSV 數據資料窗，也就是數據資料記憶空間較高位置的 32KB 區間，來讀取這些變數。

MPLAB XC16 編譯器定義了幾個特殊目的的記憶體空間以配合 dsPIC 數位訊號控制器的架構特性。靜態或外部變數可以藉由屬性 space 的宣告而被安置在特定的記憶體空間。接下來，讓我們來了解這一些特殊目的記憶體空間的特性。

■ 一般的資料記憶空間 data

在一般資料空間的變數可以使用普通的 C 語言指述來讀寫。這也是編譯器預設的記憶體安置方式。

■ X 資料記憶空間 xmemory

在 X 資料記憶空間的變數可以使用一般的 C 語言指述來讀寫。X 資料記憶空間的使用和 DSP 相關的函式庫或組合語言指令有特殊的關聯性。

■ Y 資料記憶空間 ymemory

在 Y 資料記憶空間的變數可以使用一般的 C 語言指述來讀寫。Y 資料記憶空間的使用和 DSP 相關的函式庫或組合語言指令有特殊的關聯性。

■ 一般的程式記憶空間 prog

這個記憶空間通常是保留作為執行碼的儲存。在程式記憶空間的變數是不能夠用一般的 C 語言指述來讀寫。如果使用者要讀寫程式及空間的變數，通常要使用程式記憶讀寫（table accessing）的嵌入式組合語言指令，或者使用程式記憶映射空間（PSV）的方法來完成。

■ 常數資料記憶空間 const

這是一個由編譯器管理的程式記憶空間，而且指定作為程式記憶映射空間的使用。儲存在常數資料記憶空間可以使用一般的 C 語言指述來讀取，但卻不能被寫入。

■ 程式記憶映射空間 psv

這是一個指定作為程式記憶映射空間使用的程式記憶體空間。在程式記憶體映射空間的變數記憶體安排並不是由編譯器所管理的，而且不能夠使用一般的 C 語言指述來讀寫。如果使用者要讀寫這些變數，通常要使用程式記憶讀寫（table accessing）的嵌入式組合語言指令，或者使用程式記憶映射空間（PSV）的方法來完成。在這個記憶空間的變數可以藉由使用 PSVPAG 暫存器的設定來讀取它們的內容。

■ 電氣可抹除資料記憶空間 eedata

這是一個 16 位元寬的非易失性（non-volatile）記憶體空間，位於程式記憶體的較高位址。儲存在 eedata 資料記憶空間的變數不能夠使用一般的 C 語言指述來讀寫。如果使用者要讀寫這些變數，通常要使用嵌入式組合語言指令來完成。（dsPIC33CK 系列並未配置有 EEPROM。）

另外，還有一些進階的程式或數據資料記憶體區間的設定模式，使用者可以參考相關資料來完成這些設定。

4.3.2　X 與 Y 數據資料記憶空間

XC16 編譯器並未直接支援將變數分配到 X 及 Y 數據資料記憶空間，但是可以用記憶區間屬性的定義將變數特別的安置在 X 及 Y 數據資料記憶空間。例如，要將一個未初始化的變數安置在 Y 數據資料記憶區間中，可以使用下列的屬性定義：

```
__attribute__ ((space(ymemory) ))
```

X 及 Y 數據資料記憶區間是定義在檔案聯結敘述檔中。X 資料記憶區間（包含 .xbss 及 .xdata）與 Y 資料記憶區間（包含 .ybss 及 .ydata）都是藉由聯結敘述檔將它們放置在記憶體中適當的位置。

4.3.3　程式與數據資料記憶的配置

如同在前面章節中所敘述的，編譯器會將程式安置在 .text 區間，而數據資料則會依照所使用的記憶體模式以及資料是否有初始值，而被安置在許多個所定義的資料區間其中的一個區間。當程式模組在聯結時被整合而形成一個可執行的應用程式時，檔案聯結器將使用聯結敘述檔中定義的各個區間位址來安置程式與資料。編譯器在安裝時，將會包含每一個 dsPIC 控制器的聯結敘述檔，這個特定控制器的聯結敘述檔將可以在大多數的應用程式中用來安置控制器的記憶體區間。

在某一些情況下，使用者需要將特定的函式或者變數安置在某一個特定的位址或者是在某一個位址範圍內。在這種情形下，函式或變數必須要被安置在一個使用者定義的區間內，而且這個區間的開始位址必須要清楚的定義。這可以用下面的步驟來完成：

1. 修改程式或變數資料在 C 程式碼中的宣告來完成一個使用者定義的區間。
2. 修改聯結敘述檔來增加一個使用者定義區間並且定義區間的起始位址。

例如，要安置函式 PrintString 在程式記憶體位址 0x8000 時，必須將這個函式在 C 程式碼中先定義如下：

```
int __attribute__ ((section(".myTextSection")))
PrintString(const char *s);
```

這個區間屬性定義了函式必須被安置在一個叫做的 .myTextSection 區間中，而不是原先所預設的 .text 區間。但是在這裡並未敘述使用者定義的區間要被安置在哪一個位址。這個位置的定義必須要修改的聯結敘述檔中的描述。我們可以使用一個特定控制器聯結敘述檔作爲一個基礎，並增加下面的區間定義：

```
.myTextSection 0x8000 :
{
  *(.myTextSection);
} >program
```

這裡定義了聯結輸出檔必須要包含一個叫做的 .myTextSection 區間：它的起始位址是在0x8000，同時將所有的輸入區間放置到這個輸出區間 .myTextSection。

因此，在這個範例中，將會只有一個函式 PrintString 在這個區間中，而因爲 .myTextSection 區間的定義這個函式將會被安置在程式記憶體位址 0x8000 的地方。

同樣地，要安置一個變數在數據資料記憶體位址的地方時，首先在 C 語言程式碼中宣告這個變數如下：

```
int __attribute__ ((section(".myDataSection"))) Mabonga = 1;
```

這個區間屬性定義這個變數 Mabonga 必須要被安置在一個叫做的 .myDataSection 資料區間,而不是預設的 .data 區間。上述的宣告並未描述這個使用者定義的區間要被安置在哪一個位址。如同前面程式記憶體的宣告一樣,這個定義必須要在修改的聯結敘述檔中完成。使用一個特定控制器聯結敘述檔作為一個基礎,並增加下面的區間定義:

```
.myDataSection 0x1000 :
{
  *(.myDataSection);
} >data
```

這裡,定義了聯結輸出檔必須包含一個叫做 .myDataSection 的區間並且從位址 0x1000 的位址開始,同時將所有的輸入區間安置到這裡的 .myDataSection 區間中。在這個範例中,因為在這個區間中只有一個變數 Mabonga ,所以這個變數將會被安置在數據資料記憶體位址 0x1000 的地方。

4.3.4　軟體堆疊

　　dsPIC 控制器指定了工作暫存器 W15 作為一個軟體堆疊指標的用途。所有的控制器堆疊操作,包括函式呼叫、中斷執行、及例外處理,都使用這個軟體堆疊。隨著操作的需要,這個堆疊大小如果需要增加的話,將往較高記憶體位址的方向成長。

　　dsPIC 控制器同時支援堆疊溢流的偵測。如果堆疊指標限制暫存器 SPLIM 有被設定的話,控制器將會在所有堆疊操作的時候做溢流的測試。如果溢流發生的話,控制器將會觸發一個堆疊錯誤的例外訊號。在預設的狀況下,這將會導致控制器的重置。應用程式可以藉由定義一個叫做 _StackError 中斷函式另外安裝一個堆疊錯誤例外處理的方式。中斷的設定會在後面的章節中敘述。

　　XC16 編譯器加入的 C 執行啟動模組會將堆疊指標暫存器 W15 以及堆疊指標限制暫存器 SPLIM 在啟動及初始化的過程中設定初始值。通常這些初始值是由聯結器所提供的,聯結器將儘可能地從未使用到的資料記憶體中設定一個最大的堆疊使用區。所設定的堆疊區域將會在檔案中顯示出來。使用者同時

在應用程式中藉由 --stack 聯結器命令選項的設定來確保一個的最小記憶體範圍保留作為堆疊使用。

除此之外，特定大小的堆疊範圍可以藉由在修改過的聯結敘述檔中，使用者所定義的記憶體區間來設置。在下面的範例中，0x100 個位元組的資料記憶體將被保留作為堆疊使用。在這裡有兩個符號，__SP_init 及 _SPLIM_init，被宣告作為 C 啟動執行模組中的設定：

```
.stack :
{
  __SP_init = .;
  . += 0x100
  __SPLIM_init = .;
. += 8
} >data
```

__SP_init 變數設訂了堆疊指標暫存器 W15 的初始值；同時，_SPLIM_init 定義了堆疊指標限制暫存器 SPLIM 的初始值。_SPLIM_init 必須小於實際堆疊範圍限制 8 個位元組，以便作為堆疊錯誤例外處理時的使用。如果應用程式由另外安裝一個堆疊錯誤中斷處理函式時，這個數值必須因此而降低以作為中斷函式本身的堆疊使用。控制器預設的中斷處理函式並不需要額外的堆疊使用。

◎ 4.3.5 C 語言程式的堆疊使用

XC16 編譯器使用了軟體堆疊來完成下面的工作：
- 設置自動型別的變數位置
- 傳遞函式的引數
- 在中斷執行程式中儲存控制器的狀態
- 儲存函式返還的位址
- 儲存暫時性的結果
- 在函式呼叫間儲存暫存器的資料

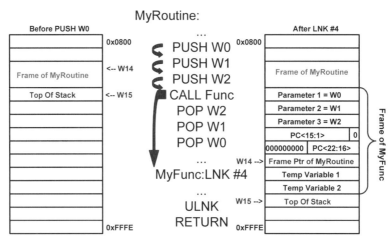

圖 4-2　dsPIC 控制器的堆疊使用

　　從上面的工作內容可以看到，在程式執行時堆疊的大小範圍是會增加的。它的大小將會由較低的位址向上增加到較高的位址。編譯器使用兩個工作暫存器來管理堆疊：

　　W15－這個暫存器用來作為堆疊指標（Stack Pointer, SP）。這個暫存器將指向堆疊的最上端，也就是在堆疊可用的範圍內第一個未被使用的位址。

　　W14－這個暫存器用來作為區塊指標（Frame Pointer, FP）。這個暫存器將指向現在執行中函式的區塊。

　　如果需要的話，每一個函式將會在堆疊的最上端產生一個新的區塊；所有機動性以及暫時性的變數將會被安置在這個區塊中。如果需要限制區塊指標（Frame Pointer）的使用時，可以使用編譯器選項 -fomit-frame-pointer。

　　C 執行啟動模組會將堆疊指標暫存器 W15 初始化來指向堆疊的最下端，並將堆疊指標限制暫存器（SPLIM）指向堆疊的最上端。堆疊在執行過程中將會變大。當堆疊的大小超出了堆疊指標限制暫存器中定義的數值，將會發生一個堆疊錯誤不可遮罩中斷（trap）的訊息。使用者可以自行將堆疊指標限制暫存器初始化為其他的數值來限制堆疊的大小。圖例 4-3 顯示了在呼叫函式的過程中堆疊的變化。執行一個 CALL 或者 RCALL 指令會將函式返還的位址推入到軟體堆疊中。接下來被呼叫的函式可以為函式中的內容保留記憶體空間。最後在被呼叫函式中，所有會用到的暫存器將會繼續被推入堆疊中。

◙▌4.3.6　函式呼叫規定

在呼叫一個函式時，W0 到 W7 工作暫存器是由呼叫函式儲存。呼叫函式必須將這些暫存器的數值推入（PUSH）到堆疊中儲存。

W8 到 W14 工作暫存器是由被呼叫函式儲存。被呼叫函式必須將這些暫存器的內容儲存，它們的內容將會被修改。

引數被安置在第一個可以使用的工作暫存器，其位址必須是對齊而且連續的。如果需要，呼叫函式必須儲存這些引數。結構變數並沒有對齊的限制；當有足夠的暫存器來安置整個結構變數時，結構變數型別的引數將會使用暫存器。函式引數需要的暫存器數量如表 4-2 所示。

表 4-2　函式引數需要的暫存器數量

資料型別	需要的暫存器數量
char	1
int	1
short	1
pointer	1
long	2（連續的－偶數位址暫存器對齊）
float	2（連續的－偶數位址暫存器對齊）
double*	2（連續的－偶數位址暫存器對齊）
long double	4（連續的－4 的倍數位址暫存器對齊）
structure	結構中每兩個位元組需要一個暫存器
* 如果使用 -fno-short-double 的設定，倍準數相當於長倍準數。	

■ 函式引數

最低的八個工作暫存器（W0 到 W7）被使用為函式引數的傳遞。引數將由左至右的順序設置到暫存器中，而且將從第一個位址適當且對齊的可用暫存器開始。

在下面的範例中，所有的函式引數將經由暫存器傳遞，雖然它們不是依照在宣告中的順序來完成。

■ 函式呼叫模式

```
void params0(short p0, long p1, int p2, char p3, float p4, void *p5)
{
  /*
  ** W0 p0
  ** W1 p2
  ** W3:W2 p1
  ** W4 p3
  ** W5 p5
  ** W7:W6 p4
  */
  ...
}
```

　　下一個範例將示範結構變數是如何地被傳遞到函式。當整個結構變數可以安置到可用的暫存器時，這個結構變數將藉由暫存器來傳遞；否則結構變數的引數將被安置到堆疊中。

■ 傳遞結構變數的函式呼叫模式

```
typedef struct bar {
  int i;
  double d;
} bar;
 void params1(int i, bar b) {
  /*
  ** W0 i
  ** W1 b.i
  ** W5:W2 b.d
  */
 }
```

　　對應到一個可改變長度引數序列的引數，並不是被安置到暫存器中。所有未被安置到暫存器中的引數，會被以從右至左的順序推入到堆疊中。在下面的範例中，結構變數型別的引數，因為引數過大，無法被安置到暫存器中。但是，這不會停止下一個引數使用暫存器位置。

■ 以堆疊為基礎的函式呼叫模式

```
typedef struct bar {
  double d,e;
} bar;

void params2(int i, bar b, int j) {
  /*
  ** W0 i
  ** stack b
  ** W1 j
  */
}
```

要讀寫被安置在堆疊中的引數，必須要視一個區塊指標（Frame Pointer）是否有被產生。一般而言，除非有另外的設定，編譯器將產生一個區塊指標，同時以堆疊為基礎的引數將會經由區塊指標暫存器（W14）來讀取。在上面的範例中，b 將會被從（W14）-22 暫存器來讀取。使用者將可以計算出區塊指標偏移為 -22，其中包括前一個區塊指標的兩個位元組，回傳位址的 4 個位元數以及變數 b 所需要的 16 個位元組。

當區塊指標沒有被使用時，組合語言程式撰寫者必須要知道，從進入這個程序開始，已經有多少堆疊空間被使用。如果沒有其他的堆疊空間被使用，計算的方式將非常類似前面的例子。變數 b 將會經由工作暫存器（W15）-20 來讀取；其中包括回傳位址的 4 個位元組與變數 b 的 16 個位元組。

■ 回傳數值

對於 8 或 16 位元的常數，回傳數值將藉由 W0 在暫存器來回傳；對於 32 位元的常數，回傳數值將藉由 W1：W0 在暫存器來回傳；對於 64 位元的常數，回傳數值將藉由 W3：W2：W1：W0 在暫存器來回傳。集合是間接地經由 W0 暫存器來回傳數值，暫存器中將由呼叫函式設定集合數值的位址。

■ 在函式呼叫時儲存暫存器內容

編譯器將安排在一般函式呼叫時儲存工作暫存器 W8-W15 的內容。工作暫存器 W0-W7 的內容是可以被改變的。對於中斷函式，編譯器會安排將所有必要的暫存器內容儲存，也就是工作暫存器 W0-W15 及 RCOUNT。

◎ 4.3.7 變數使用工作暫存器規則

在 C 語言執行環境下，特定的工作暫存器扮演著其特定的角色。變數可以使用一個或多個工作暫存器，其大小如表 4-3 所列。

表 4-3　變數使用工作暫存器規則

變數	工作暫存器
char, signed char, unsigned char	W0-W13，以及 W14 未被使用為區塊指標時
short, signed short, unsigned short	W0-W13，以及 W14 未被使用為區塊指標時
int, signed int, unsigned int	W0-W13，以及 W14 未被使用為區塊指標時
void * (or any pointer)	W0-W13，以及 W14 未被使用為區塊指標時
long, signed long, unsigned long	兩個連續位址的暫存器，第一個暫存器必須是 {W0, W2, W4, W6, W8, W10, W12} 其中的一個。較低數字的工作暫存器儲存較低的 16 位元數值。
long long, signed long long, unsigned long long	4 個連續位址的暫存器，第一個暫存器必須是 {W0, W4, W8} 其中的一個。較低數字的工作暫存器儲存較低的 16 位元數值。下一個較高數字的暫存器儲存有下一組較高的 16 位元數字。
float	兩個連續位址的暫存器，第一個暫存器必須是 {W0, W2, W4, W6, W8, W10, W12} 其中的一個。較低數字的工作暫存器儲存較低的 16 位元數值。
double*	兩個連續位址的暫存器，第一個暫存器必須是 {W0, W2, W4, W6, W8, W10, W12} 其中的一個。較低數字的工作暫存器儲存較低的 16 位元數值。
long double	4 個連續位址的暫存器，第一個暫存器必須是 {W0, W4, W8} 其中的一個。較低數字的工作暫存器儲存較低的 16 位元數值。下一個較高數字的暫存器儲存有下一組較高的 16 位元數字。

* 如果使用 -fno-short-double 的設定，倍準數相當於長倍準數。

■位元反轉及餘數定址模式

XC16 編譯器支援位元反轉與餘數定址模式在 dsPIC 上數位訊號處理器的使用，但是編譯器並不會直接產生對應的定址程式。如果對某個暫存器啟動了其中的任何一個模式，使用者必須自行確定編譯器將不會將這個暫存器作為一個指標來使用。使用者必須注意程式的撰寫，特別是在這兩個定址模式被啟動的情況下可能發生的中斷。

■程式記憶映射區間（PSV）的使用

在預設的狀況下，編譯器將自動地安排字串以及適當的常數變數被安置到 .const 記憶區間，這個區間通常是被對應到所謂的程式記憶映射區間（PSV）。至於 PSV 的安置與管理則是由編譯器的處理程式執行完成；這個處理過程不會搬動 PSV，並會將可讀取的程式記憶空間大小設定為 PSV 區間的大小。

除此之外，使用者撰寫的應用程式可以因為特別的需求而取得 PSV 的控制。相較於單獨使用一個 .const 記憶區間永久地對應到 PSV，直接控制 PSV 的使用提供了更多的彈性。它的缺點則是在於應用程式必須要負責管理 PSV 控制暫存器及其相關位元。使用者同時可以利用編譯器選項 -mconst-in-data，來告訴編譯器停止 PSV 的使用。

4.3.8 資料變數型別

在介紹標準 C 程式語言的章節中，我們提到了有幾種標準的變數型別。包括：

```
int      整數
float    浮點數或實數
char     文字符號
short    短整數
long     長整數
double   倍準實數
```

在 XC16 編譯器中,這些變數型別的記憶體位址及長度是怎麼被安排的呢?

■ **數據資料的位置與儲存**

多位元組的數值資料是被以 "little endian" 格式來儲存的。也就是說,
- 最低位元組是被儲存在最低位址的記憶體
- 最低位元是被儲存在最小數字位元的記憶體

例如,一個長數值,0x012345678,儲存在位址 0x100 時的儲存模式如下:

位址	數值	數值	位址
0x100	0x78	0x56	0x101
0x102	0x34	0x12	0x103

再看另一個例子,長數值 0x012345678,儲存在位址暫存器 W4 與 W5 的儲存模式如下:

```
W4                  W5
0x5678              0x1234
```

■ **整數**

MPLAB XC16 所支援的整數數值資料變數的長度與表示的範圍如下表 4-4 所示。

表 4-4(1)　整數數值資料型別

型別	位元數	最小值	最大值
char, signed char	8	-128	127
unsigned char	8	0	255
short, signed short	16	-32768	32767
unsigned short	16	0	65535
int, signed int	16	-32768	32767

表 4-4(2)　整數數值資料型別

型別	位元數	最小值	最大值
unsigned int long,	16	0	65535
signed long	32	-2^{31}	$2^{31}-1$
unsigned long	32	0	$2^{32}-1$
long long**, signed long long**	64	-2^{63}	$2^{63}-1$
unsigned long long**	64	0	$2^{64}-1$
** ANSI-89 extension			

■ 浮點數

MPLAB XC16 使用 IEEE-754 格式標準表示浮點數。表 4-5 列出了 XC16 所支援的浮點數據資料型別的長度與表示範圍。

表 4-5　浮點數據資料型別

型別	位元數	最小冪次值	最大冪次值	最小值	最大值
float	32	-126	127	2^{-126}	2^{128}
double*	32	-126	127	2^{-126}	2^{128}
long double	64	-1022	1023	2^{-1022}	2^{1024}
* 如果使用 -fno-short-double 的設定，double 相當於 long double。					

　　使用者在宣告整數與浮點數的資料型別時，可參考上表中的大小，儘量選擇最小且能滿足運算需求的型別，以減小所使用的記憶體空間及運算時間的需求。

■ 指標

　　所有 MPLAB XC16 的指標都是 16 位元的長度。這個長度已足夠指向全部的數據資料及空間（64KB）以及小程式模式（32Kwords 程式長度）。在大程式模式（程式長度 > 32Kwords）中，指標將轉換成「處理點」；也就是說指標將為一個 GOTO 指令所在的位址，而這個指令式被安置在程式記憶體的前面 32Kwords 中。

4.3.9　控制器的支援檔案

■ 控制器表頭檔

在安裝語言工具的時候，控制器表頭檔案也一併地被安裝。這些表頭檔定義了每一個 dsPIC 控制器可使用的特殊功能暫存器。要使用一個 C 語言的表頭檔，可使用虛擬指令

```
#include <xc.h>
```

編譯器會自動將專案所選擇的控制器型號對應的 <p33ckxxxx.h> 納入編譯，在這裡 xxxx 表示所對應的控制器零件序號。所有 dsPIC 控制器的 C 表頭檔可以在 support\h 的資料夾中找到。為了要使用特殊功能暫存器的名稱，例如 COR-CONbits，一定要將表頭檔包含到程式中。例如，在下列 dsPIC3CK256MP505 所編譯的模組中，包含了兩個函式：一個是要啟動程式記憶映射區間（PSV window），而另一個是要關閉這個 PSV window。

```
#include <p33ck256mp505.h>
void EnablePSV(void)
{
  CORCONbits.PSV = 1;
}

void DisablePSV(void)
{
  CORCONbits.PSV = 0;
}
```

在慣例上，控制器表頭檔中每一個特殊功能暫存器將會被定義一個名稱，這個名稱會與控制器資料手冊中的名稱相同。例如，CORCON 會被用來定義核心控制暫存器（Core Control Register）。如果對於暫存器個別位元的使用有需要，表頭檔中將會為這個特殊功能暫存器定義一個結構變數，並且會以這個工作暫存器的名稱為結構變數的名稱，再加上 "bits"，如 CORCONbits。而個別的位元在結構變數中將會以它們在控制器資料手冊中的名稱被命名。例如，

在核心工作暫存器（CORCON）中的 PSV 位元，將會以 PSV 命名。下面就是
核心控制暫存器（CORCON）的完整定義：

```
/* CORCON: CPU Mode control Register */
extern volatile unsigned int CORCON __attribute__((__near__));
typedef struct tagCORCONBITS {
  unsigned IF :1;      /* Integer/Fractional mode */
  unsigned RND :1;     /* Rounding mode */
  unsigned PSV :1;     /* Program Space Visibility enable */
  unsigned IPL3 :1;
  unsigned ACCSAT :1; /* Acc saturation mode */
  unsigned SATDW :1;  /* Data space write saturation enable*/
  unsigned SATB :1;   /* Acc B saturation enable */
  unsigned SATA :1;   /* Acc A saturation enable */
  unsigned DL :3;      /* DO loop nesting level status */
  unsigned :4;
} CORCONBITS;
extern volatile CORCONBITS CORCONbits __attribute__((__near__));
```

由於這樣的定義，CORCON 及 CORCONbits 將會對應到同樣的暫存器，
在聯結時會被對應到同一個位址。

■暫存器定義檔

控制器表頭檔為每一個控制器的特殊功能暫存器定義了名稱，但是並沒有
定義每一個特殊功能暫存器的位址。它們的位址，根據每一個不同的控制器，
被定義在另外一個 .gld 定義檔中。這些定義檔可以在 support\gld 的資料夾中
找到。這些聯結敘述檔將定義特殊功能暫存器的位址。使用者可以在專案管理
視窗中加入這個檔案，或在程式中包含這個檔案。

如果編譯器在專案工作的資料夾中找不到這一個定義檔，聯結器將
會搜尋整合式開發環境中所定義的路徑。使用者可以點選 Project>Build
Option>Project，來檢查或修改專案所預設的路徑。

■使用特殊功能暫存器

在應用程式中使用特殊功能暫存器，請依照下列 3 個步驟：

1. 將 <xc.h> 或適當的控制器表頭檔包含到程式中。這將會提供對應

控制器中可使用的特殊功能暫存器程式碼。例如下列的指述包含了 dsPIC33CK256MP505 控制器的表頭檔：

```
#include < p33CK256MP505.h>
```

2. 接下來在程式中便可以像讀寫其他記憶變數一樣的方式，來存取特殊功能暫存器的數值。例如，下面的指述清除了特殊功能暫存器 Timer1 所有的位元爲零。

```
TMR1 = 0;
```

下一個指述表示了 T1CON 暫存器中的第 15 個位元，也就是計時器的啟動位元。指述中將這個叫做 TON 的位元設定以啟動計時器。

```
T1CONbits.TON = 1;
```

3. 將 .gld 暫存器定義檔或對應控制器的聯結敘述檔聯結。聯結器將會提供特殊功能暫存器的位址。但使用者必須記住，使用結構變數型別位元名稱的變數和使用特殊功能暫存器名稱的變數，在聯結時，將擁有同樣的記憶體位址，例如：CORCON 與 CORCONbits。

下面的範例是一個即時計時時鐘函式的樣本。它使用了數個特殊功能暫存器。這些特殊功能暫存器的敘述可以在 p33CK256MP505.h 檔案中找到。這個檔案必須要與控制器相對應的聯結敘述檔 p33CK256MP505.gld 聯結。

```
/*
** Sample Real Time Clock for dsPIC
**
** -uses Timer1, TCY clock timer mode
** and interrupt on period match
*/
#include <p33CK256MP505.h>
/* Timer1 period for 1 ms with FOSC = 20 MHz */
#define TMR1_PERIOD 0x1388

struct clockType
{
  unsigned int timer;   /* countdown timer, milliseconds */
```

```
  unsigned int ticks;   /* absolute time, milliseconds */
  unsigned int seconds; /* absolute time, seconds */
} volatile RTclock;

void reset_clock(void)                    /*一般函式宣告*/
{
  RTclock.timer = 0;  /* clear software registers */
  RTclock.ticks = 0;
  RTclock.seconds = 0;
  TMR1 = 0;              /* clear timer1 register */
  PR1 = TMR1_PERIOD;   /* set period1 register */
  T1CONbits.TCS = 0;   /* set internal clock source */
  IPC0bits.T1IP = 4;   /* set priority level */
  IFS0bits.T1IF = 0;   /* clear interrupt flag */
  IEC0bits.T1IE = 1;   /* enable interrupts */
  SRbits.IPL = 3;      /* enable CPU priority levels 4-7*/
  T1CONbits.TON = 1;   /* start the timer*/
}

void __attribute__((__interrupt__)) _T1Interrupt(void)
/*Timer1 中斷執行程式宣告*/
{
  static int sticks=0;
  if (RTclock.timer > 0)     /* if countdown timer is active */
  RTclock.timer -= 1;        /* decrement it */
  RTclock.ticks++;           /* increment ticks counter */
  if (sticks++ > 1000)
  {                          /* if time to rollover */
    sticks = 0;              /* clear seconds ticks */
    RTclock.seconds++;       /* and increment seconds */
  }
  IFS0bits.T1IF = 0;         /* clear interrupt flag */
  return;
}
```

■ 使用巨集指令

控制器表頭檔除了定義特殊功能暫存器之外，也定義了許多有用的數位訊號控制器巨集指令。

■ 結構位元設定巨集指令

表頭檔提供了可以用來設定結構位元，例如設定控制器工作頻率 FOSC，的巨集指令。例如，下一行的程式碼可以被安置在使用者 C 語言程式的開始來設定工作頻率。

```
_FOSC( POSCMD_XT & FCKSM_CSECME );
```

這樣便可以啟動外部時脈來源，而且設定電源啟動時兩階段時脈切換功能，並開啟時脈來源切換與故障保險時脈來源監控功能。

　　同樣地，要設定監事計時器（Watchdog Timer）功能的 FWDT 暫存器時，可以使用：

```
_FWDT( RWDTPS_PS1 & RCLKSEL_LPRC & FWDTEN_ON );
```

這個指述將會設定前除頻器為 1 倍，使用低功率內部時脈來源，並只能使用硬體設定位元開啟或關閉監視計時器的功能。

　　讀者可以參考對應的控制器表頭檔，來了解完整的結構位元功能。

■ 使用嵌入式（In-Line Assembly）的巨集指令

　　有一些巨集指令被用來在 C 語言程式中定義組合語言，例如：

```
#define Nop( ) {__asm__ volatile ("nop");}
#define ClrWdt( ) {__asm__ volatile ("clrwdt");}
#define Sleep( ) {__asm__ volatile ("pwrsav #0");}
#define Idle( ) {__asm__ volatile ("pwrsav #1");}
```

■ 設置數據資料記憶體巨集指令

　　有一些巨集指令可以被用來在數據資料記憶區間內保留空間。共有兩類巨集指令：需要引數的及不須要引數的巨集指令。

　　下列的巨集指令需要一個引數 N 來定義對齊的方式。N 必須要是一個 2 的次方數，而且最小值為 2。

```
#define _XBSS(N) __attribute__ ((space("xmemory"),aligned(N)))
#define _XDATA(N) __attribute__ ((space("xmemory"),aligned(N)))
#define _YBSS(N) __attribute__ ((space("ymemory"),aligned(N)))
#define _YDATA(N) __attribute__ ((space("ymemory"),aligned(N)))
#define _EEDATA(N) __attribute__ ((space("eedata"),aligned(N)))
```

例如，要在 X 記憶體區間內宣告一個非初始化的陣列 xbuf[16]，而且要和一個 32 位元組的位址對齊時，可以使用：

```
int _XBSS(32) xbuf[16];
```

如果要在 EEPROM 記憶區間內宣告一個已初始化的陣列，而且不要特殊的對齊，可以使用：

```
int _EEDATA(2) table1[] = {0, 1, 1, 2, 3, 5, 8, 13, 21};
```

接下來的巨集指令不需要任何的引數。未來可以用它們在一個固定的數據資料記憶區或者是近端資料記憶體中安置一個變數。

```
#define _PERSISTENT __attribute__((persistent))
#define _NEAR __attribute__((near))
```

例如，要宣告兩個變數而且讓它們能夠在控制器重置時能夠保持它們的數值，可以使用：

```
_PERSISTENT var1,var2;
```

■中斷執行程式宣告巨集指令

下面的巨集指令可以被用來宣告中斷執行程式（ISR）：

```
#define _ISR __attribute__((interrupt))
#define _ISRFAST __attribute__((interrupt, shadow))
```

例如，要宣告一個 timer0 中斷時執行的中斷執行程式，可使用：

```
void _ISR _INT0Interrupt(void);
```

要宣告一個 SPI1 中斷時執行的中斷執行程式，而且能夠快速地儲存內容，可使用：

```
void _ISRFAST _SPI1Interrupt(void);
```

CHAPTER

4

請注意到，當中斷執行程式的保留名稱被使用到時，中斷執行程式的位址會自動地被安裝到中斷向量表中。

4.4　XC16 編譯器處理中斷的方式

對於絕大多數的微控制器應用來說，中斷處理是一個重要的工作。中斷可以被用來將軟體程式的執行與外部實際發生的事件作即時同步的處理。當中斷發生時，軟體執行的正常流程將會被終止，同時特殊函式將會被呼叫來處理這一個事件。在中斷處理完成的時候，被中斷的正常流程將會被還原而且正常的程式執行將會恢復。

dsPIC 控制器支援多重內部與外部來源的中斷。除此之外，控制器允許高優先權的中斷來超越任何正在執行中的低優先權中斷程式。MPLAB XC16 編譯器完整的支援了以 C 語言或嵌入式組合語言程式（In-line Assembly）所撰寫的中斷處理程式。這個章節將提供讀者使用 dsPIC 控制器中斷處理的概觀。

這一個章節將包含下列的重點：

撰寫中斷執行程式－使用者可以指定一個或多個 C 語言函式做為當中斷發生時可以被呼叫的中斷執行程式（Interrupt Service Routine, ISR）。為了在一般狀況下取得最好的執行效果，將冗長的運算或需要呼叫函式庫的執行放置在主程式中。這個策略將使中斷程式效率最佳化，同時可以降低當中斷事件快速發生時遺失資料的可能性。

撰寫中斷向量－當中斷發生時，dsPIC 控制器使用中斷向量來轉移應用程式控制。中斷向量是一個在程式記憶體中特定的位址，用來設定中斷執行程式的位址。應用程式必須在中斷向量設定有效的函式位址，才能正確地使用中斷功能。

中斷執行程式進出資料儲存－為了確保正常程式在從中斷執行程式返還的時候，能夠恢復到與進入中斷前同樣的執行狀態，必須要儲存與回復某一些特殊暫存器的內容。

中斷延遲－在一個中斷被呼叫及中斷執行程式第一個指令被執行之間所需要的時間被稱為中斷延遲。

多層式中斷－MPLAB XC16 支援多層式中斷（Nested Interrupt）的呼叫。

開啟與關閉中斷－中斷來源發生的開啟與關閉可以分爲兩個層次：全域性的及個別性的。

◎ 4.4.1 撰寫中斷執行程式

使用者可以依據本章節的導引，單獨地使用 C 語言來撰寫包含中斷執行程式在內的所有應用程式碼。

■ 撰寫中斷執行程式的原則

撰寫中斷執行程式的原則包括：

1. 宣告中斷執行程式爲不需要引數的函式，並且必須要沒有回傳值，也就是說回傳資料型別爲 void。（必要的）
2. 中斷執行程式不可以在主程式中被呼叫。（必要的）
3. 中斷執行程式不可以呼叫其他函式。（建議的）

MPLAB XC16 中斷執行程式就像其他的 C 語言函式一樣，可以在函式內擁有區域（local）變數並可以讀寫全域（global）變數。但是，中斷執行程式必須要被宣告爲沒有輸出入引數，同時沒有回傳值。這個原則是必要的，因爲當中斷執行程式作爲一個硬體中斷或不可遮罩中斷（trap）的反應函式時，它是在主要的 C 程式碼之外被非同步的呼叫。也就是說，中斷執行程式不是以正常的方式來呼叫，所以輸出入引數以及回傳值將不適用於它。

中斷執行程式只可以由硬體中斷或不可遮罩中斷 Trap 來呼叫，而不可以由其他的 C 函式來呼叫。中斷執行程式使用從中斷返還的指令 RETFIE 來離開中斷執行程式而非一般正常所使用的 RETURN 指令。在一般正常的函式呼叫中使用 RETFIE 指令，將會破壞控制器的資源，例如狀態暫存器（status register）。

最後，中斷執行程式不應該呼叫其他的函式。這主要是爲了減少延遲時間考量所做的建議。在稍後的章節中，將會提供有關延遲更多的資訊。

📖 4.4.2　中斷執行程式的宣告

■ 中斷屬性的宣告語法

　　要宣告一個 C 函式作爲中斷的處理，必須將這個函式附加上中斷的屬性。還記得在前面曾經提到過 __attribute__ 屬性定義字嗎？中斷屬性的宣告語法爲：

```
__attribute__ ((interrupt [(
  [ save(symbol-list)]
  [, irq(irqid)]
  [, altirq(altirqid)]
  [, preprologue(asm)]
  )]
))
```

　　在上面的宣告中，中斷屬性名稱 interrupt 及引數名稱在撰寫時可以在前後加上一組雙底線（__）的符號。也就是說，interrupt 與 __interrupt__ 是等義的，就像 save 與 __save__ 一樣。

　　在宣告的選項中，選擇性的 save 參數可以定義一個或多個變數，這些變數將在進入中斷執行程式前被儲存並且在離開中斷執行程式前被回復原來的數值。這一組變數名稱將被寫在括號內，並且用逗號分隔每一個變數名稱。

　　如果全域變數可能在中斷執行程式內被修改，而此被修改的全域變數數值並不希望輸出到主程式中，則使用者必須規劃將全域變數的數值做適當地儲存。會被中斷執行程式修改的全域變數應該被宣告爲不安定的（volatile）。

　　選擇性的 irq 參數允許使用者將中斷向量對應到某一個中斷，同時選擇性的 altirq 參數允許使用者將一個替代中斷向量對應到特定的替代中斷。每一個參數要求一個以左右括號包含的中斷識別號碼。有關中斷識別號碼，請參見表 4-6 中斷向量表。

　　選擇性的 preprologue 參數允許使用者在 XC16 編譯器產生的函式程式碼序言之前嵌入組合語言的指令。

■ 中斷執行程式原型宣告

　　下列的宣告原型定義了函式 isr0 爲一個中斷的處理工具：

```
void __attribute__((__interrupt__)) isr0(void);
```

就像在這個宣告原型中指出的，中斷函式不可以使用任何的輸出入引數，也不可以回傳任何的數值。編譯器會將所有的工作暫存器數值被保存，必要的時候也會將狀態暫存器及重複計數暫存器（Repeat Count Register, RCOUNT）的數值保留。其他變數的數值也可以經由宣告它們為中斷屬性中的參數而得以儲存。例如，為了要使編譯器自動的儲存及恢復 var1 與 var2 兩個變數，使用下列的宣告原型：

```
void __attribute__((__interrupt__(__save__(var1,var2))))
    isr0(void);
```

如果要求編譯器使用快速的內容儲存，也就是使用 push.s 與 pop.s 指令，可以將函式宣告附加上 shadow 屬性。例如：

```
void __attribute__((__interrupt__, __shadow__)) isr0(void);
```

■ 使用巨集指令宣告簡單的中斷執行程式

如果一個中斷處理工作並不需要任何的中斷屬性宣告中的選擇性參數，這時可以使用一個較簡單的語法。下列的巨集指令被定義在個別控制器的表頭檔中：

```
#define _ISR __attribute__((interrupt))
#define _ISRFAST __attribute__((interrupt, shadow))
```

例如，要宣告一個 timer0 中斷的中斷處理工作：

```
#include <p30fxxxx.h>
void _ISR _INT0Interrupt(void);
```

要宣告一個 SPI1 中斷並使用快速內容儲存，可使用：

```
#include <p30fxxxx.h>
void _ISRFAST _SPI1Interrupt(void);
```

⊙ 4.4.3　撰寫中斷向量表

　　dsPIC 控制器擁有兩個中斷向量表－主要以及替代向量表－每個向量表包含為數眾多的中斷向量對應不同的中斷訊號事件。這些中斷來源都有一個主要的以及一個替代的中斷向量與它們結合，每一個中斷向量都對應有一個程式字元，如表 4-6 所示。當 INTCON2 暫存器中的 ALTIVT 位元被設定時，替代向量名稱將被使用。表 4-6-1 為不可遮罩的中斷向量（Trap），表 4-6-2 則為一般的中斷向量表。

表 4-6-1　不可遮罩的中斷向量（Trap）表

中斷事件	XC16 ISR 名稱	向量編號	中斷向量表位址	不可遮罩中斷位元位址			優先層級
				中斷旗標	型式	中斷致能	
Oscillator Failure	_OscillatorFail	0	0x000004	INTCON1<1>	─	─	15
Address Error	_AddressError	1	0x000006	INTCON1<3>	─	─	14
ECC Double-Bit Error	_HardTrapError	2	0x000008	INTCON4<1>	─	─	13
Software Generated Trap	_HardTrapError	2	0x000008	INTCON4<0>	─	INTCON2<13>	13
Stack Error	_StackError	3	0x00000A	INTCON1<2>	─	─	12
Overflow Accumulator A	_MathError	4	0x00000C	INTCON1<4>	INTCON1<14>	INTCON1<10>	11
Overflow Accumulator B	_MathError	4	0x00000C	INTCON1<4>	INTCON1<13>	INTCON1<9>	11
Catastrophic Overflow Accumulator A	_MathError	4	0x00000C	INTCON1<4>	INTCON1<12>	INTCON1<8>	11
Catastrophic Overflow Accumulator B	_MathError	4	0x00000C	INTCON1<4>	INTCON1<11>	INTCON1<8>	11
Shift Accumulator Error	_MathError	4	0x00000C	INTCON1<4>	INTCON1<7>	INTCON1<8>	11
Divide-by-Zero Error	_MathError	4	0x00000C	INTCON1<4>	INTCON1<6>	INTCON1<8>	11
Reserved	Reserved	5	0x00000E	─	─	─	─
CAN Address Error	_SoftTrapError	6	0x000010	INTCON3<9>	─	─	9
NVM Address Error	_SoftTrapError	6	0x000010	INTCON3<8>	─	─	9
DO Stack Overflow	_SoftTrapError	6	0x000010	INTCON3<4>	─	─	9
APLL Loss of Lock	_SoftTrapError	6	0x000010	INTCON3<0>	─	─	9
Reserved	Reserved	7	0x000012	─	─	─	─

表 4-6-2(1)　一般中斷向量表

中斷事件	XC16 ISR 名稱	向量編號	IRQ #	中斷向量表位址	不可遮罩中斷位元位址		
					中斷旗標	中斷致能	優先層級
External Interrupt 0	_INT0Interrupt	8	0	0x000014	IFS0<0>	IEC0<0>	IPC0<2:0>
Timer1	_T1Interrupt	9	1	0x000016	IFS0<1>	IEC0<1>	IPC0<6:4>

表 4-6-2(2)　一般中斷向量表

中斷事件	XC16 ISR 名稱	向量編號	IRQ #	中斷向量表位址	不可遮罩中斷位元位址		
					中斷旗標	中斷致能	優先層級
Change Notice Interrupt A	_CNAInterrupt	10	2	0x000018	IFS0<2>	IEC0<2>	IPC0<10:8>
Change Notice Interrupt B	_CNBInterrupt	11	3	0x00001A	IFS0<3>	IEC0<3>	IPC0<14:12>
DMA Channel 0	_DMA0Interrupt	12	4	0x00001C	IFS0<4>	IEC0<4>	IPC1<2:0>
Reserved	Reserved	13	5	0x00001E	—	—	—
Input Capture/Output Compare 1	_CCP1Interrupt	14	6	0x000020	IFS0<6>	IEC0<6>	IPC1<10:8>
CCP1 Timer	_CCT1Interrupt	15	7	0x000022	IFS0<7>	IEC0<7>	IPC1<14:12>
DMA Channel 1	_DMA1Interrupt	16	8	0x000024	IFS0<8>	IEC0<8>	IPC2<2:0>
SPI1 Receiver	_SPI1RXInterrupt	17	9	0x000026	IFS0<9>	IEC0<9>	IPC2<6:4>
SPI1 Transmitter	_SPI1TXInterrupt	18	10	0x000028	IFS0<10>	IEC0<10>	IPC2<10:8>
UART1 Receiver	_U1RXInterrupt	19	11	0x00002A	IFS0<11>	IEC0<11>	IPC2<14:12>
UART1 Transmitter	_U1TXInterrupt	20	12	0x00002C	IFS0<12>	IEC0<12>	IPC3<2:0>
ECC Single Bit Error	_ECCSBEInterrupt	21	13	0x00002E	IFS0<13>	IEC0<13>	IPC3<6:4>
NVM Write Complete	_NVMInterrupt	22	14	0x000030	IFS0<14>	IEC0<14>	IPC3<10:8>
External Interrupt 1	_INT1Interrupt	23	15	0x000032	IFS0<15>	IEC0<15>	IPC3<14:12>
I2C1 Slave Event	_SI2C1Interrupt	24	16	0x000034	IFS1<0>	IEC1<0>	IPC4<2:0>
I2C1 Master Event	_MI2C1Interrupt	25	17	0x000036	IFS1<1>	IEC1<1>	IPC4<6:4>
DMA Channel 2	_DMA2Interrupt	26	18	0x000038	IFS1<2>	IEC1<2>	IPC4<10:8>
Change Notice Interrupt C	_CNCInterrupt	27	19	0x00003A	IFS1<3>	IEC1<3>	IPC4<14:12>
External Interrupt 2	_INT2Interrupt	28	20	0x00003C	IFS1<4>	IEC1<4>	IPC5<2:0>
DMA Channel 3	_DMA3Interrupt	29	21	0x00003E	IFS1<5>	IEC1<5>	IPC5<6:4>
Reserved	Reserved	30	22	0x000040	—	—	—
Input Capture/Output Compare 2	_CCP2Interrupt	31	23	0x000042	IFS1<7>	IEC1<7>	IPC5<14:12>
CCP2 Timer	_CCT2Interrupt	32	24	0x000044	IFS1<8>	IEC1<8>	IPC6<2:0>
CAN1 Combined Error	_CAN1Interrupt	33	25	0x000046	IFS1<9>	IEC1<9>	IPC6<6:4>
External Interrupt 3	_INT3Interrupt	34	26	0x000048	IFS1<10>	IEC1<10>	IPC6<10:8>
UART2 Receiver	_U2RXInterrupt	35	27	0x00004A	IFS1<11>	IEC1<11>	IPC6<14:12>
UART2 Transmitter	_U2TXInterrupt	36	28	0x00004C	IFS1<12>	IEC1<12>	IPC7<2:0>
SPI2 Receiver	_SPI2RXInterrupt	37	29	0x00004E	IFS1<13>	IEC1<13>	IPC7<6:4>
SPI2 Transmitter	_SPI2TXInterrupt	38	30	0x000050	IFS1<14>	IEC1<14>	IPC7<10:8>
CAN1 RX Data Ready	_C1RXInterrupt	39	31	0x000052	IFS1<15>	IEC1<15>	IPC7<14:12>
Reserved	Reserved	40-42	32-34	0x000054-0x000058	—	—	—
Input Capture/Output Compare 3	_CCP3Interrupt	43	35	0x00005A	IFS2<3>	IEC2<3>	IPC8<14:12>
CCP3 Timer	_CCT3Interrupt	44	36	0x00005C	IFS2<4>	IEC2<4>	IPC9<2:0>
I2C2 Slave Event	_SI2C2Interrupt	45	37	0x00005E	IFS2<5>	IEC2<5>	IPC9<6:4>
I2C2 Master Event	_MI2C2Interrupt	46	38	0x000060	IFS2<6>	IEC2<6>	IPC9<10:8>

CHAPTER

4

表 4-6-2(3)　一般中斷向量表

中斷事件	XC16 ISR 名稱	向量編號	IRQ #	中斷向量表位址	不可遮罩中斷位元位址		
					中斷旗標	中斷致能	優先層級
Reserved	Reserved	47	39	0x000062	—	—	—
Input Capture/Output Compare 4	_CCP4Interrupt	48	40	0x000064	IFS2<8>	IEC2<8>	IPC10<2:0>
CCP4 Timer	_CCT4Interrupt	49	41	0x000066	IFS2<9>	IEC2<9>	IPC10<6:4>
Reserved	Reserved	50	42	0x000068	—	—	—
Input Capture/Output Compare 5	_CCP5Interrupt	51	43	0x00006A	IFS2<11>	IEC2<11>	IPC10<14:12>
CCP5 Timer	_CCT5Interrupt	52	44	0x00006C	IFS2<12>	IEC2<12>	IPC11<2:0>
Deadman Timer	_DMTInterrupt	53	45	0x00006E	IFS2<13>	IEC2<13>	IPC11<6:4>
Input Capture/Output Compare 6	_CCP6Interrupt	54	46	0x000070	IFS2<14>	IEC2<14>	IPC11<10:8>
CCP6 Timer	_CCT6Interrupt	55	47	0x000072	IFS2<15>	IEC2<15>	IPC11<14:12>
QEI Position Counter Compare	_QEI1Interrupt	56	48	0x000074	IFS3<0>	IEC3<0>	IPC12<2:0>
UART1 Error	_U1EInterrupt	57	49	0x000076	IFS3<1>	IEC3<1>	IPC12<6:4>
UART2 Error	_U2EInterrupt	58	50	0x000078	IFS3<2>	IEC3<2>	IPC12<10:8>
CRC Generator	_CRCInterrupt	59	51	0x00007A	IFS3<3>	IEC3<3>	IPC12<14:12>
CAN1 TX Data Request	_C1TXInterrupt	60	52	0x00007C	IFS3<4>	IEC3<4>	IPC13<2:0>
Reserved	Reserved	61	53	0x00007E	—	—	—
QEI Position Counter Compare	_QEI2Interrupt	62	54	0x000080	IFS3<6>	IEC3<6>	IPC13<10:8>
Reserved	Reserved	63	55	0x000082	—	—	—
UART3 Error	_U3EInterrupt	64	56	0x000084	IFS3<8>	IEC3<8>	IPC14<2:0>
UART3 Receiver	_U3RXInterrupt	65	57	0x000086	IFS3<9>	IEC3<9>	IPC14<6:4>
UART3 Transmitter	_U3TXInterrupt	66	58	0x000088	IFS3<10>	IEC3<10>	IPC14<10:8>
SPI3 Receiver	_SPI3RXInterrupt	67	59	0x00008A	IFS3<11>	IEC3<11>	IPC14<14:12>
SPI3 Transmitter	_SPI3TXInterrupt	68	60	0x00008C	IFS3<12>	IEC3<12>	IPC15<2:0>
In-Circuit Debugger	_ICDInterrupt	69	61	0x00008E	IFS3<13>	IEC3<13>	IPC15<6:4>
JTAG Programming	_JTAGInterrupt	70	62	0x000090	IFS3<14>	IEC3<14>	IPC15<10:8>
PTG Step	_PTGSTEPInterrupt	71	63	0x000092	IFS3<15>	IEC3<15>	IPC15<14:12>
I2C1 Bus Collision	_I2C1BCInterrupt	72	64	0x000094	IFS4<0>	IEC4<0>	IPC16<2:0>
I2C2 Bus Collision	_I2C2BCInterrupt	73	65	0x000096	IFS4<1>	IEC4<1>	IPC16<6:4>
Reserved	Reserved	74	66	0x000098	—	—	—
PWM Generator 1	_PWM1Interrupt	75	67	0x00009A	IFS4<3>	IEC4<3>	IPC16<14:12>
PWM Generator 2	_PWM2Interrupt	76	68	0x00009C	IFS4<4>	IEC4<4>	IPC17<2:0>
PWM Generator 3	_PWM3Interrupt	77	69	0x00009E	IFS4<5>	IEC4<5>	IPC17<6:4>
PWM Generator 4	_PWM4Interrupt	78	70	0x0000A0	IFS4<6>	IEC4<6>	IPC17<10:8>
PWM Generator 5	_PWM5Interrupt	79	71	0x0000A2	IFS4<7>	IEC4<7>	IPC17<14:12>
PWM Generator 6	_PWM6Interrupt	80	72	0x0000A4	IFS4<8>	IEC4<8>	IPC18<2:0>
PWM Generator 7	_PWM7Interrupt	81	73	0x0000A6	IFS4<9>	IEC4<9>	IPC18<6:4>

CHAPTER

4

表 4-6-2(4)　一般中斷向量表

中斷事件	XC16 ISR 名稱	向量編號	IRQ #	中斷向量表位址	不可遮罩中斷位元位址		
					中斷旗標	中斷致能	優先層級
PWM Generator 8	_PWM8Interrupt	82	74	0x0000A8	IFS4<10>	IEC4<10>	IPC18<10:8>
Change Notice D	_CNDInterrupt	83	75	0x0000AA	IFS4<11>	IEC4<11>	IPC18<14:12>
Change Notice E	_CNEInterrupt	84	76	0x0000AC	IFS4<12>	IEC4<12>	IPC19<2:0>
Comparator 1	_CMP1Interrupt	85	77	0x0000AE	IFS4<13>	IEC4<13>	IPC19<6:4>
Comparator 2	_CMP2Interrupt	86	78	0x0000B0	IFS4<14>	IEC4<14>	IPC19<10:8>
Comparator 3	_CMP3Interrupt	87	79	0x0000B2	IFS4<15>	IEC4<15>	IPC19<14:12>
Reserved	Reserved	88	80	0x0000B4	—	—	—
PTG Watchdog Timer Time-out	_PTGWDTInterrupt	89	81	0x0000B6	IFS5<1>	IEC5<1>	IPC20<6:4>
PTG Trigger 0	_PTG0Interrupt	90	82	0x0000B8	IFS5<2>	IEC5<2>	IPC20<10:8>
PTG Trigger 1	_PTG1Interrupt	91	83	0x0000BA	IFS5<3>	IEC5<3>	IPC20<14:12>
PTG Trigger 2	_PTG2Interrupt	92	84	0x0000BC	IFS5<4>	IEC5<4>	IPC21<2:0>
PTG Trigger 3	_PTG3Interrupt	93	85	0x0000BE	IFS5<5>	IEC5<6>	IPC21<6:4>
SENT1 TX/RX	_SENT1Interrupt	94	86	0x0000C0	IFS5<6>	IEC5<6>	IPC21<10:8>
SENT1 Error	_SENT1EInterrupt	95	87	0x0000C2	IFS5<7>	IEC5<7>	IPC21<14:12>
SENT2 TX/RX	_SENT2Interrupt	96	88	0x0000C4	IFS5<8>	IEC5<8>	IPC22<2:0>
SENT2 Error	_SENT2EInterrupt	97	89	0x0000C6	IFS5<9>	IEC5<9>	IPC22<6:4>
ADC Global Interrupt	_ADCInterrupt	98	90	0x0000C8	IFS5<10>	IEC5<10>	IPC22<10:8>
ADC AN0 Interrupt	_ADCAN0Interrupt	99	91	0x0000CA	IFS5<11>	IEC5<11>	IPC22<14:12>
ADC AN1 Interrupt	_ADCAN1Interrupt	100	92	0x0000CC	IFS5<12>	IEC5<12>	IPC23<2:0>
ADC AN2 Interrupt	_ADCAN2Interrupt	101	93	0x0000CE	IFS5<13>	IEC5<13>	IPC23<6:4>
ADC AN3 Interrupt	_ADCAN3Interrupt	102	94	0x0000D0	IFS5<14>	IEC5<14>	IPC23<10:8>
ADC AN4 Interrupt	_ADCAN4Interrupt	103	95	0x0000D2	IFS5<15>	IEC5<15>	IPC23<14:12>
ADC AN5 Interrupt	_ADCAN5Interrupt	104	96	0x0000D4	IFS6<0>	IEC6<0>	IPC24<2:0>
ADC AN6 Interrupt	_ADCAN6Interrupt	105	97	0x0000D6	IFS6<1>	IEC6<1>	IPC24<6:4>
ADC AN7 Interrupt	_ADCAN7Interrupt	106	98	0x0000D8	IFS6<2>	IEC6<2>	IPC24<10:8>
ADC AN8 Interrupt	_ADCAN8Interrupt	107	99	0x0000DA	IFS6<3>	IEC6<3>	IPC24<14:12>
ADC AN9 Interrupt	_ADCAN9Interrupt	108	100	0x0000DC	IFS6<4>	IEC6<4>	IPC25<2:0>
ADC AN10 Interrupt	_ADCAN10Interrupt	109	101	0x0000DE	IFS6<5>	IEC6<5>	IPC25<6:4>
ADC AN11 Interrupt	_ADCAN11Interrupt	110	102	0x0000E0	IFS6<6>	IEC6<6>	IPC25<10:8>
ADC AN12 Interrupt	_ADCAN12Interrupt	111	103	0x0000E2	IFS6<7>	IEC6<7>	IPC25<14:12>
ADC AN13 Interrupt	_ADCAN13Interrupt	112	104	0x0000E4	IFS6<8>	IEC6<8>	IPC26<2:0>
ADC AN14 Interrupt	_ADCAN14Interrupt	113	105	0x0000E6	IFS6<9>	IEC6<9>	IPC26<6:4>
ADC AN15 Interrupt	_ADCAN15Interrupt	114	106	0x0000E8	IFS6<10>	IEC6<10>	IPC26<10:8>
ADC AN16 Interrupt	_ADCAN16Interrupt	115	107	0x0000EA	IFS6<11>	IEC6<11>	IPC26<14:12>
ADC AN17 Interrupt	_ADCAN17Interrupt	116	108	0x0000EC	IFS6<12>	IEC6<12>	IPC27<2:0>

表 4-6-2(5)　一般中斷向量表

中斷事件	XC16 ISR 名稱	向量編號	IRQ #	中斷向量表位址	不可遮罩中斷位元位址		
					中斷旗標	中斷致能	優先層級
ADC AN18 Interrupt	_ADCAN18Interrupt	117	109	0x0000EE	IFS6<13>	IEC6<13>	IPC27<6:4>
ADC AN19 Interrupt	_ADCAN19Interrupt	118	110	0x0000F0	IFS6<14>	IEC6<14>	IPC27<10:8>
ADC AN20 Interrupt	_ADCAN20Interrupt	119	111	0x0000F2	IFS6<15>	IEC6<15>	IPC27<14:12>
ADC AN21 Interrupt	_ADCAN21Interrupt	120	112	0x0000F4	IFS7<0>	IEC7<0>	IPC28<2:0>
ADC AN22 Interrupt	_ADCAN22Interrupt	121	113	0x0000F6	IFS7<1>	IEC7<1>	IPC28<6:4>
ADC AN23 Interrupt	_ADCAN23Interrupt	122	114	0x0000F8	IFS7<2>	IEC7<2>	IPC28<10:8>
ADC Fault	_ADFLTInterrupt	123	115	0x0000FA	IFS7<3>	IEC7<3>	IPC28<14:12>
ADC Digital Comparator 0	_ADCMP0Interrupt	124	116	0x0000FC	IFS7<4>	IEC7<4>	IPC29<2:0>
ADC Digital Comparator 1	_ADCMP1Interrupt	125	117	0x0000FE	IFS7<5>	IEC7<5>	IPC29<6:4>
ADC Digital Comparator 2	_ADCMP2Interrupt	126	118	0x000100	IFS7<6>	IEC7<6>	IPC29<10:8>
ADC Digital Comparator 3	_ADCMP3Interrupt	127	119	0x000102	IFS7<7>	IEC7<7>	IPC29<14:12>
ADC Oversample Filter 0	_ADFLTR0Interrupt	128	120	0x000104	IFS7<8>	IEC7<8>	IPC30<2:0>
ADC Oversample Filter 1	_ADFLTR1Interrupt	129	121	0x000106	IFS7<9>	IEC7<9>	IPC30<6:4>
ADC Oversample Filter 2	_ADFLTR2Interrupt	130	122	0x000108	IFS7<10>	IEC7<10>	IPC30<10:8>
ADC Oversample Filter 3	_ADFLTR3Interrupt	131	123	0x00010A	IFS7<11>	IEC7<11>	IPC30<14:12>
CLC1 Positive Edge	_CLC1PInterrupt	132	124	0x00010C	IFS7<12>	IEC7<12>	IPC31<2:0>
CLC2 Positive Edge	_CLC2PInterrupt	133	125	0x00010E	IFS7<13>	IEC7<13>	IPC31<6:4>
SPI1 Error	_SPI1GInterrupt	134	126	0x000110	IFS7<14>	IEC7<14>	IPC31<10:8>
SPI2 Error	_SPI2GInterrupt	135	127	0x000112	IFS7<15>	IEC7<15>	IPC31<14:12>
SPI3 Error	_SPI3GInterrupt	136	128	0x000114	IFS8<0>	IEC8<0>	IPC32<2:0>
Reserved	Reserved	137-149	129-141	0x000116-0x00012E	—	—	—
I2C3 Slave Event	_SI2C3Interrupt	150	142	0x000130	IFS8<14>	IEC8<14>	IPC35<10:8>
I2C3 Master Event	_MI2C3Interrupt	151	143	0x000132	IFS8<15>	IEC8<15>	IPC35<14:12>
I2C3 Bus Collision	_I2C3BCInterrupt	152	144	0x000134	IFS9<0>	IEC9<0>	IPC36<2:0>
Reserved	Reserved	153-156	145-148	0x000136-0x00013C	—	—	—
Input Capture/Output Compare 7	_CCP7Interrupt	157	149	0x00013E	IFS9<5>	IEC9<5>	IPC37<6:4>
CCP7 Timer	_CCT7Interrupt	158	150	0x000140	IFS9<6>	IEC9<6>	IPC37<10:8>
Reserved	Reserved	159	151	0x000142	—	—	—
Input Capture/Output Compare 8	_CCP8Interrupt	160	152	0x000144	IFS9<8>	IEC9<8>	IPC38<2:0>
CCP8 Timer	_CCT8Interrupt	161	153	0x000146	IFS9<9>	IEC9<9>	IPC38<6:4>
Reserved	Reserved	162-175	154-167	0x000148-0x000162	—	—	—
ADC FIFO Ready	_ADFIFOInterrupt	176	168	0x000164	IFS10<8>	IEC10<8>	IPC42<2:0>
PWM Event A	_PEVTAInterrupt	177	169	0x000166	IFS10<9>	IEC10<9>	IPC42<6:4>
PWM Event B	_PEVTBInterrupt	178	170	0x000168	IFS10<10>	IEC10<10>	IPC42<10:8>

CHAPTER

4

表 4-6-2(6) 一般中斷向量表

中斷事件	XC16 ISR 名稱	向量 編號	IRQ #	中斷向量 表位址	不可遮罩中斷位元位址		
					中斷旗標	中斷致能	優先層級
PWM Event C	_PEVTCInterrupt	179	171	0x00016A	IFS10<11>	IEC10<11>	IPC42<14:12>
PWM Event D	_PEVTDInterrupt	180	172	0x00016C	IFS10<12>	IEC10<12>	IPC43<2:0>
PWM Event E	_PEVTEInterrupt	181	173	0x00016E	IFS10<13>	IEC10<13>	IPC43<6:4>
PWM Event F	_PEVTFInterrupt	182	174	0x000170	IFS10<14>	IEC10<14>	IPC43<10:8>
CLC3 Positive Edge	_CLC3PInterrupt	183	175	0x000172	IFS10<15>	IEC10<15>	IPC43<14:12>
CLC4 Positive Edge	_CLC4PInterrupt	184	176	0x000174	IFS11<0>	IEC11<0>	IPC44<2:0>
CLC1 Negative Edge	_CLC1NInterrupt	185	177	0x000176	IFS11<1>	IEC11<1>	IPC44<6:4>
CLC2 Negative Edge	_CLC2NInterrupt	186	178	0x000178	IFS11<2>	IEC11<2>	IPC44<10:8>
CLC3 Negative Edge	_CLC3NInterrupt	187	179	0x00017A	IFS11<3>	IEC11<3>	IPC44<14:>12>
CLC4 Negative Edge	_CLC4NInterrupt	188	180	0x00017C	IFS11<4>	IEC11<4>	IPC45<2:0>
Input Capture/Output Compare 9	_CCP9Interrupt	189	181	0x00017E	IFS11<5>	IEC11<5>	IPC45<6:4>
CCP9 Timer	_CCT9Interrupt	190	182	0x000180	IFS11<6>	IEC11<6>	IPC45<10:8>
Reserved	Reserved	191-196	183-188	0x00182-0x0018C	—	—	—
UART1 Event	_U1EVTInterrupt	197	189	0x00018E	IFS11<13>	IF2C11<13>	IPC47<6:4>
UART2 Event	_U2EVTInterrupt	198	190	0x000190	IFS11<14>	IF2C11<14>	IPC47<12:8>
UART3 Event	_U3EVTInterrupt	199	191	0x000192	IFS11<15>	IF2C11<15>	IPC47<14:12>
AN24 Done	_AD1AN24Interrupt	200	192	0x000194	IFS12<0>	IEC12<0>	IPC48<2:0>
AN25 Done	_AD1AN25Interrupt	201	193	0x000196	IFS12<1>	IEC12<1>	IPC48<6:4>
PMP Event	_PMPInterrupt	202	194	0x000198	IFS12<2>	IEC12<2>	IPC48<10:8>
PMP Error Event	_PMPEInterrupt	203	195	0x00019A	IFS12<3>	IEC12<3>	IPC48<14:12>

　　dsPIC 控制器的重置並非由中斷向量表來處理。替代的方法是，在控制器重置時，程式計數器將會被清除。這將會使得控制器從程式記憶體位址為 0 的地方開始執行。而依照一般的慣例，聯結敘述檔將會在位址 0 的地方建立一個 GOTO 指令，這會將程式的控制轉移到 C 語言的啟動模組。

　　要使用某一個中斷功能，對應的中斷執行程式位址必須要填入中斷向量表中的適當位置，同時這個函式必須保留任何它所使用的系統資源。這個函式必須使用 retfie 控制器指令來返回正常的程式執行。中斷程式可以用 C 語言來撰寫。當一個 C 語言函式被指定為一個中斷執行程式時，XC16 編譯器會安排將所有編譯器使用的系統資源保留，並使用適當指令從中斷程式返還。編譯器可以選擇性地將中斷執行程式的位址填入到中斷向量表中。

　　要求編譯器將中斷向量表指向中斷執行程式時,必須將中斷執行程式名稱定義如前面表 4-6 的中斷向量表所列出的名稱。例如,如果下列函式被定義,堆疊錯誤向量將自動被填入適當位址:

```
void __attribute__((__interrupt__)) _StackError(void);
```

請注意到上面的宣告使用了一個前置的底線。同樣地,如果下列的函式被定義,替代堆疊錯誤向量將自動被填入適當的位址:

```
void __attribute__((__interrupt__)) _AltStackError(void);
```

再一次地,上述宣告使用了前置的底線。

　　對於那些沒有特定中斷處理工作的中斷向量,將會被安排一個預設的中斷處理工作。這個預設的中斷處理工作是由 MPLINK 聯結器所提供的,並且只是簡單地重置 dsPIC 控制器。這個預設的中斷執行程式叫做 _DefaultInterrupt,使用者的應用程式也可以自行提供一個預設的中斷處理工作。

　　在主要與替代中斷向量表中有一些中斷向量並沒有事先設定的硬體中斷函式。對於這些中斷向量可以使用前述表中所列的名稱,或者可以由使用者的應用程式另外指定一個適當的名稱並藉由使用中斷的屬性定義來填入適當的向量,並使用 irq 或者 altirq 參數。例如,要定義一個函式使用主要中斷向量 40,可使用下列屬性定義:

```
void __attribute__((__interrupt__(__irq__(40)))) MyIRQ(void);
```

同樣地,要定義一個函式使用替代中斷向量 42 了,可使用下列屬性定義:

```
void __attribute__((__interrupt__(__altirq__(42))))
    MyAltIRQ(void);
```

　　上述 irq/altirq 的號碼可以使用中斷向量號碼是 40 到 42。如果中斷屬性中的 irq 參數被使用到,編譯器將產生一個外部符號叫做 __Interrupt*n*,在這裡 *n* 就是中斷向量號碼。因此,C 語言符號名稱 __Interrupt40 到 __Interrupt42 是被編譯器所保留的。同樣的道理,如果中斷屬性中的 altirq 參數被使用到,編譯器將產生一個外部符號叫做 __AltInterrupt*n*，在這裡 *n* 就是中斷向量號碼。
因此，C 語言符號名稱 __AltInterrupt40 到 __AltInterrupt42 是被編譯器所保留
的。

4.4.4 　進出中斷執行程式資料儲存

如同它們原始的設計，中斷發生的時間是不可預測的。因此，中斷執行程
式必須能夠將控制器的狀態回復到和原先中斷發生時的情況一樣。

要適當地處理中斷程式的檔案，C 語言編譯器將設定在中斷執行程式最前
面的程式碼自動地儲存工作暫存器及特殊功能暫存器的數值到堆疊中，以便在
中斷執行程式結束的時候作爲恢復資料所用。使用者可以運用選擇性中斷屬性
宣告中的 save 參數來定義額外的變數與工作暫存器資料，將它們在中斷程式
的開始與結束時儲存與返還。

在某些特定的應用程式中，必須要在編譯器產生的中斷執行程式最初的程
式碼前嵌入一些組合語言指令。例如，如果要求一個變數 semaphore 在進入中
斷執行程式時立刻遞增，可以用下面的方式完成：

```
void __attribute__ ((__interrupt__ (__preprologue__
                     ("inc _semaphore")))) isr0(void);
```

4.4.5 　中斷延遲

有兩個因素會影響到中斷事件來源發生的時間及中斷執行程式碼第一個指
令開始執行之間的指令執行週期延遲（latency）。它們是：

- **控制器執行中斷**－這是控制器認知中斷事件發生並將程式執行跳躍至
  對應的中斷向量所指定的第一個指令位址所需要的時間。這個時間長
  短的決定，可以依據所使用的控制器類別以及中斷的來源參照控制器
  資料手冊。

- **中斷執行程式碼**－MPLAB XC16 在中斷執行程式中，先將正常程式所
  使用的暫存器資料備份儲存。這包含了工作暫存器以及 RCOUNT 特殊

功能暫存器等等。除此之外，如果中斷執行程式中呼叫了一般函式，則編譯器將會儲存所有的工作暫存器以及 RCOUNT 暫存器，就算它們並沒有全部地在中斷執行程式中被使用。這個動作是必須的，因為一般來說，編譯器無法預知那些系統資源將會由被呼叫函式所使用。

4.4.6　多層式中斷

dsPIC33CK 控制器支援多層式中斷（Interrupt Nesting）。因為控制器支援在中斷執行程式中被儲存到堆疊，多層式中斷執行程式的撰寫與編譯就像一般非多層式中斷一樣。多層式中斷可以藉由 INTCON1 暫存器中的 NSTDIS 位元來開啟或關閉。要注意到，這也是當 dsPIC33CK 被重置時所預設的多層式中斷操作條件。每一個中斷來源在中斷優先控制暫存器中都被指定了一個優先的層次（IPCn）。當有一個等待中的 IRQ 擁有的優先層次等於或大於目前控制器設定狀態暫存器中的優先層次（STATUS.CPUPRI）時，控制器的中斷將會被觸發。

4.4.7　開啟與關閉中斷

每一個中斷來源可以被個別地開啟或關閉。每一個中斷來源都有一個中斷開啟位元設定在中斷致能控制暫存器中（IECn）。設定中斷致能位元為 1，將開啟相對應的中斷功能；清除中斷致能位元為 0，將關閉相對應的中斷功能。除此之外，控制器擁有一個暫時關閉中斷功能的指令（DISI）可以指定在特定數量的指令週期時間長之內，將所有的中斷關閉。特別注意的是，不可遮罩的中斷（traps）是無法被關閉的，例如位址錯誤不可遮罩中斷。只有一般中斷功能可以被關閉。

中斷關閉（DISI）指令可以在 C 語言程式中藉由嵌入式組合語言（In-line Assembly）的方式在使用。例如，下列的嵌入式組合語言指令：

```
__asm__ volatile ("disi #16");
```

將會在原始程式中所出現的位址，發出所定義的停止中斷指令。這種使用中斷

關閉指令的缺點在於，C 語言程式撰寫者無法完全確定 C 程式編譯器將如何
地轉譯 C 程式碼為控制器指令；因此，如何決定中斷關閉指令所需的指令週
期將會變成非常地困難。處理這個困難的變通方式為將所要保護的程式碼由兩
個中斷關閉指令來包圍；執行被保護程式前，第一個將中斷關閉的週期數量設
定為最大值，執行後則以另一個將週期數量設定為 0。例如：

```
__asm__ volatile("disi #0x3FFF"); /* disable interrupts */
/* ... protected C code ... */
__asm__ volatile("disi #0x0000"); /* enable interrupts */
```

另一個替代的方式是直接利用 DISICNT 暫存器，它在硬體上有著和中斷
關閉指令相同的效果，但對 C 語言程式撰寫者而言，它可以避免嵌入式組合
語言的使用。因為當嵌入式組合語言被使用在一般函式中時，編譯器將無法完
成某些最佳化的動作；所以這個替代方式是有它的需要。因此，使用者可以用
下面的方式取代前面的嵌入式組合語言：

```
DISICNT = 0x3FFF; /* disable interrupts */
/* ... protected C code ... */
DISICNT = 0x0000; /* enable interrupts */
```

4.5　組合語言及 C 語言程式模組的銜接

在這個章節中，我們將描述如何銜接組合語言與 C 語言程式模組一起合
併使用。範例中將顯示如何合併使用 C 語言的變數以及組合語言的函式，或
者是使用組合語言的變數以及 C 語言所撰寫的函式。

這個章節裡將包含了兩個主要的內容：

- 混合使用組合語言以及 C 語言的變數與函式－個別獨立的組合語言模
  組將被組譯，然後與編譯完成的 C 語言模組聯結。
- 使用嵌入式的組合語言指令－組合語言的指令可以被直接地嵌入到 C
  語言程式碼中。嵌入式的組合語言指令同時支援簡單型的組合語言指
  令（無輸出入引數），以及擴充型組合語言指令群（包含輸出入引數）－
  可以讀取 C 語言變數作為組合語言指令的運算元。

◗ 4.5.1　混合組合語言及 C 語言變數及函式

下列的準則將指出如何的銜接個別的組合語言程式模組以及 C 語言程式模組。

- 依照前面章節所敘述的暫存器規定來呼叫暫存器。特別是在使用 W0 到 W7 工作暫存器來傳遞一些引數時。組合語言函式可以利用這些暫存器來接收引數以及傳遞引數到被呼叫的函式。

- 在中斷處理工作期間被呼叫函式必須適當地保存工作暫存器 W8 到 W14 中的資料。也就是說，在這些工作暫存器中的數值在改變之前必須要先儲存，同時在返回呼叫函式時必須要被恢復。工作暫存器 W0 到 W7 的內容可以被使用而不需要還原其原先的數值。

- 中斷執行程式必須保存所有使用到的暫存器數值。與呼叫一般程式不同的地方是，中斷可以發生在程式執行中的任何時間。在返回到一般程式時，所有的暫存器必須要像它們被中斷之前一樣，才能確保程式的正確執行。

- 如果 C 語言程式檔案需要呼叫儲存在其他分開的組合語言檔中所宣告的變數或函式時，這些變數或函式必須要使用組合語言虛擬指令 .global，將它們宣告為全域的符號。

- 在組合語言中被呼叫的外部 C 語言宣告變數或函式符號的前端必須至少有一個以上的底線（_）。C 語言函式 main 在組合語言函式中將被稱為 _main，同樣地，組合語言程式中的符號 _do_something 在 C 語言程式中將被以 do_something 這個符號來引用。組合語言程式檔中未被宣告的符號將會被視為在其他程式中所宣告的外部（external）符號。

在下面的範例 ex1.c 中，將示範如何在組合語言程式及 C 語言程式中使用變數及函式，不管這些變數或函式原來是在那裡定義的。檔案中定義 foo 以及 cVariable 將會在組合語言程式中被使用。在 C 語言程式中，同樣將示範如何呼叫一個組合語言函式 asmFunction，以及如何讀取一個組合語言定義的變數 asmVariable。

```
/*
** file: ex1.c
*/
extern unsigned int asmVariable;
extern void asmFunction(void);
unsigned int cVariable;

void foo(void)
{
  asmFunction( );
  asmVariable = 0x1234;
}
```

在另一個 ex2.s 檔案中定義了組合語言函式 asmFunction 以及組合語言變數 asmVariable，將被用來在另外一個聯結程式中使用。這一個組合語言程式檔同時將顯示如何來呼叫一個 C 語言函式 foo 以及如何讀取一個 C 語言定義的變數 cVariable。

```
;
;
; file: ex2.s
;
.text
.global _asmFunction
_asmFunction:
  mov #0,w0
  mov w0,_cVariable
  return

.global _main
_main:
  call _foo
  return

.bss
.global _asmVariable
.align 2
_asmVariable: .space 2
.end
```

在 ex1.c 這個 C 檔案中，利用了標準的 extern 語法宣告了引用外部變數，這些變數是被宣告在組合語言檔案 ex2.s 中的。請讀者注意組合語言函式 asm-Function 或者在組合語言檔案中的 _asmFunction，是一個沒有回傳值的函式，因此用 void 來宣告它。

在組合語言檔案 ex1.s 中，將符號 _asmFunction ，_main 及 _asmVariable 利用 global 組合語言虛擬指令定義爲全域可見的符號；因此，它們可以被其他任何的程式檔案來讀取。其中符號 _main 只有被引用而未被宣告；因此，組譯器將會視這個符號爲一個外部變數。

接下來的 MPLAB XC16 範例將示範如何呼叫一個需要兩個引數的組合語言函式。在這裡，C 語言檔案 call.c 中的函式 main 將呼叫組合語言檔案 call2.s 中的 asmFunction 並使用兩個引數。

```
/*
** file: call1.c
*/
extern int asmFunction(int, int);
int x;
int main(void)
{
   x = asmFunction(0x100, 0x200);
}
```

組合語言函式會將兩個引數相加並將結果回傳。

```
; file: call2.s
;
.global _asmFunction
_asmFunction:
  add w0,w1,w0
  return
.end
```

使用者可以參考前面回傳值的範例來了解在 C 程式檔案中的引數傳遞。在上述的範例中，兩個整數引數將會利用 W0 以及 W1 工作暫存器來傳遞。而整數型別的函式回傳結果 XC16 編譯器將會安排透過工作暫存器 W0 傳遞的。不同型別、不同數量及更複雜的引數傳遞可能需要不同的暫存器，使用者在撰寫相關組合語言指令時，必須更加小心地依照上述準則來完成。

▣ 4.5.2 使用嵌入式組合語言指令

在 C 函式內，可以使用 asm 指述來嵌入一行的組合語言指令到編譯器所產生的組合語言程式中。嵌入式組合語言有兩種形式：簡單型及擴充型。

在簡單型中，組合語言指令利用下列的語法來撰寫：

```
asm("instruction");
```

在這裡，instruction 指令是一個有效的組合語言程式。如果使用者是在 ANSI 標準的 C 程式中撰寫嵌入式組合語言指令，請使用 __asm__ 來取代 asm。

在擴充型的組合語言指令中使用 asm，指令的運算元將利用 C 的語法來定義。擴充型的語法如下：

```
asm("template" [ : [ "constraint"(output-operand) [ , ... ] ]
[ : [ "constraint"(input-operand) [ , ... ] ]
[ "clobber" [ , ... ] ]
]
]);
```

使用者必須定義一個組合語言指令範本（Template），並為每一個運算元加上一個 constraint 的運算元限制字串。範本定義了指令定義法，同時可選擇性的定義運算元的放置位址。Constraint（限制）字串定義運算元條件。例如，運算元必須儲存在某個暫存器，或者運算元必須是某個常數。

MPLAB XC16 支援下列的限制符號：

符號	限　　　　制
=	表示這個運算元對這個指令是唯寫的：原先的值將被拋棄而以輸出資料取代。
+	表示這個運算元可以被這個指令讀取或覆寫。
&	表示這個運算元是一個初期引用的運算元，它將會在指令結束之前用輸入運算元的資料來修改。因此，這個運算元可能不會位於輸入運算元的位址或者是記憶體的一部分。

CHAPTER

4

符號	限　制
g	除了一般暫存器以外的暫存器，允許任何暫存器，記憶體或者固定整數運算元。
i	允許固定整數運算元。這包括了只有在組譯時才會被定義的符號常數。
r	只允許一般暫存器的暫存器運算元。
0, 1, …, 9	允許符合某個特定編號的運算元。當這個數字和其他的符號以及使用方式，數字應該擺在最後面。
T	一個遠端或近端數據資料運算元。
U	一個近端數據資料運算元。
a	宣告 WREG
b	支援除法運算工作暫存器 W1
c	支援乘法運算工作暫存器 W2
d	一般目的工作暫存器 W1-W14
e	非支援除法運算工作暫存器 W2-W14
g	除了一般暫存器以外的暫存器，允許任何暫存器，記憶體或者固定整數運算元。
i	允許固定整數運算元。這包括了只有在組譯時才會被定義的符號常數。
r	只允許一般暫存器的暫存器運算元。
v	AWB 暫存器 W13（DSP 功能）
w	Accumulator 累加暫存器 A-B（DSP 功能）
x	X 區塊預先擷取暫存器 W8-W9（DSP 功能）
y	Y 區塊預先擷取暫存器 W10-W11（DSP 功能）
z	MAC 預先擷取暫存器 W4-W7（DSP 功能）
0, 1, …, 9	允許符合某個特定編號的運算元。當這個數字和其他的符號以及使用方式，數字應該擺在最後面。
C	An even-odd register pair
D	An even-numbered register
T	一個遠端或近端數據資料運算元。
U	一個近端數據資料運算元。
=	表示這個運算元對這個指令是唯寫的：原先的值將被拋棄而以輸出資料取代。

符號	限　　制
+	表示這個運算元可以被這個指令讀取或寫入。
&	表示這個運算元是一個初期引用的運算元，它將會在指令結束之前用輸入運算元的資料來修改。因此，這個運算元可能不會位於輸入運算元的位址或者是記憶體的一部分。
d	編號 n 運算元的第二個暫存器，例：%dn.
q	編號 n 運算元的第四個暫存器，例：%qn.
t	編號 n 運算元的第三個暫存器，例：%tn.

例如，下面的範例示範如何使用 dsPIC 控制器的 swap 組合語言指令，（這個指令編譯器一般不常使用）：

```
asm("swap %0" : "+r"(var));
```

其中，var 變數是以 C 語言語法所定義的運算元，這個變數同時是一個輸入也是一個輸出運算元。這個運算元被限制為是 r 型別，也就是一個暫存器運算元。在 r 前面的加號 + 表示的這個運算元同時是輸入也是輸出運算元。

每一個運算元都是用一組運算元－限制字串（operand-constraint）來描述，接著在括號中的就是它的 C 語法中的名稱。在語法中使用冒號（：）來分隔組合語言範本和第一個輸出運算元；如果有任何的輸入運算元，我們也會用：來分隔最後一個輸出運算元以及第一個輸入運算元。如果存在有許多個輸（出）入運算元時，在這些輸（出）入運算元之間，將以逗點（，）來分隔。

如果指令中沒有任何的輸出運算元但卻有輸入運算元時，這時候必須要以兩個連續的冒號（：）放置在輸出運算元所應該放置的位置。編譯器要求輸出運算元的指述必須要是可以被檢查或覆寫的變數（L-value）。輸入運算元則不一定要是。編譯器無法檢查這些運算元是否擁有執行指令所需要的合理資料型別。它並不會中斷指令範本的組譯而且不知道它所代表的意義或者它是否為一個正確的組合語言輸入運算元。擴充型的 asm 功能最常被使用在運用編譯器所不知道存在的控制器指令。當輸出敘述無法直接的被定址時，例如它是一個位元，這時候必須被限制為一個暫存器。在這個情形下，MPLAB XC16 編譯器會將使用的暫存器作為 asm 指令的輸出，並且將這個暫存器的資料儲存到輸出運算元中。如果輸出運算元是一個唯寫記憶體，MPLAB XC16 在這個指令被取消或宣告無效之前，將會自動假設運算元中的數值。

有一些指令將會引用到特殊的硬體暫存器。為描述這一個功能，在輸入運算元之後加上一個冒號，然後再加上被應用的硬體暫存器名稱。如果這些暫存器有很多個的話，使用逗號將它們分隔。下面是一個 dsPIC 控制器的範例：

```
asm volatile ("mul.b %0"
: /* no outputs */
: "U" (nvar)
: "w2");
```

其中，運算元 nvar 根據限制字元 "U" 的定義，是一個被宣告在近端資料記憶空間的符號變數。如果組合語言指令可以更改旗標暫存器的內容，在引用暫存器的序列中加入 "cc" 的符號。如果組合語言指令改變記憶體的方式是無法預期的，增加 "memory" 的符號到應用的暫存器序列中。這將會使 XC16 編譯器在產生組合語言指令時，不再將記憶體的數值儲存到暫存器中。

使用者可以將許多組合語言指令一起放置到單一個 asm 範本中，並以 "\n" 符號作區隔。這時候必須要確認輸出入運算元的位址不會用到任何所引用硬體暫存器，如此，使用者才可以隨心所欲地重複讀寫引用的硬體暫存器。下面是一個在範本中有多行指令的範例；其中假設函式 _foo 可以接受在工作暫存器 W0 以及 W1 中的引數：

```
asm ("mov %0,w0\nmov %1,W1\ncall _foo"
: /* no outputs */
: "g" (a), "g" (b)
: "W0", "W1");
```

在這個範例中，限制字串 "g" 標示使用了一個一般的運算元。除非輸出運算元有一個 "&" 的限制符號，MPLAB XC16 將會假設輸入的資料會在輸出產生之前被讀取，所以編譯器會將它當作一個不相關的輸入運算元而設置在同一個暫存器中。當實際的組合語言指令超過一個時，上述的假設不一定會成立。在這種情況下，對每一個輸出運算元使用 "&" 限制符號，將不一定會覆寫輸入運算元。例如，考慮下面的函式：

```
int exprbad(int a, int b)
{
  int c;
  __asm__ ("add %1,%2,%0\n sl %0,%1,%0"
  : "=r"(c) : "r"(a), "r"(b));
  return(c);
}
```

這個範例的目的是要計算 (a + b)<<a 的結果。但是如果按照上面的寫法，計算的結果可能等於也可能不等於所應有的計算值。正確的程式撰寫必須告訴編譯器運算元c在使用輸入運算元完成asm指令之前被修改。所以正確的寫法如下：

```
int exprgood(int a, int b)
{
  int c;
  __asm__ ("add %1,%2,%0\n sl %0,%1,%0": "=&r"(c)
  : "r"(a), "r"(b));
  return(c);
}
```

當組合語言指令有讀寫運算元，或者運算元中只有部分位元會被修改時，使用者必須正確地將這個函式分割成兩個獨立的運算元：一個輸入運算元及一個唯寫輸出運算元。它們之間的關係必須用限制符號完整地表述，在指令執行時，兩個運算元必須要被安置在同一個位址。例如，下面的範例使用一個 add 指令，指令使用 bar 作為它讀取資料的輸入運算元，同時以 foo 作為它讀寫的目標暫存器：

```
asm ("add %2,%1,%0"
: "=r" (foo)
: "0" (foo), "r" (bar));
```

運算元 1 的限制符號 "0" 指出這個運算元必需要使用和運算元 0 相同的位址。只有在輸入運算元的限制符號中才可以使用數字，而且這個數字必須對應到一個輸出運算元。只有在限制符號中使用數字，才能夠保證一個運算元與另外一個運算元使用相同的位址。簡單的定義 foo 擁有兩個運算元中的數值，並不足以保証所產生的組合語言指令會將這兩個運算元設定在同一個位址。下面的範例是一個錯誤的寫法：

```
asm ("add %2,%1,%0"
: "=r" (foo)
: "r" (foo), "r" (bar));
```

不同的最佳化選項或者是資料重新載入可能引起運算元 0 與運算元 1 被安置在不同的暫存器中。例如編譯器可能會發現一個 foo 的數值被安置在某一個暫存器中而使用它當作運算元 1，但是卻將輸出運算元 0 的位址安置在不同的暫存器（可能稍後再將它複製到 foo 的位址）。

使用者可以藉由在 asm 之後使用 volatile 關鍵字來預防一個 asm 指令被清除、大幅地移動或合併。例如：

```
#define disi(n) \
asm volatile ("disi %0" \
: /* no outputs */ \
: "i" (n))
```

在這裡，根據 disi 指令的要求，限制符號 "i" 表示一個立即（immediate）運算元。除非這個指令是無法讀取的，否則就算是這個指令沒有定義輸出運算元，它也不會被刪除或者大幅移動。

4.6　MPLAB XC16 dsPIC 工具函式庫

MPLAB XC16 dsPIC 工具函式庫是 Microchip 為了要協助使用者發展應用程式所提供的工具函式庫。這些工具函式庫的功能主要是針對 dsPIC 控制器眾多強大的數位訊號處理與周邊功能提供方便和完整的使用與設定函式，以減少使用者在程式開發的過程中必須要使用低階而複雜的組合語言來完成。因此，當應用程式需要大量的使用到數位訊號處理與周邊功能，或者是需要做頻繁的功能切換或開關時，使用這些周邊工具函式庫將會有效減少程式開發的時間，提高應用程式的執行效率與正確性。

由於在硬體設計之初便進行規劃，XC16 編譯器所提供的 dsPIC 控制器函式庫，不但可以供使用者在撰寫 C 程式語言的應用程式時所使用，同時這些函式也可以在以組合語言撰寫的應用程式中被呼叫。因此，在使用上提供了相當大的功能與彈性。

然而使用者必須了解的是，雖然這些函式庫的使用非常方便，但是在程式中呼叫一個函式時需要消耗相當的硬體資源與軟體執行效率。因為每次呼叫函式時，控制器必須要將相關的暫存器作適當的處理儲存，並且要對工作暫存器、程式計數器及堆疊指標依照前面章節所描述的過程作備份與還原的動作；所以雖然使用者的程式因為呼叫函式關係，顯得相當的精簡與有效率，但是在經過 XC16 程式編譯器的編譯之後，往往會在呼叫與離開函式的地方發現許多耗費時間處理引數傳遞，工作暫存器、堆疊與暫存器備份的執行指令。

由於函式庫所提供的函式大部分是為了設定周邊硬體功能或擷取資料的處理，要避免這種耗費執行時間的出入呼叫函式情況的頻繁發生，XC16 編譯器提供了類似組合語言的暫存器直接讀寫動作。在程式中只要利用簡單的指定運算子（＝），即可完成相當於組合語言中 mov 指令的動作；也提供了可以直接設定暫存器位元的結構變數型式，例如 PORTEbits.RE3。當累積了相當的程式撰寫經驗之後，建議使用者在對於一些暫存器的讀寫，資料位元的判斷，以及其他可以直接對硬體作動的部分可以儘量避免呼叫簡單的函式，程式執行的效率將會因此而有所提昇。當然，對於初學者而言，使用 XC16 函式庫還是很方便的一個選擇。

Microchip 為 dsPIC 控制器提供了兩大類主要的函式庫：DSP 數位訊號處理函式庫以及周邊功能函式庫。這兩大類的函式庫主要就是針對 dsPIC 控制器硬體的架構內容作出完整的讀取、寫入、檢查與設定的動作函式，以協助使用者在撰寫程式時能夠藉由單純的呼叫函式動作來完成組合語言的標準程式撰寫。

⊙ 4.6.1　DSP 數位訊號處理函式庫

DSP 數位訊號處理函式庫所包含的函式主要是針對數位訊號的複雜數學運算處理、濾波器處理以及快速傅立葉轉換演算法等等相關的功能所撰寫的程式指令集。它所包含的函式經整理後如下列所示。

■ 向量函式 Vector Functions

VectorAdd ( )	向量加法運算
VectorConvolve ( )	向量迴旋和運算
VectorCopy ( )	向量複製
VectorCorrelate ( )	向量關聯運算
VectorDotProduct ( )	向量內積運算
VectorMax ( )	向量元素最大值求取運算
VectorMin ( )	向量元素最小值求取運算
VectorMultiply ( )	向量乘法運算
VectorNegate ( )	向量變號運算
VectorPower ( )	向量冪次運算
VectorScale ( )	向量常數乘法運算
VectorSubtract ( )	向量減法運算
VectorZeroPad ( )	向量複製補零運算

■ 矩陣函式 Matrix Functions

MatrixAdd ( )	矩陣加法運算
MatrixInvert ( )	反矩陣運算
MatrixMultiply ( )	矩陣乘法運算
MatrixScale ( )	矩陣常數乘法運算
MatrixSubtract ( )	矩陣減法運算
MatrixTranspose ( )	矩陣轉置運算

■ 濾波器函式 Filter Functions

FIR ( )	FIR 有限脈衝響應濾波器運算
FIRDecimate ( )	FIR 抽樣處理運算
FIRDelayInit ( )	FIR 延遲初始化設定
FIRInterpolate ( )	FIR 訊號內插法處理運算

FIRInterpDelayInit ( )   FIR 內插法處理延遲初始化設定

FIRLattice ( )   Lattice Structure FIR 濾波器運算

FIRLMS ( )   最小均方值適應式 FIR 濾波器運算

FIRLMSNorm ( )   正常化最小均方值適應式 FIR 濾波器運算

FIRStructInit ( )   FIR 濾波器結構參數初始化設定

IIRCanonic ( )   Canonic IIR 濾波器運算

IIRCanonicInit ( )   Canonic IIR 濾波器初始化設定

IIRLattice ( )   Lattice Structure IIR 濾波器運算

IIRLatticeInit ( )   Lattice Structure IIR 濾波器初始化設定

IIRTransposed ( )   IIR 濾波器轉置運算

IIRTransposedInit ( )   IIR 濾波器轉置運算初始化設定

■ 轉換函式 Transform Functions

BitReverseComplex ( )   複變數資料位址位元反轉處理

CosFactorInit ( )   餘弦轉換因子初始化設定

DCT ( )   離散式餘弦轉換運算

DCTIP ( )   資料回存（in place）離散式餘弦轉換運算

FFTComplex ( )   複變數快速傅立葉轉換運算

FFTComplexIP ( )   資料回存複變數快速傅立葉轉換運算

IFFTComplex ( )   複變數快速傅立葉反轉換運算

IFFTComplexIP ( )   資料回存複變數快速傅立葉反轉換運算

TwidFactorInit ( )

■ 視窗權值函數 Window Functions

BartlettInit ( )   Barlett 視窗權值函數初始化設定

BlackmanInit ( )   Blackman 視窗權值函數初始化設定

HammingInit ( )   Hamming 視窗權值函數初始化設定

HanningInit ( )   Hanning 視窗權值函數初始化設定

KaiserInit ( )   Kaiser 視窗權值函數初始化設定

VectorWindow ( )   向量視窗權值函數處理運算

CHAPTER

4

◉ 4.6.2　周邊功能函式庫

周邊功能函式庫總共包含了各種周邊模組的驅動函式，同時也包含了外部液晶顯示器 LCD 的驅動程式以及與中斷相關的巨集指令。

早期周邊功能函式庫的組成包含了一個預先編譯與整理的 C 語言函式庫，對於每一個 dsPIC 控制器都有一個相對應的函式庫檔，例如 libp30F4011-coff.a。同時對於每一個周邊功能模組也都提供了一個相對應的表頭檔，例如 timer.h，供使用者在程式中作爲函式原型與相關變數的宣告使用。XC16 編譯器函式庫的最大優點在於，Microchip 同時也將函式庫的原始碼公開提供給使用者作爲程式撰寫或修改的依據與資料來源。這一點是其他相關 dsPIC 控制器 C 程式語言編譯器商業軟體所未能做到的。在此建議使用者閒暇之餘，應多多地研讀這些函式庫原始碼的內容以增加撰寫程式的經驗與能力。

在早期的 MPLAB X IDE 開發環境中，Microchip 對於每一個周邊功能盡量統一函式的使用方式與引數格式；但是隨著產品不斷的推出，除了新的周邊功能不斷增加，即便是已經存在的周邊功能硬體也不斷的更新設計。因此，除了早期的 dsPIC 控制器仍然可以有較固定的函式名稱與使用方式外（但是需要額外安裝函式庫資源檔案），近幾年來 MPLAB X IDE 改以 MPLAB Code Configurator（簡稱 MCC）程式設定器依據使用者透過 MCC 視窗所選擇與設定的周邊硬體產生函式庫檔案並自動納入使用者專案的檔案夾中。由於 MCC 所產生的函式庫內容會依據使用者的選擇與設定自動調整與產生，所以當使用者調整功能設定時，可能就會產生不同的函式庫內容與函式名稱。而且 Microchip 也時常提供 MCC 的程式更新，一方面提供新的產品型號，一方面也改善既有產品的函式庫問題以提升性能與效率。

使用者特別要注意的是在使用 MCC 時，由於新版本所產生的函式庫內容與使用方式可能與較早版本有所差異，導致原始程式在編譯時可能產生原來沒有的相容性錯誤，例如函式名稱改變，引數順序或型別變化。所以在未來要維護既有應用程式時，必須要同時配合 MCC 的版本進行調整應用程式內容。如果是比較複雜的應用開發，恐怕會耗費相當大量的時間與資源。所幸的是，Microchip 目前仍然提供各種版本的開發環境、編譯器與函式庫版本供使用者下載；如果使用者無法重新調整應用程式以適用於新的開發工具時，可以將

開發工具復舊為早期的對應版本後，再進行程式維護與調整。這是目前使用
MCC 程式設定器比較美中不足的地方。但是 MCC 所提供的函式庫一樣是可
以讓使用者看到函式原始碼，對於程式撰寫以及除錯仍然有很大的幫助。不過
MCC 並沒有提供完整的函式庫文件，各種使用方式與設定等等的細節就有賴
使用者自行分析 MCC 生成的函式內容去學習適當的使用方法。

由於 MCC 產生的程式內容會因版本不同而有所差異，使用者必須要注意
到本書範例所使用的版本，以免在練習時直接使用範例程式可能產生的錯誤。
如果有程式編譯錯誤發生，只要依循錯誤訊息並詳讀函式檔案內附的說明文件
即可逐步解決問題。在後續介紹各個章節內容時會以範例逐一地介紹對應的周
邊功能函式庫。

CHAPTER

4

APP020 Plus 實驗板

　　爲了要學習 dsPIC 數位訊號控制器的使用，讀者必須要選用一個適當的實驗板。Microchip 提供了許多種不同的實驗板，包括 dsPICDEM 1.1、dsPIC-DEM Starter、dsPICDEM MC 1、以及 dsPICDEM.net 等等各種不同需求的實驗板。如果讀者對於上述實驗板有興趣的話，可以透過代理商或與原廠連絡購買；雖然原廠的實驗板價格稍高，但是一般皆附有完整的使用說明與範例程式或使用者參考。即使是沒有這些原廠的電路板在手邊，讀者也可以下載範例程式作爲參考與練習。

5.1　APP020+ 實驗板元件配置與電路規劃

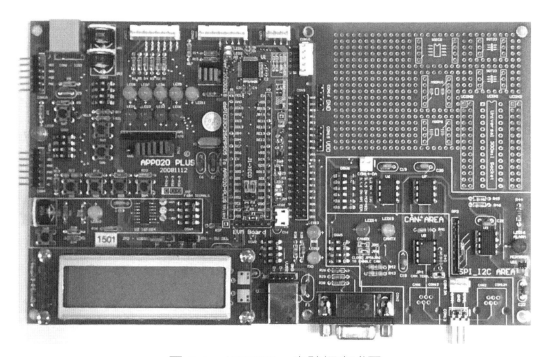

圖 5-1　APP020+ 實驗板完成圖

　　為了加強讀者的學習效果，並配合本書的範例程式與練習說明，本書將使用一個配合本書自行設計的 APP020+ 實驗板。這個實驗板的功能針對本書所有的範例程式與說明內容配合設計，並使用一般坊間可以取得的電子零件為規劃的基礎。希望藉由硬體的規劃以及本書範例程式的軟體說明，使讀者可以獲得最大的學習效果。APP020+ 實驗板可向 Microchip 台灣分公司（http://www.microchip.com.tw）洽詢（實驗板編號 APP020+），可自行下載書籍與實驗板相關更新資料。

　　APP020+ 實驗板原先式設計以 dsPIC30F4011 數位訊號控制器為核心控制器所使用，本書將以 dsPIC33CK256MP505 數位訊號控制器的轉接板橋接到原來 dsPIC30F4011 控制器所在的 IC 插座位置。使用既有的 APP020+ 實驗板的原因是這個實驗板上已具備許多學習的必要周邊硬體，足以讓使用者學習所有的 dsPIC33CK256MP505 的功能。基於愛護環境與重視環保的立場，與其重新再設計販售一個新的實驗板，讓 APP020+ 實驗板可以重新再利用不啻是一個很好的選擇。除此之外，dsPIC33CK256MP505 數位訊號控制器轉接板也可以作為一個獨立開發應用的核心電路板，使用者可以自行設計應用電路配合，而不需要使用 APP020+ 實驗板；對於自行開發新應用有更好的方便性。以下的使用說明會以 APP020+ 電路板上的元件名稱為主，APP020+ 實驗板的完成圖如圖 5-1 所示。

　　APP020+ 實驗板的原始設計規劃使用 dsPIC30F4011 數位訊號控制器為核心，並針對了 dsPIC 控制器的相關周邊功能作適當的硬體安排，作適當的輸入或輸出訊號的觸發與顯示，加強讀者的學習與周邊功能的使用。實驗板所能進行的功能包括數位按鍵的訊號輸入、LCD 液晶顯示器的資訊顯示、LED 發光二極體的控制、類比訊號的感測、多重按鍵訊號的類比感測、RS-232 傳輸介面驅動電路以及 QEI 與 PWM 訊號產生與感測；同時並設置了訊號的外接插座作為擴充使用的介面，包括了線上除錯器 ICD 介面、PWM 訊號輸出介面、QEI 訊號輸入介面、類比訊號輸入介面、SPI 與 I²C 訊號輸出入介面、以及一個完整的 40 接腳擴充介面連接至 dsPIC30F4011 數位訊號控制器；當然，實驗板上也配置了必備的石英震盪器作為時脈輸入，並附有重置開關。實驗板的設計也考慮到未來擴充使用時的需求，配置了數個切換開關，讓使用者可以自由的切換實驗板上的訊號控制或者是外部訊號的輸出入。

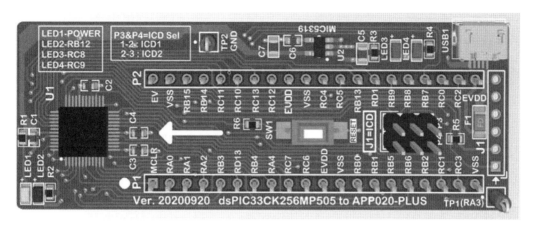

圖 5-2　APP020+ 的 dsPIC33CK256MP505 轉接板

　　為了作為新一代的 dsPIC33CK256MP505 數位訊號控制器的應用開發與實驗練習，本書設計一個 dsPIC33CK256MP505 對應到 dsPIC30F4011 的轉接板，所以可以直接對應到 APP020+ 實驗板的所有功能。dsPIC33CK256MP505 轉接板的實體圖如圖 5-2 所示。轉接板上自備有獨立的 min USB 接頭可以作為外部 5 V 電源的輸入，然後透過 MIC5319 轉換成 3.3 V 供應給 dsPIC33CK-256MP505 控制器。由於 dsPIC33CK256MP505 控制器有 48 支腳位，除了將其中 40 支腳位對應到 APP020+ 上 dsPIC30F4011 的 DIP 40 支腳位 IC 座所使用的功能外，所剩餘的腳位設計作為轉接板的 LED 或測試接點。轉接板上另外設計有燒錄程式所需要的 PGC1/PGD1 與 PGC2/PGD 連接埠，可以讓轉接板單獨作為開發應用的控制核心。轉接板的完整電路可參見本書附件的轉接板電路圖。作為 APP020+ 實驗板的控制核心，dsPIC33CK256MP505 數位訊號控制器的腳位轉換如圖 5-3 所示。圖 5-3 中 dsPIC33CK256MP505 微控制器的 48 支腳位預設對應到 APP020+ 的腳位如圖 5-3 所示，腳位功能標示後括號所註記的號碼即為在 APP020+ 上對應的 DIP 40 Pin 腳座的腳位編號。

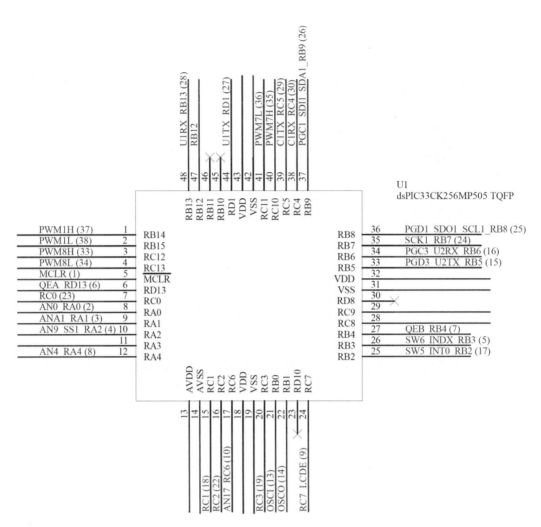

圖 5-3 dsPIC33CK256MP505 微控制器對應 APP020＋ 實驗板 DIP-40 腳位功
能

　　當使用 dsPIC33CK256MP505 微控制器爲 APP020+ 實驗板核心處理器時，
APP020+ 實驗板核心處理器與主要周邊電路圖如圖 5-4 所示。

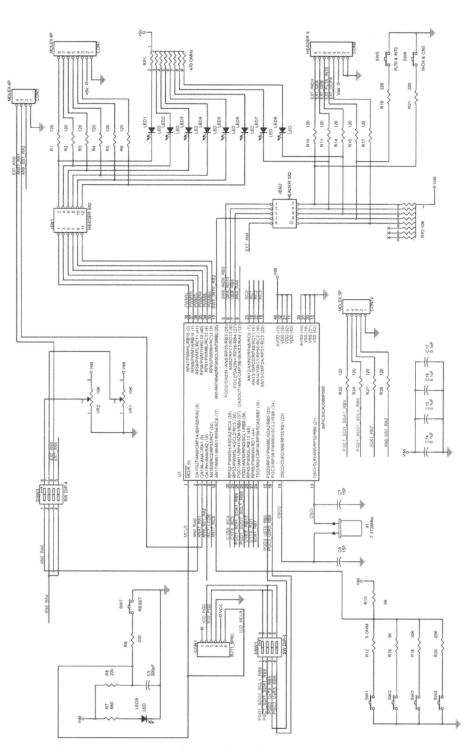

圖 5-4　APP020+ 實驗板核心處理器與主要周邊電路圖

CHAPTER

5

　　除了核心處理器與主要周邊之外，APP020+ 還有其他附屬周邊與各種練習通訊協定的外部元件。為了增加使用者的了解，接下來將逐一地介紹 APP020+ 實驗板的電路組成。

電源供應

　　當使用 dsPIC33CK256MP505 轉接板，必須要將 APP020+ 實驗板的電源改爲 3.3V 輸出（JP2 選擇 3.3 V），以免損害 dsPIC33CK 控制器。

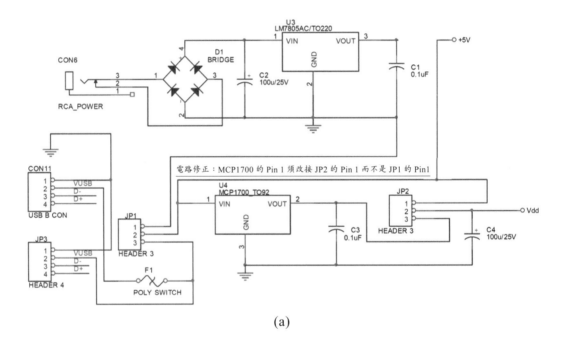

(a)

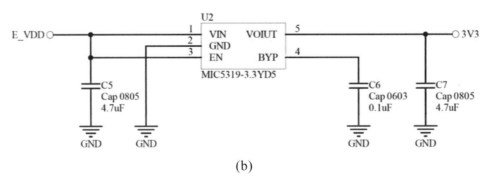

(b)

圖 5-5　實驗板電源供應電路圖：(a) APP020＋ 實驗板，(b) dsPIC33CK256 MP505 轉接板

　　<u>修正說明</u>：2020 年以前的 APP020+ 實驗板如果要使用 3.3V 電源時，除需要調整 JP2 短路器外，<u>也必須要對電路板進行跳線的處置</u>，以改正原先電路設計的錯誤。請參見附件 APP020+ for dsPIC33CK256MP505。

　　如圖 5-5 所示，APP020+ 實驗板可使用 9 伏特交 / 直流電源，配有橋式整流器及 7805 穩壓晶片藉以提供電路元件 5 伏特的直流電壓；同時並再經由穩壓晶片 MCP1700 提供 3.3 伏特的直流電壓。因此，實驗板上的電路元件可藉由 JP2 短路器的選擇，使用 5 伏特或 3.3 伏特直流電壓作為電源。LCD 液晶顯示器是唯一固定使用 5 伏特直流電源的電路元件。

　　除此之外，轉接板上也配置 MIC5319 穩壓裝置，提供穩定的 3.3V 電源。

◎ 電源顯示與重置電路

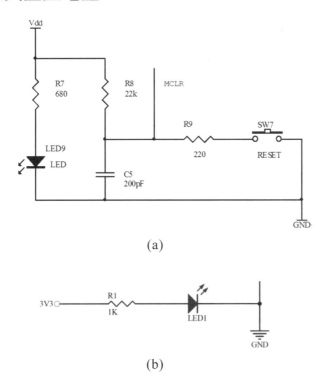

(a)

(b)

圖 5-6　實驗板電源顯示與重置電路圖：(a) APP020+ 實驗板，(b) dsPIC33CK 256MP505 轉接板

　　如圖 5-6 所示，APP020+ 實驗板上有一個發光二極體 LED9，轉接板上則有一個發光二極體 LED1 作為電源顯示使用。同時並使用按鍵 SW7 作為 dsPIC33CK256MP505 控制器電源重置的開關。當按下按鍵時，將會使重置腳位成為低電位，而達到控制器重置的功能。

█ 按鍵開關與 LED 訊號輸出入

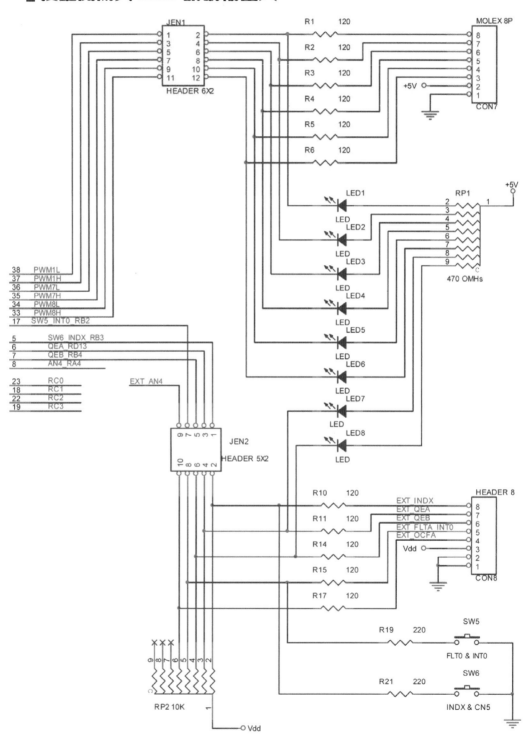

圖 5-7　APP020+ 實驗板按鍵開關與 LED 訊號輸出入電路圖

　　APP020+ 實驗板上提供兩個數位按鍵開關，SW5 與 SW6，可以模擬外部數位裝置設定或開關的觸發訊號輸入，如圖 5-7 所示；同時也提供了 8 個發光二極體，LED1~LED8，作爲數位訊號輸出的顯示。這些數位按鍵開關與發光二極體的驅動電路都是以低電位觸發的負邏輯方式所設計的，也就是 Active-Low，因此它們都接有提升電位的電阻。當按鍵開關按下時，相對應的數位輸入 RB3 及 RB4 腳位將會接收到低電位的訊號；放開時則會收到高電位的訊號。同樣的道理，當連接發光二極體 LEDx 的腳位輸出低電位訊號時，則相對應的發光二極體將會發亮；相反的，當輸出高電位的訊號時，則發光二極體將因爲逆向偏壓而不會有所發亮。而且因爲這些發光二極體與部分 PWM 訊號輸出共用腳位，因此當輸出 PWM 訊號時，對應的發光二極體也會相對的閃爍。同時爲了避免訊號干擾，在電路上增加了 JEN1 與 JEN2 的短路開關，以作爲與內部電路或者完整的 40-Pin 電路擴充連接器的阻隔。

　　dsPIC33CK256MP505 轉接板上則額外提供三個發光二極體 LED2/3/4 連結到 RB12/RC8/RC9 腳位作爲獨立使用時的狀態顯示元件。

類比訊號轉換電路

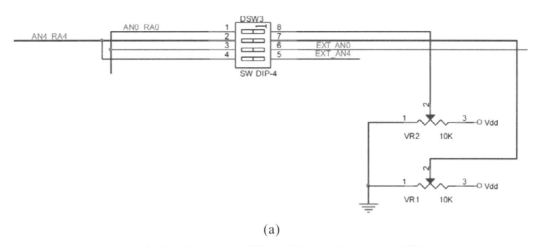

(a)

圖 5-8　APP020＋ 實驗板類比訊號轉換元件電路圖，(a) 可變電阻 VR1 及 VR2

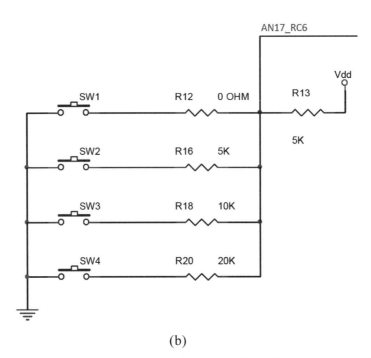

(b)

圖 5-8　APP020+ 實驗板類比訊號轉換元件電路圖，(b) 類比電壓按鍵

　　APP020+ 實驗板上提供了兩種類比訊號感測的電路模式：連續電壓訊號式的可變電阻以及分段電壓式的按鍵開關。如圖 5-8 所示，實驗板提供了兩個可變電阻 VR1 及 VR2，用以產生連續的電壓變換；而變換的電壓訊號連接到 dsPIC 控制器的類比訊號轉換腳位，因而可以使用內建的類比數位訊號轉換器來量測所改變的電壓訊號變化。為了增加使用的功能，實驗板並提供外接類比訊號的介面；並且使用切換開關 DSW3 作為內部與外部類比訊號的切換與阻隔。在分段電壓式的按鍵開關感測部分，實驗板提供了 4 個按鍵開關 SW1~SW4，藉由不同的類比電壓感測值，可以判別 4 個按鍵開關的使用情形。

CHAPTER

5

RS-232 串列傳輸介面

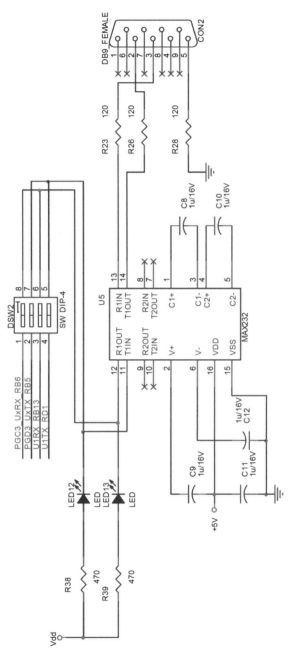

圖 5-9　APP020+ 實驗板 RS-232 串列傳輸介面電路圖

　　如圖 5-9 所示，APP020+ 實驗板配置有一組標準的 RS-232 串列訊號傳輸
介面以及所需的電位驅動晶片。而且因為 dsPIC33CK256MP505 配置有多組
UART 傳輸介面腳位，因此使用上可利用可程式規劃腳位選擇（Programmable
Pin Selection, PPS）的規劃與 DSW2 切換開關來選擇適當的傳輸介面腳位。

LCD 液晶顯示器連接介面

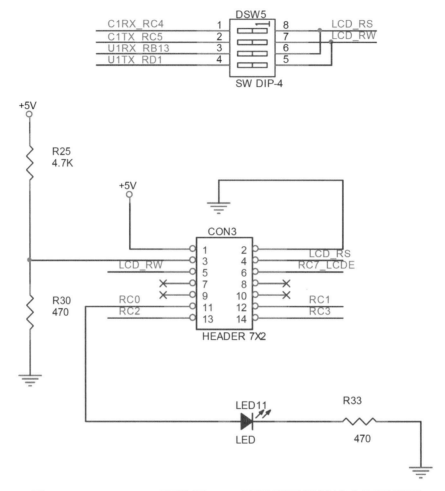

圖 5-10　APP020+ 實驗板 LCD 液晶顯示器連接介面電路圖

　　APP020+ 實驗板配置有一個可顯示 2 行各 16 個字的液晶顯示器介面，而相關的驅動訊號將連接到 dsPIC 控制器上的 7 個輸出入腳位，如圖 5-10 所示，達成只使用四個資料位元傳輸及三個控制位元傳輸匯流排即可控制 LCD 的功能。除此之外，LCD_DB4（dsPIC33CK256MP505 的 RC0）腳位同時也連接 LED11 做為觀察訊號變化之用。而 LCD 模組的 RW 與 RS 腳位可以藉由 DSW5 開關的切換，當 DSW5-1/2 為 ON 時，由 RC4/RC5 控制，此時 RB13/RD1 可以作為 UART 通訊使用；當 DSW5-3/4 為 ON 時，則 LCD 模組的 RW 與 RS 腳位由 RB13/RD1 控制，此時 RC4/RC5 可以作為 CAN Bus 通訊使用。

QEI 與 PWM 訊號模擬產生器

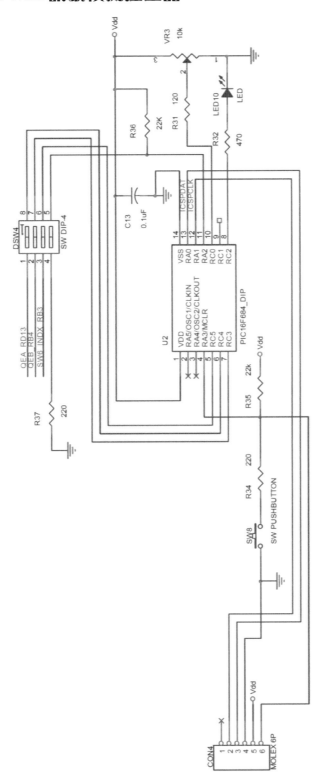

圖 5-11　實驗板 QEI 與 PWM 訊號模擬產生器電路圖

　　為了提供讀者學習使用 dsPIC 控制器所提供的輸入捕捉及光學編碼器訊號處理的功能，APP020+ 實驗板提供了一組 QEI 與 PWM 訊號模擬產生器，如圖 5-11 所示。這個訊號模擬產生器將會產生光學編碼器訊號處理時所需要的 QEA、QEB 與 INDEX 訊號，同時並提供按鍵開關與可變電阻作為訊號產生速率的調整。這些訊號同時也可以用來模擬一般感測器的 PWM 輸出訊號，提供讀者練習捕捉數位輸出訊號的使用。

　　實驗板的 QEI 與 PWM 訊號模擬產生器是以一個 Microchip 的 PIC16F684 控制器為核心所組成的。這個 8 Pin 的微處理器將使用一個類比訊號感測腳位量測可變電阻電壓以調整訊號頻率；一個數位訊號輸入腳位偵測按鍵開關；並利用 3 個數位輸出腳位產生 QEA、QEB 與 INDEX 的模擬訊號；電路板並提供這個 8 Pin 微控制器獨立的 ICD 程式除錯與燒錄介面，以及一個切換開關作為 QEA、QEB 與 INDEX 的模擬訊號與外部輸入訊號的阻隔。同時並可以使用切換開關 DSW4-4 選擇訊號產生的模式為位置或轉速的調整切換。

　　在實驗板不需要使用 QEI 模擬訊號時，可以將短路開關的 DSW-/1/2/3 切換到 OFF 的位置進行隔絕，以便將微控制器腳位作為其他用途使用。

◎ 控制器時脈輸入震盪器與 ICD 程式除錯與燒錄介面

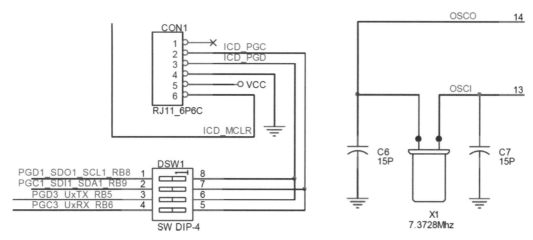

圖 5-12　實驗板時脈輸入震盪器與 ICD 程式除錯與燒錄介面電路圖

　　如圖 5-12 所示，實驗板使用一個 7,372,800 Hz 的石英震盪器作為 dsPIC 控制器的外部時脈輸入來源。而由於 dsPIC33CK256MP505 控制器內建有數組 ICD 程式除錯與燒錄腳位（PGCx/PGDx），因此實驗板上可以利用 DSW1 切換開關來選擇使用 PGC1/PGD1 或 PGC3/PGD3 程式除錯與燒錄腳位。

I²C 與 SPI 相關元件與電路

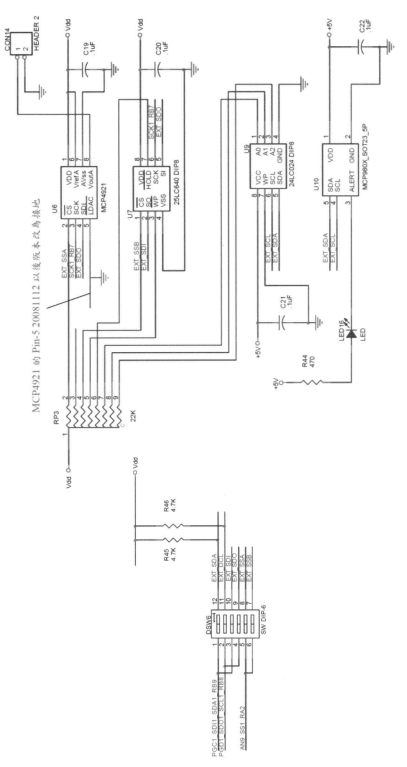

CHAPTER

5

圖 5-13　實驗板 I²C 與 SPI 相關元件與電路

　　實驗板提供兩個外部 I²C 元件與兩個外部 SPI 元件作爲串列同步通訊的練習對象，如圖 5-13 所示。雖然 dsPIC33CK256MP505 微控制器有可規劃腳位選擇的功能使得電路設計較爲彈性，但配合 APP020+ 實驗板既有的電路仍須將 dsPIC33CK 控制器的 I²C & SPI 的腳位引入並且以 DSW6 隔開。當使用 I²C 時，將 DSW6-1/2 設定爲 ON，其餘斷開，並設定 PIN 36/37 分別爲 SCL1 與 SDA1 功能腳位。當使用 SPI 功能與 MCP4921 連接時，則將 DSW6-1/2/6 斷開，DSW6-3/4/5 設定爲 ON；當使用 SPI 功能與 EEPROM 連接時，將 DSW6-1/2/5 斷開，DSW6-3/4/6 設定爲 ON。此時，使用 PIN 35/36/37 分別爲 RP39/40/41 的功能作爲 SPI 的 SCK1/SDO1/SD1，PIN1/RA2 作爲 SS。

◎ CAN Bus 通訊電路

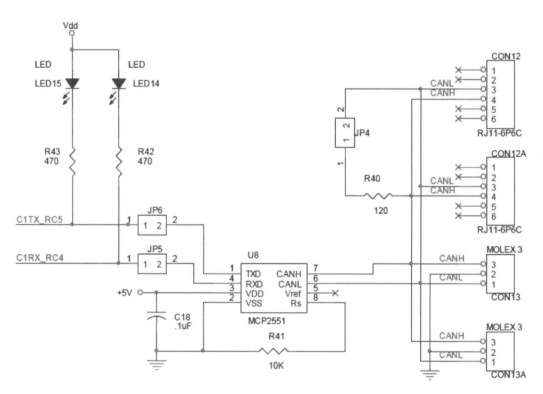

圖 5-14　實驗板 CAN Bus 通訊電路

實驗板電路提供了 CAN Bus 通訊的介面可以作爲進階通訊的練習,如圖 5-14 所示。由於 RC4/RC5 也可以作爲 LCD 顯示元件的 RW/RS 控制腳位的使用,因此當需要進行 CAN Bus 通訊使用時,必須將 DSW5 短路開關的 1/2 設定爲 OFF,以免影響 CAN Bus 的操作。

▋切換開關與跳接器使用

實驗板電路提供了四個切換開關與三組跳接器使用,它們的功能描述如下:

DSW1:ICD 程式除錯與燒錄腳位選擇(12 設爲 PGC1/PGD2,34 爲 PGC3 及 PGD3)

DSW2:UART 傳輸腳位選擇(12 設爲 PIN33/34 爲 RB6/RP38 及 RB5/RP37,34 爲 PIN48/44 爲 RB13/RP45 及 RD1/RP65 腳位。當使用 PGC1/PGD1 作爲燒錄與除錯功能時,可使用 12 並將 34 斷開;需要使用 PIN33/34 作爲 PGD3/PGC3 時,將 12 斷開使用 34 作爲 UART 功能腳位)

DSW3:實驗板類比元件短路選擇(12 設爲 ON 則分別接通 VR2 到 PIN8/AN0、VR1 到 PIN12/AN4,34 設爲 ON 則分別接通 EXT-AN0 到 PIN8/AN0、EXT-AN6 到 PIN12/AN4)

DSW4:QEI 訊號模擬產生器(ON 則接通 1-PIN6/QEA、2-PIN27/QEB、3-PIN26/QEIZ)

DSW5:LCD_RS/LCD_RW 腳位選擇(1/2 設爲 ON 時,使用 PIN38/39 分別爲 RC4/RP52 及 RC5/RP53;3/4 爲 ON 時,使用 PIN48/44 分別爲 RB13/RP45 及 RD1/RP65 腳位。當需要使用 CAN Bus 功能時,將 1/2 斷開;需要使用 PIN48/44 作爲 UART 功能時,將 3/4 斷開。)

DSW6:將 dsPIC33CK256MP505 控制器的 I^2C & SPI 的腳位引入並且以 DSW6 隔開;User 可以使用 On Board 的兩個 SPI 及兩個 I^2C Device 做練習。當使用 I^2C 時,將 1/2 設定爲 ON,其餘斷開,PIN36/37 分別爲 SCL1 與 SDA1 功能腳位。當使用 SPI 功能與

MCP4921 連接時，將 126 斷開，3/4/5 設定為 ON；當使用 SPI 功能與 EEPROM 連接時，將 1/2/5 斷開，3/4/6 設定為 ON。此時，使用 PIN35/36/37 分別為 RP39/40/41 的功能作為 SPI 的 SCK1/SDO1/SD1，PIN1/RA2 作為 SS。

JEN1：LED1~LED6 及外部 PWM 接通短路選擇

JEN2：實驗板外部 QEI 訊號接通短路選擇

JP1：實驗板 5 伏特供應電源選擇：7805 穩壓器或 USB 埠。

JP2：實驗板元件供應電源電壓選擇：3.3/5 伏特。唯一例外的是液晶顯示器固定使用 5 伏特。

5.2　dsPIC33CK256MP505 數位訊號控制器

當然實驗板中最重要的就是 dsPIC33CK256MP505 數位訊號控制器，接下來讓我們概略的說明這個數位訊號控制器的各項功能、相關硬體設定與使用方式。

dsPIC33CK256MP505 控制器是 Microchip 所推出的 16 位元數位訊號控制器中，隸屬於馬達控制與電能管理系列中的最新產品。dsPIC33CK_MP_ 系列的成員擁有 dsPIC 家族所應具備的基本功能。除了周邊設備數量上的差異之外，它與一般用途系列控制器並沒有太大的差異；唯一較明顯的部分是這一系列控制器類比數位訊號轉換器是採用 12 位元解析度、3.5 Msps 取樣頻率及三組可同時取樣與保持的類比訊號轉換核心的電路設計架構。在這裡，將先對 dsPIC33CK256MP505 數位訊號控制器的硬體與功能做一個摘要的整理介紹。

◪ 16 位元 dsPIC33CK 單核心中央處理器

- 256 Kbytes 具錯誤校正碼（ECC）的快閃（Flash）程式記憶體及 24 Kbytes 資料記憶體（RAM）
- 快速的六運算週期除法器
- 運作中即時更新程式
- 針對 C 語言及組合語言程式設計的架構

- 40 位元長的累加器
- 具雙資料通道的單一週期相乘後累加的資料處理
- 單一週期完成正負數乘除的硬體
- 支援 32 位元乘法
- 4 組中斷資料暫存空間以加快中斷處理，包括累加器與狀態暫存器
- 零運算成本的程式循環處理
- 內建自我測試的隨機資料記憶體（RAM）

時脈管理

- 內建震盪器電路
- 可設定的鎖相迴路（PLL）與震盪器時脈來源
- 參考時脈輸出
- 時脈故障保全監視器
- 快速的睡眠喚醒與啟動
- 備用的內部震動器
- 電源管理
- 低功率管理模式：睡眠、閒置與瞌睡（Sleep, Idle & Doze）
- 整合的電源重置（Power-on Reset）與低電壓重置（Brown-Out Reset）

高速波寬調變模組

- 8 對 PWM 輸出通道
- 最高 250 ps 的 PWM 訊號解析度
- 訊號切換時的空乏時間（Dead Time）
- 空乏時間補償
- 高頻操作的時脈斷碎（Clock Chopping）
- 支援各種電力應用：交直流電力轉換、變頻機、功率因數校正、照明
- 支援各種馬達應用：直流無刷、永磁同步馬達、交流感應馬達、切換式磁阻馬達

- 故障偵測與電流限制輸入
- 彈性的類比數位轉換觸發設定

◎ 計時器／輸出比較／輸入捕捉／簡單 PWM

- 一個通用的計時器
- 周邊元件觸發訊號產生器
  - 最多達 15 個觸發訊號予其他周邊元件
  - 獨立於 CPU 操作的狀態機器指令排序
- 9 個 MCCP/SCCP 模組，包含計時器、輸出比較、輸入捕捉與 PWM 功能
  - 1 MCCP
  - 8 SCCP
  - 16 或 32 位元計時功能
  - 16 或 32 位元輸入捕捉計時
  - 4 層捕捉時間緩衝器
- 在睡眠模式下可完全非同步操作

◎ 進階的類比訊號功能

- 高速類比轉數位訊號模組
  - 具備 12 位元解析度，3 個 ADC 訊號轉換核心（2 個專用與 1 個共用）
  - 可調整每個核心訊號解析度，最高達 12 個位元
  - 每個通道轉換率高達每秒 3.5 百萬次與 12 位元解析度採樣
  - 19 個類比訊號採樣通道（腳位）
  - 每個通道專屬的轉換結果暫存器
  - 彈性且獨立的 ADC 轉換觸發訊號來源
  - 4 個數位訊號比較器
  - 可增加解析度的四個超量採樣濾波器
- 3 個類比訊號比較器

■ 15 ns 的快速類比訊號比較器
- 3 個運算放大器
- 3 個 12 位元數位轉類比訊號轉換器
  ■ 硬體斜率補償

通訊介面

- 3 個工業規格的非同步傳輸通訊（UART）模組，具備自動工業協定訊號處理支援，包括
  ■ LIN 2.2
  ■ DMX
  ■ IrDA
- 3 個四線 SPI/I²S 模組
- CAN FD 模組
- 3 個 I²C 模組支援 SMBus
- 可規劃的腳位功能選擇以便調整對應功能
- 可調整的循環餘裕檢查（CRC）
- 兩個 SENT 模組
- 主控端的平行埠

直接記憶體存取

- 4 個直接記憶體存取（DMA）通道

支援開發程式除錯器

- 線上與應用程式中燒錄程式與除錯
- 3 個複合、5 個簡單的中斷點
- IEEE 1149.2 相容的 JTAG 邊界掃描
- 資料追蹤緩衝器與執行中變數資料監視器

數位訊號處理（DSP）引擎功能

- 雙重數據資料擷取
- 數位訊號處理操作時的累加器回寫（Accumulator Write Back）
- 餘數及位元反轉定址模式
- 兩個 40 位元長的累加器，並可選用飽和邏輯判斷
- 17 位元乘 17 位元的單執行週期硬體整數及分數的乘法器
- 所有數位訊號處理指令皆可在單一指令週期完成
- 單指令週期完成的雙向多位元移位處理（Barrel Shift）

安全功能

- 時脈監視器系統與備用震盪器
- 系統停止計時器（Deadman Timer）
- 程式錯誤修正
- 監視計時器（Watchdog Timer）
- CodeGuard 程式安全保護
- CRC 錯誤檢查
- 線上串列燒錄程式禁止功能
- 隨機資料記憶體內建自我測試
- 兩段式時脈速率裝置啟動
- 故障保護時脈監視
- 備用的快速 RC 震盪時脈來源
- 免費的內部電壓穩壓訊號源
- 餘裕或作為監視功能的虛擬腳位

工業規格並支援 Class B 規格

- 符合 AEC-Q100 Rev-H（Grade 1: -40~125°C）
- 符合 IEC 60730 Class B 安全等級函式庫

dsPIC33CK256MP505 微控制器腳位圖

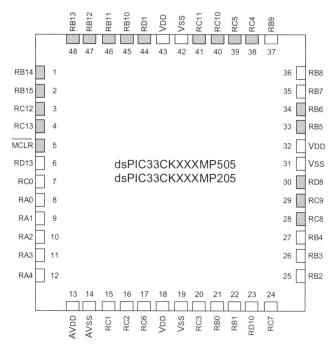

圖 5-15　dsPIC33CK256MP505 晶片腳位圖 48 pins TQFP/UQFN 封裝

　　dsPIC33CK256MP505 微控制器共有 48 支腳位，如圖 5-15 所示。除了少數功能為固定腳位對應不能調整外，例如類比功能或程式燒錄腳位外，其他腳位都可以利用可程式腳位選擇的功能設定使用的方式。表 5-1 列出在 APP020+ 實驗板上各個腳位所設定的功能供讀者參考。功能灰底的部分為本書選用的功能。

CHAPTER

5

表 5-1　dsPIC33CK256MP505 腳位功能與其 APP020+ 實驗板對應功能

Pin #	MCU Function	APP020+ Func.	Pin #	MCU Function	APP020+ Func.
1	**RP46**/PWM1H/RB14	LED2	25	OA2OUT/AN1/AN7/ANA0/CMP1D/CMP2D/CMP3D/**RP34**/SCL3/INT0/RB2	SW5/INT0
2	**RP47**/PWM1L/RB15	LED1	26	PGD2/OA2IN-/AN8/**RP35**/RB3	SW6/QEIZ
3	**RP60**/PWM8H/RC12	LED6	27	PGC2/OA2IN+/**RP36**/RB4	QEIB/LED8
4	**RP61**/PWM8L/RC13	LED5	28	**RP56**/ASDA1/SCK2/RC8	ASDA1/SCK2/ALED3
5	MCLR	MCLR	29	**RP57**/ASCL1/SDI2/RC9	ASCL1/SDI22/ALED4
6	ANN2/**RP77**/RD13	QEIA/LED7	30	**RP72**/SDO2/PCI19/RD8	SDO2
7	AN12/ANN0/**RP48**/RC0	LCD_D0	31	VSS	VSS
8	OA1OUT/AN0/CMP1A/IBIAS0/RA0	VR2	32	VDD	VDD
9	OA1IN-/ANA1/RA1	Ext_AN1	33	PGD3/**RP37**/PWM6L/SDA2/RB5	PGD3/UxTX
10	OA1IN+/AN9/RA2	AN2/SS1	34	PGC3/**RP38**/PWM6H/SCL2/RB6	PGC3/UxRX
11	DACOUT1/AN3/CMP1C/RA3	DACOUT1	35	TDO/AN2/CMP3A/**RP39**/SDA3/RB7	SCK1
12	OA3OUT/AN4/CMP3B/IBIAS3/RA4	VR1	36	PGD1/AN10/**RP40**/SCL1/RB8	PGD1/SDO1/SCL1
13	AVDD	AVDD	37	PGD1/AN11/**RP41**/SCA1/RB9	PGC1/SDI1/SDA1
14	AVSS	AVSS	38	**RP52**/PWM5H/ASDA2/RC4	C1RX
15	OA3IN-/AN13/CMP1B/ISRC0/**RP49**/RC1	LCD_D1	39	**RP53**/PWM5L/ASCL2/RC5	C1TX
16	OA3IN+/AN14/CMP2B/ISRC1/**RP50**/RC2	LCD_D2	40	**RP58**/PWM7H/RC10	LED4
17	AN17/ANN1/IBIAS1/**RP54**/RC6	ANSW1-4	41	**RP59**/PWM7L/RC11	LED3
18	VDD	VDD	42	VSS	VSS
19	VSS	VSS	43	VDD	VDD
20	AN15/CMP2A/IBIAS2/**RP51**/RC3	LCD_D3	44	**RP65**/PWM4H/RD1	LCD_RW/U2TX
21	OSCI/CLKI/AN5/**RP32**/RB0	OSCI	45	TMS/**RP42**/PWM3H/RB10	
22	OSCO/CLKO/AN6/**RP33**/RB1	OSCO	46	TCK/**RP43**/PWM3L/RB11	
23	AN18/CMP3C/ISRC3/**RP74**/RD10		47	TDI/**RP44**/PWM2H/RB12	ALED2
24	AN16/ISRC2/**RP55**/RC7	LCD_E	48	**RP45**/PWM2L/RB13	LCD_RS/U2RX

註：腳位號碼灰色標底的可承受 5 伏特電壓輸入訊號

dsPIC33CK 微控制器硬體架構圖

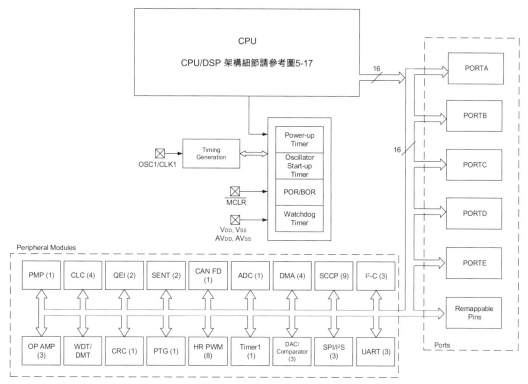

圖 5-16　dsPIC33CK 控制器硬體架構方塊圖

　　dsPIC33CK 微控制器可以擴充的周邊功能如圖 5-16 所示，除了作爲一般的數位輸出入埠（PORTA~PORTE 等）使用外，還有根據使用者選擇型號而異的許多周邊功能選項，包括通訊介面、類比訊號、數位波形量測或產生等等。這些周邊功能的數量與功能將會決定微控制器的執行效能與應用程式撰寫方式。這些周邊功能對於微處理器而言，都是以資料記憶體的方式進行處理。應用程式可以藉由對所謂的特殊功能暫存器進行讀取或改寫，就可以針對特定周邊功能進行狀態或資料的檢查或取得，與執行方式的改變或設定，進而影響程式的執行。除此之外，系統核心也配置有驅動時脈電路作爲程式指令執行的依據、還有啟動計時器與震動時脈計時器等等內建硬體，確保電源啟動時的系統運作穩定。當然也配置有監視計時器作爲節能操作的重要元件，提供系統睡眠或閒置操作的的定時喚醒與正常執行模式下程式缺失的系統重置觸發來源。除此之外，還有許多程式保護與電源不穩的偵測機制。

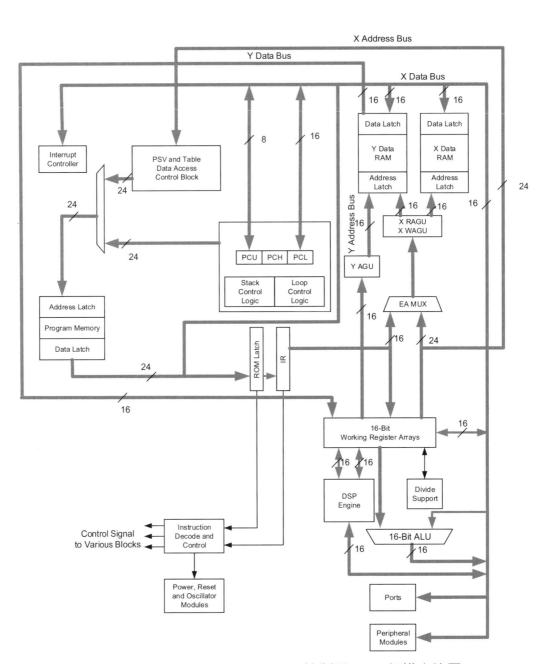

圖 5-17　dsPIC33CK256MP505 控制器 CPU 架構方塊圖

如圖 5-17 所示，dsPIC33CK 微控制器的核心主要由一般的 16 位元微控制器指令處理核心的數學邏輯運算單元（Arithmetic Logic Unit, ALU）與數位訊號處理器（Digital Signal Processor, DSP）引擎兩個單元組成。兩個單元對於資料處理的方式完全不同，所以一般的運算指令由 ALU 執行，且大致依照傳統組合語言的設計概念進行；DSP 則使用特殊的資料處理指令，可以從 XDATA 與 YDATA 資料區塊同時讀取資料進行快速的數位訊號處理，專注於向量或矩陣形式的資料運算。

█ dsPIC33CK 微控制器輸出入腳位功能

除了電源、類比訊號、雙向輸出入的通訊腳位外，dsPIC33CK 微控制器的腳位都可以作為數位輸出入的腳位，也可以藉由腳位可程式選擇的功能由使用者自行設定所需要的腳位功能，因此硬體電路的設計變得更為彈性。表 5-2 列出各種腳位功能下的腳位功能說明。

表 5-2(1)　dsPIC33CKMP505 輸出入腳位定義（依功能分類）

腳位名稱	腳位型別	緩衝器型別	可規劃腳位	功　　能
AN0-AN23	I	Analog	No	Analog input channels
ANA0-ANA1	I	Analog	No	Analog alternate inputs
ANN0-ANN2	I	Analog	No	Analog negative inputs
ADTRG	I	ST	Yes	ADC Trigger Input 31
CLKI	I	ST/CMOS	No	External Clock (EC) source input. Always associated with OSCI pin function.
CLKO	O	—	No	Oscillator crystal output. Connects to crystal or resonator in Crystal Oscillator mode. Optionally functions as CLKO in RC and EC modes. Always associated with OSCO pin function.

CHAPTER

5

表 5-2(2)　dsPIC33CKMP505 輸出入腳位定義（依功能分類）

腳位名稱	腳位型別	緩衝器型別	可規劃腳位	功　能
OSCI	I	ST/CMOS	No	Oscillator crystal input. ST buffer when configured in RC mode; CMOS otherwise.
OSCO	I/O	—	No	Oscillator crystal output. Connects to crystal or resonator in Crystal Oscillator mode. Optionally functions as CLKO in RC and EC modes.
REFCLKO	O	—	Yes	Reference clock output
REFOI	I	ST	Yes	Reference clock input
INT0	I	ST	No	External Interrupt 0
INT1	I	ST	Yes	External Interrupt 1
INT2	I	ST	Yes	External Interrupt 2
INT3	I	ST	Yes	External Interrupt 3
IOCA<4:0>	I	ST	No	Interrupt-on-Change input for PORTA
IOCB<15:0>	I	ST	No	Interrupt-on-Change input for PORTB
IOCC<15:0>	I	ST	No	Interrupt-on-Change input for PORTC
IOCD<15:0>	I	ST	No	Interrupt-on-Change input for PORTD
IOCE<15:0>	I	ST	No	Interrupt-on-Change input for PORTE
RP32-RP71	I/O	ST	Yes	Remappable I/O ports
RA0-RA4	I/O	ST	No	PORTA is a bidirectional I/O port
RB0-RB15	I/O	ST	No	PORTB is a bidirectional I/O port
RC0-RC15	I/O	ST	No	PORTC is a bidirectional I/O port
RD0-RD15	I/O	ST	No	PORTD is a bidirectional I/O port
RE0-RE15	I/O	ST	No	PORTE is a bidirectional I/O port
T1CK	I	ST	Yes	Timer1 external clock input
CAN1RX	I	ST	Yes	CAN1 receive input CAN1
CAN1TX	O	—	Yes	transmit output
U1CTS	I	ST	Yes	UART1 Clear-to-Send
U1RTS	O	—	Yes	UART1 Request-to-Send

表 5-2(3)　dsPIC33CKMP505 輸出入腳位定義（依功能分類）

腳位名稱	腳位型別	緩衝器型別	可規劃腳位	功　　能
U1RX	I	ST	Yes	UART1 receive
U1TX	O	—	Yes	UART1 transmit
U1DSR	I	ST	Yes	UART1 Data-Set-Ready
U1DTR	O	—	Yes	UART1 Data-Terminal-Ready
TMS	I	ST	NO	JTAG Test mode select pin
TCK	O	ST	NO	JTAG test clock input pin
TDI	I	ST	NO	JTAG test data input pin
TDO	O	—	NO	JTAG test data output pin
PCI8-PCI18	I	ST	Yes	PWM PCI Inputs 8 through 18
PCI19-PCI22	I	ST	No	PWM PCI Inputs 19 through 22
PWM1L-PWM8L	O	—	No	PWM Low Outputs 1 through 8
PWM1H-PWM8H	O	—	No	PWM High Outputs 1 through 8
PWMEA-PWMED	O	—	Yes	PWM Event Outputs A through D
CMP1A-CMP3A	I	Analog	No	Comparator Channels 1A through 3A inputs
CMP1B-CMP3B	I	Analog	No	Comparator Channels 1B through 3B inputs
CMP1C-CMP3C	I	Analog	No	Comparator Channels 1C through 3C inputs
CMP1D-CMP3D	I	Analog	No	Comparator Channels 1D through 3D inputs
DACOUT1	O	—	No	DAC output voltage
TCKI1-TCKI9	I	ST	Yes	SCCP/MCCP Timer Inputs 1 through 9
ICM1-ICM9	I	ST	Yes	SCCP/MCCP Capture Inputs 1 through 9
OCFA-OCFD	O	—	Yes	SCCP/MCCP Fault Inputs A through D
OCM1-OCM9	O	—	Yes	SCCP/MCCP Compare Outputs 1 through 9

CHAPTER

5

表 5-2(4)　dsPIC33CKMP505 輸出入腳位定義（依功能分類）

腳位名稱	腳位型別	緩衝器型別	可規劃腳位	功　　能
IBIAS0-IBIAS3	O	Analog	No	50 μA Constant-Current Outputs 0 through 3
ISRC0-ISRC3	O	Analog	No	10 μA Constant-Current Outputs 0 through 3
OA1IN+	I	—	No	Op Amp 1+ Input
OA1IN-	I	—	No	Op Amp 1- Input
OA1OUT	O	—	No	Op Amp 1 Output
OA2IN+	I	—	No	Op Amp 2+ Input
OA2IN-	I	—	No	Op Amp 2- Input
OA2OUT	O	—	No	Op Amp 2 Output
OA3IN+	I	—	No	Op Amp 3+ Input
OA3IN-	I	—	No	Op Amp 3- Input
OA3OUT	O	—	No	Op Amp 3 Output
PMA0/PMALL	O	ST/TTL	No	PMP Address 0 or address latch low
PMA1/PMALH	O	ST/TTL	No	PMP Address 1 or address latch high
PMA14/PMCS1	O	ST/TTL	No	PMP Address 14 or Chip Select 1
PMA15/PMCS2	O	ST/TTL	No	PMP Address 15 or Chip Select 2
PMA2-PMA13	O	ST/TTL	No	PMP Address Lines 2-13
PMD0-PMD15	I/O	ST/TTL	No	PMP Data Lines 0-15
PMRD/PMWR	O	ST/TTL	No	PMP read or read/write signal
PMWR/PMENB	O	ST/TTL	No	PMP write or data enable signal
PSA0	I	ST/TTL	No	PMP Slave Address 0
PSA1	I	ST/TTL	No	PMP Slave Address 1
PSCS	I	ST/TTL	No	PMP slave chip select
PSRD	I	ST/TTL	No	PMP slave write
PSWR	I	ST/TTL	No	PMP slave read
CLCINA-CLCIND	I	ST	Yes	CLC Inputs A through D
CLC1OUT-CLC4OUT	O	—	Yes	CLC Outputs 1 through 4

表 5-2(5)　dsPIC33CKMP505 輸出入腳位定義（依功能分類）

腳位名稱	腳位型別	緩衝器型別	可規劃腳位	功　　能
ADTRG31	I	ST	No	External ADC trigger source
PGD1	I/O	ST	No	Data I/O pin for Programming/Debugging Communication Channel 1
PGC1	I	ST	No	Clock input pin for Programming/Debugging Communication Channel 1
PGD2	I/O	ST	No	Data I/O pin for Programming/Debugging Communication Channel 2
PGC2	I	ST	No	Clock input pin for Programming/Debugging Communication Channel 2
PGD3	I/O	ST	No	Data I/O pin for Programming/Debugging Communication Channel 3
PGC3	I	ST	No	Clock input pin for Programming/Debugging Communication Channel 3
MCLR	I/P	ST	No	Master Clear（Reset）input. This pin is an active-low Reset to the device.
AVDD	P	P	No	Positive supply for analog modules. This pin must be connected at all times.
AVSS	P	P	No	Ground reference for analog modules. This pin must be connected at all times.
VDD	P	—	No	Positive supply for peripheral logic and I/O pins
VSS	P	—	No	Ground reference for logic and I/O pins

符號：CMOS = CMOS compatible input or output　　Analog = Analog input
　　　P = Power　　ST = Schmitt Trigger input with CMOS levels　　O = Output　　I = Input

CHAPTER

5

dsPIC33CK 控制器程式撰寫的暫存器模型

當應用程式以組合語言撰寫或以 C 語言開發進階應用程式時，必須注意到與核心處理器相關的暫存器功能。如圖 5-18 所示，dsPIC33CK 微控制器有 4 組 16 層深度的工作暫存器作為系統進行資料處理，或呼叫函式時傳遞資料的暫存器等功能。同時 DSP 在進行資料處理時，也具備有 5 組各兩個 40 位元長度的累加器作為數位訊號處理的運算使用。

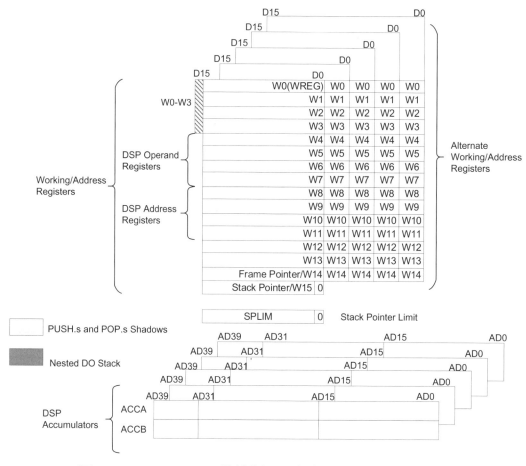

圖 5-18　dsPIC33CK 微控制器工作暫存器與 DSP 累加器

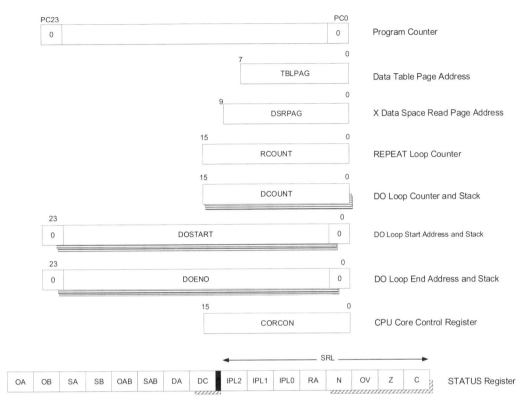

圖 5-19　dsPIC33CK 微控制器程式撰寫的暫存器模型

　　而為了配合使用 C 程式語言撰寫程式的最佳化表現，dsPIC33CK 微控制器也設計有許多硬體讓使用 C 語言撰寫的程式有直接對應的硬體可以使用，以達到最高的效能。如圖 5-19 所示，這些硬體包括 24 位元長度的程式計數器以控制程式指令的記憶體位址、配合程式記憶體可見區塊控制常數資料（Program Space Visibility, PSV）使用的 TBLPAG 程式記憶體區塊暫存器、程式迴圈操作的 RCOUNT/DCOUNT/DOSTART/DOEND 暫存器、核心操作控制暫存器 CORCON 與指令資料操作結果檢查的 STATUS 狀態暫存器。這些暫存器都會讓 dsPIC33CK 微控制器的運作更為快速有效。

◦▐ DSP 引擎的功能方塊圖

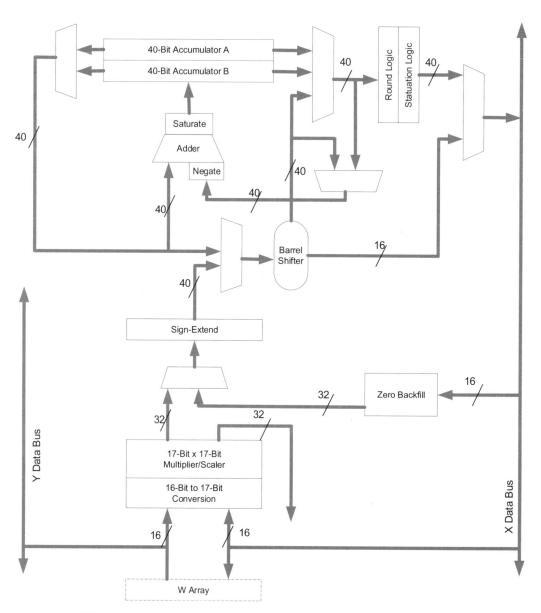

圖 5-20　dsPIC33CK 微控制器的 DSP 引擎的功能方塊圖

　　為了要滿足數位訊號濾波器的計算，dsPIC 控制器建置有下列的基本硬體要求：

- 乘法與累加運算單元
- 40 位元的累加器
- 雙重位址產生器
- 餘數（循環）定址法
- 即時循環處理（Zero Overhead Looping, DO & REPEAT）

　　在 DSP 引擎硬體架構圖中，如圖 5-20 所示，它的功能包含了 17 位元的乘法／加法運算器、兩個 40 位元的累加器、X 與 Y 資料匯流排、多位元移位器（Barrel Shifter）等等的訊號處理功能。這些功能讓 dsPIC33CK 系列控制器成為一個具有強大數學運算能力的數位訊號處理控制器。除此之外，它也提供了 X 與 Y 資料區塊的處理，藉以提昇向量及矩陣運算的處理效率；而多種不同的記憶體定址模式，更增加在處理複雜數學運算時的彈性與能力。

CHAPTER

5

◉ dsPIC33CK 微控制器程式空間記憶體圖

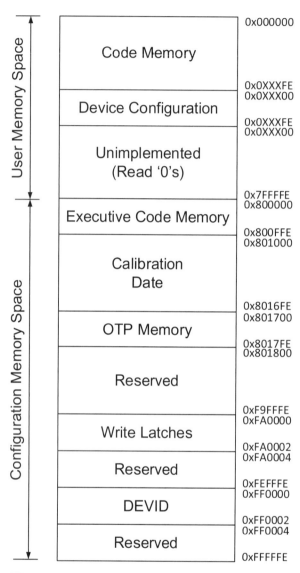

圖 5-21　dsPIC33CK 微控制器程式空間記憶體圖

　　如圖 5-21 所示，dsPIC33CK 微控制器的程式記憶空間長度會隨著型號而有所不同，程式記憶體一定會由 0x000000 開始，這也是程式重置向量，不論任何型式的重置都會將程式計數器歸零而由重置向量開始執行程式。緊接在程式濟體空間之後的是裝置系統功能設定記憶體空間（Configuration Register Memory Space），這裡除了設定系統功能所需要的暫存器外，還有製造出廠時的校正參數與其他裝置識別碼等等。

　　除了本文所介紹的 dsPIC33CK256MP505 數位訊號控制器之外，同一系列還有其他類似功能的控制器。表 5-3 所列為相關的基本 dsPIC33CK 控制器的功能比較表，可作為使用者開發應用程式選用硬體時的參考。

CHAPTER 5

表 5-3　dsPIC33CK 系列基本型號控制器功能對照表

Product	Pins	Flash	Data RAM	ADC Module	ADC Channels	Timers	MCCP/SCCP	CAN FD	DMA Channel	SENT	UART	SPI	I²C	QEI	CLC	PTG	CRC	PWM Outputs	Analog Comparators	12-Bit DAC	Op Amp	PMP	REFO Clock
dsPIC33CK256MP508	80	256K	24K	3	24	1	1/8	1	4	2	3	3	3	2	4	1	1	8	3	3	3	1	1
dsPIC33CK256MP506	64	256K	24K	3	20	1	1/8	1	4	2	3	3	3	2	4	1	1	8	3	3	3	1	1
dsPIC33CK256MP505	48	256K	24K	3	19	1	1/8	1	4	2	3	3	3	2	4	1	1	8	3	3	3	0	1
dsPIC33CK256MP503	36	256K	24K	3	16	1	1/8	1	4	2	3	3	3	2	4	1	1	6	3	3	3	0	1
dsPIC33CK256MP502	28	256K	24K	3	12	1	1/8	1	4	2	3	3	3	2	4	1	1	4	3	3	2	0	1
dsPIC33CK128MP508	80	128K	16K	3	24	1	1/8	1	4	2	3	3	3	2	4	1	1	8	3	3	3	1	1
dsPIC33CK128MP506	64	128K	16K	3	20	1	1/8	1	4	2	3	3	3	2	4	1	1	8	3	3	3	1	1
dsPIC33CK128MP505	48	128K	16K	3	19	1	1/8	1	4	2	3	3	3	2	4	1	1	8	3	3	3	0	1
dsPIC33CK128MP503	36	128K	16K	3	16	1	1/8	1	4	2	3	3	3	2	4	1	1	6	3	3	3	0	1
dsPIC33CK128MP502	28	128K	16K	3	12	1	1/8	1	4	2	3	3	3	2	4	1	1	4	3	3	2	0	1
dsPIC33CK64MP508	80	64k	8k	3	24	1	1/8	1	4	2	3	3	3	2	4	1	1	8	3	3	3	1	1
dsPIC33CK64MP506	64	64k	8k	3	20	1	1/8	1	4	2	3	3	3	2	4	1	1	8	3	3	3	1	1
dsPIC33CK64MP505	48	64k	8k	3	19	1	1/8	1	4	2	3	3	3	2	4	1	1	8	3	3	3	0	1
dsPIC33CK64MP503	36	64k	8k	3	16	1	1/8	1	4	2	3	3	3	2	4	1	1	6	3	3	3	0	1
dsPIC33CK64MP502	28	64k	8k	3	12	1	1/8	1	4	2	3	3	3	2	4	1	1	4	3	3	2	0	1
dsPIC33CK32MP506	64	32k	8k	3	20	1	1/8	1	4	2	3	3	3	2	4	1	1	8	3	3	3	1	1
dsPIC33CK32MP505	48	32k	8k	3	19	1	1/8	1	4	2	3	3	3	2	4	1	1	8	3	3	3	0	1
dsPIC33CK32MP503	36	32k	8k	3	16	1	1/8	1	4	2	3	3	3	2	4	1	1	6	3	3	3	0	1
dsPIC33CK32MP502	28	32k	8k	3	12	1	1/8	1	4	2	3	3	3	2	4	1	1	4	3	3	2	0	1

　　完成實驗板相關的電路配置與元件說明之後，在接下來的章節中，將逐一地介紹 dsPIC33CK 數位訊號控制器各項功能。除了詳細的功能與硬體設定說明之外，也將詳細地介紹如何利用 MPLAB XC16 程式語言編譯器，以 C 語言程式撰寫相關功能的範例程式，協助讀者學習使用 dsPIC 數位訊號控制器各項功能與設定方式。如果讀者已經準備好的話，讓我們開始探索 dsPIC33CK 數位訊號控制器的強大功能。

數位輸出入埠

　　dsPIC 微控制器所有的腳位，除了電源（VDD、VSS）之外，甚至在主要重置（/MCLR）及石英震盪器時脈輸入（OSC1/CLKIN）功能不需要使用外部腳位時，全部都以多工處理的方式作為數位輸出入埠（Digital Input/Output, DI/DO 或 General Purpose IO, GPIO）與周邊功能的使用。除了時脈輸入CLKI 與 OSCI 使用 CMOS 架構，PWM 使用 TTL 外，所有的數位訊號輸入埠都特別地使用Schmitt Trigger 輸入架構來加強雜訊排除的效果，如圖6-1所示。因此，每一個 dsPIC 控制器都有為數眾多的腳位可以規劃作為數位訊號的輸出或輸入使用。

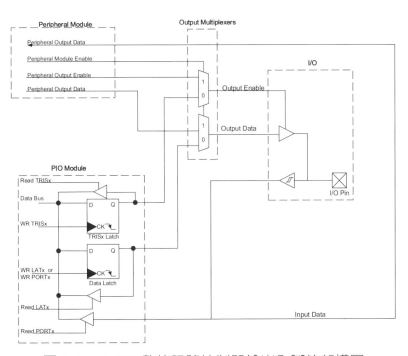

圖 6-1　dsPIC 數位訊號控制器輸出入腳位架構圖

6.1　多工使用的數位輸出入埠

　　數位輸出入埠是電子元件利用電壓高低變化傳遞 0 與 1 數位訊號的一種方式，作爲不同元件間溝通訊息或狀態的手段。代表 0 與 1 數位訊號的電壓隨著電子元件的種類與其操作電壓（也就是電子元件電源的電壓）有不同的定義，早期多以 5 伏特電源操作，所以高電壓（5 Volt）代表 1，低電壓（0 Volt, GND）代表 0。但是隨著近年來 IC 技術的提升與講求省電的應用，操作電壓已逐漸下降至 3.3、3.0、甚至 2.5 伏特，因此在設計電路時就必須要確認相關的電子訊號是否相容。同時，數位輸出入埠的腳位訊號緩衝器（Buffer）的電路設計也有 CMOS、TTL（Transistor-Transitor Logic）與 Schmitt Trigger（ST）的差異，它們所定義的 0 與 1 訊號電壓範圍也有所差異，讀者必須要好好確認使用的微處理器電器規格。甚至像 dsPIC33CK256MP505 微處理器操作電壓雖然是 3.3 伏特，但是某些輸入腳位仍然可以容忍 5 伏特的訊號以達到較高的相容性；因此當開發應用時就可以指定利用這些腳位，降低不同操作電壓元件間的訊號轉換硬體成本，在了解相關應用硬體設計時需要多注意這些規劃與設計的規範。讀者可以參考第五章表 5-12 的腳位表，適當地選用這些可容忍 5 伏特操作電壓的腳位。

　　dsPIC 微控制器所有數位輸出入埠腳位都有 3 個暫存器直接地和這些腳位的操作聯結。資料方向暫存器（TRISx）決定這個腳位是一個輸入或者是一個輸出。當相對應的資料方向位元是 "1" 的話，這個腳位被設定爲一個輸入；資料方向位元是 "0" 的話，這個腳位被設定爲一個輸出。所有的輸出入埠腳位在重置後都會被預設定義爲是輸入。這時候如果從栓鎖暫存器（LATx）讀取資料，將會讀取到所鎖定的輸入值。要將數據寫入到栓鎖，只要將數值寫入到相對應的栓鎖暫存器（LATx）即可。一般而言，在操作時如果要讀取這個輸出入埠的腳位狀態，則讀取輸出入埠暫存器（PORTx）；若是要將一個數值從這個輸出入埠輸出，則將數值寫入栓鎖暫存器（LATx）中。

　　dsPIC 系列控制器的硬體架構中，並未將每個輸出入埠所有的腳位納入一個晶片中；因此，對於特定的控制器中不存在的腳位以及它相關的資料或控制暫存器都會被視爲關閉。這意謂著，相關的栓鎖暫存器、資料方向控制暫存器還有輸出入埠腳位值在讀取時都會被視爲 0。當一個腳位與其他的周邊功能分享而這個周邊功能被定義為唯讀的功能時，例如外部中斷輸入 INT0 腳位，這個腳位將不再被視為一個有作用的一般數位輸出入埠，因為這時它不能作為其他來源的輸出功能。相關的數位輸出入埠暫存器以及位元定義列表如表 6-1。

表 6-1　dsPIC33CK256MP505 微控制器數位輸出入埠與類比訊號腳位配置

Register	Rx15	Rx14	Rx13	Rx12	Rx11	Rx10	Rx9	Rx8	Rx7	Rx6	Rx5	Rx4	Rx3	Rx2	Rx1	Rx0
PORTA	—	—	—	—	—	—	—	—	—	—	—	X	X	X	X	X
ANSELA	—	—	—	—	—	—	—	—	—	—	—	X	X	X	X	X
PORTB	X	X	X	X	X	X	X	X	X	X	X	X	X	X	X	X
ANSELB	—	—	—	—	—	—	X	X	X	—	—	X	X	X	X	X
PORTC	—	—	X	X	X	X	X	X	X	X	X	X	X	X	X	X
ANSELC	—	—	—	—	—	—	—	—	X	X	—	—	X	X	X	X
PORTD	—	—	X	—	—	X	—	X	—	—	—	—	—	X	X	—
ANSELD	—	—	X	—	—	X	—	—	—	—	—	—	—	—	—	—

要注意的是，一般都是由 PORTx 暫存器讀取輸入值而由 LATx 暫存器寫入輸出值。雖然不建議下列的寫法，但是當程式寫入一個數值到 PORTx 暫存器時，同時也會更改 LATx 暫存器的內容進而影響到輸出的狀態。

通常每個輸出入埠的腳位都會與其他的周邊功能分享。這時候，在硬體上會建立兩個多工器來作為這個腳位輸出或者輸入時資料流向的控制。當一個周邊功能被啟動而且這個周邊功能在實際驅動所連接的腳位時，這個腳位作為一般數位輸出的功能將會被關閉。此時，腳位的電壓訊號狀態可以使用數位輸入的功能（PORTx）被讀取，但是這個輸出入埠的輸出（LAT）驅動電路將會被關閉。如果一個周邊功能被啟動，但是這個周邊功能並未實際地在驅動這個腳位，則這個腳位仍然可以當作一個一般輸出腳位來驅動。圖 6-1 顯示了這個腳位分享的硬體架構。

值得注意的是，如果某一個數位輸出入埠是與類比訊號轉換模組作多工使用時，由於腳位的電源啟動預設狀態是設定作為類比訊號轉換模組使用，如果要將這個特定的腳位作為數位輸出入埠或者其他數位周邊功能使用的話，必須要先將類比腳位設定暫存器 ANSELx 中相對的位元設定為 0。以 dsPIC33CK-256MP505 控制器為例，許多 PORTB 腳位都可以多工作為類比訊號輸入模組使用，因此如果要使用 RB0 作爲一般的數位輸出入埠使用時，必須先將設定暫存器 ANSELB 的位元 0 設定爲 0，才可以正常的做數位輸出入使用。如果 ANSELB0 設定爲 1 時，則 RB0 腳位將會作爲 AN5 的類比訊號輸入腳位而無法透過 RB0 讀取腳位電壓高低訊號作爲數位輸入。如果 TRISB0 設定爲 0 將 RB0 做爲數位輸出，但是 ANSELB0 也設定爲 1 作爲類比訊號輸入時，則 AN5 將會得到 LATB0 所設定的高（1）或低（0）輸出電壓，並進行相關的類比訊號處理。

Open-Drain 輸出

由於 dsPIC33CK256MP505 控制器操作電壓下降爲 3.3 伏特，所以當外接其他電子裝置互動時，例如通訊或提供觸發訊號，可能會需要提供較高的訊號電壓，例如 5 伏特。如果依賴內建一般數位輸出的硬體則只能夠提供最高到操作電壓的水平，因而無法讓其他裝置感知輸出爲一個高電壓（1）的訊號。因此，Microchip 在 dsPIC33CK256MP505 控制器上提供一個解決的設計方案，也就 Open Drain 的電路設計來配合外部使用提升電阻（Pull-up Resistor）的訊號；如此一來，訊號的高電壓將由外部提升電阻的供應電壓決定而可以達到與其他外部元件相同的訊號電壓水準。

dsPIC33CK256MP505 控制器每一個數位輸出腳位都有一個對應的位元 ODCx 控制是否使用 Open Drain 的輸出電路，如果將 ODCx 設爲 0，則使用一般的數位輸出，因此數位輸出腳位電壓在輸出訊號 0 時爲操作電壓的 V_{ss}（一般爲 0 V），輸出訊號 1 時爲操作電壓的 V_{DD}（一般爲 3.3 V）。如果將 ODCx 設爲 1 的話，則使用 Open Drain 的數位輸出，因此數位輸出腳位電壓在輸出訊號 0 時爲操作電壓的 V_{ss}（一般爲 0 V），但是在輸出訊號 1 時就會因爲關閉 Open Drain 使得腳位的電壓可以變成提升電阻的供應電壓（一般爲 5 V）。硬體設計時要特別注意到使用 Open Drain 電路時，提升電阻電路最高電壓仍然必須低於該腳位的最高輸入電壓，以免損害該腳位。

有了這些基本的概念之後，現在我們可以利用一個範例程式來作爲基本數位輸出入埠練習程式的撰寫。

由於輸出入埠的方向設定與資料讀取非常的簡單，而且 MPLAB XC16 編譯器所提供的控制器表頭檔等已經對所有的相關輸出入埠與腳位位元名稱作了完整的定義，所以使用者可以直接使用 XC16 語法中的指定運算元（＝）來完成它們的讀寫動作。

例如，在接下來的範例裡面，將示範如何以藉由 dsPIC 控制器的程式來讀取實驗板上按鍵的觸發事件（輸入）與發光二極體（LED）的開關切換動作（輸出）。範例中將使用實驗板的下列元件，如圖 6-2 虛線框所示：

■ 輸入腳位

按鍵開關 SW5 —連接到輸出入埠 PORTB 的第 2 位元腳位
按鍵開關 SW6 —連接到輸出入埠 PORTB 第 3 位元腳位

■ 輸出腳位

發光二極體 LED7 —連接到輸出入埠 PORTD 的第 13 位元腳位
發光二極體 LED8 —連接到輸出入埠 PORTB 的第 4 位元腳位

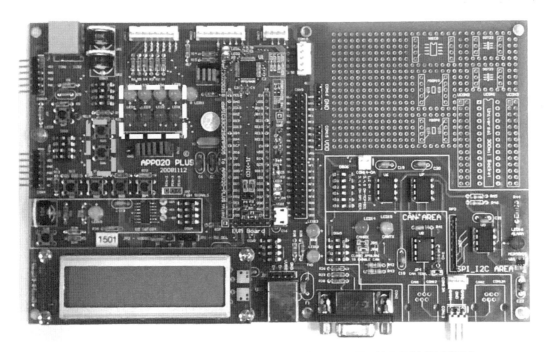

圖 6-2 數位輸出入範例程式使用元件配置圖（如虛線框所示）

範例程式相關電路圖如圖 6-3 所示：

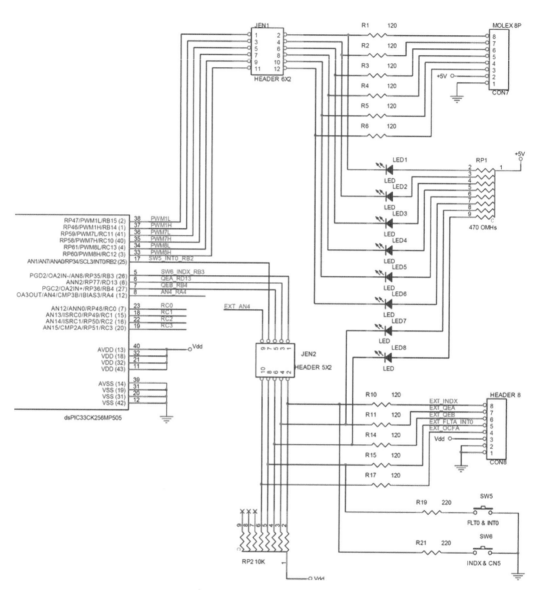

圖 6-3　數位輸出入範例程式使用元件電路圖

對於個別輸出入埠腳位位元的方向設定，XC16 編譯器以暫存器與位元名稱結構的符號來定義每一個腳位的位元，這些位元結構的定義是在每一個 dsPIC 控制器的表頭檔（如 p33ck256mp505.h）內所定義的：當程式使用 <xc.h> 表頭檔時，編譯器會根據專案選擇的暫存器自動連結納入指定型號相關的表頭檔。例如，如果要定義輸出入埠 PORTB 的第 2 位元腳位為輸入時，可以使用 C 程式語言語法的指定運算元（＝）敘述完成：

```
TRISBbits.TRISB2 = 1 ;          // 定義 1 為輸入，0 為輸出
```

如果要定義輸出入埠 PORTD 第 13 元腳位為輸出時，則使用

```
TRISDbits.TRISD13 = 0 ;          // 定義 1 為輸入，0 為輸出
```

使用者也可以直接對整個 16 位元的暫存器作一次完整的 16 位元設定。例如，在範例中如果有兩個以上的同一輸出入埠腳位位元需要作設定更改，如本範例中的 PORTB 的第 2 與第 3 腳位位元為輸入，第 4 腳位位元為輸出，可以使用下列的 C 程式語言語法敘述完成：

```
TRISB = 0xffff ; // 定義 PORTB 所有位元為輸入
TRISB = TRISB & 0xffef ;
    // 定義 PORTB 位元 2 與 3 為輸入，位元 4 為輸出其餘保持現狀
```

同樣的觀念也應用在這些輸出入埠腳位的輸出值設定與輸入值讀取。Microchip 維持一貫的傳統—要輸出特定狀態到輸出埠或腳位時，只需將數值寫入到代表此輸出埠暫存器或特定的腳位位元，例如：

```
TRISD = 0x0000 ;          // 定義 PORTD 所有位元為輸出
LATD = 0xffff ;           // PORTD 所有腳位位元將輸出高電位
LATBbits.LATB4 = 0 ;      // PORTB 的第 4 腳位位元將輸出低電位
```

要偵測某一個輸入埠的狀態值時，也是運用相同的作法。例如：

```
// 定義 PORTB 所有位元為輸入，第 4 腳位位元為輸出
TRISB = 0xffef ;
// PORTB 所有腳位的電位狀態值轉存到 16 位元變數 SW_STATE
SW_STATE = PORTB ;
// PORTB 的第 2 腳位位元的電位將存到位元變數 SW_STATE.b8
SW_STATE.b8 = PORTBbits.RB2 ;
```

上述的暫存器資料存取方式也同樣的適用在所有 dsPIC 控制器中所有特殊功能暫存器的資料讀取與寫入。基本上，程式中需要針對暫存器所有位元資料的讀寫直接使用暫存器的名稱；如果只要針對暫存器中某一個特定位元的資料

作處理，則使用暫存器名稱加上 bits. 以及特定位元名稱即可。例如，上述例子中的 PORTBbits.RB2。使用者只需建立暫存器名稱的知識庫後，便可以開始進行基本 dsPIC 控制器 C 程式語言的撰寫。

　　建立了輸出入埠暫存器與個別腳位位元正確的存取方法與觀念後，我們可以瀏覽下面的範例，學習如何進行簡單的輸出入埠控制方法。

程式範例 6-1　使用按鍵控制 LED 燈號

　　使用按鍵開關 SW5 及 SW6 控制 LED7 與 LED8 的閃爍。

　　範例程式的內容在打開專案後，將可以看到主程式檔案的內容如下：

```
// **********************************************************
// File    :    EX6_1.C
// Purpose :    練習如何規劃及操作 dsPIC 的 I/O
// 使用資源 :   RB2  > SW5
//              RB3  > SW6
//              RD13 > LED7
//              RB4  > LED8
// 動作 :
//   SW5 按下時 LED7 ON , 否則 LED7 OFF
//   SW6 按下時 LED8 ON , 否則 LED8 OFF
// **********************************************************

//包含表頭檔會納入 p33ck356mp505.h 的定義字與巨集內容
#include <xc.h>
// 定義 LED7 與 LED8 為特定輸出埠腳位位元的替代符號，以加強程式的
// 可讀性與簡潔
#define LED7        LATDbits.LATD13
#define LED8        LATBbits.LATB4
// 定義 DIR_LED7 與 DIR_LED8 為輸出入埠腳位的方向控制位元替代符號
#define DIR_LED7    TRISDbits.TRISD13
#define DIR_LED8    TRISBbits.TRISB4
// 設定 LED7/LED8 腳位為類比或數位功能
#define ANSEL_LED7  ANSELDbits.ANSELD13
#define ANSEL_LED8  ANSELBbits.ANSELB4

//定義 SW5 與 SW6 為特定輸入埠腳位位元的替代符號
#define SW5         PORTBbits.RB2
#define SW6         PORTBbits.RB3
```

CHAPTER

6

```
//定義 DIR_SW5 與 DIR_SW6 為輸出入埠腳位的方向控制位元替代符號
#define DIR_SW5      TRISBbits.TRISB2
#define DIR_SW6      TRISBbits.TRISB3
//設定 SW5/SW6 腳位為類比或數位功能
#define ANSEL_SW5    ANSELBbits.ANSELB2
#define ANSEL_SW6    ANSELBbits.ANSELB3

#define INPUT     1      //定義 1 為輸入方向
#define OUTPUT    0      //定義 0 為輸出方向

int main( void )
{
  ANSEL_LED7 = 0;           // LED7 腳位 Digital I/O
  ANSEL_LED8 = 0;           // LED8 腳位 Digital I/O
  ANSEL_SW5 = 0;            // SW5 腳位 Digital I/O
  ANSEL_SW6 = 0;            // SW6 腳位 Digital I/O
  // Define LED7 & 8 as Digital Outputs (LED Active Low)
  DIR_LED7 = OUTPUT ;
  DIR_LED8 = OUTPUT ;
  // Define SW5 & SW6 as Digital Inputs (Switch Push Low)
  DIR_SW5  = INPUT ;
  DIR_SW6  = INPUT ;

  while (1)                // Forever Loop
  {
    if (!SW5)              // If SW5 is pressed, LED7 is on
      LED7 = 0 ;
    else                   // If SW5 is not pressed, LED7 is off
      LED7 = 1 ;
    if (!SW6)              // If SW6 is pressed, LED8 is on
      LED8 = 0 ;
    else                   // If SW6 is not pressed, LED8 is off
      LED8 = 1 ;
  } //End of While(1) Loop
}// End of main program m
```

　在 C 程式檔的開始，以下列的敘述

```
#include <xc.h>
```

包含了表頭檔 xc.h 的內容，XC16 編譯器會由專案設定資料辨識使用的微控制
器類型，然後自動導入相關的定義檔案。XC16 編譯器允許使用者以 #include

將其他檔案的內容在 #include 指令所在的位置納入到程式檔中。如果檔案名稱前後是使用 < > 的括號,則 XC16 編譯器將在 XC16 內建與內定的資料夾中尋找這個檔案;如果檔案名稱前後是使用 " " 的引號,則 XC16 編譯器將在專案所在的資料夾中尋找這個檔案。導入的檔案包括 p33ck256mp505.h 表頭檔,其中有 dsPIC33CK256MP505 微控制器全部特殊功能暫存器以及其他相關功能與巨集指令的定義。應用程式檔中多少一定會使用到特殊功能暫存器,故在程式起頭一定會將此包含指令敘述納入。使用者可以在工作空間視窗中開啟這個表頭檔以了解它的內容。這個檔案的內容也是一個增加使用者程式撰寫能力的優良範例,它提供了許多結構變數,集合變數與巨集指令等等的宣告定義,非常值得使用者學習。

在主程式的起始,由於範例程式將使用到的 PORTB 輸出入埠的部分腳位同時兼具類比數位轉換腳位的功能,而且相關的特殊功能暫存器 ANSLEB/ANSELD,其電源啟動的預設值為 1(也就是預設為類比訊號腳位功能)。故必須先使用下列的敘述,

```
ANSEL_LED7 = 0;          // LED7 腳位 Digital I/O
ANSEL_LED8 = 0;          // LED8 腳位 Digital I/O
ANSEL_SW5 = 0;           // SW5 腳位 Digital I/O
ANSEL_SW6 = 0;           // SW6 腳位 Digital I/O
```

將對應的特殊功能暫存器 ANSELB/ANSELD 對應的位元清除為 0,使 PORTB/PORTD 輸出入埠的對應腳位作為數位輸出入埠的功能。

一旦將 PORTB/PORTD 的對應位元設定為數位輸出入埠後,接下來就必須設定輸出入的方向,故於程式中以

```
// Define SW5 & SW6 as Digital Inputs (Switch Push Low)
DIR_SW5  = INPUT ;
DIR_SW6  = INPUT ;
```

將按鍵設定為輸入埠,再以下列敘述將輸出腳位位元個別設定為輸出。

```
// Define LED7 & 8 as Digital Outputs (LED Active Low)
DIR_LED7 = OUTPUT ;
DIR_LED8 = OUTPUT ;
```

在此，DIR_LED7 與 DIR_LED8 已先藉由敘述

```
// 定義 DIR_LED7 與 DIR_LED8 為輸出入埠腳位的方向控制位元替代符號
#define DIR_LED7     TRISDbits.TRISD13
#define DIR_LED8     TRISBbits.TRISB4
```

定義為與 TRISBbits.TRISB4 及 TRISDbits.TRISD13 等義。

　　類似的程序也可以應用在按鍵開關 SW5 與 SW6 的方向設定。由於對應腳位已先設定為輸入埠，故可以不必作進一步的設定。但為確保程式一致的正確性與可攜性，仍然加入下列敘述

```
DIR_SW5  = INPUT ;
DIR_SW6  = INPUT ;
```

　　接下來在主程式中便可以撰寫數位輸出入埠的狀態讀取與輸出寫入，以及定義彼此間的相互關係。首先，使用一個 while(1){ } 敘述來完成一個永久迴圈的功能，確保程式可以永遠的反覆執行。接下來，在迴圈中以 if( ) 指令來判斷按鍵的觸發與否，並根據判斷的結果來執行 LED 的開啟與關閉。由於實驗板中的 LED 電路為 Active-Low 的致動方式，故欲使 LED 發亮需輸出低電位 0。

　　讀者如果已經能夠理解程式的內容，便可以將程式編譯並產生輸出檔供燒錄之用。在專案中已選擇使用 PICKit4 或 ICD4 後，以滑鼠點按燒錄功能圖案；取下 ICD4 的 RJ-22 連接線（或取下 PICKit4）或點選 "Release from Reset" 功能符號後，便可以選按實驗板上的按鍵開關測試程式的執行是否正確。

練習 6-1
A.修改上列程式，使按鍵的觸發及 LED 的明暗關係與範例的定義相反。
B.修改上列程式，選用實驗板上的其他 LED 作為替代。

　　在範例 6-1 中，程式只針對數位輸入埠的狀態作簡單的判斷與改變，並未對所讀取的資料作任何的處理。如果只是要完成這樣子的工作，實在是不需要使用 C 程式語言的方式來進行；使用組合語言應當會有比較高的效率。然而，當需要對資料作比較複雜的處理或運算時，C 程式語言檔會提供較高的撰寫效

率及程式的可讀性。在下一個範例中,我們將使用比較多的發光二極體來製作一個可移動的燈號;而燈號移動的方向則是由不同的按鍵開關觸發所決定的。

程式範例 6-2-1 以按鍵控制 LED 變化順序

使用 4 個 LED 發光二極體進行燈號的移動;這 4 個 LED 在實驗板上是連接到輸出入埠 PORTB 的第 15/14 個腳位位元與 PORTC 的第 11/10 個位元,而且其致動方式是 Active-Low。另外,我們也將使用 SW5 及 SW6 兩個按鍵開關。當 SW5 按鍵開關被按下時,SW5 (PORTBbits.RB2) = 0,燈號將向左移動;當 SW6 按鍵開關被按下時,SW6 (PORTBbits.RB3) = 0,燈號將向右移動。

相關範例程式的內容將顯示如下:

```
// *****************************************************
// File :     EX6_2.C
// Purpose :   規劃及操作 dsPIC 的 I/O,並且使用移位的方式控制 LED
// 使用資源 :  RB2  >  SW5
//            RB3  >  SW6
//            RB15/RB14/RC11/RC10/RC13/RC12/RD13/  >  LED1~8
//
//動作 :
//  SW5 按下時 LED1..4 向左 Shift 一次
//  SW6 按下時 LED1..4 向右 Shift 一次
// *****************************************************

#include <xc.h>

#define LED1   LATBbits.LATB15 //定義 LED1~8 為輸出腳位的替代符號
#define LED2   LATBbits.LATB14 //,以加強程式的可讀性與簡潔
#define LED3   LATCbits.LATC11
#define LED4   LATCbits.LATC10
#define LED5   LATCbits.LATC13
#define LED6   LATCbits.LATC12
#define LED7   LATDbits.LATD13
#define LED8   LATBbits.LATB4

//定義 DIR_LED1~DIR_LED8 為輸出入埠腳位的方向控制位元替代符號
#define DIR_LED1   TRISBbits.TRISB15
#define DIR_LED2   TRISBbits.TRISB14
#define DIR_LED3   TRISCbits.TRISC11
```

```
#define DIR_LED4   TRISCbits.TRISC10
#define DIR_LED5   TRISCbits.TRISC13
#define DIR_LED6   TRISCbits.TRISC12
#define DIR_LED7   TRISDbits.TRISD13
#define DIR_LED8   TRISBbits.TRISB4

//設定 LED1~LED8 腳位為類比或數位功能
//#define ANSEL_LED1  ANSELBbits.ANSELB15  //LED1~6 無類比功能
//#define ANSEL_LED2  ANSELBbits.ANSELB14  //，所以不用設定
//#define ANSEL_LED3  ANSELCbits.ANSELC11
//#define ANSEL_LED4  ANSELCbits.ANSELC10
//#define ANSEL_LED5  ANSELCbits.ANSELC13
//#define ANSEL_LED6  ANSELCbits.ANSELC12
#define ANSEL_LED7  ANSELDbits.ANSELD13
#define ANSEL_LED8  ANSELBbits.ANSELB4

//定義 SW5 與 SW6 為特定輸入埠腳位位元的替代符號
#define  SW5       PORTBbits.RB2
#define  SW6       PPORTBbits.RB3
//定義 DIR_SW5 與 DIR_SW6 為輸出入埠腳位的方向控制位元替代符號
#define  DIR_SW5  TRISBbits.TRISB2
#define  DIR_SW6  TRISBbits.TRISB3
//設定 SW5&SW6 腳位為類比或數位功能
#define  ANSEL_SW5 ANSELBbits.ANSELB2
#define  ANSEL_SW6 ANSELBbits.ANSELB3

#define INPUT   1   //定義 1 為輸入方向
#define OUTPUT  0   //定義 0 為輸出方向


void LED_Control(unsigned char LED){
  if (LED & 0x01) LED1 = 0; else LED1 = 1; //1=OFF, 0=ON
  if (LED & 0x02) LED2 = 0; else LED2 = 1;
  if (LED & 0x04) LED3 = 0; else LED3 = 1;
  if (LED & 0x08) LED4 = 0; else LED4 = 1;
  if (LED & 0x10) LED5 = 0; else LED5 = 1;
  if (LED & 0x20) LED6 = 0; else LED6 = 1;
  if (LED & 0x40) LED7 = 0; else LED7 = 1;
  if (LED & 0x80) LED8 = 0; else LED8 = 1;
}

int main( void ){
  unsigned char LED_DATA=0x01;
```

```
ANSEL_LED7 = 0;   // LED7-8 腳位 Digital I/O
ANSEL_LED8 = 0;
ANSEL_SW5 = 0;    // SW5 腳位 Digital I/O
ANSEL_SW6 = 0;    // SW6 腳位 Digital I/O

LED_Control(LED_DATA);           // 初始化 LED
// Define LED1~4 as Digital Outputs (Led Active Low)
DIR_LED1 = OUTPUT ;
DIR_LED2 = OUTPUT ;
DIR_LED3 = OUTPUT ;
DIR_LED4 = OUTPUT ;
DIR_LED5 = OUTPUT ;
DIR_LED6 = OUTPUT ;
DIR_LED7 = OUTPUT ;
DIR_LED8 = OUTPUT ;
// Define SW5 & SW6 as Digital Inputs (Switch Push Low)
DIR_SW5  = INPUT ;
DIR_SW6  = INPUT ;

while (1)
{
  if (!SW5){                 // 確認 SW5 已被按下
    if ( LED_DATA & 0x08 )  // 是否已經移到最左邊？
      LED_DATA = 0x01;           // 是！則回歸起始位置
    else                   //未到最左邊，
      LED_DATA =(LED_DATA << 1)|0x01;     //直接左移一位
                           // 注意要把移走後的空位元補 1
    LED_Control(LED_DATA);  // 調整 LED 顯示
    while(!SW5);         // 然後，等到 SW5 放開
  }

  if (!SW6){
    if ( LED_DATA & 0x01 )
      LED_DATA = 0x08 ;
    else
      LED_DATA = ( LED_DATA >> 1 );
    LED_Control(LED_DATA);
    while(!SW6) ;
  }
 }
}
```

在上面的範例程式中,由於 LED 使用的腳位並非完整地在同一個輸出入埠群組,所以操作較爲不便。因此範例中先建立一個控制 LED 燈號的函式 LED_Control( ) 函式方便依照數據變化調整 LED。

在將 LED 顯示初始化後,使得 LED1 爲 0 而發光:再將連接至 LED1 to LED8 的腳位位元方向設爲 OUTPUT(0)。在 while(1) 的迴圈中,當按鍵開關 SW5 被按下時,以邏輯判斷敘述

```
if ( LED_DATA & 0x08 )   // 是否已經移到最左邊 ?
  LED_DATA = 0x01;            // 是 ! 則回歸起始位置
else                  //未到最左邊 ,
  LED_DATA =(LED_DATA << 1)|0x01;    //直接左移一位
                      // 注意要把移走後的空位元補 1
LED_Control(LED_DATA);  // 調整 LED 顯示
while(!SW5);        // 然後 , 等到 SW5 放開
```

進行燈號的調整。當(LED_DATA & 0x08)的 AND 邏輯運算結果爲 1 時,表示目前發光的 LED 爲範例所使用的最高 LED 位元:由於無法再向上移位,故必須調整回歸至最低的 LED 位元。當(LED_DATA & 0x08)的 AND 邏輯運算結果爲 0 時,表示目前發光的 LED 位元,仍然有繼續向上移位的空間;故可以執行向上移位一個位元的動作(LED_DATA << 1)。

類似的 C 程式語言敘述也使用在接下來的程式中,作爲當按鍵開關 SW6 被按下時的輸出入埠資料運算處理,使得燈號將由高位元往低位元的方向移動。

在基本的 XC16 編譯器中,提供了完整的 C 程式語言邏輯與數學運算的運算元功能。所以使用者可以輕易地使用 C 程式語言中的加減乘除運算數學功能,以及基本的邏輯運算功能來作爲訊號處理的工具。使用者如果有興趣的話,可以點選 Windows>Debugging>Disassembly 開啟編譯後的輸出檔,將會發現到許多 C 程式語言中的數學與邏輯運算元,甚至於控制程式流程的 while 與 if 指令,都有相對應的 dsPIC 組合語言指令。而 XC16 程式編譯器就是提供了將這些運算元轉換成組合語言指令的最佳化工具。

讀者現在是否覺得對 XC16 編譯器的工作有一點初步的了解?在這裡強烈

的建議讀者有機會的時候，不妨多花一點時間閱讀這些輸出檔。不但可以增加對 XC16 編譯器工作的了解，而且還可以學習進階組合語言指令的撰寫，增加自己撰寫組合語言指令的實力。不要忘了，即使是使用 C 程式語言來撰寫 dsPIC 控制器的應用程式時，在某些特定的需要或者是使用者想提高程式執行的效率時，仍然可以使用嵌入式的組合語言指令集作爲撰寫的工具。

練習 6-2

A. 修改上列程式，使用不同的 if 邏輯判斷式達成同樣的工作目的。檢查編譯後的輸出檔，看看修改後的組合語言指令數量增加或是減少？

B. 修改上列程式，當按鍵開關 SW5 被觸發時，LED 燈號將顯示遞加的結果；當按鍵開關 SW6 被觸發時，LED 燈號將顯示遞減的結果。

程式範例 6-2-2 ┃ 建立實驗板輸位輸出入的函式庫與檔案

修改範例程式 6-2，利用函式庫的概念將數位輸出入的基本功能整合歸類到函式庫檔案，讓相關函式可以在主程式檔案中被呼叫使用。

在範例 6-2 中，雖然所有的功能都根據需求開發撰寫在主程式檔案 EX6_2_1_IO_Shift.c 中，但是也造成專案程式過於冗長，光是前面對於變數或符號的宣告就相當驚人，主程式的部分反而被掩蓋在過多的程式碼中，對程式的可讀性與維護性是有負面的影響。

當專案應用愈來愈龐大時，程式的長度勢必會隨之增加，但是可以利用不同檔案的分類整併，讓核心程式的部分變得精簡易讀，進而提高維護性與可讀性。如果將範例 6-2-1 稍作整理與分類，可以改變成範例 6-2-2 如下：

1. 主程式檔案

```
// ***********************************************************
// File : EX6_2.c
// Purpose : 練習規劃及操作 dsPIC 的 I/O,並且使用移位運算控制 LED
//
// 使用資源 :  RB2  >  SW5
//            RB3  >  SW6
//            RB15 >  LED1
//            RB14 >  LED2
//            RC11 >  LED3
//            RC10 >  LED4
```

```
// 動作 :
//    SW5 按下時 LED1..4 向左 Shift 一次
//    SW6 按下時 LED1..4 向右 Shift 一次
// **********************************************************
//包含表頭檔會納入 p33ck356mp505.h 的定義字與巨集內容
#include  <xc.h>
// 自行定義的定義字與巨集表頭檔，包含 APP020_LED.c 的函式
#include  "APP020_DIO.h"

int main( void ){
  unsigned char LED_DATA=0x01; // 宣告變數並賦予初始值

  LED_Control(LED_DATA); // 使用函式調整燈號
  DIO_Init(); // 相關腳位初始設定函式

  while (1)
  {
    if (!SW5){                     // 確認 SW5 已被按下
      if ( LED_DATA & 0x08 )      // 是否已經移到最左邊 ?
        LED_DATA = 0x01 ;         // 是 ! 則回歸起始位置
      else
        LED_DATA = ( LED_DATA << 1 );// 未到最左邊，左移一位
                               // 注意要把移走後的空位元補 1
      LED_Control(LED_DATA);        // 調整 LED 顯示
      while(!SW5) ;               // 然後 , 等到 SW5 放開
    }

    if (!SW6){
      if ( LED_DATA & 0x01 )
        LED_DATA = 0x08 ;
      else
        LED_DATA = ( LED_DATA >> 1 );
      LED_Control(LED_DATA);
      while(!SW6) ;
    }
  } // End of while(1)
} // End of main
```

主程式檔案 EX6_2_2_IO_Shift_Lib.c 中，除了一個表頭檔 "APP020_DIO.h"
的納入之外，就只剩下主程式的部分，相較於前一個範例中的 EX6_2_2_IO_
Shift.c 檔案內容相對簡潔許多。原來的宣告全部可以轉移至 APP020_DIO.h 檔

案中，再藉由 #include 指令納入而有一樣的功能。主程式中使用到的兩個函式，LED_Control( ) 與 DIO_Init( )，因為在表頭檔有進行函式原型宣告，因此在編譯主程式檔案時不會造成錯誤。而這兩個函式的本體程式則是藉由在專案中加入 APP020_LED.c 檔案變成專案其他程式可以呼叫使用的函式。換句話說，APP020_LED.c 檔案中的所有函式只要其原型有事先在其他程式檔案完成原型宣告，便可以被呼叫使用。藉由這樣的手段，可以把原先集中在一個程式檔案中的部分程式，分配或分類到幾個不同的程式檔；再利用表頭檔中的原型宣告定義與 #include 指令納入的功能，就可以簡化主程式檔案的內容，進而提高程式的維護性與可讀性。

　　值得一提的是在 APP020_LED.c 檔案中的 LED_Control( ) 函式，其內容如下所示：

```c
//燈號控制函式，8 個同時處理
void LED_Control(unsigned char data){
  union{
    unsigned char ByteAccess;
    struct{
      unsigned led1: 1 ;
      unsigned led2: 1 ;
      unsigned led3: 1 ;
      unsigned led4: 1 ;
      unsigned led5: 1 ;
      unsigned led6: 1 ;
      unsigned led7: 1 ;
      unsigned led8: 1 ;
    } ;
  } LED;

// 利用 union 宣告共享記憶體，可以快捷地用不同的格式處理資料
  LED.ByteAccess = data;

  LED1=!LED.led1;
  LED2=!LED.led2;
  LED3=!LED.led3;
  LED4=!LED.led4;
  LED5=!LED.led5;
  LED6=!LED.led6;
  LED7=!LED.led7;
  LED8=!LED.led8;
}
```

利用集合變數的定義方式，將資料變數 LED 的位元可以直接快速的被設定，不需要經過原來在範例 6-2 中經過 if 判斷式的處理，可以大幅短執行時間與程式長度。所以儘管是使用 C 程式語言撰寫微控制器的程式，只要熟悉相關轉寫技巧與微處理器運作的原理，還是可以開發出低成本有效率的應用程式。希望讀者可以多多參閱相關範例程式吸收他人的技巧與經驗，有助於開發程式的效能。

到這裡，相信讀者對於一般的數位輸出入控制已經有了相當的認識；在離開這個章節之前，讓我們再仔細觀察一下前面練習中軟硬體的動作。小心的讀者不難發現到，在範例程式 6-2 的進行中，雖然按鍵開關被按下時 LED 會按照程式的設計往指定的方向移動，但是有些時候似乎多跳了幾個位置。是程式出了問題嗎？還是讀者的手指抖動了嗎？答案是以上皆非。相信有經驗的讀者已經知道問題是出在實驗板上的按鍵開關彈簧式機構所造成的不穩定暫態彈跳觸發所引起的，可是有什麼解決方法呢？換零件或是修改電路設計（加電容）嗎？

使用可程式的 8 位元處理器或更進步的 dsPIC 控制器時，最大的優勢之一就是可以針對現有的電路硬體做客製化（Customized）的程序設計，發揮現有硬體的最大效益並達成使用者的目的。因此，同樣的硬體電路將會因為程式撰寫者經驗與技術的差異而呈現不同的結果。以前面的範例而言，讀者可以使用一個相當普遍的去除彈跳觸發（Debouncing）的技巧來解決這個問題。去除彈跳觸發可以藉由硬體或軟體的方式來完成，使用者必須依照成本及執行效率等因素作出決定。在不改變硬體的情況下，要如何的改進軟體呢？改善的方式當然有許多種，這當然也和程式撰寫者的經驗與技術有關。在這個章節的最後一個範例程式，就讓我們一起看看如何改善彈跳觸發的問題。

程式範例 6-3　消除按鍵彈跳訊號變化的處理

修改範例程式 6-2，利用軟體技巧去除按鍵開關觸發時的瞬間暫態彈跳觸發的現象，藉以消除 LED 超量移位的問題。

```
// ************************************************************
// File :  EX6_3_IO_DEBOUNCE.C
// Purpose :  規劃 dsPIC 的 I/O,使用軟體去除按鍵彈跳與移位控制 LED
```

```c
// 使用資源： RB2  >  SW5
//          RB3  >  SW6
//          RB15 >  LED1
//          RB14 >  LED2
//          RC11 >  LED3
//          RC10 >  LED4
// 動作：
//    SW5 按下時 LED1..4 向左 Shift 一次
//    SW6 按下時 LED1..4 向右 Shift 一次
//    軟體去除按鍵彈跳是藉由 1 個計數器累計按鍵按下或放開的時間
//    足以確認其狀態而達成
// **********************************************************

#include <xc.h>
#include "APP020_DIO.h"
//------------------------------------------------------------
// Constants
#define FCY 8000000/2 //定義指令執行週期（使用 FRC 時脈）
#include <libpic30.h>

int main( void )
{
  unsigned char DSW5_Old, DSW6_Old, DSW5, DSW6;
  unsigned char SW5_Count, SW6_Count, LED_DATA=0x01;

  LED_Control(LED_DATA);
  DIO_Init();

  while (1)
  {
    // Software Debouncing Process
    __delay_ms(5);   //延遲 5 ms，可調整延遲時間改變按鍵靈敏度

    if ( SW5 && (SW5_Count < 20) )   // 如果 SW5 未按壓，遞加 1
      SW5_Count+=1;
    if (!SW5 && (SW5_Count > 0) )    // 如果 SW5 被按壓，遞減 1
      SW5_Count-=1;
    if (!SW5_Count) DSW5=0;   // 重置 DSW5 旗標，如果計數遞減成 0
    else                      // 設定 DSW5 旗標為 1，如果計數遞加到 20
      if (SW5_Count ==20) DSW5 = 1;

    if ( SW6 && (SW6_Count < 20) )   SW6_Count+=1;
    if (!SW6 && (SW6_Count > 0) )    SW6_Count-=1;
```

```
   if (!SW6_Count) DSW6 = 0;
   else
     if (SW6_Count ==20) DSW6 = 1;

   if (DSW5!=DSW5_Old){          // 如果 DSW5 改變
     if (!DSW5){                 // 確認 SW5 已被按下
       if ( LED_DATA & 0x08 )    // 是否已經移到最左邊？
         LED_DATA = 0x01 ;       // 是！則回歸起始位置
       else
         LED_DATA = (LED_DATA<<1);//未到最左邊，直接左移一位
                                  // 注意要把移走後的空位元補1
       LED_Control(LED_DATA);              // 調整 LED 顯示
     }
     DSW5_Old=DSW5;
   }

   if (DSW6!=DSW6_Old){
     if (!DSW6){
       if ( LED_DATA & 0x01 )
         LED_DATA = 0x08 ;
       else
         LED_DATA = ( LED_DATA >> 1 );

       LED_Control(LED_DATA);
     }
     DSW6_Old=DSW6;
   }
 }
}
```

　　範例程式中所使用的技巧是每隔一小段時間（5ms）便檢查按鍵開關觸發
的狀態，如果按鍵是處於按下的狀態則將相對的計數變數遞減直到計數變數為
零時，才確認按鍵為實際按下的狀態，此時再依照程式的設計進行所需要的動
作程序。同樣的，當按鍵開關被放開時，相對的計數變數將遞增直到計數變數
為 20 時，才確認按鍵為實際放開的狀態並進行所需要的動作程序。

　　範例程式所採用的技巧可以在無需更改硬體的狀況下，完成穩健的按鍵
觸發功能；而所需付出的代價則是程式中必須耗費較多的時間來處理額外的指
令，特別是 for 迴圈的部分，整體的執行速度當然會受到某種程度的影響。讀
者在選擇解決方法時必須了解各方面的因素後，再做出最適合的選擇。

6.2　輸入改變通知模組

　　前面數位輸出入腳位的範例中，為了要檢查按鍵 SW5/SW6 是否被觸發，必須要使用程式迴圈反覆的讀取按鍵對應的暫存器（PORTB）或位元（RB2/RB3）直到所定義的訊號出現為止。這種基本的檢查方式雖然可以發現按鍵低電壓訊號的發生，但是有幾個缺點：1. 大部分 CPU 的時間都耗費在程式迴圈的流程控制與讀取腳位狀態的判斷，減少了處理資料的時間進而降低微控制器應用程式的效率；2. 微控制器真正檢查按鍵的時間點僅在執行 SW5 或 SW6 被程式引用的一瞬間，也就是 PORTBbits.RB2 或 PORTBbits.RB3 被讀取的一瞬間，其他部分的程式只是利用被儲存的狀態變數進行後續的處理。因此，對於訊號變化快速的應用中，如果訊號觸發的瞬間極短且發生時程式並未讀取 PORTB 暫存器而是在處理其他資料的話，應用程式將不會發現按鍵曾經被觸發。前述範例可以正確地捕捉到按鍵的觸發是因為微控制器的執行速率遠高於按鍵狀態停留的時間，但是如果應用程式擴大到一次迴圈需要的時間大於訊號變化的週期時，就很容易錯失觸發訊號的改變。許多初學者常誤以為程式只要有判斷就會發現變化，但實際上是因為微控制器以速度換取時間，利用程式不斷的循環檢查發現輸入訊號的改變。

　　為了避免微控制器錯失高速變化訊號的改變，除了由使用者自行撰寫程式進行檢查外，Microchip 在 dsPIC33CK256MP505 的所有數位輸入腳位上建置了一個輸入改變通知（Input Change Notification, ICN 或 CN）的硬體功能。輸入改變通知顧名思義就是當腳位輸入訊號有改變時會自動偵測與通知，因為是由硬體自動偵測訊號，所以有下列的好處：1. 使用者不用撰寫程式碼進行輸入訊號的檢查，而是由硬體自動偵測檢查，所以就減少程式的長度進而提升程式的效率；2. 輸入改變通知硬體可以持續地同時檢查多個輸入訊號腳位，因此沒有單純使用數位輸入可能錯失訊號變化的問題；3. 當發生輸入腳位訊號改變時，硬體會以旗標（Flag）位元記錄事件的發生，即便輸入訊號的改變消失，但是旗標會繼續存在供應用程式檢查。如果使用者可以使用更進階的中斷功能（在第八章會介紹）的話，更可以讓輸入改變通知的硬體在訊號發生改變的瞬間主動且自動地通知應用程式處理。綜合上述的優點，使用輸入改變通知的功能可以更有效地偵測輸入訊號改變。

　　要使用輸入改變通知的功能，當然一定要將指定的腳位設定為數位輸入。然後透過適當的功能設定位元定義相關腳位的電路組態與想要檢查的訊號型態。例如前述範例是想要發現按鍵 SW5 與 SW6 對應的腳位從高電壓變成低電壓的變化，只要將輸入改變通知做適當的設定，便可以自動偵測到這個訊號變化，而且任何時間可以同時對多個數位輸入訊號持續監視。

　　每一個數位輸入腳位的輸入改變通知都具有下列的功能設定位元：

1. 改變通知提升（Pull Up）阻抗致能位元（CNPUx<n>）
2. 改變通知下拉（Pull Down）阻抗致能位元（CNPDx<n>）
3. 改變通知控制暫存器（CNCONx）（同一腳位埠共用）
4. 改變通知致能與下降邊緣（Negative Edge）控制位元（CNEN0x<n>）
5. 改變通知上升邊緣控制位元（CNEN1x<n>）
6. 改變通知狀態改變事件旗標位元（CNSTATx<n>）
7. 改變通知設定邊緣事件旗標位元（CNFx<n>）

　　第 1 與 2 項是 Microchip 為了降低外部硬體成本所提供的小電流提升與下拉組控電路設定位元，如果使用者需要的話，只要將對應的位元設定為 1 即可使用內建的電路以省下外部元件的成本。但是這兩個內建電路只能提供相當微小的電流，所以不適合搭配高耗能的訊號元件使用。第 3~5 項則是作為設定想要偵測的輸入訊號型態的位元。第 6 與 7 項則是改變通知模組記錄所欲偵測訊號是否發生過的旗標位元，可以做為檢查事件是否發生過的依據。除此之外，每一個腳位埠群組還分享一個中斷旗標位元，可以利用中斷功能在事件發生時快速改變程式流程以對訊號改變事件發生進行即時反應；例如 PORTA 所有的數位輸入腳位都共用 IFS0 暫存器中的 CNAIF 中斷旗標位元，當 PORTA 群組任何一個符合定義的輸入訊號改變發生時，就會將 CNAIF 位元設定為 1。CNAIF 必須由軟體程式設為 0 之後，才會在後續符合變化條件發生時再由硬體設定 1 以作為檢查或中斷處理的用途。

　　如果針對按鍵 SW5（PORTBbits.RB2）的輸入訊號要進行輸入改變通知的偵測，首先必須先將 CNCONB 暫存器的 CNON 位元設定為 1，以啟動該腳位埠群組的輸入訊號偵測。對於所要偵測的輸入訊號型態，則必須要透過 CNCONB 暫存器中的 CNSTYLE 位元，以及 CNEN0B< 2 > 與 CNEN1B< 2 > 位元共同設定。設定的方式可以參考表 6-2。

表 6-2　改變通知事件型態設定方式

CNSTYLE (CNCONx<11>)	CNEN1x	CNEN0x	改變通知事件型態
0	Any	0	關閉
0	Any	1	偵測腳位訊號從前一次讀取與現在狀態不同的事件
1	0	0	關閉
1	0	1	只偵測上升邊緣（0變1）
1	1	0	只偵測下降邊緣（1變0）
1	1	1	偵測所有邊緣變化

　　舉例而言，如果針對按鍵 SW5 要使用改變通知進行偵測是否觸發的話，由於按鍵觸發是由高電壓（1）變為低電壓（0），所以必須要設定為偵測下降邊緣。換句話說，必須要將 CNCONB 暫存器中的 CNSTYLE 位元設定為 1，CNEN1B< 2 > 位元設定為 1，CNEN0B< 2 > 位元設定為 0，便會由硬體自動進行偵測腳位輸入訊號變化。由於是偵測邊緣發生事件，所以當 RB2 腳位發生下降邊緣時，CNFB< 2 > 位元就會自動設定為 1 以記錄事件的發生。如果要繼續偵測輸入訊號，則必須要由程式將 CNFB< 2 > 位元清除為 0。

程式範例 6-4 ｜ 按鍵使用改變通知觸發

　　使用改變通知的功能完成範例 6-2 的數位輸出入控制 LED 功能。

```
// ********************************************************
// File : EX6_4.c
// Purpose : 練習規劃 dsPIC 的 I/O,並且使用 CN 的方式來控制 LED
// 使用資源 : RB2  >  SW5
//           RB3  >  SW6
//           RB15 >  LED1
//           RB14 >  LED2
//           RC11 >  LED3
//           RC10 >  LED4
//
// 動作 :
//   SW5 按下時 LED1..4 向左 Shift 一次
```

CHAPTER

6

```c
//   SW6 按下時 LED1..4 向右 Shift 一次
// ***********************************************************

#include  <xc.h>
#include "APP020_DIO.h"

int main( void ){
  unsigned char LED_DATA=0x01;

  LED_Control(LED_DATA);
  DIO_Init();

  CNPUB = 0x0000;            // 設定 CND 相關功能
  CNPDB = 0x0000;
  CNCONB = 0x8800;           // 啟動 CND，邊緣變化改變通知模式
  CNEN0Bbits.CNEN0B3 = 0;  // 偵測 RB3 下降邊緣功能
  CNEN1Bbits.CNEN1B3 = 1;
  CNFBbits.CNFB3 = 0;        // 清除邊緣變化旗標

  while (1){
    if (!SW5)          // 確認 SW5 已被按下
    {
      if ( LED_DATA & 0x08 )    // 是否已經移到最左邊 ?
        LED_DATA = 0x01 ;        // 是！則回歸起始位置
      else
        LED_DATA=(LED_DATA << 1);//未到最左邊，直接左移一位
                            // 注意要把移走後的空位元補 1
      LED_Control(LED_DATA);     // 調整 LED 顯示
      while(!SW5);               // 然後，等到 SW5 放開
    }

    if (CNFBbits.CNFB3){
      if ( LED_DATA & 0x01 )
        LED_DATA = 0x08 ;
      else
        LED_DATA = ( LED_DATA >> 1 );
      LED_Control(LED_DATA);
      CNFBbits.CNFB3 = 0 ; // 清除旗標才能檢查下一次觸發事件
    }
  }
}
```

範例中將 SW6 部分的函式換成改變通知的功能處理，與 SW5 用傳統數位輸出入處理的方式進行比較。讀者不難發現，善用改變通知的功能可以讓應用程式更加簡潔，執行起來也更有效率。最特別的地方在於使用改變通知進行按鍵觸發判斷，由於可以使用訊號邊緣判斷，因此不需要像傳統方式等待按鍵放開改變腳位狀態才能繼續執行程式，所以可以大幅縮短程式因等待耗費的時間，也可以更精準地控制程式流程。

6.3　周邊功能腳位選擇

如果 dsPIC33CK256MP505 微控制器的腳位不是作為一般數位輸出入功能或類比訊號輸入功能時，就可以選擇開啟內建的周邊功能並指定對應的腳位作為該周邊功能的輸出入腳位。在傳統的微處理器上，通常由廠商在設計微控制器時就將每一個周邊功能的腳位做適當的分配與集合，於是每一個腳位就會成為許多功能的集合，最高可以達到 8~10 種。這些功能在應用程式開啟對應的周邊功能時，就會由內建的多工器將腳位連結到所指定的周邊功能電路，當然其他功能就無法被使用而放棄。以往這樣的分配是廠商設計時就固定而無法改變，使用者只能夠妥協性的規劃配合使用。例如，如果編號 25 的腳位被選擇作為 AN1 的類比輸入腳位，則其他像 SCL3 或 INT0 或 RB2 的功能就必須被放棄使用。這對硬體設計工程人員是一個非常大的限制，雖然微控制器提供了所需要的功能，但是就如 PIN 25 只能選擇一個功能使用，萬一功能腳位有所重疊時就一定要做取捨；間接地就會導致硬體成本上升，或者是軟體開發困難增加。

▌可分配使用的腳位

為了解決這樣的設計困擾，Microchip 在腳位的硬體上結合簡單的可程式邏輯電路，除了少部分有特別硬體電路規格要求的周邊功能之外，大部分的腳位可以由使用者藉由周邊功能腳位選擇（Peripheral Pin Slect, PPS）自行規劃選擇所需要對應的周邊功能，由使用者自行決定腳位功能的分配。這些可以由使用者自行規劃分配周邊功能的腳位在配置圖上使用 RPx 的名稱。這些可重新配置的腳位（Remappable Pin, RP）大多數為使用標準操作電壓的周邊功能，例如 UART 或 SPI 通訊，計時器輸入，PWM 輸出等等。有了這些可重新配置的腳位，使用者在開發應用就有更大的彈性。例如 Pin 25 就有 RP34 的功能，所以除了腳位表上所標示固定分配的功能外，使用者也可自行規劃將可分配的周邊功能分配到 Pin 25；前提當然是應用設計完全不會用到 Pin 25 已經固定分配的其他周邊功能。在 Pin 25 的規劃上使用 RP34 做周邊功能腳位選擇的機會不高，因為有太多相對重要的功能已經被廠商預先設計分配在這裡，但是像 Pin 1~4 就相對簡單許多而可以讓使用者自行調配所需要的周邊功能與對應的腳位。

可分配的周邊功能

可藉由 PPS 功能進行腳位分配的周邊功能基本上都是使用數位訊號的周邊，包括：

- 串列通訊 UART 與 SPI
- 一般的計時器（Timer）輸入訊號
- 計時器相關周邊，如輸入捕捉（Capture）跟輸出比較（Compare）
- 外部訊號觸發中斷（Interrupt on Change）

其他的數位周邊功能，例如 I^2C 與 PWM，雖然是數位型態，但是它們的訊號需要特別的硬體電路設計，因此不能夠適用於一般的腳位電路設計。Micro-chip 選擇將這些不適合使用 PPS 的腳位以固定的方式分配在固定的腳位上，也就是如第五章表 5-2 腳位功能表上的分配方式。

由於每一個腳位上可能存在多種功能的選擇，所以在設計時一旦使用者決定對應的功能後，就必須進行適當的設定。如果應用程式不小心在同一個腳位上開啟多個功能時，此時就必須以功能的優先順序判斷實際連結的功能為何。一般而言，腳位上功能的優先順序如下：

1. 類比輸入功能
2. 可規劃選擇的周邊功能
3. 固定的周邊功能
4. 輸位輸出入功能

這樣的優先順序也反映在腳位功能的定義上，例如第五章表 5-2 中 Pin 36 的腳位功能為：

　　PGD1/AN10/**RP40**/SCL1/RB8

這代表當上述的功能被設定開啟時，程式燒錄的 PGD1 優先權最高（但是與程式執行無關），接下來依序為 AN10，RP40，SCL1，最低的是一般數位輸出入 RB8 的功能。

❑ 周邊功能輸入腳位選擇的設定

　　可規劃選擇的腳位設定基本上由兩組暫存器管理，一組為管理輸出訊號腳位的，一組則為管理輸入訊號的暫存器。兩者的設定觀念有些許差異，但是都可以讓使用者完全自主的決定分配方式。

　　在設定周邊功能所需要的輸入腳位時，例如計時器的輸入、通訊的輸入等等，設定的方式是以周邊功能元件為主來選擇所需要使用的腳位。每一個需要輸入可規劃選擇腳位的周邊功能輸入訊號都會配置有一個 RPINx 暫存器供作設定，使用者只要將所需要的 RPx 腳位編號寫入這個 RPINx 暫存器便完成將對應的周邊功能輸入連結到指定的 RPx 腳位的設定。以圖 6-4 為例，如果要將 UART 通訊輸入設定使用 PIN 25 的 RP34 功能，則必須要將 RPINR18 暫存器中的 U1RXR<7:0> 位元設定為 $0x22=34_d$，就可以從 Pin 25 將外部元件傳遞過來的通訊訊號導入到 UART1 通訊元件的 RX 訊號接收端電路。

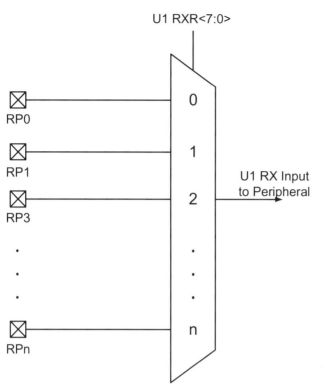

圖 6-4　通訊元件 UART1 的輸入訊號接收 U1RX 輸入可規劃選擇腳位設定

可規劃選擇的輸入腳位編號與它們對應的實際腳位分配如表 6-3 所示。標記為灰底的是 dsPIC33CK256MP505 微控制器沒有的腳位，因此在此書中不可以使用。

表 6-3(1)　可規劃選擇的輸入腳位編號與實際腳位分配表

RPINRx<15:8> or RPINRx<7:0>	Function	Available on Ports
0	Vss	Internal
1	Comparator 1	Internal
2	Comparator 2	Internal
3	Comparator 3	Internal
4-5	RP4-RP5	Reserved
6	PTG Trigger 26	Internal
7	PTG Trigger 27	Internal

表 6-3(2)　可規劃選擇的輸入腳位編號與實際腳位分配表

RPINRx<15:8> or RPINRx<7:0>	Function	Available on Ports
8-10	RP8-RP10	Reserved
11	PWM Event Out C	Internal
12	PWM Event Out D	Internal
13	PWM Event Out E	Internal
14-31	RP14-RP31	Reserved
32	RP32	Port Pin RB0
33	RP33	Port Pin RB1
34	RP34	Port Pin RB2
35	RP35	Port Pin RB3
36	RP36	Port Pin RB4
37	RP37	Port Pin RB5
38	RP38	Port Pin RB6
39	RP39	Port Pin RB7
40	RP40	Port Pin RB8
41	RP41	Port Pin RB9
42	RP42	Port Pin RB10
43	RP43	Port Pin RB11
44	RP44	Port Pin RB12
45	RP45	Port Pin RB13
46	RP46	Port Pin RB14
47	RP47	Port Pin RB15
48	RP48	Port Pin RC0
49	RP49	Port Pin RC1
50	RP50	Port Pin RC2
51	RP51	Port Pin RC3
52	RP52	Port Pin RC4
53	RP53	Port Pin RC5
54	RP54	Port Pin RC6

表 6-3(3)　可規劃選擇的輸入腳位編號與實際腳位分配表

RPINRx<15:8> or RPINRx<7:0>	Function	Available on Ports
55	RP55	Port Pin RC7
56	RP56	Port Pin RC8
57	RP57	Port Pin RC9
58	RP58	Port Pin RC10
59	RP59	Port Pin RC11
60	RP60	Port Pin RC12
61	RP61	Port Pin RC13
62	RP62	Port Pin RC14
63	RP63	Port Pin RC15
64	RP64	Port Pin RD0
65	RP65	Port Pin RD1
66	RP66	Port Pin RD2
67	RP67	Port Pin RD3
68	RP68	Port Pin RD4
69	RP69	Port Pin RD5
70	RP70	Port Pin RD6
71	RP71	Port Pin RD7
72	RP72	Port Pin RD8
73	RP73	Port Pin RD9
74	RP74	Port Pin RD10
75	RP75	Port Pin RD11
76	RP76	Port Pin RD12
77	RP77	Port Pin RD13
78	RP78	Port Pin RD14
79	RP79	Port Pin RD15
80-175	RP80-RP175	Reserved
176	RP176	Virtual RPV0
177	RP177	Virtual RPV1

CHAPTER

6

表 6-3(4)　可規劃選擇的輸入腳位編號與實際腳位分配表

RPINRx<15:8> or RPINRx<7:0>	Function	Available on Ports
178	RP178	Virtual RPV2
179	RP179	Virtual RPV3
180	RP180	Virtual RPV4
181	RP181	Virtual RPV5
63	RP63	Port Pin RC15

可以使用可規劃選擇輸入腳位的周邊功能與它們對應的暫存器名稱分配如表 6-4 所示。

表 6-4(1)　使用可規劃選擇輸入腳位的周邊功能與暫存器分配表

Input Name	Function Name	Register	Register Bits
External Interrupt 1	INT1	RPINR0	INT1R<7:0>
External Interrupt 2	INT2	RPINR1	INT2R<7:0>
External Interrupt 3	INT3	RPINR1	INT3R<7:0>
Timer1 External Clock	T1CK	RPINR2	T1CK<7:0>
SCCP Timer1	TCKI1	RPINR3	TCKI1R<7:0>
SCCP Capture 1	ICM1	RPINR3	ICM1R<7:0>
SCCP Timer2	TCKI2	RPINR4	TCKI2R<7:0>
SCCP Capture 2	ICM2	RPINR4	ICM2R<7:0>
SCCP Timer3	TCKI3	RPINR5	TCKI3R<7:0>
SCCP Capture 3	ICM3	RPINR5	ICM3R<7:0>
SCCP Timer4	TCKI4	RPINR6	TCKI4R<7:0>
SCCP Capture 4	ICM4	RPINR6	ICM4R<7:0>
SCCP Timer5	TCKI5	RPINR7	TCKI5R<7:0>
SCCP Capture 5	ICM5	RPINR7	ICM5R<7:0>
SCCP Timer6	TCKI6	RPINR8	TCKI6R<7:0>
SCCP Capture 6	ICM6	RPINR8	ICM6R<7:0>
SCCP Timer7	TCKI7	RPINR9	TCKI7R<7:0>

表 6-4(2)　　使用可規劃選擇輸入腳位的周邊功能與暫存器分配表

Input Name	Function Name	Register	Register Bits
SCCP Capture 7	ICM7	RPINR9	ICM7R<7:0>
SCCP Timer8	TCKI8	RPINR10	TCKI8R<7:0>
SCCP Capture 8	ICM8	RPINR10	ICM8R<7:0>
xCCP Fault A	OCFA	RPINR11	OCFAR<7:0>
xCCP Fault B	OCFB	RPINR11	OCFBR<7:0>
PWM PCI 8	PCI8	RPINR12	PCI8R<7:0>
PWM PCI 9	PCI9	RPINR12	PCI9R<7:0>
PWM PCI 10	PCI10	RPINR13	PCI10R<7:0>
PWM PCI 11	PCI11	RPINR13	PCI11R<7:0>
QEI1 Input A	QEIA1	RPINR14	QEIA1R<7:0>
QEI1 Input B	QEIB1	RPINR14	QEIB1R<7:0>
QEI1 Index 1 Input	QEINDX1	RPINR15	QEINDX1R<7:0>
QEI1 Home 1 Input	QEIHOM1	RPINR15	QEIHOM1R<7:0>
QEI2 Input A	QEIA2	RPINR16	QEIA2R<7:0>
QEI2 Input B	QEIB2	RPINR16	QEIB2R<7:0>
QEI2 Index 1 Input	QEINDX2	RPINR17	QEINDX2R<7:0>
QEI2 Home 1 Input	QEIHOM2	RPINR17	QEIHOM2R<7:0>
UART1 Receive	U1RX	RPINR18	U1RXR<7:0>
UART1 Data-Set-Ready	U1DSR	RPINR18	U1DSRR<7:0>
UART2 Receive	U2RX	RPINR19	U2RXR<7:0>
UART2 Data-Set-Ready	U2DSR	RPINR19	U2DSRR<7:0>
SPI1 Data Input	SDI1	RPINR20	SDI1R<7:0>
SPI1 Clock Input	SCK1IN	RPINR20	SCK1R<7:0>
SPI1 Slave Select	SS1	RPINR21	SS1R<7:0>
Reference Clock Input	REFOI	RPINR21	REFOIR<7:0>
SPI2 Data Input	SDI2	RPINR22	SDI2R<7:0>
SPI2 Clock Input	SCK2IN	RPINR22	SCK2R<7:0>
SPI2 Slave Select	SS2	RPINR23	SS2R<7:0>

CHAPTER

6

表 6-4(3)　　使用可規劃選擇輸入腳位的周邊功能與暫存器分配表

Input Name	Function Name	Register	Register Bits
CAN1 Input	CAN1RX	RPINR26	CAN1RXR<7:0>
UART3 Receive	U3RX	RPINR27	U3RXR<7:0>
UART3 Data-Set-Ready	U3DSR	RPINR27	U3DSRR<7:0>
SPI3 Data Input	SDI3	RPINR29	SDI3R<7:0>
SPI3 Clock Input	SCK3IN	RPINR29	SCK3R<7:0>
SPI3 Slave Select	SS3	RPINR30	SS3R<7:0>
MCCP Timer9	TCKI9	RPINR32	TCKI9R<7:0>
MCCP Capture 9	ICM9	RPINR33	ICM9R<7:0>
xCCP Fault C	OCFC	RPINR37	OCFCR<7:0>
PWM Input 17	PCI17	RPINR37	PCI17R<7:0>
PWM Input 18	PCI18	RPINR38	PCI18R<7:0>
PWM Input 12	PCI12	RPINR42	PCI12R<7:0>
PWM Input 13	PCI13	RPINR42	PCI13R<7:0>
PWM Input 14	PCI14	RPINR43	PCI14R<7:0>
PWM Input 15	PCI15	RPINR43	PCI15R<7:0>
PWM Input 16	PCI16	RPINR44	PCI16R<7:0>
SENT1 Input	SENT1	RPINR44	SENT1R<7:0>
SENT2 Input	SENT2	RPINR45	SENT2R<7:0>
CLC Input A	CLCINA	RPINR45	CLCINAR<7:0>
CLC Input B	CLCINB	RPINR46	CLCINBR<7:0>
CLC Input C	CLCINC	RPINR46	CLCINCR<7:0>
CLC Input D	CLCIND	RPINR47	CLCINDR<7:0>
ADC Trigger Input (ADTRIG31)	ADCTRG	RPINR47	ADCTRGR<7:0>
xCCP Fault D	OCFD	RPINR48	OCFDR<7:0>
UART1 Clear-to-Send	U1CTS	RPINR48	U1CTSR<7:0>
UART2 Clear-to-Send	U2CTS	RPINR49	U2CTSR<7:0>
UART3 Clear-to-Send	U3CTS	RPINR49	U3CTSR<7:0>

CHAPTER

6

周邊功能輸出腳位選擇的設定

與設定可規劃選擇腳位的周邊功能輸入觀念相反，當要設定可規劃選擇腳位的周邊功能輸出時，是以可規劃選擇腳位為主體，選擇所要搭配的周邊功能輸出。以圖 6-5 為例，當要設定 RPx 腳位的輸出功能時，需要將所需要的周邊功能編號填入到 RPx 腳位對應的 RPOxR 暫存器中。除了實體的 RPx 腳位之外，還有一些虛擬的腳位 RP170~181 可以做為周邊功能的輸出而不需要實體輸出訊號，例如在使用 SPI 通訊時的 SDO 腳位。如果不需要使用可規劃選擇腳位作為周邊功能輸出功能時，則將 RPOxR 暫存器中的設定值設為 0（預設值）即可關閉可規劃選擇腳位輸出的功能，以免干擾同一腳位上其他功能的使用。

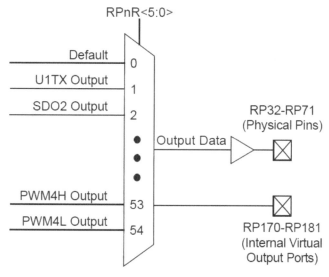

圖 6-5　可規劃選擇腳位選擇對應的周邊功能輸出架構

可規劃選擇輸出腳位的編號能與它們對應的設定暫存器名稱分配如表 6-5 所示。標記為灰底的是 dsPIC33CK256MP505 微控制器沒有的腳位，因此在此書中不可以使用。

表 6-5(1) 可規劃選擇輸出腳位編號能與對應的設定暫存器分配表

RP Pin	Register	I/O Port
RP32	RPOR0<5:0>	Port Pin RB0
RP33	RPOR0<13:8>	Port Pin RB1
RP34	RPOR1<5:0>	Port Pin RB2
RP35	RPOR1<13:8>	Port Pin RB3
RP36	RPOR2<5:0>	Port Pin RB4
RP37	RPOR2<13:8>	Port Pin RB5
RP38	RPOR3<5:0>	Port Pin RB6
RP39	RPOR3<13:8>	Port Pin RB7
RP40	RPOR4<5:0>	Port Pin RB8
RP41	RPOR4<13:8>	Port Pin RB9
RP42	RPOR5<5:0>	Port Pin RB10
RP43	RPOR5<13:8>	Port Pin RB11
RP44	RPOR6<5:0>	Port Pin RB12
RP45	RPOR6<13:8>	Port Pin RB13
RP46	RPOR7<5:0>	Port Pin RB14
RP47	RPOR7<13:8>	Port Pin RB15
RP48	RPOR8<5:0>	Port Pin RC0
RP49	RPOR8<13:8>	Port Pin RC1
RP50	RPOR9<5:0>	Port Pin RC2
RP51	RPOR9<13:8>	Port Pin RC3
RP52	RPOR10<5:0>	Port Pin RC4
RP53	RPOR10<13:8>	Port Pin RC5
RP54	RPOR11<5:0>	Port Pin RC6
RP55	RPOR11<13:8>	Port Pin RC7
RP56	RPOR12<5:0>	Port Pin RC8
RP57	RPOR12<13:8>	Port Pin RC9
RP58	RPOR13<5:0>	Port Pin RC10
RP59	RPOR13<13:8>	Port Pin RC11

表 6-5(2)　可規劃選擇輸出腳位編號能與對應的設定暫存器分配表

RP Pin	Register	I/O Port
RP60	RPOR14<5:0>	Port Pin RC12
RP61	RPOR14<13:8>	Port Pin RC13
RP62	RPOR15<5:0>	Port Pin RC14
RP63	RPOR15<13:8>	Port Pin RC15
RP64	RPOR16<5:0>	Port Pin RD0
RP65	RPOR16<13:8>	Port Pin RD1
RP66	RPOR17<5:0>	Port Pin RD2
RP67	RPOR17<13:8>	Port Pin RD3
RP68	RPOR18<5:0>	Port Pin RD4
RP69	RPOR18<13:8>	Port Pin RD5
RP70	RPOR19<5:0>	Port Pin RD6
RP71	RPOR19<13:8>	Port Pin RD7
RP72	RPOR20<5:0>	Port Pin RD8
RP73	RPOR20<13:8>	Port Pin RD9
RP74	RPOR21<5:0>	Port Pin D10
RP75	RPOR21<13:8>	Port Pin RD11
RP76	RPOR22<5:0>	Port Pin RD12
RP77	RPOR22<13:8>	Port Pin RD13
RP78	RPOR23<5:0>	Port Pin RD14
RP79	RPOR23<13:8>	Port Pin RD15
RP80-RP175		Reserved
RP176	RPOR24<5:0>	Virtual Pin RPV0
RP177	RPOR24<13:8>	Virtual Pin RPV1
RP178	RPOR25<5:0>	Virtual Pin RPV2
RP179	RPOR25<13:8>	Virtual Pin RPV3
RP180	RPOR26<5:0>	Virtual Pin RPV4
RP181	RPOR26<13:8>	Virtual Pin RPV5

CHAPTER

6

可規劃選擇的周邊功能輸出與它們對應的編號如表 6-6 所示。

表 6-6(1)　可規劃選擇的周邊功能輸出與對應編號表

Function	RPnR<5:0>	Output Name
Default PORT	000000	RPn tied to Default Pin
U1TX	000001	RPn tied to UART1 Transmit
U1RTS	000010	RPn tied to UART1 Request-to-Send
U2TX	000011	RPn tied to UART2 Transmit
U2RTS	000100	RPn tied to UART2 Request-to-Send
SDO1	000101	RPn tied to SPI1 Data Output
SCK1	000110	RPn tied to SPI1 Clock Output
SS1	000111	RPn tied to SPI1 Slave Select
SDO2	001000	RPn tied to SPI2 Data Output
SCK2	001001	RPn tied to SPI2 Clock Output
SS2	001010	RPn tied to SPI2 Slave Select
SDO3	001011	RPn tied to SPI3 Data Output
SCK3	001100	RPn tied to SPI3 Clock Output
SS3	001101	RPn tied to SPI3 Slave Select
REFCLKO	001110	RPn tied to Reference Clock Output
OCM1	001111	RPn tied to SCCP1 Output
OCM2	010000	RPn tied to SCCP2 Output
OCM3	010001	RPn tied to SCCP3 Output
OCM4	010010	RPn tied to SCCP4 Output
OCM5	010011	RPn tied to SCCP5 Output
OCM6	010100	RPn tied to SCCP6 Output
CAN1	010101	RPn tied to CAN1 Output
CMP1	010111	RPn tied to Comparator 1 Output
CMP2	011000	RPn tied to Comparator 2 Output
CMP3	011001	RPn tied to Comparator 3 Output
U3TX	011011	RPn tied to UART3 Transmit

表 6-6(2)　可規劃選擇的周邊功能輸出與對應編號表

Function	RPnR<5:0>	Output Name
U3RTS	011100	RPn tied to UART3 Request-to-Send
PWM4H	100010	RPn tied to PWM4H Output
PWM4L	100011	RPn tied to PWM4L Output
PWMEA	100100	RPn tied to PWM Event A Output
PWMEB	100101	RPn tied to PWM Event B Output
QEICMP1	100110	RPn tied to QEI1 Comparator Output
QEICMP2	100111	RPn tied to QEI2 Comparator Output
CLC1OUT	101000	RPn tied to CLC1 Output
CLC2OUT	101001	RPn tied to CLC2 Output
OCM7	101010	RPn tied to SCCP7 Output
OCM8	101011	RPn tied to SCCP8 Output
PWMEC	101100	RPn tied to PWM Event C Output
PWMED	101101	RPn tied to PWM Event D Output
PTGTRG24	101110	PTG Trigger Output 24
PTGTRG25	101111	PTG Trigger Output 25
SENT1OUT	110000	RPn tied to SENT1 Output
SENT2OUT	110001	RPn tied to SENT2 Output
MCCP9A	110010	RPn tied to MCCP9 Output A
MCCP9B	110011	RPn tied to MCCP9 Output B
MCCP9C	110100	RPn tied to MCCP9 Output C
MCCP9D	110101	RPn tied to MCCP9 Output D
MCCP9E	110110	RPn tied to MCCP9 Output E
MCCP9F	110111	RPn tied to MCCP9 Output F
CLC3OUT	111011	RPn tied to CLC4 Output
CLC4OUT	111100	RPn tied to CLC4 Output
U1DTR	111101	RPn tied to UART1 DTR
U2DTR	111110	RPn tied to UART2 DTR
U3DTR	111111	RPn tied to UART3 DTR

CHAPTER

6

▊可規劃選擇腳位的設定程序

由於可規劃選擇腳位的設定會影響微控制器腳位執行的功能,因此在程序上設計了一個較爲繁瑣的保護機制,以確保設定的調整是刻意的執行而不是意外的發生。

在微控制器電源重置啟動時,所有可規劃選擇的周邊功能對應的輸入腳位編號會預設爲 1,所以周邊功能會得到一個 Vss 的輸入電壓訊號,也就是 0 的訊號;所有可規劃選擇的輸出腳位對應的周邊功能編號會預設爲 0,所以這些輸出腳位不會接到任何的周邊功能輸出,換句話說實體腳位上不會有任何周邊功能作用,而依照使用者其他的設定功能使用,例如類比訊號輸入或一般數位輸出入等等功能。也因爲如此的設定,在接上電源啟動到實際設定完成可規劃選擇腳位功能前,相關腳位是沒有使用者所規劃的周邊功能訊號。

如果應用需要定義某些可規劃選擇腳位的功能時,必須要先調整 RPCON 暫存器中的栓鎖控制位 ILOCK。將 ILOCK 設定爲 1 時,才可以進行可規劃選擇腳位的功能調整;如果 ILOCK 設定爲 0 時,任何改變可規劃選擇腳位功能的程式雖然可以被執行,但是對應的暫存器不會有任何的改變,因此腳位功能也不會改變。

而爲了保護這些可規劃選擇腳位的功能不會任意地或意外地被改變,所以 RPCON 暫存器的改寫被設計的像改寫永久記憶體或程式記憶體一般的複雜。程序上要求下列步驟:

1. 寫入 0x55 到 NVMKEY 暫存器,緊接著
2. 寫入 0xAA 到 NVMKEY 暫存器
3. 調整 ILOCK 位元的數值爲 1 或 0

完成設定後必須要再將 ILOCK 重置爲 0。

由於上述的前兩個步驟必須要是連續的指令動作,因此應該是要使用組合語言指令完成。如果使用 C 語言撰寫的話,可能會因爲編譯器的設定而夾雜著其他指令導致 ILOCK 的調整失敗,進而影響後續的調整。爲了確保執行的正確並減少使用者的負擔,MPLAB XC16 編譯器針對這個程序提供了一個巨集函式,__builtin_write_RPCON (value)。如果將 ILOCK 設爲 1 防止更改,因爲它是 RPCON 暫存器的第 11 個位元,所以必須寫入 0x0800;反之,將

ILOCK 解除為 0 允許調整的話，則寫入 0x0000 即可。以下提供一個較為完整的範例供讀者參考。

　　範例：將可規劃選擇腳位的功能設定

```
//*****************************************
// 將 RP 設定相關暫存器解鎖
//*****************************************
__builtin_write_RPCON(0x0000);
//*****************************************
// 設定輸入腳位功能
// 將 RP35 設定為 U1Rx
//**************************
_U1RXR = 35;
//將 RP36 設定為 U1CTS
//**********************
_U1CTSR = 36;
//*****************************************
//設定輸出腳位功能 s
//*****************************************
//將 RP37 設定為 U1Tx
//**************************
_RP37 = 1;
//***************************
//將 RP36 設定為 U1RTS
//**************************
_RP38 = 2;
//*****************************************
// 恢復 RP 相關暫存器鎖定
//*****************************************
__builtin_write_RPCON(0x0800);
```

　　上面的範例將 UART1 進行全雙工通訊所需要的四支腳位指定到 RP35~38 腳位，如果使用者有其他考量需要調整對應的腳位時，僅需要調整對應的暫存器編號即可更換腳位而不需要修改電路。

CHAPTER

6

控制器的系統功能與設定

　　dsPIC 微控制器擁有一些系統特性以提升應用的彈性與可靠性，同時也內建一些系統功能來取代外部元件藉以降低應用開發的成本。dsPIC 控制器的設定暫存器（Configuration Register）讓使用者可以針對應用程式的需求修改控制器某些特性。dsPIC 控制器的設定暫存器是位於程式記憶體中非易失性（non-volatile）的記憶體位址，可以在電源關閉的情況下保留 dsPIC 控制器的設定值。設定暫存器儲存了控制器完整的設定資料，例如震盪器來源、監視計時器模式及程式保護等等的設定。

　　dsPIC33CK 微控制器設定暫存器被安置在與程式記憶體一樣的快閃記憶體中，位址接續著程式記憶體開始，但是與傳統 dsPIC 微控制器不同的是在系統重置（Reset）時，在執行實際程式之前，快閃記憶體中的設定暫存器內容將會被載入到動態記憶體中，以方便必要時在正常的控制器運作時被讀寫。這個與系統功能相關的快閃記憶體空間也被稱呼為「設定空間」。當系統發生任何一種重置時，這些系統設定功能將會被重新由快閃記憶體中的設定暫存器載入到一般記憶體中。

　　這些控制器設定暫存器通常由一到數個位元定義一個系統功能，每個位元可以在程式燒錄時一併燒錄到微控制器上，每個位元可以被設定（改寫為 0），或者是不設定（保留為 1）以選擇不同的控制器設定模式與操作特性。

▌控制器設定暫存器

　　每一個控制器設定暫存器都是一個 24 位元的暫存器，但是每個暫存器僅有較低的 16 位元被使用來設定資料。由於 dsPIC33CK 的程式記憶體可以被設定為單一分割或雙重分割兩種模式，因此取決於控制器的分割模式，設定空間的位址也會有所不同。dsPIC33CK256MP505 微控制器的設定暫存器位址如表7-1 所示。

表 7-1(1)　dsPIC33CK256MP505 微控制器的設定暫存器位址

Register Name	Single Partition	Dual Partition Active	Dual Partition Inactive
FSEC	0x02BF00	0x015F00	0x415F00
FBSLIM	0x02BF10	0x015F10	0x415F10
FSIGN	0x02BF14	0x015F14	0x415F14
FOSCSEL	0x02BF18	0x015F18	0x415F18
FOSC	0x02BF1C	0x015F1C	0x415F1C
FWDT	0x02BF20	0x015F20	0x415F20
FPOR	0x02BF24	0x015F24	0x415F24
FICD	0x02BF28	0x015F28	0x415F28
FDMTIVTL	0x02BF2C	0x015F2C	0x415F2C
FDMTIVTH	0x02BF30	0x015F30	0x415F30
FDMTCNTL	0x02BF34	0x015F34	0x415F34
FDMTCNTH	0x02BF38	0x015F38	0x415F38
FDMT	0x02BF3C	0x015F3C	0x415F3C
FDEVOPT	0x02BF40	0x015F40	0x415F40
FALTREG	0x02BF44	0x015F44	0x415F44
FBTSEQ	0x02BFFC	0x015FFC	0x415FFC
FBOOT	0x801800		

表 7-1(2) dsPIC33CK256MP505 設定暫存器位元內容

Register Name	Bits 23-16	Bit 15	Bit 14	Bit 13	Bit 12	Bit 11	Bit 10	Bit 9	Bit 8	Bit 7	Bit 6	Bit 5	Bit 4	Bit 3	Bit 2	Bit 1	Bit 0
FSEC	—	AIVTDIS	—	—	—	—	CSS<2:0>		CWRP	GSS<1:0>		GWRP	—	BSEN	BSS<1:0>		BWRP
FBSLIM	—	—	—	—	BSLIM<12:0>												
FSIGN	—	—	—	—	—	—	—	—	—	—	—	—	—	—	—	—	—
FOSCSEL	—	—	—	—	—	—	—	—	—	IESO	—	—	—	—	FNOSC<2:0>		
FOSC	—	—	—	—	XTBST	XTCFG<1:0>		—	PLLKEN	FCKSM<1:0>		—	—	—	OSCIOFCN	POSCMD<1:0>	
FWDT	—	FWDTEN	—	SWDTPS<4:0>				WDTWIN<1:0>		WINDIS	RCLKSEL<1:0>		—	—	RWDTPS<4:0>		
FPOR	—	—	—	—	—	—	—	—	—	—	BISTDIS	—	—	—	—	—	—
FICD	—	NOBTSWP	—	—	—	—	—	—	—	—	—	JTAGEN	—	—	—	ICS<1:0>	
FDMTIVTL	—	DMTIVT<15:0>															
FDMTIVTH	—	DMTIVT<31:16>															
FDMTCNTL	—	DMTCNT<15:0>															
FDMTCNTH	—	DMTCNT<31:16>															
FDMT	—	—	—	—	—	—	—	—	—	—	—	—	—	—	—	—	DMTDIS
FDEVOPT	—	—	—	SPI2PIN	—	—	SMBEN	—	—	—	—	ALTI2C3	—	ALTI2C2	—	ALTI2C1	—
FALTREG	—	—	—	CTXT4<2:0>			CTXT3<2:0>			—	—	CTXT2<2:0>			—	CTXT1<2:0>	
FBTSEQ	IBSEQ<11:4>		IBSEQ<3:0>									BSEQ<11:0>					
FBOOT	—	—	—	—	—	—	—	—	—	—	—	—	—	—	—	BTMODE<1:0>	

Legend: — = unimplemented bit, read as '1'; r = reserved bit.
Note 1: Bit reserved, maintain as '1'.
    2: Bit reserved, maintain as '0'.

使用者可設定的控制器設定暫存器有：

FSEC —作為管理中斷向量表、程式記憶體區塊保護與啟動設定之用

FBSLIM —啟動區塊程式記憶體頁面（Page）位址

FSIGN —保留，未使用

FOSCSEL —設定初始系統時脈訊號來源

FOSC —時脈詳細功能設定

FWDT —監視計時器相關設定

FPOR —電源啟動重置設定

FICD —線上串列除錯（In-Circuit Debugging）設定

FDMTIVTL —程式死當計數器（Deadman Timer）重置範圍低字元

FDMTIVTH —程式死當計數器重置範圍高字元

FDMTCNTL —程式死當計數器計數上限低字元

FDMTCNTH —程式死當計數器計數上限高字元

FDMT —程式死當計數器設定

FDEVOPT —裝置功能設定（SPI、I^2C、SMBus 相關腳位）

FALTREG —替代工作暫存器（Alternative Working Register）優先層級指定設定

FBTSEQ —雙重分割間區塊啟動順序設定

FBOOT —程式記憶體分割設定

　　上述的設定位元或暫存器提供使用者調整一些特殊功能使應用程式可以更為彈性或者穩定地執行。這些特殊功能有時也可以在程式執行的過程中即時調整，不一定需要經過在快閃記憶體內複雜的改寫程序。部分常用的特殊功能將會在後面做較為詳細的介紹，例如震盪器時脈訊號管理設定、監視計時器（Watchdog Timer）、死當計時器等等。

　　在 MPLAB X IDE 的整合環境下，調整設定暫存器的內容可藉著下列 3 個途徑來完成：

- 使用 MPLAB X IDE 功能列中的 Window>Target Memory View>Configuration Bits 視窗設定功能
- 在應用程式中使用巨集指令嵌入設定暫存器的調整或設定
- 使用 MPLAB X IDE 功能列中的 MCC 設定，並將工具所產生的程式碼

嵌入到應用程式中，以調整設定暫存器的內容。

在程式執行中如果需要對設定暫存器或位元進行調整的話，則可以使用 XC16 編譯器所提供的巨集指令函式進行，例如 _FOSC( )、_FWDT( ) 等等。

7.1 震盪器系統

dsPIC33CK 的震盪器系統有下列的模組及功能：

- 多樣的外部與內部震盪器選擇作為時脈來源
- 內建鎖相迴路（Phase Locked Loop, PLL）用以加速內部操作頻率
- 提供輔助鎖相迴路以提高周邊功能模組的效率
- 程式執行中即時在不同時脈來源間的切換機制
- 可程式比例調整的時脈輸出
- 睡眠（Sleep）、閒置（Idle）與瞌睡（Doze）模式操作以節省電能
- 時脈故障保護監測器（Fail-Safe Clock Monitor, FSCM）用來偵測時脈錯誤並執行故障保護的步驟

表 7-2　dsPIC33CK 於設定位元可選擇的震盪器來源選擇

震盪器來源	震盪器模式	FNOSC<2:0>	POSCMD<1:0>
S0	Fast RC Oscillator (FRC)	000	xx
S1	Fast RC Oscillator with PLL (FRC-PLL)	001	xx
S2	Primary Oscillator (EC)	010	00
S2	Primary Oscillator (XT)	010	01
S2	Primary Oscillator (HS)	010	10
S3	Primary Oscillator with PLL (ECPLL)	011	00
S3	Primary Oscillator with PLL (XTPLL)	011	01
S3	Primary Oscillator with PLL (HSPLL)	011	10
S4	Reserved	100	xx
S5	Low-Power RC Oscillator (LPRC)	101	xx
S6	Backup FRC (BFRC)	110	xx
S7 （出廠預設）	Fast RC Oscillator with N Divider (FRCDIVN)	111	xx

　　dsPIC33CK 微控制器的時脈設定可以於設定位元（Configuration Bit）或一般暫存器中設定。表 7-2 提供了 dsPIC33CK 於設定位元可選擇的震盪器來源選擇，這些來源也會是重置或電源啟動時初始的系統時脈來源。重置後，應用程式可以自行調整震盪器的相關設定。

　　震盪器時脈系統的高階方塊圖如圖 7-1 所示：

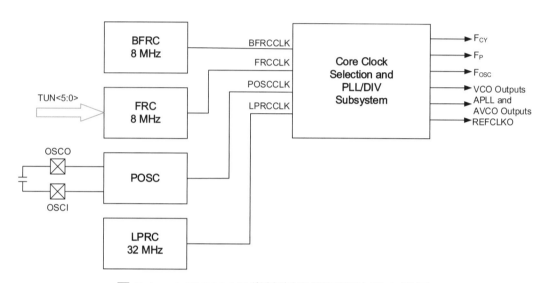

圖 7-1　dsPIC33CK 微控制器震盪器時脈方塊圖

　　dsPIC33CK 的時脈功能提供許多設定方式而變得較爲複雜，在來源的部分有從外部輸入的主要時脈來源（Primary Oscillators）、低功率時脈來源（Low-Power RC, LPRC）、內部的 8 MHz 高速 RC 訊號與備用的高速 RC 訊號來源四個。主要時脈來源有可以根據所選用的時脈速率及種類分成（EC 、XT 與HS）三種選擇。在這些時脈訊號輸入到 dsPIC33CK 時脈訊號處理電路後，藉由各項設定選擇後，產生六個系統需要的時脈訊號供各個單元使用，包括：

　　F_{CY} 一指令執行時脈（或稱 T_{CY}）

　　F_P 一周邊功能模組時脈

　　F_{OSC} 一系統時脈

　　F_{VCO} 一電壓控制震盪器時脈

　　APLL & AVCO 輸出

　　REFCLO 參考時脈輸出

　　前三項是系統運作所需要的基本時脈訊號，第四與五項是系統時脈內部設定參考用的時脈訊號，第六項則是可輸出給外部元件用的參考時脈訊號。

　　圖 7-1 的四種時脈輸入可以直接被引用作爲系統所需要的 F_{CY}、F_P、F_{OSC} 三個時脈訊號，而爲了提高時脈訊號的頻率以提高系統執行效能，POSCCLK 與 FRCCLK 更可以利用鎖相迴路（PLL）提高輸出頻率，如圖 7-2 所示。其中爲了產生穩定的 PLL 訊號，過程中也產出 F_{VCO} 作爲輔助訊號。當主要或內部時脈來源故障時，系統可以轉換至備用的時脈訊訊號（BFRC）而不至於完全停擺。系統重置時可以根據設定位元 FNOSC 的選擇使用時脈來源；程式開始執行後，則可以利用特殊功能暫存器 OSCCON 中的 NOSC 位元調整至所需要的時脈來源做爲系統執行的依據。

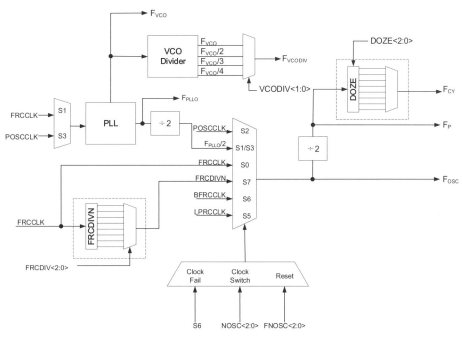

圖 7-2　dsPIC33CK 系統時脈架構

PLL 鎖相迴路

當系統執行時脈需要提高到超過 FRC 或 POSC 實際的頻率時，便可以使用鎖相迴路的幫助提高頻率；而 PLL 同時也會產生一些高頻的輔助時脈訊號給其他高頻訊號的模組，例如 PWM 或類比訊號模組。鎖相迴路的系統架構圖如圖 7-3 所示：

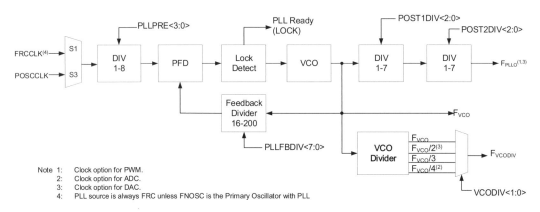

圖 7-3　dsPIC33CK 鎖相迴路系統架構圖

鎖相迴路可以選擇使用 FRC 或 POSC 作為訊號來源，經過前除頻與後除頻的處理後產生 F_{PLLO} 的高頻訊號輸出，而在過程中則透過電壓控制震盪器（VCO）產生輔助的高頻訊號 F_{VCO} 供作他用。這兩個輔助訊號的頻率可以有下列的算式求得：

$$F_{VCO} = F_{PLLI} \times \left(\frac{M}{N1}\right) = F_{PLLI} \times \left(\frac{PLLFBDIV<7:0>}{PLLPRE<3:0>}\right)$$

$$F_{PLLO} = F_{PLLI} \times \left(\frac{M}{N1 \times N2 \times N3}\right)$$

$$= F_{PLLI} \times \left(\frac{PLLFBDIV<7:0>}{PLLPRE<3:0> \times POST1DIV<2:0> \times POST2DIV<2:0>}\right)$$

但是在調整或設定的過程中，由於硬體的限制，必須滿足下列的條件：

1. F_{PLLI} 輸入訊號的頻率必須在 8~64 MHz 之間
2. F_{PFD} 訊號的頻率必須在 8 MHz 到 $F_{VCO}/16$ 之間
3. 電壓控制震盪器的輸出頻率 F_{VCO} 必須要在 400~1600 MHz 之間

◙ APLL 輔助鎖相迴路

除了系統時脈所需要使用的 PLL 電路外，如果使用者需要使用一個不同頻率的時脈訊號給周邊功能模組，但是又不想改變系統時脈時，可以使用輔助鎖相迴路進行。輔助鎖相迴路的架構與系統時脈的 PLL 架構完全一樣，只是使用另一組輔助設定獨立調整，其架構圖如圖 7-4 所示：

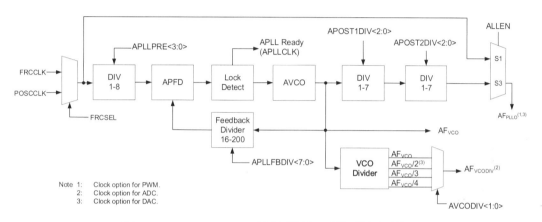

圖 7-4　dsPIC33CK 輔助鎖相迴路系統架構圖

◙ CPU 時脈訊號

如圖 7-2 所示，dsPIC33CK 微處理器可以選擇六種訊號來源作爲系統時脈（Fosc）來源：

- 外部輸入的主要時脈來源（Primary Oscillators、ECPLL、XTPLL、HSPLL）
- 內部的 8 MHz 高速 RC 訊號與除頻器（FRC）
- 低功率時脈來源（Low-Power RC, LPRC）
- 外部輸入的主要時脈來源加 PLL 處理（ECPLL、XTPLL、HSPLL）
- 內部的 8 MHz 高速 RC 訊號加 PLL 處理（FRCPLL）
- 備用的高速 RC 訊號來源四個（BFRC）

而指令執行時脈頻率（F_{CY}）與周邊功能時脈頻率（F_P）則是將系統時脈頻率

除以 2 而產生。

　　CPU 在操作時，需要兩個系統時脈完成一個指令，而且在處理指令的同時會預先擷取下一個指令以增加系統執行效能。CPU 處理與預先擷取指令的時序如圖 7-5 所示。當 CPU 在處理指令時，程式計數器（Program Counter, PC）數值所指定程式計憶體位址中的指令將會被預先擷取。如果預先擷取的指令因為程式跳行或呼叫函式而不是所需要的下一個指令的話，將需要額外一個指令週期的時間重新擷取指令。這也是使用 C 語言撰寫應用程式經常叫函式的成本之一。

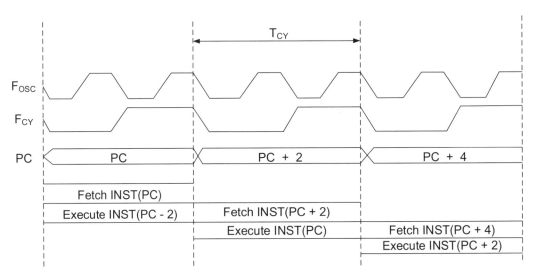

圖 7-5　dsPIC33CK 的 CPU 處理指令時序圖

震盪器啟動計時器（OSCILLATOR START-UP TIMER, OST）

　　為了確保石英震盪器已經開啟而且穩定，控制器內建了一個震盪器啟動計時器。這是一個簡單的 10 位元計數器，可以計算 1024 個震盪時脈週期，然後才會將震盪器時脈釋出給系統的其他部分使用。這一段暫停的時間被稱呼為 T_{OST}。每一次控制器重置而引起震盪器必須重新開始的時候，都必須要經過這樣一個暫停時間。震盪器啟動計時器在 POR，BOR 及從睡眠模式喚醒時，使用於主要震盪器選項中的 LP、XT、XTL 以及 HS 模式。

◦ POSC 主要時脈震盪器來源

dsPIC33CK 建置有一個使用 OSCI 與 OSCO 腳位與外部震盪器連接，並提供取驅動電路以取得時脈訊號供系統使用。POSC模組提供三種操作的模式：

1. 中等速度震盪器（XT）模式：使用中等增益與頻率，適用於頻率範圍在 3.5～MHz 的外部石英震盪器。
2. 高速石英震盪器（HS）模式：使用高等增益與頻率，適用於頻率範圍在 10～32 MHz 的外部石英震盪器。
3. 外部震盪器（EC）模式：此模式不會使用微控制器的時脈驅動電路，外部時脈只需要使用 OSCI 腳位輸入供系統使用。適用於頻率範圍在 0～64 MHz 的外部石英震盪器。在這個模式下，OSCO 腳位可以作爲其他的用途。

◦ 快速 RC 震盪器（Fast RC Oscillator, FRC）

快速 RC 震盪器是一個快速的內建 RC 震盪器，設計上爲 8 MHz。這個震盪器是用來提供一個合理的控制器操作速度，而不需要使用外部的石英、陶瓷震盪器或者 RC 電路。並可以使用 4 倍、8 倍以及 16 倍 PLL 的選項來提供更快速的操作頻率。

在 OSCCON 暫存器中有 6 個 FRC 震盪器的調整位元 TUN<5：0>。根據控制器的操作條件，這些調整位元允許 FRC 震盪器頻率可以被儘可能地調整到接近 8 MHz。在生產測試的過程中，FRC 震盪器的頻率已經被適當的校正。可調整的頻率範圍如表 7-3。TUN<5:0> 的數值以 2 的補數法計算出頻率的修正比例，以便在系統操作環境條件改變時，可以爲調到需要的頻率。

FRC 的時脈也可以再經由一個除頻器的處理，透過 FRCDIV<2:0> 位元選擇 1~256 倍的降頻後作爲系統時脈來源。

表 7-3 FRC 震盪器的頻率校正調整的範圍

TUN<5:0> Bits	FRC Frequency
011111	+1.457%
011110	+1.410%
…	…
000001	+0.047%
000000	中央頻率（出廠校正的 8 MHz 頻率執行）
111111	-0.047%
…	…
100001	-1.410%
100000	-1.457%

▍低電能 RC 震盪器（LPRC）

　　LPRC 震盪器是內建的一個低速時脈電路，並且名義上以 32 KHz 的頻率震盪。LPRC 是電源啟動計時器（Power-Up Timer）電路、監視計時器（WDT）以及時脈監視器電路的時脈來源。當控制器的應用對於消耗電能有嚴格的要求，但是對時間的精準度較寬鬆時，LPRC 震盪器也可以用來提供一個低頻率的時脈來源。

　　由於 LPRC 震盪器是啟動計時器的時脈來源，所以在每一次電源重置時，LPRC 震盪器都將會被啟動。在啟動計時器停止之後，如果下面條件中的任何一項成立，LPRC 震盪器將會繼續維持在啟動的狀態：

- 時脈故障保護監測器（Fail-Safe Clock Monitor, FSCM）被啟動
- 監視計時器（WDT）被啟動
- LPRC 震盪器藉由 OSCCON 暫存器中的 NCOSC<1：0> 被設定為系統時脈來源

否則的話，LPRC 震盪器將會在啟動計時器停止之後被關閉。

⬛ 備用快速 RC 震盪器（BFRC）

當系統使用 POSC 或 FRC 作爲系統時脈來源但發生故障時，可以使用 BFRC 作爲備用的時脈來源以免系統停止運作。BFRC 的結構與 FRC 相似，但是並未提供微調的頻率校正機制。

⬛ 時脈來源的設定

使用者可以使用設定位元中的 FOSCSEL 與 FOSC 暫存器設定重置時的系統時脈來源，如表 7-1 所示。一旦程式開始執行，應用程式可以使用 OSC-CON 暫存器檢查或改變使用的時脈來源。OSCCON 暫存器中的 COSC 位元顯示目前使用的時脈來源，而 NOSC 爲原則可以寫入想要改變使用的時脈來源。

因爲 OSCCON 暫存器控制了時脈來源地切換與時脈運算，爲了防範應用程式意外改變時脈來源而影響系統操作，寫入到 OSCCON 暫存器的動作被刻意設計地非常困難。在下列的指令中，將所要寫入的數值放置在兩個雙引號中。

連續的執行下面兩個指令動作，寫入資料到 OSCCON 暫存器的高位元組 <15:8>：

```
Byte Write "0x78" to OSCCON high
Byte Write "0x9A" to OSCCON high
```

接下來就可以改寫 OSCCON<10:8> 位元。

連續的執行下面兩個指令動作，寫入資料到 OSCCON 暫存器的低位元組 <7:0>：

```
Byte Write "0x46" to OSCCON low
Byte Write "0x57" to OSCCON low
```

接下來就可以改寫 OSCCON<7:0> 位元。

爲了方便使用者撰寫程式，在 MPLAB XC16 編譯器中提供了兩個巨集指令：

__builtin_write_OSCCONH (value)

CHAPTER

7

　　__builtin_write_OSCCONL (OSCCON | value)

讓使用者可以簡單地進行 OSCCON 的改變。需要的時候，使用者可以利用這些巨集指令進行。

程式範例 7-1　改變系統時脈來源，增加 PLL 以提高速率

　　改變範例 6-3，初始化 dsPIC33CK 微控制器的系統時脈為 FRC ，並在主程式中改變時脈來源為 FRC+PLL 。

```
//------------------------------------------------------------
//利用按鍵開關控制 D_LED2，並控制 D_LED2 閃爍
//------------------------------------------------------------
#include <xc.h>

//------------------------------------------------------------
// Constants
#define FCY 8000000*125/5/2 //定義指令執行週期(FRC+PLL 時脈)
#include <libpic30.h>

//------------------------------------------------------------
// Main routine
int main(void) {
// 設定 PLL 相關前除器與後除器等比例參數
 CLKDIVbits.PLLPRE = 1; // N1=1
 PLLFBDbits.PLLFBDIV = 125; // M = 125
 PLLDIVbits.POST1DIV = 5; // N2=5
 PLLDIVbits.POST2DIV = 1; // N3=1
// 使用巨集函式將時脈切換到 FRC with PLL (NOSC=0b001)
  __builtin_write_OSCCONH(0x01);
  __builtin_write_OSCCONL(OSCCON | 0x01);
// 等待時脈切換成功，需要先設定可以由軟體切換
// #pragma config FCKSM = CSECMD in Config.c
 while (OSCCONbits.OSWEN!= 0);
// 確認 PLL 完成鎖定
 while (OSCCONbits.LOCK!= 1);

 LATB = 0x0000;        //關閉 PORTB 腳位為低電壓
 TRISB = 0xEFFF;       //設定 RB12 腳位為輸出至 D_LED2，正邏輯
 LATBbits.LATB12 = 1;  //開啟 D_LED2
 ANSELB = 0x0000;      //所有 PORTB 腳位都規劃為數位輸出入
```

```
while(1){                 //永久迴圈
    __delay_ms(500);      //延遲 0.5 秒鐘(要先定義 FCY)
    //LATBbits.LATB12 = !LATBbits.LATB12;  //反轉 D_LED2

    if(LATBbits.LATB12 == 1)
        LATBbits.LATB12 = 0;
    else
        LATBbits.LATB12 = 1;
} //End of while(1)
} //End of main()
```

由於時脈訊號的速率有限，要在應用程式中以更高的速率執行以得到更高的效能，必須要使用鎖相迴路（PLL）處理時脈訊號。例如本範例將時脈訊號透過 PLL 由 8 MHz 提高 25 倍到 200 MHz，顯著地可以提高程式執行效率。但是要使用軟體程式改變時脈訊號設定，先決條件需要在 Config.c 程式的設定暫存器中啟動軟體改變的選項如下：

#pragma config FCKSM = CSECMD

然後在程式中一如範例主程式開始的數行調整 PLL 中的各項比例後，利用特殊的程序與暫存器進行。同時在改變設定後，必須要等待時脈穩定後才能繼續執行其他的程式以確保程式運作正常。

雖然這個範利跟範例 4-1 執行效果是一樣的，同樣使用

```
__delay_ms(500);           //延遲 0.5 秒鐘(要先定義 FCY)
```

得到 500 ms 的延遲時間。但是因爲時脈頻率的調高，這個範例的時脈設定是

```
#define FCY 8000000*125/5/2 //定義指令執行週期(FRC+PLL 時脈)
```

遠比範例 4-1 的時脈高了許多倍。如果未來的應用有需要的話，可以使用 PLL 提高系統時脈。但是不要忘了，執行速度變高，相對地也比較耗能。

練習 7-1

利用時脈設定的改變，將範例 7-1 改變成使用外部石英震盪器的設定，並使用 PLL 將時脈頻率提高 50 倍。

▣ 時脈故障保護監測器 Fail-Safe Clock Monitor

即使是在某一個震盪器故障的情況下，時脈故障保護監測器（FSCM）允許控制器繼續地運作。FSCM 的功能是藉由 FOSC 控制器設定暫存器中的時脈切換與監視器選擇（FCKSM）設定位元的設定來開啟的。如果 FSCM 的功能被啟動，除了在睡眠模式中，LPRC 內部震盪器將持續的運作；並且不會受到 SWDTEN 控制位元的影響。

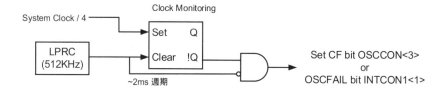

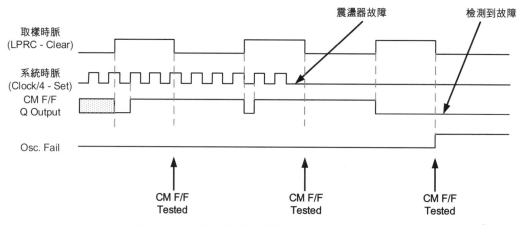

圖 7-6　時脈故障保護監視器操作時脈

當某一個震盪器故障的情形發生時，FSCM 將會產生一個時脈故障不可遮罩中斷（Trap）的事件，同時將系統時脈來源切換到 FRC 震盪器。這時候使用者的應用程式可以選擇嘗試將震盪器重新啟動或者執行一個受控制的關機程序。應用程式可以決定將這個不可遮罩中斷視為一個暖重置開機（Warm Reset），然後將重置位址載入到震盪器故障不可遮罩的中斷向量。在這種狀況下，一旦監測到時脈故障，OSCCON 暫存器中的時脈故障狀態位元 CF 將會被設定。

在時脈故障的狀況時，監視計時器 WDT 不會受到影響而且會繼續地使用 LPRC 震盪器時脈來運作。

如果在 POR 、BOR 或者睡眠模式結束的時候，震盪器有一個非常緩慢的啟動時間，可能在震盪器尚未開始運作之前啟動計時器已經計數完畢。在這種情況下，FSCM 將會被啟動而且 FSCM 將會發出一個時脈故障不可遮罩的中斷。這樣的程序在實質上將會關閉原先所設定使用的震盪器。使用者可以偵測到這個情況的發生，然後在時脈故障不可遮罩中斷執行程式中重新啟動震盪器。

當偵測到時脈故障的時候，FSCM 模組將會以下列的步驟切換時脈來源到備用的 BFRC 震盪器：

1. OSCCON 暫存器中的 NCOSC 控制位元被載入選擇 BFRC 震盪器的數值

2. OSCCON 暫存器中的時脈錯誤狀態位元 CF 被設定為 1

3. OSCCON 暫存器中的 OSWEN 控制位元將會被清除

7.2 重置 Reset

dsPIC30F4011 控制器有許多種不同的重置：

- 電源開啟重置（Power-On Reset, POR）
- 正常執行中的主要清除（／MCLR）重置
- 睡眠模式下的主要清除重置
- 正常執行中的監視計時器（Watchdog Timer）重置
- 可程式電壓異常（Brown-Out Reset, BOR）重置
- 重置指令 RESET
- 不可遮罩中斷鎖定（Trap Lockup）引起的重置
- 不正確指令、使用未初始化工作暫存器作為位址指標、安全保護所引起的重置
- 系統設定不符合的重置

重置系統的功能方塊圖如圖 7-7 所示：

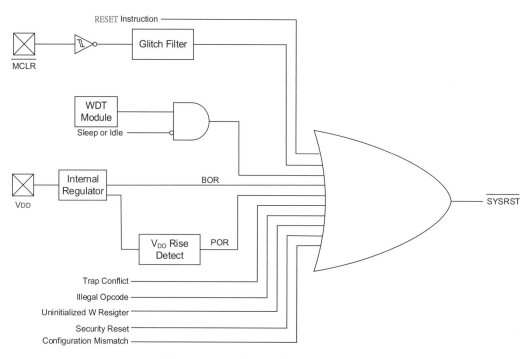

圖 7-7　重置系統的功能方塊圖

　　不同重置狀況將會以不同的方式影響到不同的暫存器。大多數的暫存器將不會受到監視計時器喚醒（wakeup）的影響，因為喚醒這個動作被視為恢復正常的執行。在不同的重置狀況下，RCON 暫存器中的狀態位元可能會被設定或清除，如表 7-4 所示：

表 7-4 不同狀況下重置 RCON 暫存器狀態位元的作用

旗標位元	設定事件來源	清除方式
TRAPR (RCON<15>)	Trap conflict event	POR, BOR
IOPWR (RCON<14>)	Illegal opcode or uninitialized W register access or Security Reset	POR, BOR
CM (RCON<9>)	Configuration Mismatch	POR, BOR
EXTR (RCON<7>)	MCLR Reset	POR
SWR (RCON<6>)	RESET instruction	POR, BOR
WDTO (RCON<4>)	WDT time-out	PWRSAV instruction, CLRWDT instruction, POR, BOR
SLEEP (RCON<3>)	PWRSAV #SLEEP instruction	POR, BOR
IDLE (RCON<2>)	PWRSAV #IDLE instruction	POR, BOR
BOR (RCON<1>)	POR, BOR	—
POR (RCON<0>)	POR	—

在主要清除重置（$\overline{MCLR}$）訊號的電路上，內建有一個雜訊過濾器。這個過濾器將會偵測而且忽略掉微小的脈衝。

◎ 電源啟動重置 Power-On Reset

當電源啟動且已偵測到 V_{DD} 時，將會產生一個內部的 POR 脈衝。重置脈衝將在電源訊號達到 V_{SS} 電壓時發生。控制器的供應電源特徵一定要滿足規定的啟動電壓以及上升速率的要求。POR 脈衝將會使電源啟動計時器重置為 0，而且將使控制器進入重置的狀態。POR 並且根據震盪器設定位元的定義來選擇控制器時脈來源。

POR 電路會嵌入一個極短的延遲時間，T_{PU}，通常是 200 us，用以確保控制器偏壓電路的穩定。除此之外，使用者設定的電源啟動計時時間，T_{PWRT}，也將會被引用。暫停時間的長度是由控制器設定暫存器 FPOR 中的位元 FPWRT<2:0> 來決定。所以，在控制器啟動時全部的延遲時間將會是 $T_{PU}+T_{PWRT}$。在這些延遲結束之後，將會使下一個時脈波的前緣變成低電位，同時程式計數器將會跳躍至重置向量的位址。重置後也會將 RCON 暫存器的 POR 狀態位原設定爲 1，以便應用程式在開機時檢查重置的訊號來源。

電壓異常重置 Brown-Out Reset

電壓異常重置（BOR）模組是建立在內部參考電壓電路的基礎上。主要的目的是在當供應電源有瞬間交流電壓異常情況發生時，BOR 模組可以產生一個控制器重置的訊號。BOR 的情形通常是因爲交流電源不穩定的跳動所引起的。這個情況通常是發生在電路傳輸或電壓轉換設備不佳時，如果交流電路上有一個較大的感應負載被啟動，部分的交流週期波消失所引起的。

BOR 模組會在供應電壓低於 2.84 伏特時，將會產生一個至少 1 us 長（T_{BOR}）的重置脈衝而將控制器重置。除此之外，如果選擇 LPRC 震盪器以外的模式，則 BOR 將會開啟震盪器啟動計時器（OST）。這時候系統的時脈來源將會被暫停直到震盪器啟動計時器結束後，才會切換至所選擇的時脈來源。如果鎖相迴路被選用的話，則系統時脈來源將會被暫停直到 OSCCON 暫存器中的 LOCK 位元被設定爲 1。

當 BOR 狀態發生時，RCON 暫存器中的 BOR 狀態位元將會被設定爲 "1" 以顯示狀態的發生。即使是在睡眠或者閒置模式中，BOR 電路將會持續的操作而且當供應電壓低於門檻電壓時會將控制器重置。

其他重置的特性請讀者參考廠商的使用手冊。部分相關的功能會在稍後的章節介紹。

7.3 省電特性 Power Saving

操作頻率的切換

dsPIC33CK 微控制器允許使用者在程式執行操作過程中，藉由一般的特殊功能暫存器 OSCCON 進行時脈來源的切換，但是使用者必須要事先把設定位元中允許執行中切換時脈的功能開啟，也就是將 FOSC 設定暫存器中 FCKSM<1:0> 設定爲 0x；然後在需要切換時脈時，以 OSCCON 暫存器中的

NOSC<2:0> 位元選擇適當的時脈來源。如果有使用到鎖相迴路 PLL 調整時脈頻率的話,也可以利用適當的暫存器調整 PLL 的倍率,並且在切換時脈來源後,等待 OSCCON 暫存器中的 LOCK 位元變成 1 後,表示鎖相已經完成後,方可以穩定的時脈訊號進行程式的運作。這部分在稍早的範例早已經示範調整的方式。

藉此,應用程式可以在執行中切換時脈的來源與速度,在需要效率的時候以高速時脈訊號進行;在需要節能的時候,以低速的時脈維持運作但減少系統的操作。必要時更可以藉由睡眠、閒置與瞌睡模式降低或停止周邊功能模組的運作,以達到更大幅度的電能節省運作。

省電模式 Power Saving Modes

當微控制器藉由操作時脈頻率的降低達到省電的目的時,系統本身還是可以維持一定的運作;時脈調降越低,所使用的電能也就越低。那為什麼不乾脆把時脈關掉,系統就不會耗電了呢?因為一旦把時脈關掉,程式就不再運作,CPU 與周邊功能模組就不再有功能,整個系統就沒有未來復活的機會。所以在為了省電把時脈訊號關掉之前,必須要有適當的配套設計,包括硬體與軟體,才能在關掉時脈之後有機會讓系統復甦還原。這樣的復甦還原機制稱之為喚醒(wake up)微處理器。

要能夠在沒有系統時脈的情況下喚醒微處理器,這些機制必然屬於下列兩類:1. 從微控制器外部的喚醒訊號;2. 硬體具備獨立時脈來源,也就是 F_{CY} 以外的時脈來源。

從外部來的喚醒訊號包括被開啟的外部中斷腳位,如 INT0、INT1、……,數位輸出入腳位上的輸入改變通知(Change Notification)中斷,使用外部時脈的非同步計時器中斷;當然最後還有外部重置訊號也可以將系統喚醒。這些有限的訊號資源可以透過中斷事件的發生將微控制器從沒有時脈訊號下喚醒。

當然,完全依靠外部訊號喚醒微控制器系統不是一個可靠的設計,一般應用程式會希望系統本身在適當的頻率下可以由內部的機制自行喚醒微控制器,執行必要的處理程序後再進行節能的措施。所以在第 2 類的訊號就必須要在系統內維持一個低頻率的獨立時脈來源,在系統停止運作的狀況下仍然可以讓少部分硬體或周邊元件繼續運作，以便在特定的時間或事件發生時，可以產生一個訊號喚醒微處理器。這包括了使用監視計時器或使用周邊時脈繼續運作的周邊功能模組中斷訊號。這也是為什麼 dsPIC33CK 系統上除了 F_{CY} 之外，另外有一個 F_P 的時脈訊號提供給周邊功能元件。也因此，dsPIC33CK 微控制器的省電模式就分成兩個模式：睡眠（Sleep）模式與閒置（Idle）模式。

▌睡眠與閒置模式 Sleep & Idle Mode

在 dsPIC33CK 程式中，可以使用 PWRSAV 這個組合語言讓微控制器進入省電模式，這個指令有兩個選項：

PWRSAV #SLEEP_MODE：使裝置進入睡眠模式（CPU 與周邊都沒有時脈訊號）

PWRSAV #IDLE_MODE：使裝置進入閒置模式（CPU 沒有時脈訊號；但是被選擇的周邊會有 F_P 時脈訊號而得以繼續運作）

而在 XC16 編譯器中，為了讓使用者方便使用，設計了對應的巨集指令，

Sleep ( ); // 使裝置進入睡眠模式

Idle ( );　// 使裝置進入閒置模式

如果使用者下達的是 Sleep( ) 指令，不論 SIDL 設定為何，則 CPU 與周邊元件都會停止運作，直到藉由監視計時器或外部訊號喚醒系統為止。在大部分的周邊功能元件設定暫存器中都會有一個 SIDL 位元作為閒置模式下是否要繼續運作的設定。當程式下達 Idle( ) 指令時，如果 SIDL 為 1 則該模組在閒置模式下 CPU 會休眠而系統則會依靠周邊時脈 F_P 繼續運作，而當周邊模組產生中斷訊號時，將會喚醒微控制器系統。如果 SIDL 為 0，則不會在閒置模式下運作。當然可以將 CPU 從睡眠模式喚醒的外部訊號，也可以將系統從閒置模式下喚醒。

▌瞌睡模式 Doze Mode

雖然省電模式可以讓 CPU 在時脈關閉的情況下停止運作而節省電能，但

是 CPU 停止運作卻可能會有負面的影響。即便是在閒置模式下部分周邊可以運作處理對外的通訊或其他訊號，由於 CPU 沒有時脈便沒有辦法執行指令，也就沒有辦法做資料的存取，這對於高速運作的周邊元件而言，雖然可以藉由喚醒 CPU 而重新運作，但是這中間仍然可能因為喚醒所需要的時間延遲而產生問題。dsPIC33CK 微控制器在設計上利用新的瞌睡模式來解決這個 CPU 休眠而無法配合周邊元件的問題。瞌睡模式相對於睡眠模式而言，就是指使 CPU 得以休息但是又不是真的完全停止的意圖。其手段就是以一個除頻器讓 CPU 的時脈降頻，而不需要切換時脈來源或進入睡眠模式就可以減緩 CPU 運作的速率；如此一來，就可以讓 CPU 維持一個緩慢的運作以達到節能，但是又不會停止對周邊元件與系統的工作支援。

如圖 7-2 所示，正常操作模式下 CPU 的時脈 F_{CY} 與周邊時脈 F_p 是一樣的速率，就是 $F_{OSC}/2$。但是可以由 CLKDIV 暫存器中的 DOZE<2:0> 位元，將 F_{CY} 的頻率調整成 1:1~1:128 的比例，降低 CPU 的執行速率，以達到在 CPU 不休眠的情況下仍然支援周邊模組的運作。在調整好比例後，應用程式可以將 CLKDIV 暫存器中 DOZEN 位元設定為 1 以改變 F_{CY} 的執行速率。同時，CLKDIV 暫存器中的 ROI 位元可以設定當中斷事件發生時，是否要將瞌睡模式所調整的速率比例還原為 1:1 或繼續維持 DOZE 位元所設定的比例，以因應不同的事件處理。

7.4 監視計時器 Watchdog Timer

◎ 監視計時器的操作

監視計時器在正常 CPU 執行模式下，主要的功能是要在軟體嚴重錯誤而失去功能（malfunction）時將控制器重置。監視計時器是一個獨立執行的計時器，它使用內建的 LPRC 震盪器而不需要外部的元件。因此，即使控制器的主要時脈來源故障或進入睡眠／閒置模式時，監視計時器可以持續的運作。當 CPU 進入睡眠或閒置模式時，因為擁有獨立的時脈來源可以繼續運作，監視計視器的作用則變換為定時喚醒 CPU 運作的計時器。

啟動與關閉監視計時器

　　監視計時器的啟動與關閉僅能藉由 FWDT 設定暫存器中的設定位元 FWDTEN 來完成。

　　設定 FWDTEN 位元爲 1 將在微控制器重置啟動時開啟監視計時器。在程式燒錄的過程中，這個啟動的動作就已經完成。在程式抹除（Erase）後，FWDTEN 將預設爲 1。如果使用者相要在程式執行過程中藉由軟體適當地開啟或關閉監視計時器，則可以將 FWDTEN 位元設爲 0，就可以透過 WDT-CONH 與 WDTCONL 暫存器來調整監視計時器的該起與否或相關功能。設定 FWDTEN 位元爲 0 時，允許使用者應用程式透過 WDTCONL 暫存器中的 ON 控制位元來啟動或關閉監視計時器。

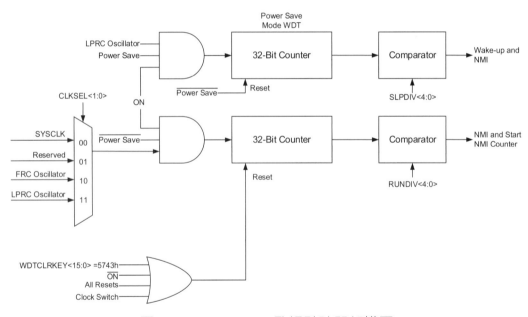

圖 7-8　dsPIC33CK 監視計時器架構圖

　　如圖 7-8，dsPIC33CK 微控制器的監視計時器有別於傳統的監視計時器，具備有兩個計時器對應 CPU 的一般操作模式與睡眠／閒置操作模式。在一般正常操作模式下，32 位元的執行模式監視計時器將可以藉由 CLKSEL<1:0> 位元選擇使用系統時脈，FRC 時脈或 LPRC 時脈作爲計時時脈來源。同時也具備一個後除頻器，藉由 RUNDIV<4:0> 的倍率設定，使用者可以設計一個固定的時間觸發不可遮罩的中斷來重置微控制器。如果應用程式在監視計時器重置微控制器前，關閉監視計時器、或切換時脈來源、或將 5743h 寫入 WDT-CONH 暫存器，便可以將監視計時器的計數內容重置為 0，重新開始一個週期。如果未及時將監視計時器重置的話，就以可能觸發微控制器重置。重置時，RCON 暫存器中的 WDTO 狀態位元將會被設定為 1，以顯示有監視計時器溢流所導致的喚醒發生。

如果監視計時器被開啟而且微控制器因為程式設定進入睡眠或閒置模式時，系統將會開啟 LPRC 時脈來源作為監視計時器的獨立時脈訊號源，而得以繼續計時。應用程式可以藉由設定 SLPDIV<4:0> 位元與 32 位元計時器調製出一個固定時間以便將 CPU 從休眠中喚醒而繼續執行程式。而在睡眠模式中，如果監視計時器溢流，控制器將會被喚醒。

dsPIC33CK 微控制器提供兩個監視計時器分別作為執行時與休眠時的使用，因此當系統在執行與休眠模式切換時，可以不用改時間設定而可以更快速的啟動監視計時器的運作。

7.5 死當計數器 Deadman Timer

dsPIC33CK 微控制器除了建置有 Watchdog Timer 監視計時器對於系統的執行進行監控以避免程式因為長時間被困鎖在特定的程序無法正常運作而超過預設時間時，由監視計時器重置微控制器以脫離困境外，也新增了一個死當計數器（Deadman Timer）避免程式不正常運作。監視計時器是以時間為基礎在監測微控制器的執行，所以在一個設定時間內必須要重置監視計時器以避免重置。死當計數器則是以（組合語言）指令執行的數量來監控應用程式的執行是否正常，其架構如圖 7-9 所示：

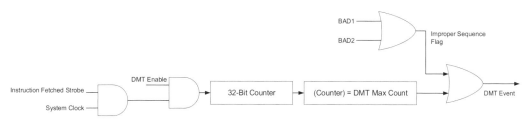

圖 7-9　死當計數器架構圖

　　由圖 7-9 可以看到，當死當計數器開啟時，每一次系統擷取（組合語言）指令時，就會觸發計數器遞加。當累加的擷取指令的數量達到所設定的最大值時，就會觸發一個死當事件。除此之外，如果應用程式在設定或初始化 Dead-man Timer 時發生錯誤時，也會觸發死當事件。

　　當應用程式要進入一個關鍵程序的執行時，就可以開啟死當計數器以確保程式執行的正確性。程式可以藉由寫入正確的數值到 STEP1<7:0> 位元與 STEP2<7:0> 位元清除計數器目前的內容為 0，然後再開始計數。如果在設定的最大指令數量前沒有完成預計的程序，因為來不及關閉死當計數器或將計數器清除為 0，就會觸發死當事件。這樣可以確保關鍵程序的執行沒有脫離正常的執行程序。為避免錯誤的清除破壞死當計數器對程式的監控，使用者也可以設定一個區段作為有效清除的區間，如果程式過早啟動清除計數器的程序也會導致死當事件的觸發；過晚的清除則會觸發計數的上限也會觸發事件。清除計數器的程序與判斷如圖 7-10 所示。藉由死當計數器的監控機制確保應用程式在執行關鍵程序時，是在約定的指令數量內完成以確保關鍵程式執行的正確性。

　　系統功能雖然看似與應用程式的資料處理或控制感測無關，但在商業或工業應用中，經常會影響到系統效率、電力管理與程式穩定，是非常重要的關鍵。未來在開發實務應用後，一定要善加規劃，才能發揮微控制器最大的效能。

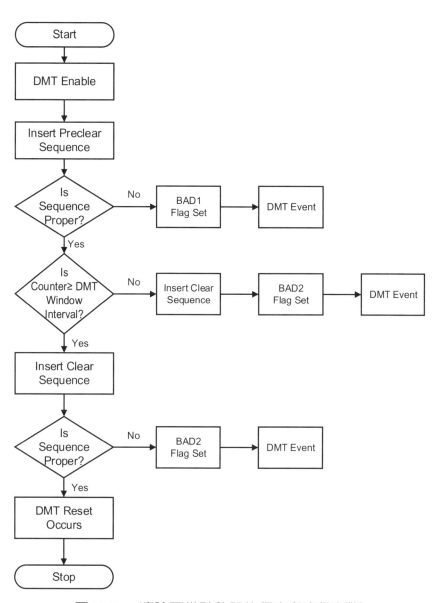

圖 7-10　清除死當計數器的程序與事件判斷

CHAPTER

7

CHAPTER 8

LCD 液晶顯示器

在一般的微控制器應用程式中，經常需要以數位輸出入埠的管道來進行與其他外部周邊元件的訊息溝通。例如外部記憶體、七段顯示器、發光二極體與液晶顯示器等等。為了加強使用者對於這些基本需求的應用程式撰寫能力，在這個章節中，將會針對以 C 程式語言撰寫一般 dsPIC 微控制器常用的 LCD 液晶顯示器驅動程式做詳細的介紹。希望藉由這樣的練習可以加強撰寫應用程式的能力，並可以應用到其他類似的外部周邊元件驅動程式處理。

在一般的使用上，dsPIC 微控制器的運作時常要與其他的數位元件做訊號的傳遞。除了複雜的通訊協定使用之外，也可以利用輸出入埠的數位輸出入功能來完成元件間訊號的傳遞與控制。在這裡我們將使用一個 LCD 液晶顯示器的驅動程式作為範例，示範如何適當地而且有順序地控制 dsPIC 控制器的各個數位輸出入腳位。

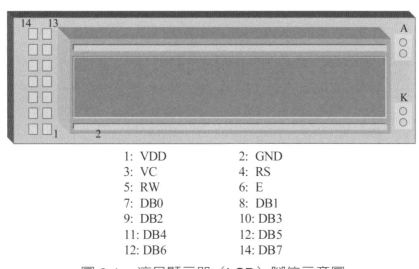

1: VDD	2: GND
3: VC	4: RS
5: RW	6: E
7: DB0	8: DB1
9: DB2	10: DB3
11: DB4	12: DB5
12: DB6	14: DB7

圖 8-1　液晶顯示器（LCD）腳位示意圖

8.1　液晶顯示器的驅動方式

要驅動一個 LCD 顯示正確的資訊，必須要對它的基本驅動方式有一個基本的認識。使用者可以參考 Microchip 所發布的 AN587 使用說明，來了解驅動與 Hitachi LCD 控制器 HD44780 相容的顯示器。如圖 8-1 所示，除了電源供應（V_{DD}、GND）、背光電源（A、K）及對比控制電壓（VC）的外部電源接腳之外，LCD 液晶顯示器可分為 4 位元及 8 位元資料傳輸兩種模式的電路配置。如果使用 4 位元長度的資料傳輸模式，控制一個 LCD 需要 7 個數位輸出入的腳位。其中 4 個位元是作為資料傳輸，另外 3 個則控制了資料傳輸的方向以及採樣時間點。如果使用是 8 位元長度的資料傳輸模式，則需要 11 個數位輸出入的腳位。它們的功能簡述如表 8-1。

表 8-1　液晶顯示器腳位功能

腳位	功能		
RS	L: Instruction Code Input H: Data Input		
R/$\overline{W}$	H: Data Read (LCD module → MCU) L: Data Write (LCD module ← MCU)		
E	H → L: Enable Signal L → H: Latch Data		
DB0	8- Bit Data Bus Line		
DB1			
DB2			
DB3			
DB4		4-Bit Data Bus Line	
DB5			
DB6			
DB7			

設定一個 LCD 顯示器資料傳輸模式、資料顯示模式以及後續資料傳輸的標準流程可以從下面的圖 8-2 流程圖中看出。

CHAPTER

8

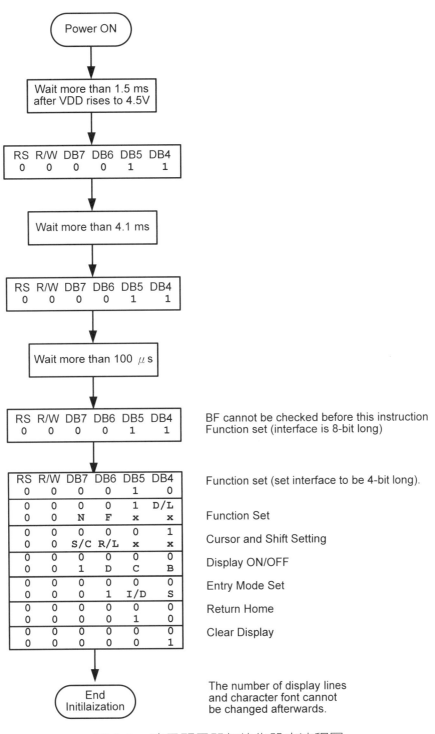

The number of display lines and character font cannot be changed afterwards.

圖 8-2　液晶顯示器初始化設定流程圖

```
I/D = 1: Increment;              I/D = 0: Decrement
S = 1: Accompanies display shift
S/C = 1: Display shift           S/C = 0: Cursor move
R/L = 1: Shift to the right      R/L = 0: Shift to the left
DL = 1: 8 bits                   DL = 0: 4 bits
N = 1: 2 lines                   N = 0: 1 line
F = 1: 5x10 dots                 F = 0: 5x8 dots
D = 1: Display on                D = 0: Display off
C = 1: Cursor on                 C = 0: Cursor off
B = 1: Blinking on               B = 0: Blinking off
BF = 1: Internally operating;    BF = 0: Instructions acceptable
```

　　顯示器的第一行起始位址為 0x00，第二行起始位址為 0x40，後續的顯示字元位址則由此遞增。要修改顯示內容時，依照下列操作步驟依序地將資料由控制器傳至 LCD 顯示器控制器：

1. 將準備傳送的資料中較高 4 位元（Higher Nibble）設定到連接 DB4~DB7 的腳位；

2. 將 E 腳位由 1 驅使為 0，此時 LCD 顯示器控制器將接受 DB4~DB7 的腳位上的數位訊號；

3. 先將 RS 與 RW 腳位依需要設定其電位（1 或 0）；

4. 緊接著將 E 腳位由 0 驅使為 1；

5. 檢查 LCD 控制器的忙碌旗標（Busy Flag, BF）或等待足夠時間以完成傳輸。

6. 重複步驟 1～5，將步驟 1 的資料改為較低 4 位元（Lower Nibble），即可完成 8 位元資料傳輸。

　　傳輸時序如圖 8-3 所示。各階段所需的時間，如標示 1～7，請參閱 Microchip 應用說明 AN587。

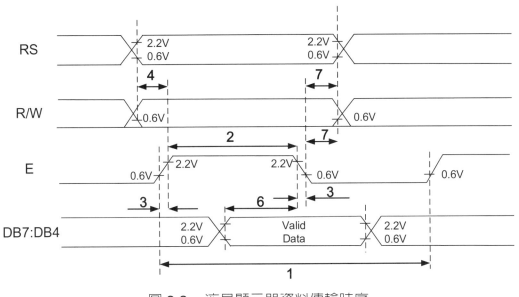

圖 8-3　液晶顯示器資料傳輸時序

　　因此，在應用程式中，使用者必須依照所規定的流程順序控制時間，並依照所要求的資料設定對應的輸出入腳位，才能夠完成顯示器的設定與資料傳輸。在接下來的範例程式中，我們將針對設定流程中的步驟撰寫函式；並且將這些函式整合完成程式的運作。當控制器檢測到周邊相關的訊號時，將會在顯示器上顯示出相關的資訊。

8.2　液晶顯示器的函式庫

　　單單是看到設定液晶顯示器的流程，恐怕許多讀者就會望之怯步，不知道要從何著手。但是這個需求反而凸顯出使用 C 語言來撰寫 dsPIC 數位訊號控制器應用程式的優點。我們可以利用 C 程式語言中呼叫函式的功能，將設定與使用 LCD 液晶顯示器的各個程序撰寫成函式；然後在主程式中需要與 LCD 液晶顯示器做訊息溝通時，使用呼叫函式的簡單敘述就可以完成 LCD 液晶顯示器所要求的繁瑣程序。

　　呼叫函式概念廣泛的被運用在 C 語言程式的撰寫中。對於複雜繁瑣的工作程序，我們可以將它撰寫成函式。一方面可以將這些冗長的程式碼獨立於主程式之外；另一方面在程式的撰寫與除錯的過程中，也可以簡化程式的需求並縮小程式的範圍與大小，有利於程式的檢查與修改。而對於必須要重複執行的工作程序，使用呼叫函式的概念可以非常有效的簡化主程式的撰寫，避免一再重複的程式碼出現。同時這樣的函式也可以應用在僅有少數差異的重複工作程序中，增加程式撰寫的方便性與可攜性。例如，將不同的字元符號顯示在 LCD 液晶顯示器上的工作程序便可以撰寫成一個將所要顯示的字元作為引數的函式，這樣的函式便可以在主程式中重複地被呼叫使用，大幅地簡化主程式的撰寫。

接下來，讓我們透過範例程式學習如何將 LCD 液晶顯示器的工作程序撰寫成函式。

在實驗板上與 LCD 液晶顯示器相關的元件位置標示如圖 8-4 所示：

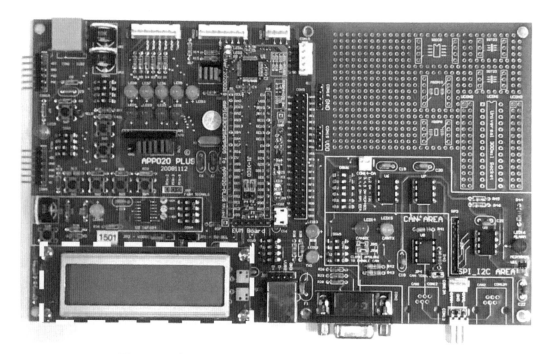

圖 8-4　實驗板 LCD 液晶顯示器相關的元件位置

LCD 液晶顯示器相關的電路圖如圖 8-5 所示：

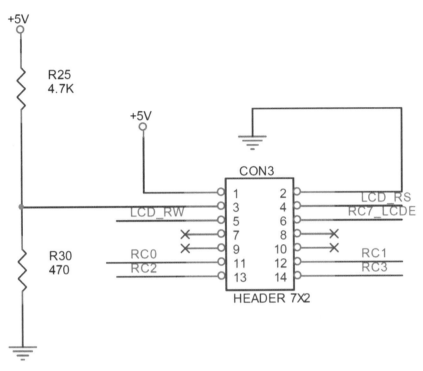

圖 8-5　實驗板 LCD 液晶顯示器相關的電路圖

CHAPTER

8

程式範例 8-1

　　撰寫一個程式在實驗板上的液晶顯示器的第一行顯示 "Welcome to XC16"，在第二行則顯示 "dsPIC Compiler"。

　　範例程式的主程式檔案包含以下的函式內容：

```
// ***************************************************************
// File : EX8_LCD.C
// Purpose : 撰寫及使用副程式，及定義各函式原型的包含檔
//
// 使用資源 : LCD Module 的控制接腳
//         RC0 .. RC3  > LCD Module 的 D4 .. D7
//         RB13 > LCD 的 RS
//         RD1  > LCD 的 RW
//         RC7  > LCD 的 E 信號
// 動作 :
//    將 LCD 初始化成 2 行 5*7 文字模式
```

```
//     使用 APP020_LCD.c 中的副程式顯示下列字串
//         Welcome to XC16
//         dsPIC33 Compiler
// **********************************************************

#include  <xc.h>
#include  "APP020_LCD.h"  // 將 LCD 函式的原型宣告檔案含入

// 宣告字串於 Program Memory(因為 const 宣告)
const char  My_String1[]="Welcome to XC16";
// 宣告字串於 Data Memory
char  My_String2[]="dsPIC33 Compiler" ;

int main( void )
{
  OpenLCD( ) ;         // 使用 OpenLCD( )對 LCD 模組作初始化設定

  setcurLCD(0,0) ;  // 使用 setcurLCD( ) 設定游標於 (0,0)
  putrsLCD( My_String1 ) ; // 將存在 Program Memory 的字串使用
                           // putrsLCD( ) 印出至 LCD

  setcurLCD(0,1) ;  // 使用 setcurLCD( ) 設定游標於 (0,1)
  putsLCD( My_String2 ) ;  // 將存在 Data Memory 的字串使用
                           // putsLCD( ) 印出至 LCD
  while(1) ;         // Forever loop
}
```

　　細心的讀者將會發現到範例程式使用一個外部函式庫 APP020_LCD 提供使用外部 LCD 液晶顯示器相關函式；這是因為原廠並未提供液晶顯示器相關硬體功能或軟體函式庫。因此，必須自行撰寫 LCD 液晶顯示器函式庫作為使用的工具，並以函式的方式包含於專案中。有關 LCD 模組所可以顯示的字型，可參考 HD44780 液晶顯示器驅動控制器的顯示字型表；其中數字與羅馬字母的部分是與 ASCII 編碼相同的。所以如果要輸出大寫的 A 到 LCD 模組，則可藉由函式 putcLCD(0x41) 或者 putcLCD ('A') 送出 ASCII 碼 0x41 的資料，而完成在 LCD 模組顯示符號 A 的工作。

　　在上列的主程式中，可以發現並沒有太多硬體相關的宣告；這是因為這些宣告項目被轉移到函式庫之中。換句話說，範例程式所使用函式是和硬體有關的；如果硬體的電路，特別是腳位的選擇有所更替時，就必須修改函式以符合實際的需要。在稍後的介紹中，讀者也將會發現這不是一個困難的工作。

在主程式的開始，我們可以看到下列兩行敘述：

```
#include <xc.h>
#include "APP020_LCD.h"  // 將 LCD 函式的原型宣告檔案含入
```

我們已經在前面幾章的範例程式中看過第一行的敘述，這個含入指令會將所有與 XC16 編譯器以及 dsPIC33CK256MP505 數位訊號控制器相關的名稱定義與巨集指令在這個位置納入到主程式中。因為專案中已經定義了使用 dsPIC33CK256MP505 微控制器，因此使用者並不需要特別指定微控制器的型號。在此同時，這個檔案並沒有出現在範例程式專案的工作空間視窗中。就像設定暫存器的調整方式一樣，使用者可以在程式內部將檔案納入而不需要在工作空間視窗中重複的定義；有時重複的定義反而會引起錯誤。第 2 行的敘述則是將與 LCD 液晶顯示器相關的函式原型做一個表列式的宣告，以便 XC16 編譯器在編譯時得以先行了解主程式中相關函式的輸出入引數與函式型別，而可以在程式編譯時預留記憶體空間。

開啟這個表頭檔 APP020_LCD.h，將可以看到程式的內容包含了下列函式的型別宣告：

```
void  OpenLCD (void) ;
void  WriteCmdLCD ( unsigned char ) ;
void  WriteDataLCD( unsigned char ) ;
void  putsLCD( char * ) ;
void  putrsLCD( const char * ) ;
void  putcLCD( unsigned char ) ;
void  puthexLCD( unsigned char ) ;
void  put_Num_LCD( unsigned char );
void  setcurLCD( unsigned char , unsigned char ) ;
      // ( X-char, Y-line )
void  LCD_CMD_W_Timing( void ) ;
void  LCD_L_Delay( void ) ;
void  LCD_S_Delay( void ) ;
void  LCD_DAT_W_Timing ( void ) ;
```

在這裡，表頭檔只宣告了輸出入引數與函式的型別，而不對函式本體的實質內容做任何的撰寫。這些函式的實體內容因此可以在其他的檔案中另行撰寫，而由 XC16 編譯器以 MPLINK 聯結器在編譯後將所有的程式碼聯結。也因爲如此，通常函式庫的檔案會包含了一個實際的程式碼檔案（.c）與一個型別宣告的表頭檔檔案（.h）；例如這個範例程式中的 APP020_LCD.c 與 APP020_LCD.h。上述函式的功能將留待討論液晶顯示器 LCD 函式內容時再進一步的詳細介紹；但是我們已經可以從這些函式的名稱，初步的了解每一個函式的功能。

接下來，固定顯示字串的宣告敘述爲：

```
// 宣告字串於 Program Memory(因為 const 宣告)
const char  My_String1[]="Welcome to XC16";
// 宣告字串於 Data Memory
char  My_String2[]="dsPIC33 Compiler" ;
```

通常在使用 LCD 液晶顯示器時，會以這樣的字串陣列宣告方式，將固定不變的顯示內容宣告於程式的開始，以便程式執行時能夠簡單而方便的直接呼叫使用；例如顯示的標題或者是提示字串。由於儲存的記憶體型別不同，所以在使用時也必須要以不同的函式來完成工作。儲存在程式記憶體的字串陣列必須要以 putrsLCD（My_String1）來使用，而儲存在資料記憶體的字串陣列則必須要以 putsLCD（My_String2）來使用。

由於這兩行敘述是位於主程式之外的，所以這兩個字串陣列都將會是全域的（Global）變數。更需要注意的是，雖然這兩個字串陣列都是以字元符號的方式來宣告型別，但是第一行敘述的前面加上 const 的宣告，使得這個字串陣列的記憶體位址將會被保留在程式記憶體的位址；因爲它的內容將會是固定不變的。而第二行的敘述將會是所宣告的字串陣列保留在資料記憶體中而得以改變。

接下來在主程式中，可以看到僅有幾行簡單的敘述：

```
int main( void )
{
  OpenLCD( ) ;        // 使用 OpenLCD( )對 LCD 模組作初始化設定

  setcurLCD(0,0) ;  // 使用 setcurLCD( ) 設定游標於 (0,0)
```

```
putrsLCD( My_String1 ) ; // 將存在 Program Memory 的字串使用
                         // putrsLCD( ) 印出至 LCD

setcurLCD(0,1) ;  // 使用 setcurLCD( ) 設定游標於 (0,1)
putsLCD( My_String2 ) ;  // 將存在 Data Memory 的字串使用
                         // putsLCD( ) 印出至 LCD
while(1) ;          // Forever loop
}
```

　　這是不是有點出乎讀者的意料之外呢？在前面如此繁複的 LCD 液晶顯示器操作程序介紹之後，它的使用竟是如此的簡單！請不要懷疑，這是因為所有複雜繁瑣的工作程序全部被轉移到 LCD 液晶顯示器函式庫 APP020_LCD.c 中的函式。所以讓我們開啟 APP020_LCD.c，看看這個函式庫裡的函式究竟是如何完成前面所要求的 LCD 工作程序。

　　在 LCD 液晶顯示器函式庫 APP020_LCD.c 中，首先看到的是如同在一般程式檔案中的包含指令：

```
#include  <xc.h>
#include  "APP020_LCD.h"  // 將 LCD 函式的原型宣告檔案含入
```

　　目的是要將所會用到的變數與函式的定義先進行型別的宣告，以利後續編譯器的工作。除了說明文字之外，緊接的是一連串有關於實驗板硬體電路與使用控制器腳位位元的相關符號定義；有了這些定義之後，在後續的函式中可以使用這些符號來增加程式的可讀性。萬一將來硬體電路有所更換的時候，只需要在此做小幅度的更動，而不需要大幅的修改撰寫的各個函式；大幅地提高了程式的可維修性。

```
#define CPU_SPEED   8        // CPU speed is 8 Mhz !!

#define LCD_RS LATCbits.LATC4 //The definition of control pins
#define LCD_RW LATCbits.LATC5  // DSW5-1/2 ON
#define LCD_E LATCbits.LATC7
#define LCD_E_MODE ANSELCbits.ANSELC7 //Set RC7 as digital I/O

#define DIR_LCD_RS TRISCbits.TRISC4//Direction of control pins
```

```
#define DIR_LCD_RW TRISCbits.TRISC5   // DSW5-1/2 ON
#define DIR_LCD_E TRISCbits.TRISC7

#define LCD_DATA      LATC    // PORTC[0:3] as LCD DB[4:7]
#define DIR_LCD_DATA  TRISC   // Direction of Databus
#define LCD_DATA_MODE ANSELC  // Analog Mode of Databus

// LCD Module commands ---
// These settings can be found in the LCD datasheet
#define DISP_2Line_8Bit 0x0038 // 2 lines & 8 bits setting
#define DISP_2Line_4Bit 0x0028 // 2 lines & 4 bits setting
#define DISP_ON          0x00C // Display on
#define DISP_ON_C        0x00E // Display on, Cursor on
#define DISP_ON_B        0x00F // Display on, Cursor on,
                               // Blink cursor
#define DISP_OFF      0x008 // Display off
#define CLR_DISP      0x001 // Clear the Display
#define ENTRY_INC     0x006 // Entry Increment & Cursor Move
#define ENTRY_INC_S   0x007 // Entry Incre. & Display Shift
#define ENTRY_DEC     0x004 // Entry Decre. & Cursor Move
#define ENTRY_DEC_S   0x005 // Entry Decre. & Display Shift
#define DD_RAM_ADDR   0x080 // Least Significant 7-bit for
                            // address
#define DD_RAM_UL  0x080 // Upper Left corner of the Display
unsigned char Temp_CMD ; // Temperary Buffers for Command,
unsigned char Str_Temp ; // for String,
int Temp_LCD_DATA ; // for PORT data
//unsigned char Out_Mask ;        //
```

　　緊接在符號定義後面的就是一連串各種不同的 LCD 液晶顯示器工作程序所需要的 C 程式語言函式，讓我們以最複雜繁瑣的液晶顯示器初始化函式 OpenLCD（void）作為一個範例的說明。請讀者參考前面液晶顯示器初始化的流程圖，對照下面函式的內容以幫助了解。

```
void OpenLCD(void)
{
  Temp_LCD_DATA = LCD_DATA ; //Save the Port Value of LCD_DAT

  LCD_E_MODE =0 ;           //Initialize RC7 as digital I/O
  LCD_DATA_MODE &= 0xFFF0;  //Initialize RC0~3 as digital I/C
  LCD_E = 0 ;
  LCD_RS = 0 ;
```

```
 LCD_RW = 0 ;
 LCD_DATA &= 0xfff0;           // LCD DB[4:7] & RS & R/W --> Low
 DIR_LCD_DATA &= 0xfff0;       // LCD DB[4:7}&RS&R/W are outputs
 DIR_LCD_E = 0;               // Set E pin as output
 DIR_LCD_RS = 0 ;
 DIR_LCD_RW = 0 ;

// 初始化 LCD 標準程序
 // 1st
 LCD_DATA &= 0xfff0 ;  // Clear LATC0~3 but save others by &
 LCD_DATA |= 0x0003 ; // Send 0x03 but keep others bits by |
 LCD_CMD_W_Timing() ; // LCD Command Write Sequence Function
 LCD_L_Delay() ;       // Delay for enough time (4.1ms min.)
 // 2nd
 LCD_DATA &= 0xfff0 ;  // Clear PORTCbits.RC0 3
 LCD_DATA |= 0x0003 ;  // Send Data of 0x03
 LCD_CMD_W_Timing() ;  // LCD Command Write Sequence Function
 LCD_L_Delay() ;       // Delay for enough time (100us min.)
 // 3rd
 LCD_DATA &= 0xfff0 ;  // Clear PORTCbits.RC0 ~ 3
 LCD_DATA |= 0x0003 ;  // Send Data of 0x03
 LCD_CMD_W_Timing() ;  // LCD Command Write Sequence Function
 LCD_L_Delay() ;       // Delay for enough time(Not Required)
 // 設定為 4 線模式
 LCD_DATA &= 0xfff0 ;  // Clear PORTCbits.RC0 ~ 3
 LCD_DATA |= 0x0002 ;  // Send Data of 0x02 for 4-bit databus
 LCD_CMD_W_Timing() ;
 LCD_L_Delay() ;
 // 設定 LCD 各項功能
 WriteCmdLCD(DISP_2Line_4Bit);// Configure as 2 lines display
                              // & 4-bit long bus
 LCD_S_Delay() ;

 WriteCmdLCD(DISP_ON) ;  // Configure as Turn on display
 LCD_S_Delay() ;

 WriteCmdLCD(ENTRY_INC);//Configure as Entry incre.(to right)
 LCD_S_Delay() ;

 WriteCmdLCD(CLR_DISP) ;  // Configure as Clear Display
 LCD_L_Delay() ;

 LCD_DATA = Temp_LCD_DATA ;// Restore Port Data
            //(Useful if Port is shared, such as w/ LED)
}
```

在函式的開端，一如往常的先將會使用到硬體腳位位元這傳輸方向做適當的設定。在一般的情況下，通常是由 dsPIC 數位訊號控制器對 LCD 液晶顯示器輸出所要顯示的資料，故在此可以將所有使用到的硬體腳位位元全部設定為輸出的方向。緊接著，需要對資料匯流排的四個腳位輸出 3 次 0x03 的訊號，並保持適當的時間間隔。在這裡函式使用了下列的敘述來完成所規定的動作。

```
LCD_DATA &= 0xfff0 ;
LCD_DATA |= 0x0003 ;
LCD_CMD_W_Timing() ;
LCD_L_Delay() ;
```

在上面第一個敘述中，先將所使用的輸出埠與 0xfff0 做 AND 的邏輯運算並回存；這樣的運算可以保留較高位址的 12 位元數值，而把 LCD 資料傳輸所需的 4 位元資料清除為 0。然後在第二個敘述中，將輸出埠的數值與 0x0003 作 OR 的邏輯運算並回存；這樣的運算仍然保留了較高位址的 12 位元數值，而把所需要傳輸四個位元的數值 0x3 傳送到液晶顯示器相對應的資料腳位。緊接著在第 3 個敘述中，呼叫了一個對液晶顯示器寫入命令程序時的時序函式 LCD_CMD_W_Timing( )。在這個時序函式中，會依序的對液晶顯示器的 R/W、RS 以及 E 腳位傳輸正確的訊號。它的內容也是出現在這個函式中，擷取如下：

```
//*************************************************
// Subroutine to
// Write a command to LCD module
// RS=0, R/W=0, E=H->L (Falling Edge)

void LCD_CMD_W_Timing( void ){  // LCD Command writing timing
  LCD_RS = 0 ;               // Set for Command Input
  Nop();
  LCD_RW = 0 ;
  Nop();
  LCD_E = 1 ;
  Nop(); Nop(); Nop(); Nop();
  LCD_E = 0 ;
}
```

　　讀者應該可以很容易地了解函式中的敘述是依照前面所描述的液晶顯示器命令寫入所需要的腳位變換程序。由於每一次寫入資料時都必須要進行同樣的動作；因此，可以將它撰寫成一個可以被呼叫的函式，有利於未來重複使用時的呼叫與利用，大幅地簡化了程式撰寫時的繁瑣與困難。僅僅在這個液晶顯示器的初始化函式 OpenLCD( ) 中，就呼叫了這個時序函式 LCD_CMD_W_Timing( ) 好幾次。讀者可以想像如果沒有這個時序函式時，初始化函式將會變得多麼的冗長。第 4 個敘述則是呼叫一個函式 LCD_L_Delay( ) 使控制器等待著足夠長的時間週期，以便液晶顯示器中的控制器有足夠的時間處理所傳輸的資料或命令。由於使用這個函數時並不需要傳遞任何的資料給函式，因此在引數的括號內宣告為 void，呼叫函式時括號內沒有任何的數值或變數。

　　初始化函式 OpenLCD( ) 中所剩餘的敘述，就留給讀者依據初始化流程圖以及函式庫中相關的函式逐一的去參悟它們的相關功能與內容。

　　綜合整理 LCD 液晶顯示器副程式 APP020_LCD.c 所提供可呼叫函式的功能與作用如下：

```
OpenLCD ( ) ;                        //液晶顯示器初始化設定
WriteCmdLCD ( unsigned char ) ;      //輸出命令至液晶顯示器
WriteDataLCD( unsigned char ) ;      //輸出資料至液晶顯示器
putsLCD( char * ) ;          //在 LCD 上顯示資料記憶體字串引數
putrsLCD(const char *);       //在 LCD 上顯示程式記憶體字串引數
putcLCD( unsigned char ) ;            //在 LCD 上顯示字元引數
puthexLCD( unsigned char ) ;    //在 LCD 上顯示 16 進位數字引數
put_Num_LCD( unsigned char );   //在 LCD 上顯示 10 進位數字引數
setcurLCD(unsigned char, unsigned char);
                     //將顯示位置移動到引數所定義的位置
LCD_CMD_W_Timing( void ) ;   //命令寫入時腳位變換程序與時序
LCD_L_Delay( void ) ;                //長週期時間延遲
LCD_S_Delay( void ) ;                //短週期時間延遲
LCD_DAT_W_Timing ( void ) ;  //資料寫入時腳位變換程序與時序
```

　　有了這些完備的液晶顯示器相關函式，在主程式中使用者便可以輕易地運用這些函式完成對於液晶顯示器輸出資料的動作。而且這些函式所集結而成的函式庫可以輕易地複製到其他的應用程式專案，重複的使用而不需太多的修改。或者是可以將它們編譯而儲存成一個函式庫的格式（.o 、.a 或 .lib），而不需要揭露所撰寫的程式內容。換句話說，將來只須將 APP020_LCD.h 表頭檔以及經過編譯的 APP020_LCD.o 目標檔移交給其他人使用，他們雖然可以分享副程式成果卻無法開啟或者修改副程式的內容，這樣便可以達到保護個人開發成果的目的。

練習 8-1

A.修改專案工作空間視窗中的檔案內容，將 APP020_LCD.c 從原始程式檔案中刪除；並將 APP020_LCD.o 加入到目標檔中。重新編譯範例程式，檢查程式執行的效果是否有所改變。

B.修改範例程式的內容，並加上一個按鍵開關的選擇。當按鍵開關按下時，將顯示原有的字串訊息；當按鍵開關放開時，在液晶顯示器的第一行將顯示讀者的姓氏，而在第二行將顯示讀者的名字。

CHAPTER 9

Timer1 計時器

計時器與計數器是一般微處理器必須要具有的基本功能。除了可以作爲時間的計算與特定事件發生次數的計算之外，更重要的是藉由計時器的精確控制可以達到應用程式即時（Real-Time）執行與控制的要求。因此，如何使用計時／計數器是應用微處理器的一項基本能力。在微處理器的應用中，除了使用數位輸出入腳位完成控制與訊號處理之外，例如本書第六章與第八章的按鍵、燈號與 LCD 顯示器應用之外，越來越多的應用需要快速的內建硬體有效地處理資料或進行控制的判斷，如果一昧地使用數位輸出入及程式指令進行，將會緩不濟急。而且在對應許多事件發生時的處理程序，微處理器以一個狀態機器（State Machine）的架構，難以同時應付多個工作或事件的即時處理。像計時器或計數器這樣的周邊功能就逐漸被開發成內建的數位電路模組，可以平行於中央處理器而獨立運作，但是可以被動地藉由相關的資料記憶體供 CPU 設定或檢查工作進行方式與狀態；或者是經過適當的設定後，在特殊的事件發生時，例如到達目標時間或數量時，主動地提示微控制器改變工作內容。

隨著技術的進步與需求的增加，類似 Timer1 計時器這樣的周邊功能就越來越多，使微控制器的功能越來越強大，學習使用周邊功能變成必要的一環。因此，Timer1 的應用將會是本書學習周邊功能的開端。

9.1　Timer1 計時器／計數器

dsPIC33CK256MP505 控制器內建了 1 個專用的 16 位元 Timer1 計時器／計數器。除此之外，還有額外的計時器，但是跟 Timer1 計時器不同的是，其他的計時器是與數位訊號量測產生的周邊功能 SCCP/MCCP 結合在一起。換言之，Timer1 是 dsPIC33CK 微控制器中唯一的一個獨立計時器，也是唯一的一個 16 位元的計時器。Timer1 包含了下列相關的可讀寫暫存器：

- TMR1：16 位元的計時／計數暫存器，記錄目前計時或計數的數值
- PR1：連接計時器的 16 位元週期暫存器，作爲計時或計數的目標值
- T1CON：連接計時器的 16 位元控制暫存器，作爲調整 Timer1 功能的記憶體

每一個計時器模組同時也有下列的相關位元作爲中斷控制，可以主動地提示微控制器特殊事件的發生：

- T1IE：中斷致能控制位元
- T1IF：中斷旗標狀態位元
- T1IP<2:0>：中斷優先層次控制位元

在這個章節我們將用 Timer1 計時器作爲範例，介紹計時器的使用方法。其他的計時器雖然結構有差異，但使用方式與觀念大致相同。Timer1 計時器的結構方塊圖如圖 9-1 所示；相關的暫存器與位元定義如表 9-1 所示：

表 9-1　Timer1 計時器相關的暫存器及包含的位元

Register Name	Bit Range	Bit 15	Bit 14	Bit 13	Bit 12	Bit 11	Bit 10	Bit 9	Bit 8	Bit 7	Bit 6	Bit 5	Bit 4	Bit 3	Bit 2	Bit 1	Bit 0
T1CON	15:0	TON	—	SIDL	TWDIS	TWIP	PRWIP	TECS1	TECS0	TGATE	—	TCKPS1	TCKPS0	—	TSYNC	TCS	—
TMR1	15:0	TMR1<15:0>															
PR1	15:0	PR1<15:0>															

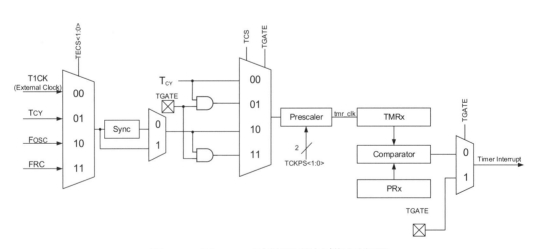

圖 9-1　Timer1 計時器的結構方塊圖

T1CON 設定暫存器的各個位元功能如表 9-2 所示：

表 9-2　T1CON 設定暫存器功能

R/W-0	U-0	R/W-0	R/W-0	R-0	R-0	R/W-0	R/W-0
TON	—	SIDL	TMWDIS	TMWIP	PRWIP	TECS1	TECS0
bit 15							bit 8

R/W-0	U-0	R/W-0	R/W-0	U-0	R/W-0	R/W-0	U-0
TGATE	—	TCKPS1	TCKPS0	—	TSYNC	TCS	—
bit 7							bit 0

bit 15　**TON:** Timer1 啟動位元
　　　　1 = 啟動 16-bit Timer1
　　　　0 = 停止 16-bit Timer1

bit 14　**Unimplemented:** 未使用 Read as '0'

bit 13　**SIDL:** 閒置模式下 Timer1 停止位元
　　　　1 = 裝置進入閒置模式時，停止模組運作
　　　　0 = 裝置進入閒置模式時，繼續模組運作

bit 12　**TMWDIS:** 非同步 Timer1 寫入關閉位元
　　　　1 = 當寫入到 TMR1 或 PR1 是同步到非同步時脈的狀況下，寫入動作被忽略
　　　　0 = 在非同步模式下可以連續寫入

bit 11　**TMWIP:** 非同步寫入 TMR1 進行中狀態位元
　　　　1 = 非同步模式下寫入 TMR1 動作進行中
　　　　0 = 非同步模式下寫入 TMR1 動作完成

bit 10　**PRWIP:** 非同步寫入 PR1 進行中狀態位元
　　　　1 = 非同步模式下寫入 PR1 動作進行中
　　　　0 = 非同步模式下寫入 PR1 動作完成

bit 9-8　**TECS<1:0>:** Timer1 延伸時脈選擇位元
　　　　11 = FRC 時脈
　　　　10 = FOSC
　　　　01 = TCY
　　　　00 = 由 T1CK 腳位輸入的外部時脈

bit 7　**TGATE:** Timer1 閘控時間累計啟動位元
　　　　當 TCS = 1：
　　　　此位元設定被忽略
　　　　當 TCS = 0：
　　　　1 = 閘控時間累計啟動
　　　　0 = 閘控時間累計關閉

CHAPTER

9

bit 6   **Unimplemented:** 未使用 Read as '0'

bit 5-4   **TCKPS<1:0>:** Timer1 輸入時脈前除器選擇位元

      11 = 1:256

      10 = 1:64

      01 = 1:8

      00 = 1:1

bit 3   **Unimplemented:** 未使用 Read as '0'

bit 2   **TSYNC:** Timer1 外部時脈輸入同步選擇位元

      當 TCS = 1：

      1 = 同步外部時脈輸入

      0 = 不同步外部時脈輸入

      當 TCS = 0：

      此位元設定被忽略

bit 1   **TCS:** Timer1 時脈來源選擇

      1 = 由 TECS<1:0> 設定的外部時脈來源

      0 = 內部周邊時脈（FP）

bit 0   **Unimplemented:** 未使用 Read as '0'

    使用者必須要先了解 T1CON 設定暫存器的各個位元與 Timer1 計時器功能的關聯性與選擇，才能夠有效率地將 Timer1 設定成所需要的功能，進而完成相關應用程式的設計。

9.2　Timer1 計時器

    Timer1 模組是一個 16 位元的計時器，可以被用來作為一個事件發生次數的計數器或計時的時鐘，或者可以當作一個任意調整週期的計時器或預設目標數量的計數器來使用。其結構方塊圖如圖 9-1 所示。這個 16 位元計時器包含了下面的操作模式：

- 16 位元計時器
- 閘控的 16 位元計時器
- 16 位元同步計數器
- 16 位元非同步計數器

除此之外，這個計時器同時支援下列的操作特性：

- 內部與外部時脈的選擇

- 可選擇 1:1，1:8，1:64 與 1:256 倍的前除器（Prescaler）設定
- 中央處理器閒置（Idle）及睡眠（Sleep）模式下的計時器操作
- 當管制的時脈訊號發生次數數值暫存器 TMR1 累計符合 16 位元 PR1 週期暫存器內容時產生中斷

這些操作模式的決定是藉由適當的設定 16 位元特殊功能暫存器 T1CON 中的控制位元。Timer1 相關的暫存器以及包含的位元如表 9-1 所示。

◗ Timer1 計時器操作模式

16 位元計時器模式：在這個模式中，每一個周邊功能時脈（F_p）將會使計時器的內容遞增，直到計時器暫存器的數值符合預先載入在週期暫存器 PR1 的內容；這時候計時器的數值將會被重置為 0，然後繼續計時。計時器的累計不一定要從 0 開始，也可以由使用者預先載入一個數值到 TMR1 後再繼續運作。但是為了避免不可預期的事件發生，建議要設定相關暫存器時，最好是先關閉計時器，調整設定完成後再重新開啟計時器。

當中央處理器 CPU 進入閒置模式時，如果 SIDL 控制位元為 0，計時器將繼續計數。當 SIDL 控制位元被設定為 1 時，計時器模組將停止計數並在中央處理器閒置模式的結束時恢復計數的動作。

16 位元同步計數器模式：在這個模式下，計時器將在外部連接時脈訊號上升邊緣發生的時候，遞增計數器的數值。所使用的外部訊號將會與控制器內部的時脈來源做同步的處理。計時器的內容將會隨時脈輸入遞增，直到計時器暫存器的數值符合預先載入在週期暫存器 PR1 的內容；這時候計時器的數值將會被重置為 0，然後繼續計時。

當中央處理器 CPU 進入閒置模式時，如果 SIDL 控制位元為 0，計時器將繼續計數。當 SIDL 控制位元被設定為 1 時，計時器模組將停止計數並在中央處理器閒置模式的結束時恢復計數的動作。

16 位元非同步計數器模式：在這個模式下，計時器將在外部連接時脈訊號上升邊緣發生的時候，遞增計數器的數值。在這個非同步的模式下控制器不會將外部訊號與內部的時脈來源作同步處理。計時器的內容將會隨時脈輸入遞增，直到計時器暫存器的數值符合預先載入在週期暫存器 PR1 的內容；這時

候計時器的數值將會被重置為 0，然後繼續計時。

在使用 16 位元非同步計數器模式下，當中央處理器 CPU 進入睡眠時，Timer1 計時器仍然可以繼續運作，並且在與 PR1 週期暫存器數值相同時，重置 TMR1 為 0 並觸發中斷喚醒微控制器。在閒置模式下，如果 SIDL 控制位元被設定為 1 時，計時器模組將會停止計數。

計時器管制閘（Timer Gate）的操作

16 位元的 Timer1 計數器可以被設定為閘控的（Gated）時間累積模式。當計時器管制輸入訊號 T1CK 為 1 時，閘控模式可使用周邊功能時脈（F_p）作為所對應計時器的訊號來源。控制位元 TGATE（T1CON<7>）必須要被設定為 1 來啟動這個模式。同時，計時器必須要被啟動，也就是控制位元 TON=1；計時器時脈來源必須被設定為內部，也就是控制位元 TCS=0。在閘控模式下，當 T1CK 腳位為 1 時，計時器將為累計內部時脈；但是當 T1CK 為 0 時，則停止累計。利用閘控模式可以在 Timer1 不需要關閉的情況下，計算對應到 T1CK 腳位訊號為 1 的累計時間，對於計算訊號或事件發生累計時間是非常方便的。

計時器預除器

使用者可以設定控制位元 TCKPS<1:0>（T1CON<5:4>），將輸入到計時器的時脈來源訊號（內部執行週期或者外部訊號）作 1：1、1：8、1：64 或者 1：256 等四種比例的前除降頻處理等。預除器計數的內容在下列的情況發生時將會被清除：

- 對 TMR1 暫存器執行寫入指令
- 清除 TON 控制位元
- 控制器重置，例如 POR 或者 BOR

但是如果計時器是被關閉的時候（TON=0），預除器的內容將無法被清除，因為這時候預除器的時脈是被停止的。

改寫 T1CON 的內容將不會清除 TMR1 的數值。使用者可以藉由寫入一個

0 的數值來清除 TMR1 暫存器。

Timer1 計時器中斷

當 Timer1 的 16 位元計時器計數內容符合設定的計時週期時,可以產生一個中斷訊號。當計時器的數值符合週期暫存器 PR1 的內容時而且如果中斷功能被開啟,T1IF 中斷旗標將會被設定為 1,將會產生一個中斷。一旦被設定,T1IF 位元必須要用軟體指令來清除。計時器中斷旗標 T1IF 位元是位於中斷控制暫存器 IFS0 裡面。

當閘控時間累積模式被啟動時,中斷訊號將會在閘控時脈訊號的下降邊緣被產生,也就是在累積週期結束的時候。

計時器中斷的開啟是藉由將所對應的計時器中斷致能位元 T1IE 設定為 1 來完成的。計時器中斷啟動位元 T1IE 是在中斷控制暫存器 IEC0 裡面。

Timer1 中斷的優先層級是由 IPC0 暫存器中的 T1IP<2:0> 所設定的。

有關 Timer1 中斷的使用方式將會在後續的章節中介紹。

即時時鐘 Real-Time Clock

當 Timer1 在即時時鐘(RTC)的操作模式下,可以提供每天的時間以及事件發生時間戳記(Time Stamping)的功能。計時時鐘的主要操作特性如下:

- 使用一個 32 KHz 低耗電震盪器
- 8 位元的預除器
- 低耗能
- 即時時鐘中斷

這些操作的功能可以藉由設定 T1CON 控制暫存器內的相關位元來完成。使用者可以參考圖 9-2,作為即時時鐘的硬體設計參考。

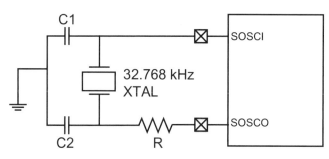

圖 9-2 　Timer1 即時時鐘的硬體設計參考

RTC 震盪器的操作

當設定 TON=1、TCS=1 及 TGATE=0 時，計時器將會在外接 32 KHz 低耗電震盪器輸出訊號的上升邊緣時遞增，一直到計時器的數值等於週期暫存器 PR1 內設定的數值，然後被重置歸零。

TSYNC 一定要被設定為 0，也就是非同步的操作模式，才能進行正常的操作。

啟動 LPOSCEN 控制位元將會關閉正常的計時器與計數器模式，同時啟動計時器進位喚醒（Carry-out Wake-up）的功能。

當中央處理器進入睡模式時，在外部的 32 KHz 石英震盪器可以繼續地運作。同時，SIDL 位元必須被清除為 0 以便使 RTC 能夠在睡眠或閒置的模式下繼續操作。

RTC 中斷訊號

當計時器中斷事件發生時，相對應的中斷旗標 T1IF 將會被設定為 1；如果中斷功能被開啟的話，將會產生一個控制器的中斷。中斷旗標位元 T1IF 必須要由軟體指令來清除。計時器中斷旗標 T1IF 位元是在中斷控制暫存器 IFS0 裡面。

有了對於 dsPIC 數位訊號控制器的計時／計數器基本的認識之後，在接下來的範例中，我們就嘗試使用計時器作為一個時鐘的計時依據。在這個範例中，我們將使用計時器 Timer1 作為計時的標準。為了簡單起見，計時器的時脈來源將使用指令時脈來源，故不必外加任何的時脈裝置。我們將以秒為單位作為計時的依據，同時將顯示分的數值，並將計時的數值傳送到實驗板上的液晶顯示器。在計時器的使用上，我們將以較簡單的輪詢（Polling）的方式來檢查時間的進度，並更新分與秒的數值。完成這樣的工作之後，使用者便有一個可以獨立執行計時的裝置。

除此之外，在這個範例中將第一次的應用 MCC 與 XC16 編譯器所提供的函式庫功能。就如同在前面章節所應用的液晶顯示器驅動程式函式庫一樣，讀者將會發現到 XC16 編譯器所提供的函式庫功能非常的完整，特別是在讀者對於相關的周邊硬體功能有了基本的認識之後，這些函式庫的的使用就會變得相對的容易。

◙ MPLAB XC16 的 Timer1 函式庫

使用者可以藉由 MCC 產生 XC16 相容的 Timer1 函式庫供應用程式開發使用。隨著設定不同，MCC 產生的函式庫內容也會有所不同。節錄範例中的 Timer1 函式庫函式如下供作參考：

- 初始化與啟動 Timer1 計時器

  TMR1_Initialize ( )

- 設定與讀取週期暫存器數值

  TMR1_Period16BitSet( )、*TMR1_Period16BitGet( )*

- 設定與讀取計時器數值

  TMR1_Counter16BitSet( )、*TMR1_Counter16BitGet( )*

- 啟動與關閉 Timer1 計時器

  TMR1_Start( )、*TMR1_Stop( )*

- 檢查並清除週期比較是否達到函式

  TMR1_GetElapsedThenClear( )

- 讀取與清除軟體計時器週期達到次數函式

  TMR1_SoftwareCounterGet( )、*TMR1_SoftwareCounterClear( )*

CHAPTER

9

• 檢查計時器週期是否達到以遞加軟體累計次數

TMR1_Tasks_16BitOperation( )

| 程式範例 9-1 | 自行撰寫函式使用 Timer1 計時器製作時分秒計時器

以 Timer1 計時器為基礎,撰寫程式使用實驗板上液晶顯示器作為時間顯示分秒之用。

要將 Timer1 計時器作為時分秒的顯示就必須要設定 Timer1 的週期,然後依照此固定週期循環累計處理。由於 Timer1 為 16 位元計時器,所以上限為 65535 = 0xFFFF;加上周邊時脈為 4 MHz,所以最大計時時間約為 16.4 ms。如果不更改週期設定則基本週期會有些凌亂不好計算,所以可以選擇整數週期時間的設定方便後續資料處理。本範例選擇使用 1 ms 作為基本週期,故設定週期暫存器為 0xF9F = 3999。為什麼不是 4000 呢?因為詳讀硬體資料就會發現,當計時器與週期暫存器比較相同時,會觸發中斷旗標位元 IFS0bits. T1IF,然後在下一個指令週期才會把計時器歸零重數。因為這一個額外的指令週期,所以將週期暫存器設定為 3999,再加上額外的一個週期就會是 4000 個週期,也就是 1 ms。每一個不同廠牌不同型號的微控制器會有不同的操作特性,所以使用細節上的精準設定是有助於提升系統準確度的。

因此在適當設定好 Timer1 的功能後,每一次檢查到 IFS0bits.T1IF 位元為 1 時,便剛好是 1 ms 的時間,便可以進行相關的處理程序。

範例程式的內容顯示如下:

```
// *************************************************************
// File : EX9_TIMER_POLL.C
// Purpose : 使用類組合語言語法自行撰寫 TIMER1 設定與檢查
//
// 動作 :
//  將 LCD 初始化成 2 行 5*7 文字模式
//  使用 APP020_LCD.c 中的副程式顯示下列字串
//  Exercise 9-TIMER
//  TIME : XX : YY
//  XX : 經過的時間
//  YY : 經過的秒數
//
```

```
//  將 Timer 1 規劃成 Period 為 1 ms 的 Timer
//  使用 Polling 的技巧，檢查 IFS0 暫存器中的 T1IF 位元
//  以檢測 1ms 的計時是否已到達
//  若是，則將 miliSec 加 1 並檢查有無 >= 1000
//  若 miliSec == 1000，則做分與秒的更新
//  ************************************************************

#include  <xc.h>
#include  "APP020_LCD.h"  // 將 LCD 函式的原型宣告檔案含入

// 宣告字串於程式記憶體 (因為 const 宣告)
const char  My_String1[]="Exercise 9-TIMER " ;
// 宣告字串於資料記憶體
char My_String2[]=" TIME : 00:00   " ;

void Show_Time(void) ;  // 將分秒數字顯示至液晶顯示器的函式
void TMR1_Initialize (void); // TIMER1 初始化函式
// 宣告時間變數
unsigned char Minute = 0 ;
unsigned char Second = 0 ;
unsigned int  miliSec = 0 ;

int main( void )
{
  OpenLCD( ) ;        // 使用 OpenLCD( )對 LCD 模組作初始化設定

  setcurLCD(0,0) ; // 使用 setcurLCD( ) 設定游標於 (0,0)
  putrsLCD( My_String1 ) ; // 將程式記憶體的字串輸出至 LCD

  setcurLCD(0,1) ; // 使用 setcurLCD( ) 設定游標於 (0,1)
  putrsLCD( My_String2 ) ; // 將資料記憶體的字串輸出至 LCD

  TMR1_Initialize ();

  while(1)
  {
   if( IFS0bits.T1IF )// 詢問 Timer1 的 Period 時間是否已到
   {              // 可以用軟體模擬來檢查是否為準確的 1 ms
     IFS0bits.T1IF = 0 ;  // 是，則將 miliSec 加 1
     miliSec ++ ;    // 這也是遞加，和 miliSec += 1;是一樣的
     if( miliSec == 1000 )  // 因為將 Timer1 的週期設為 1 ms
     {          // 若 miliSec == 1000，則為經過 1 秒的時間
```

```
            miliSec = 0 ;
            Second += 1 ;//若到達 1 秒鐘，清除 miliSec 啟動新的計時
                        // 然後更新 Second 與 Minute
         if ( Second == 60 )
         {
           Second = 0 ;                // Second : 0 .. 59
           Minute++ ;

           if ( Minute == 60 )
             Minute = 0 ;      // Minute : 0 .. 59
         }// End of if ( Second == 60 )

         Show_Time( ) ;          // 將時間顯示於 LCD 上

       }// End of if ( miliSec == 1000 )
     }// End of if ( IFS0bits.T1IF )
   }// End of while(1)
}//End of main()

/************************************************/
// 將時間顯示於 LCD 的函式

void  Show_Time(void)
{
  setcurLCD(8,1) ;            // 設定 LCD 游標
  put_Num_LCD( Minute ) ;      // 將分鐘以十進位數字顯示至液晶顯示器
  putcLCD(':') ;               // 將：字元顯示至液晶顯示器
  put_Num_LCD( Second ) ;      // 將秒數以十進位數字顯示至液晶顯示器
}

void TMR1_Initialize (void)
{
  TMR1 = 0x00;            //計時器歸零
  PR1 = 0xF9F;            //設定週期為 1 ms
  T1CON = 0x8000;        //啟動計時器
  IEC0bits.T1IE = 0;     // Timer1 的中斷 OFF (用 POLLING)
}
```

　　所以每一次檢查到中斷旗標位元成立後，便可以將 LCD 所要顯示的數值
進行調整，便可以達到時分秒顯示的要求。

　　由於 Timer1 的設定因為使用預設值，所以並沒有更動（T1CON=
0x8000）。如果應用程式需要加長計數時間的話，可以選擇除頻器的比例；此
時就可去調整對應的暫存器設定內容。

練習 9-1

1. 修改範例程式，增加 Timer1 計時週期到百分之一秒。（MM:SS.XX）
2. 如果使用 64 倍除頻器比例，請修改暫存器設定但仍然維持 1 ms 觸發中斷旗標的頻率。請檢查計算時間的誤差。
3. 修改範例程式的震盪器設定暫存器內容，使用鎖相迴路提高時脈頻率，調整程式中各項參數維持 1 ms 週期的準確性。

程式範例 9-2   使用 MCC 產生 Timer1 計時器所需要的函式庫

以 MCC 程式產生器設定並產生 Timer1 相關函式庫，以 Timer1 計時器為基礎，撰寫程式使用實驗板上液晶顯示器作為時間顯示分秒之用。

範例 9-1 是直接以接近組合語言設定暫存器與位元的方式撰寫應用程式。這樣的方式雖然直覺，但是對許多初學者與應用開發者而言，如果對於硬體規格不熟悉，例如週期為 3999 的設定，容易發生錯誤。所以在開發應用程式之前，必須要花費許多時間學習硬體相關功能與規格。使用 MCC 程式設定器雖然不能自動產生所有程式碼，但是可以讓使用者快速完成系統設定並產生對應的函式庫供應用程式撰寫時使用，的確可以減少開發初期的困難。

使用 MCC 開發專案，首先必須將所需要的周邊功能加入專案，然後依介面選項設定相關功能。本範例所需要 Timer1 設定介面選項如下圖所示：

範例程式的內容顯示如下：

```
//
// 將 Timer 1 規劃成 Period 為 1 ms 的 Timer
// 使用 Polling 的技巧，利用 MCC 函式庫檢查 T1IF 位元檢測是否到達 1ms
// 參考 tmr1.c 中 TMR1_Tasks_16BitOperation()
//
/*
  Section: Included Files
*/
// 將系統與硬體設定函式的原型宣告檔案含入
#include "mcc_generated_files/system.h"
// 將 TIMER1 函式的原型宣告檔案含入
#include "mcc_generated_files/tmr1.h"
// 將 LCD 函式的原型宣告檔案含入
#include "../APP020_LCD.h"

/*
  Main application
*/
// EX9_2 使用 MCC 生成的 TIMER1 函式進行相關 TIMER1 設定與程序

// 宣告字串於 Program Memory (因為 const 宣告)
const char My_String1[]="Exercise 9-TIMER " ;
// 宣告字串於 Data Memory
char    My_String2[]=" TIME : 00:00   " ;

void    Show_Time(void) ; // 將分秒數字顯示至液晶顯示器的函式

unsigned char Minute = 0 ;
unsigned char Second = 0 ;
unsigned char deciSec = 0 ; //軟體計數只有 1byte，需使用 1/10 秒
unsigned char miliSec = 0 ; //軟體計數只有 1byte，故預設 100ms

int main(void)
{
  // initialize the device
  SYSTEM_Initialize();

  OpenLCD( ) ;      // 使用 OpenLCD( )對 LCD 模組作初始化設定

  setcurLCD(0,0) ; // 使用 setcurLCD( ) 設定游標於 (0,0)
```

```
putrsLCD( My_String1 ) ;  // 將程式記憶體的字串輸出至 LCD

setcurLCD(0,1) ;  // 使用 setcurLCD( ) 設定游標於 (0,1)
putrsLCD( My_String2 ) ;  // 將資料記憶體的字串輸出至 LCD

while(1){
// Add your application code
  TMR1_Tasks_16BitOperation();//詢問 Timer1 是否已到 1ms 週期
  miliSec=TMR1_SoftwareCounterGet();//讀取達到週期的計數
  if( miliSec == 100) // 詢問 Timer1 的軟體計數是否已到 100 次
  {                    // 1/10 秒遞加 1,deciSec++
    TMR1_SoftwareCounterClear();  // 清除 TIMER1 軟體計數為 0
    deciSec ++ ;      // 將 decSec 加 1,MCC 軟體計數只能有 1byte
    if ( deciSec == 10 )
    {             // 若 deciSec == 10,則為經過 1 秒的時間
      deciSec=0; //若 1 秒鐘到達,清除 deciSec 以起始新的計時
      Second++ ;  // 然後更新 Second 與 Minute

      if ( Second == 60 ){
        Second = 0 ;      // Second : 0 .. 59
        Minute++ ;

        if ( Minute == 60 )
          Minute = 0 ;    // Minute : 0 .. 59
      }// End of if ( Second == 60 )

      Show_Time ( ) ;            // 將時間顯示於 LCD 上

    }// End of if ( deciSec == 10 )
  }// End of if ( miliSec == 100 )
}// End of while(1)
return 1;
}

/*************************************************/
// 將時間顯示於 LCD 的函式

void    Show_Time(void){
…
}
```

範例程式一開始呼叫 SYSTEM_Initialize( ),其根據 MCC 的設定進行初始化。

然後在永久迴圈中的每一次循環執行：

```
TMR1_Tasks_16BitOperation();//詢問 Timer1 是否已到 1ms 週期
miliSec=TMR1_SoftwareCounterGet();//讀取達到週期的計數
```

更新 miliSec 的計數，因而達到與範例 9-1 相同的時分秒顯示效果。

練習 9-2

1. 練習使用 MCC 程式設定器進行設定調整，達到與練習 9-1 一樣的設定調整。

2. 每一秒鐘使特定的 LED 產生 1Hz 的閃爍

　　本章介紹 Timer1 的功能、設定方式及基本應用，並介紹使用 MCC 進行功能設定與程式撰寫的方式。雖然使用基本的輪詢方式完成計時的檢查與顯示，但可以作為基礎時鐘的應用開發。後續將會介紹更精確的方式使用 Timer1，可以完成更完美的系統計時。

CHAPTER 10

中斷

在上一章的計時器應用程式，雖然運用中斷旗標作為時間遞加的判斷，但是在處理上卻是以輪詢（polling）的方式進行。這樣的方式是比較沒有效率，而且無法在中斷旗標發生的時候即時地去執行所要完成的工作；這是由於輪詢的方式必須要等待迴圈完成一個循環結束後，才能夠重新再執行迴圈裡的工作。例如在上個範例程式中，如果中斷旗標 IFS0bits.T1IF 的設定是在邏輯判斷 if( ) 之後才發生，則必須等待下一次迴圈的開始才能夠重新進行檢查的。如果要精確準時地執行特定的工作程序，或者是不希望中斷事件發生與所需要執行的工作之間有時間的延誤，則使用微控制器的中斷功能是最好的方法。

10.1　dsPIC33CK256MP505 控制器的中斷功能

隨著周邊功能不斷的增加，為了提供更快速且一致的中斷功能，dsPIC33CK256MP505 微控制器提供了數量眾多的中斷訊號來源以及 15 個控制器不可遮罩中斷（Trap）訊號的偵測，並有處理順序優先權機制的判斷。

當中斷事件發生時，中央處理器將程式執行移轉到中斷向量表中所定義的中斷執行程式位址。dsPIC 微控制器並提供主要以及替代的中斷向量表供使用者在不同的執行環境下可以切換選擇不同的中斷執行函式。不可遮罩中斷（Trap）跟一般的中斷向量表，與 XC16 預設使用的中斷執行函式名稱，如第四章中表 4-8 所示。

中斷相關的硬體與暫存器

要正確的使用中斷功能，必須要了解 dsPIC 控制器中與中斷相關的硬體與暫存器的關係。在中斷訊號呈現到中央處理器之前，中斷控制器負責處理中斷以及微控制器不可遮罩中斷（Trap）的發生。硬體上使用集中的中斷暫存器來開啟、控制與安排各種周邊中斷或不可遮罩中斷的優先順序。這些特殊功能暫存器的說明如下：

IFS0、IFS1、……、IFS11，及 IFS12 **暫存器**－所有中斷訊號旗標都保存在這 13 個暫存器中。當對應的中斷事件訊號發生時，這些旗標位元將由相對應的周邊或者外部訊號設定為 1，並且只能透過使用者撰寫的應用程式清除為 0。當中斷功能開啟時，如果任何一個中斷旗標位元為 1 且中斷優先層級高於中央處理器時，皆會使微控制器停止一般程式的執行而進行中斷功能的處理。

IEC0、IEC1、……、IEC11，及 IEC12 **暫存器**－所有中斷致能控制位元都只能保存在這 13 個暫存器中。這些控制位元被用來個別地啟動各項周邊以及外部訊號的中斷訊號是否會被處理。只有當中斷致能控制位元被設定為 1 時，對應的中斷訊號旗標才會被中央處理器偵測處理。

IPC0……IPC48 **暫存器**－使用者設定各項周邊對應的中斷事件執行處理的優先順序被集中地保存在這 49 個暫存器中。可設定的優先層級為 0~7，共 8 個層級。當對應的優先層級比中央處理器的優先層級高時，中斷訊號才會被處理。中央處理器的優先層級是可調整的，因此可以群組式的管理同一優先層級的中斷事件。

IPL<3：0> 位元－目前中央處理器執行的優先順序被特別的儲存在這些 IPL 位元中。IPL<3> 位於 CORCON 暫存器中，其他的則位於控制器核心的狀態暫存器（Status Register）之中。

INTCON1、INTCON2、INTCON3，及 INTCON4－全域通用的中斷控制功能可以由這四個暫存器來決定。INTCON1 包含了巢式中斷（Nested Interrrupt）功能設定位元（NSTDIS）、決定微控制器例外或不可遮罩中斷發生時的控制與狀態旗標；INTCON2 暫存器控制了外部中斷訊號的處理與替代中斷向量表的使用；INTCON3 暫存器顯示軟體不可遮罩中斷狀態位元；INTCON4 只有一個 SGHT 位元顯示是否發生軟體造成的硬式不可遮罩中斷（Hard

Trap）。

INTTREG－顯示下一個等待中的中斷向量編號與其優先層級的暫存器。

中斷相關的暫存器位元定義如表 10-1 所示：

表 10-1　中斷相關的暫存器與位元定義

File Name	Bit 15	Bit 14	Bit 13	Bit 12	Bit 11	Bit 10	Bit 9	Bit 8
INTCON1	NSTDIS	OVAERR	OVBERR	COVAERR	COVBERR	OVATE	OVBTE	COVTE
INTCON2	GIE	DISI	SWTRAP	—	—	—	—	AIVTEN
INTCON3	—	—	—	—	—	—	—	NAE
INTCON4	—	—	—	—	—	—	—	—
IFSx	IFS15	IFS14	IFS13	IFS12	IFS11	IFS10	IFS9	IFS8
IECx	IEC15	IEC14	IEC13	IEC12	IEC11	IEC10	IEC9	IEC8
IPCx	—	IP3[2:0]			—	IP2[2:0]		
INTTREG	—				ILR[3:0]			

File Name	Bit 7	Bit 6	Bit 5	Bit 4	Bit 3	Bit 2	Bit 1	Bit 0	All Resets
INTCON1	SFTACERR	DIV0ERR	DMACTRAP	MATHERR	ADDRERR	STKERR	OSCFAIL	—	0000
INTCON2	—	—	—	INT4EP	INT3EP	INT2EP	INT1EP	INT0EP	8000
INTCON3	—	UAE	DAE	DOOVR	—	—	—	APLL	0000
INTCON4	—	—	—	—	—	—	—	SGHT	0000
IFSx	IFS7	IFS6	IFS5	IFS4	IFS3	IFS2	IFS1	IFS0	0000
IECx	IEC7	IEC6	IEC5	IEC4	IEC3	IEC2	IEC1	IEC0	0000
IPCx	—	IP1[2:0]			—	IP0[2:0]			4444
INTTREG	VECNUM[7:0]								0000

Legend: — = unimplemented, read as '0'. Reset values are shown in hexadecimal.

　　除了上述的中斷相關暫存器之外，由於 dsPIC33CK 微控制器的中斷功能眾多，因此各個周邊功能中斷相關的暫存器不再集中安排，而改為在各個周邊功能的相關暫存器中設計安排，避免中斷相關暫存器空間規劃上的困擾。換句話說，只有在建置有特定功能模組時，才會有對應的中斷功能暫存器。所以在後續的章節中，如果有需要的話，再針對個別功能探討相關的中斷事件特性與暫存器內容。

CHAPTER

10

▌CPU 與中斷的優先層級

中央處理器的優先層級可以使用 IPL<3:0> 位元被設定為 0-15，0 是最低，15 是最高。藉由 CPU 優先層級的設定，可以群組化管理部分的中斷是否可以執行。一般周邊功能與外部中斷腳位觸發中斷訊號的優先層級只能設定為 0~7，不可遮罩中斷的優先層級則為 8-15。任何一個中斷訊號發生時，如果對應的優先層級小於或等於中央處理器的優先層級，則這個中斷訊號將不會被處理，直到 CPU 的優先層級被調降至較低的層級。所以，當 CPU 的優先層級被調整為 7 時，一般周邊功能與外部中斷腳位觸發中斷訊號將不可能被處理，只有不可遮罩中斷才會被處理。藉由動態調整 CPU 的優先層級，可以更有彈性地管理中斷功能，而不需要使用 DISI 指令或傳統的 GIE 位元將中斷全部暫停或關閉。

而每一個中斷訊號都可以被設定一個必要的 0~7 優先層級，如果優先層級設為 0，將視為關閉這個中斷功能。使用者可以自行依照中斷訊號的重要性與即時性設定所需要的優先層級，也可以在程式中動態的調整優先層級。當多個中斷訊號同時發生時，層級較高的中斷訊號將優先被處理；如果有層級相同的中斷訊號同時發生時，將會以中斷向量編號較低的中斷訊號優先處理。例如在中斷向量表中，外部中斷訊號 INT0 的中斷向量標號為 0，所以在同一個優先層級的中斷訊號中，它會是最優先被處理的。

由於 dsPIC 微控制器支援多層次的巢式（Nested）的中斷執行，所以高優先層級的中斷將會暫時停止低優先層次中斷程式的執行。當 NSTDIS 位元被設定為 1 時，多層式的中斷功能將會被停止。在這個情形下，就算是新的中斷擁有比目前執行的中斷程式更高層級的優先權，仍然要等到目前的中斷程式執行完畢後才能開始。

另外，DISI 指令（或位元）可以被用來在一個特定的週期數內（最高 16384 個指令週期），停止處理優先順序 6 或更低的中斷訊號要求，以便程式完成一些時間或順序較為嚴格要求的程式碼。DISI 無法停止優先層級 7 或者是不可遮罩中斷的功能，因為它們的中斷訊號被視為有其被執行的必要性。DISI 會搭配可讀寫的 DISICNT 暫存器使用，在 DISI 設定為 1 時，微控制器每執行一個指令後就會讓 DISICNT 減一。如果程式沒有調整 DISICNT 的內容，當 DISICNT 為 0 時，就會恢復中斷的功能，此時 DISI 位元會被清除為 0。

單獨寫入一個數值到 DISICNT 並不會暫停中斷的功能,必須要以 DISI 指令執行一個新的設定值才會使中斷功能暫停。但是在中斷暫停的過程中,可以寫入一個新的數值到 DISICNT 暫存器調整中斷暫停的時間。

另外一個停止中斷功能的方式是將 GIE 位元清除為 0,但是中斷功能將不會自動恢復,必須由使用者程式再次將 GIE 設定為 1 後,才會重啟中斷的功能。

只要符合中斷條件的訊號發生,不論中斷的功能是否由被相對應的致能位元所啟動,中斷旗標位元將會被設定。同時,使用者的應用程式必須確保適當的中斷旗標在啟動中斷功能之前被清除。

▌不可遮罩中斷

Trap 可視為當軟體或硬體錯誤發生時不可遮罩的中斷。它們主要的功能是為了提供使用者在除錯或程式執行中一個更正的機會。由於這些不可遮罩中斷條件錯誤執行的管道只能夠在錯誤發生時才能夠被偵測,所以可能引發錯誤的指令在不可遮罩中斷處理發生前已經被執行完畢。

不可遮罩中斷(Trap)總共有 8 個固定的優先層次:8 到 15,由這裡我們就可以看出 IPL<3> 在不可遮罩中斷時都會被設定;而且不可遮罩中斷的優先權都高於其他的一般中斷事件。如果應用程式將 IPL<3:0> 位元設定為 0111(優先順序 7)時,所有其他的一般中斷功能會被關閉,但是因為不可遮罩中斷的優先層級至少是 8,不可遮罩中斷發生時仍然可以繼續處理。

■ 不可遮罩的中斷來源

不可遮罩的中斷來源,依照優先層級由高到低,有下面幾種:
- 震盪器故障不可遮罩中斷
- 堆疊錯誤不可遮罩中斷
- 位址錯誤不可遮罩中斷
- 數學錯誤不可遮罩中斷
- 硬式不可遮罩中斷
- 軟式不可遮罩中斷

在同一個執行週期內可能有多個不可遮罩中斷同時發生。在這種情況下將依照預設固定的優先順序來執行中斷程式。這時候必須藉由軟體程式來檢查是否有其他的不可遮罩中斷尚未處理，以更正全部的錯誤。

■ 硬 / 軟式不可遮罩中斷

不可遮罩中斷的發生可分為軟式的及硬式的。軟式不可遮罩中斷，擁有優先層次 8 到 11，例如數學錯誤不可遮罩中斷（11）就屬於這類。硬式不可遮罩中斷包含了優先層次 12 到 15，例如位址錯誤（12）、堆疊錯誤（14）以及震盪器錯誤（15）都屬於這一類的不可遮罩中斷。如果有硬式不可遮罩中斷發生在任何一段程式執行之前，這個不可遮罩中斷一定要被程式認知，並進行程式修改。當一個更高優先層次的不可遮罩中斷被認知或執行時，另一個較低層次的不可遮罩中斷也發生的話，就會產生不可遮罩中斷衝突的現象。在這時候控制器將會自動地被重置，而且在 RCON 暫存器中的不可遮罩中斷狀態位元 TRAPR 在中斷時會被設定；使用者可以利用程式碼來偵測這個情形的發生。

▌中斷向量表

當應用程式啟用中斷功能後，當中斷的條件吻合而觸發中斷事件並設定中斷旗標位元時，程式計數器（Program Counter）將會根據中斷事件的類型自動改寫為一個特定的程式記憶體位址，稱作中斷向量。例如，如果開啟計時器 Timer1 的中斷功能，當事件發生時程式計數器將自動更新為一個新的程式記憶體位址 0x000016，原來執行中的程式位址將會被儲存至堆疊中，以便完成中斷事件處理後可以回到該位址繼續原有程式的執行。這個 0x000016 的程式記憶體位址就稱作是 Timer1 的中斷向量。dsPIC33CK 微控制器完整的中斷向量表如第四章表 4-8 所示。其中斷向量表與替代中斷向量表的記憶體位址如圖 10-1 所示。替代中斷向量表讓 dsPIC 微控制器可以有兩組不同的中斷向量表因應不同情況下的需求，只要使用 AIVTEN 未元就可以在標準與替代中斷向量表間切換。

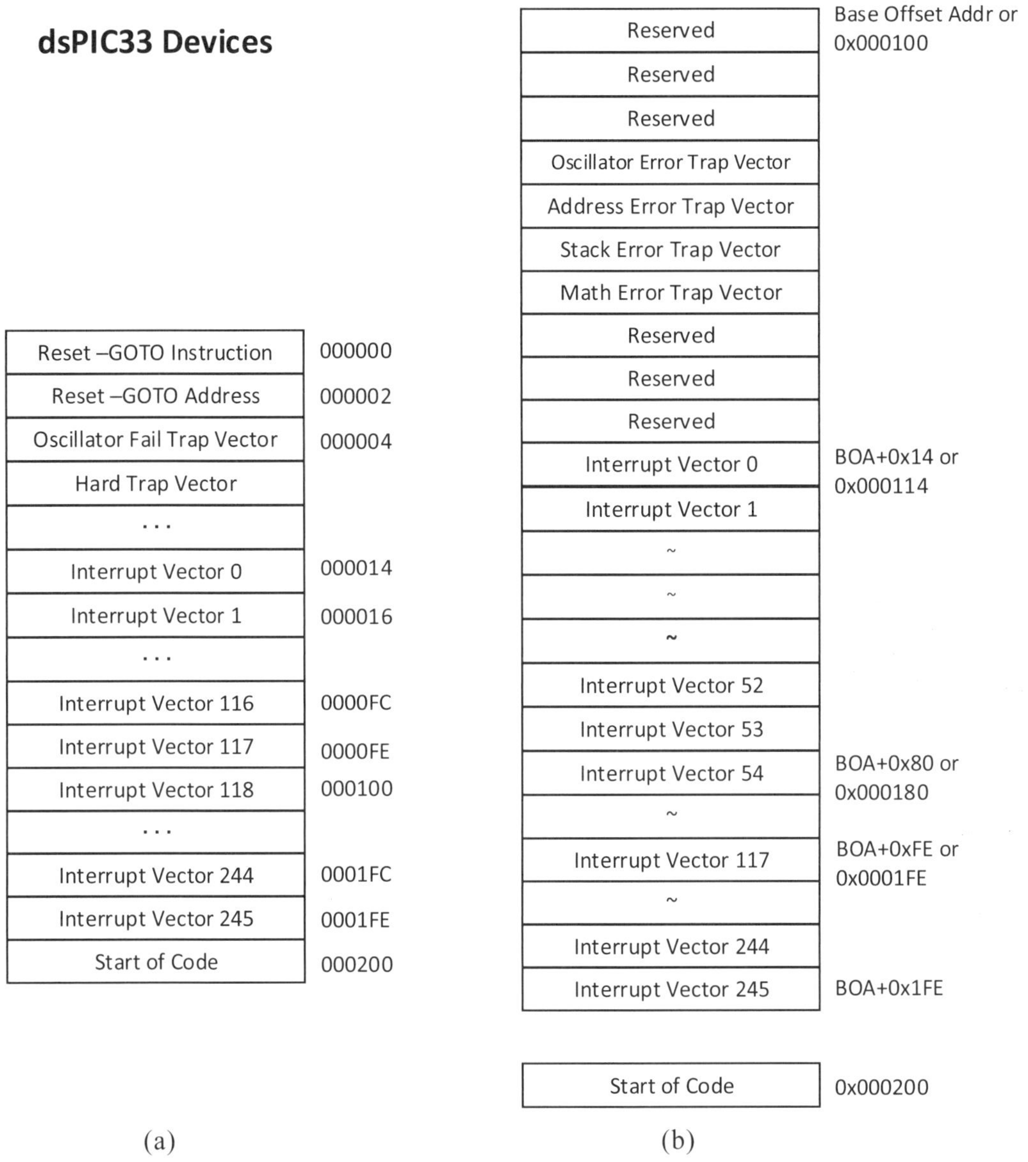

dsPIC33 Devices

Reset –GOTO Instruction	000000
Reset –GOTO Address	000002
Oscillator Fail Trap Vector	000004
Hard Trap Vector	
...	
Interrupt Vector 0	000014
Interrupt Vector 1	000016
...	
Interrupt Vector 116	0000FC
Interrupt Vector 117	0000FE
Interrupt Vector 118	000100
...	
Interrupt Vector 244	0001FC
Interrupt Vector 245	0001FE
Start of Code	000200

(a)

Reserved	Base Offset Addr or 0x000100
Reserved	
Reserved	
Oscillator Error Trap Vector	
Address Error Trap Vector	
Stack Error Trap Vector	
Math Error Trap Vector	
Reserved	
Reserved	
Reserved	
Interrupt Vector 0	BOA+0x14 or 0x000114
Interrupt Vector 1	
~	
~	
~	
Interrupt Vector 52	
Interrupt Vector 53	
Interrupt Vector 54	BOA+0x80 or 0x000180
~	
Interrupt Vector 117	BOA+0xFE or 0x0001FE
~	
Interrupt Vector 244	
Interrupt Vector 245	BOA+0x1FE

Start of Code	0x000200

(b)

圖 10-1　dsPIC33CK 微控制器中斷向量表與替代中斷向量表位址：(a) 中斷向量表，(b) 替代中斷向量表

CHAPTER

10

▐ 中斷相關的堆疊處理

在中斷發生時，必須要處理許多相關的堆疊，工作暫存器以及其他特定暫存器資料內容的儲存。如果使用者按照規定的語法撰寫 C 語言應用程式的話，XC16 編譯器在編譯程式的過程中將會自動的安排相關的指令來處理上述的工作。中斷執行程式的撰寫，有其特定的格式，請讀者參考第四章 4.4 節。每一次觸發中斷時，下列資料將會被儲存到堆疊中：

- 目前程式計數器的內容（也就是下一個要被執行的指令位址）
- 重要的狀態暫存器資料（Status Register, SR）
- 中斷前處理器優先權設定 IPL3 狀態位元（暫存器 CORCON<3>）
- SFA（Stack Frame Active）狀態位元（暫存器 CORCON<2>）

每一次觸發中斷時，堆疊就會持續的增加資料，如圖 10-2 所示：

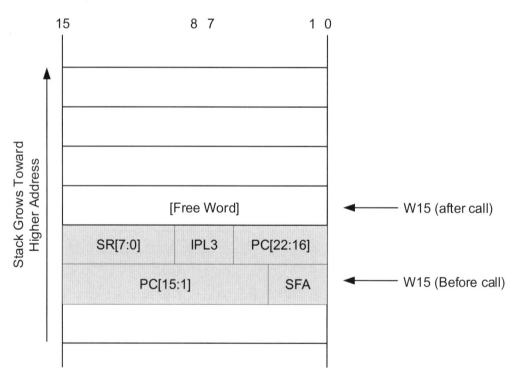

圖 10-2　呼叫中斷時的堆疊資料增加

CHAPTER

10

當執行完中斷執行函式後，中斷函式的最後是以特殊的返回指令（Return from Interrupt, retfie）結束。這個 retfie 指令會到堆疊的最上方取出返回的位址，回到中斷事件觸發前的要執行的指令記憶體位址繼續執行，而且也會回復一些重要的系統暫存器資料，才能將微處理器回復到中斷前的系統狀態。

◢ 利用中斷喚醒系統

中斷還有一個非常重要的功能就是喚醒核心處理器。在較進步的微處理器中，常常為了節省電能而刻意讓系統休眠不運作，在 dsPIC33CK 微控制器中就設計了三個節能模式：睡眠（Sleep）、閒置（Idle）、瞌睡（Doze）。當核心進入睡眠時，系統時脈將被停止傳送到核心處理器而停止其運作。要喚醒系統則必須要有適當的事件訊號重新啟動時脈訊號給核心處理器，這就是中斷事件訊號的另一個重要功能。然而不是每一個中斷事件訊號都可以喚醒系統，特別是使用系統時脈的模組因為也無法得到時脈訊號而無法繼續運作；應用程式必須確認選定的中斷事件訊號有獨立或外部的時脈訊號，才可以有機會喚醒系統。

有了對 dsPIC 控制器處理中斷事件的基本概念之後，接下來讓我們把中斷的觀念應用到計時器的範例程式中，藉以了解如何在 C 語言程式中設定與使用中斷的功能。在下面的範例中，我們可以用 Timer1 計時器週期符合或輸入狀態改變通知（Change Notification）的功能來產生一個中斷訊號，並利用這個中斷事件完成特定的資料處理動作。

程式範例 10-1　使用 Timer1 計時器中斷功能更新時間

修改範例程式 9-1 中使用 Timer1 輪詢的方式為使用中斷的功能，並將時間顯示在液晶顯示器上。

使用輪詢（範例 9-1）與中斷最大的差別有兩個地方：1. 硬體會自動檢查所設定的事件是否發生，並在事件發生時自動觸發處理程序；2. 程式不需要因為檢查事件是否發生而持續執行指令等待。

本範例使用 MCC 程式產生器的設定與功能將 Timer1 的中斷功能開啟，但是中斷相關的處理卻必須要配合 MCC 產生的函式庫撰寫。細節待後續再詳細討論。

範例程式的內容顯示如下：

```
// EX10_1 使用中斷功能進行計時器周期的自動檢測

/*
  Section: Included Files
*/
// 將系統與硬體設定函式的原型宣告檔案含入
#include "mcc_generated_files/system.h"
// 將 TIMER1 函式的原型宣告檔案含入
#include "mcc_generated_files/tmr1.h"
// 將 LCD 函式的原型宣告檔案含入
#include "../APP020_LCD.h"

/*
  Main application
 */
// 宣告字串於程式記憶體(因為 const 宣告)
const char My_String1[]="Ex 10-TMR1 INT " ;
// 宣告字串於資料記憶體
char My_String2[]=" TIME : 00:00   " ;

void Show_Time(void) ; // 將分秒數字顯示至液晶顯示器的函式

unsigned char Minute = 0 ;
unsigned char Second = 0 ;
unsigned char deciSec=0;//MCC 軟體計數只有 1byte，需使用 1/10 秒
unsigned char miliSec=0;//MCC 軟體計數只有 1byte，故預設 100 ms

int main(void)
{
  // initialize the device
  SYSTEM_Initialize();

  OpenLCD( ) ;    // 使用 OpenLCD( )對 LCD 模組作初始化設定

  setcurLCD(0,0) ;    // 使用 setcurLCD( ) 設定游標於 (0,0)
  putrsLCD( My_String1 );// 將程式記憶體的字串輸出至 LCD

  setcurLCD(0,1) ;   // 使用 setcurLCD( ) 設定游標於 (0,1)
```

```
    putrsLCD( My_String2 ) ;// 將資料記憶體的字串輸出至 LCD

    while (1){
      // Add your application code
      miliSec=TMR1_SoftwareCounterGet();// 讀取週期達到的計數
      if( miliSec == 100)// 詢問 Timer1 的軟體計數是否已到 100 次
      {                  // 1/10 秒遞加 1，deciSec++
        TMR1_SoftwareCounterClear(); // 清除 TIMER1 軟體計數為 0
        deciSec ++ ;  // 將 decSec 加 1，MCC 軟體計數只能有 1byte
        if ( deciSec == 10 ){   // 若 deciSec==10,則為經過 1 秒
          deciSec=0;
          Second++ ;             // 然後更新 Second

          if( Second == 60 ){   // 若 Second==60，則為經過 1 分鐘
            Second = 0 ;        // Second : 0 .. 59
            Minute++ ;          // 然後更新 Minute

            if ( Minute == 60 ) // Minute : 0 .. 59
              Minute = 0 ;
          }// End of if ( Second == 60 )

          Show_Time( ) ;        // 將時間顯示於 LCD 上

        }// End of if ( deciSec == 10 )
      }// End of if ( miliSec == 100 )
    }// End of while(1)
    return 1;
}

/***********************************************/
// 將時間顯示於 LCD 的函式

voidShow_Time(void)
{
  setcurLCD(8,1) ;            // Set LCD cursor
  put_Num_LCD( Minute ) ;     // 將分鐘以十進位顯示至 LCD
  putcLCD(':') ;              // 將：字元顯示至 LCD
  put_Num_LCD( Second ) ;     // 將秒數以十進位數字顯示至 LCD
  setcurLCD(0,1) ;            // 設定游標於 (0,1)
  putrsLCD( My_String2 ) ;    // 將資料記憶體的字串印出至 LCD
}
```

CHAPTER

10

　　與範例 9-1 相比較，最大的差別在於永久迴圈開始查詢計時狀態的幾行程式。範例 9-1：

```
TMR1_Tasks_16BitOperation();// 詢問 Timer1 週期 1ms 是否已到
miliSec=TMR1_SoftwareCounterGet();//讀取週期達到的軟體計數
```

而範例 10-1 則為：

```
miliSec=TMR1_SoftwareCounterGet();//讀取週期達到的軟體計數
```

雖然都是使用 TMR1_SoftwareCounterGet( ) 取得目前計數累計的狀態，但是兩者遞加計數內容的方式有所不同。在範例 9-1 因為無法自動以週期比較事件觸發計數內容遞加，所以必須要在永久迴圈中增加一行程式呼叫 TMR1_Tasks_16BitOperation( ) 函式檢查是否發生週期比較相同的事件，然後再以事件呼叫函式遞加 1。但是因為範例 10-1 開啟了 Timer1 的中斷功能，所以就不需要額外以程式手動的方式檢查，因此就少了一行呼叫函式的動作。使用輪詢常會因為執行檢查函式的時間點而造成誤差，雖然我們將呼叫 TMR1_Tasks_16BitOperation( ) 函式在永久迴圈的第一行，但是每一次的執行仍然要等待迴圈中其他程式依序執行完成後才會回到迴圈的起點，如果迴圈的程式長度隨著應用的複雜度而加大時，被呼叫的頻率就會逐漸地降低而導致無法在事件發生的當時就檢查出來，這會造成時間長短不一的誤差（視檢查時間點而定）。這是使用輪詢方式撰寫程式的缺點。

　　但是直接以中斷函式處理就會比較方便嗎？眼尖的讀者可能會發現在範例 9-1 中 milliSec 的計數範圍是 1000 但是在本範例中就只有到 100，然後必須要加上 deciSec 這個變數才能湊到一秒鐘的時間。讓我們看一下 MCC 為 Timer1 產生的中斷函式內容：

```
void __attribute__ ((interrupt,no_auto_psv)) _T1Interrupt( )
{
    /* Check if the Timer Interrupt/Status is set */

    //***User Area Begin
```

```
  // ticker function call;
  /* ticker is 1 -> Callback function
             gets called everytime this ISR executes */
  if(TMR1_InterruptHandler)
  {
    TMR1_InterruptHandler();
  }

  //***User Area End

  tmr1_obj.count++;
  tmr1_obj.timerElapsed = true;
  IFS0bits.T1IF = false;
}

void __attribute__ ((weak)) TMR1_CallBack(void)
{
  // Add your custom callback code here
}
```

　　MCC 產生的 Timer1 函式庫包含了一個中斷函式 _T1Interrupt( )，當中斷事件發生時，他會透過呼叫 TMR1_InterruptHandler( ) 來執行 TMR1_CallBack( ) 函式。如果使用者有需要自行定義的事件程序要進行，可以在這個事件呼叫函式內增加。因為在 _T1Interrupt ( ) 中已經有一個計數次數累加的變數 tmr1_obj.count 可用，所以每一次 Timer1 發生中斷時，也就是 1 ms 週期到達時將會遞加 1。而這個計數遞加的內容可以藉由函式 TMR1_SoftwareCounterGet( ) 取得。MCC 刻意使用同樣的函式名稱減少使用者的困難，但是其背後的運作卻大不相同。因為在輪詢的設定中，這個計數遞加的範圍是使用 16 位元的整數變數；但是在中斷設定中這個變數卻只有 8 位元的長度（unsigned char），因此最大值為 255 而無法累計到 1 秒鐘，必須要再增加一個 deciSec 作為輔助計數的變數。當然使用者也可以自行增加一個較大的全域變數在 TMR1_CallBack( ) 中自行遞加處理，但是這又會增加程式的負擔。所以對於使用者而言，MCC 自動產生的程式要如何有效而且正確的使用，其實就是在學習的過程中非常重要的一環。

　　程式其他的部分與範例 9-2 類似，在此就不多做討論。

　　回到基本程序的部分，要如何使用 MCC 設定 Timer1 的中斷功能呢？這

步驟其實非常容易，只要在設定 Timer1 的過程中勾選 Enable Timer Interrupt
選項即可，相關畫面如下所示：

只要有勾選此項目，後續在 MCC 產生函式庫時，就會以中斷啟動的觀念產生
相關的函式庫程式碼。讀者也可以自行檢閱有否勾選此項目的 Timer1 函式庫
內容，有所差異的地方。

程式範例 10-2 ∣ 調整核心處理器執行優先層級控制中斷功能是否暫停

　　修改範例程式 10-1 中使用 Timer1 中斷的功能，使用 SW5 與 SW6 調整核
心處理器執行優先層級以暫停或恢復 Timer1 的計時中斷功能。

　　一旦開啟中斷功能後，如果因為執行狀況改變或希望暫時不要影響核心處
理器的運作時，例如不可打斷的執行程序，需要將中斷功能暫停時，可以使用
下列的方式處理：

1. 將中斷功能關閉（例如將 T1IE 位元設為 0）
2. 利用 DISI 指令將全部中斷功能暫停一個特定時間
3. 改變核心處理器或周邊功能的中斷層級，低於核心處理器層級的中斷
　　功能將會被暫停。

在本範例中，將教導利用判斷按鍵數位輸入訊號調整核心處理器執行優先層級，藉以改變或控制計時器中斷的處理。

範例程式的內容顯示如下：

```
// EX10_2 利用 CPU 中斷優先層級的變化，調整 TIMER1 中斷是否被觸發
/**
  Section: Included Files
*/
// 將系統與硬體設定函式的原型宣告檔案含入
#include "mcc_generated_files/system.h"
// 將 TIMER1 函式的原型宣告檔案含入
#include "mcc_generated_files/tmr1.h"
// 將 PIN 函式的原型宣告檔案含入
#include "mcc_generated_files/pin_manager.h"
// 將 LCD 函式的原型宣告檔案含入
#include "../APP020_LCD.h"


/*
  Main application
 */
// 宣告字串於程式記憶體(因為 const 宣告)
const char My_String1[]="Ex 10-TMR1 IPL " ;
// 宣告字串於資料記憶體
char My_String2[]=" TIME : 00:00   " ;


void Show_Time(void) ; // 將分秒數字顯示至液晶顯示器的函式

unsigned char Minute = 0 ;
unsigned char Second = 0 ;
unsigned char deciSec=0;//MCC 軟體計數只有 1byte，需使用 1/10 秒
unsigned char miliSec=0;//MCC 軟體計數只有 1byte，故預設 100 ms

int main(void)
{
  // initialize the device
  SYSTEM_Initialize();

  OpenLCD( ) ;     // 使用 OpenLCD( )對 LCD 模組作初始化設定

  setcurLCD(0,0) ;    // 使用 setcurLCD( ) 設定游標於 (0,0)
  putrsLCD( My_String1 );// 將程式記憶體的字串輸出至 LCD

  setcurLCD(0,1) ;   // 使用 setcurLCD( ) 設定游標於 (0,1)
  putrsLCD( My_String2 ) ;// 將資料記憶體的字串輸出至 LCD
```

```
  while (1){
  {
    // Add your application code
    if(!(SW5_GetValue())) SRbits.IPL = 7;
    if(!(SW6_GetValue())) SRbits.IPL = 0;

    miliSec=TMR1_SoftwareCounterGet();// 讀取週期達到的計數
    if( miliSec==100){// 詢問 Timer1 的軟體計數是否已到 100 次
…
    }// End of if ( miliSec == 100 )
  }// End of while(1)
  return 1;
}
/*************************************************/
// 將時間顯示於 LCD 的函式
void    Show_Time(void){
…
}
```

核心處理器的執行優先層級是可以藉由狀態暫存器 SR 的 IPL 位元調整的。範例中藉由系列的兩行程式：

```
    if(!(SW5_GetValue())) SRbits.IPL = 7;
    if(!(SW6_GetValue())) SRbits.IPL = 0;
```

在按鍵觸發時調整核心處理器的執行優先層級。所以當 SW5 按鍵觸發時是最高的 7，而 SW6 觸發時則是最低的 0。因為 Timer1 的中斷優先層級是由 MCC 產生的程式所設定的，這可以在 MCC 的 Interrupt Module 介面中看到如下圖所示的設定：

Interrupt Module

⚙ Easy Setup

Interrupt Manager

☑ Enable Global Interrupts

Module	Interrupt	Description	IRQ Number	Enabled	Priority	Context
Pin Module	CNAI	Change Notification A	2	☐	1	OFF
Pin Module	CNBI	Change Notification B	3	☐	1	OFF
Pin Module	CNCI	Change Notification C	19	☐	1	OFF
Pin Module	CNDI	Change Notification D	75	☐	1	OFF
TMR1	TI	Timer 1	1	☑	7	OFF

Timer1 的優先層級為 7，所以當核心處理器的執行優先層級為 0 時，Timer1 中斷功能就會持續被處理；但是當核心處理器的執行優先層級為 7 時，因為 Timer1 中斷功能優先層級並沒有高於核心處理器的執行優先層級，所以中斷 功能就會被暫停，也就是 LCD 或 Timer1 的中斷計數累加的程式會被忽略，直 到核心處理器的層級降低才會再回復。

<u>練習 10-2</u>

將核心處理器執行優先順序固定，改以調整 Timer1 計時器中斷優先層級 控制計時的暫停或開始。

10.2 改變通知中斷功能的使用

第六章中曾經提到 dsPIC33CK 微控制器的數位輸出入腳位內建有改變通 知的中斷功能。在適當的硬體與程式設定下，當某個特定腳位的輸入狀態改變 時，控制器將會觸發一個中斷訊號旗標，使應用程式得以進行特定的動作或計 算程序。這個改變通知的功能可以提供使用者在有限的周邊功能硬體之外，藉 由軟體程式與中斷的觸發完成所需要的功能。

接下來的範例程式中，配合計時器與中斷的觸發，我們將設計一個簡單的 程式以改變通知中斷功能來進行對輸入訊號的工作週期量測。這個範例程式將 使用到 QEI 訊號模擬產生器的固定頻率訊號 QEA 做為輸入訊號源，使用者必 須將 DSW4 開關 1 短路（ON），以便將訊號連接到 dsPIC33CK 微控制器腳位。 相關的元件配置圖與電路圖如圖 10-3 與圖 10-4 所示：

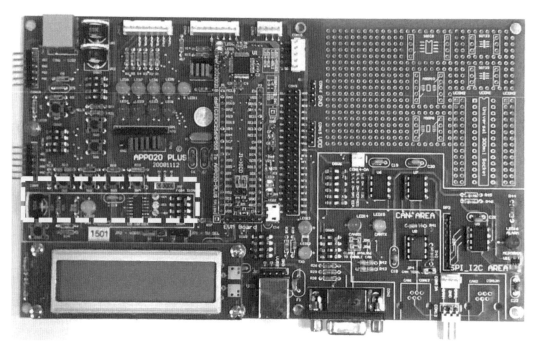

圖 10-3　改變通知相關的元件配置圖

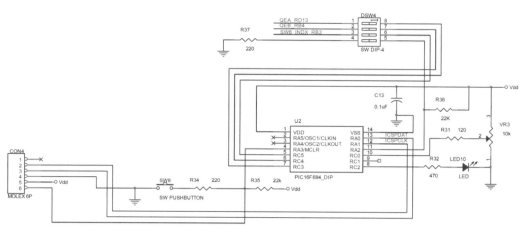

圖 10-4　改變通知相關的電路圖

程式範例 10-3

　　配合 Timer1 計時器與改變通知中斷的觸發，設計一個簡單的程式，以按鍵 SW6 的改變通知中斷功能，來對計時器 Timer1 進行開啟與關閉的控制，以達到時間計算的暫停控制。

```
// EX10_3 使用 CNB3 中斷功能進行計時器的開啟與關閉

/// 將系統與硬體設定函式的原型宣告檔案含入
#include "mcc_generated_files/system.h"
// 將 TIMER1 函式的原型宣告檔案含入
#include "mcc_generated_files/tmr1.h"
// 將 LCD 函式的原型宣告檔案含入
#include "../APP020_LCD.h"

/*
  Main application
 */
// 宣告字串於程式記憶體(因為 const 宣告)
const char My_String1[]="Ex 10-CN INT " ;
char My_String2[]=" TIME : 00:00   " ;

void Show_Time(void) ; // 將分秒數字顯示至液晶顯示器的函式

unsigned char Minute = 0 ;
unsigned char Second = 0 ;
unsigned char deciSec=0;//MCC 軟體計數只有 1byte，需使用 1/10 秒
unsigned char miliSec=0;//MCC 軟體計數只有 1byte，故預設 100 ms

int main(void)
{
  // initialize the device
  SYSTEM_Initialize();

  OpenLCD( ) ;     // 使用 OpenLCD( )對 LCD 模組作初始化設定

  setcurLCD(0,0) ;    // 使用 setcurLCD( ) 設定游標於 (0,0)
```

```
putrsLCD( My_String1 );// 將程式記憶體的字串輸出至 LCD

setcurLCD(0,1) ;  // 使用 setcurLCD( ) 設定游標於 (0,1)
putrsLCD( My_String2 ) ;// 將資料記憶體的字串輸出至 LCD

while (1){
{
  // Add your application code
  miliSec=TMR1_SoftwareCounterGet();// 讀取週期達到的計數
  if( miliSec == 100)// 詢問 Timer1 的軟體計數是否已到 100 次
  {                   // 1/10 秒遞加 1，deciSec++
    TMR1_SoftwareCounterClear(); // 清除 TIMER1 軟體計數為 0
    deciSec ++ ;  // 將 decSec 加 1, MCC 軟體計數只能有 1byte
    if ( deciSec == 10 ){  // 若 deciSec==10,則為經過 1 秒
      deciSec=0;
      Second++ ;              // 然後更新 Second

      if( Second == 60 ){  // 若 Second==60，則為經過 1 分鐘
        Second = 0 ;        // Second : 0 .. 59
        Minute++ ;          // 然後更新 Minute

        if ( Minute == 60 ) // Minute : 0 .. 59
          Minute = 0 ;
      }// End of if ( Second == 60 )

    Show_Time( ) ;              // 將時間顯示於 LCD 上

    }// End of if ( deciSec == 10 )
  }// End of if ( miliSec == 100 )
}// End of while(1)
return 1;
}
```

```
/**************************************************/
// 將時間顯示於 LCD 的函式

void    Show_Time(void)
{
  setcurLCD(8,1) ;              // Set LCD cursor
  put_Num_LCD( Minute ) ;      // 將分鐘以十進位顯示至 LCD
  putcLCD(':') ;               // 將：字元顯示至 LCD
  put_Num_LCD( Second ) ;      // 將秒數以十進位數字顯示至 LCD
  setcurLCD(0,1) ;             // 設定游標於 (0,1)
  putrsLCD( My_String2 ) ;     // 將資料記憶體的字串印出至 LCD
}
```

要使用改變通知功能，首先要將 SW6 腳位設定為數位輸入功能，然後再開啟 IOC（Interrrupt On Change）的功能。在 MCC 的設定畫面如下圖所示：

Pin Module   ? ⊕

⚙ Easy Setup ☰ Registers
Selected Package : QFN48

Pin Name ▲	Module	Function	Custom N...	Start High	Analog	Output	WPU	WPD	OD	IOC
RB3	Pin Module	GPIO	SW6	☐	☐	☐	☐	☐	☐	ne... ▼
RB8	ICD	PGD1		☐	☐	☐	☐	☐	☐	negative
RB9	ICD	PGC1		☐	☐	☐	☐	☐	☐	any
RB13	Pin Module	GPIO	LCD_RS	☐	☐	☑	☐	☐	☐	none
RC0	Pin Module	GPIO	LCD_D4	☐	☑	☑	☐	☐	☐	positive / n... ▼

由於 SW6 按鍵壓下時的腳位訊號為 0，所以選擇使用下降邊緣感測按鍵觸發事件。

主程式中保持與範例 10-1 相同的內容，但是在 pin_manager.c 檔案中的中斷執行函式：

```
/* Interrupt service routine for the CNBI interrupt. */
void __attribute__ ((interrupt,no_auto_psv)) _CNBInterrupt( )
{
  if(IFS0bits.CNBIF == 1)
```

CHAPTER

10

```
{
  // Clear the flag
  IFS0bits.CNBIF = 0;
  if(CNFBbits.CNFB3 == 1)
  {
    CNFBbits.CNFB3 = 0;  //Clear flag for Pin - RB3
    // Add handler code here for Pin - RB3
    T1CONbits.TON = !T1CONbits.TON;
  }
 }
}
```

在清除相關的通用 CNBIF 與個別 CNFB3 中斷旗標位元後，將計時器 Timer1 的 TON 位元做一個切換。所以每一次因為按鍵 SW6 被觸發而進入中斷執行函式時，將會對 Timer1 進行開啟與關閉的切換。這在主程式中將會造成計時器 Timer1 的停止計時或恢復的變化，因而在 LCD 顯示器上會發生計時暫停與啟動的變化。

要注意的是程式是利用 T1CON 的 TON 位元進行計時器的開啟與關閉，因此每一次開啟時計時器 Timer1 將會使除頻器裡面的數值歸零，但是 TMR1 中的累計數值並不會改變。如果應用程式需要重新開始計時的話，可以在重啟計時器之前將 TMR1 的數值清除重置。

練習 10-3

1. 修改範例程式 10-3，使得當按鍵 SW6 被觸發而重新啟動 Timer1 計時器時，將 LCD 顯示的時間也一併歸零重新計算。

2. 修改範例程式 10-3，設定 QEA（腳位 RD13）的改變通知功能，調整 Timer1 計時的暫停與否，而得以累計 QEA 為 ON 或 OFF 的時間。

本章利用 Timer1 與改變通知的中段功能，展示如何利用中斷功能更精確地控制執行，改善傳統使用輪詢方式撰寫程式的缺點。

CHAPTER 11

ADC

在許多傳統的工業控制當中，經常使用電壓的高低變化作為命令大小的輸入，這些電壓的變化並不像數位訊號只有 0 跟 1 兩個層級，而是有連續不斷的電壓變化。因此，要將連續不斷的電壓訊號，也就是所謂的類比（analog）電壓訊號，轉換成二進位數位訊號的數值是微控制器量測控制命令不可或缺的功能。基本上所有物理訊號都是可以藉由連續電壓變化呈現其大小，例如應變規、溫度計、壓力計等等感測器都是以連續電壓作為基本的訊號輸出。如圖 11-1 所示，連續近似暫存器（Successive Approximation Register, SAR）是常見的類比訊號轉換成數位訊號的機制。在觀念上，SAR 就像數學上的牛頓逼近法，或稱作二分逼近法，不斷地將估算結果可能發生的區域以 1/2 的比例切割向真正的結果逼近。當估算的次數越多時，將會越靠近真實的訊號大小。

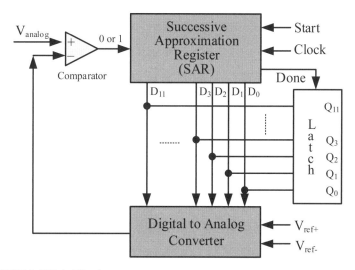

圖 11-1 連續近似暫存器（Successive Approximation Register, SAR）類比訊號轉換器架構圖

在轉換的過程中，SAR 將會先以大小的一半，也就是將最高位元（以圖 11-1 為例，D_{11}）設為 1，其他位元設定為 0 的初始值進行與實際待測訊號的比較。藉由比較器的結果為 0 或 1，決定這個位元是否保留為 1 或清除為 0。接下來，在依序設定下一個位元為 1 後，再次進行比較並決定該位元的狀態，直到所有的位元都完成上述的比較程序為止。當 SAR 所需要的位元數愈高時，比較次數也愈多，所需要的轉換時間也就愈長，當然結果的精確度也就愈高。當所有位元都比較完成後，便可以將結果栓鎖在結果暫存器中作為後續的使用。

在傳統的微控制器中，類比數位訊號轉換器（Analog-to-Digital Converter, ADC）是一個很珍貴的資源；但是隨著製造技術的發達與市場的競爭，ADC 逐漸變成一個普遍的周邊功能。除了在一般的訊號感測之外，就連在觸控式的操作介面中也需要 ADC 的功能來判斷使用者觸碰的位置。所以學習 ADC 的操作變成必要的項目。

11.1　dsPIC33CK 的類比數位訊號轉換器功能與架構

在新一代的 16 位元微控制器中，Microchip 提供了高速的 12 位元類比數位訊號轉換器。以 dsPIC33CK 系列微控制器為例，這個模組包含了下列的功能：

- 三個 ADC 核心：兩個指定訊號的核心與一個共享的核心
- 每個核心可以由使用者自行設定的轉換訊號解析度，最高達 12 位元
- 在 12 位元的解析度下，每個通道轉換速度可以高達 3.5 Msps（每秒 3,500,000 次）
- 低延遲時間的轉換
- 最多 24 個類比訊號出入通道
- 由使用者自行設定各個通道轉換結果是否帶有正負號的數值
- 三個訊號轉換核心可以設定為同時訊號採樣
- 可以進行通道掃描（Scan），逐一轉換所有的類比訊號
- 多種觸發轉換的訊號來源
- 四個整合式的數位結果比較器，並都配置有專屬的中斷旗標

• 四個過量探樣（Oversampling）的濾波器，可以提高量測的解析度，並配置有專屬的中斷旗標

11.1.1 12-bit ADC 的硬體架構

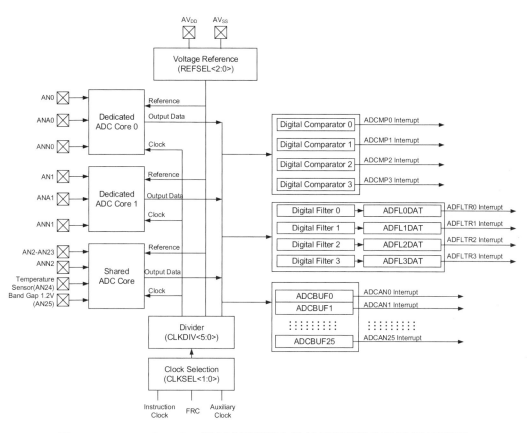

圖 11-2　dsPIC33CK 微控制器類比數位訊號轉換器模組架構圖

　　由圖 11-2 可見，指定的 ADC Core0 與 ADC Core1 分別有專屬的輸入腳位 AN0 與 AN1 作為外部訊號輸入的端點。但是因為微控制器的腳位通常都會多工使用，萬一所指定的 AN0 與 AN1 腳位需要作為其他用途的時候，可以使用替代的輸入腳位 ANA0 與 ANA1。而共享的 ADC 核心雖然沒有替代腳位，但是可以連接多達二十幾個類比訊號輸入的腳位，而且 AN24 與 AN25 指定功

能的類比訊號也是連接到這個共享的核心。

　　dsPIC33CK 系列微控制器擁有的三個 ADC 核心在進行訊號轉換時，可以針對每一個通道（腳位）獨立設定進行單接點（Single-Ended）或者是差分式（Differential）的訊號轉換。每一個 ADC 核心除了可以連接待測訊號的腳位之外，也都擁有各自的基準電壓輸入腳位（ANN0~ANN2）。使用者除了可以自行設定利用微控制器內部的參考電壓作為轉換的基準訊號之外，也可以指定使用 ANNx 外部電壓作為基準訊號。如果沒有設定為差分式的訊號轉換時（位元 DIFFx 為 0），則將進行單接點式的訊號轉換；將根據 REFSEL<0:2> 位元的設定決定類比訊號轉換的正負參考電壓，然後以所設定的解析度將待測電壓轉換為數位訊號。當位元 DIFFx 為 1 時，則會將 ANx 腳位的待測電壓減去每個 ADC 核心的 ANNx 腳位電壓大小後，將其差值進行類比訊號的轉換，這稱為差分式的訊號轉換。在這裡要特別注意，任何一個待測訊號或者是參考訊號的電壓必須要介乎於微控制器的正負操作電壓的範圍內。

　　在圖 11-2 的下方可以看到，使用者可以自行設定 ADC 核心轉換訊號時的時脈來源。由於 ADC 核心是藉由逐次的位元比較決定訊號的大小，因此當設定的位元解析度越高時，所需要的轉換時間也就越長。使用者可以自行設定適當的轉換時脈訊號來源，藉以調整所需要的轉換時間。但是也必須要注意到每一個轉換時間有其要求的最短時間，過短的轉換時間有時也會導致量測的訊號誤差。

　　當 ADC 核心完成訊號轉換之後，將會有三種結果的處理方式：1. 數位比較器（Digital Comparator），2. 過量採樣濾波器（Oversampleing Filter），及 3. 轉換結果暫存器（ADCBUFx）。前面的兩項都擁有專屬的中斷訊號旗標。

▋11.1.2　12-bit ADC 相關的暫存器

　　由於 dsPIC33CK 微控制器的 ADC 擁有多個核心與為數眾多的訊號量測通道，再加上許多的功能設定選項，因此這個模組擁有許多功能設定相關的暫存器，在此僅列出主要的暫存器，如表 11-1 所示。其他暫存器的細節請讀者參考文件中的使用手冊。

表 11-1 12-bit ADC 相關的主要暫存器與位元定義

File Name	Bit 15	Bit 14	Bit 13	Bit 12	Bit 11	Bit 10	Bit 9	Bit 8
ADCON1L	ADON	—	ADSIDL	—	r	—	—	—
ADCON1H	r	r	r	r	r	r	r	r
ADCON2L	REFCIE	REFERCIE	r	EIEN	r	SHREISEL[2:0]		
ADCON2H	REFRDY	REFERR	r	r	r	r	SHRSAMC[9:8]	
ADCON3L	RFSEL[2:0]			SUSPEND	SUSPCIE	SUSPRDY	SHRSAMP	CNVRTCH
ADCON3H	CLKSEL[1:0]		CLKDIV[5:0]					
ADCON4L	—	r	r	r	r	r	r	r
ADCON4H	—	—	C6CHS[1:0]		C5CHS[1:0]		C4CHS[1:0]	
ADMOD0L	DIFF7	SIGN7	DIFF6	SIGN6	DIFF5	SIGN5	DIFF4	SIGN4
ADMOD0H	DIFF15	SIGN15	DIFF14	SIGN14	DIFF13	SIGN13	DIFF12	SIGN12
ADMOD1L	DIFF23	SIGN23	DIFF22	SIGN22	DIFF21	SIGN21	DIFF20	SIGN20
ADMOD1H	DIFF31	SIGN31	DIFF30	SIGN30	DIFF29	SIGN29	DIFF28	SIGN28
ADIEL	IE[15:8]							
ADIEH	IE[31:24]							
ADSTATL	AN15RDY	AN14RDY	AN13RDY	AN12RDY	AN11RDY	AN10RDY	AN9RDY	AN8RDY
ADSTATH	AN31RDY	AN30RDY	AN29RDY	AN28RDY	AN27RDY	AN26RDY	AN25RDY	AN24RDY

File Name	Bit 7	Bit 6	Bit 5	Bit 4	Bit 3	Bit 2	Bit 1	Bit 0	All Resets
ADCON1L	NRE	—	—	—	—	—	—	—	0000
ADCON1H	FORM	SHRRES[1:0]		r	r	r	r	r	0060
ADCON2L	—	SHRADCS[6:0]							0000
ADCON2H	SHRSAMC[7:0]								0000
ADCON3L	SWLCTRG	SWCTRG	CNVCHSEL[5:0]						0000
ADCON3H	SHREN	C6EN	C5EN	C4EN	C3EN	C2EN	C1EN	C0EN	0000
ADCON4L	—	SAMC6EN	SAMC5EN	SAMC4EN	SAMC3EN	SAMC2EN	SAMC1EN	SAMC0EN	0000
ADCON4H	C3CHS[1:0]		C2CHS[1:0]		C1CHS[1:0]		C0CHS[1:0]		0000
ADMOD0L	DIFF3	SIGN3	DIFF2	SIGN2	DIFF1	SIGN1	DIFF0	SIGN0	0000
ADMOD0H	DIFF11	SIGN11	DIFF10	SIGN10	DIFF9	SIGN9	DIFF8	SIGN8	0000
ADMOD1L	DIFF19	SIGN19	DIFF18	SIGN18	DIFF17	SIGN17	DIFF16	SIGN16	0000
ADMOD1H	DIFF27	SIGN27	DIFF26	SIGN26	DIFF25	SIGN25	DIFF24	SIGN24	0000
ADIEL	IE[7:0]								0000
ADIEH	IE[23:16]								0000
ADSTATL	AN7RDY	AN6RDY	AN5RDY	AN4RDY	AN3RDY	AN2RDY	AN1RDY	AN0RDY	0000
ADSTATH	AN23RDY	AN22RDY	AN21RDY	AN20RDY	AN19RDY	AN18RDY	AN17RDY	AN16RDY	0000

CHAPTER

11

11.2　dsPIC33CK 的類比數位訊號轉換器的操作

每一個 ADC 核心進行類比訊號轉換的程序包括下列三個步驟：

1. 輸入訊號的探樣
2. 捕捉並維持（鎖定）輸入訊號並將其移轉到 SAR 轉換器
3. 將類比訊號轉換成對應的數位資料形式

首先 ADC 核心將使用採樣維持器（Sample-and-Hold）電路中的電容，利用輸入訊號的電壓對其充電。使用者必須設定適當的採樣時間，以便上述電容可以被充電為與輸入訊號相同的電壓。這個充電時間除了與 ADC 核心硬體有關外，也跟輸入訊號的阻抗與腳位的內電阻有關。在所設定的適當採樣時間後，將會把輸入訊號與與電容斷開，接下來會將電容與 SAR 轉換器輸入端連接，並由轉換器將輸入訊號轉換成數位訊號的形式並將結果儲存在暫存器中供程式使用。過程中，使用者可以自行設定轉換器需要的時脈訊號來源與參考電壓，甚至可以使用除頻器將轉換所需的時脈訊號降頻以得到精確穩定的訊號。

▣ 11.2.1　12-bit ADC 核心

dsPIC33CK256MP505 微處理器擁有三個 12 位元的 ADC 核心，其中 CORE0 與 CORE1 分別指定作為 AN0 與 AN1 的訊號轉換專用核心，CORE2 則可以根據設定的選擇作為其他類比訊號通道的轉換器。三個核心可以由程式設定為同時訊號採樣以便得到同一時間的類比訊號，這對於許多馬達控制或電能轉換的應用是非常有用的功能。除此之外，專用的 CORE0 與 CORE1 將會持續地連結到外部的待測訊號，只有在開始進行訊號轉換到結束之間暫時斷開以求訊號的穩定；這樣的設計可以減少切換通道時的訊號採樣時間，可以大幅提升對於專用通道的採樣速度。

CORE2 則是一個所有類比訊號通道共用分享的轉換核心，藉由 ADC 模組的設定決定採樣的通道與採樣的程序。當未設定進行訊號轉換時，共享核心將不會連接到任何一個通道。當觸發類比訊號轉換的事件發生時，CORE2 將會依照設定連接到指定的類比訊號輸入通道，在指定的採樣時間內對訊號採樣維持器進行充電；當採樣時間完成後，自動斷開輸入訊號以進行將類比訊號轉換為數位數值的程序。

▣ 11.2.2 ADC 的解析度

有別於傳統的微處理器只能以固定的解析度進行訊號轉換，dsPIC33CK 微控制器的 ADC 核心可以由使用者自行決定所要轉換的解析度，從 6 位元、8 位元、10 位元到 12 位元的訊號結果。這對於要求轉換速度但是又不需要較高解析度的運用是非常有效率的，特別是某些應用的類比訊號輸入受到雜訊干擾或電源漂移的影響，較低位元的數值不具實質意義時，可以藉由解析度的調整加快速度且不需要再對轉換後的數值進行濾波或調整的計算，可以減少運算有效地提升應用程式的效能。

指定訊號專屬的 ADC 核心 CORE0 與 CORE1 可以藉由 ADCORExH 暫存器中的 RES<1:0> 位元調整所需要的解析度，共享的 ADC 核心 CORE2 則是透過 ADCON1H 暫存器中的 SHRRES<1:0> 位元設定訊號轉換的解析度。RES<1:0> 與 SHRRES<1:0> 位元相對應的解析度為：

11 = 12-bit 解析度

10 = 10-bit 解析度

01 = 8-bit 解析度

00 = 6-bit 解析度

▣ 11.2.3 ADC 時脈訊號與相關時間

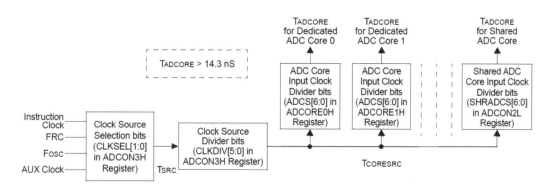

圖 11-3　ADC 時脈架構圖

　　因為使用 SAR 的架構進行訊號的轉換，所以在轉換過程中需要一個時脈訊號以逐步地驅動相關電路的運作。系統提供幾個時脈來源作為選擇，以便因應不同的使用需求。ADC 時脈的架構圖如圖 11-3 所示。使用者可以藉由 AD-CON3H 暫存器中的 CLKSEL<1:0> 位元決定時脈來源，dsPIC33CK 微控制器可以選擇的時脈來源包括指令週期 T_{CY}（CLKSEL=00）、系統震盪訊號週期 T_{OSC}（01）、AF_{VCODIV}（10），及 $F_{VCO}/4$（11）；後兩者是要開啟 PLL 之後才會產生的時脈訊號。選定來源之後的時脈訊號週期，簡稱為 T_{SRC}，可以在經由一個除頻器藉由 ADCON3H 暫存器中的 CLKDIV<5:0> 位元設定的除頻器進行降頻後，稱之為 $T_{CORESRC}$，分配給各個 ADC 核心使用。而各個 ADC 核心也有自己獨立的除頻器可以再降頻，以滿足各個核心的特定需求。每個核心獨立設定的轉換時脈訊號週期，簡稱為 $T_{ADCCORE}$，必須大於 14.3 ns。因此，在開發應用時，使用者必須要針對各階層的除頻器與訊號來源進行符合應用需求的適當設定，同時必須使 $T_{ADCCORE}$ 大於 14.3 ns。對於初學者而言，最好先將 ADC 時脈設為一個比較大的週期，以訊號的穩定與準確為優先；當應用程式的正確性獲得確保之後，如果有需要提升程式的效能時，可以利用時脈設定加快轉換速度以節省時間。

　　ADC 轉換訊號所需要的時間是和所設定的解析度有關係，因為每一個位元的解析度就會需要多一個單位的轉換時間。全部所需要的轉換時間可以由下列算式計算：

$$轉換時間 = 8 \times T_{CORESRC} + （解析度 + 2.5）\times T_{ADCORE}$$

例如當 RES<1:0> 設定為 11 時，轉換的解析度為 12 位元，所以總共需要的時間為 $8 \times T_{CORESRC} + 14.5 \times T_{ADCORE}$ 的時間，實際的時間取決於應用程式的 ADC 時脈訊號選擇與設定。

　　當多個 ADC 核心同時運作時，如果它們同時完成類比訊號轉換的話，則因為結果資料儲存的順序安排，較低優先權的 ADC 核心（也就是編號較大的）將會增加一個 $T_{CORESRC}$ 的時間等待優先權較高的核心完成資料儲存後才可以完成結果資料的儲存。如果有更多個核心同時完成的話，將會延遲更長的時間。

　　除此之外，在部分較高階的 dsPIC33CK 微控制器中，ADC 轉換所需時間會因為開啟消除雜訊（Noise Reduction）的功能而變得更長，這是因為硬體設計故意將各個 ADC 核心的轉換程序插入一些 T_{ADS} 時間做適當的間隔，以降低彼此之間的數位電路運作產生的干擾訊號。也因此當 ADCON1L 暫存器中 NRE 位元被設定為 1 以啟動降噪功能時，實際的 ADC 轉換訊號所需要的時間會稍微有變化。取決於同時有多少個核心同時在運作，以及各個核心的優先順序，所增加的時間也會有所不同而無法精確計算。dsPIC33CK256MP505 的 ADC 核心並沒有消除雜訊的功能。

由於 dsPIC33CK256MP505 有三個 ADC 核心，所以在使用上可以規劃為各自探樣或同一時間完成探樣並開始轉換。由於 CORE0 跟 CORE1 是持續對 AN0 與 AN1 進行訊號探樣追蹤直到觸發轉換的訊號發生才切斷待測訊號與探樣維持器的連接進行轉換，觸發訊號發生的時間點與 ADC 核心開始轉換訊的時脈訊號可能不會同步。因此，雖然觸發訊號可以立即切斷與外部訊號的連接，但是開始轉換必須要等待配合 ADC 的時脈，所以有時候必須多花費一個 T_{ADCORE} 時脈時間才會開始轉換訊號。

另外一個與時間有關的特別功能是延遲轉換，這是為了要確保 ADC 專屬核心 CORE0 與 CORE1 對於一些低電壓訊號對探樣維持器充電時，可以有足夠的時間完成探樣的電壓調整，所以可以藉由 ADCON4L 暫存器的 SAMCx-EN 位元開啟延遲探樣的功能，並藉由 ADCORExL 暫存器中的 SAMC<9:0> 位元設定每個核心開始轉換的延遲時間。如果連續的轉換觸發訊號間隔時間低於 SAMC 位元所定義的延遲時間，下一次的轉換將會等到滿足延遲時間後才會開始。

但是對於共享的 ADC 核心 CORE2 則是在觸發訊號發生時，先經過一個由 ADCON2H 暫存器中的 SHRSAMC<9:0> 位元所定義的探樣時間後才會開始轉換。如果使用共享的 ADC 核心 CORE2 持續對同一輸入訊號觸發轉換，探樣與轉換所需時間應該不會大於所設定的時間。但是因為共享核心的優先權較低，所以當其他核心開啟時，並不能保證轉換訊號會馬上在觸發後開始。共享的 ADC 核心 CORE2 還可以使用軟體（手動）控制探樣與觸發轉換的程序，當設定 ADCON3L 暫存器中的 SHRSAMP 位元為 1 時，ADC 核心將會連接到 CNVCHSEL<5:0> 位元所指定的類比訊號通道，然後在 CNVRTCH 位元設定為 1 時開始進行訊號轉換。如果 SHRSAMP 位元被清除為 0 的話，則由微控制器硬體在收到觸發轉換訊號後，控制採樣時間（由 SHRSAMC<9:0> 位元所定義）。

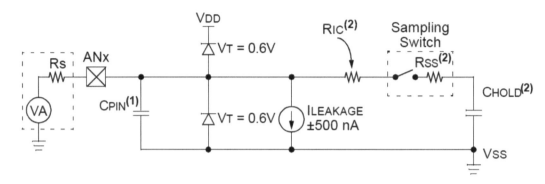

圖 11-4　類比訊號腳位電路示意圖

最後，採樣時間的計算除了要考慮採樣電容 C_{HOLD} 的大小與內阻抗（R_{IC} 跟 R_{SS}）之外，如圖 11-4 所示，也要考慮到腳位外接阻抗 R_S 的大小。所需要的採樣時間可以計算如下：

$$T_{SAMPING} = R_{TOTAL} * C_{HOLD} * \ln(2^{(\text{解析度}+1)})$$

11.2.4　ADC 訊號轉換的設定與操作

■參考電壓的設定

dsPIC33CK 微控制器的 ADC 模組在參考電壓的設定部分較為簡單，只能夠使用 AV_{DD} 與 AV_{SS} 作為量測範圍的設定（ADCON3L 中的 RESEL<2:0>=000）。因此所有的待測類比訊號電壓必須介乎於這兩者之間，否則超過 AV_{DD} 將會得到最大值，小於 AV_{SS} 將會得到最小值的結果。

■類比訊號通道的設定與選擇

dsPIC33CK256MP505 微控制器可以使用的類比訊號通道有 19 個，以 ANx 編號分布在各個腳位上。微控制器電源啟動時，這些有類比訊號功能的腳位將會預設為類比訊號功能，也就是對應的 ANSEL*Xn* 位元為 1 的設定（預設值）。如果作為類比訊號功能使用的話，必須將數位輸出入方向控制位元 TRSI*Xn* 位元設定為輸入（預設值）以免數位輸出訊號影響到待測訊號的電壓。

如果因為腳位多工分配的關係，專屬的 ADC 核心 CORE0 與 CORE1 可以使用 ANA0 與 ANA1 腳位取代原有的 AN0 與 AN1 腳位作為訊號輸入腳位，以增加電路設計的彈性。如果要使用替代腳位 ANA0 與 ANA1 的話，可以將 ADCON4H 暫存器中 C0CHS<1:0> 與 C1CHS<1:0> 位元設為 01 即可，重置為 00 則使用原有腳位 AN0 與 AN1。

■ 單一輸入量測或仿差分訊號量測

每一個 ADC 核心可以設定為單一接點的訊號量測或兩個腳位間電壓差值的差動訊號量測，模式的切換是由 ADMOD*n*L/H 中的 DIFF*x* 設定的。標示著 ANN0、ANN1、ANN2 腳位的電壓在仿差分訊號量測的設定下，將會被另一腳位的電壓扣除。一般的 AN*x* 腳位可以藉由通道的設定，由正端進入轉換核心，如果是設定為單一接點的模式，待測電壓將會在參考電壓的範圍內，依據所設定的解析度轉換為數位數值。如果是設定為仿差分訊號模式，則會將正端腳位電壓減掉負端電壓後再進行轉換。但是雖然正端電壓可以是任何介乎於 AV_{DD} 與 AV_{SS} 之間的訊號，負端的電壓卻必須只能是正負參考電壓平均值 ± 150 mV，這在使用上並不是很有彈性的。所以 dsPIC33CK 系列 ADC 轉換模組的仿差分訊號模式應該沒有甚麼實用的價值，主要還是以單一接點的量測為主。

在共享的 ADC 核心 CORE2 中，可以設定多個待測訊號的通道，然後以掃描的方式逐一轉換。這時候，掃描通道的優先順序是以通道編號排序，編號越小的越優先處理。例如 AN3 會早於 AN5，以此類推。因此使用者在電路規劃與程式撰寫時，必須要依照優先順序讀取資料以避免錯誤。

■ ADC 模組的啟動

由於 dsPIC33CK 的 ADC 模組較為複雜，所以它的啟動功能分成好幾個層級。

首先，在整個 ADC 模組的層級，是藉由 ADCON1L 暫存器中的 ADON

位元啟動或關閉整個 ADC 模組。然後，每 ADC 每一個核心可以分別獨立的開啟或關閉，藉由在 ADCON5L 暫存器中的 C0PWR 、C1PWR 與 SHRPWR 位元，可以個別的開啟或關閉 CORE0、CORE1 與 CORE2。在設定上述位元為 1 以開啟個別核心的時候，將會插入一個由 ADCON5H 暫存器中的 WARM-TIME<3:0> 位元啟動的時間延遲，以便讓 ADC 核心的類比電路達到穩定的狀態後，再行使用。ADC 核心的 SAR 電路需要 10 us 的初始化時間，因此使用者必須依據選用的 ADC 時脈選擇設定 WARMTIME 位元以滿足最低的時間要求。接下來，當個別核心的類比電路穩定後，ADCON5L 暫存器中的 C0RDY 、C1RDY 或 SHRRDY 將會自動變更為 1 作為檢查。最後，使用者必須要將 ADCON3H 暫存器中的 C0EN 、C1EN 或 SHREN 位元設定為 1，才能將各個 ADC 核心的數位電路啟動後，完成 ADC 核心的完整啟動程序。

在上述啟動的過程中，C0RDY 、C1RDY 或 SHRRDY 自動變為 1 的事件可以做為觸發中斷的依據，如果需要的話，可以將 ADCON5H 中的 C0CIE 、C1CIE 或 SHRCIE 位元設定為 1，便可以開啟相對應中斷功能。

■ADC 訊號轉換的觸發

當應用程式完成 ADC 模組的初始化與通道設定後，只需要等待開始轉換的觸發訊號即可以進行類比訊號轉換為數位數值的程序。觸發開始轉換程序的方法有 4 種：

- 個別輸入訊號觸發
- 通用的軟體觸發
- 通用的電壓控制（Level-Sensitive）軟體觸發
- 個別輸入訊號的軟體觸發（一次性觸發）

1. 個別輸入訊號觸發

應用程式可以藉由設定 ADTRIGn 與 ADTRIGnH 暫存器中的 TRGSR-Cx<4:0> 位元以指定每一個類比輸入訊號獨立的觸發轉換訊號源。可以設定的選項相當地廣泛，大部分與 CCP/PWM 控制訊號模組有關，包括：

11111 = ADTRG31（PPS input）

11110 = PTG

11101 = CLC2

11100 = CLC1

11011 = MCCP9

11010 = SCCP7

11001 = SCCP6

11000 = SCCP5

10111 = SCCP4

10110 = SCCP3

10101 = SCCP2

10100 = SCCP1

10011 = PWM8 Trigger 2

10010 = PWM8 Trigger 1

10001 = PWM7 Trigger 2

10000 = PWM7 Trigger 1

01111 = PWM6 Trigger 2

01110 = PWM6 Trigger 1

01101 = PWM5 Trigger 2

01100 = PWM5 Trigger 1

01011 = PWM4 Trigger 2

01010 = PWM4 Trigger 1

01001 = PWM3 Trigger 2

01000 = PWM3 Trigger 1

00111 = PWM2 Trigger 2

00110 = PWM2 Trigger 1

00101 = PWM1 Trigger 2

00100 = PWM1 Trigger 1

00011 = Reserved

00010 = Level software trigger

00001 = Common software trigger

00000 = No trigger is enabled

上述的每一個觸發訊號源可以藉由 ADLVLTRGL 與 ADLVLTRGH 暫存器

中的 LVLENx 位元選擇使用訊號的邊緣或者是電壓高低作為觸發的依據。當 LVLENx 位元設定為 1 時，只要觸發訊號成立，將會持續地觸發類比訊號轉換；當 LVLENx 位元清除為 0 時，只有在觸發訊號成立的上升邊緣會觸發一次轉換。當專屬的 ADC 核心 CORE0 或 CORE1 被設定使用電壓層級觸發訊號時，必須要搭配 ADCON4L 暫存器中對應的 SAMCxEN 採樣時間開啟的設定，以便依據 SAMC<9:0> 位元的採樣時間長度設定，在每次訊號轉換之間有足夠的採樣時間以確保訊號的正確性。

如果應用程式需要量測多個類比訊號通道時，可以將這些通道的觸發轉換訊號設定位元 TRGSRCx<4:0> 設為同一個訊號來源，便可以在觸發訊號發生後逐一地將每一個通道的訊號進行轉換。轉換的優先順序將以通道編號較低的為優先。

2. 通用的軟體觸發

當 TRGSRCx<4:0> 設為 00001 時，對應的類比訊號通道將可以使用 AD-CON3L 暫存器中的 SWCTRG 位元觸發訊號轉換。只要在應用程式中將 SWC-TRG 位元設定為 1，便可以開始進行對應的類比通道訊號轉換。當訊號轉換完成時，SWCTRG 位元將由微控制器硬體自動清除為 0，以便程式可以再次設定該位元進行下一次訊號轉換的控制。

3. 通用的電壓控制軟體觸發

任何一個類比輸入訊號的轉換都可以藉由 ADCON3L 暫存器中的軟體電壓控制通用觸發位元 SWLCTRG 進行控制。應用程式只要將 ADTRIGn 與 ADTRIGnH 暫存器中的 TRGSRCx<4:0> 位元設定為 00010，就可以使用 SWLCTRG 位元控制指定通道的類比訊號轉換。使用時，必須同時將 ADLVL-TRGL 與 ADLVLTRGH 暫存器中的 LVLENx 位元設定為 1。當 SWLCTRG 位元被設定為 1 時，對應的類比通道訊號將會連續的被觸發轉換，直到 SWLC-TRG 位元被清除為 0 為止。當專屬的 ADC 核心被設定使用電壓控制軟體觸發的功能時，在 ADCON4L 暫存器中的 SAMCxEN 位元必須要設定為 1，以便依據 SAMC<9:0> 位元的採樣時間長度設定，在每次訊號轉換之間有足夠的採樣時間以確保訊號的正確性。

4. 個別輸入訊號的軟體觸發

在程式執行的任何時候，應用程式可以在不改變任何的觸發訊號來源設定的情況下，特別的要求針對特定的類比訊號輸入進行單一次的訊號轉換。在需要的時候，只要將所想要進行類比訊號轉換的通道編號設定在 ADCON3L 暫存器中的 CNVCHSEL<5:0> 位元中，便可以在 CNVRTCH 位元被設定爲 1 時開始該指定通道的類比訊號轉換。在完成訊號轉換之後，CNVRTCH 位元將會自動被硬體清除爲 0，以便在需要時由應用程式再次觸發下一次的轉換。

如果在轉換的過程中，應用程式需要取消進行中的類比訊號轉換的話，可以使用 ADCON3L 暫存器中的 SUSPEND 位元將所有 ADC 核心中所有的觸發訊號來源取消。當 SUSPEND 位元被設定爲 1 時，所有 ADC 核心的訊號觸發來源都將會被終止。但是 SUSPEND 位元並沒有辦法取消已經開始進行轉換的工作，也沒有辦法取消已經被觸發但是因爲優先權順序而尚未進行轉換的工作。應用程式可以藉由檢查 ADCNO3L 暫存器中的 SUSPRDY 位元來確認是否仍然有在進行中的類比訊號轉換工作。當 SUSPEND 與 SUSPRDY 位元都被設定爲 1 時，表示已經沒有任何類比訊號轉換的工作在任何的 ADC 核心中進行。必要的話，SUSPRDY 位元被硬體設定爲 1 時，可以藉由將 ADCON3L 暫存器中的 SUSPCIE 位元設定爲 1 以觸發一個中斷訊號作爲程式即時判斷的依據。

11.2.5 ADC 訊號轉換結果的處理

■ 訊號轉換結果暫存器

dsPIC33CK 微控制器的 ADC 模組爲每一個類比訊號通道設計一個專屬的訊號轉換結果暫存器 ADCBUFx，x 指的是對應的類比訊號通道編號。例如，AN0 的結果暫存器就是 ADCBUF0。這些結果暫存器都是只能夠讀取而不能夠被改寫的記憶體。

當一筆新的訊號轉換結果被寫入到 ADCBUFx 暫存器時，ADSTATL 或 ADSTATH 暫存器中的 ANxRDY 位元將會被設定爲 1，同時也會產生一個中斷訊號。當應用程式讀取 ADCBUFx 暫存器時，對應的 ANxRDY 位元也會被清除爲 0。使用者必須要在下一次的類比訊號轉換觸發之前，將對應的轉換結果暫存器 ADCBUFx 的內容讀取出來。一旦開始轉換之後，轉換結果暫存器 ADCBUFx 原有的內容就可能被下一次的轉換改變。

■ 訊號轉換結果格式

dsPIC33CK 微控制器的 ADC 訊號轉換器雖然可以設定為不同位元的解析度，但是轉換的結果都會經過一個位元處理單元之後，以 16 位元的格式存入到訊號轉換結果暫存器 ADCBUFx 中。使用者可以選擇下列的四種資料格式：

unsigned integer	正整數
signed integer	正負整數
unisgned fractional	正分數
signed fractional	正負分數

當選擇使用整數的格式時，類比訊號轉換的數位數值將會是向右靠齊的格式；而選擇使用分數的格式時，類比訊號轉換的數位數值將會是向左靠齊的格式。

向左／向右靠齊：整數或分數格式，由 ADCON1H 暫存器的 FORM 位元設定，適用於所有通道的轉換結果。

正數或正負數：由 ACMODnL/H 暫存器的 DIFFx 與 SIGNx 位元決定個別通道為正數或正負數格式。

位元設定			輸入訊號電壓	輸出值（整數）（FORM = 0）
DIFFx	SIGNx		VINP = 正端輸入電壓，VINN = 負端輸入電壓 VR+ = 正參考電壓，VR- = 負參考電壓	
1	1	最小值	VINP ≤ VR-; VINN = (VR+ + VR-)/2	-1024
		最大值	VINP ≥ VR+; VINN = (VR+ + VR-)/2	+1023
1	0	最小值	VINP ≤ VR-; VINN = (VR+ + VR-)/2	+1024
		最大值	VINP ≥ VR+; VINN = (VR+ + VR-)/2	+3071
0	1	最小值	VINP ≤ VR-	-2048
		最大值	VINP ≥ VR+	+2047
0	0	最小值	VINP ≤ VR-	0
		最大值	VINP ≥ VR+	+4095

解析度：由 ADCOREn 的 RES<1:0> 或 ADCON1H 的 SHRRES<:0> 決定為 6/8/10/12 位元解析度。

藉由上述設定的組合，可能的訊號轉換結果格式有許多變化。以 12 位元解析度爲例，可能的資料結果如圖 11-5 所示：

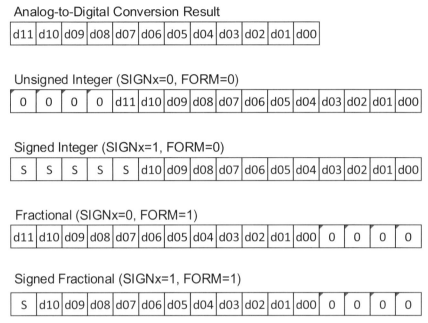

Analog-to-Digital Conversion Result

| d11 | d10 | d09 | d08 | d07 | d06 | d05 | d04 | d03 | d02 | d01 | d00 |

Unsigned Integer (SIGNx=0, FORM=0)

| 0 | 0 | 0 | 0 | d11 | d10 | d09 | d08 | d07 | d06 | d05 | d04 | d03 | d02 | d01 | d00 |

Signed Integer (SIGNx=1, FORM=0)

| S | S | S | S | S | d10 | d09 | d08 | d07 | d06 | d05 | d04 | d03 | d02 | d01 | d00 |

Fractional (SIGNx=0, FORM=1)

| d11 | d10 | d09 | d08 | d07 | d06 | d05 | d04 | d03 | d02 | d01 | d00 | 0 | 0 | 0 | 0 |

Signed Fractional (SIGNx=1, FORM=1)

| S | d10 | d09 | d08 | d07 | d06 | d05 | d04 | d03 | d02 | d01 | d00 | 0 | 0 | 0 | 0 |

圖 11-5   12 位元類比訊號轉換結果輸出格式

如果選擇使用 6/8/10 位元解析度時，較低的位元將會被捨棄，第一個被捨棄的位元將會以 1 取代，其他位元則爲 0。

在了解了 ADC 模組的基本功能與設定後，讓我們以幾個例題說明實際的 ADC 操作方式。

程式範例 11-1   定時進行 ADC 轉換量測可變電阻電壓

修改計時器中斷範例程式 10-2，每一秒鐘量測可變電阻 VR1 的電壓大小，並在 LCD 上顯示結果。

```
//
//  EX11_1 使用 ADC CORE0 對可變電阻進行電壓量測
//
/*
 Section: Included Files
```

```
*/
// 將系統與硬體設定函式的原型宣告檔案含入
#include "mcc_generated_files/system.h"
// 將 TIMER1 函式的原型宣告檔案含入
#include "mcc_generated_files/tmr1.h"
// 將 ADC1 函式的原型宣告檔案含入
#include "mcc_generated_files/adc1.h"
// 將 LCD 函式的原型宣告檔案含入
#include "../APP020_LCD.h"

/*
  Main application
*/
// 宣告字串於程式記憶體
const char My_String1[]="Exercise 11- ADC" ;
// 宣告字串於資料記憶體
char My_String2[]="VR1:    VR2:    " ;

void Show_ADC(void) ;  // 將 ADC 結果顯示至液晶顯示器的函式

unsigned char deciSec=0;//MCC 軟體計數只有 1byte，需使用 1/10 秒
unsigned char miliSec=0;//MCC 軟體計數只有 1byte，故預設 100 ms

int main(void)
{
  // initialize the device
  SYSTEM_Initialize();

  OpenLCD( ) ;      // 使用 OpenLCD( )對 LCD 模組作初始化設定

  setcurLCD(0,0) ;    // 使用 setcurLCD( ) 設定游標於 (0,0)
  putrsLCD( My_String1 );// 將程式記憶體的字串輸出至 LCD

  setcurLCD(0,1) ;  // 使用 setcurLCD( ) 設定游標於 (0,1)
  putrsLCD( My_String2 ) ;// 將資料記憶體的字串輸出至 LCD

  while (1){
    // Add your application code
    miliSec=TMR1_SoftwareCounterGet();// 讀取週期達到的計數
    if( miliSec == 100)// 詢問 Timer1 的軟體計數是否已到 100 次
    {                // 1/10 秒遞加 1，deciSec++
```

```
      TMR1_SoftwareCounterClear(); // 清除 TIMER1 軟體計數為 0
      deciSec ++ ;  // 將 decSec 加 1, MCC 軟體計數只能有 1byte
      if ( deciSec == 10 ) {   // 若 deciSec==10,則為經過 1 秒
        deciSec=0;
        Show_ADC( ) ;            // 將 ADC 結果顯示於 LCD 上
      }// End of if ( deciSec == 10 )
    }// End of if ( miliSec == 100 )
  }// End of while(1)
  return 1;
}


/**************************************************/
// 將 ADC 結果顯示於 LCD 的函式
void Show_ADC(void){
  unsigned int ADCValue;
  ADC1_SoftwareTriggerEnable();//觸發轉換 SWCTRG=1;
  while(!ADC1_IsCore0ConversionComplete()); // 等待轉換完成
  ADCValue=(ADC1_Core0ConversionResultGet()>>4);// 讀取結果
  setcurLCD(12,1) ;                // 設定游標
  put_Num_LCD( ADCValue ); // 將結果以十進位數字顯示至 LCD
}
```

範例程式修改自範例 10-2,所以每秒鐘以計時器進行一秒的時間控制部分並沒有改變,只有在每一秒鐘到達時的處理由 Show_Time( ) 改為 Show_ADC( )。在 Show_ADC( ) 函式中,使用 MCC 提供的函式功能,啟動 ADC 轉換的觸發,等待 ADC 轉換完成,再將轉換結果儲存到 ADCValue 變數後顯示於 LCD 模組上。這些看似簡單的處理動作其實都需要經過適當的設定與對 MCC 產生的函式庫了解之後才能進行。使用者必須先在 MCC 管理區塊中增加 ADC1 模組,然後開啟 ADC 設定介面並完成下列設定:

並且在 Pin Module 與 Pin Manager 區塊中完成下列腳位功能指定的設定：

上述設定將會在 pin_manager.c 檔案中對於相關腳位進行類比訊號功能的設定。同時也會根據 ADC 模組的設定，進行 ADC 功能的初始化與相關函式的產生。

◎ 11.2.6　MCC 產生的 ADC 函式庫

在前述的範例中，經過 MCC 的設定後產生了一個 ADC 轉換的函式庫，但是這個函式庫的內容會隨著設定的不同而有所差異。雖然原廠已經盡量減少不同設定間的差異，但是由於沒有一個完整的函式說明，使用上仍然有待使用者自行了解各個函式的用法。使用者必須詳細檢閱表頭檔與程式檔，例如本章為 adc1.h 與 adc1.c 中的內容與定義，才能初步了解基本的用法。如果沒有先行閱讀 dsPIC33CK 的相關資料，恐怕也無法完全了解其中許多變數的功能與用法。這是學習微控制器必要的前置作業。

以範例 11-1 而言，MCC 產生的 ADC 函式庫簡單整理如下：

- 開啟與初始化 ADCx 模組

  ADCx_Initialize ( )

- ADCx 模組中斷相關函式

  ADCx_InterruptFlagClear( )，ADCx_InterruptEnable( )，ADCx_InterruptDisable( )，

- 啟動與關閉 ADCx 模組

  ADCx_Enable( )，ADCx_Disable( )

- 軟體觸發 ADCx 轉換

  ADCx_SoftwareTriggerEnable( )，ADCx_SoftwareLevelTriggerEnable( )

- ADCx 轉換完成後相關工作程序

  ADCx_Tasks( )

- 啟動 ADCx 模組 CORE n

  ADCx_Core0PowerEnable( )，ADCx_Core1PowerEnable( )，ADCx_SharedCorePowerEnable( )

- 設定 ADCx CORE n 轉換通道

  ADCx_Core0ChannelSelect( )，ADCx_Core1ChannelSelect( )，ADCx_SharedCoreChannelSelect( )

- 取得 ADCx CORE n 轉換結果

  ADCx_Core0ConversionResultGet( )，ADCx_Core1ConversionResultGet( )，ADCx_ SharedCoreConversionResultGet( )

- 設定 ADCx CORE n 轉換解析度

  ADCx_Core0ResolutionModeSet( )，ADCx_Core1ResolutionModeSet( )，ADCx_ SharedCoreResolutionModeSet( )

- 檢查 ADCx CORE n 轉換是否完成

  ADCx_IsCore0ConversionComplete( )，ADCx_IsCore1ConversionComplete( )，ADCx_Is SharedCoreConversionComplete( )

- 設定 ADCx CORE n 轉換時脈除頻器

  ADCx_Core0ConversionClockPrescalerSet( )，ADCx_Core1ConversionClockPrescalerSet( )，ADCx_ SharedCoreConversionClockPrescalerSet( )

- 啟動 ADCx 數位比較器 n

  ADCx_Comparator0Enable( )，ADCx_Comparator1Enable( )，ADCx_Comparator2Enable( )，ADCx_Comparator3Enable( )

- 關閉 ADCx 數位比較器 n

  ADCx_Comparator0Disable( )，ADCx_Comparator1Disable( )，ADCx_Comparator2Disable( )，ADCx_Comparator3Disable( )

- 設定 ADCx 數位比較器 n 高閾值

  ADCx_Comparator0HighThresholdSet( )，ADCx_Comparator1HighThresholdSet( )，ADCx_Comparator2HighThresholdSet( )，ADCx_Comparator3HighThresholdSet( )

- 取得 ADCx 數位比較器 n 比較狀態

  ADCx_Comparator0EventStatusGet( )，ADCx_Comparator1EventStatusGet( )，ADCx_Comparator2EventStatusGet( )，ADCx_Comparator3EventStatusGet( )

- 取得 ADCx 數位比較器 n 訊號通道編號

  ADCx_ComparatorEvent0ChannelGet( )，ADCx_ComparatorEvent1ChannelGet( )，ADCx_ComparatorEvent2ChannelGet( )，ADCx_ComparatorEvent3ChannelGet( )

程式範例 11-2 ▏定時進行 ADC 雙核心的類比訊號轉換

修改類比訊號轉換模組範例程式 11-1，每一秒鐘量測可變電阻 VR1 及 VR2 的電壓大小，並在 LCD 上顯示結果。

在實務應用中，時常需要同時對多個類比訊號進行量測，這時候可以選擇使用多個核心或是掃描的方式，其差別在於是否需要得到「同時」發生的訊號值。如果使用多核心便可以同時在多個 ADC 核心觸發採樣與轉換，得到同一時間的訊號值；如果是採用掃描的方式則因為訊號是輪流依序進行轉換，所以雖然可以完成多個訊號的測量，但是彼此之間會有一個微小的時間差異，而不是同一時間的訊號值。

範例 11-2 使用 CORE 0 與 CORE 1 進行對 VR1 與 VR2 的量測，所以可以得到同一時間發生的訊號轉換結果。由於類比訊號使用的腳位並不是像其他數位訊號功能的腳位可以透過 PPS 進行腳位的選擇，所以需要進行同時訊號量測時，在電路設計時較要注意到相關的腳位規劃。APP020 Plus 實驗板上經 dsPIC33CK 轉接板調整後，AN0 對應到 VR1，但是 AN1 因為與其他功能重疊所以將會對應到 SW6 按鍵。以學習來說，按鍵 SW6 的電路觸發時為 0 伏特，未觸發時為 3.3 伏特，也可以藉由類比電壓量測。不過實際上要量測的是 VR2，所以可以使用替代腳位的設計，以 ANA1 腳位替代 AN1 腳位，即可以對兩個可變電阻進行同時的訊號量測。相關的範例程式碼如下所示：

```
//
// EX11_2 使用 ADC CORE0/CORE1 對可變電阻(AN0)及按鍵(AN1)進行量測
//
/*
  Section: Included Files
*/
// 將系統與硬體設定函式的原型宣告檔案含入
#include "mcc_generated_files/system.h"
// 將 TIMER1 函式的原型宣告檔案含入
#include "mcc_generated_files/tmr1.h"
// 將 ADC1 函式的原型宣告檔案含入
#include "mcc_generated_files/adc1.h"
// 將 LCD 函式的原型宣告檔案含入
#include "../APP020_LCD.h"
/*
  Main application
*/
// 宣告字串於程式記憶體
const char My_String1[]="Exercise 11- ADC" ;
// 宣告字串於資料記憶體
char My_String2[]="VR1:    VR2:    " ;

void Show_ADC(void) ; // 將 ADC 結果顯示至液晶顯示器的函式
```

```c
unsigned char deciSec=0 ;// MCC 軟體計數只有 1byte，需使用 1/10 秒
unsigned char miliSec=0 ;// MCC 軟體計數只有 1byte，故預設 100 ms

int main(void){
  // initialize the device
  SYSTEM_Initialize();

  OpenLCD( ) ;          // 使用 OpenLCD( ) 對 LCD 模組作初始化設定

  setcurLCD(0,0) ;    // 使用 setcurLCD( ) 設定游標於 (0,0)
  putrsLCD( My_String1 ) ; // 將程式記憶體的字串輸出至 LCD

  setcurLCD(0,1) ;    // 使用 setcurLCD( ) 設定游標於 (0,1)
  putrsLCD( My_String2 ) ; // 將資料記憶體的字串輸出至 LCD

  while (1){
    // Add your application code
    // TMR1_Tasks_16BitOperation();//詢問 Timer1 週期 1ms 是否到達
    miliSec = TMR1_SoftwareCounterGet();// 讀取週期達到的計數
    if( miliSec == 100)    // 詢問 Timer1 的軟體計數是否已到 100 次
    {                   // 1/10 秒遞加 1，deciSec++
      TMR1_SoftwareCounterClear();   // 清除 TIMER1 軟體計數為 0
      deciSec ++ ;      // 將 decSec 加 1，MCC 軟體計數只能有 1byte
      if ( deciSec == 10 ){ // 若 deciSec==10，則為經過 1 秒
        deciSec=0;
      Show_ADC( ) ;   // 將 ADC 結果顯示於 LCD 上
      }// End of if ( deciSec == 10 )
    }// End of if ( miliSec == 100 )
  }// End of while(1)
  return 1;
}

/************************************************/
// Subroutine to show ADC on LCD
void Show_ADC(void){
  unsigned int ADCValue;

  ADC1_SoftwareTriggerEnable(); // 觸發轉換 SWCTRG = 1;
  while(!ADC1_IsCore0ConversionComplete());// 等待轉換完成
  ADCValue=(ADC1_Core0ConversionResultGet() >> 4);// 讀取結果
  setcurLCD(12,1) ;         // 設定游標
  put_Num_LCD( ADCValue ) ;// 將結果以十進位數字顯示至 LCD
```

```
while(!ADC1_IsCore1ConversionComplete());// 等待轉換完成
ADCValue=(ADC1_Core1ConversionResultGet() >> 4);// 讀取結果
setcurLCD(4,1) ;          // 設定游標
put_Num_LCD( ADCValue ) ;// 將結果以十進位數字顯示至 LCD
}
```

　　範例 11-2 的主程式內容與範例 11-1 是一模一樣的，差異在於對 ADC 模組的設定，這在主程式中是無法觀察得到的。當使用 MCC 程式產生器進行專案設計時，各項使用到的模組都會被個別安排到模組對應的檔案中，如果使用者要了解專案的設定，無論是承接他人的專案或回顧過去開發的專案，可以從兩個部分進行：MCC 設定介面與個別模組的初始化函式。在本範例中，ADC 模組的設定畫面如下：

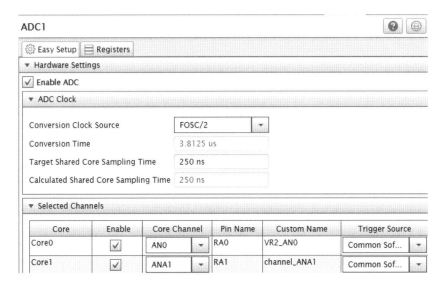

在 Pin Module 跟 ADC1 完成兩個核心 CORE 0/1 的設定後，即可以產生對應的設定程式碼。這可以在adc1.c檔案中的adc1_Initializtion( )找到下列程式碼：

```
void ADC1_Initialize (void)
{
  // ADSIDL disabled; ADON enabled;
  ADCON1L = (0x8000 & 0x7FFF); //Disabling ADON bit
  // FORM Integer; SHRRES 12-bit resolution;
  ADCON1H = 0x60;
```

```
// PTGEN disabled; SHRADCS 2; REFCIE disabled;
// SHREISEL Early interrupt is generated 1 TADCORE clock
// prior to data being ready;
// REFERCIE disabled; EIEN disabled;
ADCON2L = 0x00;
// SHRSAMC 0;
ADCON2H = 0x00;
// SWCTRG disabled; SHRSAMP disabled; SUSPEND disabled;
// SWLCTRG disabled; SUSPCIE disabled; CNVCHSEL AN0;
// REFSEL disabled;
ADCON3L = 0x00;
// SHREN disabled; C1EN enabled; C0EN enabled;
// CLKDIV 1; CLKSEL FOSC/2;
ADCON3H = (0x03 & 0xFF00);
//Disabling C0EN, C1EN, C2EN, C3EN and SHREN bits
// SAMC0EN disabled; SAMC1EN disabled;
ADCON4L = 0x00;
// C0CHS AN0; C1CHS AN1;
ADCON4H = 0x00;
// SIGN0 disabled;
// SIGN4 disabled; SIGN3 disabled; SIGN2 disabled;
// SIGN1 disabled; SIGN7 disabled; SIGN6 disabled;
// DIFF0 disabled; SIGN5 disabled; DIFF1 disabled;
// DIFF2 disabled; DIFF3 disabled; DIFF4 disabled;
// DIFF5 disabled; DIFF6 disabled; DIFF7 disabled;
ADMOD0L = 0x00;
// DIFF15 disabled; DIFF14 disabled; SIGN8 disabled;
// DIFF13 disabled; SIGN14 disabled;
// DIFF12 disabled; SIGN15 disabled; DIFF11 disabled;
// DIFF10 disabled; SIGN9 disabled;
// DIFF8 disabled; DIFF9 disabled; SIGN10 disabled;
// SIGN11 disabled; SIGN12 disabled; SIGN13 disabled;
ADMOD0H = 0x00;
// DIFF18 disabled; DIFF17 disabled; DIFF16 disabled;
// SIGN16 disabled; SIGN17 disabled; SIGN18 disabled;
  ADMOD1L = 0x00;
…
…
}
```

在此僅列出最初的一小部分，讀者可以自行開啟檔案閱覽全部的程式碼。相較於 MCC 介面只要簡單點選兩個核心與觸發轉換的訊號源，初始化函式的規模是非常可觀的。但是讀者其實不必擔心程式的大小，MCC 產生的程式碼大部分其實都是預設的數值，其實不需要重複去設定。但是 MCC 因為是一個規律化的軟體，所以仍然會全部表列出來，造成程式長度大幅增加。這是使用 MCC 的缺點，但也是優點。因為當再次呼叫初始化程式時，可以回復到原始的設定，而不會有所遺漏造成缺失。這也是廠商開發 MCC 希望帶給使用者更簡單方便的開發過程，以及縮短學習像 ADC 這個複雜功能所需要的時間與努力。

　　所以本範例在初始化時開啟了兩個核心 CORE 0 跟 CORE 1，同時也使用一樣的軟體訊號觸發轉換，因此當時間到達要求的一秒鐘時，利用軟體觸發函式便可以同時將兩個核心同時啟動；然後在顯示的部分逐一地檢查轉換是否完成，再進行訊號的讀取與顯示。可能有讀者懷疑是否需要分開檢查是否完成？在早期的 dsPIC 微控制器結構較為簡單，但是 dsPIC33CK 微控制器的每一個核心可以各自設定不同的轉換時脈來源與長度，所以即便同時觸發轉換，轉換完成的時間也可能會有所間隔，因此必須要分開檢查。

　　當然本範例程式還有改進的空間，如果可以開啟 ADC 中斷的功能，便可以藉由中斷旗標位元的觸發去進行轉換完成後的程序，不需要使用 while( ) 迴圈檢查與等待，影響程式執行的效能。讀者完成稍後有關中斷功能的章節學習後，不妨自行嘗試改寫這個範例程式，了解自己的開發能力是否有所提升？

| 程式範例 11-3 | 定時進行 ADC 共享核心的類比訊號轉換 |

　　修改類比訊號轉換模組範例程式 11-2，每一秒鐘量測可變電阻 VR1、VR2 與類比按鍵的電壓大小，並在 LCD 上顯示電壓轉換與按鍵觸發結果。

　　dsPIC33CK 的 ADC 模組雖然具備 3 個轉換核心，但是核心 0 與 1 事實上只能專用於 AN0 與 AN1，無法作為其他通道的訊號轉換。如果在實務應用中，需要對三個以上的類比訊號進行量測，這時候必須要將這些類比訊號進行適當的分配，除了可以分配給有專用核心的 AN0 與 AN1 之外，剩下的訊號都必須要使用其他的通道，而且必須要使用共享核心（Shared Core）進行轉換。

　　範例 11-3 使用 CORE 0 與 CORE 1 進行對 VR1 與 VR2 的量測，對於類比按鍵則是分配到 ANx 進行轉換。類比按鍵電路雖然有多個按鍵，但是不同按鍵的觸發會造成連結腳位有不同的分壓電路而產生不同的電壓變化。因此，只要適當地設計按鍵電路是不難從腳位電壓判斷被觸發的按鍵；這樣的設計只要使用一個腳位就可以量測多個按鍵，但是缺點是無法判斷同時觸發的多個按鍵，只能判斷出一個被觸發的按鍵。跟範例 11-2 類似，大部分程式與範例 11-1 相同，不同的地方在 ADC 模組的設定與類比按鍵的判斷。相關的範例程式碼如下所示：

```
//
//   EX11_3 使用 ADC CORE0/1/2 對可變電阻、按鍵等進行電壓量測
//
/*
  Section: Included Files
*/
// 將系統與硬體設定函式的原型宣告檔案含入
#include "mcc_generated_files/system.h"
// 將 TIMER1 函式的原型宣告檔案含入
#include "mcc_generated_files/tmr1.h"
// 將 ADC1 函式的原型宣告檔案含入
#include "mcc_generated_files/adc1.h"
// 將 LCD 函式的原型宣告檔案含入
#include "../APP020_LCD.h"
/*
  Main application
*/
// 宣告字串於程式記憶體
const char My_String1[]="Exercise 11- ADC" ;
// 宣告字串於資料記憶體
char My_String2[]="VR1:    VR2:    " ;

void Show_ADC(void) ; // 將 ADC 結果顯示至液晶顯示器的函式
unsigned char AN_Key(unsigned int);//根據結果辨識按鍵函式

unsigned char deciSec=0 ;// MCC 軟體計數只有 1byte，需使用 1/10 秒
unsigned char miliSec=0 ;// MCC 軟體計數只有 1byte，故預設 100 ms

int main(void)
{
  // initialize the device
  SYSTEM_Initialize();

  OpenLCD( ) ;     // 使用 OpenLCD( ) 對 LCD 模組作初始化設定
```

```
  setcurLCD(0,0) ;      // 使用 setcurLCD( ) 設定游標於 (0,0)
  putrsLCD( My_String1 );// 將程式記憶體的字串輸出至 LCD

  setcurLCD(0,1) ;   // 使用 setcurLCD( ) 設定游標於 (0,1)
  putrsLCD( My_String2 ) ;// 將資料記憶體的字串輸出至 LCD

123456789012345678901234567890123456789012345678901234567890123456789012
  while (1){
    // Add your application code
    // TMR1_Tasks_16BitOperation();//詢問 Timer1 週期 1ms 是否已到
    miliSec=TMR1_SoftwareCounterGet();//讀取週期達到的軟體計數
    if( miliSec == 100)    // 詢問 Timer1 的軟體計數是否已到 100 次
      {                    // 1/10 秒遞加 1，deciSec++
        TMR1_SoftwareCounterClear();  // 清除 TIMER1 軟體計數為 0
        deciSec ++ ;     // 將 decSec 加 1, MCC 軟體計數只能有 1byte
      if ( deciSec == 10 )
        {               // 若 deciSec == 10 , 則為經過 1 秒的時間
        deciSec=0;
        Show_ADC( ) ;         // 將 ADC 結果顯示於 LCD 上
      }// End of if ( deciSec == 10 )
    }// End of if ( miliSec == 100 )
  }// End of while(1)
  return 1;
}

/************************************************/
// 將 ADC 結果顯示於 LCD 的函式

void    Show_ADC(void)
{
  unsigned int ADCValue;

  ADC1_SoftwareTriggerEnable();// 觸發轉換 SWCTRG = 1;

  while(!ADC1_IsCore0ConversionComplete());// 等待轉換完成
  ADCValue=(ADC1_Core0ConversionResultGet()>>4);// 讀取結果
  setcurLCD(12,1) ;              // 設定游標
  put_Num_LCD( ADCValue ) ;     // 將結果以十進位數字顯示至 LCD

  while(!ADC1_IsCore1ConversionComplete()); // 等待轉換完成
  ADCValue = (ADC1_Core1ConversionResultGet()>>4); // 讀取結果
```

```
setcurLCD(4,1) ;                  // 設定游標
put_Num_LCD( ADCValue ) ;    // 將結果以十進位數字顯示至 LCD

// 等待轉換完成
while(!ADC1_IsSharedChannelAN17ConversionComplete());
//讀取轉換結果
ADCValue=(ADC1_SharedChannelAN17ConversionResultGet());
setcurLCD(15,0) ;                 // 設定游標
putcLCD( AN_Key(ADCValue) ) ;    // 將結果以十進位數字顯示至 LCD
}

/***************************************************/
// 判別 AN_Key 觸發結果的函式
unsigned char AN_Key(unsigned int ADCValue)
{
  unsigned char SW;
  // 以類比訊號轉換結果的最高兩個位元判斷按鍵的狀態
  // 多個按鍵同時按下時，以編號最低的按鍵為準
  ADCValue >>=8;

  if (ADCValue == 0)   (SW = '1') ;
  else {
    if(ADCValue <= 8) (SW = '2') ;
    else{
      if(ADCValue <= 10) (SW = '3') ;
      else {
        if(ADCValue <= 12) (SW = '4') ;
        else (SW = ' ') ;
      }
    }
  }
  return SW;
}
```

　　範例程式與範例 11-2 最大的不同在於增加一個 AN_Key( ) 函式用以根據
ADC 轉換的結果判斷被觸發的按鍵為何，其基本原理使用分壓電路的原理即
可了解，在此不再贅述。有了 AN_Key( ) 函式，在 Show_ADC( ) 函式中用軟
體觸發轉換後，只要分別確認各個核心轉換完成後，即可以讀取結果顯示，分
享核心則需要利用 AN_Key( ) 再做進一步的按鍵判斷。

　　三個轉換核心的設定可以在 MCC 視窗的 ADC 模塊中完成。針對共享核心，必須要指定需要轉換的通道，因為它不像 CORE 0 或 1 是專用於 AN0 與 AN1 的，其設定畫面如下圖所示：

如果在設定畫面為共享核心選擇多個通道的話，共享核心將會以掃描的方式，依照通道編號順序逐一地循環進行轉換。當然完成 ADC 模組的設定後，也一定要進行腳位管理的程序，才能將使用到的 AN0、AN1 與 AN17 正確地設定為類比訊號腳位。

11.3　類比數位訊號轉換器的輔助功能

　　dsPIC33CK 微控制器除了基本的類比號轉換功能之外，在結果輸出的部分也增加了一些額外的功能作為輔助，讓應用程式的操作更為方便。這些額外的功能包括：

1. 四個擁有專屬中斷訊號的數位比較器
2. 四個擁有專屬中斷訊號的過量採樣濾波器
3. 各種操作過程與狀況的中斷訊號

11.3.1 ADC 訊號轉換結果數位比較器

　　類比訊號轉換的功能主要是作為感測器訊號量測的用途,所以在得到訊號轉換的結果之後通常都要進行訊號大小的判斷,然後再進行控制訊號的處理。在傳統的微控制器當中,應用程式必須要將訊號轉換的結果讀取之後,進行一系列的數學運算與大小比較的處理才能夠進行後續的訊號輸出。為了簡化這些訊號處理的程序以提高微控制器的效能,dsPIC33CK 微控制器內建了數位比較器,可以直接對訊號轉換結果進行比較與判斷而不需要透過程式進行運算,因此可以減少微控制器核心處理器的運算時間。

　　dsPIC33CK 微控制器內建有四組數位比較器,如圖 11-6 所示,每一個比較器可以設定針對特定的類比輸入通道進行監控。應用程式可以事先針對每一個數位比較器設定比較範圍的兩個暫存器,ADCMPnHI 與 ADCMPnLO,作為比較範圍的上下界限。當 ADCMPnENL/H 暫存器中的 CMPENx 位元被設定為 1 時,將會開啟數位比較的功能。當所設定的類比輸入通道結果產生時,會自動地與上述的兩個暫存器進行大小的比對判斷;比較的方式將會有五種可

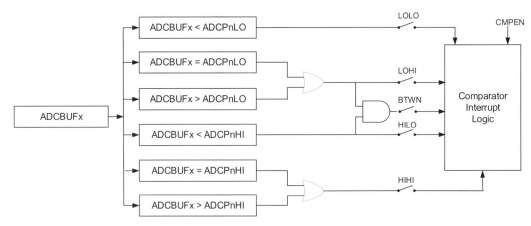

圖 11-6　dsPIC33CK 微控制器 ADC 模組數位比較器架構圖

能的設定模式組合，分別由 ADCMPnCON 暫存器中的五個位元設定。它們分別是：

- 當 BTWN = 1，判斷轉換結果是否滿足 ADCMPnLO ≤ ADCBUFx < ADCMPnHI
- 當 HIHI = 1，判斷轉換結果是否滿足 ADCBUFx ≥ ADCMPnHI
- 當 HILO = 1，判斷轉換結果是否滿足 ADCBUFx < ADCMPnHI
- 當 LOHI = 1，判斷轉換結果是否滿足 ADCBUFx ≤ ADCMPnLO
- 當 LOLO = 1，判斷轉換結果是否滿足 ADCBUFx < ADCMPnLO

當 ADC 核心完成一個轉換的結果時，數位比較器將會針對應用程式所選定的類比訊號輸入通道以及 ADCMPnCON 暫存器中所設定的比較模式，將類比訊號轉換結果與所設定的比較上下限範圍暫存器，ADCMPnHI 與 ADC-MPnLO，進行比較。如果所設定的比較事件發生時，ADCMPnCON 暫存器的狀態位元 STAT 將會被設定為 1 作為檢查的依據；同時，發生比較事件的類比訊號輸入通道編號將會被自動的寫入到 ADCMPnCON 暫存器的 CHNL<4:0> 位元以做為後續處理的依據。當應用程式讀取 CHNL<4:0> 位元時，將會把狀態位元 STAT 清除為 0。如果 ADCMPnCON 暫存器中的中斷致能位元被設定為 1 時，將會觸發個別的或者是通用的中斷訊號。

由於類比訊號轉換結果的輸出格式有許多不同的選擇，應用程式在設定比較上下限範圍暫存器，ADCMPnHI 與 ADCMPnLO，也必須要注意使用相對應的格式以避免產生錯誤的比較結果。

| 程式範例 11-4 | 定時進行 ADC 數位比較器的判斷

修改類比訊號轉換模組範例程式 11-1，針對 CORE 0 對應的可變電阻 VR2 進行數位比較判斷。設定電壓比較的高低門閾值，藉由數位比較器的判斷以 LED 燈號了解 VR2 電壓範圍。相關的範例程式如下：

```
//
//  EX11_4 使用 ADC CORE0 對可變電阻進行電壓量測
//  並利用數位比較器判斷比較事件是否成立,
//  參考 ADC1 模組 ADCMPCON 暫存器
//
```

```
/*
  Section: Included Files
*/
// 將系統與硬體設定函式的原型宣告檔案含入
#include "mcc_generated_files/system.h"
// 將 TIMER1 函式的原型宣告檔案含入
#include "mcc_generated_files/tmr1.h"
// 將 ADC1 函式的原型宣告檔案含入
#include "mcc_generated_files/adc1.h"
// 將 LCD 函式的原型宣告檔案含入
#include "../APP020_LCD.h"


/*
  Main application
*/

// 宣告字串於程式記憶體
const char My_String1[]="Exercise 11- ADC" ;
// 宣告字串於資料記憶體
char My_String2[]="VR1:    VR2:     " ;

void Show_ADC(void) ;  // 將 ADC 結果顯示至液晶顯示器的函式

unsigned char deciSec=0;//MCC 軟體計數只有 1byte，需使用 1/10 秒
unsigned char miliSec=0;//MCC 軟體計數只有 1byte，故預設 100 ms

int main(void)
{
  unsigned int dummy;
  // initialize the device
  SYSTEM_Initialize();

  OpenLCD( ) ;      // 使用 OpenLCD( ) 對 LCD 模組作初始化設定

  setcurLCD(0,0) ;    // 使用 setcurLCD( ) 設定游標於 (0,0)
  putrsLCD( My_String1 );// 將程式記憶體的字串輸出至 LCD

  setcurLCD(0,1) ;  // 使用 setcurLCD( ) 設定游標於 (0,1)
  putrsLCD( My_String2 ) ;// 將資料記憶體的字串輸出至 LCD

  while (1){
    // Add your application code
```

```
    miliSec=TMR1_SoftwareCounterGet();// 讀取週期達到的計數

  if( miliSec == 100)// 詢問 Timer1 的軟體計數是否已到100 次
  {                    // 1/10 秒遞加 1，deciSec++
    TMR1_SoftwareCounterClear(); // 清除 TIMER1 軟體計數為 0
    deciSec ++ ;  // 將 decSec 加 1, MCC 軟體計數只能有 1byte
    if ( deciSec == 10 ) {    // 若 deciSec==10,則為經過 1 秒
      deciSec=0;
      Show_ADC( ) ;              // 將 ADC 結果顯示於 LCD 上

      if(ADC1_Comparator0EventStatusGet()) {
        setcurLCD(9,1) ;                 // 設定游標
        putcLCD('X');
        setcurLCD(3,1) ;                 // 設定游標
        putcLCD(' ');
      }
      else{
        setcurLCD(3,1) ;                 // 設定游標
        putcLCD('X');
        setcurLCD(9,1) ;                 // 設定游標
        putcLCD(' ');
      }
      dummy=ADCMP0CONbits.CHNL;         // 讀取 CHNL 位元以清除 STAT 旗標

    }// End of if ( deciSec == 10 )
  }// End of if ( miliSec == 100 )
 }// End of while(1)
 return 1;
}

/********************************************/
// 將 ADC 結果顯示於 LCD 的函式

void    Show_ADC(void)
{
…
}
```

數位比較器的高低閾值是在 MCC 介面的 ADC 模塊中加入數位比較器的高低
電壓判斷範圍，如下圖所示：

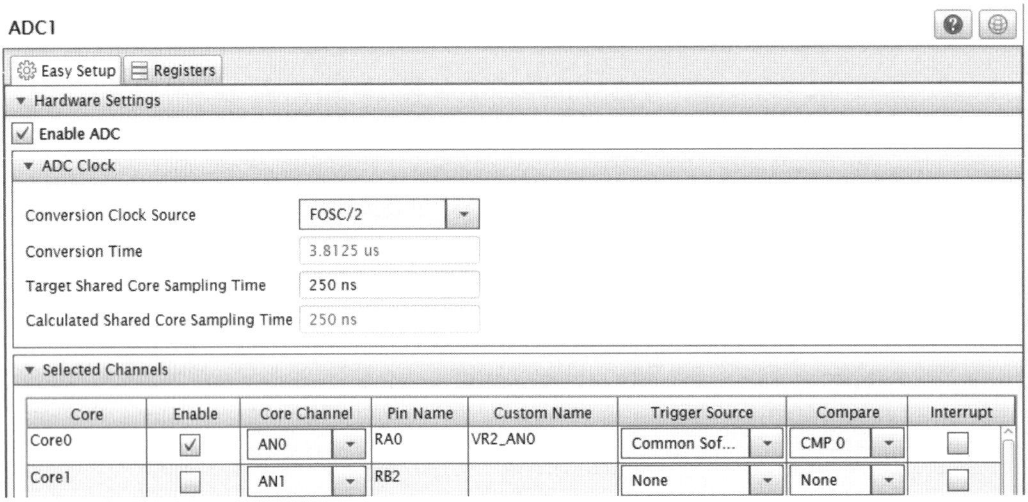

由於數位比較器是一個常態持續運作的元件，所以並不需要觸發轉換。在設定類比訊號通道與使用核心時，可以額外設定是否進行數位比較處理。如果選擇數位比較器的處理時，將會出現比較器設定窗格，如下圖所示：

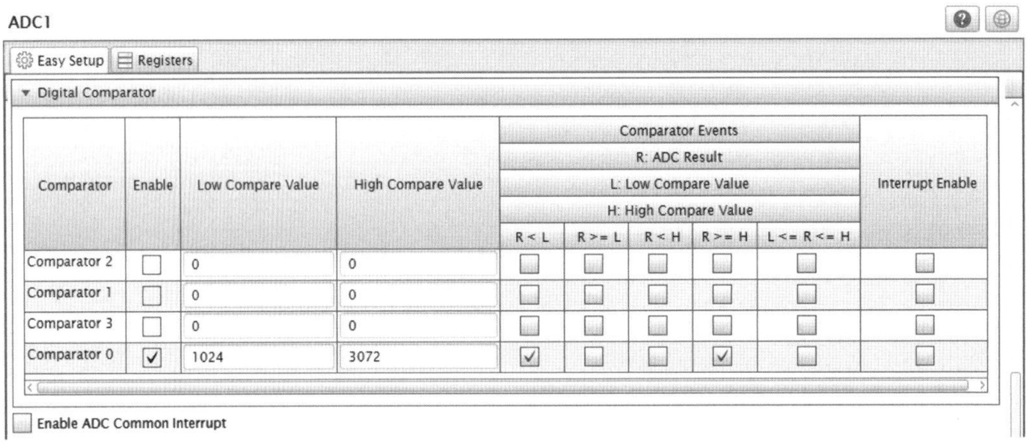

使用者可以設定以轉換結果為單位的高低閾值，並選擇觸發比較成立的條件。例如本範例是設定判斷轉換結果是否介於高低閾值之間，如果是則標示 IN，反之則標示 OUT。因此選擇輸出結果 R < L 與 R >= H 為判斷條件。因此當使用者調整 VR2 位置時，將會看到轉換結果如果介乎於 1024~3072 之間時，LED 燈號將有所變化。在主程式中是以 ADC1_Comparator0EventStatusGet( )

函式（等同於 ADCMP0CONbits.STAT 位元狀態）取得比較結果，如果 STAT 位元爲 1 表示曾經發生過符合高低閾值的比較條件；爲 0 則表示未曾發生過數位比較器的比較條件。比較一旦成立後，STAT 會一直保持 1 的狀態，直到程式使用 ADC1_ComparatorEvent0ChannelGet( ) 函式（相當於 ADCMP0CONbits.CHNL 位元）讀取觸發比較成立的通道時，會將 STAT 重置爲 0 以便繼續判斷是否再次有比較成立的事件。

11.3.2 ADC 訊號轉換結果過量採樣數位濾波器

類比訊號雖然大量的被使用在各種應用領域中，但是類比訊號最大的缺點就是容易受到各式各樣的訊號干擾或者是環境變化的影響，因此在使用上如何將這些干擾的雜訊去除是使用類比訊號一個重要的負擔。一般而言，都會使用低通濾波器，不論是硬體的或者是軟體的，將雜訊濾除。而這些處理方式，都會增加硬體的成本或者是軟體運算處理的時間成本。

爲了要提升 ADC 模組的效能，dsPIC33CK 微控制器對於類比訊號轉換的結果提供了過量採樣（Oversampling）數位濾波器的功能。dsPIC33CK 微控制器內建了四組過量採樣數位濾波器，每一個濾波器包含了一個累加器（accumulator）跟一個抽樣器（decimator），這兩者合併使用的功能就像是一個數位低通濾波器。過量採樣數位濾波器的運作概念基本上是藉由高於所需要的訊號採樣頻率進行類比訊號轉換以取得過量的結果，然後再針對這些過量的結果中進行適當的抽樣與計算。經過這樣的濾波器處理之後，可以有效的提升 ADC 模組訊號轉換的有效解析度，但是相對的必須要犧牲相當的類比訊號轉換效率。例如，使用四倍的過量採樣濾波器將可以增加一個有效位元的解析度；以此類推，每增加 4 的次方倍率的過量採樣，將可以提升 n 個有效位元的解析度。

要使用過量採樣數位濾波器處理類比訊號轉換結果，必須要依照下列步驟進行：

1. 在 ADFLnCON 暫存器的 OVRSAM<2:0> 位元設定所需要的過量採樣比例。

2. 針對接下來所要進行的類比訊號轉換設定適當的採樣時間。如果在專屬的 ADC 核心的話，必須要將 ADCON4L 暫存器的 SAMCxEN 位元設定爲 1，同時也要適當地設定 ADCOREnL 暫存器的 SAMC<9:0> 位元以提供適當的採樣時間長度。如果是共享的 ADC 核心的話，則必須要適當地設定 ADCON2H 暫存器的 SHRSAMC<9:0> 位元以便在每一次的訊號轉換之間提供適當的採樣時間長度。

3. 選擇要透過過量採樣數位濾波器的類比訊號通道，並將通道編號寫入到 ADFLnCON 暫存器的 FLCHSEL<4:0> 位元。

4. 在 ADFLnCON 暫存器的 MODE<1:0> 位元中設定所想要採用的數位濾波方式。00 爲過量採樣模式，11 則爲平均模式。

5. 將類比訊號轉換結果的格式位元 FORM 設定爲整數（0）。

6. 將 FLEN 位元設定爲 1，以啟動過量採樣濾波的運作。

當上述的設定程序完成時，ADC 模組將會等待一個對應的類比訊號輸入通道的轉換觸發訊號以開始過量採樣濾波的處理。當觸發轉換的訊號發生時，首先會將累加器清除爲 0 並開始訊號的轉換。在初始的訊號轉換觸發之後，接下來的訊號轉換觸發將會由濾波器自動的產生。在每一次訊號轉換完成之後，會根據 SAMC<9:0> 位元或 SHRSAMC<9:0> 位元在專屬或者是共用的 ADC 轉換核心進行適當時間的訊號採樣。而這樣子的程序將會反覆地進行，直到 OVRSAM<2:0> 位元所設定的採樣次數達成爲止。這時候，累加器中最多會累計 256 次的轉換結果。然後訊號累加並且濾波處理後的結果將會被移轉到 ADFLnDAT 暫存器中，同時會將 ADFLnCON 暫存器的 RDY 位元設定爲 1 作爲濾波程序完成的檢查依據。當應用程式讀取 ADFLnCON 暫存器的資料時，硬體將自動的將 RDY 位元清除爲 0。如果必要的話，可以將 ADFLnCON 暫存器中對應的中斷致能位元設定爲 1，便可以開啟個別的或者是通用的中斷訊號。

由於使用過量採樣數位濾波器處理之後將可以增加有效的訊號解析度，在使用 256 倍的過量採樣時將會增加 4 個有效位元的結果。因此，除了在原先的類比訊號轉換解析度之外，ADFLnDAT 暫存器的資料最多將會高達 16 個位元的長度。由於 dsPIC33CK 微控制器內建了過量採樣數位濾波器的硬體，過往必須要藉由應用程式大量的資料處理與運算的程式與時間都可以有硬體自動地完成，而不需要消耗核心處理器的運算效能。

程式範例 11-5 定時進行 ADC 訊號轉換並進行濾波處理

　　修改類比訊號轉換模組範例程式 11-1，針對 CORE 0 對應的可變電阻 VR2 進行訊號轉換，並利用數位濾波的功能取得量測電壓的平均值。

　　當系統使用環境容易受到干擾或訊號不穩時，使用數位濾波器是最節省成本的做法。傳統濾波器必須儲存大量資料，並進行長時間大量資料的累加平均計算，容易影響系統效能；此時可以使用 ADC 模組內建的濾波器功能，在不耗費核心處理器效能的情況下，完成平均值的計算。相關的範例程式如下：

```
//
//  EX11_5 使用 ADC CORE0 對可變電阻進行電壓量測
//  並利用濾波器功能輸出平均值
//  參見 ADC1 模組中的 ADFLCON 暫存器設定濾波器參數
/*
  Section: Included Files
*/
// 將系統與硬體設定函式的原型宣告檔案含入
#include "mcc_generated_files/system.h"
// 將 TIMER1 函式的原型宣告檔案含入
#include "mcc_generated_files/tmr1.h"
// 將 ADC1 函式的原型宣告檔案含入
#include "mcc_generated_files/adc1.h"
// 將 LCD 函式的原型宣告檔案含入
#include "../APP020_LCD.h"


/*
  Main application
*/

// 宣告字串於程式記憶體
const char My_String1[]="Exercise 11- ADC" ;
// 宣告字串於資料記憶體
char My_String2[]="VR1:    VR2:    " ;

void Show_ADC(void) ;   // 將 ADC 結果顯示至液晶顯示器的函式

unsigned char deciSec=0;//MCC 軟體計數只有 1byte，需使用 1/10 秒
unsigned char miliSec=0;//MCC 軟體計數只有 1byte，故預設 100 ms
```

```
int main(void)
{
  // initialize the device
  SYSTEM_Initialize();

  OpenLCD( ) ;     // 使用 OpenLCD( )對 LCD 模組作初始化設定

  setcurLCD(0,0) ;    // 使用 setcurLCD( ) 設定游標於 (0,0)
  putrsLCD( My_String1 );// 將程式記憶體的字串輸出至 LCD

  setcurLCD(0,1) ;  // 使用 setcurLCD( ) 設定游標於 (0,1)
  putrsLCD( My_String2 ) ;// 將資料記憶體的字串輸出至 LCD

  while (1){
    // Add your application code
    miliSec=TMR1_SoftwareCounterGet();// 讀取週期達到的計數

    if( miliSec == 100)// 詢問 Timer1 的軟體計數是否已到 100 次
    {              // 1/10 秒遞加 1，deciSec++
      TMR1_SoftwareCounterClear(); // 清除 TIMER1 軟體計數為 0
      deciSec ++ ;  // 將 decSec 加 1, MCC 軟體計數只能有 1byte
      if ( deciSec == 10 ) {  // 若 deciSec==10,則為經過 1 秒
        deciSec=0;
        Show_ADC( ) ;        // 將 ADC 結果顯示於 LCD 上
      }// End of if ( deciSec == 10 )
    }// End of if ( miliSec == 100 )
  }// End of while(1)
  return 1;
}

/***********************************************/
// 將 ADC 結果顯示於 LCD 的函式

Void Show_ADC(void)
{
  unsigned int ADCValue;

  ADC1_SoftwareTriggerEnable();   // 觸發轉換 SWCTRG = 1;
  while(ADFL0CONbits.RDY == 0); // 等待濾波器處理完畢
  // 讀取結果，此動作會自動清除 RDY 旗標
  ADCValue = ADFL0DAT;
```

```
 setcurLCD(9,1) ;                    // 設定游標
 puthexLCD( ADCValue >> 8 ) ;// 將結果以十六進位顯示至 LCD
 setcurLCD(11,1) ;                   // 設定游標
 puthexLCD( ADCValue&0xFF));// 將結果以十六進位顯示至 LCD
}
```

　　這個範例乍看之下與範例 11-1 並沒有太大不同，最大的差異是在 Show_ ADC( ) 函式中的兩行：

```
 while(ADFL0CONbits.RDY == 0); // 等待濾波器處理完畢
 // 讀取結果，此動作會自動清除 RDY 旗標
 ADCValue = ADFL0DAT;
```

這是因為本範例使用濾波器進行結果的處理。由於 MCC 並未提供濾波器的設定介面，因此使用者必須要自行藉由暫存器設定完成相關的功能調整，對於 AN0 通道的濾波處理是由暫存器 ADFL0CON 設定，在 MCC 提供的暫存器設定介面中其內容設定如下畫面所示：

其中啟動濾波功能，使用平均值模式，並設定為 4 倍採樣的處理方式。因為有濾波的處理，所以當然是以檢查 ADFL0CONbits.RDY 位元是否為 1 確認濾波是否完成，然後將濾波的結果 ADFL0DAT 暫存器取出代替單一次轉換的結果。

雖然濾波的處理不需要程式的介入，但是因爲採取超量採樣的做法，所以所需要的時間遠較一般類比訊號轉換來得更久，這是使用時必須要注意的。

◎11.3.3　ADC 訊號模組的中斷

由於 dsPIC33CK 的類比訊號轉換模組功能非常的複雜，同時也根據轉換過程以及各種額外的功能提供個別或者是通用的中斷訊號以便即時的處理各種事件，因此在使用上必須適當的選擇與設定各個中斷的開關與處理方式。除此之外，爲了補償中斷訊號發生到執行中斷函式的系統延遲時間，ADC 模組還提供了一個特別的早發中斷訊號（early interrupt）。在中斷訊號發生之後，核心處理器的程式計數器，將會調整到中斷事件對應的中斷執行函式程式記憶體向量位址，以進行所需要的處理程序，例如資料處理、清除中斷旗標等等。在清除中斷旗標之前，必須要將相對應的中斷事件清除或者將中斷致能位元關閉。

■ 個別的中斷

爲了有效降低中斷發生之後的處理時間延遲，dsPIC33CK 微控制器類比訊號轉換模組提供了眾多的中斷訊號來源以因應各種不同的需求。這樣可以避免使用單一中斷訊號與中斷向量的設計必須要由應用程式額外的判斷與處理時間所造成的延遲。

個別的中斷訊號可以由下列的事件產生：

1. 個別的類比訊號通道轉換完成
2. 個別的數位比較器事件發生
3. 個別的過量採樣數位濾波器處理完成

1. 個別的類比訊號通道轉換完成的中斷

首先，當個別的類比訊號通道（ANx）訊號轉換完成時，ADSTATL/H 暫存器中對應的 ANxRDY 位元將會被設定爲 1，同時也會將對應的 ADCANxIF 中斷位元旗標設定爲 1 而觸發中斷。如果有開啟 ADIEL/H 暫存器中相對應的中斷致能位元 IEx 的話，將會進入中斷執行函式。如果要將 ADCANxIF 清除爲 0 的話，必須要先讀取 ADCBUFx 結果暫存器的資料，會一併將 ANxRDY 位元清除爲 0，接著才能清除 ADCANxIF 中斷旗標位元。

2. 個別的數位比較器事件發生的中斷

其次，當轉換結果經過數位比較器處理滿足五種特定的比較條件中選定的條件時，也會將 ADCMPnCON 暫存器中 STAT 位元設定為 1，同時也會觸發每一個數位比較器自己的系統中斷訊號旗標 DCMPxIF。要將 DCMPxIF 旗標清除為 0，必須要藉由讀取 ADCMPnCON 暫存器中 CHNL<4:0> 位元得到滿足條件的通道編號，這個讀取動作同時也會將 STAT 位元清除為 0。要開啟數位比較器中斷功能的話，必須要將 ADCMPnCON 暫存器中對應的中斷致能位元 IE 設定為 1，方能觸發系統中斷執行函式的功能。

3. 個別的過量採樣數位濾波器處理完成的中斷

最後一個個別的中斷訊號是由過量採樣數位濾波器所產生。當任何一個濾波器依照 ADFLnCON 暫存器所設定的次數，完成應用程式所設定的大量 ADC 訊號轉換，並將每一次的結果經由累加器累計處理，最終將採樣器所取得的濾波後有效訊號轉換數值存入到 ADFLnDAT 暫存器時，硬體將會自動把 ADFLnCON 暫存器的 RDY 位元設定為 1，作為完成濾波器處理的檢查依據；與此同時也會將中斷旗標 ADFLTRxIF 位元設定為 1，藉此觸發微控制器的中斷事件。如果 ADFLnCON 暫存器的中斷致能位元 IE 被設定為 1 時，將會觸發微控制器對應的中斷執行程式。如果要將中斷旗標 ADFLTRxIF 旗標清除為 0 以解除中斷事件訊號的話，必須先讀取 ADFLnDAT 暫存器的資料，這動作會同時自動將 RDY 位元清除為 0，才可以將中斷旗標 ADFLTRxIF 旗標清除為 0。

■ 通用的中斷

所有的 ADC 事件都共享一個通用的中斷訊號 ADCIF。在 ADC 模組中任何被開啟的中斷事件，例如前述的個別中斷功能，都會將中斷控制器中的 ADCIF 旗標位元設定為 1。共用的 ADCIF 中斷旗標在任何一個 ADC 模組內的狀態位元未被清除為 0，或者將其對應的中斷致能位元關閉之前，是無法將 ADCIF 位元清除為 0 的。可以設定 ADCIF 中斷旗標的事件或訊號來源包括：

1. 每一個個別的類比訊號轉換資料完成中斷訊號，而且其在 ADIEL/H 暫存器中對應的中斷致能位元 ANxIE 是被設定開啟的。

2. 每一個數位比較器中斷事件訊號，而且其在 ADCMPnCON 暫存器中對應的中斷致能位元 IE 是被設定開啟的。

3. 每一個過量採樣數位濾波器中斷事件訊號，而且其在 ADFLnCON 暫存器中對應的中斷致能位元 IE 是被設定開啟的。

4. 每一個 ADC 核心被啟動完成的中斷事件發生時，而且在 ADCON5H 暫存器中對應的 C0CIE 、C1CIE 或 SHRCIE 被設定為 1。由於在這些核心繼續運作的情況下，對應的 C0RDY 、C1RDY 與 SHRRDY 將會持續保持為 1，所以只能夠藉由關閉其中斷功能致能位元 C0CIE 、C1CIE 與 SHRCIE 來解除中斷事件訊號，才能夠將 ADCIF 旗標清除為 0。

5. 在 ADCON3L 暫存器中的中斷致能位元 SUSPCIE 被設定，而且所有 ADC 訊號觸發都已經完成或被取消時。ADCON3L 暫存器中的 SUSPRDY 位元將會持續地保持為 1，直到 SUSPRDY 被清除 0 以重新開始 ADC 轉換的觸發訊號。所以在維持所有觸發訊號被終止的狀況下，只能夠將對應的 SUSPIE 清除為 0 以解除中斷功能，才能夠將 ADCIF 旗標清除為 0。

6. 當參考電壓穩定或參考電壓錯誤中斷事件發生時，且在 ADCON2L 暫存器中對應的 REFCIE 或 REFERCIE 位元被設定為 1 時。由於在 ADC 模組開啟的情況下，對應的 REFRAY 或 REFERR 位元可能都會持續保持為 1 的狀態，在參考電壓穩定或參考電壓錯誤事件發生後，必須將對應的 REFCIE 或 REFERCIE 位元清除為 0 以解除中斷功能，才能夠清除 ADCIF 中斷旗標。

在 ADCIF 中斷旗標位元因為上述的中斷事件被設定為 1 時，必須同時將 ADCIE 中斷致能位元設定為 1，才能夠使微控制器移轉到共用的 ADC 中斷執行函式處理所需要的控制程序。

■早發中斷訊號

早發中斷訊號可以用來改善或補償為控制系統在 ADC 中斷發生時系統所需要的時間延遲成本。當 ADCON2L 暫存器中的 EIEN 位元被設定為 1 時，所有 ADC 模組或核心設定的中斷事件訊號都會在 ADC 訊號轉換完成前提早發生。

當個別的 ANx 類比輸入通道訊號轉換完成的早發中斷訊號產生時，AD-

EISTATL/H 暫存器中對應的 EISTATx 位元將會被設定為 1，但是在對應的 ADCBUFx 結果暫存器資料被讀取時，將會自動被硬體清除為 0。這個早發中斷訊號可以被 ADEIEL/H 暫存器中的 EIEx 所控制。

即便是類比輸入訊號仍然在轉換的過程中，應用程式可以藉由提早的觸發訊號開始執行進入中斷執行函式的動作。在 ADCORENH 暫存器中的 EI-ESL<2:0> 位元與 ADCON2L 暫存器中的 SHREISEL<2:0> 位元分別設定早發中斷的提前時間，他們是以 T$_{ADCORE}$ 時脈時間為單位。

早發中斷訊號可以降低從觸發類比輸入訊號轉換到轉換結果資料可以被讀取的延遲時間。如果經由適當的計算、測試與調整，使用早發中斷可以將類比訊號轉換所需的延遲時間完全消除。但是要注意到早發中斷是以 ADC 核心為設定的標的，而不是以個別訊號通道為目標。但是不同的專屬或共用 ADC 核心是可以設定不同的早發時間。當 ADC 核心被設定為較低的解析度時，由於轉換所需的時間較短，太大的中斷提前時間設定是沒有辦法做到的。因此在設定提前時間時，必須要同時確認對應的解析度設定。

當開啟早發中斷的功能時，在 ADIEL/H 暫存器中與中斷相關的致能設定是沒有作用的，而是要以 ADEIEL/H 暫存器中的致能設定為依據。

11.3.4　節能模式下的 ADC 模組操作

除了節省電能的目的外，由於在節能模式下核心處理器與許多數位周邊元件會進入停止運作的狀態，這會大幅降低類比訊號轉換時的數位訊號雜訊干擾，可以有效提高訊號轉換的正確性。

當系統在睡眠模式下，由於系統的時脈訊號將會被暫停，所以如果 ADC 模組設定使用 F$_{OSC}$ 作為時脈來源的話，也會停止類比訊號的轉換動作。正在進行的訊號轉換將會被放棄，即便在系統恢復運作時也不會重新再進行類比訊號轉換。但是相關的 ADC 模組設定將不會受到進出睡眠模式的影響。

如果 ADC 模處選用在睡眠模式下可以繼續運作的時脈來源，例如 FRC，則 ADC 模式可以在系統進入睡眠模式下繼續運作。這時候的 ADC 運作可以避免系統數位電路的高速切換訊號干擾，反而可以獲得較為準確的數值結果。如果在進入睡眠模式前有設定 ADC 模組的中斷功能，當發生 ADC 的中斷事件訊號時，將可以從睡眠模式中喚醒系統。喚醒時，如果 ADC 中斷的優先層級是高於 CPU 的層級的話，系統將會從 ADC 的中斷執行函式開始運作；否則，喚醒時將會從執行睡眠指令的下一行指令開始運作。除此之外，ADC 模組必須選用一個會在睡眠模式下發生的觸發轉換訊號，例如外部腳位訊號，以確保訊號轉換的開始。

在另一個閒置（Idle）節能模式下，ADCON1L 暫存器的 ADSIDL 位元決定 ADC 模組是否繼續運作。當 ADSIDL 位元清除為 0 時，ADC 模組將會在閒置模式下繼續運作。任何 ADC 模組的中斷被設定且發生中斷事件訊號時，將會喚醒系統重新開始運作。喚醒時，如果 ADC 中斷的優先層級是高於 CPU 的層級的話，系統將會從 ADC 的中斷執行函式開始運作；否則，喚醒時將會從執行睡眠指令的下一行指令開始運作。如果 ADSIDL 被設定為 1 的話，ADC 模組在進入閒置模式時將會停止運作。此時，未完成的類比訊號轉換將會被中止放棄。

程式範例 11-6　定時進行 ADC 訊號轉換並利用中斷功能處理

修改類比訊號轉換模組範例程式 11-1，針對 CORE 0 對應的可變電阻 VR2 進行訊號轉換，並利用 ADC 模組的中斷功能檢查轉換是否完成並取得轉換結果顯示於 LCD 上。

在前面的範例中，一旦啟動 ADC 訊號轉換後，都是以 while 迴圈檢查轉換是否完成的旗標，再進行後續的處理工作。這樣的方式必須讓程式耗費一個訊號轉換的時間等待，而無法進行其他資料或程序處理，是一個沒有效率的做法。如果可以利用 ADC 模組對應許多的中斷旗標及中斷執行函式，可以大幅減少所耗費的等待時間，對於程式效能是非常有幫助的。特別是訊號量測試是每一個程式處理循環週期都要做的重要工作，周而復始的循環下來，所節省的時間就非常可觀。使用中斷處理的相關範例程式如下：

```
//
// EX11_6 使用 ADC CORE0 對可變電阻進行電壓量測
// 並使用 ADC 中斷輸出結果
// 中斷部分請參閱 adc1.c 中的 ADC1_ADCAN0_CallBack() 函式
//
/*
```

```
    Section: Included Files
*/
// 將系統與硬體設定函式的原型宣告檔案含入
#include "mcc_generated_files/system.h"
// 將 TIMER1 函式的原型宣告檔案含入
#include "mcc_generated_files/tmr1.h"
// 將 ADC1 函式的原型宣告檔案含入
#include "mcc_generated_files/adc1.h"
// 將 LCD 函式的原型宣告檔案含入
#include "../APP020_LCD.h"

/*
  Main application
*/

// 宣告字串於程式記憶體
const char My_String1[]="Exercise 11- ADC" ;
// 宣告字串於資料記憶體
char My_String2[]="VR1:    VR2:    " ;

void Show_ADC(void) ;  // 將 ADC 結果顯示至液晶顯示器的函式

unsigned char deciSec=0;//MCC 軟體計數只有 1byte，需使用 1/10 秒
unsigned char miliSec=0;//MCC 軟體計數只有 1byte，故預設 100 ms
// Add global variables
unsigned int ADCValue;
unsigned char Show_ADCNO;

int main(void)
{
  // initialize the device
  SYSTEM_Initialize();

  OpenLCD( ) ;     // 使用 OpenLCD( )對 LCD 模組作初始化設定

  setcurLCD(0,0) ;    // 使用 setcurLCD( ) 設定游標於 (0,0)
  putrsLCD( My_String1 );// 將程式記憶體的字串輸出至 LCD

  setcurLCD(0,1) ;  // 使用 setcurLCD( ) 設定游標於 (0,1)
  putrsLCD( My_String2 ) ;// 將資料記憶體的字串輸出至 LCD

  while (1){
    // Add your application code
    //TMR1_Tasks_16BitOperation();//詢問 Timer1 週期是否已到
    miliSec=TMR1_SoftwareCounterGet();// 讀取週期達到的計數
```

```
  if( miliSec == 100)// 詢問 Timer1 的軟體計數是否已到 100 次
  {                // 1/10 秒遞加 1，deciSec++
    TMR1_SoftwareCounterClear(); // 清除 TIMER1 軟體計數為 0
    deciSec ++ ;  // 將 decSec 加 1, MCC 軟體計數只能有 1byte
    if ( deciSec == 10 ) {   // 若 deciSec==10,則為經過 1 秒
      deciSec=0;
      ADC1_SoftwareTriggerEnable(); // 觸發轉換 SWCTRG=1;
    }// End of if ( deciSec == 10 )
  }// End of if ( miliSec )
  if (Show_ADCNO ==1){
    Show_ADC( ) ;            // 將 ADC 結果顯示於 LCD 上
    Show_ADCNO=0;
  }
}// End of while(1)
return 1;
}

/***********************************************/
// 將 ADC 結果顯示於 LCD 的函式

void Show_ADC(void)
{
  setcurLCD(12,1) ;           // 設定游標
  put_Num_LCD( ADCValue ) ;   // 將 ADC5 轉換結果顯示於 LCD 上
}
```

這個範例最大的差異是在 Show_ADC( ) 函式，原來在時間達到一秒時呼叫 Show_ADC( )，並在其中觸發 ADC 轉換、等待轉換完成、進行結果顯示。在改用中斷處理後，觸發轉換移至主程式中執行，然後主程式的永久迴圈會一直循環而不需要檢查或等待 ADC 轉換完成。這是因為程式開啟了 ADC 的中斷功能，所以當 ADC 轉換完成時會觸發中斷旗標並執行中斷函式，其內容如下所示：

```
void __attribute__ ((weak))
                ADC1_ADCAN0_CallBack(uint16_t adcVal)
{
  // Add your custom callback code here
  ADCValue = (adcVal >> 4);
  Show_ADCNO=1;
}
void __attribute__ ((__interrupt__,auto_psv))
                        _ADCAN0Interrupt ( void )
```

```
{
  uint16_t valADCAN0;
  //Read the ADC value from the ADCBUF
  valADCAN0 = ADCBUF0;
  //Callback function to process the ADC data
  ADC1_ADCAN0_CallBack(valADCAN0);
  //clear the ADCAN0 interrupt flag
  IFS5bits.ADCAN0IF = 0;
}
```

在此可以看到 MCC 產生的中斷執行函式，會先將 ADC 轉換結果 ADCBUF0
存入到變數 valADCAN0 後，呼叫事件呼叫函式。而在事件呼叫函式 ADC1_
ADCAN0_CallBack( ) 中，範例將轉換結果較高的 8 位元留下，並設定 Show_
ADCNO 旗標位元後，返回中斷執行函式清除中斷旗標位元後返回正常程式
執行。而主程式永久迴圈在檢查 Show_ADCNO 旗標位元為 1 後，便會執行
Show_ADC 函式進行顯示的更新。使用中斷功能減少程式等待的時間，而且
可以在事件發生時立即反應，都是比傳統方式更有效的改善。

　　ADC 模組有許多中斷功能，最基本的就是每一個通道轉換後的中斷旗標
設定，在 MCC 提供的 ADC 模組設定介面中，個別通道中斷的設定如下畫面
所示：

CHAPTER

11

如果需要 ADC 模組的共通中斷也可以另外設定。共通中斷會在任何一個 ADC 模組的中斷被觸發時被觸發。經過介面的設定後，MCC 會自動產生對應的中斷執行函式與事件呼叫函式，一如前面提到的 _ADCAN0Interrupt ( ) 與 ADC1_ADCAN0_CallBack ( )。使用者便可以自行增加所需要的執行程序。

CHAPTER 12

UART 通用非同步接收傳輸模組

　　dsPIC 系列數位訊號控制器提供許多種通訊介面作為與外部元件溝通的工具與橋樑，包括 UART、SPI、I²C 與 CAN 等等通訊協定相關的硬體。由於這些通訊協定的處理已經建置在相關的硬體，因此在使用上就顯得相當的直接而容易。一般而言，在使用時不論是上述的哪一種通訊架構，應用程式只需要將傳輸的資料存入到特定的傳輸暫存器中，dsPIC 微控制器中的硬體將自動地處理後續的資料傳輸程序，根據資料內容改變腳位電壓的高低而不需要應用程式的介入；而且當硬體完成傳輸的程序之後，也會有相對應的中斷旗標或狀態檢查位元的設定提供應用程式作為傳輸是否完成的檢查。同樣的，在資料接收的方面，dsPIC 控制器的硬體將會自動的檢查腳位訊號變化處理接收資料的前端作業；當接收到完整的資料並存入暫存器時，控制器將會設定相對應的中斷旗標或位元，觸發應用程式對所接收的資料做後續的處理。如果在資料傳輸或接收過程中發生錯誤，硬體也會自動地檢測並設定對應的錯誤狀態位元作為應用程式檢查資料的依據。

　　在這一章將以最廣泛使用的通用非同步接收傳輸模組 UART 的使用為範例，說明如何使用 dsPIC 控制器中的通訊模組，並引導使用者利用 XC16 編譯器所提供的函式庫，撰寫相關的程式並與個人電腦做資訊的溝通。

12.1　通用非同步接收傳輸模組概觀

　　通用非同步接收傳輸模組的主要功能包括：

- 透過 UxTX 與 UxRX 進行全雙工，8 或者 9 位元資料通訊
- 當使用 8 位元資料傳輸時，可提供奇數、偶數或無同位元檢查選項

- 1 或 2 個停止位元
- 硬體自動鮑率偵測功能
- 可以使用 CTS 與 RTS 腳位進行傳輸流量管控
- 完全整合的鮑率產生器（Baud Rate Generator），並附有 16 位元前除頻器
- 鮑率設定最高可達到 17.5 Mbps 的速率
- 4 個字元大小的先進先出（FIFO）資料傳輸緩衝器
- 4 個字元大小的先進先出資料接收緩衝器
- 位元檢查、資料框及緩衝器超越（Overrun）錯誤偵測
- 支援 9 位元傳輸格式下的位址偵測
- 獨立的傳輸與接收中斷
- 可作爲程式檢測的資料回傳（Loopback）模式

UART 通訊模組的硬體架構圖如圖 12-1 所示。UART 通訊模組相關的暫存器與位元定義如表 12-1 所示。

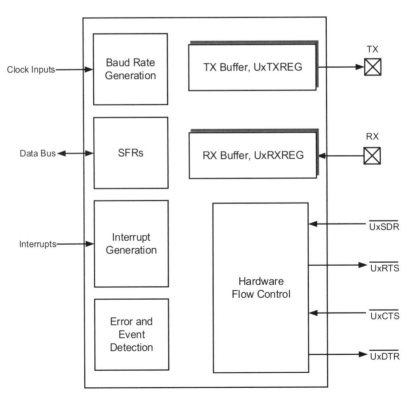

圖 12-1　dsPIC33CK 微控制器 UART 通訊模組的硬體架構圖

表 12-1　UART 通訊模組相關的暫存器與位元

SFR Name	Bit 15	Bit 14	Bit 13	Bit 12	Bit 11	Bit 10	Bit 9	Bit 8
UxMODE	UARTEN	—	USIDL	IREN	RTSMO	ALTIO	UEN1	UEN0
UxSTA	UTXISEL1	UTXINV	UTXISEL0	URXEN	UTBRK	UTXEN	UTBF	TRMT
UxADMD	ADM_MASK7	ADM_MASK6	ADM_MASK5	ADM_MASK4	ADM_MASK3	ADM_MASK2	ADM_MASK1	ADM_MASK0
UxTXREG	LAST	—	—	—	—	—	—	UTX8
UxRXREG	—	—	—	—	—	—	—	UTX8
UxBRG	Baud Rate Generalor Prescaler Register							
UxSCCON	—	—	—	—	—	—	—	—
UxSCINT	—	—	RXRPTIF	TXRPTIF	—	—	WTCIF	GTCIF
UxGTC	—	—	—	—	—	—	—	GTC8
UxWTCL	WTC15	WTC14	WTC13	WTC12	WTC11	WTC10	WTC9	WTC8
UxWTCH	—	—	—	—	—	—	—	—

SFR Name	Bit 7	Bit 6	Bit 5	Bit 4	Bit 3	Bit 2	Bit 1	Bit 0	All Resets
UxMODE	WAKE	LPBACK	ABAUD	URZINW	BRGH	PDSEL1	PDSEL0	STSEL	000
UxSTA	URXISEL1	URXISEL0	ADDEN	RIDLE	PERR	FERR	OERR	URXDA	0100
UxADMD	ADM_ADDR7	ADM_ADDR6	ADM_ADDR5	ADM_ADDR4	ADM_ADDR3	ADM_ADDR2	ADM_ADDR1	ADM_ADDR0	000
UxTXREG	UARTx Transmit Register								xxxx
UxRXREG	UARTx Receive Register								0000
UxBRG									0000
UxSCCON	—	—	TXRPT1	TXRPT0	CONW	T0PD	PTRCL	SCEN	0000
UxSCINT	—	PARIE	RXRPTIE	TXRPTIE	—	—	WTCIE	GTCIE	0000
UxGTC	GTC7	GTC6	GTC5	GTC4	GTC3	GTC2	GTC1	GTC0	0000
UxWTCL	WTC7	WTC6	WTC5	WTC4	WTC3	WTC2	WTC1	WTC0	0000
UxWTCH	WTC23	WTC22	WTC21	WTC20	WTC19	WTC18	WTC17	WTC16	0000

CHAPTER

12

UART 模組主要由下列的硬體元件所組成：

- 鮑率產生器
- 非同步資料傳輸元件
- 非同步資料接收元件

▣ 通訊協定的基本概念

通訊協定根據同步時脈訊號的有無，基本上可以分成兩類：同步訊號傳輸與非同步訊號傳輸。由於通訊是要將資料在兩個裝置間進行資料的溝通，收與發的兩端必須對訊號的電氣訊號與傳輸速度有一個共同的認知才能夠了解對方所傳遞的資訊，因此雙方在事前或傳輸當時的「協定」是很重要的一件事。如果收與發的雙方沒有共同的協定，則接收的一方無法正確的了解發送端的資料，經常會造成資料的錯誤。

舉例而言，圖 12-2(1) 為一個資料發送端所發送的訊號在兩個裝置間所造成的數位訊號變化。如果只有資料訊號，接收端必須要自行判斷資料變化的時間與格式，所以例如圖 12-2(1) 的訊號，可能是 101010101010，也有可能是 101010010100010。當然傳輸資料並不是讓接收端自行猜想，所以必須要有出傳輸與接收端兩端的協議才能正確地解讀訊號。

如果是採用同步訊號傳輸的概念，就會像圖 12-2(2) 的方式，在發出資料的同時，也提供一個同步時脈訊號，協助接收端在正確的時間點進行訊號採樣，因此資料的長度就會與伴隨的時脈訊號脈衝數量相同。所謂正確的時間點，有的通訊協定會使用時脈訊號為高電壓（1）或低電壓（0）的時間，也有的通訊協定是採用時脈訊號邊緣；通常後者是比較精確的方式，也較為被現代的通訊協定採用。例如在圖 12-2(2) 的 A 點，如果使用高低電壓作為時脈依據，則容易造成判斷的錯誤；但是如果使用訊號邊緣，不論是上升或下降邊緣，就可以正確無誤地判斷出 A 點的訊號為何。例如，如果以上升邊緣為依據，則 ‧A 點的資料訊號為 1。

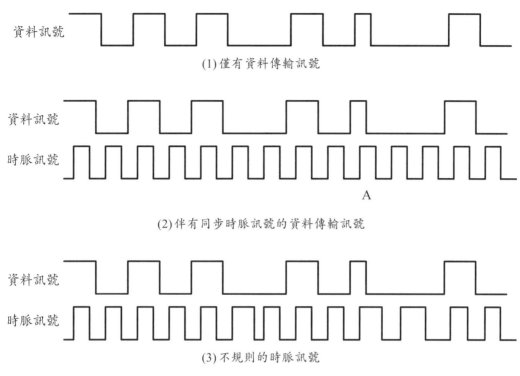

資料訊號

(1) 僅有資料傳輸訊號

資料訊號

時脈訊號

A

(2) 伴有同步時脈訊號的資料傳輸訊號

資料訊號

時脈訊號

(3) 不規則的時脈訊號

圖 12-2　傳輸同步時脈訊號的意義

CHAPTER

12

　　在早期的微處理器發展過程，必須要藉由應用程式與數位輸出入功能在腳位上產生或感測腳位的電壓變化，訊號變化的速度就可能因為程式執行的效能或中斷的發生受到影響，如圖 12-2(3) 所示。如果要產生圖 12-2(2) 一樣精確的波形，對於微處理器硬體的要求與應用程式撰寫的效率就會非常嚴苛，因此一般的微控制器就逐漸地發展出獨立的周邊功能電路處理通訊的訊號。

　　如圖 12-2 的同步訊號傳輸雖然解決了資料訊號判讀的問題，但是也衍生了兩個問題：1. 額外的同步時脈產生增加了硬體的負擔，包括額外的腳位需求；2. 時脈產生的管理通常由系統中主要的控制器掌握，其他的控制器或元件因此失去主動傳輸的權利，反而造成傳輸效能的降低。為了解決同步訊號的缺失，因而發展出非同步通訊協定，也就是沒有同步時脈訊號的通訊協定。

　　由於沒有同步時脈訊號，也就是如圖 12-2(1) 單獨的資料訊號，資料傳輸的兩端裝置必須訂定更嚴謹的電氣訊號規格、傳輸速率與訊號採樣的規格。收發兩端必須要在事前進行初始化設定，將相關的規格定義在通訊模組的設定以符合要求。而爲了達到標準的傳輸速率與正確的採樣時間，使用非同步通訊協定的硬體都必須要有內部的計時器，或者稱爲鮑率產生器（Baud Rate Generator, BRG），進行相關腳位的數位訊號改變與感測才能正確地在相關腳位產生或感測訊號變化。

▊通用非同步接收傳輸協定

通用非同步接收傳輸協定（Universal Asynchronous Receiving & Transmission, UART）是工業界使用最廣泛的通訊介面，這個通用的硬體可以依據使用的需求，設定爲對應國際通訊協定中的 RS-232、RS-422 與 RS485 等不同的應用。雖然這些通訊協定的實體層電器規格有所不同，但是只要使用對應的電壓轉換元件，dsPIC33CK 微控制器的 UART 模組便可以輕鬆地設定使用。

由於一般讀者學習時較不易接觸到工業用控制元件，例如 PLC 與人機介面，因此本書將以一般電子產品與電腦較常使用的 RS-232 作爲學習的標的，透過 RS-232 的使用進行 UART 的介紹。UART 也廣泛地被衛星定位系統晶片、無線通訊傳輸晶片等等作爲與微控制器通訊溝通資料的介面，其用途也是非常的廣泛。即便是在目前的個人電腦上，仍然可以藉由轉換器利用 RS232 與外部裝置溝通，只是其通訊埠名稱使用 COM 代替。讀者可以在作業系統中的裝置管理員頁面看到相關的使用元件。

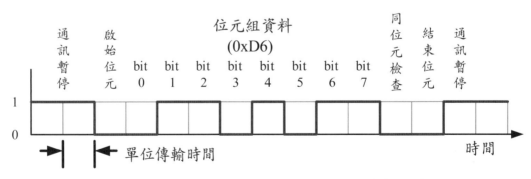

圖 12-3　以 RS-232 爲例的 UART 訊號時序範例

UART，根據 RS-232 協定的規定，資料傳輸的基本格式如圖 12-3 所示。每一筆資料的單位以位元組爲基礎，以串列（Serial）方式將一個個位元逐一地在通訊腳位產生電壓訊號的變化，讓接收資料的一方藉由感測電壓變化而獲取資料內容。由於 UART 是非同步通訊協定，因此每一個位元訊號的時間必須要事先設定，也就是鮑率（Baud Rate），例如每秒 9600 位元（9600 bps）是常看到的速度設定。一般需要定義的通訊設定包括：

- 傳輸速率
- 資料長度
- 同位元檢查機制
- 停止位元長度

最常見的設定選擇是 9600-8-N-1，也就是每秒 9600 個位元、每筆資料 8 個位元、沒有同位元檢查、1 個單位時間的停止訊號。以圖 12-3 為例，當硬體未執行資料傳輸時，將會使資料腳位停留於高電壓（1）的狀態，在要開始傳輸資料時，則先將腳位電壓調整為低電壓（0）以便提醒接收端進行準備，這稱為啟始位元訊號（Start）。每一個位元訊號的時間則由硬體內的鮑率產生器進行管理，在收發的兩端都會自主地依照事先預設的速率進行訊號的改變與偵測。在啟始訊號之後則是依照設定的速率將一個位元組的資料，由最低位元開始逐一地傳輸到訊號腳位進行電壓調整。取決於資料長度設定，在 8 個或 9 個資料位元之後，則是同位元檢查的位元。應用可以選擇產生奇數、偶數、或省略檢查的設定，提供一個檢查資料用的位元訊號給接收端進行核對。最後依據設定，產生 1 或 2 個停止訊號（低電壓）位元，便完成一個位元組的資料傳輸。結束後，收發資料方兩端的腳位會停留在高電壓（1）的狀態，直到下一個位元組資料傳輸的開始才會重複上述的變化。

由於是串列傳輸，資料發送端必須以移位（Shifting）的方式將資料由最低位元開始逐一呈現在腳位上，同時接收端也依照位元順序，在感測到高低電壓判定為 0 或 1 的位元內容後，逐一移位儲存在暫存器中。過程中，硬體將會檢查資料是否有誤，包括長度、同位元檢查等等，如果發生錯誤會設定相關狀態位元供程式與系統檢查。一旦全部位元的資料接收完成，接收端的硬體就會自動將其由移位載入到一個可供核心處理器讀取的暫存器，作為後續資料處理的應用。

12.2　UART 模組的啟動及設定

◢ 啟動 UART 模組

　　dsPIC33CK 微控制器提供多組 UART 模組供作使用。通用非同步接收傳輸（Universal Asynchronous Receiver Transmitter, UART）的啟動是藉由設定在 UxMODE 暫存器中的 UARTEN 位元來完成的。由於 dsPIC33CK 已經開始採用周邊功能腳位可程式選擇（Peripheral Pin Selection, PPS）的設計，使用者可以自行將 UART 模組設定在標示有 RPx 的腳位。一旦模組被啟動，不論資料方向暫存器 TRIS 或者栓鎖暫存器 LATx 的設定，UxTX 以及 UxRX 腳位將會分別的被強制設定為輸出以及輸入腳位。當沒有資料傳輸時，UxTX 腳位將會被預設為邏輯狀態 1。如果腳位有作為類比訊號的功能，使用前必須先將類比訊號功能關閉。

◢ 關閉 UART 模組

　　UART 模組可以藉由清除 UxMODE 暫存器中的 UARTEN 位元來關閉模組的功能。在任何的重置發生後，UART 模組將會被預設為關閉的狀態。如果 UART 模組被關閉的話，所有的輸出入腳位將會受到相關的 TRISx 以及 LATx 在暫存器的控制，來定義這些腳位的輸出入狀態。

　　關閉 UART 模組會將模組中暫存器內容完全的清除。所有在緩衝器內的資料符號將會遺失，而且鮑率計數器將會被歸零。

　　當模組關閉時，所有與關閉 UART 模組有關的錯誤及狀態指標將會被重置。其中，URXDA、OERR、FERR、PERR、UTXEN、UTXBRK 及 UTXBF 位元將會被清除為 0，但是 RIDLE 及 TRMT 位元則將會被設定為 1。其他的控制位元則不會受到影響。

　　當 UART 模組仍然在運作時，清除 UARTEN 位元將會放棄所有等待中的傳輸與接收，並且會將模組重置。重新啟動 UART 模組將會使模組進入同樣的設定狀態。

◉ 可程式選擇腳位

　　UART 功能的腳位可以藉由可程式選擇腳位（PPS）的功能指定在任何一個標示 RPx 的腳位上。因此在硬體規劃上會更有彈性，不需要侷限在特定腳位。相關詳情請參考第六章內容。

◉ 資料大小，位元檢查及停止位元選擇的設定

　　在暫存器 UxMODE 中的控制位元 PDSEL<1：0> 被用來宣稱的資料長度及資料位元檢查方式。資料長度可以是 8 位元加上奇偶數或者無同位元檢查，也可以是 9 位元加上無同位元檢查。STSEL 位元決定資料傳輸的過程中要使用的一個或兩個停止位元。在電源啟動時，UART 模組預設的傳輸方式為 8 位元、無同位元檢查、一個停止字元；通常這個設定被簡略的以 8-N-1 來顯示。

◉ 鮑率產生器

　　由於 UART 是非同步通訊協定，收發兩端裝置間不會有同步時脈訊號，因此必須要在內部產生一個事先約定的時脈訊號，也就是所謂的鮑率產生器。基本上鮑率產生器就像是一個計時器，由於 UART 並不是非常高速的通訊協定，鮑率產生器的計時時脈來源通常可以直接使用微控制器的周邊時脈訊號 F_p，必要時可以藉由一個除頻器調整訊號頻率。當應用程式根據規格決定所需要的傳輸速率時，就可以設定一個相當於週期暫存器的數值，使計時器周而復始地進行固定頻率的計時，並產生觸發訊號推動資料位元移位或其他處理的操作。

　　在這個觀念下，dsPIC33CK 微控制器的 UART 模組，有一個 16 位元的鮑率產生器 BRG，而其週期則是由 UxBRG 這個特殊功能暫存器所定義。除此之外，鮑率產生器也配置有一個除頻器將周邊時脈頻率降低以符合傳輸要求的速率。當設定暫存器 UxNMODE 的 BRGH 位元為 0 時，視為較慢速度的傳輸，除頻器將設定為 16 倍；如果需要較高速率的傳輸時，可以將 BRG 位元設定為 1，改用 4 倍的除頻器。在 16 倍除頻器的設定下，也就是 BRGH=0 時，傳輸速率與鮑率暫存器（也就是週期暫存器）UxBRG 的關係如下：

$$Baud\ Rate = \frac{F_P}{16 \times (UxBRG + 1)}$$

$$UxBRG = \frac{F_P}{16 \times Baud\ Rate} - 1$$

但是在高速模式下，當 BRGH=1 時，上述的公式就會變為

$$Baud\ Rate = \frac{F_P}{4 \times (UxBRG + 1)}$$

$$UxBRG = \frac{F_P}{4 \times Baud\ Rate} - 1$$

所以根據使用者的需求，可以自行選擇對應的鮑率設定。因為 UxBRG 必須是整數，所以可能的設定結果會有誤差發生。不過因為 UART 是以位元組為資料傳輸單位，每一個位元組傳輸都是從新由啟始訊號開始，這個鮑率的誤差並不會累積，只要夠小就不會造成問題。

例如，當系統周邊時脈為 4 MHz 且 BRGH=0 時，如果應用要求的鮑率為 9600 bps 的話，根據公式計算，

$$UxBRG = \frac{4,000,000}{16 \times 9600} - 1 = 25.0417 \cong 25$$

此時的實際鮑率為

$$Baud\ Rate = \frac{4,000,000}{16 \times (25 + 1)} = 9615 bps$$

誤差約為 0.16%。

如果系統改用 4 倍除頻器，也就是 BRGH 位元為 1 時，

$$UxBRG = \frac{4,000,000}{4 \times 9600} - 1 = 103.1667 \cong 103$$

$$Baud\ Rate = \frac{4,000,000}{4 \times (103 + 1)} = 9615 bps$$

誤差同樣約為 0.16%。

　　UART 傳輸與接收資料的鮑率設定是共享的,所以該模組收發資料是以一樣的速率進行,無法設定不同的時脈頻率。

12.3　傳輸資料

　　UART 傳輸資料的功能架構圖如圖 12-4 所示:

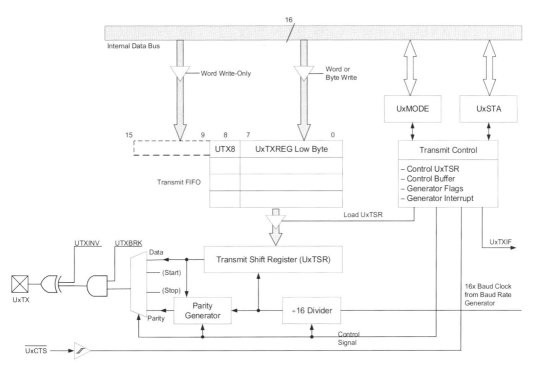

圖 12-4　UART 傳輸資料的功能架構圖

■8 位元資料傳輸模式

　　要使用 8 位元資料傳輸模式,必須依照下列的步驟來完成:

1. 設定 UART

　　首先,必須要決定資料長度、同位元檢查及停止位元的數量。然後,藉由 UxMODE 及 UxSTA 暫存器來設定傳輸與接收中斷的開啟及優先順序。同時,適當的鮑率數值必須被寫入到 UxBRG 暫存器中。同時必須要透過 PPS 選擇想要作為 UxTX 的腳位，並完成設定。

2. 設定 UxMODE 暫存器中的 UARTEN 位元來開啟 UART。

3. 將 UxSTA 暫存器中的 UTXEN 位元設定為 1，以啟動傳輸功能。

4. 將要傳輸的資料寫入到 UxTXREG 暫存器的較低位元組。被寫入的數值將會立刻的轉移到傳輸移位暫存器（Transmit Shift Register）UxTSR，並且在下一次的鮑率計時器上升邊緣中，開始將串列位元流傳出。使用者也可以在 UTXEN=0 的狀態下，將要傳輸的資料寫入到 UxTXREG 暫存器；當 UTXEN 被設定為 1 時，將會立刻開始串列位元流的傳出。

5. 根據 UxSTA 暫存器中斷控制位元 UTXISEL 的設定數值，UART 模組可以產生一個傳輸中斷。

■ 9 位元資料傳輸模式

9 位元傳輸資料模式的步驟順序與 8 位元傳輸非常的類似；唯一的差異是，16 位元長的資料字元必須要被寫入到 UxTXREG 暫存器，而且資料中較高的 7 位元必須為 0。

◎ 傳輸緩衝器 UxTSR

傳輸緩衝器是一個 9 位元長與 4 字元大小的記憶體。實際上，加上四層的傳輸移位暫存器 UxTXREG，使用者將有一個 5 字元深的先進先出緩衝器（FIFO buffer）。UxSTA 暫存器中的 UTXBF 狀態位元用來顯示 UxTXREG 傳輸緩衝器是否飽和。

如果程式企圖將資料寫入到一個飽和的 UxTXREG 緩衝器時，新的資料將不會被接收到先進先出緩衝器，而且緩衝器中的資料位址將不會有任何的移動。這將會觸發一個緩衝器越位（Overrun）狀態的錯誤。

先進先出緩衝器在任何的控制器重置時將會被清除；但是在控制器進入或離開省電模式時，將不會受到任何的影響。

❄ UART 傳輸中斷事件

傳輸中斷旗標 UxTXIF 是位於相對應的 IFSx 中斷旗標暫存器中。

根據 UTXISEL<1:0> 控制位元的設定，在下列的狀況時，傳輸器將會產生一個邊緣訊號來設定中斷旗標位元：

1. 如果 UTXISEL 等於 00，當一筆資料從傳輸緩衝器移轉到傳輸移位暫存器 UxTSR 時，將會產生一個中斷。這意謂著傳輸緩衝器中至少有一個空缺的位址。

2. 如果 UTXISEL 等於 01，當一筆資料從傳輸緩衝器移轉到傳輸移位暫存器 UxTSR 而且 UxTXREG 傳輸緩衝器中的資料已經完全空乏時，將會產生一個中斷。這時 UxTXREG 將可以被寫入 4 筆資料。

其他的兩種組合 10 與 11 目前並沒有其他的功能（10 與 00 功能相同）。在程式執行中，使用者可以在兩種中斷模式間作切換以提供更多的有彈性。

使用者除了利用 UxTXIF 中斷旗標位元之外，也可以利用 UxSTA 暫存器中 TRMT 位元檢查 UxTSR 是否空乏，但是這並不會觸發中斷。

❄ 傳輸中止

設定 UxSTA 暫存器中的 UTXBRK 位元為 1，將會使得 UxTX 傳輸線被驅動為邏輯狀態 0。UTXBRK 位元強制地修改所有的傳輸活動。因此，使用者必須要等到傳輸器進入閒置狀態才能安全的設定 UTXBRK 位元。

要發送一個中止（Break）訊號，UTXBRK 位元必須要用軟體來設定為 1，而且必須要維持至少 13 個鮑率時間週期。然後，UTXBRK 位元將會由軟體清除以產生停止位元。在重新載入資料到 UxTXB 暫存器或者開始其他傳輸活動之前，使用者必須等待至少一個或兩個鮑率時序週期的時間，才能建立一個正確的停止位元。傳輸一個中止符號並不會觸發一個傳輸中斷。

12.4　UART 接收資料操作

UART 接收資料的功能架構如圖 12-5 所示：

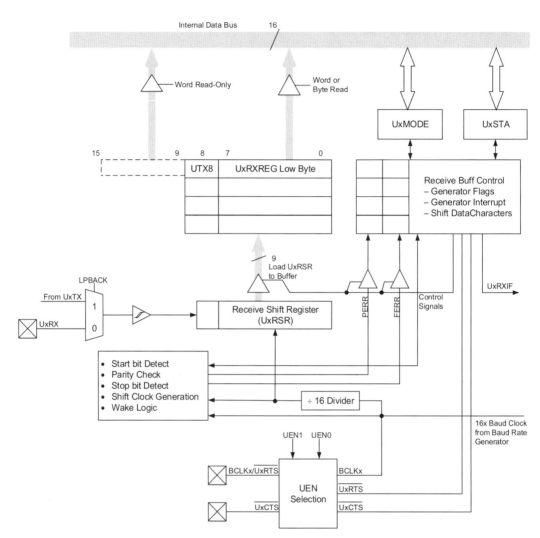

圖 12-5　UART 接收資料功能架構圖

◉ 8 位元或 9 位元資料接收模式

要接收 8 位元或 9 位元資料時，必須依照下列的步驟來完成：

1. 設定 UART

首先，必須要決定資料長度、同位元檢查及停止位元的數量。然後，藉由 UxMODE 及 UxSTA 暫存器來設定傳輸與接收中斷的開啟及優先順序。同時，適當的鮑率數值必須被寫入到 UxBRG 暫存器中。同時必須要透過 PPS 選擇想要作為 UxRX 的腳位，並完成設定。

2. 設定 UxMODE 暫存器中的 UARTEN 位元來開啟 UART。

3. 根據 UxSTA 暫存器中 URXISEL<1:0> 位元所設定的接收中斷，當一個或多個資料字元被接收到時，將會產生一個 UxRXIF 接收中斷。配合 UxRXIF 中斷訊號，使用者可以搭配 URXDA 與 RIDLE 位元進行檢查。當 UxSTA 暫存器的 RIDLE 位元為 1 時，表示 UxRSR 停止工作，也就是沒有新的外部資料傳遞進來。當 URXDA 位元為 1 時，表示 UxRXREG 緩衝器中仍有資料未被讀取。

4. 讀取 OERR 位元以決定是否有資料越位（Overrun）錯誤產生。OERR 位元必須要由軟體來清除。

5. 從 UxRXREG 暫存器中讀出資料。讀取 UxRXREG 暫存器的動作會將接收先進先出緩衝器（FIFO buffer）中的下一個字元資料移到最上面，並且會更新 PERR 與 FERR 的數值。

▌資料接收緩衝器

資料接收緩衝器（UxRXREG）是 4 字元深的緩衝器。包含資料接收移位暫存器（UxRSR）在內，實際上資料接收將會有一個 5 字元深度的先進先出緩衝器。

UxSTA 暫存器中的 URXDA 字元等於 1 時，表示資料接收緩衝器中有資料等待讀取。當 URXDA 字元等於 0 時，表示緩衝器中沒有任何資料。如果使用者企圖從空乏的緩衝器中讀取資料，緩衝器中舊的資料將會被讀取而且在緩衝器中不會有任何的資料移位動作發生。

先進先出緩衝器內的資料將會被任何一種型式的控制器重置所清除。但是當控制器進入或離開省電模式時，內部的資料將不會受到任何的影響。

▌資料接收中斷

接收中斷旗標 U1RXIF 或 U2RXIF 可以從對應的 IFSx 中斷旗標暫存器中

被讀取。中斷旗標是由資料接收器的邊緣訊號所產生。根據 UxSTA 狀態暫存器中 URXISEL 位元的設定，下列的狀況將會產生接收中斷：

1. 如果 URXISEL<1：0> 等於 00 或者 01，每一次資料從接收移位暫存器（UxRSR）轉移到接收緩衝器時，將會產生一個中斷。這時候接收緩衝器中可能有一個或多個資料存在。

2. 如果 URXISEL<1：0> 等於 10，當一筆資料從接收移位暫存器轉移到接收緩衝器時，而且在接收之後緩衝器中如果有 3 筆資料的話，將會產生一個中斷。

3. 如果 URXISEL<1：0> 等於 11，當一筆資料從接收移位暫存器轉移到接收緩衝器時，而且在接收之後緩衝器中如果有 4 筆資料的話，將會產生一個中斷。這時候表示緩衝器已經飽和。

程式運作時，可以在上面的中斷模式之間切換，雖然一般並不建議使用者在正常模式下這樣做。

◉ 位址偵測模式

設定 UxSTA 狀態暫存器中的 ADDEN 位元將會開啟特殊的位址偵測；在這個模式中，接收資料的第 9 個位元等於 1 的話，表示這是一個位址資料而不是一個數據資料。這個模式只能夠使用在 9 位元資料傳輸模式中。在這個模式下，因為接收資料的第 9 個位元永遠是 1，中斷將會持續的發生；所以 URX-ISEL 控制位元將不會對中斷產生任何的作用。

◉ 資料回傳（Loopback）模式

設定 LPBACK 位元將會開啟這個特殊模式。在這個模式下，UxTX 腳位將會在控制器內部連接到 UxRX 腳位。當控制器被設定為資料回傳模式時，UxRX 腳位將會從內部的 UART 邏輯模組中切斷聯結。但是，UxTX 腳位仍然像正常操作狀況下運作。

依照下列步驟來選擇資料回傳模式：

1. 將 UART 設定為需要的操作模式

2. 設定 LPBACK 位元爲 1 以開啟回傳模式
3. 按照前面章節的敘述來開啟傳輸功能

12.5　其他的 UART 功能

◎ 流量控制

　　在早期的微控制器操作中，由於核心處理器的效能較差而且周邊功能較少，依賴核心處理器以程式進行許多功能，所以 UART 通訊模組的資料傳輸快於核心處理器，因此就必須要依靠流量控制的硬體功能管控外部元件的資料傳輸，以免外部元件不斷的傳輸資料造成緩衝器爆滿而遺失資料。雖然現代的微控制器核心處理速度大幅提升，大部分微控制器讀取資料的速度遠超過 UART 傳入資料的速度，但由於高階微控制器所需要應付的系統運算也大幅增加，必要時還是需要進行 UART 流量管控。但是流量管控就會需要在通訊收發兩端使用額外的腳位，這也是另一種成本負擔。

　　流量控制基本上由兩個腳位處理 $\overline{\text{UxCTS}}$ 與 $\overline{\text{UxRTS}}$。其常用 UART 流量控制配線方式如圖 12-6 所示：

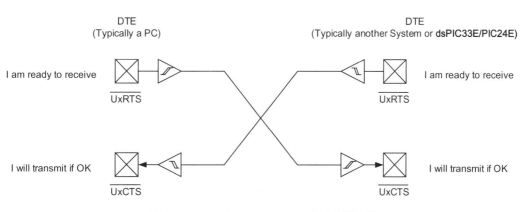

圖 12-6　常用 UART 流量控制配線

　　$\overline{\text{UxCTS}}$（Clear to Send）是一個輸入腳位，當被外部裝置設定爲 1 時，UART 模組可以將資料載入到 UxTXREG 緩衝器中，但是卻被管制而無法從

UxTXREG 載入到 UxTSR，因此無法將資料傳送到外部元件，直到 $\overline{\text{UxCTS}}$ 變成 0 為止。因此外部元件可以透過 $\overline{\text{UxCTS}}$ 腳位控制微控制器是否可以發送資料。

$\overline{\text{UxRTS}}$（Request to Send）則是從發送端的角色進行對外部元件要求傳輸資料的腳位。當微控制器的接收端緩衝器有空間接收外部訊號時，就可以利用 $\overline{\text{UxRTS}}$ 連結到外部元件的 $\overline{\text{UxCTS}}$ 腳位，當 $\overline{\text{UxRTS}}$ 腳位訊號為 0 時，則是對外部元件提出傳輸資料的要求，而外部元件透過 $\overline{\text{UxCTS}}$ 的管控，便會開放資料的傳輸。反之，當 $\overline{\text{UxRTS}}$ 為 1 時，外部元件就無法繼續傳輸資料給 dsPIC33CK 微控制器。因此達到流量控制的效果。

睡眠模式下的 UART 操作

當控制器進入睡眠模式時，UART 的所有時脈來源都會被關閉而停留在邏輯 0 的狀態。如果在進入睡眠模式時仍然有資料在傳輸，則這個資料傳輸將會被放棄。UxTX 腳位將會被驅動為邏輯 1 的狀態。同樣的，當進入睡眠模式時仍然有資料接收正在進行的話，這個接收資料將會被放棄。UxSTA 、Ux-MODE 、傳輸與接收暫存器及緩衝器、以及 UxBRG 鮑率暫存器都不會受到睡眠模式的影響。

如果在控制器進入睡眠模式之前將 UxMODE 暫存器中的 Wake 位元設定為 1，則 UxRX 腳位上的下降邊緣訊號將會觸發一個接收中斷。接收中斷選擇模式位元 URXISEL 將不會有任何的作用。如果接收中斷功能被開啟，這個中斷會將控制器從睡眠模式中喚醒。UARTEN 一定要被設定為 1，以產生一個喚醒中斷。

閒置模式下的 UART 操作

USIDL 控制位元決定 UART 模組在進入閒置模式時將停止或繼續地操作。如果 USIDL 設定為 0，這個模組將會在閒置模式下繼續操作。如果 USIDL 等於 1，則在閒置時，UART 將停止運作。

12.6 PPS 腳位設定

　　早期的微控制器雖然提供了大量的周邊功能，但是晶片本身的腳位數量非常有限，所以常常必須要將腳位多工使用，換句話說每一支腳位可能有為數眾多的功能；但是受限於硬體電路設計，只能選一個功能使用，反而造成其他在同一支腳位上多工的其他功能必須放棄無法使用。這樣的狀況一直到可程式邏輯電路出現，而 Microchip 也將這樣的設計引進到微控制器中，讓使用者可以自行選擇規劃各種周邊功能對應的腳位而增加所有周邊功能使用的彈性。

　　在可以使用 PPS 功能的腳位標示上，Microchip 以 RPn 的格式註記，隨著晶片型號腳位數的增加，可以使用的 PPS 腳位數量也會跟著增加。目前可以使用 PPS 腳位的周邊功能，以數位訊號相關的周邊功能為主，類比訊號的功能因為其腳位電路設計無法與其他數位功能相容，所以仍然以專屬腳位設計，少部分的類比功能會有替代的腳位，例如 ANA0 與 ANA1 是 AN0 與 AN1 的的專屬替代腳位。過於複雜的數位功能也不容易設計，例如 I^2C 的 SDA 腳位是可以雙向傳遞訊號的設計，就還沒有被納入到 PPS 的設計。所以，在硬體規劃的階段，如果沒有專屬腳位的周邊功能，在應用程式啟動前就需要先完成PPS 腳位的設定。在腳位使用的優先順序上，類比功能還是最優先的，接下來一般就是 PPS 腳位，然後才是其他的周邊功能與數位輸出入功能。

　　由於 dsPIC33CK 允許應用程式在執行中調整 PPS 腳位對應的周邊功能，雖然這樣的設計並不常見，為了程式執行的安全與穩定，改變的程序就設計得比較複雜，以避免不經意的誤作動而改變功能。

⊙ 12.6.1　PPS 腳位的功能設定解鎖

　　每一個 PPS 的腳位功能是由對應的 RPINRx 與 RPORx 所設定的，它們分別指定 RPx 腳位的輸入或輸出功能（只能選其中一個）。如果直接改寫 RPIN-Rx 與 RPORx 的設定，雖然程式執行不會引起錯誤，但是想要進行的改變也不會發生，因為改變 PPS 腳位的功能在一般狀況下是被 RPCON 暫存器中的IOLOCK 位圓所鎖住的。當 IOLOCK 為 1 時，系統將不允許 PPS 腳位功能的調整；需要調整時，必須要將 IOLOCK 清除為 0。而且要改變 IOLOCK 位元，必須要使用下列專屬的連續程序：

    1. 寫入 0x55 到 NVMKEY

    2. 寫入 0xAA 到 NVMKEY

    3. 單獨設定或清除 IOLOCK 位元（以位元指定進行，不可以其他運算或方式處理）

　　在 PSS 腳位功能的調整改變之後，可以使用上述的程序將 IOLOCK 設定為 1，以確保程式執行時不會有意外的改變發生。由於這個程序應該要使用組合語言指令撰寫才能確保其連續性與正確性，使用 C 語言開發應用程式時，可以選擇嵌入式組合語言的撰寫方式，或者使用 XC16 編譯器提供的 __builtin_write_RPCON（value）函式進行調整。

　　由於 dsPIC33CK 微控制器以安全為出發點設計，所以當系統重置（Reset）時，所有 PPS 腳位輸出功能的 RPORx 位元都會被清除為 0，而輸入功能的 RPINRx 位元都會被設定為 1；這意味著所有的 PPS 腳位在重置時，輸入都會連接到 Vss 電壓（也就 0 的狀態），而輸出則會與 PPS 腳位斷開，以避免意外的訊號輸出入。也因為這樣的重置設計，當系統重置或上電啟動時，如果需要使用相關周邊功能的話，應用程式必須要先進行 PPS 腳位的設定。因此，IOLOCK 位元在重置時是被預設為 0，以便應用程式設定 PPS 腳位功能；在此也要提醒讀者，在系統初始化程序的最後，記得將 IOLOCK 清除為 0，才可以鎖定相關的功能設定。

　　當應用設計規劃完成時，如果有未使用的周邊功能應該要將其功能關閉，必要時將為使用的輸入功能設定到未使用的 PPS 腳位，未使用的輸出功能則將其設定斷開。

▋12.6.2　PPS 腳位的功能設定選擇

　　在選擇 PPS 腳位功能時，基本上是以周邊功能屬於輸出或輸入的分類來規劃。例如這一章的 UART 通訊模組，輸入是 UxRX，輸出是 UxTX，必須要選擇兩個 PPS 腳位作為對應功能的腳位。

　　當設定輸入功能腳位時，是以選擇 RPn 腳位編號，然後將其編號設定到對應的周邊功能輸入設定腳位暫存器。當設定 PPS 腳位為輸出功能時，則是將周邊功能輸出的編號設定到對應的 PPS 腳位功能設定暫存器中。

以本章所使用的 UART 為例，如果應用程式需要將 U1TX 訊號傳輸腳位設定到 RP37，將 U1RX 訊號接收腳位設定到 RP38，要如何進行周邊功能腳位選擇的設定呢？

首先以訊號接收腳位 U1RX 的設定開始，因為是屬於輸入的腳位，所以其程序會是選擇編號為 RP38 腳位的「38」，將其編號寫入到 U1RX 功能對應的 RPINRx 暫存器中。所有 PPS 腳位作為輸入功能時的編號如表 6-3 所示，其中除了實體 PPS 腳位外，還有一些內部訊號或虛擬腳位編號。

因為要將 RP38 設定為 U1RX 接收訊號較位的輸入功能，所以由表 6-3 可以得到第一行對應編號為 38。所以只要將「38」寫入到 U1RX 對應的 PPS 設定暫存器即可以完成設定。所有 PPS 對應的周邊功能輸入設定暫存器如表 6-4 所示。

因此由表 6-4 中可以看到，U1RX 使用的暫存器為 RPINR18 暫存器中的 U1RXR<7:0> 位元。因此，只要將 38 存入到 U1RXR 位元中，即完成將 U1RX 接收訊號的腳位指定到 RP38 的程序。

在另一方面，要將 UART1 模組的訊號傳輸腳位 U1TX 設定到 RP37 腳位的話，應用程式需要將 U1TX 輸出功能的編號設定到 RP37 腳位的輸出功能設定暫存器。

PPS 可以設定的周邊功能輸出腳位編號如表 6-6 所示。

因為要將 U1TX 設定為 RP37 腳位的輸出功能，所以由表 6-6 可以得到 U1TX 對應編號為 000001。所以只要將「1」寫入到 RP37 腳位對應的 PPS 輸出功能設定暫存器 RPORx 即可以完成設定。所有 PPS 腳位對應的輸出功能設定暫存器 RPORx 如表 6-5 所示。

由表 6-5 中可以看到，RP37 使用的暫存器為 RPOR2<13:8> 位元。因此，只要將代表 U1TX 功能的 000001 存入到 RPOR2<13:8> 位元中，即完成將 U1TX 傳輸訊號的腳位指定到 RP37 的程序。

12.6.3 使用 PPS 腳位的注意事項

由於周邊功能腳位選擇提供高度的彈性讓使用者自行規劃腳位對應的功

能，相對地在使用時也要注意相關的使用規定，包括：

1. 每一個腳位只能設定一個輸出功能，不論是專屬指定的或是藉由 PPS 設定的。

2. 如果需要增加輸出電流的話，將同一個輸出功能設定到兩個 PPS 腳位輸出是可行的。硬體設計可以將這些相同輸出訊號的腳位短路連接以提高輸出電流。

3. 如果有專屬輸出功能在同一個 PPS 腳位上被啟用，通常專屬功能會有高於 PPS 輸出設定的優先權。

4. 可以將多個輸入功能設定到同一個輸入腳位上獲取同樣的輸入訊號。

5. 類比訊號功能有較數位訊號功能較高腳位設定的優先權。所以使用 PPS 時，應避免與類比腳位使用衝突。

6. 當腳位上的專屬或 PPS 功能被設定使用時，數位輸出入設定的 TRISx 設定將不會有作用。換句話說，如果設定為 U1TX 輸出訊號，腳位對應的 TRISx 設為 1 是不會有影響的。

7. 系統重置後，預設功能為類比訊號功能（如果腳位具備的話），要作為數位訊號周邊功能，包含 PPS，必須要將類比訊號功能解除。

為了使用 UART 通訊模組，實驗板配置了一個相容的 RS-232 收發器，藉以提升資料匯流排上的電壓位準。同時並配備有標準的 DB9 傳輸線接頭，可用於以電腦的 COM 傳輸埠連接。由於 dsPIC33CK256MP505 微控制器配置有數個 UART 模組，因此可以使用切換器做不同模組的選擇。UART 模組相關元件的配置與電路圖如圖 12-7 與圖 12-8 所示：

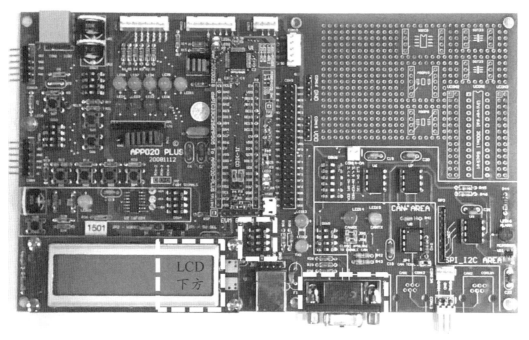

圖 12-7   實驗板的 UART 模組相關元件配置

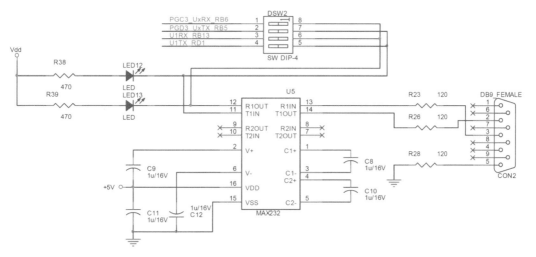

圖 12-8   實驗板的 UART 相關元件電路圖

程式範例 12-1　使用 UART 控制與顯示 ADC 轉換的過程與結果

　　修改類比訊號轉換模組範例程式 11-1，當使用者按下個人電腦的鍵盤上的任一個按鍵時，執行可變電阻 VR2 的類比訊號轉換，並將訊號轉換的結果藉由 UART1 模組輸出到個人電腦的終端機螢幕。UART 傳輸的方式設定爲 8 位元資料，一個停止位元，沒有奇偶同位元檢查，也就是一般所謂的 8-N-1 傳輸方式。並將傳輸的鮑率設定爲 9600bps。

```c
//    EX12-1 將 UART 設定為 9600-8-N-1
//    接收觸發中斷，中斷函式設定 ADC 轉換旗標，
//    將轉換結果透過 UART 傳輸到終端機
//
/*
  Section: Included Files
*/
// 將系統與硬體設定函式的原型宣告檔案含入
#include "mcc_generated_files/system.h"
// 將 ADC1 函式的原型宣告檔案含入
#include "mcc_generated_files/adc1.h"
// 將 UART1 函式的原型宣告檔案含入
#include "mcc_generated_files/uart1.h"

/*
  Main application
*/
// 宣告字串於程式記憶體
const char My_String1[]="\n\rEx 12 - UART" ;

void Show_ADC(void) ;        // 將 ADC 結果顯示至 UART1 的函式
// 將字元轉換成 HEX 格式顯示至 UART1 的函式
void puthexUART1(unsigned int);
// 將字串顯示至 UART1 的函式
void putsUART1(unsigned int *);

int main(void)
{
  // initialize the device
  SYSTEM_Initialize();

  putsUART1((unsigned int *)My_String1);

  while (1){
```

```
    // Add your application code
    if (!U1STAHbits.URXBE){   // 檢查接收緩衝器是否空乏
      UART1_Read();
      Show_ADC( ) ;        // 將 ADC 結果顯示於 UART 上
    }// End of if ( URXBE )
  }// End of while(1)
  return 1;
}

/***********************************************/
// 將 ADC 結果透過 UART 輸出到終端機

void Show_ADC(void)
{
  unsigned int ADCValue;

  ADC1_SoftwareTriggerEnable();    // 觸發轉換 SWCTRG = 1;
  while(!ADC1_IsCore0ConversionComplete());// 等待轉換完成
  ADCValue=ADC1_Core0ConversionResultGet();// 讀取轉換結果
  putsUART1("\n\r");              // 格式化輸出
  puthexUART1( ADCValue ) ;// 將 ADC 結果以 HEX 格式顯示於 UART 上
}

/***********************************************/
// 將數值結果轉換成 16 進為格式後透過 UART 輸出到終端機

void puthexUART1(unsigned int HEX_Val){
  unsigned char Temp_HEX, i;

  for (i = 4;i > 0;i--){
    Temp_HEX=(unsigned char)
      ((HEX_Val>>((i-1)*4))&0x000F);// 顯示 4 個位元

    if ( Temp_HEX > 9 ) Temp_HEX += 0x37 ;    // A~F
    else Temp_HEX += 0x30 ;          // 0~9

    while(U1STAHbits.UTXBF); // 檢查 U1TXREG 是否飽滿？
    U1TXREG = Temp_HEX;  // 將 16 進位數值的符號存入緩衝器
                    // 也可以使用 UART1_Wrtie()
  }
}
```

CHAPTER

12

```
void putsUART1(unsigned int *buffer){
  char * temp_ptr = (char *) buffer;

  /* 傳輸直到輸出字串出現 0x00 (\0) */

  if(U1MODEbits.MOD == 4){  // 檢查傳輸長度為 8 或 9 位元
    while(*buffer != '\0'){
      while(U1STAHbits.UTXBF); // 檢查緩衝器是否有空間
      U1TXREG = *buffer++; // 將輸出字串的符號移到緩衝器
    }
  }
  else{
    while(*temp_ptr != '\0'){
      while(U1STAHbits.UTXBF); // 檢查緩衝器是否有空間
      U1TXREG= *temp_ptr++;// 將輸出字串的符號移到緩衝器
    }
  }
}
```

在範例程式中，由於 MCC 產生的 uart1.c 函式庫只提供 UART1_Read( ) 與 UART1_Wrtie( ) 作為單一位元組的讀取與解入函式，所以本書另行提供一個 putsUART1( ) 函式可以直接將一個字串陣列傳輸出去。在函式中可以看到，程序上先檢查 UTXBF 位元，如果緩衝器是滿的就藉由 while( ) 迴圈等待，當緩衝器有空間時，就可以將待傳輸的資料載入 U1TXREG 暫存器即可。接收資料的部分殼事件檢查 URXBE 位元，當緩衝器不是空乏時，即代表有新的資料傳入，程式就可以脫離等待迴圈而讀取資料進行處理。

其他部分的程式與範例程式 11-1 大致相同，只是顯示裝置由 LCD 改成 UART 遠端裝置，但是函式型式也是非常類似，有助於使用者移轉程式，這也是讀者可以學習的方式。

另外一個很重要的部分是有關於 PPS 腳位設定的部分。當使用者透過 MCC 的 PIN Module 進行腳位功能的選擇與設定後，有關 PPS 的設定會在 pin_manager 檔案中出現。以範例 12-1 為例，相關的 UART 腳位 PPS 設定如下：

```
/***************************************************
 * Set the PPS
 ***************************************************/
```

```
__builtin_write_RPCON(0x0000); // unlock PPS
RPINR18bits.U1RXR = 0x002D;    //RB13->UART1:U1RX
RPOR16bits.RP65R = 0x0001;     //RD1->UART1:U1TX
__builtin_write_RPCON(0x0800); // lock PPS
```

　　如果要傳輸一個字串時，可以使用如上列所示的 putsUART1( )；如果僅需傳輸一個位元符號時，則可以使用 UART1_Write( )。要注意到，符號字串是使用雙引號，而單一位元符號則是使用單引號。如 putsUART1("\r\n") 所示，在顯示符號字串之後，通常會加上 \r\n 的特殊符號使個人電腦的終端機螢幕換行顯示並回到第一個符號顯示位置。UART 模組所會使用到的 ASCII 符號編碼如表 12-2 所示：

表 12-2　ASCII 符號編碼

HEX	0	1	2	3	4	5	6	7
0	NUL	DLE	Space	0	@	P	`	p
1	SOH	DC1	!	1	A	Q	a	q
2	STX	DC2	"	2	B	R	b	r
3	ETX	DC3	#	3	C	S	c	s
4	EOT	DC4	$	4	D	T	d	t
5	ENQ	NAK	%	5	E	U	e	u
6	ACK	SYN	&	6	F	V	f	v
7	Bell	ETB	'	7	G	W	g	w
8	BS	CAN	(	8	H	X	h	x
9	HT	EM	)	9	I	Y	i	y
A	LF	SUB	*	:	J	Z	j	z
B	VT	ESC	+	;	K	[	k	{
C	FF	FS	,	<	L	\	l	|
D	CR	GS	-	=	M	]	m	}
E	SO	RS	.	>	N	^	n	~
F	SI	US	/	?	O	_	o	DEL

　　讀者是不是發現在這個範例程式中，只要將 UART 模組做好適當的功能設定之後，資料的接收與傳送是非常容易使用的。

　　後記：可惜在本書撰寫時，MCC 程式產生器對於較為複雜的 UART 函式庫無法產生正確的程式碼執行。例如，當設定選擇開啟 UART 的中斷功能時，便會出現無法執行的狀況。或者要使用較為進階的方式，將 stdio 指定到 UART 的設定以便使用 scanf( ) 或 printf( ) 的 C 語言標準輸出入函式，仍無法正確完成程式與編譯。待廠商釋出更新版本可以正確運作後，再行更新相關內容。

CHAPTER

12

CHAPTER 13

CCP 計時器

在第九章介紹了 dsPIC33CK 微控制器中的 Timer1 計時器與計數器，這是新一代 dsPIC 微控制器中唯一的一個獨立計時器／計數器。事實上在數位控制的系統中，計時器是一個不可或缺的元件，除了應用程式本身需要精確的時間控制之外，許多量測與通訊功能也需要有計時器的搭配，例如在 UART 通訊元件中就配置有一個專屬的鮑率產生器（BRG）作爲非同步傳輸模式下計算每個位元資料對應的基本時間單位的基礎。在類比訊號的量測也需要利用計時器的精確計時，才能夠在固定的時間間隔下進行電壓訊號的量測。應用程式中，需要定時定期執行的工作比比皆是，所以單一個計時器 Timer1 絕對是不符應用的需求。

在過往 Microchip 傳統的微控制器發展中，出現過幾種不同型態的計時器作爲搭配各種周邊元件使用的用途。由於型態的多樣化，反而造成設計上使用的差異與限制。在 dsPIC33CK 微控制器的設計上，除了 Timer1 以外，則是將所有的計時器與數位訊號量測與產生模組（Capture, Compare & PWM，簡稱 CCP）模組合併，但也保留了與其他周邊功能模組的連動功能。一方面是因爲 CCP 模組本身就需要一個計時器的搭配才能進行，一方面則是可以將所有的計時器設計統一，降低使用上的差異而有更方便的設計效率。

在這個章節將以 CCP 模組中的計時器爲主，介紹計時器的操作方式，作爲後續進階功能應用開發的基礎。同時也可以使用 CCP 模組中的計時器作爲其他周邊功能的計時工具，增加系統執行的精確度。

13.1　CCP 模組簡介

作為自動控制用的微處理器，dsPIC33CK256MP505 控制器內建了 9 個專用的 CCP 模組（其中包含 8 個 SCCP 與 1 個 MCCP）。一如 Microchip 傳統的 CCP 模組，SCCP 或 MCCP 主要功能包括：

- 輸入捕捉（Input Capture, IC）
- 輸出比較（Output Compare, OC）
- 波寬調變輸出（Pulse Width Modulation, PWM）

除此之外，還多加了基礎時間產生器（Time Base Generator），也就是計時器的功能。其中的 PWM 功能如果是多腳位輸出的，稱之為 MCCP（Multiple CCP）；只有單一腳位輸出的模組則稱為 SCCP（Single CCP）。由於輸入捕捉、輸出比較與波寬調變都需要以時間為基礎，因此每個模組搭配一個計時器的設計自然是比較完整而且方便的。但是這並不代表這些內建的計時器就比較簡單，事實上他們的功能幾乎與獨立的 Timer1 是相當的。所不同的是，這些內建的計時器有更多與周邊功能即時互動的訊號觸發，讓許多訊號的產生或是程序的啟動更具有即時性。CCP 模組的功能架構圖如圖 13-1 所示：

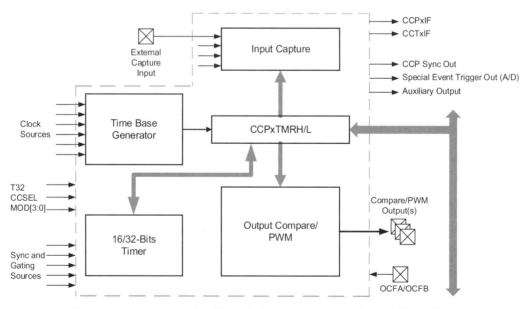

圖 13-1　dsPIC33CK 模組 SCCP/MCCP 模組的功能架構圖

每一個 SCCP 或 MCCP 模組都具有下列的功能：

- 多種可選擇的時脈訊號，包括系統時脈、周邊時脈、或外部輸入訊號（特別是作爲技術器使用時）
- 基礎計時器的前除頻器
- 輸出訊號的後除頻器，藉以減少 CCP 模組中斷事件觸發的頻率
- 協調多個 SCCP/MCCP 模組之間運作的同步輸出訊號
- 可使用非系統時脈的非同步與低功耗操作
- 觸發類比訊號轉換（ADC）的特殊輸出訊號
- 16 或 32 位元的一般計時器模式，並可自行選擇閘控（Gated Control）功能

至於輸入捕捉、輸出比較與波寬調變的相關功能則留待後續章節再做進一步的說明。但是在任何時間，CCP 模組只能選擇計時器或搭配輸入捕捉及輸出比較與波寬調變中的一個功能使用；但是 dsPIC33CK 微控制器有多達 9 個 CCP 模組，因此應用程式可以視需求同時開啟多個模組並設定爲不同的功能使用以滿足應用需求。

SCCP/MCCP 模組相關的暫存器位元表如表 13-1 所示：

表 13-1(1)　dsPIC33CK 微控制器的 SCCP/MCCP 模組相關暫存器位元表

Register Name	Bit 15	Bit 14	Bit 13	Bit 12	Bit 11	Bit 10	Bit 9	Bit 8
CCPxCON1L	CCPON	—	CCPSIDL	CCPSLP	TMRSYNC	CLKSEL[2:0]		
CCPxCON1H	OPSSRC	RTRGEN	—	—	OPS[3:0]			
CCPxCON2L	PWMRSEN	ASDGM	—	SSDG	—	—	—	—
CCPxCON2H	OENSYNC	—	OCFEN	OCEEN	OCDEN	OCCEN	OCBEN	OCAEN
CCPxCON3L	—							
CCPxCON3H	OETRIG	OSCNT[2:0]			—	OUTM[2:0}		
CCPxSTATL	—							
CCPxTMRL	CCPx Time Base Register, Low Word[15:8]							
CCPxTMRH	CCPx Time Base Register, High Word[15:8]							
CCPxPRL	CCPx Period Register, Low Word[15:8]							
CCPxPRH	CCPx Period Register, High Word[15:8]							
CCPxRA	CCPx Primary Compare Register[15:8]							
CCPxRB	CCPx Secondary Compare Register[15:8]							
CCPxBUFL	CCPx Capture Buffer Register, Low Word[15:8]							
CCPxBUFH	CCPx Capture Buffer Register, High Word[15:8]							

表 13-1(2)　dsPIC33CK 微控制器的 SCCP/MCCP 模組相關暫存器位元表

Register Name	Bit 7	Bit 6	Bit 5	Bit 4	Bit 3	Bit 2	Bit 1	Bit 0	All Resets
CCPxCON1L	TMRPS[1:0]		T32	CCSEL	MOD[3:0]				0000
CCPxCON1H	TRIGEN	ONESHOT	ALTSYNC	SYNC[4:0]					0000
CCPxCON2L	ASDG[7:0]								0000
CCPxCON2H	ICGSM[1:0]		—	AUXOUT[1:0]		ICS[2:0]			0100
CCPxCON3L	—	—	DT[5:0]						0000
CCPxCON3H	—	—	POLACE	POLBDF	PSSACE[1:0]		PSSBDF[1:0]		0000
CCPxSTATL	CCPTRIG	TRSET	TRCLR	ASEVT	SCEVT	ICDIS	ICOV	ICBNE	0000
CCPxTMRL	CCPx Time Base Register, Low Word[7:0]								0000
CCPxTMRH	CCPx Time Base Register, High Word[7:0]								0000
CCPxPRL	CCPx Period Register, Low Word[7:0]								FFFF
CCPxPRH	CCPx Period Register, High Word[7:0]								FFFF
CCPxRA	CCPx Primary Compare Register[7:0]								0000
CCPxRB	CCPx Secondary Compare Register[7:0]								0000
CCPxBUFL	CCPx Capture Buffer Register, Low Word[7:0]								0000
CCPxBUFH	CCPx Capture Buffer Register, High Word[7:0]								0000

Legend: — = unimplemented, read as '0'. Reset values are shown in hexadecimal.

13.2　CCP 模組的一般計時器功能

⊙ 13.2.1　基礎計時產生器

　　CCP 模組的基礎計時產生器（Time Bas Generator, TBG）使用微控制器上可用的時脈訊號作為基礎，應用程式可以自行設定所需要的時脈來源訊號作為基礎，作為計時器、輸入捕捉、輸出比較與波寬調變操作時使用。基礎計時產生器的系統架構如圖 13-2 所示：

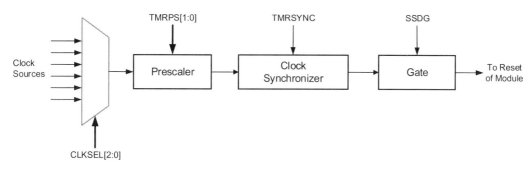

圖 13-2　dsPIC33CK 模組 SCCP/MCCP 基礎計時產生器的系統架構圖

　　dsPIC33CK 微控制器可以藉由 CCPxCON1L 暫存器的 CLKSEL<2:0> 位元選擇不同的時脈來源，CLKSEL<2:0> 可設定的時脈來源包括：

111 = PPS TxCK input 周邊功能腳位選擇設定的時脈訊號輸入

110 = CLC4

101 = CLC3

100 = CLC2

011 = CLC1

010 = F_{OSC} 系統時脈

001 = Reference Clock（REFCLKO）系統調整後的參考時脈輸出

000 = F_{OSC}/2 指令週期時脈（F_P 周邊時脈）

　　在選擇的時脈訊號之後，可以透過 CCPxCON1L 暫存器的 TMRPS<1:0> 位元設定 4 種除頻比例，1/4/16/64，調整時脈的頻率。同時因為選擇使用的時脈來源（除了 CLKSEL=000 之外）與程式指令週期不同，會造成計時器遞加變化與指令週期不同步的現象，應用程式可以藉由設定 CCPxCON1L 暫存器的 TMRSYNC 位元為 1 讓計時器變化與指令週期同步。

　　在基礎計時產生器的最後設置有一個閘控的功能，這是可以將時脈訊號隔絕輸送到計時器以停止遞加的控制設計，可以在不關閉計時器的情況下，保留現有的計數內容。當閘控訊號發生時停止計時，反之則繼續計時，所以閘控的設計可以針對特定訊號發生的時間做一個累計的運算。閘控的控制是藉由 CCPxCON1L 暫存器的 ASDG<7:0> 位元對 CLKSEL 位元對應的時脈訊號來源設定是否進行閘控的管制，因此可以同時對於不同的時脈訊號來源同時進行設定。除此之外，也可以藉由軟體進行閘控設定的 SSDG 位元，讓應用程式可以直接在程式中藉由 SSDG 的設定與否進行閘控的管制。

13.2.2　CCP 計時器的 16 位元操作模式

　　如果要將 SCCP 或 MCCP 設定為一般的計時器模式使用，應用程式必須將 CCPxCON1L 暫存器的 CCSEL 位元設定為 0，MOD 位元設定為 000，即可進入計時器模式使用。

　　CCP 的計時器功能可調整的功能也相當多元，由其基本結構分類，可以設定為雙重 16 位元計時器（Dual 16-bit Timer）或者是一個完整的 32 位元計時器。當 CCPxCON1L 暫存器的 T32 位元設定為 1 時，計時器為 32 位元的操作模式；T32 位元設定為 0 時，則進入雙重 16 位元計時器的操作模式。

　　雙重 16 位元計時器的模式基本上是有兩個 16 位元的計數器可以獨立運作，但是這兩個計數器的部分功能會有共享的設定。雙重 16 位元計時器模式的架構如圖 13-3 所示：

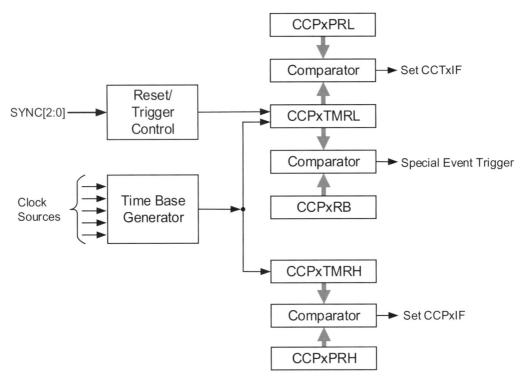

圖 13-3　dsPIC33CK 的 SCCP/MCCP 雙重 16 位元計時器模式的架構圖

　　雙重 16 位元計時器的兩個計數器共享同樣的基礎時脈產生器設定，所以它們的時脈來源、除頻器比例、同步設定，以及閘控功能設定都是一樣的。但是在使用上，使用 CCPxTMRL 暫存器，也就是較低的計時器字元暫存器的 16 位元計數器是主要的計數器，擁有比較多其他功能；使用 CCPxTMRH 暫存器，也就是較高的計時器字元暫存器的 16 位元計數器是次要的計數器。但是它們都擁有獨立的週期暫存器 CCPxPRL/H，可以有各自的計時器週期設定。當 CCPxTMRL 或 CCPxTMRH 計數的內容隨著時脈來源的觸發而遞加時，當透過比較器分別與 CCPxPRL 及 CCPxPRH 暫存器設定的週期數值比較相同時，就會分別自動重置為 0，並分別觸發 CCTxIF 或 CCPxIF 旗標位元作為中斷事件觸發或輪詢檢查的依據。

　　除此之外，使用 CCPxPRL 暫存器作為計數內容的主要計時器還可以與 CCPxRB 暫存器作比較，當兩者相同時，可以觸發特殊事件的訊號，進而引發其他周邊功能模組的即時連動，例如觸發類比訊號的轉換、輸出比較的波形改變等等，有助於應用程式各種訊號的同步性與即時性互動。另外，CCTxIF 或 CCPxIF 旗標位元因為可以觸發系統中斷，所以也可以作為應用程式週期性程序的觸發訊號，就好像 Timer1 中斷訊號一樣的作用。當然也可以在使用外部訊號來源的條件下，利用這些中斷訊號將系統從睡眠或閒置模式下喚醒，取代使用監視計時器的作用。

　　主要的 16 位元計時器（使用 CCPxTMRL）只要在計數暫存器重置為 0 時，就會產生 CCTxIF 中斷訊號；而重置為 0 的條件則是由 CCPxCON1H 的 SYNC<4:0> 位元所設定的。表 13-2 列舉了 dsPIC33CK 微控制器的 SCCP/MCCP 計時器發生重置的 SYNC<4:0> 同步設定條件。

　　例如，當 SYNC<4:0>=00000 時，CCPxTMRL 重置為 0 會發生在與 CCPxPRL 比較相同或者是 CCPxTMRL=0xFFFF 時；當 SYNC<4:0>=11111 時，CCPxTMRL 重置為 0 會發生在 CCPxTMRL=0xFFFF 時，與 CCPxPRL 的設定完全無關。其他的設定則是在表 13-2 所註記的事件發生時，將會同時把 CCPxTMRL 重置為 0，並且觸發 CCTxIF 中斷旗標訊號。

　　使用 CCPxTMRH 為計數內容的次要 16 位元暫存器則跟 SYNC<4:0> 的設定完全無關，只會發生在與 CCPxPRH 比較相同或者是 CCPxTMRH=0xFFFF 時，才會將 CCPxTMRH 重置為 0，並且觸發 CCPxIF 中斷旗標訊號。

表 13-2　dsPIC33CK 微控制器 SCCP/MCCP 計時器發生重置的同步設定條件

SYNC<4:0>	同步訊號來源
00000	None; Timer with Rollover on CCPxPR Match or FFFFh
00001	Module's Own Timer Sync Out
00010	Sync Output SCCP2
00011	Sync Output SCCP3
00100	Sync Output SCCP4
00101	Sync Output SCCP5
00110	Sync Output SCCP6
00111	Sync Output SCCP7
01000	Sync Output SCCP8
01001	INT0
01010	INT1
01011	INT2
01100	UART1 RX Edge Detect
01101	UART1 TX Edge Detect
01110	UART2 RX Edge Detect
01111	UART2 TX Edge Detect
10000	CLC1 Output
10001	CLC2 Output
10010	CLC3 Output
10011	CLC4 Output
10100	UART3 RX Edge Detect
10101	UART3 TX Edge Detect
10110	Sync Output MCCP9
10111	Comparator 1 Output
11000	Comparator 2 Output
11001	Comparator 3 Output
11010-11110	Reserved
11111	None; Timer with Auto-Rollover (FFFFh → 0000h)

主要的 16 位元計時器同時可以使用 CCPxRB 暫存器設定一個特殊事件觸發訊號，而藉由與 CCPxPRL 週期暫存器不同的設定值，可以在一個週期的時間內，產生一個量測時間的時間差調整，作爲感測與執行訊號間的相位差補償。

13.2.3 CCP 計時器的 32 位元操作模式

如果將 T32 位元設定爲 1 時，計時器將以 32 位元的方式進行計數的功能。CCPxTMRL 與 CCPxTMRH 將合併爲一個 32 位元的計數器，每個輸入脈衝訊號將會使 CCPxTMRL 遞加一；當 CCPxTMRL 計數數值溢流發生時，CCPxTMRH 將會遞加一並且 CCPxTMRL 將會歸零繼續計數。

32 位元的計時器操作模式可以提供較長的計數／計時範圍而形成較長時間或較大數值的（中斷）事件產生，這個基本功能可以作爲核心處理器週期性的中斷訊號來源，或者是與其他 SCCP 模組同步或訊號產生的依據，或者週期性的 ADC 訊號量測觸發，當然也可以作爲喚醒睡眠中的核心處理器訊號來源。在計時器操作模式下，SCCP 模組將不會產生輸出入腳位的訊號變化。

32 位元計時器的運作架構如圖 13-4 所示。其操作方式與 16 位元模式非常類似，特別是 CCPxTMRL 的部分。同樣的，計時器也可以設定使用同步訊號源（SYNC<4:0>，見表 13-2），在訊號發生時將計時器重置歸零以便與外部模組同步啟動處理或計時的程序。

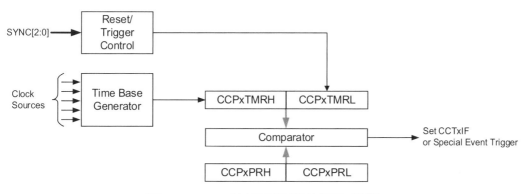

圖 13-4　32 位元計時器的運作架構

要使用 32 位元的模式，必須進行下列的設定：

1. 將 CCSEL 設定為 0 選擇計時器模式

2. 將 T32 位元設定為 1 選擇 32 位元操作

3. 將 MOD<3:0> 設定為 0000b 選擇計時模式（其他非 0 的選項是作為輸入捕捉或輸出比較功能）

4. 設定 SYNC<4:0> 選擇計時器同步歸零的訊號源，見表 13-2

5. 藉由設定 CCPON 為 1 啟動 SCCP 模組

13.2.4　CCP 計時器的閘控功能

在圖 13-2 中可以看到計時器模組有一個閘控（Gate）元件，可以對計時器的時脈輸入訊號進行管制的功能。在第九章 Timer1 也有類似的閘控功能（TGATE），但是 SCCP 的計時器所賦予的閘控功能更為多樣化。

在傳統的計時器中，如果要停止計時以免計數內容持續增加而觸發事件的話，必須要將計時器功能關閉。但是關閉計時器時，又會牽涉到計時內容是否仍然有效需要保留，抑或是在重新開啟時要拋棄不算的困難。因此傳統計數器常會使用寫入計數器初始值的方式來處理，但是這又會產生更細部的問題，例如除頻器中累計的次數，初始化所需要的時間資源等等，造成使用上的誤差。所謂閘控功能，指的是在需要暫停計時器或計數器功能時，以一個閘控電路將計數訊號來源斷開，造成計數器內容因為沒有訊號輸入而暫停，但是其現有內容與運作完全不會改變。一旦解除閘控訊號後，就可以用原有設定與狀況繼續計數器運作。

要使用閘控功能可以選擇兩個方式：軟體或硬體觸發閘控。如果在應用程式中需要暫停 SCCP 計數器的運作，可以直接將 SSDG 位元設定為 1，即可開啟閘控功能而暫停計數。將 SSDG 回復為 0，即回復計數的功能。

在許多應用中，如果要使用其他周邊功能模組的事件或外部訊號進行計數器閘控的控制時，則可以利用 CCPxCON2L 暫存器的 ASDG 位元進行所需要的閘控訊號源進行控制，dsPIC33CK 微控制器的 ASDG 位元對應的閘控硬體訊號如表 13-3 所示：

表 13-3   dsPIC33CK 微控制器的 ASDG 位元對應的閘控硬體訊號來源

ASDG\<x\> Bit	Auto-Shutdown/Gating Source								
	SCCP1	SCCP2	SCCP3	SCCP4	SCCP5	SCCP6	SCCP7	SCCP8	MCCP9
0	Comparator 1 Output								
1	Comparator 2 Output								
2	OCFC								
3	OCFD								
4	ICM1[1]	ICM2[1]	ICM3[1]	ICM4[1]	ICM5[1]	ICM6[1]	ICM7[1]	ICM8[1]	ICM9[1]
5	CLC1[1]								
6	OCFA[1]								
7	OCFB[1]								

註 1：由 PPS 可程式規劃腳位選擇設定決定

    因此應用程式可以藉由表 13-3 所示的硬體訊號源，或在程式中利用 SSDG 位元控制 SCCP 計時器的時脈輸入來源決定是否進行計數內容遞加的控制，而不需要關閉或重啟計時器。

▌13.2.5 MPLAB XC16 編譯器與 MCC 程式產生器的 CCP 計時器函式庫

    雖然 MPLAB XC16 編譯器與 MCC 程式產生器提供了 CCP 計時器函式庫，但是這些函式的數量與用法會隨著使用者的選項與設定而有所變化。例如使用者選擇 16 位元模式或 32 位元模式、或者使用中斷功能與否都會影響到函式庫部分函式的有無或差異，所以很難完整地例舉出全部的函式庫。特別是不同 MCC 版本可能會因為廠商更新而有所更迭。以下僅列出部分 CCP 計時器函式庫內容供作參考：

- 開啟與設定 CCP 模組計時器
  SCCPx_TMR_Initialize( )
- 啟動與關閉 CCP 模組計時器
  SCCPx_TMR_Start( )
- 16 位元模式主要 / 次要計時器週期比較事件呼叫函式
  SCCPx_TMR_PrimaryTimerCallBack( )，SCCPx_TMR_SecondaryTimer-

CallBack( )

- 16 位元模式主要／次要計時器週期比較中斷執行函式

  _CCT1Interrupt( )，_CCP1Interrupt( )

- 16 位元模式主要／次要計時器週期設定函式

  SCCPx_TMR_Period16BitPrimarySet( )，SCCPx_TMR_Period16BitSecondarySet( )

- 16 位元模式主要／次要計時器週期讀取函式

  SCCPx_TMR_Period16BitPrimaryGet( )，SCCPx_TMR_Period16BitSecondaryGet( )

- 16 位元模式主要／次要計時器數值設定函式

  SCCPx_TMR_Counter16BitSecondarySet( )，SCCPx_TMR_Counter16BitPrimarySet( )

- 16 位元模式主要／次要計時器數值讀取函式

  SCCPx_TMR_Counter16BitPrimaryGet( )，SCCPx_TMR_Counter16BitSecondaryGet( )

- 16 位元模式主要／次要計時器週期時間滿足旗標檢查函式

  SCCPx_TMR_PrimaryTimer16ElapsedThenClear( )、SCCPx_TMR_SecondaryTimer16ElapsedThenClear( )

32 位元模式函式庫與此類似，請讀者自行參閱比較。

13.3 SCCP 計時器範例程式

由於計時器的使用是微處理器重要的技巧，而使用 SCCP 的計時器搭配其他周邊功能進行同步的工作處理更是不可或缺的技巧。因此，接下來將提供多個範例供讀者學習了解 SCCP 模組計時器的各個使用方式與相關設定。

程式範例 13-1 　使用 SCCP 計時器定時觸發訊號

利用 SCCP1 的計時器設計一個 32 位元的計時器，每一秒鐘觸發 LCD 上的時間變化。

```
//   EX13-1 將 CCP1 Timer 規劃成週期為 1ms 的 32 位元 Timer
//   使用 Polling 的技巧，檢查 IFS0 中的 CCT1IF 位元以檢測 1ms 已到達
//   請檢視 sccp1_tmr 中的 SCCP1_TMR_Timer32CallBack() 函式
/*
  Section: Included Files
*/
// 將系統與硬體設定函式的原型宣告檔案含入
#include "mcc_generated_files/system.h"
// 將 CCP1_TMR 函式的原型宣告檔案含入
#include "mcc_generated_files/sccp1_tmr.h"
// 將 LCD 函式的原型宣告檔案含入
#include "../APP020_LCD.h"
/*
  Main application
*/
// 宣告字串於程式記憶體 (因為 const 宣告)
const char My_String1[]="Ex 13- CCP TIMER " ;
// 宣告字串於資料記憶體
char My_String2[]=" TIME : 00:00   " ;

void Show_Time(void) ;  // 將分秒數字顯示至液晶顯示器的函式

unsigned char  Minute = 0 ;
unsigned char  Second = 0 ;
unsigned char OneSecond = 0;

int main(void)
{
  // initialize the device
  SYSTEM_Initialize();

  OpenLCD( ) ; // 使用 OpenLCD( )對 LCD 模組作初始化設定
  setcurLCD(0,0) ;    // 使用 setcurLCD( ) 設定游標於 (0,0)
  putrsLCD( My_String1 ) ; // 將程式記憶體的字串輸出至 LCD

  setcurLCD(0,1) ;    // 使用 setcurLCD( ) 設定游標於 (0,1)
  putrsLCD( My_String2 ) ; // 將資料記憶體的字串輸出至 LCD

  while (1){
    // Add your application code
    SCCP1_TMR_Timer32Tasks( ); // 檢查中斷事件是否發生

    if ( Second == 60 ){
      Second = 0 ;              // Second : 0 .. 59
```

CHAPTER

13

```
      Minute++ ;

      if ( Minute == 60 )  Minute = 0 ;    // Minute : 0 .. 59
    }// End of if ( Second == 60 )

    if (OneSecond == 1){
      Show_Time( ) ;            // 將時間顯示於 LCD 上
      OneSecond = 0;
    }
  }// End of while(1)
  return 1;
}

/*************************************************/
// 將時間顯示於 LCD 的函式

void    Show_Time(void){
...
}
```

　　本範例程式的主程式內容與第九章使用 Timer1 的範例程式幾乎是一模一樣,差異在於所使用的計時器為 SCCP1 的計時器。所以當打開 MCC 介面中的 SCCP1 模組時,會看到相關計時器的設定如下圖所示。相信這部分讀者應該不會陌生。

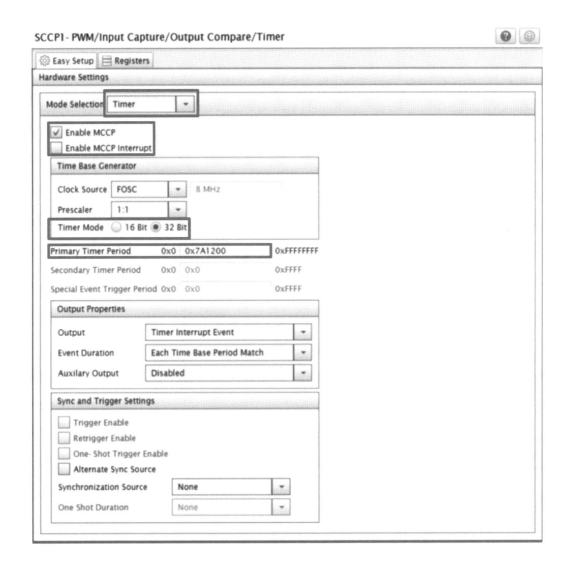

其中,將 SCCP1 設為計數器模式,時脈來源為系統時脈,除頻器為 1 倍,32 位元模式。由於系統時脈為 8 MHz,所以一秒鐘產生 8,000,000 個脈衝次數,換算為 16 進位為 0x7A1200,並將 SCCP1 計時器的週期暫存器設定為此數

值，因而每一秒鐘就會觸發一次事件。但是因為本範例並未開啟計時器中斷功能，因此 MCC 所生成的 SCCP1_TMR 函式庫中是以輪詢的方式檢查事件是否發生，這部分是以 SCCP1_TMR_Timer32Tasks( ) 函式執行。但是因為這函式並不會自動執行，所以必須在主程式的永久迴圈中呼叫這函式，方能進行相關 CCT1IF 中斷旗標位元的檢查。當中斷旗標因為達到一秒鐘而成立時，將會呼叫計時器事件呼叫函式 SCCP1_TMR_Timer32CallBack( )，其函式內容如下：

```
void __attribute__ ((weak)) SCCP1_TMR_Timer32CallBack(void)
{
  // Add your custom callback code here
  Second++;
  OneSecond = 1;
}
```

一如第九章的範例程式，在此將秒數變數 Second 遞加一，並將一秒旗標位元 OneSecond 設定為 1。因此在主程式的永久迴圈便會因為 OneSecond 為 1 而進行 LCD 顯示的更新。

程式範例 13-2　使用 SCCP 的 16 位元主要計時器中斷定時觸發訊號

利用 SCCP1 計時器的中斷功能設計一個使用 16 位元的主要計時器，每一秒鐘觸發 LCD 上的時間變化。

```
//  EX13-2 將 CCP1 Timer 規劃成 Period 為 1 ms 的 16 位元 Timer
//  使用計時器週期比較中斷的技巧，觸發 1ms 的計時週期事件
//  並觸發執行 SCCP1_TMR_PrimaryTimerCallBack() 函式
/**
  Section: Included Files
*/
// 將系統與硬體設定函式的原型宣告檔案含入
#include "mcc_generated_files/system.h"
// 將 CCP1_TMR 函式的原型宣告檔案含入
#include "mcc_generated_files/sccp1_tmr.h"
// 將 LCD 函式的原型宣告檔案含入
#include "../APP020_LCD.h"
/*
```

```
  Main application
*/
// 宣告字串於程式記憶體 (因為 const 宣告)
const char My_String1[]="Ex 13- CCP TIMER " ;
// 宣告字串於資料記憶體
char My_String2[]=" TIME : 00:00   " ;

void Show_Time(void) ; // 將分秒數字顯示至液晶顯示器的函式

unsigned char  Minute = 0 ;
unsigned char  Second = 0 ;
unsigned char OneSecond = 0;

int main(void)
{
  // initialize the device
  SYSTEM_Initialize();

  // Disabling SCCP1  Secondary Timer interrupt.
  IEC0bits.CCP1IE = 0;

  // Enabling SCCP1 interrupt.
  IEC0bits.CCT1IE = 1;

  OpenLCD( ) ; // 使用 OpenLCD( )對 LCD 模組作初始化設定
  setcurLCD(0,0) ;    // 使用 setcurLCD( ) 設定游標於 (0,0)
  putrsLCD( My_String1 ) ; // 將程式記憶體的字串輸出至 LCD

  setcurLCD(0,1) ;    // 使用 setcurLCD( ) 設定游標於 (0,1)
  putrsLCD( My_String2 ) ; // 將資料記憶體的字串輸出至 LCD

  while (1){
    // Add your application code
    if ( Second == 60 ){
      Second = 0 ;        // Second : 0 .. 59
      Minute++ ;

      if ( Minute == 60 )
        Minute = 0 ;        // Minute : 0 .. 59
    }// End of if ( Second == 60 )
    if (milliSec == 0) Show_Time( ) ;// 將時間顯示於 LCD 上

  }// End of while(1)
```

```
   return 1;
}

/*************************************************/
// Subroutine to show Time on LCD
void    Show_Time(void){
…
}
```

　　本範例程式的主程式內容與範例 13-1 使用 32 位元計時器的範例程式幾乎是一模一樣，差異在於使用 SCCP1 的 16 位元計時器中斷。所以當打開 MCC 介面中的 SCCP1 模組時，會看到相關計時器的設定如下圖所示：

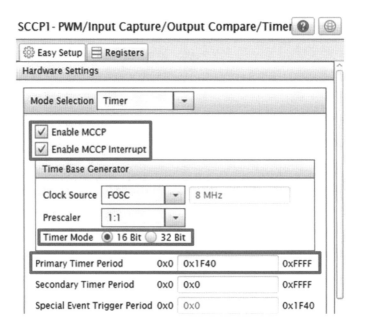

　　其中，將 SCCP1 設為計數器模式，時脈來源為系統時脈，除頻器為 1 倍，16 位元模式。由於系統時脈為 8 MHz，所以一秒鐘產生 8,000,000 個脈衝次數，換算為 16 進位為 0x7A1200，但是因為使用 16 位元模式，SCCP1 計時器的週期暫存器上限為 0xFFFF 而無法設定為此數值。因此改為將計時器中斷設定為每 1 ms 就會觸發一次中斷事件，並進行中斷事件次數的累加，因此將計時器週期設定為 8,000 = 0x1F40。

在 16 位元模式下，SCCP 的計時器有兩組可以使用，所觸發的中斷旗標位元也不相同。如果使用主要計時器，也就是 CCPxTMRL 將會觸發 CCTxIF 中斷旗標，而非輔助計時器的 CCPxIF。因此在設定中斷的功能時，並不需要將所有計時器的中斷開啟。所以在主程式初始化時，因為 MCC 產生的中斷初始化程式仍然將所有計時器中斷功能開啟，所以必須加上下列程式設定開啟適當的中斷功能。

```
// Disabling SCCP1 Secondary Timer interrupt.
IEC0bits.CCP1IE = 0;

// Enabling SCCP1 interrupt.
IEC0bits.CCT1IE = 1;
```

當發生與主要計時器週期相符的中斷事件時，將會利用 SCCP1_TMR_PrimaryTimerCallBack ( ) 函式執行。因為是以中斷功能觸發，所以並不需要如範例 13-1 般在永久迴圈中執行檢查，而是在事件發生時觸發中斷執行函式，並由此執行中斷事件呼叫函式。相關程式碼可以在 MCC 產生的 sccp1_tmr.c 檔案中找到，節錄如下：

```
void __attribute__ ((weak))
            SCCP1_TMR_PrimaryTimerCallBack(void){
 // Add your custom callback code here
 milliSec++;
 if(milliSec == 1000){
  milliSec = 0;
  Second++;
 }
}

void __attribute__ ((interrupt, no_auto_psv))
            _CCT1Interrupt ( void ){
 /* Check if the Timer Interrupt/Status is set */
 if(IFS0bits.CCT1IF){
  sccp1_timer_obj.primaryTimer16Elapsed = true;
  // SCCP1 Primary Timer callback function
  SCCP1_TMR_PrimaryTimerCallBack();
  IFS0bits.CCT1IF = 0;
 }
}
```

CHAPTER

13

　　當計時器週期比較中斷事件發生時，會先執行中斷執行函式 _CCT1Inter-rupt( )，再由此呼叫 SCCP1_TMR_PrimaryTimerCallBack( )，在其中將中斷事件次數累計於 milliSec，並在次數累計達 1000 時將 milliSec 歸零，進而引發主程式的一秒鐘定時 LCD 顯示處理的程序。

　　由範例 13-1 與 13-2 可以發現，當使用者在 MCC 介面做出不同的設定時，產生的程式碼檔案也會有所變化，因此可以使用的函式是很難逐一定義或陳述的，只能靠使用者在完成 MCC 設定程序後再一一地自行閱讀相關使用方式與增加特定的程式碼到對應的函式中，例如本範例所使用的 SCCP1_TMR_PrimaryTimerCallBack( ) 函式。每一個被選擇使用的周邊功能將會由 MCC 自動產生兩個檔案，x.h 與 x.c。x.h 標頭檔有函式的定義與使用範例及說明，x.c 程式檔則為產生的函式程式檔，並有特定的函式可以讓使用者自行撰寫或修改內容為符合應用需求的程式，例如 SCCP1_TMR_PrimaryTimerCallBack( ) 函式。所以除了學會 MCC 使用介面設定初始功能之外，詳讀 MCC 產生的檔案也是開發程式的重要工作。

┃程式範例 13-3┃　使用 SCCP 的 16 位元次要計時器中斷定時觸發訊號

　　利用 SCCP1 計時器的中斷功能設計一個 16 位元的次要計時器，每一秒鐘觸發 LCD 上的時間變化。

```
//
//   EX 13-3 將 CCP1 的次要計時器規劃成週期為 1ms 的 16 位元 Timer
//   使用中斷的技巧，檢測 1ms 的計時是否到達
//   若是，則將 miliSec 加 1 並檢查有無 >= 1000
//   若  miliSec >= 1000，則做分與秒的更新
//   請檢視 sccp1_tmr.c 的 SCCP1_TMR_SecondaryTimerCallBack()
/*
  Section: Included Files
*/
// 將系統與硬體設定函式的原型宣告檔案含入
#include "mcc_generated_files/system.h"
// 將 CCP1_TMR 函式的原型宣告檔案含入
#include "mcc_generated_files/sccp1_tmr.h"
// 將 LCD 函式的原型宣告檔案含入
#include "../APP020_LCD.h"
```

```
/*
  Main application
*/
// 宣告字串於程式記憶體 (因為 const 宣告)
const char My_String1[]="Ex 13- CCP TIMER " ;
// 宣告字串於資料記憶體
char My_String2[]=" TIME : 00:00   " ;

void Show_Time(void) ; // 將分秒數字顯示至液晶顯示器的函式

unsigned char Minute = 0 ;
unsigned char Second = 0 ;
unsigned char OneSecond = 0;

int main(void)
{
  // initialize the device
  SYSTEM_Initialize();

  // Enabling SCCP1  Secondary Timer interrupt.
  IEC0bits.CCP1IE = 1;

  // Disabling SCCP1 interrupt.
  // MCC 相關中斷會一次全開，所以要自行關閉不需要的
  IEC0bits.CCT1IE = 0;

  OpenLCD( ) ; // 使用 OpenLCD( )對 LCD 模組作初始化設定
  setcurLCD(0,0) ;    // 使用 setcurLCD( ) 設定游標於 (0,0)
  putrsLCD( My_String1 ) ; // 將程式記憶體的字串輸出至 LCD

  setcurLCD(0,1) ;    // 使用 setcurLCD( ) 設定游標於 (0,1)
  putrsLCD( My_String2 ) ; // 將資料記憶體的字串輸出至 LCD

  while (1){
    // Add your application code
    if ( Second == 60 ){
      Second = 0 ;        // Second : 0 .. 59
      Minute++ ;

      if ( Minute == 60 )
        Minute = 0 ;        // Minute : 0 .. 59
    }// End of if ( Second == 60 )
    if (milliSec == 0) Show_Time( ) ;// 將時間顯示於 LCD 上
```

CHAPTER

13

```
  }// End of while(1)
  return 1;
}

/**************************************************/
// 將時間顯示於 LCD 的函式

void    Show_Time(void){
…
}
```

在 16 位元模式下，SCCP 的計時器有兩組可以使用，所觸發的中斷旗標位元也不相同。當使用次要計時器，也就是 CCPxTMRH，將會觸發 CCPxIF中斷旗標，而非主計時器的 CCTxIF。因此在設定中斷的功能時，並不需要開啟主要計時器的中斷功能。所以在主程式初始化時，因為 MCC 產生的中斷初始化程式仍然將所有計時器中斷功能開啟，所以必須加上下列設定開啟適當的中斷功能。

```
  // Enabling SCCP1  Secondary Timer interrupt.
  IEC0bits.CCP1IE = 1;

  // Disabling SCCP1 interrupt.
  // MCC 相關中斷會一次全開，所以要自行關閉不需要的
  IEC0bits.CCT1IE = 0;
```

當發生與次要（或稱輔助）16 位元計時器週期相符的中斷事件時，將會利用 SCCP1_TMR_PrimaryTimerCallBack ( ) 函式執行。因為是以中斷功能觸發，所以會在事件發生時觸發次要計時器中斷執行函式，並由此執行中斷事件呼叫函式。相關程式碼可以在 MCC 產生的 sccp1_tmr.c 檔案中找到，節錄如下：

```
void __attribute__ ((weak))
            SCCP1_TMR_SecondaryTimerCallBack(void)
{
  // Add your custom callback code here
  milliSec++;
  if(milliSec == 1000){
   milliSec = 0;
```

```
    Second++;
  }
}

void __attribute__ ((interrupt, no_auto_psv))
              _CCP1Interrupt ( void )
{
  /* Check if the Timer Interrupt/Status is set */
  if(IFS0bits.CCP1IF)
  {
    // SCCP1 Secondary Timer callback function
    SCCP1_TMR_SecondaryTimerCallBack();
    sccp1_timer_obj.secondaryTimer16Elapsed = true;
    IFS0bits.CCP1IF = 0;
  }
}
```

雖然此範例程式內容與範例 13-2 類似，功能相同，但是由此希望讀者了解到 dsPIC33CK 的 CCP 模組計時器功能遠較 Timer1 計時器複雜，功能也較多元。特別是當作 16 位元計時器使用時，可以分拆為兩個獨立的計時器，各自有獨立的週期暫存器與計時功能。如果僅作為計時使用時，這兩個 16 位元計時器是沒有太大差異的；但是如果需要與其他模組偕同運作時，讀者在後續的範例與章節中會逐漸了解主要計時器有額外的同步與觸發功能。

程式範例 13-4 使用 SCCP 計時器作為外部觸發訊號計數器

利用 SCCP1 計時器設計一個外部觸發訊號計數器，計算實驗板上按鍵觸發次數。按鍵每觸發 5 次時，在實驗板更新觸發次數。

```
//  EX13_4 將 CCP TIMER 規劃成週期為 5 的外部訊號觸發計數器
//  使用中斷技巧檢測每五次的計數
//  若是，則將 LCD 顯示更新
/*
  Section: Included Files
*/
// 將系統與硬體設定函式的原型宣告檔案含入
#include "mcc_generated_files/system.h"
// 將 CCP1_TMR 函式的原型宣告檔案含入
```

```c
#include "mcc_generated_files/sccp1_tmr.h"
// 將 LCD 函式的原型宣告檔案含入
#include "../APP020_LCD.h"
/*
  Main application
*/
// 宣告字串於程式記憶體 (因為 const 宣告)
const char My_String1[]="Ex 13- CCP TIMER " ;
// 宣告字串於資料記憶體
char My_String2[]=" COUNT: 0000   ";

void Show_Time(void) ; // 將分秒數字顯示至液晶顯示器的函式
unsigned char Minute = 0 ;
unsigned char Second = 0 ;
unsigned char OneSecond = 0;

int main(void)
{
  // initialize the device
  SYSTEM_Initialize();

  // 啟動 SCCP1 Timer A 中斷
  IEC0bits.CCT1IE = 1;

  // 關閉 SCCP1 Timer B 中斷
  IEC0bits.CCP1IE = 0;

  OpenLCD( ) ; // 使用 OpenLCD( )對 LCD 模組作初始化設定
  setcurLCD(0,0) ;    // 使用 setcurLCD( ) 設定游標於 (0,0)
  putrsLCD( My_String1 ) ; // 將程式記憶體的字串輸出至 LCD

  setcurLCD(0,1) ;    // 使用 setcurLCD( ) 設定游標於 (0,1)
  putrsLCD( My_String2 ) ; // 將資料記憶體的字串輸出至 LCD

  while (1){
    // Add your application code
    if ( Count == 100 ){ // 更新計數顯示數值
      Count = 0 ;              // Count : 0 .. 99
      Count100++ ;

      if ( Count100 == 100 )
        Count100 = 0 ;         // Count100 : 0 .. 99
```

```
  }// End of if ( Count == 100 )
  if( update ==1){
    Show_Time( ) ;           // 將次數顯示於 LCD 上
    update = 0;
  }
 }// End of while(1)
 return 1;
}
/**************************************************/
// 將次數顯示於 LCD 的函式
void     Show_Time(void){
 setcurLCD(8,1) ;                  // 設定游標
 put_Num_LCD( Count100 ) ;   // 將千百位數字顯示至 LCD
 put_Num_LCD( Count ) ;        // 將十個位數字顯示至 LCD
}
```

　　雖然稱為計時器，但是其實 SCCP 模組的計時器也可以作為外部觸發訊號的計數器。所以不僅僅可以使用內部系統時脈訊號進行時間控制，也可以計算外部觸發訊號的發生次數。如果外部訊號是一個固定時脈頻率的訊號，就會變成是一個以外部時脈訊號為基準的計時器。這常在只需要低頻率精準計時的應用中需要，例如計算日常生活時間的時分秒計算，就不需要以高達數百萬赫茲的時脈作為基礎，這樣只是消耗更多電能而已。

　　除了跟前幾個範例類似的內容外，要使用外部訊號作為輸入訊號，必須要先調整計時器設定。首先，在腳位設定管理器（Pin Manager）介面要選擇一個適當的輸入訊號源，在這個範例中選擇使用 SW5 按鍵對應的 RB2 腳位；為了讓 RB2 腳位變成 SCCP1 計時器的訊號源，必須將其設定為對應的 TCKI1 的功能，並且由可程式規劃的腳位選擇（PPS）將 RB2 設定為 TCKI1。這些都會在腳位設定管理器介面完成選定後，由 MCC 自行產生程式如下：

```
__builtin_write_RPCON(0x0000); // unlock PPS
 RPINR3bits.TCKI1R = 0x0022;     //RB2->SCCP1:TCKI1
 __builtin_write_RPCON(0x0800); // lock PPS
```

然後在 SCCP1 計時器的設定介面上，選擇外部訊號 TCKI1，但是不用在乎其頻率設定；然後將週期暫存器設定為 5，並開啟模組中斷功能，如下圖所示：

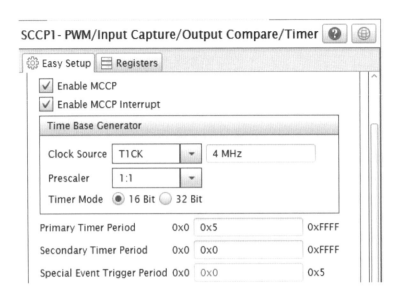

即可以將計時器的訊號源設定為 TCKI1/RB2 腳位對應的 SW5 按鍵。剩下來只要在計時器週期比較事件呼叫函式撰寫如下：

```
void __attribute__ ((weak))
      SCCP1_TMR_PrimaryTimerCallBack(void){
  // Add your custom callback code here
  Count+=5;
  update = 1;
}
```

因為每 5 次外部觸發訊號才會觸發一次週期比較事件函式，所以每次進來該函式就需要將 Count 遞加 5，並將 update 變數更新為 1 以便在主程式中會因為 update 旗標更新而進行相關的顯示更新的程序。

　　在這個範例的執行中還可以發現一個問題，就是實際操作時似乎不需要觸發 SW5 按鍵 5 次就會更新計數顯示。這其實不是程式或控制器的問題，而是按鍵彈跳的硬體電路問題，請參見範例 6-3 使用軟體去彈跳的作法。如果使用計時器外部時脈的設計，就無法利用範例 6-3 的軟體處理。解決的方式當然要回歸到硬體電路設計，一般在這一類電路上會使用包含濾波功能的 RC 電路去除雜訊，例如實驗板上的 /MCLR 重置按鍵即配置有濾波電路設計，這樣便可以去除彈跳發生的高頻變化而達到正確的計數功能。

程式範例 13-5 使用 SCCP 計時器閘控功能控制計時器的累計

　　利用 SCCP1 計時器設計一個計時器,並利用實驗板上按鍵進行閘控功能;換句話說,每一次按鍵觸發時將會啟動或停止閘控計時,藉以控制計時的暫停或延續。

```
//
//  EX13_5 將 CCP TIMER 規劃成週期為 1ms 的計時器
//  使用外部中斷 INT0 作為閘控觸發訊號管制計時器運作
//  閘控觸發時計時暫停,解除則繼續計時
//  請參考 sccp1_tmr.c 中 SCCP1_TMR_PrimaryTimerCallBack()
//  ext_int.c 中 EX_INT0_CallBack()
/*
  Section: Included Files
*/
// 將系統與硬體設定函式的原型宣告檔案含入
#include "mcc_generated_files/system.h"
// 將 CCP1_TMR 函式的原型宣告檔案含入
#include "mcc_generated_files/sccp1_tmr.h"
// 將 LCD 函式的原型宣告檔案含入
#include "../APP020_LCD.h"
/*
  Main application
*/
// 宣告字串於程式記憶體 (因為 const 宣告)
const char My_String1[]="Ex 13- CCP TIMER " ;
// 宣告字串於資料記憶體
char My_String2[]=" TIME : 00:00   " ;

void Show_Time(void) ; // 將分秒數字顯示至液晶顯示器的函式

unsigned char Minute = 0 ;
unsigned char Second = 0 ;
unsigned char OneSecond = 0;

int main(void)
{
  // initialize the device
  SYSTEM_Initialize();
```

```
// 關閉 SCCP1  Timer B 中斷
IEC0bits.CCP1IE = 0;
// 啟動 SCCP1 Timer A 中斷
IEC0bits.CCT1IE = 1;

OpenLCD( ) ; // 使用 OpenLCD( )對 LCD 模組作初始化設定
setcurLCD(0,0) ;     // 使用 setcurLCD( ) 設定游標於 (0,0)
putrsLCD( My_String1 ) ; // 將程式記憶體的字串輸出至 LCD

setcurLCD(0,1) ;     // 使用 setcurLCD( ) 設定游標於 (0,1)
putrsLCD( My_String2 ) ; // 將資料記憶體的字串輸出至 LCD

while (1){
  // Add your application code
  if ( Second == 60 ){
   Second = 0 ;          // Second : 0 .. 59
   Minute++ ;

   if ( Minute == 60 )
     Minute = 0 ;         // Minute : 0 .. 59
  }// End of if ( Second == 60 )
  if (milliSec == 0) Show_Time( ) ;// 將時間顯示於 LCD 上

 }// End of while(1)
 return 1;
}
/***********************************************/
// 將時間顯示於 LCD 的函式
void    Show_Time(void)
{
…
}
```

主程式中的內容與 SCCP 計時器的設定與範例 13-3 幾乎是一模一樣，沒有更動。所以基本上在沒有任何其他操作動作時，實驗板上 LCD 的變化會一如範例 13-3 一樣每秒更新時間內容。而為了要建立閘控功能，使用者必須要選擇使用硬體訊號或軟體操作。可是在表 13-3 中的項目尚未介紹其功能的情況下，只好使用軟體方式，也就是設定 SSDG 位元的方式進行。為能夠即時進行閘控，所以不使用在主程式永久迴圈中使用輪詢檢查按鍵的方式，而改採將按鍵

SW5／RB2 設定為外部中斷訊號的方式。因此原先在範例 13-4 中作為 SCCP 計時器功能的外部輸入訊號源，在這裡藉由可程式選擇腳位功能（PPS）改變為外部中斷訊號 INT0 的功能。因此，在 MCC 介面中新增外部中斷（EXT_INT）功能，並在腳位管理模組中將 RB2 改設定為 EXT_INT0 的功能。而計時的部分則可以參考範例程式 13-2 的內容，產生所需要的計時器功能。MCC 在產生程式時將會新增 ext_int.c 程式，同時在 interrupt_manager.c 將會開啟外部中斷功能如下：

```
void INTERRUPT_Initialize (void){
  //    INT0I: External Interrupt 0
  //    Priority: 1
  IPC0bits.INT0IP = 1;
  //    CCPI: CCP1 Capture/Compare Event
  //    Priority: 1
  IPC1bits.CCP1IP = 1;
  //    CCTI: CCP1 Timer Event
  //    Priority: 1
  IPC1bits.CCT1IP = 1;
}
```

因此，當 SW5 按鍵對應到的 RB2 作為外部中斷訊號來源時，每當按鍵觸發時，將會執行外部中斷訊號的中斷執行函式與外部中斷事件呼叫函式，其內容如下：

```
void __attribute__ ((weak)) EX_INT0_CallBack(void){
  // Add your custom callback code here
  // 啟動或停止閘控管制
  CCP1CON2Lbits.SSDG = !CCP1CON2Lbits.SSDG;
  // LED 顯示動作變化
  LATBbits.LATB15=!LATBbits.LATB15;
}

/**
  Interrupt Handler for EX_INT0 - INT0
*/
void __attribute__ ((interrupt, no_auto_psv))
              _INT0Interrupt(void){
  //***User Area Begin->code: External Interrupt 0***
  EX_INT0_CallBack();
```

13

```
//***User Area End->code: External Interrupt 0***
EX_INT0_InterruptFlagClear();
}
```

所以每一次 SW5 觸發時，就會利用 SSDG 位元的反轉改變閘控計時的狀態。同時為了讓使用者觀察方便，額外加上一個 LED 的變化作為進入外部中斷函式的顯示。範例程式執行時可以觀察到，每次按鍵 SW5 觸發時，就會因為更改 SSDG 的設定而使時間累計暫停或延續，這就是基本計時器閘控功能的操作。

CHAPTER 14

CCP 輸出比較模組

dsPIC33CK 微控制器中的 SCCP/MCCP 模組除了提供計時器的功能外，最主要是提供輸出比較（Output Compare, OC）、輸入捕捉（Input Capture, IC）與波寬調變（Pulse Width Modulation, PWM）的功能。這些功能最重要的用途就是利用脈衝的變化作為數位控制訊號的工具。輸出捕捉可以產生可控制脈衝時間或寬度的輸出，輸入捕捉則是進行脈衝邊緣時間的量測，波寬調變則是在固定頻率脈衝中快速調整連續脈衝寬度。

所以 CCP 模組的使用對於利用數位脈衝作為控制訊號的系統是非常重要的，這些應用包含馬達控制、雷射加工、電能轉換等等現代應用。在未來控制訊號越來越高速、越精密的工業發展，SCCP/MCCP 模組的應用會益發重要。

14.1　dsPIC33CK 微控制器輸出比較模組概觀

基本上，dsPIC33CK 微控制器的輸出比較模組功能已經包含了傳統處理器中輸出比較與波寬調變的全部功能。dsPIC33CK 微控制器的輸出比較模組可以有效的使用在下列的應用中：

- 控制脈衝邊緣變化的時間
- 產生可變寬度的輸出脈衝
- 產生可調整時間相位的輸出脈衝
- 產生可調整寬度的連續脈衝
- 功率因子的修正

輸出比較模組的功能方塊圖如圖 14-1 所示：

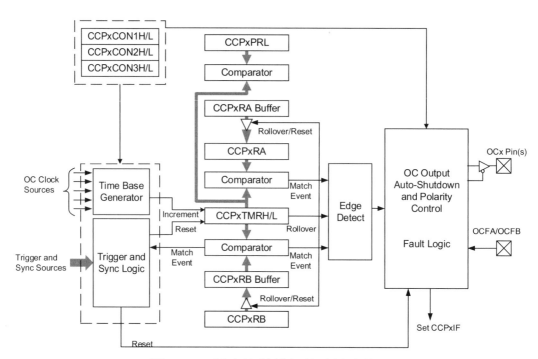

圖 14-1　輸出比較模組的功能方塊圖

　　dsPIC33CK 數位訊號控制器共有 1 個 MCCP 跟 8 個 SCCP 模組，因此最多有個 9 輸出比較通道，但是因為腳位要透過 PPS 可程式腳位選擇進行設定，使用前必須要經過程式適當設定相關腳位。輸出比較模組的主要操作模式可以分類如下：

- 單一邊緣（單一比較）控制模式：
  以腳位狀態變化定義：分為上升邊緣、下降邊緣與電位反轉的控制
  以計時器時間長度定義：有 16 與 32 位元兩種模式
- 雙重邊緣（雙重比較）輸出比較模式：控制脈衝上升下降兩個邊緣發生的時間，只有 16 位元計時模式
- 簡單的邊緣對齊波寬調變 PWM 模式
- 雙重邊緣比較的中央對齊波寬調變 PWM 模式
- 可調變頻率的連續脈衝模式（工作週期固定為 50%）

這些操作模式是藉由 16 位元 CCPxCON1L 特殊功能暫存器中的相關位元 CCSEL 、MOD<3:0> 與 T32 設定來選擇的。各個模式的設定參數如表 14-1 所示：

表 14-1 dsPIC33CK 微控制器輸出比較與波寬調變模式設定

T32	MOD[3:0]	操作模式
0	0001	單一比較，比較符合時輸出上升邊緣（低→高電壓）（16 bit）
1	0001	單一比較，比較符合時輸出上升邊緣（低→高電壓）（32 bit）
0	0010	單一比較，比較符合時輸出下降邊緣（高→低電壓）（16 bit）
1	0010	單一比較，比較符合時輸出下降邊緣（高→低電壓）（32 bit）
0	0011	單一比較，比較符合時輸出反轉電壓（高→低，低→高）（16 bit）
1	0011	單一比較，比較符合時輸出反轉電壓（高→低，低→高）（32bit）
0	0100	雙重比較，雙重比較相同時產生脈衝（16-bit）（單一脈衝）
0	0101	雙重比較連續脈衝模式（16-bit 含緩衝器）連續 PWM 模式
0	0110	中央對齊連續脈衝（16-bit 含緩衝器）連續中央對齊 PWM 模式
0	0111	可變頻率脈衝（16-bit）

註：CCSEL=0

輸出比較相關的暫存器定義如表 14-2 所示。CCPxCONnL/H 與 CCPx-STATL 暫存器是用來設定 SCCP/MCCP 模組相關功能或顯示操作狀態的設定暫存器。CCPxRA 以及 CCPxRB 暫存器則是作為與計時器內容比較用的雙重比較暫存器。在雙重比較（Dual Compare）模式下，CCPxRA 暫存器是用來作為第一次的比較，而 CCPxRB 則是供第二次的比較所使用。在某些模式下，CCPxRB 也可能會變成是 CCPxRA 的緩衝暫存器。CCPxTMRL/H 與 CCPxPRL/H 則是與計時器相關的暫存器，計時器相關的內容請參考前面 CCP TIMER 章節。

CHAPTER

14

表 14-2　輸出比較模組相關的暫存器與位元定義

Register Name	Bit 15	Bit 14	Bit 13	Bit 12	Bit 11	Bit 10	Bit 9	Bit 8
CCPxCON1L	CCPON	—	CCPSIDL	CCPSLP	TMRSYNC	CLKSEL[2:0]		
CCPxCON1H	OPSSRC	RTRGEN	—	—	OPS[3:0]			
CCPxCON2L	PWMRSEN	ASDGM	—	SSDG	—	—	—	—
CCPxCON2H	OENSYNC	—	OCFEN	OCEEN	OCDEN	OCCEN	OCBEN	OCAEN
CCPxCON3L	—	—	—	—	—	—	—	—
CCPxCON3H	OETRIG	OSCNT[2:0]			—	OUTM[2:0}		
CCPxSTATL	—	—	—	—	—	—	—	—
CCPxTMRL	CCPx Time Base Register, Low Word[15:8]							
CCPxTMRH	CCPx Time Base Register, High Word[15:8]							
CCPxPRL	CCPx Period Register, Low Word[15:8]							
CCPxPRH	CCPx Period Register, High Word[15:8]							
CCPxRA	CCPx Primary Compare Register[15:8]							
CCPxRB	CCPx Secondary Compare Register[15:8]							
CCPxBUFL	CCPx Capture Buffer Register, Low Word[15:8]							
CCPxBUFH	CCPx Capture Buffer Register, High Word[15:8]							

Register Name	Bit 7	Bit 6	Bit 5	Bit 4	Bit 3	Bit 2	Bit 1	Bit 0	All Resets
CCPxCON1L	TMRPS[1:0]		T32	CCSEL	MOD[3:0]				0000
CCPxCON1H	TRIGEN	ONESHOT	ALTSYNC	SYNC[4:0]					0000
CCPxCON2L	ASDG[7:0]								0000
CCPxCON2H	ICGSM[1:0]		—	AUXOUT[1:0]		ICS[2:0]			0100
CCPxCON3L	—	—	DT[5:0]						0000
CCPxCON3H	—	—	POLACE	POLBDF	PSSACE[1:0]		PSSBDF[1:0]		0000
CCPxSTATL	CCPTRIG	TRSET	TRCLR	ASEVT	SCEVT	ICDIS	ICOV	ICBNE	0000
CCPxTMRL	CCPx Time Base Register, Low Word[7:0]								0000
CCPxTMRH	CCPx Time Base Register, High Word[7:0]								0000
CCPxPRL	CCPx Period Register, Low Word[7:0]								FFFF
CCPxPRH	CCPx Period Register, High Word[7:0]								FFFF
CCPxRA	CCPx Primary Compare Register[7:0]								0000
CCPxRB	CCPx Secondary Compare Register[7:0]								0000
CCPxBUFL	CCPx Capture Buffer Register, Low Word[7:0]								0000
CCPxBUFH	CCPx Capture Buffer Register, High Word[7:0]								0000

Legend: — = unimplemented, read as '0'. Reset values are shown in hexadecimal.

14.2　輸出比較模組的使用模式

▌16 或 32 位元的選擇模式

　　每一個輸出比較通道都配置有模組專屬獨立的計時器，使用者可以藉由 T32 位元選擇以 16 或 32 位元計時器的模式使用，作爲輸出比較模式操作的時間基礎。當選擇使用 16 位元計時器模式時，輸出比較模組將僅使用 CCPxRA 與計時器的 CCPxTMRL 暫存器進行比較；如果選擇使用 32 位元計數器模式時，輸出比較模組將會使用 CCPxRB+CCPxRA 與計時器的 CCPxTMRH+CCPxTMRL 暫存器進行 32 位元的數值比較。CCPxRB 暫存器將作爲高字元組的內容。

▌14.2.1　單一輸出比較模式

　　當 CCPxCONL 暫存器的控制位元 MOD<3：0> 被設定爲 001、010 或者 011 時，選定的輸出比較通道是被設定爲下列 3 個單一輸出比較模式中的一種：

1. MOD<3：0> = 0001：比較符合時強制輸出入埠轉變爲高電位（High, 1）
2. MOD<3：0> = 0010：比較符合時強制輸出入埠轉變爲低電位（Low, 0）
3. MOD<3：0> = 0011：比較符合時強制輸出入埠轉電位反轉（Toggle）

　　CCPxRA/B 暫存器在上述的模式中被使用，當選擇使用 16 位元計時器模式時，輸出比較模組將僅使用 CCPxRA 與計時器的 CCPxTMRL 暫存器進行比較；如果選擇使用 32 位元計數器模式時，輸出比較模組將會使用 CCPxRB+CCPxRA 與計時器的 CCPxTMRH+CCPxTMRL 暫存器進行 32 位元的數值比較，CCPxRA/B 暫存器必須先載入一個預設的數值並且與計時器做比較。

　　在進行比較之前必須先將所需要的比較模式利用 MOD<3:0> 進行選擇設定，同時將 CCPxSTATL 暫存器的 SCEVT 位元清除爲 0，這將會使 OCx 腳位回復至比較未成立的狀態。當計時器開始計時後，當計時器內容與 CCPxRA/B 暫存器設定的數值比較相同時，將會在下一個指令週期根據設定的輸出比較模式改變 OCx 腳位的狀態，同時觸發 CCPxIF 中斷旗標。如果應用程式需要再一次進行比較的話，只需要將 SCEVT 位元清除爲 0 即可以將 OCx 輸出腳位還原，並在下一次比較相同時再次產生所需要的腳位變化。

計時器在比較相同之後將會繼續的計時，如果應用程式將 CCPxPRL/H 設定爲 0xFFFF 或 0xFFFFFFFF 或者其他計時週期數值的話，計時器將會在下一個週期出現溢流而歸零。藉由週期暫存器的設定，應用程式可以在固定頻率下，持續調整輸出腳位的變化。當計時器發生與週期暫存器數值相同時，會觸發計時器獨立的中斷旗標 CCTxIF。除此之外，計時器因爲本身也可以由其他模組的同步訊號或事件觸發歸零，因此在設定計時器時必須要特別注意同步事件的設定，以免有錯誤的頻率計算。如果在比較符合發生之前，計數器被重置爲 0，則所對應的 OCx 腳位的狀態將不會改變。

■單一比較上升邊緣模式

如果 MOD<3:0> 設定爲 0001 的話，當比較的結果符合時，將會使腳位輸出由低電壓（0）變成高電壓（1）。以圖 14-2 爲例，當 T32=0，計時器內容增加到與 CCPxRA 所設定的 0x3002 相同時，在下一個指令週期出出腳位會變成是高電壓，而且同時會將 CCPxIF 與 SCEVT 位元設定爲 1。如果要再次進行比較，程式必須將 SCEVT 清除爲 0，OCx 將會被還原成低電壓才能在下次比較相同時再次產生所需要的上升邊緣。CCPxIF 中斷旗標位元則必須由應用程式在適當的處理後清除爲 0。除此之外，當計時器因爲同步訊號或週期暫存器的設定而重置爲 0 時，將會觸發計時器的中斷旗標位元 CCTxIF，細節請參考前面有關 CCP TIMER 的內容。

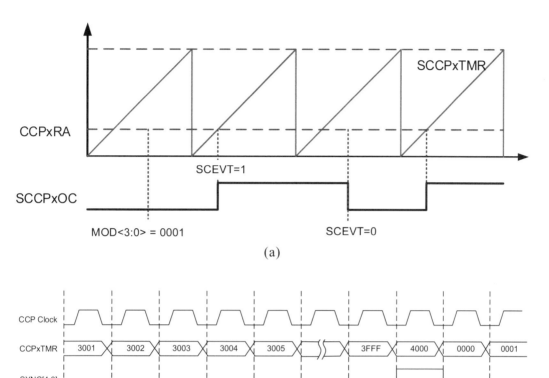

圖 14-2   單一輸出比較上升邊緣模式相關位元變化關係：(a) 輸出變化示意圖，
(b) 時序圖

∎ 單一比較下降邊緣模式

如果 T32=0，MOD<3:0> 設定為 0010 的話，當比較的結果符合時，將會使腳位輸出由低電壓（0）變成高電壓（1）。相關運作與位元變化關係與單一比較上升模式類似，如圖 14-3 所示：

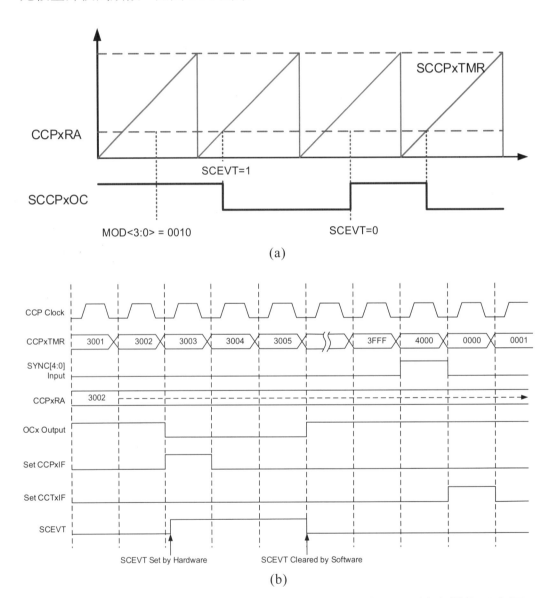

(a)

(b)

圖 14-3   單一輸出比較下降邊緣模式相關位元變化關係：(a) 輸出變化示意圖，(b) 時序圖

■單一比較反轉模式

如果 MOD<3:0> 設定為 0011 的話,當比較的結果符合時,將會使腳位輸出電壓反轉。以圖 14-4 為例,當 T32=0,計時器內容增加到與 CCPxRA 所設定的 0x0500 相同時,在下一個指令週期輸出腳位會反轉成與原來相反的電位,而且同時會將 CCPxIF 與 SCEVT 位元設定為 1。如果要再次進行比較,程式必須將 SCEVT 清除為 0 才能在下次比較相同時再次產生所需要的反轉變化,但是在反轉模式下 OCx 將不會有任何改變。CCPxIF 中斷旗標位元則必須由應用程式在適當的處理後清除為 0。應用程式可以利用 CCPxIF 觸發中斷執行函式,並在此將 CCPxIF 與 SCEVT 位元清除為 0,以利後續的訊號反轉持續產生。

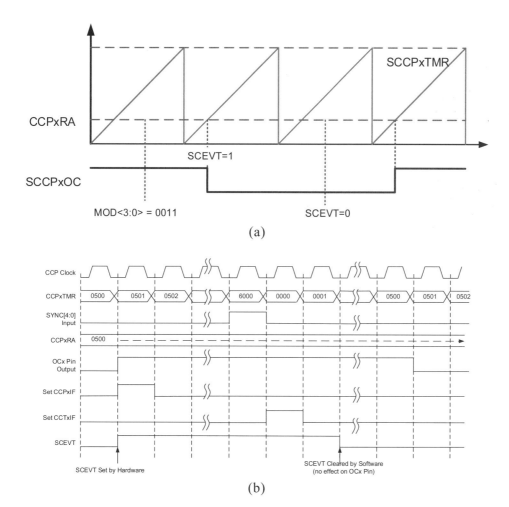

圖 14-4　單一輸出比較反轉模式相關位元變化關係:(a) 輸出變化示意圖,(b) 時序圖

■單一比較模式的特殊用法

　　如果使用者有意或無意將 CCPxRA/B 暫存器的數值設定得比 CCPxPRL/H 還大的話，因為比較符合的條件將不會發生，OCx 腳位會一直保持原有的電位不變。這有時可以用來保持腳位電壓，但不需要關閉 SCCP/MCCP 模組的技巧。

　　在反轉模式下，如果將 CCPxRA/B 的內容設定成與 CCPxPRL/H 相同的話，將會在 OCx 腳位上產生一個以 CCPxPRL/H 為一半週期的脈衝訊號，且工作週期為 50%。

　　如果 CCPxRA/B 的內容設定成為 0，但是計時器因為設定為觸發模式（CCPTRIG=0），在觸發訊號發生時因為計時器會維持為 0，所以不會有計數的改變而使得 OCx 腳位將不會有變化（必須要等到比較相同的下一個計時脈波才會有變化）。所以腳位會等到計時器的觸發訊號消失後才會有對應的變化產生。

　　在任一個比較事件發生後，如果 CCPxRA/B 的內容設定為較大的數值，但是小於計時器週期時，可能會觸發第二次的比較事件。但是比較事件同時受到 SCEVT 的控制，所以應用程式可以藉由 SCEVT 決定是否要在同一週期內產生第二次比較事件。

14.2.2　雙重輸出比較模式

　　當 CCPxCONL 暫存器的位元 MOD<3：0> 設定為 0100、0101 或者 0110 時，所選定的輸出比較通道將會被設定為下列三種雙重輸出比較模式中的一個，包括：

　　　1. 連續相移脈衝模式，MOD<3：0> = 0100
　　　2. 雙重比較連續脈衝模式，MOD<3：0> = 0101
　　　3. 連續中央對齊脈衝模式，MOD<3：0> = 0101

事實上，只有 MOD<3：0> = 0100 的單一脈衝模式會利用 CCPxRA/B 兩個暫存器分別進行兩次與計時器的比較；另外兩種連續脈衝模式，也就是波寬調變的 PWM 模式，CCPxRB 是作為 CCPxRA 的緩衝器，在適當的時候進行

CCPxRA 內容的更新。這三種模式都只能在 16 位元模式下進行，因爲實際進行比較的只有 CCPxRA 與 CCPxTMRL 暫存器。

■ 連續相移脈衝模式

　　連續相移脈衝主要應用是爲了要產生可精確控制脈衝上升邊緣與下降邊緣時間的連續脈衝，如圖 14-5 所示。這個時間控制在多個脈衝控制訊號應用中，可以產生不同脈衝時間差異或相位領先延遲的控制。

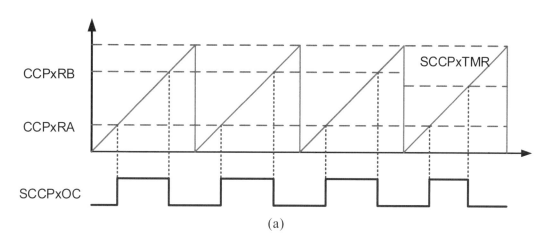

(a)

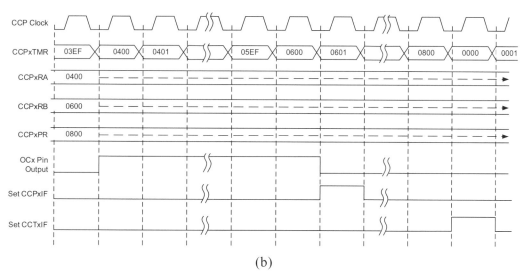

(b)

圖 14-5　典型的雙重輸出比較符合模式下的連續脈衝模式：(a) 輸出變化示意圖，(b) 時序圖

　　如果使用者將比較模組設定為產生連續相移脈衝的輸出時，MOD<3：0> = 0100，在模組關閉的狀況下，必須採取下列的步驟：

1. 決定計時脈衝單位時間；
2. 根據計時脈衝單位時間計算所需要的脈衝寬度數值；
3. 計算計時器從 0x0000 開始到脈衝開始產生到結束所需要的時間；
4. 將脈衝開始與結束時間所對應的數值寫入到 CCPxRA 與 CCPxRB 比較暫存器中；
5. 將計時器週期暫存器的數值設定為等於或者大於 CCPxRB 暫存器中的數值；
6. 設定控制字元 MOD<3：0> 等於 0100；
7. 啟動 SCCP/MCCP 模組，CCPON(CCPxCON1L<15>)=1。

啟動模組之後，將會有下列事件發生：

1. OCx 腳位會變成低電壓狀態；
2. 當計時器與 CCPxRA 比較相同時，輸出腳位將會發生上升邊緣變成高電位；
3. 當計時器與 CCPxRB 比較相同時，輸出腳位將會變成下降邊緣變成低電位，此時也將觸發 CCPxIF 中斷旗標位元；
4. 當計時器因為達到週期暫存器的預設值或因為同步訊號發生而發生重置時，會發生計時器的 CCTxIF 中斷旗標位元；
5. 所設定的脈衝將會持續地發生，直到模組關閉或模式改變為止。

在正常情況下，應用程式應該將所使用的暫存器做適當的設定，也就是

$$CCPxPRL > CCPxRB > CCPxRA$$

如果應用程式有特別的設定值發生時，這個連續時脈將會有異常的變化，如表 14-3 所示：

表 14-3　異常設定下的連續相移脈衝訊號變化

設定條件	輸出	CCPxIF 比較中斷旗標	CCTxIF 計時器中斷旗標
CCPxRA = CCPxRB	無輸出，腳位保持低電壓	無	有
CCPxRB = CCPxRA + 1	1 個單位時間脈衝	有	有
Timer Period < CCPxRA	無輸出	無	有
Timer Period = CCPxRB	正常	有	有
Timer Period < CCPxRB	腳位保持高電壓	無	有
Timer Period = CCPxRB, CCPxRA = 0	腳位在計時器為 1 時變成高電位，當比較相同時變成低電位	有	有
CCPxRA > CCPxRB	跨越計時器週期的連續脈衝	有	有

　　連續的相移脈衝模式提供應用一個可以產生連續脈衝的功能，除了可以藉由計時器週期暫存器定義脈衝頻率之外，也可以藉由雙重暫存器比較調整脈衝起始與結束時間。這樣的脈衝時間調整，除了可以精確調整脈衝作用時間之外，作用時間的長短變化也可以做為工作週期的調整。基本上，連續相移脈衝模式已經具備基本的波寬調變功能；但是在實務上，因為應用程式的設定可能會產生如表 14-3 的異常，所以在實務上並不是非常穩定的使用方式，特別是在高速變化的控制訊號應用。一般馬達或電源轉換的應用，控制訊號頻率長每秒可能有高達數千次的變化，所以一個更穩定的波寬調變產生方式是必要的。這個需求衍生出接下來要介紹的連續波寬調變脈衝模式。

14.2.3　連續波寬調變脈衝模式

　　在連續相移脈衝模式中，要調整輸出脈衝必須要調整 CCPxRA 與 CCPxRB 兩個暫存器，在調整的過程中可能會出現下列的問題：

1. CCPxRA 與 CCPxRB 兩個暫存器的設定錯誤，導致出現如表 14-3 的異常狀況。

2. 因為需要更新兩個暫存器，以微處理器的狀態機器（State Machine）設計，可能會在更新的過程時間差中發生問題。但是連續控制脈衝又不可以關閉或暫停，形成可能出現異常的空隙。

　　因此，較高階的微控制器都會提供較爲穩定的波寬調變產生功能，dsPIC33CK 微控制器在這方面提供了兩個層次的波寬調變模組；一個是由輸出比較模組升級而來的波寬調變模式，另一個則是功能更爲強大的專用波寬調變模組。dsPIC33CK256MP505 的 8 個 SCCP 模組都可以在 OCx 腳位產生波寬調變訊號，同時還配置有一個可輸出多腳位訊號的 MCCP 模組，可以針對馬達或電源控制的全橋或半橋電路，甚至是直流無刷或交流三相馬達所需要的 6 支腳位的同步波寬調變控制訊號。

　　在輸出比較模組的波寬調變（Pulse Width Modulation, PWM）產生功能中，分成兩種模式：邊緣對齊與中央對齊兩種模式。它們與連續相移脈衝模式非常類似，但是在使用 CCPxRA 與 CCPxRB 暫存器作爲與計時器比較的設定時，CCPxRA 與 CCPxRB 都各自擁有緩衝器。應用程式在更新 CCPxRA 與 CCPxRB 暫存器時，並不會對現在的脈衝週期做任何的改變；所做的比較暫存器的更新會暫時儲存到緩衝器中（雖然是同樣的暫存器名稱 CCPxRA 與 CCPxRB）。在每一次比較發生（CCPxIF=1）之後，在計時器重置（CCTxIF=1）時，硬體會自動將緩衝器的數值載入到 CCPxRA 與 CCPxRB 中進行工作週期的更新。

■ 雙重比較連續脈衝模式

　　如果使用者要將比較模組設定來產生雙重比較連續脈衝模式時，必須將 MOD<3：0> 設定爲 0101。在這個模式下，當計時器因爲週期或同步訊號被重置爲 0 時，將會自動將 CCPxRA 與 CCPxRB 緩衝器的數值載入到 CCPxRA 與 CCPxRB 中進行雙重比較數值的更新。當計時器持續隨時間遞加的過程中，如果計時器數值與 CCPxRA 所設定的內容相同時，OCx 腳位將會被改變爲高電壓（1）作爲工作週期的開始；如果計時器數值與 CCPxRB 所設定的內容相同時，OCx 腳位將會被改變爲低電壓（0）作爲工作週期的結束。OCx 會一直維持低電壓直到計時器重置爲 0 時，如圖 14-6 所示。這個過程將一直反覆持續到輸出比較模組關閉或改變模式爲止。應用程式可以在任何時間修改 CCPxRA 與 CCPxRB 暫存器內的數值作爲下一個脈衝週期的工作週期開始與結束時間（開始時間一定是計時器爲 0），但是不會影響當下脈衝週期的設定。如果有多次修改 CCPxRA 與 CCPxRB 緩衝暫存器內的數值發生，將會以計時器重置時的最新數值爲準。

要將比較模組設定為雙重比較連續脈衝模式時，必須在計時器關閉的狀況下，採取下列的設定步驟：

1. 決定計時器脈衝單位時間；
2. 根據計時器脈衝單位時間計算所需要的脈衝週期數值，並寫入到 CPPx-PRL；
3. 計算計時器從 0x0000 開始到脈衝開始產生與結束所需要的時間並寫入 CCPxRA 與 CCPxRB；
4. 設定控制字元 MOD<3：0> 等於 0101；
5. 啟動 SCCP/MCCP 模組，CCPON(CCPxCON1L<15>)=1。

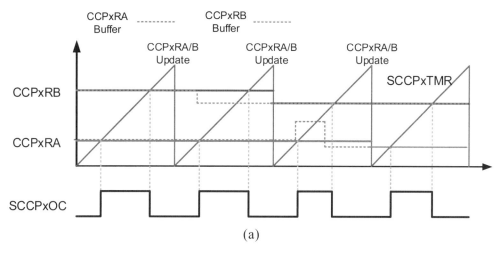

(a)

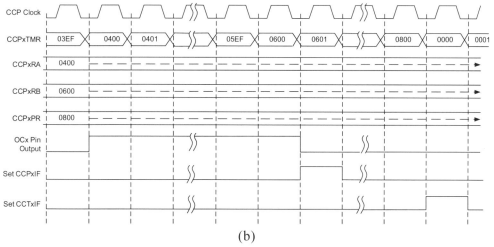

(b)

圖 14-6　輸出比較模組的雙重比較連續脈衝模式：(a) 輸出變化示意圖，(b) 時序圖

　　利用緩衝器的設計，可以避免在更新比較暫存器時間時異常的發生，使得控制訊號更為穩定。如果需要產生的 PWM 波形上升邊緣固定會在每一個脈衝週期開始的時候發生，則可以將 CCPxRA 固定設定為 0，則在計時器重置時，OCx 腳位將會立刻調整為高電位。因為上升邊緣發生的時間固定在計時器為 0 時候發生，所以又稱為邊緣對齊的 PWM 模式，如圖 14-7 所示。下降邊緣則會依照應用程式更新 CCPxRB 的數值而改變，因而也可以產生工作週期的變化。

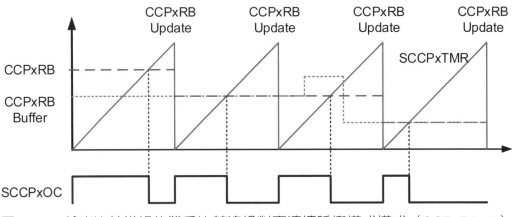

圖 14-7　輸出比較模組的雙重比較邊緣對齊連續脈衝模式模式（CCPxRA＝0）

■ 中央對齊連續脈衝模式

　　除了前述的邊緣對齊連續脈衝之外，另一種常用的連續脈衝為中央對齊的型式，如圖 14-8 所示。可惜此模式在 dsPIC33CK 系列中尚未被建置，所以無法使用。這個模式在需要多個 PWM 控制訊號的應用中非常有用，因為可以將所有控制訊號以一個虛擬的中心時間點對齊，所以可以讓所有的訊號同步；但是又可以避免像邊緣對齊的 PWM 訊號模式，可能會在每一個脈衝週期開始時所有的訊號同時切換，可能造成系統負載同時發生而遽增形成過載的現象。

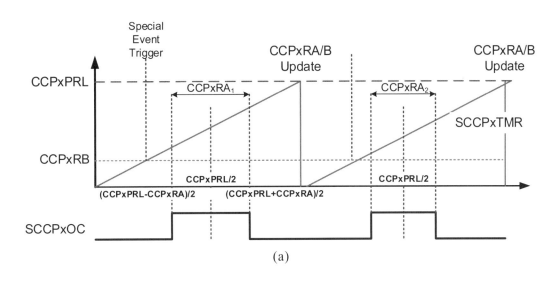

(a)

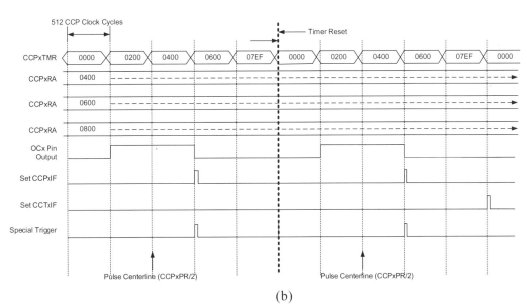

(b)

圖 14-8 輸出比較模組的中央對齊連續脈衝模式：(a) 輸出變化示意圖，(b) 時序圖

如果使用者要將比較模組設定來產生中央對齊連續脈衝模式時，必須將 MOD<3：0> 設定爲 0110。在這個模式下，首先要決定 PWM 脈衝的週期，也就是計時器的週期暫存器 CCPxPRL 的數值。將週期暫存器的數值除以 2，便是虛擬的脈衝中心時間（也就是中央對齊的時間點）。然後，將所需要的工作週期（也就是脈衝爲高電位的時間）長度填入到 CCPxRA 暫存器中。當輸

出比較模組被啟動時，硬體中包含一個加法／減法器會自動計算上升邊緣與下降邊緣的發生時間。

以計時器的週期暫存器 CCPxPRL 的數值的二分之一爲準，減法器扣除 CCPxRA 暫存器數值的一半後所得到數值就是上升邊緣發生的時間點；當與計時器比較相同時，OCx 腳位便會變成高電位（1）。以計時器的週期暫存器 CCPxPRL 數值的二分之一爲準，加法器增加 CCPxRA 暫存器數值的一半後，所得到的數值就是下降邊緣發生的時間點；當與計時器比較相同時，OCx 腳位便會變成低電位（0）。輸出比較模組持續進行這樣的計算與比較，便可以得到一個以計時器的週期暫存器 CCPxPRL 數值的二分之一爲中心時間點對齊的中央對齊連續脈衝。爲了輸出訊號的穩定，這個模式也對 CCPxRA 設置有緩衝器的架構，所有寫入 CCPxRA 的數值不會在當下的脈衝週期調整，必須要等到計時器重置爲 0 時才會被更新。

CCPxRB 暫存器的數值雖然與 PWM 脈衝無關，但是它是被設計作爲與控制訊號相關的同步動作控制訊號，例如馬達控制中的電流、速度或位置量測的觸發訊號。例如在 dsPIC33CK 微控制器中，可以利用 OCx 模組的特殊事件觸發訊號，啟動類比訊號轉換器的轉換。如此一來，便可以利用 CCPxRB 暫存器設定一個與控制訊號同步的事件觸發訊號，而不用經過核心處理器的運算，也不用使用中斷事件觸發而必須經過一個處理的延遲。CCPxRB 暫存器的數值也是有緩衝器的設計，所以更新的數值也是在計時器因爲週期或同步訊號被重置爲 0 時，自動將 CCPxRB 緩衝器的數值載入到 CCPxRB 中更新。使用者可以自行計算一個適當的特殊事件觸發時間，必須介乎於 0 到計時器週期 CCPxPRL 暫存器之間。因此觸發的時間點可以早於或晚於脈衝發生的時間，是應用的需要或硬體的延遲而定，增加使用的彈性。如果有多次修改 CCPxRA 與 CCPxRB 緩衝暫存器內的數值發生，將會以計時器重置時的最新數值爲準。

要將比較模組設定爲中央對齊連續脈衝模式時，必須在計時器關閉的狀況下，採取下列的設定步驟：

1. 決定計時器脈衝單位時間；
2. 根據計時器脈衝單位時間計算所需要的脈衝週期數值，並寫入到 CCPxPRL；
3. 根據計時器脈衝單位時間計算所需要的脈衝寬度數值，並寫入到

CCPxRA；

4. 計算從計時器為 0 開始所需要的特殊事件觸發時間，並寫入 CCPxRB；

5. 5. 設定控制字元 MOD<3：0> 等於 0110；

6. 啟動 SCCP/MCCP 模組，CCPON(CCPxCON1L<15>)=1。

14.3　可變頻率連續脈衝模式

當 MOD<3:0> 設定為 0111 時，輸出比較模組提供一個可變頻率的連續脈衝模組。這個連續脈衝的工作週期固定為 50%，但是它的脈衝週期（或頻率）可以被調整。這個模式只能在 16 位元模式下運作。可惜此模式在 dsPIC33CK 系列中尚未被建置，所以無法使用。

在可變頻率連續脈衝模式下，CCPxTMRL 是作為一個累加器，CCPxRA 則是作為累加的間距，在每一次計時器時脈訊號觸發時，CCPxTMRL 將會遞加 CCPxRA 的數值。例如 CCPxRA 如果是 0x2000 的話，每一個計時器時脈出發時，CCPxTMRL 將不是遞加 1，而是遞加 0x2000。

然後，當 CCPxTMRL 發生溢流時，也就是跨過 0xFFFF 時，將會使 OCx 輸出腳位反轉。如此一來，每隔一個固定的時間，腳位訊號就會反轉一次而產生固定頻率的連續脈衝。如果應用需要提高脈衝訊號的頻率，就增加 CCPxRA 的數值；如果應用需要較降低脈衝訊號的頻率，就減少 CCPxRA 的數值，讓遞加的次數增加進而拉長反轉所需的時間，也就降低訊號的頻率。

這個可變訊號的頻率跟 CCPxRA 的數值有關，實際的輸出頻率可以由 CCPxRA 設定值計算如下：

$$F_{OUT} = \frac{F_{CLK} \times CCPxRA}{2 \times 2^{16}}$$

反過來，如果需要一個特定的輸出頻率 F_{OUT}，CCPxRA 的設定值可以利用

$$CCPxRA = \frac{2 \times 2^{16} \times F_{OUT}}{F_{CLK}}$$

計算求出。

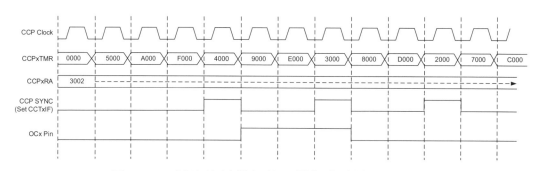

圖 14-9　輸出比較模組的可變頻率連續脈衝模式

例如，如圖 14-9 所示，當 CCPxRA 為 0x5000 時，每一個計時器時脈發生時，CCPxTMRL 會增加 0x5000。OCx 腳位會在 CCPxTMRL 由 0xF000 增加為 0x4000（因為遞加 0x5000）的下一個時脈時，將輸出腳位改變為高電位。但是 CCTxIF 中斷旗標位元仍然是在計時器溢流（或歸零）時被觸發。

14.4　輸出比較的腳位輸出模式

輸出比較的 OCx 腳位除了受到前述的設定模式改變輸出的訊號狀態外，也會受到下列的輸出模塊的影響：

- 自動關閉模塊
- 輸出極性模塊
- 輸出模式控制模塊（僅限於 MCCP）

14.4.1　輸出模式控制模塊

在 MCCP 模式的輸出比較模組中，輸出模式可以藉由 CCPxCON3H 中的 OUTM<2:0> 位元選擇設定，應用程式可以選擇多達 6 個腳位（OCxA~OCxF）的輸出方式。在特定的模式下，硬體可以自行加入空乏時間（Dead Time）的延遲，以保護硬體在切換狀態時的安全。MCCP 可以選擇的輸出模式包括：

- 可操控的單一輸出模式
- 有刷直流馬達輸出模式（正反轉切換控制）
- 半橋輸出模式

- 全橋輸出模式
- 推拉輸出模式
- 輸出掃描模式

■ 輸出腳位致能

在 MCCP 模式下，多個輸出腳位的啟用是藉由 CCPxCON2H 暫存器的 OCnEN 位元所控制的。OCAEN~OCFEN 控制對應的 OCxA~OCxF 腳位是否受到輸出比較模組的控制；如果 OCnEN 為 1，對應的 OCxA~OCxF 腳位將由輸出比較模組控制，反之則由其他的腳位邏輯控制（通常是數位輸出入的設定或類比功能）。當 SCCP 或 MCCP 模組設定為計時器或輸入捕捉時，OCnEN 的設定是被忽略的。

在特定的模式下，輸出比較腳位的狀態可以被操控而複製到其他輸出比較腳位。例如在半橋模式下，同樣的輸出可以被複製到 OCxA/OCxB，OCxC/OCxD 或 OCxE/OCxF 腳位組，所以應用程式可以將訊號調整到適當的腳位輸出。為了安全起見，在系統重置時，只有 OCAEN 預設為 1，其他都會預設為 0，以免有額外的輸出訊號在多個腳位發生。在 SCCP 型式的模組中，只有 OCAEN 存在並發生作用。

■ 可操控的單一輸出模式

OUTM<2:0> 的預設值為 000，這對應到可操控的單一輸出模式。在這個模式下，輸出比較模組的輸出訊號將可以複製到所有（MCCP）可用的輸出腳位。應用程式僅需將 OCnEN 位元設定為 1 即可將訊號複製到所需要的腳位。

■ 推拉輸出模式

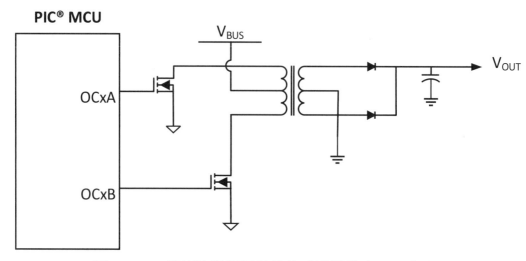

圖 14-10　輸出比模組用於推拉式電路的應用示意圖

當 OUTM<2:0> 為 001 時，輸出模式為推拉輸出模式。在這個模式下，輸出訊號會在 OCxA 與 OCxB 之間輪流做多工切換。當輸出比較訊號輸出至其中一個腳位時，另一個腳位將會輸出不作用的訊號形成斷路的作用。這在直流到直流或直流到交流的電能轉換應用中非常有用，如圖 14-10 所示。應用也可以藉由可操控腳位的功能，利用 OCnEN 設定將訊號移轉到可用的腳位輸出。利用推拉輸出，輸出比較腳位可以在負載上在一個週期輸出電流，在另一個週期吸取電流；反覆地進行這樣的連續控制訊號變化，便可以在負載上產生所需要的電能轉換。推拉式輸出的腳位變化時序圖如圖 14-11 所示：

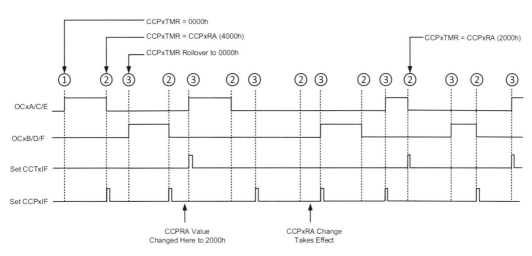

圖 14-11　輸出比模組用於推拉模式的腳位訊號時序圖

　　如果將這樣的輸出訊號複製到第二對輸出比較腳位的話，便可以形成一個全橋式電路進行不同型式的電能轉換。

■ 半橋式輸出模式

　　當 OUTM 設定爲 010 時，腳位輸出變爲半橋模式。此時在 OCxA 與 OCxB 之間每一個週期將形成反向互補的輸出，如圖 14-12 所示。此時在輸出比較中可以藉由 CCPxCON3L 暫存器中的 DT<5:0> 位元設定一個空乏時間，作爲兩個腳位輸出切換間的不作用間隔時間，避免電路形成不必要的短路損傷。

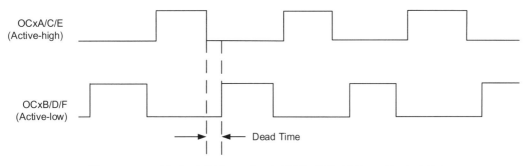

圖 14-12　輸出比模組用於半橋模式的腳位訊號時序圖

■全橋式輸出模式

　　當 OUTM 設定為 101 或 100 時，腳位輸出變為全橋模式，也就是直流有刷馬達輸出模式。此時在 OCxA 與 OCxB 一對腳位，與 OCxC 與 OCxD 一對腳位之間每一個週期將形成不同通路方向的輸出訊號，如圖 14-13 所示：

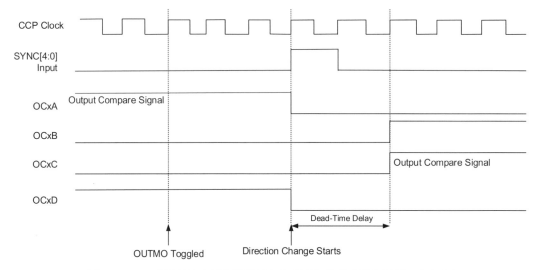

圖 14-13　輸出比較模組用於全橋模式的腳位訊號時序圖

Brush DC Forward Mode (OUTM[2:0] = 101)

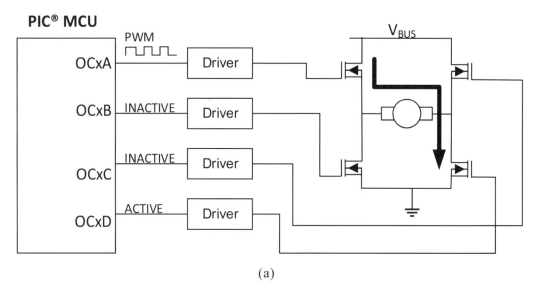

(a)

圖 14-14　輸出比較模組用於全橋模式的電路示意圖，(a) 順向驅動

Brush DC Reverse Mode(OUTM[2:0] = 100)

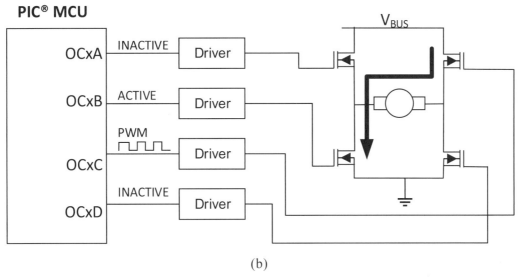

(b)

圖 14-14　輸出比較模組用於全橋模式的電路示意圖，(b) 反向驅動

　　在全橋模式控制訊號下，當負載（馬達）需要正轉時，將 OUTM 設定爲
101，OCxA 腳位將會輸出連續脈衝訊號，而 OCxD 則會控制電路形成通路，
如圖 14-14 所示；在此同時，OCxB 與 OCxC 則會保持不作用的狀態以避免短
路。當負載（馬達）需要反轉時，將 OUTM 設定爲 100，OCxC 腳位將會輸出
連續脈衝訊號，而 OCxB 則會控制電路形成通路；在此同時，OCxA 與 OCxD
則會保持不作用的狀態以避免短路。此時在輸出比較中可以藉由 CCPxCON3L
暫存器中的 DT<5:0> 位元設定一個空乏時間，作爲兩個腳位輸出切換間的不
作用間隔時間，避免電路形成不必要的短路損傷。

■ 輸出掃描模式

　　當 OUTM<2:0> 設定爲 110 時，輸出比較腳位成爲輸出掃描模式。這個模
式與可操控模式非常類似；可操控模式僅會有一個輸出訊號在一個或多個腳位
同時輸出，但是輸出掃描模式則是會輪流在 OCnEN 設定啟動的輸出腳位上輪
流出現。

■ 空乏時間延遲

　　在輸出比較模式下，可以藉由 CCPxCON3L 暫存器中的 DT<5:0> 位元設定一個空乏時間，作為腳位輸出切換間的不作用間隔時間，避免電路形成不必要的短路損傷。當訊號切換腳位時，將會延遲 DT 位元所設定的計時器時脈週期後才會在另一個腳位產生輸出。如果 DT 設定為 0 的話，就不會有延遲切換的空乏時間產生。

◎ 14.4.2　波寬調變的自動關閉保護

　　應用程式可以藉由 CCPxCON2L 暫存器的 ASDG<7:0> 位元設定自動關閉的腳位或訊號來源。當所設定的腳位偵測到一個低電位（0）時，所對應的波寬調變輸出腳位將會被轉變成高輸入阻抗的狀態。應用程式也可以使用 SSDG 位元由程式設定為 1 關閉腳位輸出。自動關閉是以電位控制而不是邊緣觸發的型式控制，因此只要訊號狀態沒有改變，將會持續保持腳位關閉的狀態。關閉時，由 CCPxCON3H 暫存器的 PASSACE 與 PASSBDF 位元預設的腳位狀態將會被輸出至腳位上，以便因應不同的電路設計產生關閉訊號。可設定的狀態有高電位，低電位與高阻抗三種選擇。ASEVT（CCPxSTATL<4>）位元旗標將顯示出是否有一個自動關閉情況的發生。當 ASEVT 被設定時，輸出比較腳位將會被改變為自動關閉所設定的狀態；清除 ASEVT 則會回復正常的操作狀態。ASEVT 也可以作為程式進入或解除自動關閉狀態的手段。

　　自動關閉狀態解除的方式可以藉由 CCPxCON2L 暫存器的 PWMRSEN 位元設定。如果 PWNRSEN 為 0，系統將會維持自動關閉狀態直到 ASEVT 位元被清除為 0。這保證除了觸發關閉的訊號來源消失之外，必須經由程式將 ASEVT 清除為 0，或者視之為手動還原。如果 PWNRSEN 為 1，系統將會維持自動關閉狀態，直到觸發關閉的訊號來源消失即會自動將 ASEVT 清除為 0 並恢復輸出比較的正常操作，或者視之為自動還原。

　　由於解除自動關閉的時間可能會與波寬調變的週期不一致，造成解除當下的週期可能會產生微小或不完整的脈衝，因此 dsPIC33CK 微控制器可以藉由 CCPxCON2L 暫存器的 ASDGM 位元進行閘控的還原輸出管制。當 ASDGM

設定為 1 時，輸出比較自動關閉或還原的條件成立後，必須等到下一個波寬調變的週期開始時才會產生自動關閉或還原的改變，這樣可以完整的輸出一個週期的控制訊號而避免輸出比較控制訊號錯誤的發生。

14.4.3　波寬調變的訊號極性調整

為了增加與外部控制電路的彈性，應用程式可以自行設定波寬調變作用時的輸出電位，以配合正邏輯或負邏輯的電路設計。應用程式可以藉由設定 CCPxCON3H 暫存器的 POLACE 與 POLBDF 位元設定波寬調變訊號下工作週期的腳位輸出極性。POLACE 控制 OCxA 、OCxC 與 OCxE 的輸出極性，POLBDF 則控制 OCxB 、OCxD 與 OCxF 的輸出極性。

14.5　輸出比較的同步輸出

對於某些進階應用，同步輸出某些控制訊號是非常重要的技巧，這不僅僅是可以啟動某些周邊模組的功能而已，而且要求多個輸出訊號必須精準地在特定的時間同時發生。除了要對輸出訊號的模組設定熟悉並正確的處理外，也要能夠將這些輸出訊號背後的時脈訊號調整為協同一致的改變才能達到同步輸出控制訊號。這在 dsPIC33CK 微控制器中可以透過某些模組輸出同步（Synchro-nization）或觸發（Triggering）訊號來完成跨模組間的訊號同步改變。

14.5.1　輸出比較模組的同步輸出

在系統的預設狀況下，MCCP/SCCP 模組在計時器發生歸零或重置時，會產生一個同步訊號作為其他 CCP 模組的同步訊號或者是觸發其他周邊功能模組，例如類比訊號轉換。這個同步訊號是獨立於模組的中斷訊號或其他的輸出訊號。在大部分的情況下，同步訊號可以滿足跨模組的同步輸出需求，但是模組也可能有其他方式作為較好的同步輸出操作。使用者應該參考資料手冊以了解最佳的同步訊號設定方式。

CHAPTER

14

■替代的同步輸出訊號

　　除了在計時器發生歸零或重置時產生的同步訊號輸出之外，應用程式也可以藉由 CCPxCON1H 暫存器的 ALTSYNC 控制位元選擇計時器歸零以外的其他型式替代同步或觸發訊號，如表 14-4 所示。當 ALTSYNC 為 0 時，將使用預設的計時器發生歸零或重置作為同步訊號輸出的基準；當 ALTSYNC 設定為 1 時，將根據 CCP 模組的使用模式，選擇不同的同步訊號。在輸出比較的模式下，如果 MOD 位元設定為 0000 時，將使用計時器的特殊事件觸發輸出作為同步訊號；當 MOD 位元設定為 0000 以外的其他模式時，將會使用輸出比較中斷事件（CCPxIF=1）的訊號作為同步訊號。如果 CCP 模組設定為輸入捕捉功能時，則是使用輸入比較事件發生（也是 CPPxIF=1）作為同步訊號。

表 14-4　dsPIC33CK 微控制器的 CCP 輔助輸出訊號

ALTSYNC	CCSEL	MOD[3:0]	Output Signal
0	x	All	標準（預設）CCP 同步訊號輸出
1	0	0000	特殊事件觸發出（計時器模式）
1	0	All except '0000'	輸出比較中斷事件（輸出比較模式）
1	1	All	輸入捕捉事件（輸入捕捉模式）

■輔助的輸出訊號

　　除了使用同步訊號之外，CCP 模組還可以產生其他的輸出訊號作為輔助的同步控制訊號。這些輔助的輸出訊號是企圖讓其他的數位周邊可以取得 CCP 模組運作時的內部訊號。例如，

- 基礎計時的同步
- 周邊功能的觸發與時脈輸入
- 訊號的閘控管制

輔助輸出訊號的型式可以藉由 CCPxCONH 暫存器的 AUXOUT<1:0> 位元設定選擇，而且是跟 CCP 的操作模式無關。可以選擇的輔助輸出訊號型式比替代的同步輸出訊號更多，但是每個型號的選擇會有所不同，使用前應依照對應的資料手冊確認選項是否可用。相關的選項可以參考表 14-5。

表 14-5 dsPIC33CK256MP505 微控制器的同步訊號設定選項

AUXOUT[1:0]	CCSEL	MOD[3:0]	輸出訊號
00	x	xxxx	關閉，無輸出
01			計時器週期重置或溢流歸零
10	0	0000（計時器模式）	特殊事件觸發輸出
11			無輸出
01			計時器週期重置或溢流歸零
10	0	'0001'~'1111'（輸出比較模式）	輸出比較事件觸發訊號
11			輸出比較訊號
01			計時器週期重置或溢流歸零
10	1	xxxx（輸入捕捉模式）	ICDIS 位元狀態
11			輸入捕捉事件觸發訊號

▎14.5.2 同步與觸發模式的操作

在大部分的操作模式下，CCP 模組的同步與觸發模式操作可以視為兩種影響計時器運作的互補模式。SYNC<4:0> 位元決定操作的訊號來源，兩種模式的差異在於訊號如何影響計時器的運作。

當 CCPxCON1H 暫存器的 TRIGEN 位元被清除為 0 時，模組進入同步模式操作。在同步模式下，一旦 CCP 模組啟動後，計時器將會持續地遞加，一直到 SYNC 位元所設定的同步訊號發生時將計時器歸零。除非有特殊的設定發生，歸零之後計時器會即刻重新從 0 開始遞加計時。如果 TRIGEN 被設定為 1，CCP 模組將進入觸發模式的操作。在觸發模式的操作下，計時器將會被保持在重置為 0 的狀態；當 SYNC 所設定的訊號發生時，計時器開始計時並持續到 CCPxCON1H 暫存器的 TRCLR 位元被設定為 1 為止。

理論上 SYNC<4:0> 位元可以選擇多達 32 種輸入訊號源，但是確切的數量視控制器的型號而定。以 dsPIC33CK256MP505 微控制器為例，SYNC 位元可設定的訊號來源如表 13-2 所示。有部分的訊號源並非可以同時作為同步與觸發模式的操作使用，例如 11111 的設定，作為觸發模式下的持續計時就不可以作為同步模式的選項。

在計時器與輸出比較操作模式下，當需要產生多個 CCP 模組的連鎖或同步訊號操作時，同步與觸發模式的操作扮演著非常重要的角色。

■計時器同步操作

當 CCPxCON1H 暫存器的 TRIGEN 位元清除為 0，且 SYNC 位元不是 11111 的設定時，CCP 模組將進入計時器同步模式。在計時器同步模式下，計時器可以藉由 SYNC 位元的選擇，與其他模組的操作進行同步（歸零的調整）設定。當選擇的同步訊號發生時，計時器將在下一個時脈的上升邊緣歸零重置計算，如圖 14-15 所示：

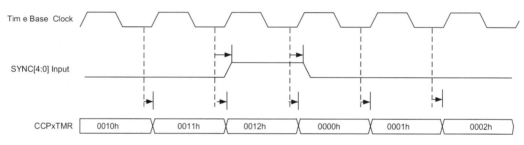

圖 14-15　計時器同步模式下歸零重置時序圖

應用程式可以選擇適當的同步訊號來源將計時器同步歸零，除了可以跟其他周邊功能同步之外，必要的話，也可以將數個 CCP 模組的計時器一起同步歸零，這樣就可以讓多個輸出比較模組的計時基礎在同樣的時間開始，只要這些計時器都是使用一樣的時脈訊號，就可以簡單地完成所需的計時訊號同步的功能。

如果將同步來源控制位元 SYNC 設定為 11111b 的話，計時器將會忽略週期暫存器的比較而持續計時，直到發生溢流時 0xFFFF 重置為 0x0000 後持續計時。但若將同步位元設定為 00000b 的話，計時器將會與週期暫存器比較，當比較相同時將計時器重置為 0x0000 後持續計時。

■多個 SCCP/MCCP 模組的同步操作

除了以外部的訊號來源作為 SCCP/MCCP 模組同步的觸發訊號外，每一個 SCCP/MCCP 模組也可以產生一個 CCP 同步輸出訊號供其他 CCP 模組同步使用。這個同步訊號輸出是獨立於該模組的中斷事件或其他輸出訊號,因此不需要經過核心處理器的判斷或執行,可以直接驅使其他模組進行同步操作。透過 SYNC 位元的設定,每一個 CCP 模組可以選擇其他模組的同步輸出訊號作為同步觸發訊號的來源,藉此讓多個 CCP 模組完成同步運作的設定,而不需要像傳統的微控制器利用中斷事件訊號判斷或觸發中斷執行函式的方式進行同步,傳統的方式需要耗費核心處理器的資源也必定會產生同步操作的些許延遲。

例如,如果要將 SCCP1 與 SCCP2 的計時器做同步操作,可以將兩個模組都設定選用 SCCP1 的同步輸出訊號作為同步來源,並將兩個模組的計時器時脈來源設定為同樣的選項。如此一來,CCP1PRL 的週期設定將成為兩個模組的共同週期設定。如圖 14-16 所示,當 CCP1 發生計時器週期比較相同而歸零重置時,CCP2 透過同步訊號的機制也會在同一個時間將 CCP2TMRL 歸零重置,達到兩個模組的計時器有一樣的計時週期控制。

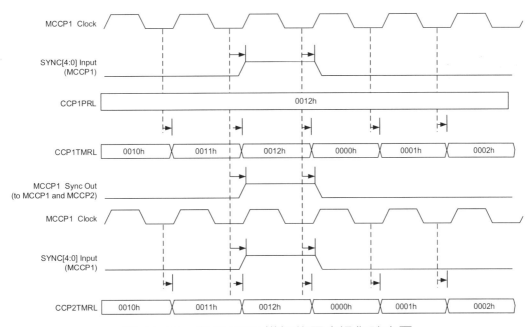

圖 14-16　多個 CCP 模組的同步操作時序圖

在同步設定的過程中有兩個需要特別注意的事項：

1. 所有需要同步的模組一定要使用同樣的計時時脈來源。
2. 作為同步訊號產生輸出的模組在設定的過程中一定要最後才被啟動，這樣可以讓其他需要被同步的模組保持在重置的狀態下，以免有需要同步的模組尚未啟動就已經有其他同步處理的輸出訊號發生在某些模組的腳位上。

■計時器觸發操作模式

當 TRIGEN 位元設定為 1 時，計時器將進入觸發操作模式。觸發操作模式對於需要在模組輸出間產生時間延遲，或稱作相位移動（或調整），是非常有用的功能。依照 CCP 模組的操作模式設定，可以在所需要的時間延遲後，產生一個邊緣或脈衝控制訊號作為精確控制的延遲觸發訊號。

在觸發操作模式下，CCP 模組的計時器會被保持在重置狀況下，也就是計時內容為 0，直到 SYNC 位元所設定的訊號來源發生後開始計時。當計時器設定為 16 位元模式時，只有 CCPxTRML 會受到同步訊號的控制，CCPxT-MRH 則可以作為獨立運作的 16 位元計時器。應用程式可以藉由 CCPxSTATL 暫存器的 CCPTRIG 位元檢查計時器是否被鎖定在重置狀態與否；當 CCP-TRIG 為 0，表示計時器仍被鎖住在重置狀態，當 CCPTRIG 為 1 則表示已被釋放進行計時的操作。

觸發模式的操作分為軟硬體設定與軟體設定兩種方式。當 SYNC 位元被設定為 11111b 時，計時器為獨立運作的模式，不會受到任何同步訊號來源的控制，因此只能透過軟體進行觸發。需要觸發時，可以由程式將 CCPxSTAL 暫存器的 TRSET 位元設定為 1，即可以將 CCPTRIG 設定為 1 而釋放計時器的運作。要鎖定計時器為重置狀態時，則需要將 TRCLR 位元設定為 1 即可以將 CCPTRIG 清除為 0。在解除鎖定設定後兩個計時週期時間，計時器將開始正常計時。

當 SYNC 位元設定為其他訊號來源時，計時器將會被鎖住在重置狀態（計時內容為 0），直到同步訊號發生後兩個計時週期計時器將開始計時。同步訊號只管控計時器開始計時的動作，計時器會藉由與週期暫存器的比較發生後續的重置歸零程序。應用程式不但可以藉由 CCPTRIG 位元檢查計時器是否處於鎖定重置的狀態，也可以直接利用程式進行 CCPTRIG 的設定與解除進行手動的觸發。需要觸發時，可以由程式將 CCPxSTAL 暫存器的 TRSET 位元設定為 1，即可以將 CCPTRIG 設定為 1 而釋放計時器的運作。要鎖定計時器為重置狀態時，則需要將 TRCLR 位元設定為 1 即可以將 CCPTRIG 清除為 0。

當 TRIGEN 位元被清除為 0 時，計時器將會被重置歸零，並等待下一次 SYNC 同步位元設定的處理。

dsPIC33CK 微控制器也配置有一個再觸發位元 RTRGEN 的機制，將 RTRGEN 設定為 1 可以讓應用程式在計時器運作的狀態下再次觸發計時器而使其歸零重新計時。這對於某些控制的修正是有其用途的。

在特殊的情況下，如果計時器使用外部非同步時脈來源作為計時時脈來源，將可能會在同步訊號發生觸發時產生兩個系統時脈或計時時脈週期的延遲時間進行訊號處理。如果應用需要使用非同步時脈作為計時時脈來源，使用者必須在設計時注意到可能發生的延遲。

觸發的訊號來源一定要是模組以外的外部訊號，所以除了 00000b 與設定為該模組的觸發訊號來源設定外，觸發模式可以在 SYNC 位元設定的任何訊號來源下操作。在設定時，建議先將計時器設定完成再進行觸發來源訊號的設定，以避免計時器可能會錯失觸發訊號的機率。

■ 一次性的計時器操作

由於觸發模式僅控制計時器開始計時的操作，計時器啟動後則會回歸計時器的操作設定，一般而言都會在與週期暫存器比較符合後重置歸零，並再次從 0 開始計時。在某些應用中，如果只需要計時器進行一次的計時循環後停止，dsPIC33CK 微控制器提供一個一次性計時的控制位元 ONESHOT 作為設定。當 ONESHOT 設定為 1 時，在計時器被觸發開始計時之後，第一次發生與週期暫存器比較相同時會將計時器重置歸零時，ONESHOT 機制將會把計時器再次鎖住在重置狀態，直到下一個觸發訊號發生為止。

▣ 睡眠模式下的輸出比較操作

睡眠模式下的操作是由 CCPSLP 位元（CCPxCON1L<12>）所控制的。

當 CCPSLP 設定為 1 時，即便系統進入睡眠模式，只要所選擇的計時器時脈來源（通常是外部時脈）繼續運作，CCP 模組仍然會繼續運作。計時器時脈同步的控制位元 TMRSYNC 必須要被清除為 0 以關閉同步處理，否則將因為系統時脈關閉而無法提供同步訊號輸出導致時脈訊號暫停。當 CCPSLP 位元清除為 0 時，模組將會在系統進入睡眠時停止運作。

◙ 閒置模式下的輸出比較操作

當控制器進入閒置模式，比較模組仍可以完全地操作。

當控制位元 CCPSIDL（CCPxCON1L<13>）被設定為 0，且選用的基準計時器也可以繼續操作時，輸出比較模組仍然會繼續操作。若 CCPSIDL 被設定為 1，則進入閒置模式時將會停止 CCP 模組的運作。

在接下來的範例程式中，我們將介紹如何使用輸出比較的功能來加強 dsPIC 控制器輸出脈衝的準確控制與效率提升。

14.6　XC16 編譯器與 MCC 的輸出比較函式庫

MPLAB XC16 編譯器與 MCC 程式產生器提供下列函式供應用程式呼叫使用：

- 開啟與設定輸出比較
  SCCPx_COMPARE_Initialize ( )
- 輸出比較事件呼叫函式
  SCCPx_COMPARE_Tasks( ), *SCCPx_COMPARE_CallBack( )*
- SCCP 模組計時器功能
  SCCPx_COMPARE_TimerTasks( ), *SCCPx_COMPARE_TimerCallBack( )*
- 設定輸出功能比較啟動與關閉
  SCCPx_COMPARE_Start( ), *SCCPx_COMPARE_Stop( )*
- 輸出比較單一比較 16 位元數值設定
  SCCPx_COMPARE_SingleCompare16ValueSet( )
- 輸出比較雙重比較數值設定

SCCPx_COMPARE_DualCompareValueSet( )

- 輸出比較雙重比較緩衝器數值設定
  SCCPx_COMPARE_DualEdgeBufferedConfig( )
- 輸出比較雙重比較中央對齊數值設定
  SCCPx_COMPARE_CenterAlignedPWMConfig( )
- 輸出比較雙重比較連續脈衝緩衝器（邊緣對齊）數值設定
  SCCPx_COMPARE_EdgeAlignedPWMConfig ( )
- 輸出比較雙重比較可變頻率連續脈衝數值設定
  SCCPx_COMPARE_VariableFrequencyPulseConfig( )
- 輸出比較比較週期是否完成檢查
  SCCPx_COMPARE_IsCompareCycleComplete( )
- 輸出比較觸發位元相關函式
  SCCPx_COMPARE_TriggerStatusGet( ), SCCPx_COMPARE_TriggerStatusSet( ), SCCPx_COMPARE_TriggerStatusClear( ),
- 輸出比較單一比較狀態相關函式
  SCCPx_COMPARE_SingleCompareStatusGet( ), SCCPx_COMPARE_SingleCompareStatusClear( )

14.7 輸出比較應用範例

　　利用輸出比較模組，應用程式可以產生許多種腳位訊號改變的方式，接下來以各種範例作為練習與說明。

程式範例 14-1　輸出比較產生簡單的腳位訊號定時改變

　　修改 ADC 模組的範例程式 12-1，當使用者按下個人電腦鍵盤的按鍵時，利用 ADC 模組量測可變電阻 VR2 的電位值，將感測值輸出到個人電腦的終端機螢幕；並同時根據所轉換的電位值，產生一個相對應時間的輸出比較訊號脈衝，藉以調整發光二極體的閃爍。

CHAPTER

14

```
//
//   EX14_1 使用自建的 UART 函式庫,將 UART 設定為 9600-8-N-1
//   啟動 UART 接收觸發中斷,中斷函式設定 ADC 轉換旗標,
//   將 ADC 轉換結果透過 UART 傳輸到終端機,
//   並利用 ADC 轉換結果調整 CCP  OC 輸出波形(LED11)
//
/*
  Section: Included Files
*/
// 將系統與硬體設定函式的原型宣告檔案含入
#include "mcc_generated_files/system.h"
// 將 ADC1 函式的原型宣告檔案含入
#include "mcc_generated_files/adc1.h"
// 將 UART1 函式的原型宣告檔案含入
#include "mcc_generated_files/uart1.h"
// 將 CCP2 OC 函式的原型宣告檔案含入
#include "mcc_generated_files/sccp2_compare.h"

/*
  Main application
*/
// 宣告字串於程式記憶體 (因為 const 宣告)
const char My_String1[]="\n\rEx 15 - SCCP OC" ;
// 將 ADC 結果顯示至 UART1 的函式
void Show_ADC(void) ;
// 將結果轉換成 HEX 格式並顯示至 UART1 的函式
void puthexUART1(unsigned int);
// 將字串顯示至 UART1 的函式
void putsUART1(unsigned int *);

int main(void)
{
  // initialize the device
  SYSTEM_Initialize();

  putsUART1((unsigned int *)My_String1);

  while (1){
    // Add your application code
    if (!U1STAHbits.URXBE){     // UART 接收到任何訊號
      UART1_Read();
      Show_ADC( ) ;             // 將 ADC 結果顯示於 UART 上
    }// End of if ( URXBE )
```

```
 }// End of while(1)
 return 1;
}


/*************************************************/
// 設定 ADC 結果至 UART1 函式

void    Show_ADC(void)
{
 unsigned int ADCValue;
 ADC1_SoftwareTriggerEnable();    // 觸發轉換 SWCTRG = 1;
 while(!ADC1_IsCore0ConversionComplete());// 等待轉換完成
 ADCValue = ADC1_Core0ConversionResultGet();// 讀取資料
 putsUART1("\n\r");              // 格式化輸出
 puthexUART1( ADCValue ) ;        // 將結果以十進位數字顯示至 LCD
 /* 輸出比較相關程式 */
 SCCP2_COMPARE_SingleCompare16ValueSet(ADCValue<<4);
 // CCP2STATLbits.SCEVT = 0;    // 還原輸出腳位狀態
 SCCP2_COMPARE_SingleCompareStatusClear();
 // 必須重啟模組以便再次觸發，同時會將 CCP_TMR 重置為 0
 CCP2CON1Lbits.CCPON = 0;
 CCP2TMRL = 0;               // 重置計時器計數
 CCP2CON1Lbits.CCPON = 1;   // 啟動 OC
}
```

// 因為 MCC 函式庫的不足，自建 16 進位格式輸出函式

```
void puthexUART1(unsigned int HEX_Val)
{
 unsigned char Temp_HEX, i;

 for (i = 4;i > 0;i--){
   // 顯示 4 個位元
   Temp_HEX=(unsigned char)((HEX_Val>>((i-1)*4))&0x000F);

   if ( Temp_HEX > 9 ) Temp_HEX += 0x37 ;    // A~F
   else                Temp_HEX += 0x30 ;    // 0~9

 while(U1STAHbits.UTXBF);  // 檢查 U1TXREG 是否飽滿？
 U1TXREG = Temp_HEX;        // 將 16 進位數值的符號存入緩衝器
 }
}
```

```
// 因為 MCC 函式庫的不足，自建字串輸出函式

void putsUART1(unsigned int *buffer)
{
  char * temp_ptr = (char *) buffer;

  /* transmit till NULL character is encountered */

  if(U1MODEbits.MOD == 4) { /* 檢查 TX 是 8 或 9 位元 */
    while(*buffer != '\0') {
      while(U1STAHbits.UTXBF); // 檢查 U1TXREG 是否飽滿？
        U1TXREG = *buffer++;    // 將 16 進位數值的符號存入緩衝器
    }
  }
  else {
    while(*temp_ptr != '\0'){
      while(U1STAHbits.UTXBF); // 檢查 U1TXREG 是否飽滿？
      U1TXREG = *temp_ptr++;    // 將 16 進位數值的符號存入緩衝器
    }
  }
}
```

範例程式 14-1 中，除了延續使用範例 12-1 的內容外，讀者可以開啟 MCC 介面了解輸出比較的相關設定選擇。然後在 Show_ADC( ) 函式中加入

```
//將 ADC 結果存入輸出比較暫存器
SCCP2_COMPARE_SingleCompare16ValueSet(ADCValue<<4);
// 還原輸出腳位狀態，等同 CCP2STATLbits.SCEVT = 0;
SCCP2_COMPARE_SingleCompareStatusClear();
// 必須重啟模組以便再次觸發，同時會將 CCP_TMR 重置為 0
CCP2CON1Lbits.CCPON = 0;
CCP2TMRL = 0;                // 重置計時器計數
CCP2CON1Lbits.CCPON = 1;  // 啟動 OC
```

藉由將 SCEVT 旗標歸零以重新啟動單一邊緣比較的設定，然後將 CCPON 歸零以便再次觸發單一邊緣比較並將計時器歸零。最後再次啟動 CCP 模組，便可以在計時器累計到與 ADC 轉換結果相當的時間時，將輸出比較腳位的訊號進行改變。由於從 SCEVT=0 開始腳位復歸，到比較相同時再次改變

腳位的時間與 ADC 轉換結果呈正比，讀者可以在 LED 明滅變化的時間看到上述明顯的波寬變化。讀者可以藉由上述的範例產生一個可控制波寬的控制訊號進行功率、能量、強度或通電時間等的控制電路。

| 程式範例 14-2 | 輸出比較產生雙重比較的腳位訊號相移變化

　　延續使用範例 12-1 的進行 ADC 轉換與 UART 通訊範例，同時將 ADC 轉換結果作為輸出比較雙重邊緣比較脈衝波形相位移動的依據。為顯示相位移動的效果，首先設定 SCCP1 作為固定週期的脈衝產生，並將 CPP1RA 設為 0，CCP1RB 設為計時器週期的一半，同時以 SCCP1 計時器週期到達重置歸零而產生一個固定頻率變化且工作週期為 50% 的連續脈衝於 LED 上顯示作為參考基準。同時以 SCCP1 計時器週期到達重置歸零作為同步訊號，然後在 SCCP2 上設定一個與 ADC 轉換結果呈正比的相位變化調整 CCP2RA 與 CCP2RB 的時間設定，與 SCCP1 的輸出相比將可以產生一個明顯的時間延遲效果。

```
//
//  EX14_2 將 UART 設定為 9600-8-N-1
//  接收觸發中斷，中斷函式設定 ADC 轉換旗標，
//  將轉換結果透過 UART 傳輸到終端機，並利用結果調整 CCP2 OC 輸出波形(LED11)
//  SCCP1 OC (LED1)做為參考基準以便觀察變化
//  SCCP2 並以 SCCP1 TIMER 作為同步訊號源
//
/*
  Section: Included Files
*/
// 將系統與硬體設定函式的原型宣告檔案含入
#include "mcc_generated_files/system.h"
// 將 ADC1 函式的原型宣告檔案含入
#include "mcc_generated_files/adc1.h"
// 將 UART1 函式的原型宣告檔案含入
#include "mcc_generated_files/uart1.h"
// 將 CCP2 OC 函式的原型宣告檔案含入
#include "mcc_generated_files/sccp2_compare.h"

/*
  Main application
*/
```

```
// 宣告字串於程式記憶體 (因為 const 宣告)
const char My_String1[]="\n\rEx 14 - SCCP OC";

// 將 ADC 結果顯示至 UART1 的函式
void Show_ADC(void) ;
// 將結果轉換成 HEX 格式並顯示至 UART1 的函式
void puthexUART1(unsigned int);
// 將字串顯示至 UART1 的函式
void putsUART1(unsigned int *);

unsigned int ADCValue;

int main(void)
{
  unsigned int Phase_Shift; // 波形相移時間變數
  // initialize the device
  SYSTEM_Initialize();

  putsUART1((unsigned int *)My_String1);

  while (1){
    // Add your application code
    if (!U1STAHbits.URXBE){
      UART1_Read();
      Show_ADC( ) ;                    // 將 ADC 結果顯示於 UART 上
      // 調整 SCCP2 輸出的脈衝時間，觀察與 SCCP1 的差異
      Phase_Shift = 0x07A1*((ADCValue & 0x0F00)>>8);
      CCP2CON1Lbits.CCPON = 0;  // 必須關閉模組以便調整
      // 調整 SCCP2 輸出相移
      SCCP2_COMPARE_DualCompareValueSet
          (0x0000+Phase_Shift,0x7A12+Phase_Shift);
      CCP2CON1Lbits.CCPON = 1;  // 啟動 SCCP2 OC
    }// End of if ( URXBE )
  }// End of while(1)
  return 1;
}

/***********************************************/
// 輸出 ADC 結果至 UART1 函式

void    Show_ADC(void){
...
}
```

```
// 因為 MCC 函式庫的不足，自建 16 進位格式輸出函式
void puthexUART1(unsigned int HEX_Val){
…
}

// 因為 MCC 函式庫的不足，自建字串輸出函式
void putsUART1(unsigned int *buffer){
{
…
}
```

SCCP1 與 SCCP2 的初始設定請讀者自行開啟 MCC 介面了解如何設定出與範例要求的輸出比較功能相同的選項，相關的設定產生的程式碼可以觀看 MCC 產生的程式檔案。範例中在 Show_ADC( ) 函式之後，也就是得到 ADC 轉換結果後，利用

```
// 調整 SCCP2 輸出的脈衝時間，觀察與 SCCP1 的差異
Phase_Shift = 0x07A1*((ADCValue & 0x0F00)>>8);
CCP2CON1Lbits.CCPON = 0;  // 必須關閉模組以便調整
// 調整 SCCP2 輸出相移
SCCP2_COMPARE_DualCompareValueSet
    (0x0000+Phase_Shift,0x7A12+Phase_Shift);
CCP2CON1Lbits.CCPON = 1;  // 啟動 SCCP2 OC
```

計算相位移動的大小，並利用函式 SCCP2_COMPARE_DualCompareValueSet
( ) 調整雙重比較的上下邊緣時間設定後，再啟動輸出比較功能。因此 SCCP2 與 SCCP1 的雙重比較輸出相比，由於同步訊號的關係，SCCP1 的波形是固定不變的設定時間，而 SCCP2 則是會隨著 ADC 轉換結果延遲相位時間的波形，可以很輕易地由實驗板上 LED1 與 LED11 的比較觀察出來。這樣的作法可以產生兩個相同工作週期（波寬），但是可以設定兩者間延遲時間的連續脈衝，可以運用在三相電路控制、馬達控制、延遲時間訊號控制等等的應用上。藉由 dsPIC33CK 的輸出比較，上述的相位延遲就可以很容易地由功能設定自動完成，而不需要像在低階處理器中靠著複雜的程式計算處理。

程式範例 14-3　輸出比較產生具緩衝器的邊緣對齊或雙重邊緣比較的連續 PWM

　　雖然範例 14-2 進行了連續波形的雙重邊緣比較，但是比較所使用的暫存器必須要在 SCCP 模組停止的狀態下才進行更新的條件，在高速或即時控制的應用系統中是不適合的，必須要能連續不停的產生脈衝而且又能更新工作週期的上下邊緣時間，才能符合需求。

　　在範例 14-2 的基礎上，將 SCCP2 輸出比較的設定改為具有緩衝器的雙重邊緣比較連續 PWM 脈衝輸出。PWM 的週期可以利用 SCCP1 計時器週期循環作為同步訊號，並以 ADC 轉換結果作為工作週期大小的調整依據。

```
//
//  EX14_3 使用自建的 UART 函式庫，將 UART 設定為 9600-8-N-1
//  接收觸發中斷，中斷函式設定 ADC 轉換旗標，
//  將轉換結果透過 UART 傳輸到終端機，
//  並利用結果調整 CCP OC 輸出 PWM 波形(LED11)
//  SCCP1 OC  (LED1)做為參考基準以便觀察變化
//  SCCP2 並以 SCCP1 TIMER 作為同步訊號源
//
/*
  Section: Included Files
*/
// 將系統與硬體設定函式的原型宣告檔案含入
#include "mcc_generated_files/system.h"
// 將 ADC1 函式的原型宣告檔案含入
#include "mcc_generated_files/adc1.h"
// 將 UART1 函式的原型宣告檔案含入
#include "mcc_generated_files/uart1.h"
// 將 CCP2 OC 函式的原型宣告檔案含入
#include "mcc_generated_files/sccp2_compare.h"
/*
  Main application
*/
// 宣告字串於程式記憶體 (因為 const 宣告)
const char My_String1[]="\n\rEx 14 - SCCP OC" ;
// 將 ADC 結果顯示至 UART1 的函式
void Show_ADC(void) ;
// 將結果轉換成 HEX 格式並顯示至 UART1 的函式
void puthexUART1(unsigned int);
```

```
// 將字串顯示至 UART1 的函式
void putsUART1(unsigned int *);

unsigned int ADCValue;

int main(void)
{
  // initialize the device
  SYSTEM_Initialize();

  putsUART1((unsigned int *)My_String1);

  while (1){
    // Add your application code
    if (!U1STAHbits.URXBE){
      UART1_Read();
      Show_ADC( ) ;                   // 將 ADC 結果顯示於 UART 上
      // 調整 SCCP2 輸出工作週期時間，觀察與 SCCP1 的差異
      // CCP2CON1Lbits.CCPON = 0;  // 範例14-2中必須關閉模組以便調整
      CCP2RBL = (ADCValue << 4); // 調整 PWM 工作週期
      // CCP2CON1Lbits.CCPON = 1;  // 範例14-2中啟動 SCCP2 OC
    }// End of if ( URXBE )
  }// End of while(1)
  return 1;
}

/*************************************************/
// 輸出 ADC 結果至 UART1 函式
void    Show_ADC(void){
…
}

// 因為 MCC 函式庫的不足，自建 16 進位格式輸出函式
void puthexUART1(unsigned int HEX_Val){
…
}

// 因為 MCC 函式庫的不足，自建字串輸出函式
void putsUART1(unsigned int *buffer){
…
}
```

範例程式在 Show_ADC( ) 函式之後，在不需要關閉 SCCP 模組的情形下就可以進行，其程式如下：

```
// CCP2CON1Lbits.CCPON = 0;  // 必須關閉模組以便調整
CCP2RBL = (ADCValue << 4);   // 調整 PWM 工作週期
// CCP2CON1Lbits.CCPON = 1;  // 啟動 SCCP2 OC
```

由於 CCP2RA 與 CCP2RAL 固定為 0，所以僅需要控制下降邊緣時間的 CCP2RBL 緩衝器進行更新，則模組會在 SCCP1 計時器週期循環歸零產生同步訊號時，將 CCP2RBL 的數值自動更新到 CCP2RB 下降邊緣比較暫存器中，因此可以看到 LED11 的明滅變化會即時隨著 ADC 的轉換結果調整。與 LED1 的 SCCP1 比較結果輸出相比，可以看到相對的工作週期變化與 ADC 轉換結果的大小成正比。

從上述的範例程式可以看到輸出比較模組具備多種輸出波形的功能，可以作為各種數位控制應用的輸出訊號。讀者可以仔細閱讀本書內容及相關資料手冊，以掌握各種輸出訊號的設定與應用。

CHAPTER 15

CCP 輸入捕捉模組

　　除了作為控制其他裝置的控制器之外，控制器也會有被其他裝置控制的應用設計。要接收其他裝置的控制命令，一般可以選擇類比電壓的高低作為命令的大小；利用通訊直接傳輸命令的數值，或者使用（連續）脈衝的波寬作為命令大小的變化。使用類比電壓容易受到周遭位元電磁波的干擾，使用通訊可能會有傳輸速率影響命令更新率的考量，如果使用脈衝的工作週期作為命令大小的調整，不但可以有每秒數千次以上的更新率，也不會受到雜訊的干擾。因此在像馬達控制這一類需要高速控制命令變化的應用中，波寬調變的應用是不可避免的。作為受控制端，控制器的應用需要進行訊號頻率、週期或者波寬的量測時，輸入捕捉模組將會是非常有用的模組。dsPIC33CK 數位訊號控制器提供的 8 個 SCCP 與 1 個 MCCP 模組中都建置有輸入捕捉通道可以進行數位脈衝的特性量測，而且這些通道的操作模式與功能設定都是一致的。就如同前面的 CCP 計時器與輸出比較一樣，它們共用相同的計時器與部分架構。

　　在這一章將會介紹如何使用輸入捕捉功能量測數位波形的變化。

15.1　dsPIC33CK 微控制器輸入捕捉模組概觀

　　當應用程式將 CCPxCON1L 暫存器的 CCSEL 位元設定為 1 時，該 SCCP/MCCP 模組就被調整為輸入捕捉的操作模式。輸入捕捉基本上是藉由一個輸入腳位去感測外部訊號的變化，當所選擇的訊號變化發生時，就會將對應的獨立計時器數值擷取寫入到輸入捕捉的暫存器作為後續的資料運算使用。

　　每個 SCCP/MCCP 模組都有一個專屬的計時器 CCPxTMRL/H 進行 16 或 32 位元的計時，當設定的訊號事件發生時，計時器的數值會被寫入到輸入捕捉的先進先出（FIFO）緩衝器儲存，應用程式可以利用中斷訊號、旗標檢查等等的方式在適當的時機將資料逐一或全部讀取以進行相關的計算決定外部訊號變化的特性。

只有在 CCSEL 位元設定為 1 時，模組會進入輸入捕捉的功能；當 CCSEL=0 的話，模組將會是在輸出比較或計時器的操作模式。輸入捕捉可以設定的外部訊號事件選擇，是藉由 CCPxCON1L 暫存器的 T32 位元與 MOD<3:0> 位元所設定的，可選擇的項目如表 15-1 所示：

表 15-1 輸入捕捉可設定的外部訊號事件模式

T32 CPxCON1L[5]）	MOD[3:0] (CCPxCON1L[3:0])	操作模式
0	0000	邊緣偵測（16 位元捕捉）
1	0000	邊緣偵測（32 位元捕捉）
0	0001	每 1 個上升邊緣（16 位元捕捉）
1	0001	每 1 個上升邊緣（32 位元捕捉）
0	0010	每 1 個下降邊緣（16 位元捕捉）
1	0010	每 1 個下降邊緣（32 位元捕捉）
0	0011	每 1 個上升或下降邊緣（16 位元捕捉）
1	0011	每 1 個上升或下降邊緣（32 位元捕捉）
0	0100	每 4 個上升邊緣（16 位元捕捉）
1	0100	每 4 個上升邊緣（32 位元捕捉）
0	0101	每 16 個上升邊緣（16 位元捕捉）
1	0101	每 16 個上升邊緣（32 位元捕捉）

輸入捕捉模組的功能方塊圖如圖 15-1 所示：

CHAPTER

15

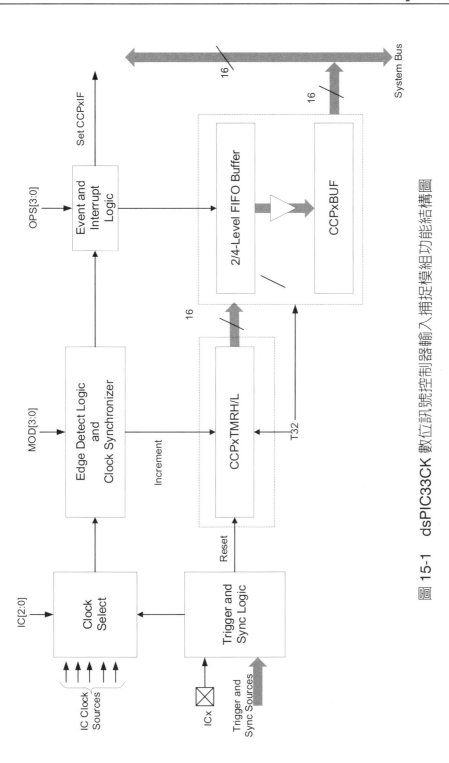

圖 15-1　dsPIC33CK 數位訊號控制器輸入捕捉模組功能結構圖

　　輸入捕捉模組特殊功能暫存器與相關的控制位元內容表列如表 15-2 所示：

表 15-2　輸入捕捉模組暫存器與相關的控制位元

Register Name	Bit 15	Bit 14	Bit 13	Bit 12	Bit 11	Bit 10	Bit 9	Bit 8
CCPxCON1L	CCPON	—	CCPSIDL	CCPSLP	TMRSYNC	CLKSEL[2:0]		
CCPxCON1H	OPSSRC	RTRGEN	—	—	OPS[3:0]			
CCPxCON2L	PWMRSEN	ASDGM	—	SSDG	—	—	—	—
CCPxCON2H	OENSYNC	—	OCFEN	OCEEN	OCDEN	OCCEN	OCBEN	OCAEN
CCPxCON3L	—	—	—	—	—	—	—	—
CCPxCON3H	OETRIG	OSCNT[2:0]				OUTM[2:0}		
CCPxSTATL	—	—	—	—	—	—	—	—
CCPxTMRL	CCPx Time Base Register, Low Word[15:8]							
CCPxTMRH	CCPx Time Base Register, High Word[15:8]							
CCPxPRL	CCPx Period Register, Low Word[15:8]							
CCPxPRH	CCPx Period Register, High Word[15:8]							
CCPxRA	CCPx Primary Compare Register[15:8]							
CCPxRB	CCPx Secondary Compare Register[15:8]							
CCPxBUFL	CCPx Capture Buffer Register, Low Word[15:8]							
CCPxBUFH	CCPx Capture Buffer Register, High Word[15:8]							

Register Name	Bit 7	Bit 6	Bit 5	Bit 4	Bit 3	Bit 2	Bit 1	Bit 0	All Resets
CCPxCON1L	TMRPS[1:0]		T32	CCSEL	MOD[3:0]				0000
CCPxCON1H	TRIGEN	ONESHOT	ALTSYNC	SYNC[4:0]					0000
CCPxCON2L	ASDG[7:0]								0000
CCPxCON2H	ICGSM[1:0]		—	AUXOUT[1:0]		ICS[2:0]			0100
CCPxCON3L	—	—	DT[5:0]						0000
CCPxCON3H	—	—	POLACE	POLBDF	PSSACE[1:0]		PSSBDF[1:0]		0000
CCPxSTATL	CCPTRIG	TRSET	TRCLR	ASEVT	SCEVT	ICDIS	ICOV	ICBNE	0000
CCPxTMRL	CCPx Time Base Register, Low Word[7:0]								0000
CCPxTMRH	CCPx Time Base Register, High Word[7:0]								0000
CCPxPRL	CCPx Period Register, Low Word[7:0]								FFFF
CCPxPRH	CCPx Period Register, High Word[7:0]								FFFF
CCPxRA	CCPx Primary Compare Register[7:0]								0000
CCPxRB	CCPx Secondary Compare Register[7:0]								0000
CCPxBUFL	CCPx Capture Buffer Register, Low Word[7:0]								0000
CCPxBUFH	CCPx Capture Buffer Register, High Word[7:0]								0000

Legend: — = unimplemented, read as '0'. Reset values are shown in hexadecimal.

設定事件捕捉模式

dsPIC33CK 系列控制器可以處理下列簡單的訊號捕捉：

- 捕捉每一個下降邊緣
- 捕捉每一個上升邊緣
- 捕捉每一個第 4 次的上升邊緣
- 捕捉每一個第 16 次的上升邊緣
- 捕捉每一個上升與下降邊緣

這些簡單的輸入捕捉模式都可以藉由 CCPxCON1L 暫存器的設定控制位元 MOD<3:0> 來選擇，如表 15-1 所示。同時可以藉由 T32 位元設定計時器以 16 位元或 32 位元進行計時，當 T32=0 時，計時器以 CCPxTMRL 的 16 位元計時器與輸入捕捉功能進行協同運作；當 T32=1 時，則會同時使用 CCPxT-MRL/H 的 32 位元一起計時，因此當事件發生時，會有 32 位元長的資料同時被載入到緩衝器中。

輸入捕捉的初始設定

由於 CCP 模組有多個功能，所以建議應用程式在使用時最好是將相關暫存器全部重新設定，以免有忽略調整的選項發生。當系統重置、CCP 模組重置或關閉時，CCPON 會預設為 0，下列的暫存器會回復到預設狀態：

輸入捕捉緩衝器狀態位元 ICOV 與 ICBNE 清除為 0；

CCPxBUFH/L 暫存器及相關緩衝記憶體皆清除為 0；

CCPxTMRH/L 計時器內容皆重置為 0；

捕捉前除器的計數內容清除為 0；

捕捉事件計數器與中斷訊號產生被清除為 0。

在相關暫存器回復後，應用程式可以進行捕捉模式的選擇，可選擇的事件選項由 MOD<3:0> 位元設定，如表 15-1 所示。為避免不可預期的訊號發生，在改變捕捉模式選項時，建議把 CCPON 清除為 0 以關閉模組的運作後再進行調整；改變時最好一次將所有 MOD 位元設定完成，再重新開啟 CCP 模組。

由於 dsPIC33CK256MP505 配置有 8 個以上的輸入捕捉通道，每一個都有模組專屬的計時器。在一般狀況下，這些計時器的計時時脈來源會透過 CLK-SEL 位元設定使用指令週期時脈（$F_{osc}/2$），或稱爲周邊時脈；但是也可能會選用由 TxCK 腳位輸入經過同步處理的外部時脈來源，但是輸入捕捉所要偵測的訊號是由 ICx 腳位輸入，所以在硬體規劃時必須要注意區隔。在初始化設定輸入捕捉功能的過程中，建議先將計時器相關的設定完成後再啟動模組的運作。計時器可用的時脈來源請參考第十三章的介紹。

▊輸入捕捉的模式設定

輸入捕捉可以偵測在 ICx 腳位上的輸入訊號變化然後將計時器數值自動載入到輸入捕捉緩衝器中。可以捕捉的訊號基本模式包括：

每一個上升邊緣（MOD<3:0>=0001b）

每一個下降邊緣（MOD<3:0>=0010b）

每一個上升或下降邊緣（MOD<3:0>=0000b 或 0011b）

這些模式都可以選擇使用 16 位元或 32 位元的計時器操作模式進行。

由於輸入捕捉腳位的訊號在每一次計時器時脈的下降邊緣才會被取樣，因此實際捕捉訊號的時間可能會稍許的延遲或誤差。特別是輸入捕捉訊號會經過內部同步的處理，所以實際儲存的計時器數值會比訊號改變的正確時間延遲最多達 1.5 個計時時脈週期。

除了捕捉前述的基本訊號變化外，對於量測訊號週期的時間，有時候設定爲每一次的捕捉模式處理，一方面會因爲次數頻繁增加系統負擔，一方面因爲實際訊號每一次會有些許誤差造成量測結果的偏移。這時候可以利用輸入捕捉的前除器，感測多次的訊號改變後再行將計時器數值擷取儲存，這樣就可以利用多次訊號的平均時間進行運算，反倒可以增加結果的正確性。輸入捕捉的前除器可以設定爲 4 次（MOD<3:0>=0100b）或 16 次（MOD<3:0>=0101b）上升邊緣再觸發一次計時器數值的紀錄，但是無法捕捉多次下降邊緣。在模組重置或關閉時，前除器的計數內容將會被清除，以免重新開啟時無法正確計算次數。

▍輸入捕捉緩衝器的操作

每一個捕捉通道都有連接一個先進先出的緩衝器（FIFO Buffer），這個緩衝器可以有多達 4 個字元的深度（16 位元模式）。觸發系統中斷的緩衝器深度是可以由應用程式自行設定的。這個緩衝器並提供有兩個狀態旗標來記錄緩衝期的狀態：

- ICBNE－輸入捕捉緩衝器未空乏（Not Empty），也就是至少有一筆資料未讀取
- ICOV－輸入捕捉緩衝器溢流（Overflow），也就是有資料無法寫入而流失

在第一個輸入捕捉事件發生的時候 ICBNE 旗標將會被設定為 1，直到所有訊號捕捉的結果全部從緩衝器內被讀取後 ICBNE 會自動被清除為 0。每當一個字元的資料從緩衝器內被讀出時，剩下來的字元資料將自動在緩衝器內前進一個位址。

當緩衝器內已經被填滿 4 筆捕捉的結果，而第 5 筆捕捉的結果在讀取緩衝器資料之前發生時，將會發生溢流的狀況同時 ICOV 將會被設定為 1。第 5 筆捕捉的結果將會遺失而不會被儲存在緩衝器內。由於 ICOV 旗標被設定，將不會再捕捉任何的訊號直到緩衝器內存有的 4 筆資料全部被讀出。

當最後一筆資料被讀出而且沒有新的捕捉資料被存入到緩衝器時，緩衝器讀取的指令將會得到不可預期的讀取結果。

在 32 位元的操作模式下，因為 dsPIC33CK 是一個 16 位元的裝置，所以要先讀取較低的字元，再讀取較高位址的 16 位元長度字元資料。

▍霍爾感測器操作模式

當模式設定位元 MOD<3:0>=0000b 時，模組設定為邊緣偵測模式，會偵測每一個輸入訊號的上升或下降邊緣，又稱為霍爾（Hall）感測器模式，如同 MOD<3:0>=0011b 設定一樣。但是在霍爾感測器模式下 ICOV 位元即便被設定，但是輸入捕捉的中斷事件訊號還是會繼續因為偵測記號改變而發生。這樣的功能允許系統持續發生中斷事件觸發處理程序而不需要把溢流的緩衝器清空。

但是在其他操作模式下，如果 ICOV 因為緩衝器溢流而變成 1 時，必須將

緩衝器清空方能將 ICOV 重置為 0。清空緩衝器的方式可以選擇下列其中一種方式：

1. 清除 CCPON 位元以關閉模組
2. 持續地讀取輸入捕捉緩衝器 CCPxBUF 直到 ICBNE 位元為 0
3. 以程式將 ICOV 位元清除為 0。這個動作實際上將會放棄所有緩衝器中的資料，將緩衝器指標回復到起始位置，並且將 ICBNE 自動清除為 0。
4. 將裝置重置（Reset）

█ 輸入捕捉中斷

　　根據所設定的捕捉事件發生次數，輸入捕捉通道可以產生一個中斷事件 CCPxIF。觸發中斷的捕捉次數可以由控制位元 CCPxCON1H 暫存器中的 OPS<3:0> 位元所設定。應用程式可以設定每一次捕捉出發一個中斷，到最大每四次捕捉觸發一次中斷。計算次數是從模組重新啟動或 ICBNE=0 時開始計算。所計算的次數並不是真正的事件次數，而是緩衝器中已寫入資料的深度指標。

　　當緩衝器發生溢流的情形時，除了在霍爾感測器的模式下，模組將不會再觸發中斷，直到緩衝器被清空為止。

　　在某些應用中，當外部觸發中斷事件的腳位不敷使用時，可以考慮使用輸入捕捉腳位作為替代腳位，並開啟霍爾感測器模式的邊緣偵測以捕捉訊號發生。這時候可以將 OPS 位元設定為 1，以便每一次事件都觸發中斷。而且也不需要因為緩衝器溢流而去進行緩衝器讀取或清除的程序。

　　除了輸入捕捉事件所引發的中斷之外，CCP 模組的計時器也會因為計時器溢流觸發 CCTxIF 的中斷事件。由於在輸入捕捉模式下計時器是獨立地持續計時，並不會進行週期暫存器的比較判斷。如果需要計時器進行較短週期的運作，必須要使用其他的 CCP 模組進行週期設定，再利用同步訊號的觸發將這個計時器同步重置歸零。

█ 輸入捕捉與同步或觸發操作模式

　　由於同步或觸發操作模式會在同步訊號發生前將計時器重置或保持在重

置的情況下，因此計時器的運作並不是持續的獨立計時，而可能有不正常的改變。例如在觸發模式下，TRIGEN=1，計時器將會在同步訊號發生前持續維持為 0，即便是發生輸入捕捉事件，所擷取的計時器數值仍然是 0。這會導致後續資料運算的錯誤。因此建議應用程式如果沒有必要，盡量在輸入捕捉模式下關閉同步或觸發的操作。

▌閘控模式下的輸入捕捉操作

在某些應用中，需要在不關閉模組的情況下停止輸入捕捉的運作。這可以由軟體或硬體的控制來達成。

如果要以軟體的方式處理，可以將 CCPxSTATL 暫存器中的 ICDIS 位元暫時關閉輸入捕捉的運作。當 ICDIS 為 0 時，輸入捕捉會持續正常進行；當 ICDIS 位元被設定為 1 時，輸入捕捉事件的發生將會被系統停止處理。

如果要使用硬體訊號做輸入捕捉的閘控管理時，必須要分成兩個層次進行設定。首先是訊號來源的選擇可以透過 CCPxCON2L 的 ASDG<7:0> 位元設定所需要的硬體閘控訊號，同時也可以使用 SSDG 位元利用程式來改變 SSDG 位元的狀態達成閘控的目的。當停止運作時，將可以利用 ICDIS 檢查運作的狀態。其次是必須要透過 CCPCON2H 的 ICGSM 位元設定硬體訊號觸發閘控的訊號模式。如圖 15-2 所示，ICGSM 有三種可以選擇的模式：

ICGSM=00：電壓控制。當閘控訊號為 0 時將停止輸入捕捉運作，ICDIS
     將會為 1。訊號為 1 時將回復輸入捕捉正常運作。

ICGSM=01：上升邊緣控制。設定時將停止輸入捕捉運作，ICDIS 將會為
     1；當選擇的閘控訊號發生上升邊緣時將啟動輸入捕捉運作，
     ICDIS 將會為 0。但是這只能一次性的啟動輸入捕捉運作，
     後續的訊號變化將無法改變輸入捕捉的運作。

ICGSM=10：下降邊緣控制。設定時將啟動輸入捕捉運作，ICDIS 將會為
     0；當訊號發生下降邊緣時將停止輸入捕捉運作，ICDIS 將
     會為 1。但是這只能一次性的關閉輸入捕捉運作，後續的訊
     號變化將無法改變輸入捕捉的運作。

在 ICGSM=01 或 10 的一次性閘控操作模式下，在閘控訊號發生後，ICDIS 將會持續保持為設定的狀態。如果應用程式需要解除閘控或再次進行閘

控訊號偵測，可以重新寫入 ICGSM 的設定，即便是寫入同樣的數值設定也將會恢復輸入捕捉對應的運作，進而等待下一次閘控訊號發生時再次觸發輸入捕捉運作的改變。

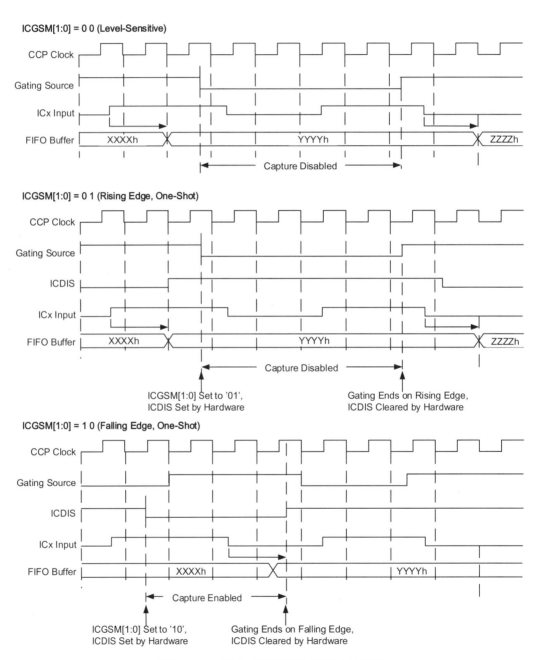

圖 15-2　輸入捕捉閘控操作時序圖

在實驗板上爲了實現輸入捕捉的功能，必須產生一個外部的訊號作爲量測的目標。因此，我們將利用一個 8 支腳位的 PIC12F684 來產生重複的 PWM 訊號，在測試之前，請將切換開關 DSW4 的第一個開關短路，使模擬 QEI 的週期訊號能夠連接到 dsPIC33CK256MP505 控制器的 RD13 腳位。

實驗板上與輸入捕捉範例相關的元件配置與相關的電路圖，如圖 15-3 與圖 15-4 所示：

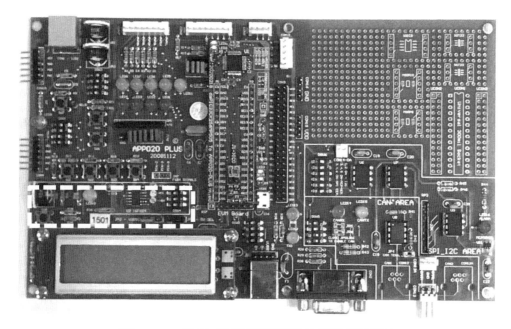

圖 15-3　輸入捕捉範例相關的元件配置圖

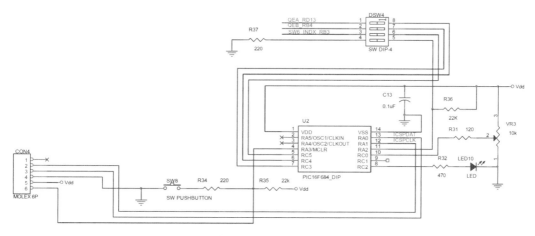

圖 15-4　輸入捕捉範例相關的電路圖

15.2　XC16 編譯器的輸入捕捉函式庫

MPLAB X IDE 的 XC16 編譯器與 MCC 程式產生器所提供的輸入捕捉函式庫的相關函式有

- 設定輸入捕捉
  SCCPx_CAPTURE_Initialize( )
- 啟動輸入捕捉
  SCCPx_CAPTURE_Start( )
- 讀取輸入捕捉數值
  SCCPx_CAPTURE_Data16Read( )
- 輸入捕捉事件發生呼叫函式
  SCCPx_CAPTURE_CallBack( )
- 輸入捕捉計時器事件發生呼叫函式
  SCCPx_CAPTURE_TimerCallBack( )
- 輸入捕捉結果緩衝器空乏或溢流旗標檢查或重置函式
  SCCPx_CAPTURE_HasBufferOverflowed( )
  SCCPx_CAPTURE_OverflowFlagReset( )
  SCCPx_CAPTURE_IsBufferEmpty( )
- 關閉輸入捕捉
  SCCPx_CAPTURE_Stop( )

15.3　輸入捕捉量測輸入訊號週期與工作週期

當控制器的應用需要頻率週期或者做波寬的量測時，只要適當地配合中斷的功能與計時器的計算，便可以快速地計算出週期訊號的特性。

程式範例 15-1　輸入捕捉量測連續脈衝訊號的週期

以範例 14-3 為基礎，利用 dsPIC33CK 微控制器的 SCCP3 輸入捕捉功能，量測 SCCP2 產生的輸出比較訊號波週期。利用訊號線連接，以 SCCP3 IC

（RD13）功能量測 SCCP2 OC（RB14）輸出波形並計算週期，並將結果傳送到 LCD 顯示。

CHAPTER

15

```
//
//   EX15_1 使用自建的 UART 函式庫，將 UART 設定為 9600-8-N-1
//   接收觸發中斷，中斷函式設定 ADC 轉換旗標，
//   將轉換結果透過 UART 傳輸到終端機，
//   並利用結果調整 CCP OC 輸出 PWM 波形(LED11)
//   SCCP1 OC (LED1)做為參考基準以便觀察變化
//   SCCP2 並以 SCCP1 TIMER 作為同步訊號源
//   利用 SCCP3 IC(RD13)功能量取 SCCP2 OC(RB14)波形並計算週期，
//   設定兩次資料觸發一次中斷
//
/*
  Section: Included Files
*/
// 將系統與硬體設定函式的原型宣告檔案含入
#include "mcc_generated_files/system.h"
// 將 ADC1 函式的原型宣告檔案含入
#include "mcc_generated_files/adc1.h"
// 將 UART1 函式的原型宣告檔案含入
#include "mcc_generated_files/uart1.h"
// 將 CCP2 OC 函式的原型宣告檔案含入
#include "mcc_generated_files/sccp2_compare.h"
// 將 LCD 函式的原型宣告檔案含入
#include "../APP020_LCD.h"

/*
  Main application
*/
// 宣告字串於程式記憶體 (因為 const 宣告)
const unsigned char My_String1[]="\n\rEx 15- CCP IC";
// 宣告字串於程式記憶體 (因為 const 宣告)
const char My_String2[]="Period: ";

// 將 ADC 結果顯示至 UART1 的函式
void Show_ADC(void) ;
// 將結果轉換成 HEX 格式並顯示至 UART1 的函式
void puthexUART1(unsigned int);
// 將字串顯示至 UART1 的函式
void putsUART1(unsigned int *);
```

```c
unsigned int ADCValue;

// union 宣告將使 8 位元變數 ByteAccess 與 SystemFlag 結構變數
// 使用相同的記憶體，以利不同格式的位元運算需求
union{
  unsigned char ByteAccess ;
  struct{
    unsigned Bit0: 1 ;
    unsigned Bit1: 1 ;
    unsigned Bit2: 1 ;
    unsigned unused : 5 ;
  } ;
} SystemFlag ;
// 定義 IC3_Flag 旗標等同於 SystemFlag.Bit0 位元變數，
// 故其將使用一個位元記憶空間
#define IC3_Flag    SystemFlag.Bit1

unsigned int ICValue[2];

int main(void)
{
  union{
    unsigned int lt;
    unsigned char bt[2];
  } Period3;

  // initialize the device
  SYSTEM_Initialize();
  // 關閉 CCT3 中斷，沒用到
  IEC2bits.CCT3IE = 0;
  IC3_Flag = 0;

  putsUART1((unsigned int *)My_String1);
  OpenLCD( ) ;            // 使用 OpenLCD( )對 LCD 模組作初始化設定
  setcurLCD(0,1) ;          // 使用 setcurLCD( ) 設定游標於 (0,1)
  putrsLCD( My_String2 ) ;  // 將存在 Data Memory 的字串使用
                            // putsLCD( ) 印出至 LCD

  while (1){
    // Add your application code
    if (!U1STAHbits.URXBE){
      UART1_Read();
      Show_ADC( ) ;          // 將 ADC 結果顯示於 UART 上
```

```
        // 調整 SCCP2 輸出工作週期時間，觀察與 SCCP1 的差異
        CCP2RBL = (ADCValue << 4); // 調整 PWM 工作週期
    }// End of if ( URXBE )

    if (IC3_Flag){
      IC3_Flag = 0;
      if (ICValue[0] >ICValue[1])
        Period3.lt = ICValue[1] + 65536 - ICValue[0];
      else
        Period3.lt = ICValue[1] - ICValue[0];

      setcurLCD(8,1) ;        // 設定游標
      puthexLCD( Period3.bt[1] );// 將高位元組顯示至 LCD
      puthexLCD( Period3.bt[0] );// 將低位元組顯示至 LCD
    }

  }// End of while(1)
  return 1;
}

/*****************************************************/
// 輸出 ADC 結果至 UART1 函式
void    Show ADC(void) {
…
}
// 輸出 16 位元格式到 UART 函式
void puthexUART1(unsigned int HEX_Val) {
…
}
// 輸出字串到 UART 函式
void putsUART1(unsigned int *buffer){
…
}
```

CHAPTER

15

　　首先請讀者在 MPLAB X IDE 打開範例程式後，利用 MCC 功能了解 SCCP3 模組作為輸入捕捉的設定。由於範例的要求是要偵測並計算 SCCP2 的連續脈衝週期。因此可以設定 SCCP3 作為輸入捕捉且捕捉上升邊緣做為週期的計算。由於 SCCP2 在上一章是設定為產生連續脈衝，所以當 SCCP1 計時器周重置歸零循環時，同步訊號就會讓 SCCP2 變成高電位。所以如果可以利用輸入捕捉量測到連續兩個上升邊緣的間隔時間，即為 SCCP2 輸出連續脈衝的

週期。在 MCC 設定 SCCP3 的介面中可以看到模組將捕捉每一個上升邊緣並開啟相關的中斷功能。而且在第二個輸入捕捉事件發生時將會觸發中斷訊號。也就是說，模組將會在捕捉到兩個上升邊緣時，觸發中斷訊號，而在中斷功能開啟的情況下，將會執行中斷事件呼叫函式。

而在 MCC 產生的 SCCP3_capture 程式檔中的 SCCP3_CAPTURE_Call-Back( ) 函式中可以看到中斷事件發生時，會將兩次上升邊緣被捕捉到時所載入的計時器數值會被移載到 ICValue[0] 與 ICValue[1] 中，並將旗標 IC3_Flag 設定為 1。

```
void __attribute__ ((weak)) SCCP3_CAPTURE_CallBack(void){
  // Add your custom callback code here
  ICValue[0] = CCP3BUFL ; // 將 CCP3 IC 緩衝暫存器的內容讀出
  ICValue[1] = CCP3BUFL ; // 因為設定為 2 次事件中斷，讀兩次
  IC3_Flag = 1;
}
```

然後在回到主程式的 while(1) 永久迴圈中，就會看到當 IC3_Flag 為 1 時，將會把 ICValue[0] 與 ICValue[1] 的差值計算出來後，作為連續脈衝週期的顯示，同時將 IC3_Flag 旗標清除為 0，以便在下一次兩次輸入捕捉事件發生時，可以繼續利用中斷事件處理相關事件。主程式永久迴圈中與 SCCP_IC3 相關的程式如下所示：

```
if (IC3_Flag){
  IC3_Flag = 0;
  if (ICValue[0] >ICValue[1])
    Period3.lt = ICValue[1] + 65536 - ICValue[0];
  else
    Period3.lt = ICValue[1] - ICValue[0];

  setcurLCD(8,1) ;      // 設定游標
  puthexLCD( Period3.bt[1] );// 將高位元組顯示至 LCD
  puthexLCD( Period3.bt[0] );// 將低位元組顯示至 LCD
}
```

藉由上述的程式安排，便可以在 LCD 上顯示兩次脈衝的間隔時間，也就是 SCCP2 輸出的連續脈衝週期。

接下來請讀者修改範例程式 14-1，量測訊號模擬產生器的訊號週期，並將結果顯示在液晶顯示器上。調整可變電阻 VR3 的位置，並觀察量測的工作週期是否有所改變。

練習 15-1

拆除 SCCP2 的 OCM2 輸出連接至 SCCP3 的 ICM3 的連線，利用 SCCP3 IC 功能訊號模擬產生器輸出波形（DSW4-1 改為 ON）並計算週期。調整訊號模擬產生器中的可變電阻 VR3，觀察訊號波形週期時間的變化，並將結果傳送到 LCD 顯示。

程式範例 15-2 輸入捕捉量測連續脈衝訊號的工作週期

修改範例程式 15-1，以 SCCP3 IC 量測 SCCP2 OC 產生的連續脈衝訊號工作週期，並將結果顯示在液晶顯示器上。調整可變電阻 VR1 的位置，並觀察量測的工作週期是否有所改變。本範例需要利用訊號線將 SCCP2 對應的輸出腳位連結到 SCCP3 對應的輸入腳位。（DSW4-1 為 OFF）

註：本書出版時，dsPIC33CK 硬體使用輸入捕捉時無法偵測下降邊緣，已反映予廠商調查修正中。

```c
// EX15_2 使用自建的 UART 函式庫，將 UART 設定為 9600-8-N-1
// 接收觸發中斷，中斷函式設定 ADC 轉換旗標，
// 將轉換結果透過 UART 傳輸到終端機，
// 並利用結果調整 CCP1 OC 輸出 PWM 波形(LED11)
// SCCP1 OC (LED1)做為參考基準以便觀察變化
// SCCP2 並以 SCCP1 TIMER 作為同步訊號源
// 利用 SCCP3 IC 功能量取 SCCP2 波形並計算工作週期，
// 設定每次上升或下降邊緣量測觸發一次中斷
//
// 將系統與硬體設定函式的原型宣告檔案含入
#include "mcc_generated_files/system.h"
// 將 ADC1 函式的原型宣告檔案含入
#include "mcc_generated_files/adc1.h"
// 將 UART1 函式的原型宣告檔案含入
#include "mcc_generated_files/uart1.h"
// 將 CCP2 OC 函式的原型宣告檔案含入
#include "mcc_generated_files/sccp2_compare.h"
```

```
// 將 LCD 函式的原型宣告檔案含入
#include "../APP020_LCD.h"

/*
  Main application
*/
// 宣告字串於程式記憶體 (因為 const 宣告)
const unsigned char My_String1[]="\n\rEx 15- CCP IC";
// 宣告字串於程式記憶體 (因為 const 宣告)
const char My_String2[]="Period: ";

// 將 ADC 結果顯示至 UART1 的函式
void Show_ADC(void) ;
// 將結果轉換成 HEX 格式並顯示至 UART1 的函式
void puthexUART1(unsigned int);
// 將字串顯示至 UART1 的函式
void putsUART1(unsigned int *);

unsigned int ADCValue; // 改成 Global 變數以便主程式可以用
unsigned char ICEV = 0;    // IC 觸發次數

// union 宣告將使 8 位元變數 ByteAccess 與 SystemFlag 結構變數
// 使用相同的記憶體，以利不同格式的位元運算需求
union{
  unsigned char ByteAccess ;
  struct{
    unsigned Bit0: 1 ;
    unsigned Bit1: 1 ;
    unsigned Bit2: 1 ;
    unsigned unused : 5 ;
  } ;
} SystemFlag ;
// 定義 IC3_Flag 旗標等同於 SystemFlag.Bit0 位元變數，
// 故其將使用一個位元記憶空間
#define IC3_Flag    SystemFlag.Bit1
// 定義 Poln 旗標等同於 SystemFlag.Bit2~5 位元變數，
// 故各將使用一個位元記憶空間
#define Pol0        SystemFlag.Bit2
#define Pol1        SystemFlag.Bit3
#define Pol2        SystemFlag.Bit4
#define Pol3        SystemFlag.Bit5
```

```
union {
  unsigned long lt;     // 1 long word
  unsigned int st[2];   // 2 words
  unsigned char bt[4];  // 4 bytes
} ICValue[4];

int main(void){
```
// 宣告集合變數以不同長度的格式處理資料
```
  union{
    unsigned long lt;
    unsigned int st[2];
    unsigned char bt[4];
  } Period3, Duty3;

  char i;

  // initialize the device
  SYSTEM_Initialize();
```
// 關閉 CCT3 中斷，沒用到
```
  IEC2bits.CCT3IE = 0;
  IC3_Flag = 0;

  putsUART1((unsigned int *)My_String1);
  OpenLCD( ) ;      // 使用 OpenLCD( )對 LCD 模組作初始化設定
  setcurLCD(0,1) ;     // 使用 setcurLCD( ) 設定游標於 (0,1)
  putrsLCD( My_String2 ) ; // 將存在 Data Memory 的字串使用
                         // putsLCD( ) 印出至 LCD
  setcurLCD(0,1) ;
  putrsLCD( My_String3 ) ;

  while (1){
    // Add your application code
    if (!U1STAHbits.URXBE){
      UART1_Read();
      Show_ADC( ) ;    // 將 ADC 結果顯示於 UART 上
      // 調整 SCCP2 輸出工作週期時間，觀察與 SCCP1 的差異
      CCP2RBL = (ADCValue << 4); // 調整 PWM 工作週期
    }// End of if ( URXBE )

    if (ICEV==4){
      ICEV = 0;
      if (Pol0){                //先觸發上升邊緣
        //計算週期
```

```
          if (ICValue[0].lt > ICValue[2].lt)
            Period3.lt=ICValue[2].lt+0x100000000-ICValue[0].lt;
          else
            Period3.lt=ICValue[2].lt-ICValue[0].lt;
          //計算工作週期
          if (ICValue[0].lt > ICValue[1].lt)
            Duty3.lt = ICValue[1].lt+0x100000000-ICValue[0].lt;
          else
            Duty3.lt = ICValue[1].lt - ICValue[0].lt;
        }
        else{
          //計算週期
          if (ICValue[1].lt > ICValue[3].lt)
            Period3.lt=ICValue[3].lt+0x100000000-ICValue[1].lt;
          else
            Period3.lt = ICValue[3].lt - ICValue[1].lt;
          //計算工作週期
          if (ICValue[1].lt > ICValue[2].lt)
            Duty3.lt = ICValue[2].lt+0x100000000-ICValue[1].lt;
          else
            Duty3.lt = ICValue[2].lt - ICValue[1].lt;
        }

        setcurLCD(8,0) ;                // 設定游標
        for(i=3;i>=0;i--)
          puthexLCD(Period3.bt[i]); // 將資料依序顯示至 LCD
        setcurLCD(8,1) ;                // 設定游標
        for(i=3;i>=0;i--)
          puthexLCD(Duty3.bt[i]);   // 將資料依序顯示至 LCD
      }// End of if(ICEV==4)
    }// End of while(1)
  return 1;
}


/**************************************************/
// 輸出 ADC 結果至 UART1 函式
void    Show_ADC(void){
…
}
// 輸出 16 位元格式到 UART 函式
void puthexUART1(unsigned int HEX_Val){
…
}
// 輸出字串到 UART 函式
```

```
void putsUART1(unsigned int *buffer){
...
}
```

在 MPLAB X IDE 中打開範例程式後，先利用 MCC 功能了解 SCCP3 模組作爲輸入捕捉的設定。由於範例的要求是要偵測並計算 SCCP2 的連續脈衝「工作週期」，也就是從上升邊緣到下降邊緣間的時間，因此輸入捕捉的設定需要改爲偵測每一個邊緣的功能。因此可以設定 SCCP3 作爲輸入捕捉且捕捉每一個上升或下降邊緣做爲工作週期的計算基礎。由於 SCCP2 在範例 15-1 是設定爲產生連續脈衝，所以當 SCCP3 捕捉 SCCP2 輸出連續脈衝的邊緣無法預期捕捉到的邊緣順序爲何，也就是不知道第一個是上升或是下降邊緣？由於工作週期的計算一定是以下降邊緣時間減去上升邊緣的時間差，再除以週期時間（見範例 15-1），每一次計算必須要規劃如下：

1. 捕捉 4 個邊緣後開始計算。如果只捕捉 3 個邊緣可能會只有 1 個上升與 2 個下降邊緣而無法計算。
2. 判斷第一個上升邊緣的資料在第一個或第二個輸入捕捉資料
3. 以第一個上升邊緣與下降邊緣時間差計算工作週期時間
4. 以工作週期時間加下降邊緣與第二個上升邊緣時間差成爲脈衝週期時間
5. 工作週期時間除以脈衝週期時間即爲工作週期（比例）

所以當設定 SCCP3 爲輸入捕捉每一個上升或下降邊緣功能時，同時定啟動中斷功能，並設定每一次捕捉事件觸發中斷旗標訊號。而在 MCC 產生的 SCCP3_capture 程式檔中的 SCCP3_CAPTURE_CallBack( ) 函式中可以看到每一次中斷事件發生時，除了將捕捉到邊緣時載入計時器數值會被移載到 ICValue 之外，同時並偵測當時腳位電位狀態並予以記錄在對應的旗標位元 Poln。相關中斷事件呼叫函式內容節錄如下：

```
void __attribute__ ((weak)) SCCP3_CAPTURE_CallBack(void)
{
    // Add your custom callback code here
// 儲存邊緣觸發時間
  ICValue[ICEV].st[0] = CCP3BUFL;
  ICValue[ICEV].st[1] = CCP3BUFH;
```

CHAPTER

15

```
// 記錄邊緣訊號極性
 switch (ICEV){
   case(0): Pol0 = PORTDbits.RD13;
           break;
   case(1): Pol1 = PORTDbits.RD13;
           break;
   case(2): Pol2 = PORTDbits.RD13;
           break;
   case(3): Pol3 = PORTDbits.RD13;
           break;
 }
 // 更新邊緣觸發次數
 if(ICEV<4)  ICEV++;
}
```

　　然後在主程式的永久迴圈中判斷當捕捉邊緣次數達到四次時，進行工作週期與週期的時間計算。計算時，先判斷第一個邊緣的極性以選擇正確的輸入捕捉資料進行計算。相關程式內容節錄如下：

```
 if (ICEV==4){
   ICEV = 0; // 捕捉次數指標歸零
   if (Pol0){           //先觸發上升邊緣
     //計算週期
     if (ICValue[0].lt > ICValue[2].lt)
       Period3.lt=ICValue[2].lt+0x100000000-ICValue[0].lt;
     else
       Period3.lt = ICValue[2].lt - ICValue[0].lt;
     //計算工作週期
     …
   }
   else{
     //計算週期
     …
     //計算工作週期
     …
   }
 }
```

　　計算工作週期或週期時間時，必須考量計時器是否有溢流的情況發生，並適時予以補償，同時注意到 SCCP3 計時器是使用自由執行（Free Running，從 0 數到溢流）的形式，並沒有設定週期比較循環的方式（如 SCCP1），這樣在計算時間時比較容易處理。

練習 15-2

拆除 SCCP2 的 OCM2 輸出連接至 SCCP3 的 ICM3 的連線，利用 SCCP3 IC 功能捕捉訊號模擬產生器輸出波形（DSW4-1 改為 ON）並計算週期。調整訊號模擬產生器中的可變電阻 VR3，觀察訊號波形週期時間的變化，並將結果傳送到 LCD 顯示。請計算以百分比為單位的工作週期。

在本章中延續第十三章與第十四章的 SCCP 計時器與輸出比較功能，結合輸入捕捉的應用對數位訊號控制提供一個完整的應用範例，從精確計時操作，連續控制脈衝的產生與調整，到量測連續脈衝控制訊號，讓讀者了解開發數位控制系統的基本技能。在進行數位訊號控制的應用中，例如馬達控制、電源控制、能量或功率控制，或者其他精確使用脈衝訊號的應用中，都可以有效地應用 dsPIC33CK 的 SCCP 模組完成設計開發的工作。

CHAPTER

15

CHAPTER 16

QEI 四分編碼器介面

　　馬達控制是 dsPIC 數位訊號控制器的一個重要應用領域，因此在大部分的系列產品中，皆配備有馬達控制訊號模組作為馬達控制的輸出訊號，例如 dsPIC33CK 微控制器中 SCCP/MCCP 的輸出比較（Output Compare, OC），就提供了幾種不同的數位脈衝控制輸出訊號，可以作為馬達控制應用開發的基礎元件。但是除了驅動控制之外，要達到精密的馬達速度、位置的伺服控制，就必須要有適當的回授訊號提供控制器當下馬達速度或位置的資訊，作為驅動訊號調整的依據。雖然有許多感測器技術可以進行速度或位置的量測與估算，但是在工業應用上最為普遍使用的就是光學定位編碼器。在眾多光學定位編碼器的技術中，四分編碼器（Quadrature Encoder）廣泛使用在各種應用，且其解析度可以在一個旋轉迴圈中產生超過百萬個脈衝的訊號，足以提供高精密控制所需要的回授訊號。

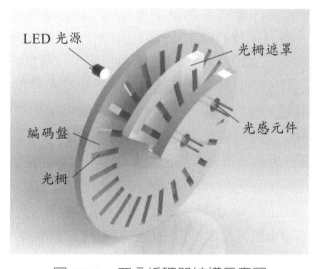

圖 16-1　四分編碼器結構示意圖

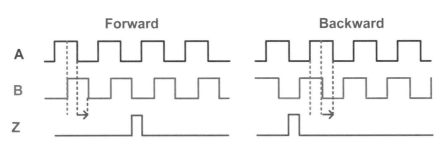

圖 16-2　四分編碼器等速旋轉時的訊號

　　四分編碼器的名稱中四分原意指的是一個訊號週期（360°）中的四分之一（Qudrature），也就是 90°。因爲在四分編碼器，如圖 16-1 所示，會有兩個光感元件（簡稱 A 與 B）接收 LED 光源。在設計上，LED 光源透過編碼盤穿透讓光感元件接收產生訊號脈衝。但是爲了產生較高的解析度，A 與 B 光感元件不會同時接收到光線的觸發，而是會有編碼盤光柵間隔的四分之一間距的差異。換句話說，在 A 與 B 的位置安排，或透過第二層隔柵的過濾，當編碼盤隨著馬達等速旋轉時，A 與 B 接收到光源觸發的位置或時間會有四分之一週期的差異，如圖 16-2 所示。這樣的差異藉由數位訊號處理與判斷，可以提供四倍於編碼盤 A 或 B 光柵數量的解析度。例如，如果編碼盤 A 光柵數量爲 1000，原本每一圈可以提供 1000 個數位脈衝作爲定位訊號，但是透過四分編碼器的機制，就可以提高到 4000 個刻度。更特別的是，如果只有單一個光感元件，雖然可以藉由脈衝估算位置，但是當編碼盤正轉或反轉時，將無法由單一脈衝區別旋轉的方向；透過 A 與 B 兩個光感元件的四分之一週期差異，產生正轉與反轉時 A 與 B 訊號四種組合（00、10、11 與 01）的發生順序差異可以判斷出旋轉的方向；因此除了速度的估算外，更可以藉由方向的判斷精確定義出特定時間內位置的正負變異，從而可以累計位置的變化。通常當 A 訊號的變化領先 B 訊號時，視爲正轉；反之，當 B 訊號變化領先 A 訊號（或 A 落後於 B）時，則視爲反轉。如果僅使用 A 與 B 兩個訊號，只能夠得到特定時間內位置的變化量，因爲沒有絕對的位置參考點，應用程式只能夠隨著時間累計位置的相對變化而無法定義出絕對位置，所以有時四分編碼器又被稱爲增量型編碼器（Incremental Encoder）。因此，爲了解決絕對定位的需求，在較爲進階的四分編碼器中會額外提供一個定位訊號，稱爲 Z 或 INDEX，作爲絕對定位的基準，如圖 16-2 所示。編碼盤每旋轉一圈只會有一個 Z 訊號的光柵觸發 Z 光感元件，一般來說，會設計在 A 與 B 皆爲 0（未觸發）的位置。如果在機械安裝四分編碼器時可以精確的校正機械原點與 Z 訊號觸發位置，就可以利用 Z 訊號偵測機械原點。即便 Z 訊號與機械原點有微小的差異，也可以利用軟體修正偏差量而達到精確的絕對定位功能。如果應用上編碼器的轉動會超過一圈以上時，則會再外加一個外部感測器做粗略的機械位置定位，再利用編碼器的 Z 訊號做精準的絕對位置定位。

由於四分編碼器的精確有效與廣泛應用，幾乎所有精密伺服控制設備上都會採用它作爲位置與速度的回授訊號。因此，在較爲高階的爲控制器上，特別是具有馬達控制功能數位脈衝輸出的微控制器，例如 dsPIC33CK 系列，對應四分編碼器的介面與硬體就變成標準的周邊元件。在 dsPIC33CK256MP505 微控制器上就配置有兩個稱爲四分編碼器介面（Quadrature Enocoder Interface, QEI）的周邊功能元件，輔助馬達控制訊號進行精密的伺服控制。藉由正確的使用 QEI 介面，可以健全各種馬達控制應用的閉迴路控制，成就高精密設備的應用開發。

16.1　dsPIC33CK 微控制器四分編碼器介面硬體簡介

dsPIC33CK 系列數位訊號控制器的四分編碼器介面（QEI）提供了下四個硬體的輸入訊號腳位功能：

- QEA
- QEB
- INDX
- HOME

這些腳位的設定可以透過可程式腳位選擇（Programmable Pin Selection, PPS）的規劃安排在適當的 RPn 腳位上。規劃時也要注意該腳位的類比訊號功能是否有被關閉。必要時，最好也把使用的腳位設定爲數位輸入的功能，以免意外的數位輸出影響到訊號。

QEI 模組的核心是一個可以遞加（上數）或遞減（下數）的計數器。藉由 QEA/QEB 訊號組合的變化與方向的判別，計數器的內容將會作對應性的變化，從而呈現實際馬達上編碼盤的位置資訊。dsPIC33CK 微控制器的 QEI 具備有下列的功能與特性：

- 4 個輸入通道：兩個相位訊號（QEA 、QEB）、一個指標（Index）脈衝訊號與一個原點（Home）復歸訊號
- 可程式規劃的輸入訊號數位雜訊濾波處理
- 四分之一相位訊號解碼器以產生計數脈衝與方向調整
- 計數方向的狀態位元
- 4 倍的計數精度
- 可以使用 INDXx 訊號重置計數器
- 可以作為一般的 32 位元計數器（但是可以上下數）
- QEI 相關事件可以觸發中斷訊號
- 最高 32 位元的速度計數器
- 32 位元上下雙向位置計數器
- 32 位元的指標（INDEX）脈衝計數器
- 32 位元的間隔計時器
- 32 位元的位置初始化／輸入捕捉／輸出比較高字元暫存器
- 32 位元的位置初始化／輸入捕捉／輸出比較低字元暫存器
- 4 倍四分編碼器技術模式
- 使用外部訊號上下數的計數器模式
- 可外部控制上下數的外部訊號計數模式
- 可外部閘控的外部訊號計數模式
- 間隔時間模式

這些操作模式的決定主要是透過特殊功能暫存器 QEIxCON 、QEIxCONH 、QEIxIOC 與 QEIxSTAT 暫存器進行功能設定或顯示，還有其他多個與計數內容設定或顯示相關的暫存器如表 16-1 所示。四分編碼器介面功能方塊圖如圖 16-3 所示；定位編碼器介面操作的相關暫存器以及位元如表 16-1 所示。

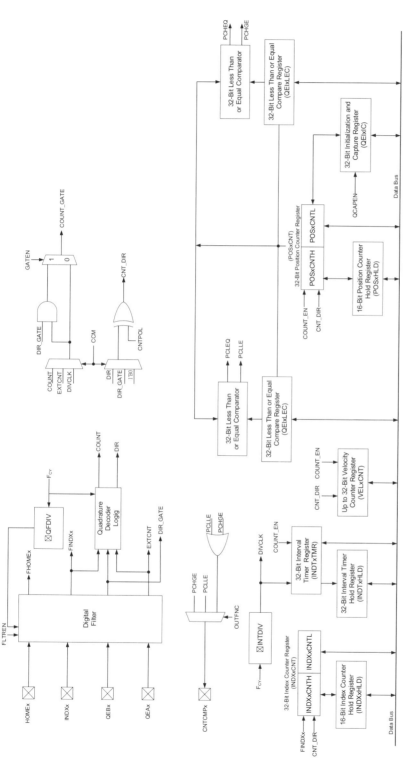

圖 16-3 定位編碼器介面功能方塊圖

CHAPTER

16

表 16-1(1)　定位編碼器介面相關暫存器及位元

File Name	Bit 15	Bit 14	Bit 13	Bit 12	Bit 11	Bit 10	Bit 9	Bit 8
QEIxCON	QEIEN	—	QEISIDL	PIMOD<2:0>			IMV<1:0>	
QEIxIOC	QCAPEN	FLTREN	QFDIV<2:0>			OUTFNC<1:0>		SWPAB
QEIxIOCH[1]	—	—	—	—	—	—	—	—
QEIxSTAT	—	—	PCHEQIRQ	PCHEQIEN	PCLEQIRQ	PCLEQIEN	POSOVIRQ	POSOVIEN
POSxCNTL	POSCNT<15:8>							
POSxCNTH	POSCNT<31:24>							
POSxHLD	POSHLD<15:8>							
VELxCNTL	VELCNT<15:0>							
VELxCNTH[1]	VELCNT<31:24>							
VELxHLD[1]	VELHL<15:8>							
INTxTMRL	INTTMR<15:8>							
INTxTMRH	INTTMR<31:24>							
INTxHLDL	INTHLD<15:8>							
INTxHLDH	INTHLD<31:24>							
INDXxCNTL	INDXCNT<15:8>							
INDXxCNTH	INDXCNT<31:24>							
INDXxHLD	INDXHLD<15:8>							
QEIxICL	QEIIC<15:8>							
QEIxICH	QEIIC<31:24>							
QEIxLECL	QEILEC<15:8>							
QEIxLECH	QEILEC<31:24>							
QEIxGECL	QEIGEC<15:8>							
QEIxGECH	QEIGEC<31:24>							

File Name	Bit 7	Bit 6	Bit 5	Bit 4	Bit 3	Bit 2	Bit 1	Bit 0	All Resets
QEIxCON	—	INTDIV<2:0>			CNTPOL	GATEN	CCM<1:0>		0x0000
QEIxIOC	HOMPOL	IDXPOL	QEBPOL	QEAPOL	HOME	INDEX	QEB	QEA	0x000x
QEIxIOCH[1]	—	—	—	—	—	—	—	HCAPEN	0x0000
QEIxSTAT	PCIIRQ	PCIIEN	VELOVIRQ	VELOVIEN	HOMIRQ	HOMIEN	IDXIRQ	IDXIEN	0x0000
POSxCNTL	POSCNT<7:0>								0x0000
POSxCNTH	POSCNT<23:16>								0x0000
POSxHLD	POSHLD<7:0>								0x0000
VELxCNTL	VELCNT<7:0>								0x0000

表 16-1(2)　　定位編碼器介面相關暫存器及位元

VELxCNTH[1]	VELCNT<23:16>	0x0000
VELxHLD[1]	VELH<7:0>	0x0000
INTxTMRL	INTTMR<7:0>	0x0000
INTxTMRH	INTTMR<23:16>	0x0000
INTxHLDL	INTHLD<7:0>	0x0000
INTxHLDH	INTHLD<23:16>	0x0000
INDXxCNTL	INDXCNT<7:0>	0x0000
INDXxCNTH	INDXCNT<23:16>	0x0000
INDXxHLD	INDXHLD<7:0>	0x0000
QEIxICL	QEIIC<7:0>	0x0000
QEIxICH	QEIIC<23:16>	0x0000
QEIxLECL	QEILEC<7:0>	0x0000
QEIxLECH	QEILEC<23:16>	0x0000
QEIxGECL	QEIGEC<7:0>	0x0000
QEIxGECH	QEIGEC<23:16>	0x0000

Legend: x = unknown value on Reset; — = unimplemented, read as '0'. Reset values are shown in hexadecimal.

Note 1: These registers are not available on all devices. Refer to the device-specific data sheet for availability.

四分編碼器介面邏輯

　　一個典型的四分編碼器，或者叫做光學編碼器，配備了 3 個輸出：相位 A、相位 B 以及一個指標脈衝（INDEX）。這些訊號在馬達的位址與速度控制應用中時常被使用到，而且非常地有用。

　　相位 A（QEA）與相位 B（QEB）通道有一個特別的關係。如果相位 A 領先相位 B 的訊號則運動的方向將會被視為正向或者是前進。如果相位 A 落後相位 B 的訊號則運動的方向將會被視為負向或者是後退。第 3 個通道，稱為指標脈衝，每旋轉一周會發生一次；它可以被用來作為一個參考點以建立一個絕對位址的關係。這個指標脈衝會發生在相位 A 與相位 B 皆為低電位的時候。可能發生的 A 與 B 訊號組合與其位置或方向的判別如表 16-2 所示：

表 16-2　四分編碼器中 QEA 與 QEB 訊號的數位邏輯組合與判定

目前的編碼訊號狀態		前一次的編碼狀態		
QEA	QEB	QEA	QEB	動作
1	1	1	1	無變化
1	1	1	0	上數
1	1	0	1	下數
1	1	0	0	無意義狀態組合，忽略
1	0	1	1	下數
1	0	1	0	無變化
1	0	0	1	無意義狀態組合，忽略
1	0	0	0	上數
0	1	1	1	上數
0	1	1	0	無意義狀態組合，忽略
0	1	0	1	無變化
0	1	0	0	下數
0	0	1	1	無意義狀態組合，忽略
0	0	1	0	下數
0	0	0	1	上數
0	0	0	0	無變化

32 位元位置增減計數器

dsPIC33CK 微控制器配置的 QEI 位置計數器為 32 位元的長度，並且使用 POSxCNT 與 POSxCNTH 兩個暫存器組合而成，計數器中累積計算由編碼器訊號解碼所產生的脈衝數量。如果使用 4 倍模式的話，每一個 QEA 脈衝的週期，根據表16-2的定義，透過訊號解碼將可以產生4個脈衝到位置計數器累計。

位置計數器的讀取與寫入

由於 dsPIC33CK 是一個 16 位元的控制器架構，無法一次讀取 32 位元的資料。因此在進行位置計數器內容的讀寫時，必須要依照規定的順序分兩次 16 位元的方式處理。在讀取計數器資料的時候，先讀取 POSxCNT 暫存器，此時硬體會自動同步地將 POSxCNTH 的內容移轉到 POSxHLD 暫存器，以確保高字元組的資料是同步且不會再受到外部訊號的影響。接下來，程式可以讀取 POSxHLD 的資料並將兩個 16 位元的資料合併處理運算。如果沒有這個機制的話，很可能因為在讀取兩個字元暫存器資料之間，因為進位或溢位而產生錯誤的資料結果。在寫入資料到位置計數器時，則必須先將高字元組的資料寫入 POSxHLD 暫存器，然後當成是將低字元組資料寫入 POSxCNT 暫存器時，POSxHLD 暫存器會自動同步載入到位置計數器中，達成同步寫入 32 位元資料的動作。所以事實上 POSxCNTH 是不可以直接由程式讀取或寫入的，而是要透過 POSxHLD 進行。而且同步讀取或寫入的動作是由讀寫 POSxCNT 暫存器所引發的，使用者必須切記這個原則。

■ 位置計數器的中斷觸發

　　當 QEIxSTAT 暫存器中的 POSOVIEN 位元被設定為 1 時，當位置計數器的數值由 0x7FFFFFFF 變換成 0x80000000 時，或者由 0x80000000 變換成 0x7FFFFFFF 時，將會觸發一個中斷訊號。要特別注意這個中斷觸發的機制是雙向的，而且不是在 0x00000000 與 0xFFFFFFFF 之間。

■ 位置計數器的操作模式

　　位置計數器有 4 種操作模式：
- 外部訊號上下數的計數器模式（CCM=00b）
- 可控制上下數的外部訊號計數模式（CCM=01b）
- 可外部閘控的外部訊號計時模式（CCM=10b）
- 間隔時間模式（CCM=11b）

這些模式的選擇是由 QEIxCON 的 CCM<1:0> 位元所決定的。各個模式的操作方式將會在後續一一介紹。

CHAPTER

16

16.2　QEI 的操作模式

▣ 外部訊號上下數的計數器模式

　　在這個模式下，QEA/EXTCNT 與 QEB/DIR/GATE 腳位的輸入訊號將會被解碼而產生技術脈衝與方向資訊以控制 POSxCNT/POSxCNTH，以及 VELx-CNT/VELxCNTH 暫存器的內容。當 INDX 腳位被使用而且偵測到脈衝訊號時，也將會觸發 INDXxCNT 暫存器組的變化。外部訊號上下數的計數器模式下，相關暫存器變化的訊號時序圖如圖 16-4 所示：

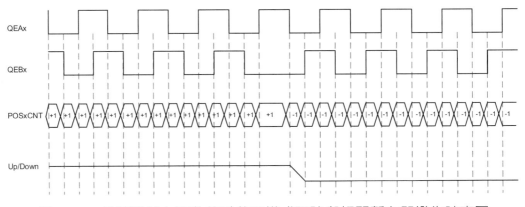

圖 16-4　外部訊號上下數的計數器模式訊號與相關暫存器變化時序圖

▣ 可控制上下數的外部訊號計數模式

　　在可控制上下數的外部訊號計數模式下，QEA/EXTCNT 腳位將被視為一個外部的計數訊號而 QEB/DIR/GATE 腳位則是提供計數方向訊號決定上數或是下數。計數的方向如果因為電路設計的關係需要調整，可以藉由 QEIxCON 暫存器中的 CNTPOL 位元改變極性調整方向。可控制上下數的外部訊號計數模式下，相關暫存器變化的訊號時序圖如圖 16-5 所示：

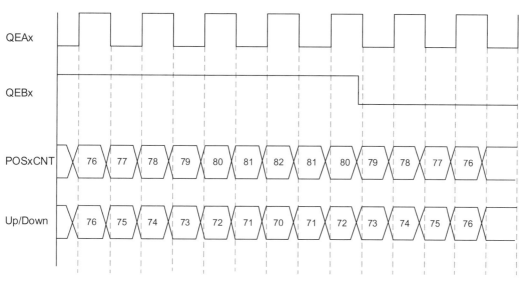

圖 16-5　可控制上下數的外部訊號計數模式訊號與相關暫存器變化時序圖

可外部閘控的外部訊號計時模式

在可外部閘控的外部訊號計時模式下，QEA/EXTCNT 腳位將被視為一個外部的計數訊號，但是 QEB/DIR/GATE 則被視為閘控訊號的輸入。

當 QEIxCON 暫存器中 GATEN 位元被設定為 1，而且 QEB/DIR/GATE 為 0 時，將會停止計數器的累計運算；當 QEB/DIR/GATE 腳位輸入為 1 時則回復計數器累計的功能。閘控訊號的極性也可以藉由 CNTPOL 位元的設定而改變。可外部閘控的外部訊號計時模式下，相關暫存器變化的訊號時序圖如圖 16-6 所示：

CHAPTER

16

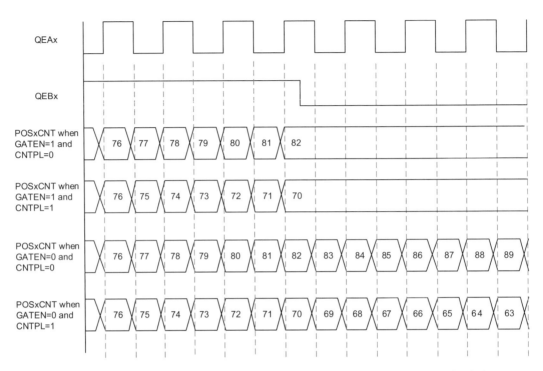

圖 16-6　可外部閘控的外部訊號計時模式訊號與相關暫存器變化時序圖

間隔時間計時模式

在這個模式下，速度、指標與位置計數器使用內部時脈來源作為計數器的計數來源。內部時脈來源可以先經過一個可藉由 QEIxCON 暫存器的 IN-TDIV<2:0> 位元調整比例的前除器，觸發各個計數暫存器的運算。

當 QEIxCON 暫存器中 GATEN 位元被設定為 1，而且 QEB/DIR/GATE 為 0 時，將會停止計數器的累計運算；當 QEB/DIR/GATE 腳位輸入為 1 時則回復計數器累計的功能。閘控訊號的極性也可以藉由 CNTPOL 位元的設定而改變。間隔時間計時模式下，相關暫存器變化的訊號時序圖如圖 16-7 所示：

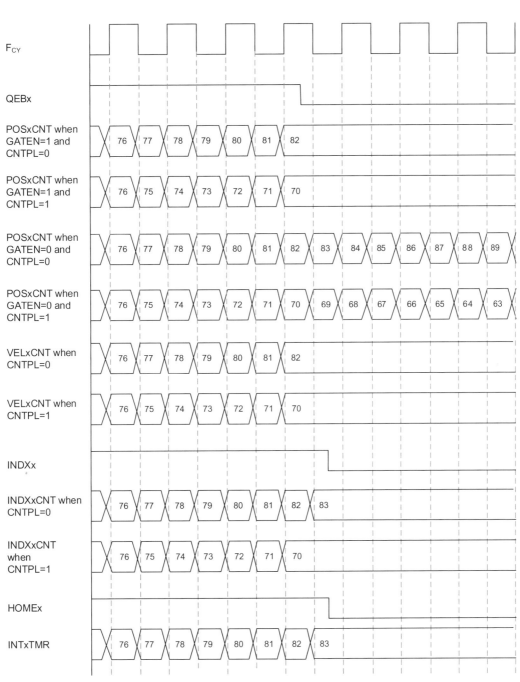

圖 16-7 間隔時間計時模式訊號與相關暫存器變化時序圖

■ 數位輸入濾波器

　　由於 QEI 主要的應用環境是針對馬達運動控制，而馬達的運作又會產生大量的電磁波干擾訊號，因此編碼器的訊號常因為干擾而發生不可預期的突波或跳動。為了降低這些雜訊的干擾，dsPIC33CK 微控制器的四分編碼器模組內建有數位輸入訊號濾波的功能，藉以降低雜訊的干擾而確保位置計算的正確性。基本上這個數位濾波器是一個低通濾波器但是並沒有使用複雜的計算，而是用 4 個正反器（Flip-flop）去記錄並比較與連續 3 個採樣時間的輸入訊號是否相同？如果現在的訊號與過去 3 個採樣時間的訊號相同，則會將現在的訊號傳輸到模組進行訊號處理；如果現在的輸入訊號與過去 3 個採樣時間訊號有任何一個不同，則輸入訊號將不會被傳遞到模組進行處理。藉由這樣的數位電路，如圖 16-8 所示，可以達到一個硬體低通濾波器的效果，但是又不用耗費處理器效能進行複雜的數學運算。

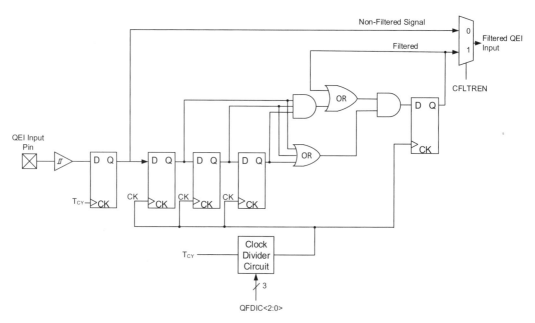

圖 16-8　QEI 模組的輸入訊號數位濾波器架構圖

　　如果要使用這個數位濾波器處理輸入訊號的雜訊，只要將 QEIxIOC 暫存器的 FLTREN 位元設定為 1 即可。除此之外，濾波器的採樣時間則是可以經過 QFDIV<2:0> 位元設定除頻器調整採樣時間的間隔。

16.3   其他的輔助計數器

　　四分編碼器介面（QEI）除了建置有位置計數器之外，為了加速進行馬達控制的運算處理，也配置有幾個輔助的計數器。適當的利用這些輔助計數器可以減少速度或位置估算時的運算程序，進而可以快速有效地進行精確的馬達控制訊號調整。這些輔助計數器包括：

- 速度計數器
- 指標計數器
- 間隔計時器

■ 速度計數器

　　傳統的 QEI 模組只提供位置計數器 POSxCNT 作為位置改變的累計運算，在需要做速度估算時，便需要撰寫應用程式進行下列的處理程序：

1. 開啟計時器的定時中斷功能
2. 當計時中斷旗標發生時，讀取位置計數器的資料
3. 與前一次計時中斷時的位置計數器數值相減得到位置變化量，除以定時中斷的時間間隔得到速度
4. 將本次位置控制器數值儲存作為下次定時中斷的位置運算資料

　　上述的處理雖然看似簡單，但是還是會耗費運算與記憶體資源。為了要簡化資料處理程序提升效能，dsPIC33CK 微控制器提供速度計數器取代上述程序中的第 2 與 3 步驟。速度計數器在功能上是一個與位置計數器同步進行上下數的計數器，唯一的差異是，當程式每一次讀取數度計數器 VELxCNT 這個暫存器時，就會自動將 VELxCNT/VELxCNTH 暫存器重置為 0。如果配合上述的程序，每一次定時中斷發生時，代替步驟 2/3，只要讀取速度計數器就可以得到位置計速器兩次定時中斷之間的差值而不用進行減法運算，也不用耗費額外的暫存器儲存位置計數器資料（步驟 4）。因此在進行速度估算時，可以節省運算時間。

　　或許讀者會覺得這些運算非常簡短不會花費太多運算資源，但是因為高精密設備的馬達控制運算更新率通常每秒會進行數百到數千次之多，累積下來還是會影響到系統的運算效能。

　　速度計時器的硬體架構除了被讀取時會自動歸零之外，其餘設計與位置計數器相似，所以也是一個 32 位元長的計數器，由兩個 16 位元暫存器組成，包含 VELxCNT 與 VELxCNTH。它們同樣也會接收來自編碼器訊號解碼之後的脈衝與方向資訊，進行計數器內容的調整。但是因為每次讀取後會自動歸零，所以它們雖然會跟位置計數器同步變化，但是數值內容會明顯的不同。

　　速度計數器因為也是 32 位元的長度，所以在需要讀取或寫入資料時，也需要依照位置計數器的方式進行同步的高低字元暫存器的處理。未來開發應用程式時，一定要記得正確的 VELxCNT 與 VELxHLD 暫存器讀寫順序，以免造成錯誤。

　　dsPIC33CK 微控制器同樣提供一個速度計數器中斷功能，所以當 QEIx-STAT 暫存器的 VELOVIEN 位元設定為 1 時，在速度計數器內容由 0x7FFFFFFF 變換成 0x80000000 時，或者由 0x80000000 變換成 0x7FFFFFFF 時，將會觸發一個中斷訊號。速度計數器的變化與編碼器訊號的變化關係可以由圖 16-9 的時序圖觀察了解。

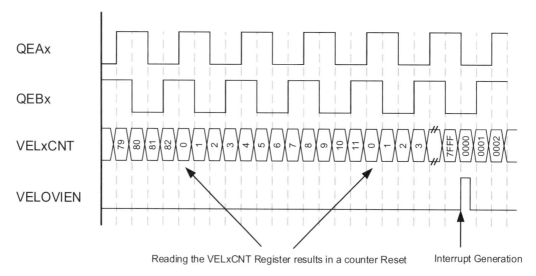

圖 16-9　速度計數器與編碼器訊號變化關係時序圖

■ 指標計數器

由於當馬達持續操作足夠長的時間之後，即便是 dsPIC33CK 微控制器用有 32 位元長的計數範圍，終究還是會有不足的時候。這時候就需要自行設計變數進行進位或借位的運算以補正數值。在硬體上，由於 dsPIC33CK 也設計有 INDEX（或稱作 Z）訊號的輸入腳位，所以除了在軟體上可以藉由位置計數器的溢流進行進借位的計算外，也可以利用 INDEX 進行編碼器圈數變化與方向的計算作為輔助的功能。

當每一次 INDEX 腳位有訊號觸發時，將會引發 32 位元長的指標計數器（INDXxCNT/INDXxCNTH）的變化。但是因為 INDEX 只有一個脈衝，所以系統會以編碼器解碼出來的方向作為輔助，決定要對指標計數器要進行遞加或遞減的運算。

除此之外，由於 INDEX 脈衝應該只會發生在 QEA 與 QEB 皆為 0 的狀態，所以即便是 INDEX 訊號可能有提早或延後發生的情況，系統將會自行同步調整內部的 INDEX 訊號到正確的 QEA 與 QEB 訊號組合的範圍。而且為了提供使用者對各種硬體所設定的 QEA 與 QEB 訊號差異，使用者可以自行設定 QEIxCON 暫存器中的 IMV<1:0> 位元，定義 INDEX 所對應的 QEA 與 QEB 組合。這樣的處理也可以避免因為機械抖動或訊號干擾，造成 INDEX 訊號跳動的機率。

INDEX 訊號除了造成指標計數器的改變之外，如果程式將 QEIxCON 暫存器中的 PIMOD<2:0> 位元設定為 111b，將會造成 INDEX 發生時位置計數器將會重置為 0，這種操作模式稱為受 INDEX 訊號影響的餘數操作模式。在這個模式下，應用程式可以藉由指標計數器所代表的圈數與位置計數器所計算的每一圈內的絕對位置計算出馬達實際移動的位移量。位置計數器、指標計數器與編碼器訊號的變化關係可以由圖 16-10 觀察學習。

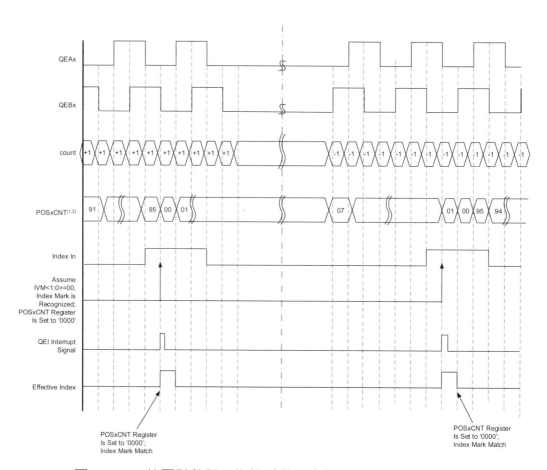

QEAx

QEBx

count

POSxCNT[1,2]

Index In

Assume
IVM<1:0>=00,
Index Mark is
Recognized;
POSxCNT Register
Is Set to '0000'

QEI Interrupt
Signal

Effective Index

POSxCNT Register
Is Set to '0000';
Index Mark Match

POSxCNT Register
Is Set to '0000';
Index Mark Match

圖 16-10　位置計數器、指標計數器與編碼器訊號的變化關係

　　如果使用者將 QEIxSTAT 暫存器中的 IDXIEN 設定爲 1 的話，則當 INDEX 訊號發生時也會觸發一個中斷訊號，如圖 16-10 所示。

　　由於指標計數器也是一個 32 位元長度的計數器，它的硬體架構也是由兩個暫存器 INDXxCNT 與 INDXxCNTH 所組成。所以在讀寫指標計數器資料時，就必須像位置計數器的方式利用 INDXxHLD 暫存器做同步的讀取或寫入。相關程序請參考位置暫存器的說明。

■ 間隔時間計時器

　　一般的馬達控制應用都是假設在馬達運動速度較高，位移量較大的情況下，所以單位時間下編碼器都會有脈衝輸出變化來改變位置計數器等暫存器的內容，進而可以估算出馬達的位置或速度變化。但是在位置伺服控制的應用中，當馬達到達命令位置後，可能長時間停止在一個特定的位置，即便因為負載或其他因素的影響而有微小的位置變化，可能需要等待一個較長的時間才會有脈衝的變化產生。這時候的速度值就很難計算出這個微小的變化，必須要藉由其他的方式計算。

間隔時間計時器就是設計作為馬達低速運動下，計算每一次編碼器脈衝改變時的間隔時間。間隔計時器也是一個 32 位元長的計時器 INTxTMR，由 IINTxCNT 與 INTxCNTH 暫存器所組成。當每一次編碼器脈衝解碼產生的內部計數脈衝發生時，IINTxCNT 與 INTxCNTH 暫存器將會自動被移轉到 IINTxHLDL 與 INTxHLDH 暫存器，然後 INTxTMR 將會被重置為零。所以每一次脈衝產生時，就可以得到與上一次脈衝發生時的間隔時間。對於低速運作的馬達控制會是一個快速有效的速度計算資訊。間隔時間計時器的計時脈衝會受到 QEIxCON 暫存器中的 INTDIV<2:0> 位元所設定除頻器影響，可以設定 1~256 倍間的 8 種比例。

間隔時間計時器與編碼器訊號之間的變化關係可以從圖16-11中觀察學習。

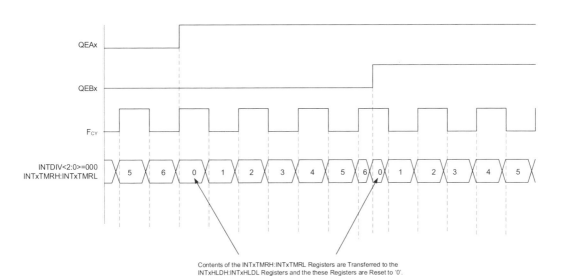

圖 16-11　間隔時間計時器與編碼器訊號之間的變化關係

■位置計數器輔助暫存器

在使用位置計數器時，QEI 模組建置了幾個輔助暫存器作為運作時的輔助，以方便某些位置伺服控制時的運作以提高運作效能。這些輔助暫存器的使用與稍後模組初始化功能的設定有關。

1. 位置初始值與捕捉暫存器（QEIxIC）

這是一個具備兩個作用的 32 位元暫存器組，根據模組初始化方式的設定而有不同的作用。當作為位置初始化值暫存器時，當 QEI 模組被觸發進行初始化時，QEIxIC 內的數值將會被載入到 POSxCNT/POSCNTH 暫存器中，達到預設一個程式所需要的特定初始值的目的。但是如果是作為捕捉暫存器的使用時，在 QCAPEN 為 1 的設定下，當指標（Index）訊號觸發時，位置計數器的內容會自動被載入到 QEIxIC 暫存器中；在 HCAPEN 為 1 的設定下，則是在原點（Home）訊號觸發時，位置計數器的內容會自動被載入到 QEIxIC 暫存器中。

2. 位置比較（上限與下限）暫存器

如果應用需要設定位置運動控制的最大或最小範圍時，可以使用兩組比較暫存器，QEIxGEC（上限）與 QEIxLEC（下限）暫存器與位置計數器的數值內容進行比較。在伺服馬達的應用中，除了使用硬體感測器設定運動邊界範圍外，軟體極限也是標準的功能。藉由 QEIxGEC（上限）與 QEIxLEC（下限）暫存器的設定，便可以在位置計數器到達或超過上下限範圍時，觸發對應的旗標位元而改變運動控制。當位置超過或等於 QEIxGEC（上限）設定時，將會把 QEIxSTAT 暫存器的 PCGEQIRQ 設定為 1；當位置小於或等於 QEIxLEC（下限）設定時，將會把 QEIxSTAT 暫存器的 PCLEQIRQ 設定為 1。如果對應的中斷功能也被啟動的話，PCHEQIEN 或 PCLEQIEN 位元為 1，將會觸發對應的中斷功能。除此之外，這兩個上下限比較情況成立時，也可以藉由 OUTFNC<1:0> 位元的設定，改變 CNTCMPx 腳位的輸出而得以輸出一個實體訊號改變外部元件。當然 CNTCMPx 的功能也是要經過對應的腳位設定，包括類比功能的解除與可程式腳位規劃的選擇，才能夠實現在實體腳位上。

16.4 位置計數器的初始化

除了前述位置計數器與各個輔助計數器的運作之外,當特定事件發生時,位置計數器的數值內容還原成初始設定值是非常重要的。例如當馬達旋轉一圈之後,究竟是要讓位置計數器繼續累積計數或是歸零重數?甚至還原成某個特定的初始值?都會隨著馬達的運用不同而有不同的需求。傳統簡單的四分編碼器(QEI)模組可能只提供計數器功能,其他就讓使用者自行開發軟體處理,但是 dsPIC33CK 微控制器就透過硬體的功能,讓使用者可以更輕易地完成這些初始化的設定或還原。

透過 QEIxCON 暫存器的 PIMOD<2:0> 位元設定,應用程式可以在程式中任意改變成所需要的初始化模式,總計有 8 種設定的方式。

模式 0:位置計數器的運作完全不受 Index 指標訊號輸入的影響。

模式 1:當 Index 指標脈衝發生時,位置計數器的內容將會被清除為 0。(脈衝極性可以調整)

模式 2:當 Index 指標脈衝發生時,位置計數器的內容將會被設定為 QEIxIC 暫存器中的初始值。除非程式再次將 PIMOD 設定為 2,完成初始值設定後,PIMOD 位元的設定將也會被清除為 0,所以不再受 Index 指標訊號的影響。

模式 3:在原點(HOME)訊號發生後,然後 Index 指標脈衝發生時,位置計數器的內容將會被設定為 QEIxIC 暫存器中的初始值。完成初始值設定後,PIMOD 位元的設定將也會被清除為 0,所以不再受 Index 指標訊號的影響。

模式 4:在原點訊號發生後,然後 Index 指標脈衝第二次發生時,位置計數器的內容將會被設定為 QEIxIC 暫存器中的初始值。完成初始值設定後,PIMOD 位元的設定將也會被清除為 0,所以不再受 Index 指標訊號的影響。

模式 5:當位置計數器數值與 QEIxIC 暫存器相同時,位置計數器的內容將會被清除為 0。

模式 6:當位置計數器的數值等於 QEIxGEC 暫存器的內容且有再發生一個遞加的脈衝時,位置計數器將會被更新為 QEIxLEC 暫存器的

數值。或者，當位置計數器的數值等於 QEIxLEC 暫存器的內容
且有再發生一個遞減的脈衝時，位置計數器將會被更新為 QEIx-
QEC 暫存器的數值。

模式 7：指標脈衝 Index 訊號歸零的餘數計數模式。與模式 6 相同，當位
置計數器的數值等於 QEIxGEC 暫存器的內容且有再發生一個遞
加的脈衝時，位置計數器將會被更新為 QEIxLEC 暫存器的數值。
或者，當位置計數器的數值等於 QEIxLEC 暫存器的內容且有再
發生一個遞減的脈衝時，位置計數器將會被更新為 QEIxQEC 暫
存器的數值。額外的，當指標脈衝 Index 訊號發生時，位置計數
器的內容將會被清除為 0。

16.5　QEI 的中斷與省電模式下操作

在前述的介紹中已經提及 QEI 模組擁有許多可以觸發中斷事件的訊號來
源，包括：

位置計數器的溢流（overflow）或欠流（underflow，或稱下溢）事件

速度計數器的溢流（overflow）或欠流（underflow）事件

位置計數器的初始化事件

位置計數器的比較大於或等於（QEIxGEC）事件

位置計數器的比較小於或等於（QEIxLEC）事件

指標脈衝（Index）事件

原點脈衝（Home）事件

上述的事件可以藉由 QEIxSTAT 中的相關位元設定或監控事件的發生與
否，但是所有的事件會透過同一個中斷訊號觸發核心處理器的中斷訊號旗標
QEIxIF。對應的中斷致能與優先層級設定則是由 QEIxIE 與 QEIxIP 位元所設定。

在節能模式下，如果處理器進入睡眠（Sleep）狀態，則 QEI 模組將會
停止運作。但是如果進入閒置（Idle）模式，則取決於 QEIxCON 暫存器的
QEISIDL 位元設定。當 QEISIDL 為 0 則模組將會繼續運作；當 QEISIDL 為
1 則模組將會暫停運作。在瞌睡模式（Doze）模式下，QEI 操作與一般正常模
式相同。

16.6 定位編碼器介面的轉速量測

實驗板上為了模擬如圖 16-2 所需要的兩個相位 A 、B 的訊號，採用了一個獨立的 PIC16F684 微處理器作為定位編碼器訊號模擬產生器。藉由其內部的 4MHz RC 震盪電路可以在兩個輸出腳位產生具有 90 度相位差的相位 A 、B 訊號，而我們將以這兩個訊號作為定位編碼器判斷的依據。而為了模擬較為真實的情況，實驗板上利用可變電阻 VR3 作為訊號產生的頻率調整；藉由 PIC16F684 微處理器量測可變電阻的類比訊號，可以調整模擬訊號的產生頻率以及相位 A 、B 訊號的順序，因而可以模擬馬達某一特定轉速範圍與方向的變化。要注意的是，由於 PIC16F684 微處理器使用計時器中斷的方式來產生訊號的變化，因此所產生的模擬訊號將無法涵蓋較低的頻率範圍。但是對於一個模擬訊號產生器而言，上述的功能已經能夠滿足我們實驗的要求。使用時，必須將實驗板上的電路切換開關 DSW4 中的第 1 個與第 2 個開關短路，以便使模擬的訊號能夠連接到 dsPIC 控制器上的 QEA 及 QEB 輸入腳位。

實驗板上與定位編碼器相關的元件配置與電路圖，如圖 16-12 與圖 16-13 所示：

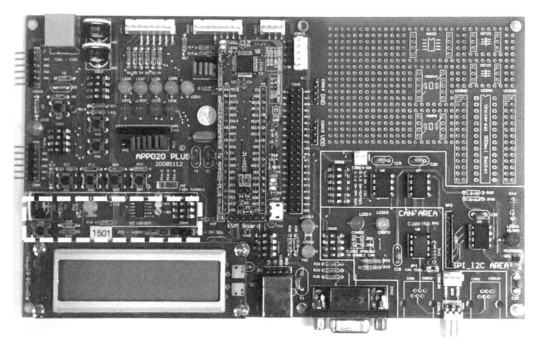

圖 16-12 定位編碼器相關的元件配置圖

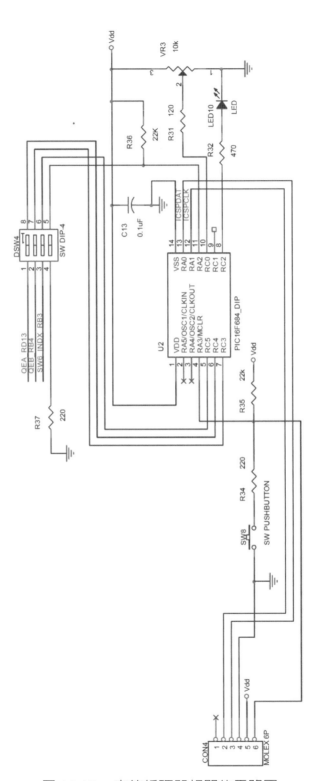

圖 16-13　定位編碼器相關的電路圖

　　首先，讓我們以實驗板上的 QEI 模擬訊號產生器作爲訊號來源，以定位編碼器介面模組來量測模擬訊號的位置變化。由於 MPLAB X IDE 尚未提供 MCC 程式產生器中的 QEI 功能元件，因此範例將以自行編輯的函式進行 QEI 相關功能的設定與資料讀寫。

程式範例 16-1　QEI 設定與位置擷取

　　使用 dsPIC33CK 微控制器中的定位編碼器模組輸入，量測 PIC16F684 訊號模擬產生器所輸出的定位編碼器相位 A、B 訊號，並將所量測到的位置計數器數值顯示在液晶顯示器上。調整可變電阻 VR3 的位置，觀察位置計數器的變化是否變快或有方向的改變。（本範例須將實驗板上 DSW4-1/2 改爲 ON 的位置）

```
// ****************************************************
// File : EX16_1_QEI_Position.c
// Purpose : 對 QEIE 的設定、使用與資料檢查
//
// 動作 :
//   將 LCD 初始化成 2 行 5*7 文字模式
//   使用 APP020_LCD.c 中的副程式顯示下列字串
//     Ex 16-QEI Pos
//     XXXXXXXX     XX: Position
//
//   將 Timer 1 規劃成 Period 為 1 ms 的 中斷
//   使用中斷執行函式的技巧檢測 1ms 的計時做時間的更新 !!
//
//   使用 QEI 對編碼器訊號進行位置量測
// ****************************************************

#include  <xc.h>
#include  "APP020_LCD.h"  // 將 LCD 函式的原型宣告檔案含入
// 宣告字串於程式記憶體
const char My_String1[]="Ex 16- QEI Pos" ;

void    Init_QEI1(void) ; // 初始化 ADC 模組
void    Show_QEI1(void) ; // 將 ADC 結果顯示至液晶顯示器的函式
```

```c
unsigned int QEI1_PosL = 0, QEI1_PosH = 0;
unsigned int miliSec = 0 ;

// union 宣告將使 8 位元變數 ByteAccess 與 SystemFlag 結構變數
// 使用相同的記憶體，以利不同格式的位元運算需求
union {
  unsigned char ByteAccess ;
  struct {
    unsigned Bit0: 1 ;
    unsigned Bit1: 1 ;
    unsigned Bit2: 1 ;
    unsigned unused : 5 ;
  } ;
} SystemFlag ;

// 定義 OneSecond 旗標等同於 SystemFlag.Bit0 位元變數，
// 故將其使用一個位元記憶空間
#define OneSecond  SystemFlag.Bit0

void _ISR _T1Interrupt(void){        //Timer1 中斷副程式
  miliSec += 1 ;                      //遞增時間指標

  if(miliSec == 1000){   //每 1000 次將 OneSecond 旗標設定為 1
    OneSecond = 1 ;
    miliSec = 0 ;
    QEI1_PosL=POS1CNTL;// 先讀取低字元資料，高字元會被鎖定
    QEI1_PosH = POS1HLD; // 讀取高字元栓鎖資料
  }
  IFS0bits.T1IF = 0 ;        //清除中斷旗標
}

int main( void ) {
  Init_QEI1( ) ;               // 將 ADC 進行初始化設定
  OpenLCD( ) ;   // 使用 OpenLCD( )對 LCD 模組作初始化設定

  setcurLCD(0,0) ;  // 使用 setcurLCD( ) 設定游標於 (0,0)
  putrsLCD( My_String1 ) ;// 將程式記憶體的字串輸出至 LCD

  IFS0bits.T1IF = 0;  // 清除 TMR1 中斷旗標
  IPC0bits.T1IP = 6;  // 設定 TMR1 中斷優先權
  IEC0bits.T1IE = 1;  // 開啟 Timer1 的中斷
```

```
  TMR1=0;                // 將 TIMER1 歸零
  PR1 = 0x0F9F;          // Timer1 的週期設為每 1ms
  T1CON = 0x8000;        // 故計數範圍設為 0~3999

  while(1){
    if( OneSecond ){ // 詢問 1s 時間是否已到
      OneSecond = 0 ;
      Show_QEI1( ) ; // 將類比轉換結果顯示於 LCD 上
    }
  }// End of while(1)
}//End of main()

/**********************************************/
// 對 QEI 模組進行初始化的函式

void    Init_QEI1(void){
  // 初始化腳位為 QEI 功能
  ANSELDbits.ANSELD13 = 0;
  TRISDbits.TRISD13 = 1;
  ANSELBbits.ANSELB4 = 0;
  TRISBbits.TRISB4 = 1;

  // 選用 PPS，將 RB2 設為 CCP TIMER 的外部輸入
  __builtin_write_RPCON(0x0000); // unlock PPS
  RPINR14bits.QEIA1R = 77;    //RD13-> QEIA
  RPINR14bits.QEIB1R = 36;    //RB4-> QEIB
  __builtin_write_RPCON(0x0800); // lock PPS

  // 初始化 QEI 模組
  QEI1CONbits.PIMOD = 0; // 連續計數模式，不受 INDEX 影響
  QEI1CONbits.CCM = 0;   // QE 模式
  QEI1IOCbits.FLTREN = 1; // 啟動數位濾波器
  QEI1CONbits.QEIEN = 1; // 啟動 QEI1 模組
}

/**********************************************/
// 將 QEI 位置結果顯示於 LCD 的函式

void    Show_QEI1(void) {
  unsigned char QEIValue;
```

CHAPTER

16

```
setcurLCD(0,1) ;                // 設定游標
QEIValue =(unsigned char) (QEI1_PosH >> 8);
puthexLCD( QEIValue) ; // 將 QEI 結果以 16 進位顯示至 LCD
QEIValue =(unsigned char) (QEI1_PosH & 0x00FF);
puthexLCD( QEIValue) ;
QEIValue =(unsigned char) (QEI1_PosL >> 8);
puthexLCD( QEIValue) ;
QEIValue =(unsigned char) (QEI1_PosL & 0x00FF);
puthexLCD( QEIValue) ;
}
```

在範例程式中使用了計時器 Timer1 作爲計時的基礎,以便在每 0.1 秒產生中斷並進行相關的計算。

```
TMR1=0;                 // 將 TIMER1 歸零
PR1 = 0x0F9F;           // Timer1 的週期設爲每 1ms
T1CON = 0x8000;         // 故計數範圍設爲 0~3999
```

至於在定位編碼器模組的設定上,使用設定函式 void Init_QEI1( ) 來進行。在函式中的敘述

```
// 初始化 QEI 模組
QEI1CONbits.PIMOD = 0; // 連續計數模式,不受 INDEX 影響
QEI1CONbits.CCM = 0;    // QE 模式
QEI1IOCbits.FLTREN = 1; // 啟動數位濾波器
QEI1CONbits.QEIEN = 1;  // 啟動 QEI1 模組
```

將定位編碼器模組設定爲連續計數的 QEI 模式,並啟動數位濾波器的功能。同時對與所要使用的腳位進行數位輸出入的設定,並利用可規劃選擇腳位 PPS 的功能,將 RD13 與 RB4 分別指定爲 QEI1A 與 QEI1B 的功能。相關設定指述如下:

```
// 初始化腳位爲 QEI 功能
ANSELDbits.ANSELD13 = 0;
TRISDbits.TRISD13 = 1;
ANSELBbits.ANSELB4 = 0;
TRISBbits.TRISB4 = 1;
```

```
// 選用 PPS，將 RB2 設為 CCP TIMER 的外部輸入
__builtin_write_RPCON(0x0000); // unlock PPS
RPINR14bits.QEIA1R = 77;    //RD13-> QEIA
RPINR14bits.QEIB1R = 36;    //RB4-> QEIB
__builtin_write_RPCON(0x0800); // lock PPS
```

緊接著在主程式的 while（1）的永久迴圈中，每當中斷執行程式 _T1Inter-rupt( ) 將 OneSecond 設定為 1 時，便會將 32 位元位置計數器的內容讀取出來。讀取時，必須要注意到先讀取低字元組，再讀取高字元組的順序如下：

```
if (miliSec == 1000){     //每1000次將 OneSecond 旗標設定為1
  OneSecond = 1 ;
  miliSec  = 0 ;
  QEI1_PosL=POS1CNTL;// 先讀取低字元，高字元會被鎖定
  QEI1_PosH = POS1HLD; // 讀取高字元栓鎖資料
}
```

最後再透過 Show_QEI1 函式中呼叫 LCD 顯示的函式庫，將計數器的數值轉換成 16 進位的編碼格式顯現在 LCD 上。

程式範例 16-2　QEI 設定與速度擷取

使用 dsPIC33CK 微控制器中的定位編碼器模組輸入，量測 PIC16F684 訊號模擬產生器所輸出的定位編碼器相位 A、B 訊號，並將所量測到的速度計數器數值顯示在液晶顯示器上。調整可變電阻 VR3 的位置，觀察速度計數器的變化是否變快或有方向的改變。

由於 dsPIC33CK 微控制器的 QEI 模組本身就具備有速度計算的硬體，因此不需要像過去傳統的 QEI 需要反覆的擷取位置計數器的內容再計算其差值，而可以直接取用速度計數器的內容即可。因此只要修改計時器 Timer1 的中斷執行函式，在每一秒時，額外讀取速度計數器即可。相關程式指述如下：

```
void _ISR _T1Interrupt(void){    //Timer1 中斷副程式
  miliSec += 1 ;                 //遞增時間指標

  if(miliSec == 1000){   //每1000次將 OneSecond 旗標設定為1
```

CHAPTER

16

```
  OneSecond = 1 ;
  miliSec  = 0 ;
  QEI1_PosL = POS1CNTL;// 先讀取低字元，高字元會被鎖定
  QEI1_PosH = POS1HLD; // 讀取高字元栓鎖資料
  QEI1_VelL = VEL1CNT; // 先讀取低字元，高字元會被鎖定
  QEI1_VelH = VEL1HLD; // 讀取高字元栓鎖資料
 }
 IFS0bits.T1IF = 0 ;  //清除中斷旗標
}
```

　　同樣地，讀取速度計數器時也必須要先從低字元組開始，再讀取高字元組的緩衝暫存器，就可以得到完整的 32 位元內容。

　　在實務的應用中，常需要對 QEI 編碼器進行初始位置的歸零調整，特別是在特殊的加工機具上，機械原點的位置初始化是非常中重要的。所以，當 QEI 編碼器與機械結合時，INDEX（或稱 Z）訊號的出現位置與機械原點的調教就是非常重要的一環。當 INDEX 出現時，相當於機械原點出現而需要重新將數值歸零，是非常重要的一個程序。

程式範例 16-3 │ QEI 設定與 INDEX 訊號歸零校正

　　使用 dsPIC33CK 微控制器中的定位編碼器模組輸入，量測 PIC16F684 訊號模擬產生器所輸出的定位編碼器相位 A、B 訊號，並將所量測到的位置與速度顯示在液晶顯示器上。並開啟定位訊號功能，當 INDEX 訊號出現時，將位置計數器位置歸零。因爲 PIC16F684 並未提供 INDEX 訊號，將使用按鍵 SW6（RB3）作爲觸發 INDEX 相位的訊號來源。

　　爲增加 INDEX 訊號來源，所以在 Init_QEI1 模組時需增加 RB3 的 PPS 腳位功能設定，如下所示：

```
/*****************************************************/
// 對 QEI 模組進行初始化的函式

void    Init_QEI1(void){
  // 初始化腳位爲 QEI 功能
…
  ANSELBbits.ANSELB3 = 0;
  TRISBbits.TRISB3 = 1;
…
```

```
// 選用 PPS，將 RB2 設為 CCP TIMER 的外部輸入
…
RPINR15bits.QEINDX1R = 35;    //RB3-> QEI1_INDEX
…

// 初始化 QEI 模組
QEI1CONbits.PIMOD = 1; // 連續計數模式，INDEX 重置歸零
…
}
```

當 PIMOD 操作模式設定改變為 1 之後，每次觸發 INDEX 訊號時，即會將位置計數器的數值歸零。PIMOD=2~5 的操作模式也是利用 INDEX 訊號做不同初始化的調校。

如果 QEI 所搭配的機械設備轉動範圍超過一圈時，則使用 INDEX 訊號歸零就會出現很嚴重的錯誤。一般應用中就會使用外掛的感測器量測粗略的原點位置再配合 INDEX 訊號做歸零校正，這稱之為原點復歸（Homing）。所以 dsPIC33CK 微控制器的 QEI 模組還配置有一個額外的 HOME 腳位功能。讀者可以自行嘗試利用 HOME 進行粗略定位訊號觸發後，再進行 INDEX 的歸零調校程序。

練習 16-1

將按鍵 SW5 設計為原點訊號的來源。當 SW5 觸發後，再觸發 SW6 的 INDEX 訊號時，將會使位置計數器重置為零而達成原點復歸的程序。（模式 3）

CHAPTER 17

SPI 串列周邊介面

　　由於微控制器受到本身記憶體、周邊功能與運算速度的限制，在特定用途的應用上常常會受到硬體限制捉襟見肘而無法應付。因此微控制器除了本身的程式執行運算之外，也必須要具備某種程度的通訊傳輸功能才能利用外加元件擴充微控制器的功能與容量。特別是對於一些較為低階或者是低腳位數的微控制器而言，使用外部元件往往可以解決許多功能的不足或者程式執行效率瓶頸的問題。而要使用外部元件的首要問題，便是如何與外部元件間做正確而適當的資料傳輸。

　　一般的微控制器大多會提供基本的串列傳輸功能，例如在前面章節中所提到的 UART 通用非同步串列傳輸介面。資料傳輸功能讓微控制器能與外部元件作適當的資料傳輸，並透過外部元件完成某些特定的功能。例如在前面我們使用了通用非同步串列傳輸介面與個人電腦做溝通，因此得以在個人電腦上使用鍵盤螢幕與微處理器做資料的雙向溝通。

　　但是這些傳統的資料傳輸介面與相關的傳輸協定隨著時代的演進，在傳輸速度與硬體條件上都漸漸無法符合現代數位電路高速運算傳輸的要求。而新的傳輸方式與協定的發展使得外部元件與微控制器間的資料傳輸更加快速，除了可以擴充微控制器本身所短缺的功能之外，甚至於可以將一些比較耗費核心處理器執行效率與資源的工作交給外部元件來處理。如此一來，微控制器可以更專心地處理重要的核心應用程序。例如，當需要多通道高解析度的類比訊號轉換量測時，可以藉由外部元件完成訊號量測的工作之後，再將結果數值回傳微控制器供後續程式執行使用；如此便可以將等待類比訊號轉換的時間投資在其他更重要的工作上，而得以提高微控制器執行的效率。

17.1　通訊傳輸的分類

　　基本上微控制器的通訊傳輸可以概分為兩大類：第一、元件與元件之間的資料傳輸；第二、系統與系統之間的資料傳輸。

　　當使用微控制器作為一個模組或者系統的核心處理器功能時，微控制器必須要與其他相關的外部元件做資料的溝通；這時候，資料通訊傳輸的要求通常是在於微控制器與不同的外部元件之間做短暫而高速的資料交流。這就是所謂的元件與元件時間的資料傳輸。通常這一類的資料傳輸講求的是高速率、短距離與低誤差的傳輸方式。

　　而另外一種系統與系統之間的資料傳輸則是因為不同的硬體系統或模組之間需要定期的資料交流所產生的需求。通常這一類的傳輸方式必須要能夠克服較長的距離、較多的資料與較高的抗雜訊能力等等的困難。例如手機或者數位相機與個人電腦或其他儲存裝置的資料傳輸，或者汽車上的引擎控制模組與車控電腦之間的資料傳輸。

　　由於單一的微控制器無法提供各種不同的通訊介面，為了因應不同的需求，必須選擇不同的微控制器與相關的周邊硬體配合而完成所需要的通訊傳輸功能。一般較為高階的微控制器，例如本書所使用的 dsPIC33CK256MP505 數位訊號控制器，通常都會建置基本的通訊功能，如通用非同步串列傳輸，除此之外也配置有標準的同步串列傳輸介面模組（Synchronous Serial Port）如 SPI 與 I²C 作為元件與元件之間的通訊。但是如果需要進行較為複雜的系統與系統之間的資料傳輸時，例如 USB、Ethernet 等等傳輸協定時，則必須要使用更高階的微控制器或外部元件，但是這又會增加硬體成本。特別是這些系統與系統之間的資料傳輸協定通常都是有工業標準的規格要求，因此在使用上與硬體建置上，相對地複雜許多。有興趣的讀者必須要參閱相關的規格文件才能夠了解其使用方式。

　　在早期的 dsPIC 微控制器是將需要同步訊號的通訊介面周邊硬體整合在一起，組合成所謂的同步串列傳輸介面（Synchronous Serial Port），讓 dsPIC 微控制器與外部元件做資料傳輸溝通的時候，藉由一支腳位傳送固定頻率的時脈序波，作為彼此之間定義訊號相位的參考訊號。因此在實際的資料傳輸腳位上，便可以精確地定義出資料位元的變化順序。早期 dsPIC 微控制器所提供的同步串列傳輸介面模組可以分為 SPI（Serial Peripheral Interface）與 I²C（Inter-Integrated Circuit）兩種傳輸介面。這兩種資料傳輸介面廣泛地被應用在與微控制器相關的外部串列記憶體、暫存器、顯示驅動器、類比／數位的訊號轉換、感測元件等等的資料通訊傳輸。而這兩種傳輸介面也都是工業標準的傳輸介面，因此不管是在硬體的建置上或者是使用它們的應用程式，都必須要依照標準的傳輸方式進行才能夠得到正確的結果。早期的同步串列傳輸介面（Synchronous Serial Port）的設計雖然提供了同步通訊的功能，卻限制應用程式只能選擇 SPI 或 I²C 其中一個功能使用。隨著晶片製造成本降低與市場需求，新一代的 dsPIC33CK 微控制器就將各個同步通訊介面獨立設計，甚至於可以使用周邊腳位選擇（PPS）功能自行規劃使用的腳位，讓應用設計更加具有彈性，也能整合更多外部硬體元件增強系統功能。

17.2 SPI 串列周邊介面

　　SPI（Serial Periopheral Interface）串列周邊介面是一個同步串列傳輸介面，因為其通訊架構簡單，在微控制器與其他的周邊元件或者與其他微控制器間的傳輸非常有用。這些周邊元件裝置包括串列 EEPROM 記憶體、移位暫存器（shift register）、顯示器驅動元件、類比訊號轉換器等等。現在非常流行的 SD 記憶卡也是使用 SPI 作為資料傳輸的通訊介面。

　　在 dsPIC33CK 系列產品中，不同的型號提供了數量不等的 SPI 模組，但是它們的功能基本上是相同的。在本書所使用的 dsPIC33CK 數位訊號控制器提供 3 個 SPI 模組，所需要的腳位也可以透過 PPS 自行調整，應用設計更具有彈性。由於 SPI 模組具有高度的共通性，本書中將以 SPIx 這個符號來表示串列周邊介面相關的定義。

◎ 17.2.1　SPI 串列周邊介面模組概觀

　　基本的 SPI 裝置連接與傳輸方式如圖 17-1 所示。在傳輸資料的兩端，一端的 SDI 腳位需連接到另一端的 SDO 腳位形成一個環狀資料迴路；一端的 SCK 則須連接到另一端的 SCK 作為同步時脈波的傳遞線路；最後如果有需要，

SPI 主控（Master）裝置必須由任一個可用的數位輸出腳位連接到另一個受控（Slave）裝置的受控選擇腳位 $\overline{SSx}$ ，作為控制受控元件是否接受資料傳輸的控制閘。

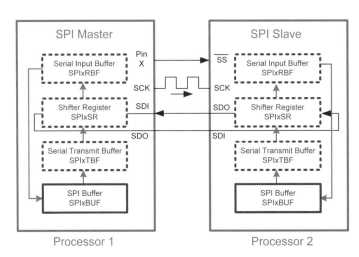

圖 17-1　以 SPI 傳輸介面連結的元件連接參考圖

　　由於在 SPI 的架構上，同步時脈訊號的產生將主導系統資料傳輸過程，因此在一個 SPI 通訊網路中具有產生同步時脈訊號的裝置就稱之為主控端（Master），由它主導所有資料傳輸的發起與過程的管控。受控端（Slave）則是由主控端透過 $\overline{SS}$ 的指定，在同步時脈訊號的控制下進行資料的交換。一般的狀況下，SPI 的通訊傳輸雖然可以共用 SCK ，SDO 與 SDI 三條線，但是透過 $\overline{SS}$ 的指定，只會由主控端與指定的受控端進行一對一的資料通訊傳輸；未被指定的其他受控端裝置將會保持靜默的狀態。

　　當主控端發起資料傳輸時，除了會在 SCK 腳位產生時脈波的脈衝訊號作為判斷資料內容的時間依據外，從主控端的 SDO 將會由最高位元開始逐一地移位產生腳位電壓的變化供指定的受控端 SDI 腳位感測判讀接收，直到所有的位元全部傳輸完成為止。在主控端發出訊號的同時，受控端的 SDO 腳位也會同時進行資料的輸出，也是由最高位元開始，而由主控端的 SDI 腳位感測接收資料。這樣的環狀式資料傳輸架構可以在一個單位時間同時進行資料的發送與接收，這是 SPI 相較於其他通訊協定特別的地方。

　　dsPIC33CK 微控制器的 SPI 串列周邊介面的硬體架構圖如圖 17-2 所示。相關暫存器與位元名稱如表 17-1 所示。

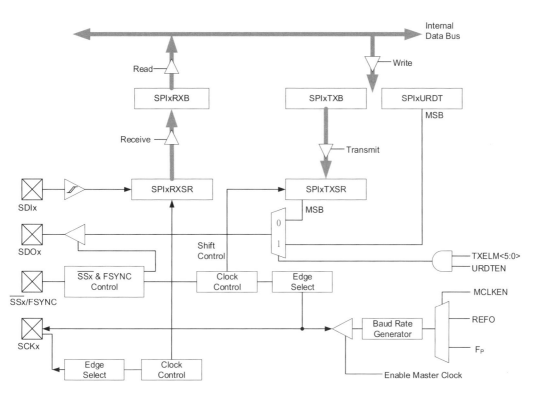

圖 17-2　dsPIC33CK 微控制器 SPI 串列周邊介面硬體架構圖

　　以內部的硬體設計來看，SPIxTXB 資料發送緩衝暫存器以及 SPIxRXB 資料接收緩衝暫存器都是單向傳遞的 16 位元暫存器，但是他們都分享著同一個特殊功能暫存器的位址 SPIxBUF。如果使用者將一筆發送的資料寫入到 SPIx-BUF，硬體將自動把該筆資料寫入先進先出（FIFO）的 SPIxTXB 緩衝暫存器；同樣的，當使用者從 SPIxBUF 暫存器讀取接收資料時，硬體將自動把資料從先進先出的 SPIxRXB 緩衝暫存器讀出。這種雙層式緩衝的資料發送與讀取操作暫存器的設計可以使資料傳輸連續不斷的在背景執行。dsPIC33CK 微控制器提供了 32 位元長的資料接收與發送的 SPIxRXB 以及 SPIxTXB 緩衝器，取決於每一次資料傳輸長度的設定，可以作為 1~4 層的緩衝空間。要注意的是，使用者是無法直接對 SPIxTXB 以及 SPIxRXB 緩衝暫存器寫入或讀取資料。

　　在硬體的包裝上，SPI 串列介面包含了下面的 4 個腳位：

SDIx：串列資料輸入

SDOx：串列資料輸出

SCKx：時脈埠輸出或輸出

$\overline{\text{SS}}$x：低電壓設定的受控（Slave）模式選擇或資料框（Frame）同步的輸出入脈波

當 SPI 被設定為只使用 3 個腳位時，$\overline{\text{SS}}$x 將不會被使用。

在比較高腳位的型號中，為了進行高速資料的傳輸，特別是語音資料或記憶卡的檔案傳輸，在 SPI2 的腳位設定上除了可以使用 PPS 選擇之外，設置有一個專屬的高速腳位，可進行高達 50 MHz 的資料傳輸。如果要使用這個專用高速腳位的話，需要將 FDEVOPT 暫存器中的 SPI2PIN 位元清除為 0 即可；設定為 1 則可以透過 PPS 選擇其他可程式規劃的 RPx 腳位。

表 17-1(1)　SPI 模組相關暫存器與位元名稱

File Name	Bit 15	Bit 14	Bit 13	Bit 12	Bit 11	Bit 10	Bit 9	Bit 8
SPIxCON1L	SPIEN	—	SPISIDL	DISSDO	MODE32	MODE16	SMP	CKE
SPIxCON1H	AUDEN	SPISGNEXT	IGNROV	IGNTUR	AUDMONO	URDTEN	AUDMOD1	AUDMOD0
SPIxCON2L	—	—	—	—	—	—	—	—
SPIxCON2H	—	—	—	—	—	—	—	—
SPIxSTATL	—	—	—	FRMERR	SPIBUSY	—	—	SPITUR
SPIxSTATH	—	—	—	RXELM<5:0>				
SPIxBUFL	DATA<15:8>							
SPIxBUFH	DATA<31:24>							
SPIxBRGL	—	—	—	BRG<12:8>				
SPIxBRGH	—	—	—	—	—	—	—	—
SPIxIMSKL	—	—	—	FRMERREN	BUSYEN	—	—	SPITUREN
SPIxIMSKH	RXWIEN	—	RXMSK<5:0>					
SPIxURDTL	URDATA<15:8>							
SPIxURDTH	URDATA<31:24>							

表 17-1(2)　SPI 模組相關暫存器與位元名稱

File Name	Bit 7	Bit 6	Bit 5	Bit 4	Bit 3	Bit 2	Bit 1	Bit 0	All Resets
SPIxCON1L	SSEN	CKP	MSTEN	DISSDI	DISSCK	MCLKEN	SPIFE	ENHBUF	0000
SPIxCON1H	FRMEN	FRMSYNC	FRMPOL	MSSEN	FRMSYPW	FRMCNT2	FRMCNT1	FRMCNT0	0000
SPIxCON2L	—	—	—	WLENGTH<4:0>					0000
SPIxCON2H	—	—	—						0000
SPIxSTATL	SRMT	SPIROV	SPIRBE	—	SPITBE	—	SPITBF	SPIRBF	0000
SPIxSTATH	—	—	TXELM<5:0>						0000
SPIxBUFL	DATA<7:0>								0000
SPIxBUFH	DATA<23:16>								0000
SPIxBRGL	BRG<7:0>								0000
SPIxBRGH	—	—	—	—	—	—	—	—	0000
SPIxIMSKL	SRMTEN	SPIROVEN	SPIRBEN	—	SPITBEN	—	SPITBFEN	SPIRBFEN	0000
SPIxIMSKH	TXWIEN	—	TXMSK<5:0>						0000
SPIxURDTL	URDATA<7:0>								0000
SPIxURDTH	URDATA<23:16>								0000

Legend: — = unimplemented, read as '0'. Reset values are shown in hexadecimal.

17.2.2　SPI 串列周邊介面的使用

■ SPI 操作模式

　　dsPIC33CK 數位訊號控制器的 SPI 模組操作模式可概略分為：

　　1. 8、16 或 32 位元模式資料發送與接收

　　2. 主控（Master）與受控（Slave）模式

　　3. 資料框組（Frame）控制脈波的 SPI 模式

　　4. 支援音效資料傳輸的模式

各種操作模式的設定與細節將在後續的章節中介紹。

■ 8、16 或 32 位元的操作

　　調整控制位元 MODE16 與 MODE32（SPIxCON<11:10>）允許使用者設定 SPI 模組的通訊模式為 8、16 或 32 位元的模式。這項設定只會影響到每次觸發傳輸資料的位元數量，而不會影響到其他的模組功能。但是使用者要注意到下面的規則：

- 當控制位元 MODE32 或 MODE16 的數值被改變時，SPI 模組將會被重置。因此這個位元不應該在正常資料傳輸操作的過程中被改變。
- 資料發送的模式下，最高位元（bit 31、15 或 7）優先由 SDO 被傳送出去後，SDI 接收到的第一個位元將會被移位進入 SPIxRSR 的最低位元 bit 0。其他的位元傳輸後也會依次的進入最低位元逐次往高位元移位。
- 在 8 位元的模式下，將需要 8 個時脈波才可以將所有的資料傳入或傳出；在 16 或 32 位元的模式下，則分別需要 16 或 32 個時脈波。

■ 緩衝器模式

　　dsPIC33CK 微控制器的 SPI 資料緩衝器的使用方式分為標準模式與加強模式兩種。

　　在標準模式下，資料傳輸緩衝器（SPIxTXB）與接收緩衝器（SPIxRXB）在系統層級是內部使用而無法由應用程式直接讀寫的暫存器，它們都是透過 SPIxBUF 暫存器作為資料讀寫的介面。當應用程式要傳輸一筆資料時，將資料寫入 SPIxBUF 暫存器後會進入 SPIxTXB 緩衝器，這時候 SPITBF 位元會被設定為 1，表示緩衝器中存在有資料待發送。當實際進行資料傳輸的 SPIxTSR 完成一筆資料傳輸而呈現空乏狀態時，在 SPIxTXB 中的資料會自動載入到 SPIxTSR 繼續傳送給對方。在資料自動載入到 SPIxTSR 的同時，SPITBF 位元會被設清除為 0。應用程式可以利用 SPITBF 位元作為是否可以繼續傳輸資料的判斷依據。同樣的，當外部元件資料由 SPIxRSR 完整的接收到一筆資料後，會自動將該筆資料載入到 SPIxRXB 緩衝器中，同時將 SPIRBF 位元設定為 1；當應用程式讀取 SPIxBUF 暫存器時，將會由 SPIxRXB 緩衝器讀取一筆資料，同時將 SPIRBF 位元清除為 0。因此，應用程式也可以使用 SPIRBF 位元判斷 SPI 模組是否有接收到一筆完整的資料需要讀取。

　　利用這樣的雙重資料收發緩衝器的設計，SPI 模組可以同時進行資料的接收與發送而不會有衝突，應用程式也可以在資料收發進行的過程中利用緩衝器讀寫資料而不需要等待或中斷通訊傳輸。

　　在標準模式下，資料接收或傳輸緩衝器可以視為只有一層。

　　如果使用者需要更多層的緩衝器藉以降低對核心處理器的干擾或負擔的話，可以藉由設定 SPIxCON1L 暫存器的 ENHBUF 位元使用增強模式。

在增強模式下，dsPIC33CK 微控制器中 SPIxRXB 與 SPIxTXB 緩衝器各有 32 位元的深度，如果以 8 位元傳輸模式為例，可以建立 4 層的資料深度。在使用上，藉由較多層的緩衝器設計，應用程式可以降低對 SPI 模組讀或寫的次數，讓核心處理器有較長的資料運算時間。為了達成這個目的，除了標準模式中的兩個狀態位元 SPITBF 與 SPIRBF 之外，增加了 SPITBE 與 SPIRBE 兩個狀態位元檢查對應的緩衝器是否空乏，也就是否有資料存在於緩衝器中未處理的檢查。

因此在緩衝器增強模式下，應用程式可以藉由檢查 SPITBF 位元而得知緩衝器是否飽和而決定是否停止寫入 SPIxBUF 暫存器以傳輸資料的動作；也可以藉由檢查 SPIRBF 位元而得知緩衝器是否空乏而決定是否啟動寫入多筆資料到 SPIxBUF 暫存器以繼續傳輸資料的動作。在資料接收方面，應用程式也可以藉由檢查 SPIRBF 位元而得知 SPIxRXB 緩衝器是否飽和而決定是否開始讀取 SPIxBUF 暫存器以一次讀取多筆資料的動作；也可以藉由檢查 SPIRBE 位元而得知緩衝器是否空乏而決定是否需要停止讀取 SPIxBUF 暫存器以獲取資料的動作。藉由增強模式的多層緩衝器與狀態位元的檢查，應用程式可以減少對緩衝器的讀寫次數，從而提升核心處理器執行應用程式的效率。

必要時，應用程式可以檢查 SPIxSTATH 暫存器的 RXELM 位元得知接收緩衝器 SPIxRXB 中尚未被讀取的資料筆數；在資料傳輸部分，也可以檢查 SPIxSTATH 暫存器的 TXELM 位元得知傳輸緩衝器 SPIxTXB 中尚未被傳出的資料筆數，從而決定是否要計須進行 SPI 的資料處理程序。

■ 主控與受控模式

SPI 串列傳輸介面可以被設定為主控模式或者是受控模式，其最大的差異在於時脈波的產生與否。裝置與裝置之間資料傳輸同步的時脈波，將由被設定為主控模式的一端負責產生，而被設定為受控模式的裝置將依據所接收到的時脈波訊號同步配合動作。

主控模式

在主控模式下，資料傳輸的同步時脈波頻率是由系統的周邊時脈頻率（F_p，相當於指令週期）以及 SPIxBRGL 暫存器的 BRG<12:0> 位元的數值決定的。利用下面的公式可以計算出資料傳輸時的時脈波頻率：

$$F_{SCK} = Fp/(2*(BRG + 1))$$

而在同步傳輸訊號的過程中，必須在資料收發的雙方設定好資料傳輸與時脈波邊緣的關係，才可以正確無誤的收發資料。在 dsPIC33CK 數位訊號控制器中是利用 CKP 與 CKE 兩個位元決定的，這兩個位元的設定與一般常用的 SPI 通訊模式定義的關係如表 17-2 所示：

表 17-2　SPI 的 4 種操控模式選擇

Standard SPI Mode Terminology	Control Bits State	
	CKP	CKE
0, 0	0	1
0, 1	0	0
1, 0	1	1
1, 1	1	0

而資料收發的採樣時間位置與這兩個位元的設定關係如圖 17-3 所示：

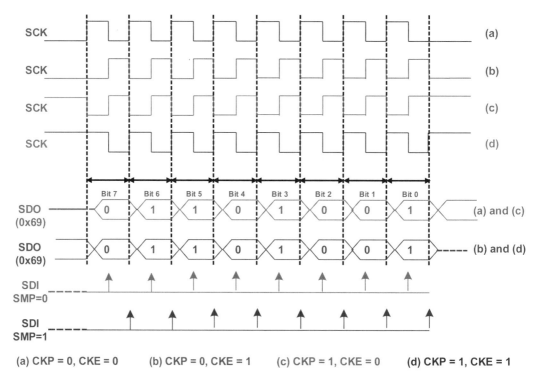

(a) CKP = 0, CKE = 0　　(b) CKP = 0, CKE = 1　　(c) CKP = 1, CKE = 0　　(d) CKP = 1, CKE = 1

圖 17-3　串列時序波與資料採樣時間位置設定關係

在主控模式與標準緩衝器模式下，要經由 SPI 串列資料傳輸模組發出一筆資料必須要依照下列的步驟：

1. 先將 SPIx 中斷功能關閉，並將 SPIEN 清除已關閉 SPI 功能。

2. 將模組設定為主控模式（SPIxCON1L 的 MSTEN=1）。

3. 藉由讀取 SPIxBUF 清除 SPIxRBF 接收資料緩衝器。

4. 藉由設定 ENHBUF 位元選擇適當的緩衝器模式，0 為標準模式，1 為增強模式。

5. 藉由 SPIxBRGL 的 BRG 位元設定適當的傳輸速度。

6. 根據需求設定 SPI 相關的中斷功能，清除中斷旗標位元 SPIxRXIF 與 SPIxTXIF，致能位元 SPIxRXIE 或 SPIxTXIE，及優先權設定位元 SPIxRXIP 與 SPIxTXIP。

7. 開啟模組功能（SPIxCON1L 的 SPIEN=1），然後將所要傳輸的資料寫入到 SPIxBUF 暫存器。此時 SPIxTBF 位元將會被設定為 1。

8. SPIxBUF 暫存器的內容將會被自動轉移到 SPIxTXB 緩衝暫存器；然後 SPIxTSR 可以使用時，資料將會自動被載入到 SPIxTSR 並由高位元開始傳出，此時 SPIxTBF 位元將會被清除為 0。

9. 主控端將會產生 8、16 或 32 個時脈波，並將 8、16 或 32 個位元的傳輸資料從暫存器逐一的從腳位 SDOx 輸出；同時並由輸入腳位 SDIx 接收到由另外一端受控裝置所傳送過來的資料，依序從高位元逐一的移入到 SPIxRSR 暫存器。

10. 當一筆資料移轉完成時，將會發生下列的事件：

    • 當一組 8、16 或 32 位元資料傳輸完成時，SPIxRSR 暫存器的內容將會被移入到 SPIxRXB 暫存器。

    • SPIRBF 位元將會由模組設定為 1，以顯示接收緩衝暫存器中存有已接收的資料。當程式讀取 SPIxBUF 暫存器的內容時，會由 SPIxRBF 緩衝器中讀取一筆資料，同時硬體將會自動清除 SPIxRBF 位元。

11. 當 SPI 模組需要從 SPIxRSR 暫存器將資料移動到 SPIxRXB 暫存器而 SPIRBF 位元仍是設定為 1 時，模組會將 SPIROV 位元設定為 1 以顯示有一個資料溢流的狀況發生。同時資料並不會由 SPIxRSR 暫存器移至 SPIxRXB 暫存器。此時資料接收將會被停止，直到 SPIROV 位元被清除爲 0 才能繼續接收資料。

12. 當 SPIxTBF 位元爲 0 時，程式可以在任何時間將所要傳輸的資料寫入到 SPIxBUF 暫存器。即使是 SPIxTSR 暫存器仍在移出資料的過程中，仍然可以執行寫入的動作以利連續的資料傳輸。

在增強的緩衝器模式下，應用程式可以在讀取或傳輸資料時，一次寫入多筆資料到 SPIxBUF 或從 SPIxBUF 多次讀取資料。

受控模式

在受控模式下，資料的傳送與接收是依據外部時脈波出現在 SCKx 腳位的訊號而發生。CKP 與 CKE 這兩個位元決定資料傳輸對應時脈波的邊緣以便正確讀取資料。資料的傳送與接收將逐一位元地分別寫入 SPIxBUF 暫存器並透過緩衝器 SPIxTBF 移轉到 SPIxTSR 暫存器進行移位輸出。當資料由 SPIxRSR 移位暫存器完成一筆完整的資料輸入後，將自動移載至 SPIxRBF 緩衝器，然後藉由讀取 SPIxBUF 暫存器供系統程式使用。其他的操作程序與設定與主控模式的操作相同。

在受控模式下，有幾個特別的功能需要注意。

受控同步選擇：$\overline{\text{SSx}}$ 腳位允許一個同步化的受控模式。當 SSEN 位元被設定爲 1 時，只有當 $\overline{\text{SSx}}$ 腳位被驅動爲 0 時才能夠允許資料傳送或者接收。當 SSEN 位元被設定爲 1 時而且 $\overline{\text{SSx}}$ 腳位被驅動爲 1 時，SDOx 將不會被驅動並會被設定爲高阻抗的狀態。但是如果 SSEN 位元被設定爲 0 時，$\overline{\text{SSx}}$ 腳位的狀況將不會影響到 SPI 模組在受控模式下的操作。

SPIxTBF 狀態旗標位元的改變：

1. 當受控同步選擇位元 SSEN 爲 0 時，當程式將資料載入到 SPIxBUF 暫存器時，SPITBF 狀態旗標位元位元將會被設定爲 1。

2. 當受控同步選擇位元 SSEN 爲 1 時，當程式將資料載入到 SPIxBUF 暫存器時，SPITBF 狀態旗標位元將會被設定爲 1。但是只有當傳輸模組將所有的資料傳輸完畢後，SPITBF 位元才會被清除爲 0。如果一筆資料傳輸因故被放棄而未完成，而且 $\overline{\text{SSx}}$ 腳位被驅使爲 1 時，該筆資料稍後將可再次嘗試傳輸。

■SPI 限定資料腳位操作模式

將 DISSDO 或 DISSDI 控制位元設定爲 1 時，將會關閉 SDOx 或 SDIx 腳位的資料傳輸功能。這樣的設定將限定 SPI 傳輸模組只能夠單純作爲單向的資料接收或傳輸的操作模式，此時 SDOx 或 SDIx 腳位將可以作爲其他替代周邊的功能或一般腳位用途使用。

■ 資料框組（Frame）控制脈波的傳輸模式

不管是在主控模式或者是受控模式時，dsPIC33CK 微控制器的 SPI 模組支援一個基本的資料框組控制脈波的 SPI 傳輸協定。這種傳輸方式是近年來才發展出的一種新 SPI 傳輸控制方式，主要是利用受控同步選擇腳位 $\overline{SSx}$ 作爲每一筆資料傳輸前的同步或著是起始訊號，以便資料傳輸的兩端能夠更有效率地控制資料傳輸的開始與同步。

資料框組控制脈波可以由應用程式藉由 SPIxCON1H 暫存器的 FRMSYNC 位元設定裝置爲框組控制脈波的發出或是接收裝置。因此除了傳統由時脈波產生的裝置來定義 SPI 主控或者是受控模式，資料框組控制（Framed Control）脈波也可以分成另外一組主控或受控的定義。例如，在圖 17-4 的時序圖中，在發出最高位元 bit 15 的資料之前，會由被設定爲資料框組控制脈波主控端的 $\overline{SSx}$ 腳位發出一個時脈週期的同步訊號，然後資料通訊的兩端裝置便會在後續的時脈波中逐一地將各個位元的資料傳出。這樣的方式，可以讓使用者更彈性地決定資料傳輸的主控權是要在傳統的主控裝置或者是受控裝置，解決了傳統的 SPI 傳輸模組一律由主控裝置掌控資料傳送控制權的問題。如此，即便是沒有辦法產生時脈波的受控裝置，也可以控制資料傳送的時機。

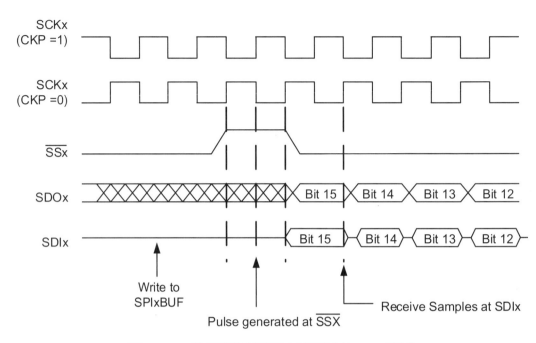

圖 17-4　使用資料框組控制脈波的 SPI 傳輸

■ 睡眠模式下的操作

　　當系統進入（Sleep）睡眠模式時，系統時脈將會停止。如果 SPI 模組被設定在主控模式的操作下，模組的鮑率（Baud Rate）產生器將會被停止而且被重置為 0；如果此時資料傳輸尚未完成，資料的發送與接收將會被放棄。而且當系統被喚醒時，資料傳輸將不會自動的恢復。

　　但是如果 SPI 模組是被設定為受控模式時，由於時脈波是由外部裝置提供的，因此 SPI 模組將會繼續地接收資料直到完成。如果 SPI 模組的中斷功能是被設定為開啟，則在資料接收完成時將會觸發 SPI 中斷而喚醒系統。

■ 閒置模式下的操作

　　當系統進入（Idle）閒置模式時，系統時脈來源將會繼續地運作。SPISI-DL 位元將會決定模組在閒置模式下是否繼續操作或停止。如果 SPISIDL 位元被設定為 1，SPI 模組將會停止操作就如同進入睡眠模式一樣。如果 SPISIDL 位元被設定為 0，SPI 模組在閒置模式下將會繼續操作。

■SPI 模組的中斷

dsPIC33CK 微控制器提供 SPI 模組三個中斷事件訊號，藉以判斷傳輸過程中不同的事件發生。

與資料接收相關的中斷旗標為 SPIxRXIF ，在下列的狀況發生時將會被設定為 1，因而觸發中斷事件：

SPIROV = 1（接收資料溢流）

SPIRBF = 1（接收緩衝器飽和）

SPIRBE = 1（接收緩衝器空乏）

RX watermark interrupt（請參考使用手冊）

與資料傳輸相關的中斷旗標為 SPIxTXIF ，在下列的狀況發生時將會被設定為 1，因而觸發中斷事件：

SPITUR = 1（傳輸資料不足）

SPITBF = 1（傳輸緩衝器飽和）

SPITBE = 1（傳輸緩衝器空乏）

TX watermark interrupt（請參考使用手冊）

其他事件的中斷訊號則由 SPIxIF 處理，在下列的狀況發生時將會被設定為 1，因而觸發中斷事件：

FRMERR = 1（框架錯誤）

SPIBUSY = 1（模組工作進行中）

SRMT = 1（SPIxRSR 或 SPIxTSR 沒有資料需要處理）

如果要使用上面所敘述的 SPIxRXIF 、SPIxTXIF 或 SPIxIF 的中斷功能，必須要將 IECx 中斷致能暫存器中的 SPIxRXIE 、SPIxTXIE 或 SPIxIE 致能位元設定為 1，並設定高於核心處理器的優先層級方可觸發中斷。

■XC16 編譯器 MCC 產生的 SPI 函式庫

XC16 編譯器 MCC 程式產生器提供了下列的 SPI 函式庫函式作為通訊模組的設定與資料的處理：

• 開啟與設定 SPI 模組

SPIx_Initialize( )

- 檢查 SPI 資料接收狀態

  SPIx_StatusGet( )

- 接收或發送單一位（字）元組資料

  SPIx_Exchange8bit( )

- 接收或發送字串資料

  SPIx_Exchange8bitBuffer( )

■ 實驗板的 SPI 電路與相關電路開關設定

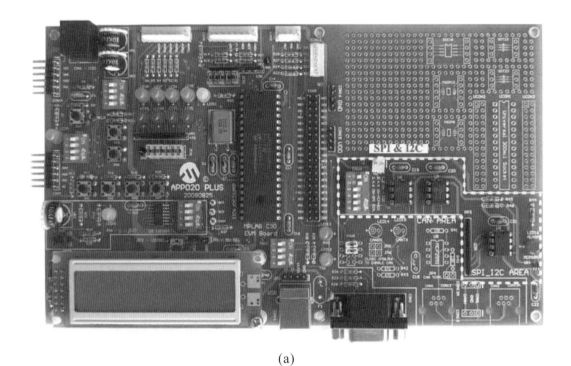

(a)

圖 17-5　串列傳輸模組，(a)SPI 與 I²C 元件

CHAPTER

17

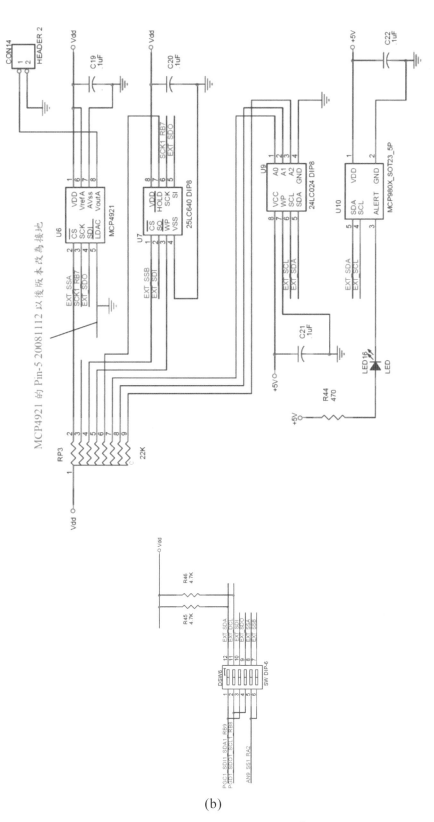

(b)

圖 17-5　串列傳輸模組，(b)SPI 與 I²C 電路圖

　　如果讀者需要對 SPI 模組做更深入的探討與練習，在更新設計的 APP020 plus 實驗板已加入了 SPI 元件與電路以便讀者使用。新增的串列傳輸模組新增 SPI 與 I²C 元件與電路圖如圖 17-5 所示。要注意的是，由於在實驗板所使用的電路中，屬於 dsPIC33CK256MP505 數位訊號控制器 SPI 模組的 SDO1 與 SDI1 腳位與程式燒錄與除錯的 PGD1 與 PDC1 腳位共用，因此在燒錄程式時必須要將 SPI 相關外部元件與電路斷開，否則將無法成功燒錄程式。因此，平時須將 DSW6（3、4、5 腳位）的所有開關切至 OFF 斷開位置，以免影響 PGD1 與 PDC1 燒錄與除錯的工作。由於 dsPIC33CK256MP505 數位訊號控制器的設計改良，除了原有的 PGD1/PGC1 之外，還有其他的數組 PGD2/PGC2、PGD3/PGC3、PGD4/PGC4 也可以在系統設定位元中選擇作為程式燒錄與除錯的腳位，因此電路板設計時可以使用 DSW1 將 PICKit4 的燒錄腳位切換至 dsPIC33CK256MP505 微控制器的 PGD3/PGC3 腳位，如此一來就不需要反覆切換 DSW1 與 DSW6。

　　總結上述 dsPIC33CK256MP505 數位訊號控制器的 PGD/PGC 程式燒錄與除錯功能腳位的切換步驟如下：

　　1. 假設電路設計原始以 PGD1/PGC1 為程式燒錄與除錯功能腳位。透過 MCC 或設定位元將程式燒錄與除錯功能腳位改變為 PGD3/PGC3 腳位，定進行程式編譯。

　　2. 除了 PICKit4 或其他燒錄器外，斷開電路板上與 PGD1/PGC1 腳位相連的其他元件，並進行程式燒錄。例如 APP0202 Plus 上的 DSW6 應全部為 OFF 的斷開位置。

　　3. 程式燒錄成功後，dsPIC33CK256MP505 微控制器及更改為以 PGD3/PGC3 為程式燒錄與除錯功能腳位，無法再以 PGD1/PGC1 進行。

完成上述步驟後，即可以將電路板上原先與 PGD1/PGC1 腳位相連的其他元件連結，並以 PGD3/PGC3 作為程式燒錄腳位。APP020 Plus 實驗板上即可以將 DSW6 上所需要的元件連結，例如 SPI 可以使用 DSW6-3/4/5 或 3/4/6 連結 MCP4921 或 25LC640 EEPROM，I²C 則可以使用 DSW6-1/2 連結 MCP9800。

　　當需要使用 SPI 功能時，則必須要使用 DSW6 切換至元件所需要連接電路。例如要使用下一節所介紹的 MCP4921，必須將 DSW6 的 3、4、5 腳位開關切至 ON 以連接 dsPIC33CK 微控制器與 MCP4921（U6）之間的

SDO 、SDI 、$\overline{\text{SSx}}$ 電路。DSW6 的其他腳位需切換至 OFF 的位置，以免干擾 dsPIC33CK 微控制器與 MCP4921 之間的通訊。如果讀者需要使用 25LC640 （U7）則將 DSW6 的 3、4、6 腳位開關切至 ON 以連接 dsPIC30F4011 控制器與 25LC640（U7）之間的 SDO 、SDI 、$\overline{\text{SSx}}$ 電路；DSW6 的其他腳位須切換至 OFF 的位置。

如果以一般的 PGD1/PGC1 腳位燒錄設定，在此實驗板上是無法進行 SPI 相關元件的除錯程序。甚至因為 SPI 電路的提升電阻設計，導致程式燒錄失敗。

■ 數位訊號轉類比電壓元件

由於 SPI 通訊模式必須與其他外部元件做資料傳輸，因此我們將以 Microchip 的 MCP4921 數位訊號轉類比電壓元件作為範例說明的對象。MCP4921 的結構示意圖如圖 17-6 所示：

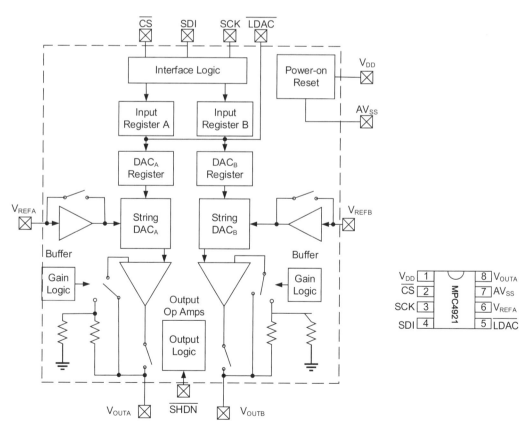

圖 17-6　MCP4921 數位訊號轉類比電壓元件結構示意圖

　　基本上 MCP4921 是一個 12 位元解析度的數位訊號轉類比電壓的類比元件，並利用 SPI 通訊模式與微控制器作爲資料的溝通介面。當作爲主控端的控制器透過 SPI 傳輸介面傳送 16 個位元資料的時候，需將傳輸模式設定爲 mode 0, 0 或 mode 1, 1；作爲受控端的 MCP4921 將根據所接收 16 個位元的資料內容，設定需要輸出的類比電壓值。在開始傳輸之前，主控端的微控制器必須以低電位觸發 MCP4921 的 $\overline{CS}$ 腳位使其進入資料接收狀態；然後由主控端的微控制器同時以 SCK 及 SDI 腳位與 MCP4921 進行資料的傳輸。當完成資料的傳輸後，主控端的微控制器必須先將 $\overline{CS}$ 腳位的低電壓移除，然後再以低電位觸發 MCP4921 的 $\overline{LDAC}$ 腳位使其將所設定的類比電壓由所對應的 V_{OUT} 腳位輸出。相關的控制與資料傳輸時序圖如圖 17-7 所示：

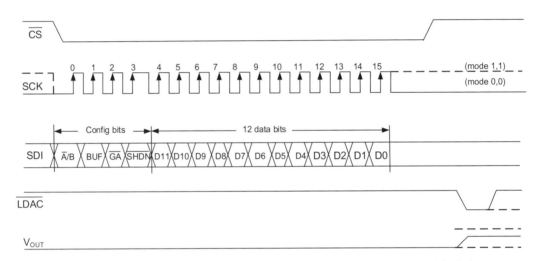

圖 17-7　MCP4921 數位訊號轉類比電壓元件控制與資料傳輸時序圖

　　主控端的微控制器需要傳送給 MCP4921 類比電壓元件的位元資料定義如表 17-3 所示：

表 17-3(1)　MCP4921 類比電壓元件的位元資料定義

bit 15　　　　　　　　　　　　　　　　　　　　　　　　　　　　bit 8

$\overline{A/B}$	BUF	$\overline{GA}$	$\overline{SHDN}$	D11	D10	D9	D8

表 17-3(2)　MCP4921 類比電壓元件的位元資料定義

bit 7 　　　　　　　　　　　　　　　　　　　　　　　　　　　　　　　bit 0

D7	D6	D5	D4	D3	D2	D1	D0

bit 15 $\overline{\text{A}}$ / B: DACA or DACB Select bit

　　1 = MCP4921 未配置。Write to DACB

　　0 = Write to DACA

bit 14 BUF: VREF Input Buffer Control bit

　　1 = 使用緩衝器。Buffered

　　0 = 未使用緩衝器。Unbuffered

bit 13 $\overline{\text{GA}}$: Output Gain Select bit

　　1 = 一倍輸出增益。1x（VOUT = VREF * D/4096）

　　0 = 二倍輸出增益。2x（VOUT = 2 * VREF * D/4096）

bit 12 SHDN: Output Power Down Control bit

　　1 = 啟動輸出。Output Power Down Control bit

　　0 = 關閉輸出。Output buffer disabled, Output is high impedance

bit 11-0 D11:D0: DAC Data bits

　　數位轉類比 12 位元資料。

　　12 bit number "D" which sets the output value. Contains a value between 0 and 4095.

程式範例 17-1

　　利用 SPI 傳輸協定，調整 MCP4921 類比電壓產生器的輸出電壓，使其輸出一個 0 伏特到 3.3 伏特（供應電壓）的類比鋸齒波型電壓輸出。

　　注意：必須在第一次程式燒錄時，修改 mcc.c 中的

```
#pragma config ICS = PGD3
// ICD Communication Channel Select bits
// ->Communicate on PGC3 and PGD3
```

改用 PGD3/PGD3。第一次燒錄後將 DSW6 的 3、4、5 開關切至 ON 的位置；並將 DSW1 的 1、2 開關切至 OFF 的位置，將 DSW1 的 3、4 開關切至 ON 的位置。

如要再次執行本書前面 16 章範例時，將 DSW6 的 3、4、5 開關切至 OFF 的位置；先燒錄一次前面各章的範例程式後，將 DSW1 的 1、2 開關切至 ON 的位置，將 DSW1 的 3、4 開關切至 OFF 的位置，便會回復到以 PGD1/PGC1 的燒錄方式。

CHAPTER

17

```
//  EX17_1 將 Timer 1 規劃成週期為 X ms 的 Timer 產生定時的變化
//   每隔固定時間透過 SPI 輸出 MCP4921 輸出電壓
//
/**
  Section: Included Files
*/
// 將系統與硬體設定函式的原型宣告檔案含入
#include "mcc_generated_files/system.h"
// 將 CCP1_TMR 函式的原型宣告檔案含入
#include "mcc_generated_files/sccp1_tmr.h"
// 將 LCD 函式的原型宣告檔案含入
#include "../APP020_LCD.h"
// 將 spi1 函式的原型宣告檔案含入
#include "mcc_generated_files/spi1.h"
// 將 pin_manager 腳位設定函式的原型宣告檔案含入
#include "mcc_generated_files/pin_manager.h"

/* Main application */
// 宣告字串於程式記憶體(因為 const 宣告) char
const char My_String1[]="Ex 17 - SPI DAC ";
// 宣告字串於資料記憶體
My_String2[]=" TIME : 00:00   " ;

void Show_Time(void) ;// 將分秒數字顯示至液晶顯示器的函式

unsigned char Minute = 0 ;
unsigned char Second = 0 ;
unsigned int milliSec = 0 ;

int main(void)
{
  // chanA=0x3000 MCP4921 控制暫存器較高 4 位元
  unsigned int chanA=0x3000, DAC_A;
  // 利用 union 宣告變數，以便可以將同樣的記憶體內容
  // 以 16 位元或兩個 8 位元處理
  union {
    unsigned int lt;
    unsigned char bt[2];
  } spi_data;
  unsigned char dummy;
  // initialize the device
  SYSTEM_Initialize();
```

```
    // 關閉 SCCP1 Timer B 中斷
    IEC0bits.CCP1IE = 0;

    // 開啟 SCCP1 TIMER A 中斷
    IEC0bits.CCT1IE = 1;

    OpenLCD( ) ;  // 使用 OpenLCD()對 LCD 模組作初始化設定

    setcurLCD(0,0) ;// 使用 setcurLCD()設定游標於(0,0)
    putrsLCD( My_String1 ) ;// 將程式記憶體的字串輸出至 LCD

    setcurLCD(0,1) ;// 使用 setcurLCD()設定游標於(0,1)
    putrsLCD( My_String2 ) ;// 將資料記憶體的字串輸出至 LCD

    DAC_A=0;//初始化 DAC_A 變數(因為 union 宣告,bt[0]=bt[1]=0)
    while (1){
      // Add your application code
      if ( Second == 60 )
      {
        Second = 0 ;    // Second : 0 .. 59
        Minute++ ;

        if( Minute == 60 )
          Minute = 0 ;  // Minute : 0 .. 59
      }// End of if ( Second == 60 )
      if (milliSec == 0){
        Show_Time( ) ;         // 將時間顯示於 LCD 上

        // SPI 相關程序
        if ((DAC_A+=128)>4095) DAC_A=0; // 遞加輸出值
        spi_data.lt=(chanA|DAC_A);   // 設定資料

        IO_SS_SetLow();  // SS(RA2) 觸發 MCP4921 CS
        // 將資料分兩個位元組輸出
        dummy = SPI1_Exchange8bit(spi_data.bt[1]);
        dummy = SPI1_Exchange8bit(spi_data.bt[0]);
        IO_SS_SetHigh();
      }
    }// End of while(1)
    return 1;
}
```

```
/***************************************************/
// 將時間顯示於 LCD 的函式

void Show_Time(void)
{
  setcurLCD(8,1) ;        // 設定游標
  put_Num_LCD( Minute ) ; // 將分鐘以十進位顯示至 LCD
  putcLCD(':') ;          // 將：字元顯示至 LCD
  put_Num_LCD( Second ) ; // 將秒數以十進位顯示至 LCD
}
```

在範例程式中使用 MPLAB XC16 編譯器 MCC 程式產生器所提供的 SPI 函式 SPI1_Exchange8bit( ) 處理所有與 SPI 通訊傳輸相關的工作程序，因此在程式一開始的地方必須要先定義相關函式庫函式的原型宣告 spi1.h。範例中使用 SCCP1 的計時器作成每 1ms 一次的中斷，並在累計 1000 次後，更新 One-Second 狀態變數；主程式中，則藉由檢查 OneSecond 狀態變數的變化，每秒透過 SPI 以函式 SPI1_Exchange8bit( ) 更新 MCP4921 的設定電壓。由於電路中已將 $\overline{LDAC}$ 接地，故每次設定後將會直接改變電壓輸出。

練習 17-1

利用 SPI 傳輸協定，調整 MCP4921 類比電壓產生器的輸出電壓，使其輸出一個 0 伏特到 5 伏特的類比正弦波型電壓輸出。正弦波型電壓輸出廣泛使用於馬達控制或電源轉換裝置。

由於範例使用 SPI 函式庫的函式撰寫範例程式，在使用 SYSTEM_Initialize( ) 函式將周邊功能模組初始化時可以使用 SPI1_Initialize( ) 函式。雖然 dsPIC33CK256MP505 為 16 位元控制器，但在範例中因為使用傳統 SPI 的 8 位元的傳輸函式 SPI1_Exchange8bit( )。因此當需要將資料傳輸至周邊元件時，只要適當地呼叫 SPI1_Exchange8bit( ) 函式並將資料放入到引數內，便可以完成所需要的傳輸工作。讀者不必擔心反覆的硬體旗標檢查與切換各項動作，這些都由 XC16 編譯器所提供的函式完成。

為什麼不使用 16 位元的傳輸模式呢？讀者當然可以使用 16 位元的傳輸模式，特別是針對一些較新開發的元件，因為新的裝置記憶體容量較大，所以

在儲存資料與傳輸時就會以 16，甚至 32 位元的長度進行，例如常見的 SD 記憶卡，早期是以一個一個位元組為單位，現在容量擴充後都是改以較長的資料串進行傳輸。如果使用者確認外部元件的資料是以 16 或 32 位元為基本長度，改用 16 位元傳輸模式反而較為有效快速，例如上述範例使用的 MCP4921 就可以使用 16 位元模式進行。但是工業上仍有許多應用，特別是早期的硬體，仍有許是以位元組為單位，或者是所需要的資料是奇數個位元組的組成，使用 16 位元模式在處理單一個位元組就需要額外的處理程序反而會額外花費一些資源。使用者可以根據應用需求自行評估選擇 8 位元或 16 位元模式。

CHAPTER

17

CHAPTER 18

I²C 串列傳輸模組

I²C（Inter-Integrated Circuit，IC 間串列周邊介面）是一個同步串列傳輸介面，跟 SPI 傳輸介面一樣，在微控制器與其他的周邊元件或者與其他微控制器間的傳輸非常的有用。這些周邊元件裝置包括串列 EEPROM 記憶體、移位暫存器（shift register）、顯示器驅動元件、類比訊號轉換器等等。

I²C（Inter-Integrated Circuit）是由飛利浦公司所發展出來在 IC 元件間傳輸資料的通訊協定。顧名思義，這個通訊協定所能夠使用的距離就僅限於一個系統或者模組之間的數十公分而已。但是這個通訊協定的架構與規格遠較 SPI 更為複雜。

SPI 傳輸協定雖然可以由許多元件共用相同的傳輸線路，但是在每一筆的資料傳輸時，只能有一個受控端的元件被選取並與主控端進行資料的傳輸。I²C 的資料傳輸並不是藉由主控端利用個別的線路腳位觸發選擇受控端元件，而是藉由所傳輸的資料訊息中設定元件的位址，然後由每一個同時在網路上的元件判斷位址的符合與否；如果傳輸訊息中的位址與受控端所預設的位址相吻合，則由受控端發出一個確認的訊號後，再由主控端與受控端進行資料傳輸。因此在整個 I²C 資料傳輸的架構上，所有的相關元件都使用共同的兩條線路作為資料傳輸網路，然後所有的受控端都必須事先編列一個接收訊息的位址以便主控端在發出訊息時得以確認目標。這兩條共用的線路，一條作為主控端傳輸同步時脈訊號，另一條則是作為資料訊號傳輸（可以做雙向使用）。而由於整個通訊網路上有眾多類似的元件在傳遞訊息或確認訊號，因此整個通訊協定必須以非常嚴謹的架構與方式進行，才能夠完成正確的資料傳輸。

18.1 I²C 串列周邊介面模組概觀

◉ I²C 操作模式

dsPIC33CK 的 I²C 模組可以用下列的模式在各種 I²C 的系統中操作：

1. 受控（Slave）裝置
2. 單一主控元件下的主控（Master）裝置
3. 多重主控元件系統下的主控裝置或受控裝置

◉ I²C 傳輸介面模組硬體

dsPIC33CK 的 I²C 模組包含了獨立的主控裝置與受控裝置邏輯電路，可以各自針對相關資料傳輸的事件產生中斷的訊號。在作為主控模式下操作時，受控模式的電路仍會保持運作，持續監控傳輸電路上的資料，除了進行多重主控端模式下作為傳輸電路訊號衝突時優先權仲裁的判斷外，也作為其他主控端傳輸資料的偵測；因此 dsPIC33CK 微控制器可以同時作為主控端與受控端裝置使用。在多重主控元件系統中，只需將軟體區分成主控與受控裝置的程式即可。當主控與受控模式同時被啟動時，I²C 模組會偵測資料匯流排的狀態並收到同一元件的主控模組或多重主控元件系統中其他主控裝置所發出的訊息；即使在多重主控元件系統中發生訊息仲裁時，也不會有資料遺失的情況。當發生資料匯流排衝突而失去傳輸權利時，模組也提供適當的方法結束目前的傳輸，然後在適當的時機重新開始傳輸。模組並內建有鮑率產生器，不需要依賴其他系統資源產生資料傳輸的時脈波。

dsPIC33CK 微控制器的 I²C 模組可以藉由調整設定以偵測七位元或十位元的元件位址定義方式；也可以設定為資料重複裝置（Bus Repeater），藉此設定為可以接收任何位址定義的訊息，以便將訊息資料複製到其他通訊傳輸系統。模組可以支援 100kHz 與 400kHz 的匯流排傳輸速率，最高可支援至 1MHz 的傳輸時序。

I²C 模組的硬體架構圖如圖 18-1 所示：

CHAPTER

18

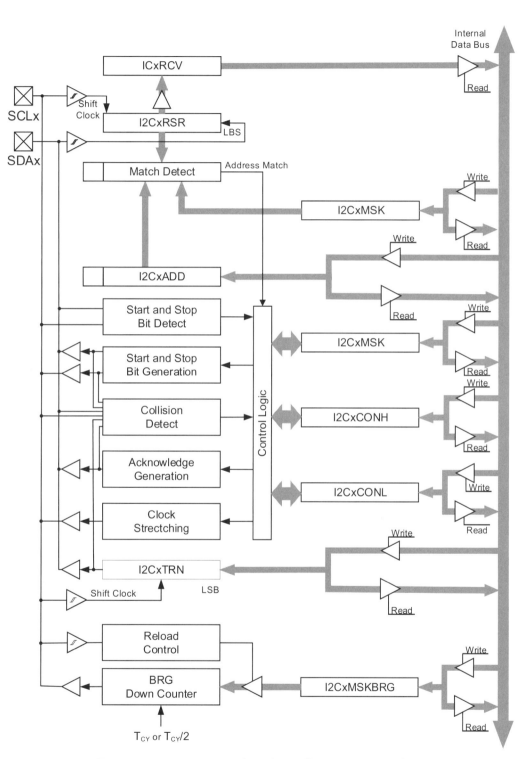

圖 18-1　dsPIC33CK 微控制器 I²C 模組硬體架構圖

18.2　I²C 通訊協定

由於 I²C 傳輸協定相當的嚴謹，使用上比前一章所介紹的 SPI 模組需要更完整而小心的操作程序，因此使用者必須要仔細的了解其操作原理，才能正確無誤地傳輸訊息與其他元件溝通。

因為 I²C 傳輸協定相當地複雜，而且受到實驗板的限制與考量讀者初學的困難，讓我們先以一般傳輸模式的資料格式來說明相關的操作內容。在此僅以使用 dsPIC33CK 微控制器作為單一主控裝置與外部周邊元件作為資料傳輸的系統當作學習標的。有興趣的讀者可以在了解基本的 I²C 運作原理之後，再深入研究其他複雜的操作方式。在後續的說明中，假設系統操作以一般系統常見的七位元位址定義方式進行。

I²C 傳輸協定的基本電路架構如圖 18-2 所示，圖中 dsPIC33CK 作為主控端裝置與外部受控端裝置以兩條電路 SDA 與 SCL 相連，如果在通訊網路上有更多 I²C 裝置，都可以將 SDA 與 SCL 接點連結到這兩條電路上共同使用。換句話說，這兩條電路的訊號是所有 I²C 元件都可以偵測到的。而在 I²C 的電路上，一般都會使用提升阻抗電路將電位拉到高電位，當任一裝置在腳位上產生低電位訊號（0）時，將會使該電路變成低電位；相反的，任何一個元件在腳位上產生高電位（1）時，對該電路並不會產生任何改變，其他元件感測到的仍然是高電位。這個基本電路觀念對於 I²C 的資料或位址仲裁是非常中重要的。

在任何一個 I²C 通訊網路中，只有主控端可以在 SCL 電路上發出同步時脈訊號，但是在同一個 I²C 網路上允許多重主控端裝置的存在，因此當兩個以上主控端需要啟動傳輸時，可能會因為使用電路的衝突而必須進入仲裁的階段。在 SPI 的通訊網路上因為不會有多重主控裝置的情形，所以一切都由主控端主導。在 I²C 通訊網路上，為避免使用資料電路衝突，在使用前設計有監控電路是否正在被使用的機制；如果電路正被使用的話，將會等到使用停止後才會重新嘗試使用。即便是在極低的機率下兩個以上的主控裝置同一瞬間判斷電路空閒而同時啟動資料傳輸，I²C 也設計有傳輸匯流衝突的判斷機制，藉由 SDA 電路訊號強弱（0 為強，1 為弱）的判斷機制，弱勢的主控端會偵測到其他強勢裝置的存在而自動退出並等待下一次傳輸的機會。

I²C 傳輸協定的基本資料格式如圖 18-2 所示。所有資料傳輸的開始都必須由主控端發出訊息，受控端是無法主動地發出訊息與其他的元件進行資料傳輸溝通；因此主控端在整個 I²C 同時網路上是擁有著絕對的控制權。在通訊時，雖然只有主控裝置可以發出同步時脈訊號，但是在資料電路 SDA 上卻是可以雙向傳輸的。可能的情況包括：

主控端傳輸資料，受控端接收。

受控端傳輸資料，主控端接收。

但是在同一時間只會有一個裝置發出訊號，也就是所謂的半雙工傳輸的機制。

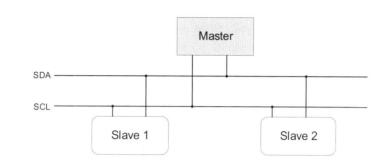

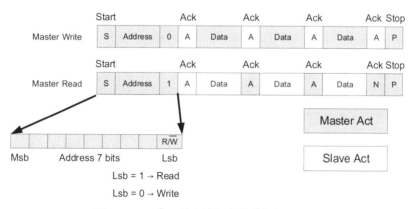

圖 18-2　I²C 傳輸協定的基本資料格式

如圖 18-3 的 I²C 時序圖所示，當主控端決定進行資料溝通時，首先會偵測通訊電路是否處於閒置（Idle）的狀態，此時 SDA 與 SCL 兩條電路應該都是處於高電壓（1）的狀態。一旦確認電路為閒置時，要開始一個新的資料通訊封包，必須要先發出一個「Start」開始訊號讓通訊網路上的所有元件注意到資料傳輸的開始；緊接著主控端將發出一個 8 位元的訊息，其中前 7 個位元將

定義一個元件的位址，第 8 個位元則宣告主控端希望進行資料讀取（read, 1）
或輸出（write, 0）。這時候如果有任何一個受控端元件接收到這一個位址的訊
息，而且元件預設位址符合訊息中所定義的位址時，則這個受控端必須要發出
一個「Ack」確認的訊號。假設主控端希望進行資料輸出時（第 8 個位元為 0），
在收到受控端發出的這個確認訊號後便可以繼續輸出一個或多個位元組的資
料，並等待受控端在每一個位元組（8 位元）接收完成後發出確認的訊息；依
照這個模式，主控端可以持續地發出多個位元組的資料，等待受控端確認的訊
號，直到主控端發出全部的資料為止。最後主控端並將發出一個「Stop」結束
的訊號以結束這一次的資料傳輸。

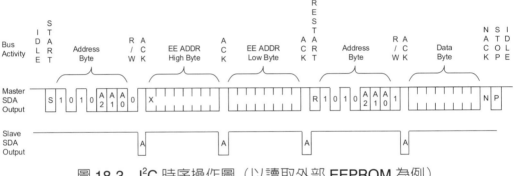

圖 18-3　I²C 時序操作圖（以讀取外部 EEPROM 為例）

　　如果主控端希望讀取受控端的資料時，則在第一個位元組資料中的最低位
元將會設定為 1。受控端在確認位址之後，也會發出一個「Ack」的確認訊號。
然後在主控端發出時脈訊號的情況下，將由受控端外部元件送出一個或多個位
元組的資料，而由主控端發出確認的訊號；並重複執行這一個資料傳輸與確認
的動作直到所有的資料傳輸完畢。在完成資料傳輸後，將由主控端發出一個結
束的訊號完成這一次的資料讀取。在一般情形下，當完成最後一位元組（byte）
資料的讀寫之後，主控端可以不必等待確認的訊號而直接發出結束訊號停止傳
輸。相關的 I²C 時序操作圖與圖 18-3 非常相似，只是在第一個位元組之後的
時序中，主控端與受控端視交換的位置直到由主控端發出停止訊號。

　　另外一個在使用 I²C 傳輸模式下時常進行的動作為「重新開始」（Restart），
這通常是運用在主控端的微控制器要接受資料的狀況下進行。通常的情況是
由主控端的微控制器先按照 I²C 傳輸協定發出開始訊號（Start）、位址與寫入

位元（0）的第一個位元組（byte）資料；在獲得確認的訊號之後，如果需要進行設定的話便送出第二個位元組（byte）資料到受控端元件進行設定；在完成設定之後，此時主控端並不等待所有程序的完成而直接重新送出開始訊號（Start）、位址與讀取位元（1）的第一個位元組（byte）資料，重新將整個 I²C 通訊網路帶入到另一次新的資料傳輸狀態，然後繼續進行資料的讀取。因為這種所謂的「重新開始」的方法不必等待整個完整的資料訊息完成之後便重新開始，可以節省許多資料傳輸的時間。

18.3　I²C 通訊模組的使用

I²C 模組相關的控制與暫存器

I²C 模組有八個使用者可以讀寫的暫存器用來設定與監控 I²C 通訊模組的操作。這些暫存器都可以使用位元組或者字元的模式來進行讀寫。這些暫存器包括：

I2CxCON（L）與 I2CxCONH：設定 I²C 模組的操作與控制。

I2CxSTAT：包含了許多狀態旗標，顯示 I²C 模組的操作狀態。

I2CxMSK：為了支援多位址的模式（特別是作為監聽或遞傳），可以設定位址定義中哪些位元需要檢查或忽略。

I2CxRCV：用來讀取 I²C 通訊模組所接收到的資料位元組的緩衝暫存器，這是一個唯讀暫存器。

I2CxTRN：資料發送暫存器。被寫入到這個暫存器的資料位元組將會在發送的過程中傳輸到其他元件。這是可以讀取或寫入的暫存器。

I2CxADD：當模組設定為受控模式時，這個暫存器用來記錄受控裝置的 I²C 通訊位址。

I2CxBRG：用來儲存鮑率產生器重新載入時所需要的數值暫存器以控制同步時脈頻率。

相關暫存器及其位元內容如表 18-1 所示。

表 18-1　I²C 相關暫存器及其位元定義

File Name	Bit 15	Bit 14	Bit 13	Bit 12	Bit 11	Bit 10	Bit 9	Bit 8
I2CxRCV	—	—	—	—	—	—	—	—
I2CxTRN	—	—	—	—	—	—	—	—
I2CxBRG	—	—	—	—	—	—	—	I2Cx Baud Rate Generator Register<8>
I2CxCONL	I2CEN		I2CSIDL	SCLREL	STRICT	A10M	DISSLW	SMEN
I2CxCONH								
I2CxSTAT	ACKSTAT	TRSTAT	ACKTIM	—	—	BCL	GCSTAT	ADD10
I2CxADD	—	—	—	—	—	—	I2Cx Address Register<9:8>	
I2CxMSK	—	—	—	—	—	—	I2Cx Address Mask Register<9:8>	
ISRCCON	ISRCEN	—	—	—	—	OUTSEL2	OUTSEL1	OUTSEL0

File Name	Bit 7	Bit 6	Bit 5	Bit 4	Bit 3	Bit 2	Bit 1	Bit 0	All Resets
I2CxRCV	I2Cx Receive Register								0000
I2CxTRN	I2Cx Transmit Register								00FF
I2CxBRG	I2Cx Baud Rate Generator Register<7:0>								0000
I2CxCONL	GCEN	STREN	ACKDT	ACKEN	RCEN	PEN	RSEN	SEN	1000
I2CxCONH	—	PCIE	SCIE	BOEN	SDAHT	SBCDE	AHEN	DHEN	0000
I2CxSTAT	IWCOL	I2COV	$D/\bar{A}$	P	S	$R/\bar{W}$	RBF	TBF	0000
I2CxADD	I2Cx Address Register<7:0>								0000
I2CxMSK	I2Cx Address Mask Register<7:0>								0000
ISRCCON	—	—	ISRCCAL<5:0>						0000

Legend:　— = unimplemented, read as '0'. Reset values are shown in hexadecimal.
Note 1:　These registers and/or bits are not available on all devices. Refer to the specific device data sheet for availability.

在 I²C 通訊的過程中，要被發送的資料需要被寫入到 I2CxTRN 暫存器。不管是在主控模式下需要傳輸資料到受控裝置，或者是在受控模式下需要回傳一筆資料到主控裝置，都需要用到這個 I2CxTRN 暫存器。當訊息傳輸工作開始，I2CxTRN 暫存器將會把各個位元逐一的移位傳輸出去。因此，除非 I²C 傳輸的資料匯流排是處於閒置的狀態，不建議使用者將資料寫入到 I2CxTRN 暫存器。

在主控裝置或者受控裝置所接收到的資料，將會被移位進入一個程式無法直接讀取的 I2CxRSR 移位暫存器。當一個完整的位元組資料被收到時，這個位元組將會被移轉到 I2CxRCV 暫存器。因此，在接收資料的操作中，

I2CxRSR 與 I2CxRCV 暫存器形成一個雙層的資料緩衝暫存器。這樣的設計，將可以在程式讀取已接收完成的位元組資料之前，繼續接收下一個位元組的資料。但是，如果程式在 I²C 模組完整的接收到下一筆資料之前，沒有將前一筆的資料由 I2CxRCV 暫存器讀出的話，將會導致接收暫存器的溢流並將 I2CxSTAT 暫存器的 I2COV 位元設定為 1 以顯示溢流狀態的發生。此時，I2CxRSR 暫存器的資料將流失。

⦿ I²C 鮑率產生器的設定

當 dsPIC33CK 微控制器的 I²C 模組被設定為主控模式時，必須要從 SCL 腳位主動的輸出時脈波供作其他的受控裝置做為同步資料傳輸的依據。dsPIC33CK 微控制器的 I²C 模組可以支援高達 1MHz 的資料傳輸速率。資料傳輸速率是由鮑率產生器的設定而決定的。當所需要的資料傳輸頻率為 F_{SCL} 時，dsPIC33CK 的 I²C 模組鮑率暫存器的設定可由下列的公式計算：

$$I2CxBRG = ((1/F_{SCL} - Delay) \cdot F_{CY}/2) - 2$$

其中的 Delay 通常為 110~150 ns，F_{CY} 為指令執行頻率。I2CxBRG 最小值為 2。

基本上 I²C 模組的鮑率產生器就是一個下數的計時器，每一次單位時間開始時會重置計時器內容為 I2CxBRG 的數值，並開始下數至 0 為止後再重置。每個單位時間 SCL 腳位將會產生一次電位的反轉變化，而每個同步時脈需要兩次腳位電位變化，所以每兩個單位時間剛好對應一個位元的傳輸時間。

⦿ I²C 睡眠模式下的操作

當元件執行一個睡眠（Sleep）的指令時，如果 I²C 模組是設定為主控模組的話，模組將停止接收或傳輸的程序而無法預期正在進行中的資料傳輸狀態變化，並重置模組的狀態。即便是元件由睡眠中被喚醒，也不會繼續進行先前的資料傳輸。當元件被喚醒並且進入一般的操作模式時，主控模組的部分將會停留在進入睡眠前的狀態，但是可能因為受控端的變化而無法繼續未完成的資料傳輸。因此在主控模式下，如果要進入睡眠模式，最好先完成 I²C 正在進行的資料傳輸，以免發生不可預期的結果。由於 I²C 硬體上並沒有提供任何自動方式處理在正常操作模式下進入睡眠狀態的機制，必須由使用者的程式正確的檢查 I²C 模組操作的狀態，再行發出睡眠的指令。相反的，在受控模組的部分則因為可以接收外部主控端的時脈訊號，而得以繼續完成該筆資料傳輸，而且 I²C 的受控模式中斷可以喚醒系統，如果有開啟適當的中斷功能與轉寫適當的程式，將可以處理相關接收資料的程序。

⊙ I²C 閒置模式下的操作

當程式執行一個閒置（Idle）的命令時，模組操作狀態將視 I2CSIDL 位元的設定的決定。當 I2CSIDL 位元被設定為 1 時，I²C 模組將會進入與睡眠模式相同的狀態；當 I2CSIDL 位元被設定為 0 時，I²C 模組將會繼續正常的操作。

在了解 I²C 的基本操作方式之後，恐怕許多讀者會感到戒慎恐懼，不知道如何開始撰寫這樣的通訊應用程式。這時候建議讀者使用 MPLAB XC16 編譯器與 MCC 所提供的 I²C 函式庫，其中的函式包含了所有上述傳輸動作的相關函式。使用者只要依循通訊協定所規定的動作依照順序呼叫相關函式，便可以完成所需要的資料讀寫動作

18.4 XC16 編譯器的 I²C 軟體函式庫

由於 dsPIC33CK 的 I²C 模組在較早的版本硬體尚有未妥善解決的問題，可能會導致使用上的錯誤，因此為暫時解決使用 I²C 的需求，Microchip 提供了軟體 I²C 函式庫，讓使用者可以利用數位 IO 的腳位功能依照 I²C 通訊協定的定義模擬 I²C 的傳輸訊號變化而達到與其他 I²C 元件通訊的目的。使用者如確認硬體問題解決後（燒錄時 Device Revision ID > 2 的版本），則可以使用 MCC 產生的函式庫處理。Microchip 的 I²C 軟體函式庫提供了兩組函式庫分別作為主控模式與附屬模式下的 I²C 通訊模組的設定與資料的處理。在主控模式函式庫下，使用下列的函式作為 I²C 通訊模組的設定與資料的處理：

- 開啟與設定 I²C 模組

  I2CM_Init( )

- 主控時產生起始訊號

  I2CM_Start( )

- 主控時產生停止訊號

  I2CM_Stop( )

- 發送字串資料

  I2CM_Write( )

- 接收字串資料

  I2CM_Read( )

在從屬模式函式庫下，使用下列的函式作為I²C通訊模組的設定與資料的處理：

- 開啟與設定 I²C 模組

  I2CS_Init( )

- 從屬時利用輪詢或中斷檢查 I²C 網路訊號

  I2CS_Task( )

- 從屬時產生起始訊號

  I2CS_Start( )

- 從屬時產生停止訊號

  I2CS_Stop( )

- 從屬時發送字串資料

  I2CS_Write( )

- 從屬時接收字串資料

  I2CS_Read( )

▍實驗板的 I²C 元件電路與開關設定

　　如果讀者需要對 I²C 模組做更深入的探討與練習，在更新設計的實驗板已加入了 I²C 元件與電路以便讀者使用，包括 24LC024（U9）與 MCP9800A5（U10）。要注意的是，由於在實驗板所使用的 dsPIC33CK256MP505 數位訊號控制器中，屬於 I²C 模組的 SDA 與 SCL 腳位與程式燒錄與除錯的 PGD1 與

PDC1 腳位共用，且 SDA 與 SCL 腳位連接有電壓提升電路；因此在燒錄程式時必須要將相關外部 I²C 元件電路與燒錄與除錯的 PGD1 與 PDC1 斷開，改用 PGD3/PGC3 進行燒錄與除錯，否則將無法成功燒錄程式或進行除錯。因此，平時如果使用 PGD1/PGC1 需將 DSW6 的所有開關切至 OFF 斷開位置，以免影響燒錄與除錯的工作。當需要使用 I²C 功能時，則必須要調整設定位元（Configuration Bits）及切換開關 DSW1 改用 PGD3/PGC3 燒錄程式後，並將 DSW6 的 1、2 開關切換至元件所需要連接電路。例如如果要使用下一節所介紹的 MCP9800，則必須在程式燒錄後，將 DSW6 的 1、2 開關切至 ON 以連接 dsPIC33CK256MP505 控制器與 MCP9800 之間的 SDA 與 SCL 電路，同時將 DSW6 的其他開關切到 OFF 位置。

如果以 PGD1/PDC1 的設定，在 APP020 plus 實驗板上是無法進行 I²C 相關元件的燒錄與除錯程序。

◎ MCP9800 溫度感測器

MCP9800 溫度感測器是一個精確的溫度感測器，可以量測攝氏零下 55 度到正 125 度的範圍，是一個標準的工業用溫度感測器。除了可以感測溫度之外，MCP9800 溫度感測器可由使用者指定溫度感測的精確度，同時也可以輸出一個警示的訊號；當溫度超過使用者所設定的上限時，將會觸發一個使用者所設定的高電壓或低電壓警示訊號。同樣的，使用者也可以設定一個警示訊號解除的溫度下限，當溫度低於所設定的下限值時，將解除警示訊號的輸出。

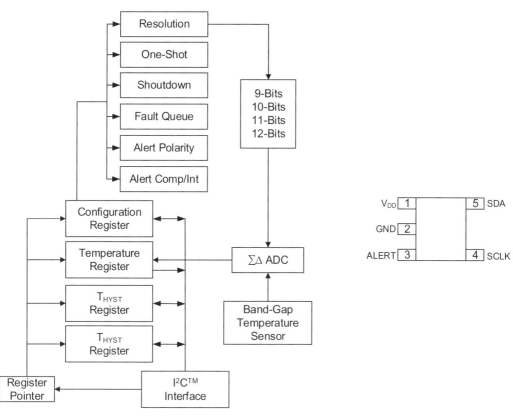

圖 18-4   MCP9800 溫度感測器的結構與腳位示意圖

MCP9800 溫度感測器是一個使用 I²C 通訊傳輸協定的數位溫度感測器，因此所有的功能設定與資料擷取，必須要透過 I²C 傳輸協定來進行。既然是使用 I²C 通訊傳輸協定，必須要設定 MCP9800 溫度感測器的通訊傳輸位址。MCP9800 溫度感測器在腳位配置圖如圖 18-4 所示。MCP9800 溫度感測器的 I²C 通訊傳輸位址如表 18-2 所示，較高的四個位元為預設值 1001，而較低的 3 個位元這可以由元件型號最後一個數字來決定。例如本書所用的型號為 MCP9800A5，因此完整的 I²C 通訊位址為 1001101x，這裡的 x 為通訊協定中保留作為讀取或者寫入資料的選擇位元。如果 I²C 通訊位址與其他元件有所衝突，可以改用其他尾數的同型元件。

表 18-2　MCP9800 溫度感測器的 I²C 通訊位址設定

Device	A6	A5	A4	A3	A2	A1	A0
MCP9800	1	0	0	1	X	X	X

MCP9800 溫度感測器暫存器定義

MCP9800 溫度感測器內部共有四個暫存器，分別為：溫度資料暫存器、設定暫存器、溫度警示解除下限暫存器與溫度警示上限暫存器等四個。其位址與記憶體長度如表 18-3 所示：

表 18-3　MCP9800 溫度感測器暫存器

位址	功能暫存器	資料長度
00	溫度資料暫存器	2 Bytes
01	設定暫存器	1 Byte
10	溫度警示解除下限暫存器	2 Bytes
11	溫度警示上限暫存器	2 Bytes

溫度資料暫存器

溫度暫存器存放著感測的溫度資料，其資料長度為兩個位元組。在高位元組存放的是攝氏溫度的整數部分，而低位元組存放的則是小數的部分。而資料的內容可以藉由設定暫存器的設定調整量測的精確度。溫度資料暫存器的內容與位元定義如表 18-4 所示：

表 18-4　溫度資料暫存器內容與位元定義

Upper Half:　高位元組

R-0	R-0	R-0	R-0	R-0	R-0	R-0	R-0
Sign	2^6 C/bit	2^5 C/bit	2^4 C/bit	2^3 C/bit	2^2 C/bit	2^1 C/bit	2^0 C/bit

bit 15　　　　　　　　　　　　　　　　　　　　　　　　　bit 8

Lower Half:　低位元組

R-0	R-0	R-0	R-0	R-0	R-0	R-0	R-0
2^{-1} C/bit	2^{-2} C/bit	2^{-3} C/bit	2^{-4} C/bit	0	0	0	0

bit 7　　　　　　　　　　　　　　　　　　　　　　　　　bit 0

設定暫存器

設定暫存器為一個 8 位元的暫存器，透過這個暫存器可以讓使用者設定溫度感測器的使用功能。其詳細的位元內容定義如表 18-5 所示：

表 18-5　設定暫存器內容與位元定義

R/W-0	R/W-0	R/W-0	R/W-0	R/W-0	R/W-0	R/W-0	R/W-0
One-Shot	Resolution		Fault Queue		ALERT Polarity	COMP/ INT	Shutdown

bit 7　　　　　　　　　　　　　　　　　　　　　　　　　　　　　　　　bit 0

bit 7　單次量測設定 **ONE-SHOT** bit
　　　1 = 啟動 Enabled
　　　0 = 關閉 Disabled（Power-up default）

bit 5-6　溫度轉換精確度設定∑ △ **ADC RESOLUTION** bits
　　　00 = 9 bit（啟動預設 Power-up default）
　　　01 = 10 bit
　　　10 = 11 bit
　　　11 = 12 bit

bit 3-4　故障序列 **FAULT QUEUE** bits
　　　00 = 1（啟動預設 Power-up default）
　　　01 = 2
　　　10 = 4
　　　11 = 6

bit 2　警示訊號極性 **ALERT POLARITY** bit
　　　1 = Active-high
　　　0 = Active-low（啟動預設 Power-up default）

bit 1　警示訊號模式 **COMP/INT** bit
　　　1 = 中斷模式 Interrupt mode
　　　0 = 比較模式 Comparator mode（啟動預設 Power-up default）

bit 0　功能關閉 **SHUTDOWN** bit
　　　1 = Enable
　　　0 = Disable（啟動預設 Power-up default）

溫度警示解除下限暫存器

這個暫存器儲存著一個溫度預設值。當實際量測的溫度小於這個預設的溫度下限時，警示訊號腳位輸出的警示訊號將會被解除。這個暫存器的資料長度雖然有兩個位元組，但是在低位元組的部分只有最高位元可以作為設定使用，其他的較低位元內容將會被忽略。暫存器的內容與溫度資料暫存器的使用者可以參考表 18-4 與 18-5。

溫度警示上限暫存器

這個暫存器儲存著一個溫度預設值。當實際量測的溫度大於這個預設的溫度上限時，警示訊號腳位將會依照使用者的設定輸出一個警示訊號。這個暫存器的資料長度雖然有兩個位元組，但是在低位元組的部分只有最高位元可以作為設定使用，其他的較低位元內容將會被忽略。暫存器的內容與溫度資料暫存器的使用可以參考表 18-4 與 18-5。

◦ MCP9800 溫度感測器操作程序

由於透過通訊傳輸協定的方式，因此所有的 MCP9800 溫度感測器操作程序必須依照相關的規定進行。

■ 寫入資料

在透過 I²C 通訊協定傳輸資料時，第一個位元組必須要傳送 MCP9800 溫度感測器的 I²C 通訊傳輸位址（1001101）以及寫入位元（0）的定義；第 2 個位元組則必需要指定所要處理的資料暫存器位址，暫存器的位址如表 18-3 所示；然後根據應用程式的需求，如果是寫入資料的話，則根據暫存器的資料長度可以繼續傳輸一個或兩個位元組的資料輸出到 MCP9800 溫度感測器。藉由這樣的寫入程序，應用程式可以改變設定暫存器的內容以及溫度警示上下限暫存器的設定。

■ 讀取資料

而在讀取量測溫度的時候，首先第一個位元組必須要傳送 MCP9800 溫度感測器的 I²C 通訊傳輸位址以及寫入位元（0）的定義；第 2 個位元組則必需要指定所要處理的資料暫存器位址，暫存器的位址如表 18-4 所示。這時候，應用程式可以直接發出重新開始的訊號，然後發出一個位元組傳送 MCP9800 溫度感測器的通訊傳輸位址以及讀取位元（1）的定義；然後微控制器便可以進入資料接收的狀態，並根據資料的長度接收一個或兩個位元的溫度感測器資料。

　　由於 dsPIC33CK 的 I²C 軟體函式庫示僅提供基本的 I²C 函式，因此要作為特定 I²C 元件使用時，例如 MCP9800，可以自行撰寫基於基本的函式的元件專有函式，讓程式撰寫相關應用時可以更直接方便。例如針對 MCP9800 便可以自行撰寫下列函式進行對 MCP9800 的資料寫入與讀取：

- 初始化 MCP9800

　　MCP9800Init( )

- 寫入 1 個或 2 個位元組資料函式

　　MCP9800Write1Byte( )、*MCP9800Write2Byte( )*

- 讀取 1 個或 2 個位元組資料函式

　　MCP9800Read1Byte( )、*MCP9800Read2Byte( )*

範例程式 18-1 中即會以這一些與元件有關的函式進行與 MCP9800 的相關通訊處理。

程式範例 18-1 ｜ 使用 I²C 軟體函式庫進行溫度感測器處理

　　配合 Timer1 計時器的使用，每一秒鐘使用溫度感測器量取溫度並在 LCD 模組上顯示時間與溫度。並利用溫度感測器警示設定值，設定一個溫度警示範圍，利用發光二極體 LED16 作為警示訊號的輸出。

注意：必須在第一次程式燒錄時，修改 mcc.c 中的

```
#pragma config ICS = PGD3
// ICD Communication Channel Select bits
// ->Communicate on PGC3 and PGD3
```

改用 PGD3/PGD3。第一次燒錄後將 DSW6 的 1，2 開關切至 ON 的位置，3//4/5/6 則為 OFF 的位置；並將 DSW1 的 1、2 開關切至 OFF 的位置，將 DSW1 的 3、4 開關切至 ON 的位置。

　　如要再次執行本書前面 16 章範例時，將 DSW6 的 1、2 開關切至 OFF 的位置；先燒錄一次前面各章的範例程式後，將 DSW1 的 1、2 開關切至 ON 的位置，將 DSW1 的 3、4 開關切至 OFF 的位置，便會回復到以 PGD1/PGC1 的燒錄方式。

```
// ****************************************************************
// File : EX18_1_I2C_Temp_SW.c
// Purpose : 使用 I2C 軟體函式庫設訂並讀取 MCP9800 溫度感測器資料
//
// 動作 :
// 利用 I2C 設定 MCP9800 功能，並利用 TIMER 定時讀取溫度資料
// 因為硬體設計問題，無法使用 I2C 硬體，故使用 I2C 軟體函式庫
// ****************************************************************

#include <xc.h>
#include "APP020_LCD.h" // 將 LCD 函式的原型宣告檔案含入
#include "i2c_master.h" // 將 LCD 函式的原型宣告檔案含入
#include "i2c_master_MCP9800.h"  // 將 LCD 函式的原型宣告檔案含入

// 宣告字串於程式記憶體 (因為 const 宣告)
const char My_String1[]="Ex 18 - I2C Temp" ;
// 宣告字串於資料記憶體
char My_String2[]="TIME:00:00    'C" ;

void    Show_Time(void) ; // 將分秒數字顯示至液晶顯示器的函式
void    Show_Temp(void) ; // 將溫度顯示至液晶顯示器的函式

unsigned char  Minute = 0 ;
unsigned char  Second = 0 ;
unsigned int   miliSec = 0 ;

// union 宣告將使 8 位元變數 ByteAccess 與 SystemFlag 結構變數
// 使用相同的記憶體，以利不同格式的位元運算需求
union{
  unsigned char ByteAccess ;
  struct{
    unsigned Bit0: 1 ;
    unsigned Bit1: 1 ;
    unsigned Bit2: 1 ;
    unsigned unused : 5 ;
  } ;
} SystemFlag ;

// 定義 OneSecond 旗標等同於 SystemFlag.Bit0 位元變數，
// 故將使用一個位元記憶空間
#define OneSecond SystemFlag.Bit0
```

```
void _ISR _CCT1Interrupt(void){        //Timer1 中斷副程式
  miliSec += 1 ;                        //遞增時間指標
  if(miliSec == 1000){       //每 1000 次將 OneSecond 旗標設定為 1
    OneSecond = 1 ;
    miliSec  = 0 ;
  }
  IFS0bits.CCT1IF = 0 ;      //清除中斷旗標
}

int main( void ){
  unsigned short dummy;
  OpenLCD( ) ;    // 使用 OpenLCD( )對 LCD 模組作初始化設定

  setcurLCD(0,0) ;    // 使用 setcurLCD( ) 設定游標於 (0,0)
  putrsLCD( My_String1 ) ; // 將程式記憶體的字串輸出至 LCD

  setcurLCD(0,1) ;    // 使用 setcurLCD( ) 設定游標於 (0,1)
  putrsLCD( My_String2 ) ; // 將資料記憶體的字串輸出至 LCD

  // 初始化 I2C 腳位與 MCP9800
  MCP9800Init();
  MCP9800Write1Byte(0x01,0x00);// 設定 CONFIG 暫存器為 9bit 模式
  MCP9800Write2Byte(0x03,0x1C80);// 設定溫度警示觸發上限=28.5
  MCP9800Write2Byte(0x02,0x1A80);// 設定溫度警示解除下限=26.5

  CCP1PRL = 0x1F3F;       // CCP1 16 位元 Timer A 的週期設為 1ms
  CCP1CON1L = 0x8200;      // 開啟 16 位元計時器 A、睡眠閒置停止、
                  // 同步時脈、周邊時脈作為系統時脈
                  // 除頻器 1:1、16 位元模式、計時器模式
  CCP1CON1H = 0x0000;      // 同步位元=0000, 計時器以週期比較歸零

  IFS0bits.CCT1IF = 0;    // CCP1 Timer A 的中斷旗標歸零
  IPC1bits.CCT1IP = 6;    // 中斷優先層級 6
  IEC0bits.CCT1IE = 1;    // CCP1 Timer A 的中斷啟動

  while(1)
  {
    if( OneSecond == 1 ){ // 檢查 OneSecond 旗標確認達 1 秒鐘
      OneSecond =0 ;          // 清除 OneSecond 旗標

      Second += 1 ; // 若 1 秒鐘到，清除 miliSec 以便起始新的計時
```

CHAPTER

18

```
    if( Second == 60 ) { // 更新 Minute
      Second = 0 ;          // Second : 0 .. 59
      Minute++ ;

      if( Minute == 60 )
        Minute = 0 ;        // Minute : 0 .. 59
    }// End of if ( Second == 60 )

    Show_Time( );            // 將時間顯示於 LCD 上
    Show_Temp( );            // 將溫度顯示於 LCD 上
  }// End of if ( OneSecond )
 }// End of while(1)
}//End of main()

/***********************************************/
// 將時間顯示於 LCD 的函式

void Show_Time(void) {
 setcurLCD(5,1) ;             // 設定游標
 put_Num_LCD( Minute ) ;   // 將分鐘以十進位顯示至 LCD
 putcLCD(':') ;             // 將：字元顯示至 LCD
 put_Num_LCD( Second ) ;   // 將秒數以十進位顯示至 LCD
}

/***********************************************/
// 將溫度顯示於 LCD 的函式

void    Show_Temp(void)
{
 unsigned int Temperature;

 // 寫入溫度資料記憶體位址
 Temperature=MCP9800Read2Byte(0x00);// 讀取溫度暫存器
 setcurLCD(12,1) ;                    // 設定游標
 put_Num_LCD( Temperature>>8 );// 將溫度以十進位顯示至 LCD
}
```

　　由於有元件專有函式庫，所以對於 MCP9800 可以直接使用相關函式進行初始化如下所示：

```
// 初始化 I2C 腳位與 MCP9800
MCP9800Init();
MCP9800Write1Byte(0x01,0x00);//設定 CONFIG 暫存器為 9bit 模式
MCP9800Write2Byte(0x03,0x1C80);//設定溫度警示觸發上限=28.5
MCP9800Write2Byte(0x02,0x1A80);//設定溫度警示解除下限=26.5
```

在範例 18-1 程式中，便利用自行撰寫的函式，以 MCP9800Write1Byte( ) 與 MCP9800Write2Byte( ) 對 MCP9800 的設定位元作初始化；然後在每秒鐘 OneSecond 為 1 的時候，利用 Show_Temp( ) 函式中的 MCP9800Read1Byte( ) 或 MCP9800Read2Byte( ) 讀取 MCP9800 的溫度內容，並據此進行溫度的顯示與處理。

練習 18-1

配合 Timer1 計時器的使用，每一秒鐘使用溫度感測器量取溫度，並在 LCD 模組上顯示 12 位元精確度的溫度至小數點第一位。並利用溫度感測器警示設定值，設定一個溫度警示範圍，利用發光二極體 LED16 作為警示訊號的輸出。當溫度正常時 LED16 點亮，超過時則熄滅。

18.5　MCC 的 I²C 函式庫

在經過數次硬體更新設計後，如果使用較新的 dsPIC33CK 硬體版本（在燒錄程式時會出現 Device Resion ID 是大於 2 者），則可以使用 MCC 產生的 I²C 函式庫進行應用開發撰寫，可以產生更有效率的應用程式。

MCC 所產生的函式庫相關函式如下：

- 開啟與設定 I²C 模組

  I2Cx_Initialize( )

- 主控時傳輸資料函式

  I2Cx_MasterWrite( )

- 主控時讀取資料函式

  I2Cx_MasterRead ( )

- 主控時插入資料緩衝區塊函式

  I2Cx_MasterTRBInsert ( )

CHAPTER

18

- 主控時建立資料接收緩衝區塊函式

  I2Cx_MasterReadTRBBuild ( )
- 主控時建立資料傳輸緩衝區塊函式

  I2Cx_MasterWriteTRBBuild ( )
- 主控時檢查資料傳輸緩衝區塊是否空乏函式

  I2C1_MasterQueueIsEmpty ( )
- 主控時檢查資料傳輸緩衝區塊是否飽滿函式

  I2C1_MasterQueueIsFull ( )
- 主控時 I²C 模組狀態檢查結果的變數

  typedef enum{

  　　I2Cx_MESSAGE_FAIL,

  　　I2Cx_MESSAGE_PENDING,

  　　I2Cx_MESSAGE_COMPLETE,

  　　I2Cx_STUCK_START,

  　　I2Cx_MESSAGE_ADDRESS_NO_ACK,

  　　I2Cx_DATA_NO_ACK,

  　　I2Cx_LOST_STATE

  } I2Cx_MESSAGE_STATUS;

在從屬模式函式庫下，使用下列的函式作為 I²C 通訊模組的設定與資料的處理：

- 開啟與設定 I²C 模組

  I2Cx_Initialize( )
- 從屬時元件位址遮罩設定

  I2Cx_SlaveAddressMaskSet ( )
- 從屬時元件位址設定

  I2Cx_SlaveAddressSet ( )
- 從屬時設定資料讀取緩衝區指標

  I2Cx_ReadPointerSet ( )
- 從屬時設定資料傳輸緩衝區指標

  I2Cx_WritePointerSet ( )
- 從屬時取得資料讀取緩衝區指標

I2Cx_ReadPointerGet ( )

• 從屬時取得資料傳輸緩衝區指標

I2Cx_WritePointerGet ( )

• 從屬時傳輸狀態呼叫函式

I2Cx_StatusCallback ( )

• 從屬時 I²C 模組狀態檢查結果的變數

typedef enum{

    I2Cx_SLAVE_TRANSMIT_REQUEST_DETECTED,

    I2Cx_SLAVE_RECEIVE_REQUEST_DETECTED,

    I2Cx_SLAVE_RECEIVED_DATA_DETECTED,

    I2Cx_SLAVE_10BIT_RECEIVE_REQUEST_DETECTED,

} I2Cx_SLAVE_DRIVER_STATUS

    利用上述 MCC 程式設定器產生的 I²C 模組函式庫，便可以進行相關 I²C 模組的功能使用，與外部元件透過嚴謹的 I²C 模組通訊功能，達到一個多點元件的資料傳輸通訊系統架構。

程式範例 18-2　　使用 MCC 產生的 I²C 函式庫進行溫度感測器處理

    配合 Timer1 計時器的使用，每一秒鐘使用 I²C 溫度感測器量取溫度並在 LCD 模組上顯示時間與溫度。並利用溫度感測器警示設定值，設定一個溫度警示範圍，利用發光二極體 LED16 作為警示訊號的輸出。

注意：必須在第一次程式燒錄時，修改 mcc.c 中的

```
#pragma config ICS = PGD3
// ICD Communication Channel Select bits
// ->Communicate on PGC3 and PGD3
```

改用 PGD3/PGD3。第一次燒錄後將 DSW6 的 1，2 開關切至 ON 的位置，3//4/5/6 則為 OFF 的位置；並將 DSW1 的 1、2 開關切至 OFF 的位置，將 DSW1 的 3、4 開關切至 ON 的位置。

    如要再次執行本書前面 16 章範例時，將 DSW6 的 1、2 開關切至 OFF 的

位置：先燒錄一次前面各章的範例程式後，將 DSW1 的 1、2 開關切至 ON 的
位置，將 DSW1 的 3、4 開關切至 OFF 的位置，便會回復到以 PGD1/PGC1 的
燒錄方式。

```c
// *********************************************************
// File : EX18_1_I2C_Temp_MCC.c
// 目的 : 使用 I2C 軟體函式庫設訂並讀取 MCP9800 溫度感測器資料
// 動作 : 利用 I2C 設定 MCP9800 功能，並利用 TIMER 定時讀取溫度資料
// *********************************************************

/*
  Section: Included Files
*/
// 將系統與硬體設定函式的原型宣告檔案含入
#include "mcc_generated_files/system.h"
// 將 CCP1_TMR 函式的原型宣告檔案含入
#include "mcc_generated_files/sccp1_tmr.h"
// 將 I2C1 函式的原型宣告檔案含入
#include "mcc_generated_files/i2c1.h"
// 將 LCD 函式的原型宣告檔案含入
#include "../APP020_LCD.h"
// 將 LCD 函式的原型宣告檔案含入
#include "../I2C_MCP9800.h"

#define I2C_DEVICE_ADDR    0x4D //Address of MCP9088A5 "100-11

/*  Main application    */
// 宣告字串於 Program Memory (因為 const 宣告)
const char My_String1[]="Ex 18 - I2C TEMP " ;
// 宣告字串於 Data Memory
char    My_String2[]="TIME:00:00    'C" ;

void Show_Time(void) ; // 將分秒數字顯示至液晶顯示器的函式
void Show_Temp(void) ; // 將溫度顯示至液晶顯示器的函式

unsigned char Minute = 0 ;
unsigned char Second = 0 ;
unsigned int milliSec = 0 ;

// 將 I2C 模組初始狀態設定為等待
I2C1_MESSAGE_STATUS status = I2C1_MESSAGE_PENDING;
```

```
int main(void)
{
  unsigned char char_str[3];

  // initialize the device
  SYSTEM_Initialize();

  // Disabling SCCP1  Secondary Timer interrupt.
  IEC0bits.CCP1IE = 0;

  // Enabling SCCP1 interrupt.
    IEC0bits.CCT1IE = 1;

  //  I2C1CONL = 0x8000;
  // 透過 I2C 初始化 MCP9800
  char_str[0]=0x01; // 設定 CONFIG 為 9bit 模式，內部記憶體位址
  char_str[1]=0x00; // 設定內容

  // 初始化 MCP9800 模組
  I2C_MCP9800_Write(char_str,2,I2C_DEVICE_ADDR,&status);

  char_str[0]=0x03;// 設定溫度警示上限=30.5，內部記憶體位址
  char_str[1]=30;  // 整數
  char_str[2]=128; // 小數
  // 設定溫度警示觸發上限
  I2C_MCP9800_Write(char_str,3,I2C_DEVICE_ADDR,&status);

  char_str[0]=0x02;// 設定溫度警示下限=28.5，內部記憶體位址
  char_str[1]=28;  // 整數
  char_str[2]=128; // 小數
  // 設定溫度警示解除下限
  I2C_MCP9800_Write(char_str,3,I2C_DEVICE_ADDR,&status);

  // 由於 I2C 通訊可能會有多主控裝置存在時的優先權處理
  // 或通訊失敗的可能，可以由 status 回傳值判斷

  OpenLCD( );// 使用 OpenLCD( ) 對 LCD 模組作初始化設定
            // 4 bits Data mode
            // 2 lines, 5 * 7 Character

  setcurLCD(0,0) ;// 使用 setcurLCD( ) 設定游標於 (0,0)
  putrsLCD( My_String1 );// 將程式記憶體的字串輸出至 LCD
```

```
  setcurLCD(0,1) ;// 使用 setcurLCD( ) 設定游標於 (0,1)
  putrsLCD( My_String2 );// 將資料記憶體的字串輸出至 LCD
  while (1)
  {
    // Add your application code
    if ( Second == 60 ) {
      Second = 0 ;                    // Second : 0 .. 59
      Minute++ ;
      if ( Minute == 60 )
        Minute = 0 ;                  // Minute : 0 .. 59
    }// End of if ( Second == 60 )
    if (milliSec == 0){
      Show_Time( ) ;                  // 將時間顯示於 LCD 上
      Show_Temp( ) ;
    }
  }// End of while(1)
  return 1;
}

/*************************************************/
// Subroutine to show Time on LCD

void Show_Time(void)
{
  setcurLCD(5,1) ; // Set LCD cursor
  put_Num_LCD( Minute ) ;// 將分鐘以十進位顯示至 LCD
  putcLCD(':') ;    // 將：字元顯示至液晶顯示器
  put_Num_LCD( Second ) ;// 將秒數以十進位顯示至 LCD
}

/*************************************************/
// Subroutine to show Temperature on LCD

void    Show_Temp(void)
{
  unsigned char    Temperature;
  unsigned char    char_str[2];

  // 透過 I2C 讀取 MCP9800 溫度
  char_str[0]=0x00;              // 溫度資料暫存器內部記憶體位址
  // 先寫入溫度資料記憶體位址
  I2C_MCP9800_Write(char_str, 1, I2C_DEVICE_ADDR, &status) ;
  setcurLCD(12,1) ;          // Set LCD cursor
```

```
  if(status == I2C1_MESSAGE_COMPLETE){ // 寫入成功則讀取資料
    I2C_MCP9800_Read(char_str, 2, I2C_DEVICE_ADDR, &status) ;
    Temperature =  char_str[0] ;        //讀取溫度整數部分
    put_Num_LCD( Temperature ) ; // 將溫度以十進位顯示至 LCD
  }
  else {
    putcLCD('N') ;putcLCD('A');      // 寫入失敗則顯示錯誤
  }
}
```

　　在上述程式中，由於 MCC 產生的函式庫只會對 I²C 模組進行單一次的傳輸或讀取的動作，由於 I²C 通訊網路可以是一個多主控裝置與多從屬裝置的網路，如果應用程式在有任何的資料通訊正在進行時發起通訊要求時，可能會因為無法取得網路控制權而無法完成資料通訊的工作。因此除了單純使用 MCC 產生的 I²C 函式庫之外，針對 MCP9800 的設定與通訊也撰寫了一個 I²C 通訊網路狀態檢查與等待機制的函式庫，可以在必要時藉由自訂義變數 *I2Cx_MESSAGE_STATUS* 與 *I2Cx_SLAVE_DRIVER_STATUS* 的變化了解目前網路狀態與模組嘗試與等待的情形，以決定是否繼續等待或結束傳輸的嘗試。

　　這些自訂義的函式包括了資料傳輸與讀取的函式儲存於函式檔 I2C_MCP9800.c 中。函式內容說明如下：

```
//(注意路徑定義)
// 將 MCC 的 I2C1 函式的原型宣告檔案含入
#include "EX18_1_I2C_ MCC.X/mcc_generated_files/i2c1.h"
// Constants
#define FCY 8000000/2 //定義指令執行週期(使用 FRC 時脈)
#include <libpic30.h>
// 定義傳輸失敗的最大嘗試次數
#define SLAVE_I2C_GENERIC_RETRY_MAX          100
// 定義等待外部元件通訊的最大嘗試次數
#define SLAVE_I2C_GENERIC_DEVICE_TIMEOUT      50

extern I2C1_MESSAGE_STATUS status; // I2C 傳輸狀態變數

// MCP9800 傳輸資料函式
```

```
void  I2C_MCP9800_Write(uint8_t *pdata, uint8_t length,
          uint16_t address, I2C1_MESSAGE_STATUS *pstatus)
{
  unsigned int timeOut, slaveTimeOut;
  //重置嘗試次數
  timeOut = 0;
  slaveTimeOut = 0;

  while(status != I2C1_MESSAGE_FAIL){//檢查是否發生傳輸失敗
    //嘗試傳輸資料
    I2C1_MasterWrite(pdata,length,address,pstatus);
    //網路是否忙碌，等待傳輸
    while(status == I2C1_MESSAGE_PENDING){
      __delay_us(100);                        //延遲 0.1 ms
      //是否傳輸逾時(超出延遲次數)
      if (slaveTimeOut == SLAVE_I2C_GENERIC_DEVICE_TIMEOUT)
        break;
      else
        slaveTimeOut++; // 遞加嘗試次數
    }
    //傳輸等待逾時或完成傳輸，結束傳輸
    if((slaveTimeOut == SLAVE_I2C_GENERIC_DEVICE_TIMEOUT) ||
       (status == I2C1_MESSAGE_COMPLETE))
      break;

    //非傳輸等待的其他狀況發生次數是否超過最大次數，是則放棄
    if (timeOut == SLAVE_I2C_GENERIC_RETRY_MAX)
      break;
    else
      timeOut++;      // 遞加嘗試次數
  }
  //如果需要，撰寫傳輸輸的處理
  if (status == I2C1_MESSAGE_FAIL){
    Nop();
  }
}

// MCP9800 讀取資料函式

uint8_t I2C_MCP9800_Read(uint8_t *pdata, uint8_t length,
          uint16_t Dev_Addr, I2C1_MESSAGE_STATUS *pstatus)
{
  uint16_t   retryTimeOut, slaveTimeOut;

  if (status != I2C1_MESSAGE_FAIL) //檢查 I2C 狀態是否正常
```

```
{
    //重置嘗試次數
    retryTimeOut = 0;
    slaveTimeOut = 0;
    while(status != I2C1_MESSAGE_FAIL)//檢查是否發生傳輸失敗
    {
      // 讀取資料
      I2C1_MasterRead(pdata, length, Dev_Addr, &status);

      //網路是否忙碌，等待傳輸
      while(status == I2C1_MESSAGE_PENDING)
      {
        // 加入適當延遲以增長等待時間
        __delay_us(100);              //延遲 0.1 ms
        //是否傳輸逾時(超出延遲次數)
        if (slaveTimeOut == SLAVE_I2C_GENERIC_DEVICE_TIMEOUT)
          return (0);
        else
          slaveTimeOut++;             // 遞加嘗試次數
      }

      if (status == I2C1_MESSAGE_COMPLETE)
        break;

      //非傳輸等待的其他狀況發生次數是否超過最大次數，是則放棄
      if (retryTimeOut == SLAVE_I2C_GENERIC_RETRY_MAX)
        break;
      else
        retryTimeOut++; // 遞加嘗試次數
    }
  }
  //結束函式時，根據狀況回傳不同數值作為檢查用途
  if (status == I2C1_MESSAGE_FAIL)
    return(1);
  else
    return(0);
}
```

在上述程式中，藉由對傳輸狀態變數 status 的檢查，判斷是否要繼續進行等待或放棄該次的 I²C 傳輸。必要時，使用者可以學習讀取函式中改變函數回傳值的做法，再呼叫函式檢查函式執行結果以決定如何處理I²C 資料傳輸結果。

CHAPTER 19

CAN Bus 通訊模組

控制器區域網路（Controller Area Network, CAN）或簡稱 CAN Bus 是在 1980 年代由德國 Bosch 公司所提出的一個新世代網路通訊協定。Bosch 公司是在汽車產業中一個重要的零組件供應商，在當時為了因應汽車設計與零組件逐漸朝向電子化改變的潮流，針對傳統微控制器的通訊功能缺點而設計出 CAN Bus 這樣的通訊協定。而隨後也被國際間採用認可並制定了 ISO 11898 的國際標準，演變至今成為微控制器的一個重要通訊功能，不但在汽車產業上是一個標準的通訊協定，也逐漸地被其他行業採納，包括工具機、製造自動化、醫療器材等等行業都可以看到 CAN Bus 的應用。而從早期的版本開始，CAN Bus 目前被廣泛採用的版本包括 2.0B 與新的 CAN Bus FD（Flexible Data rate），逐漸地成為一個微控制器的通訊主流；不但可以作為元件與元件間的通訊協定，也漸漸轉換成可以作為系統與系統間通訊的標準。

在前面的幾個章節中，介紹過的通訊協定雖然有廣泛的應用，但是由於發展當時的科技未臻成熟，所以應用上有其限制，這也是 CAN Bus 應運而生的緣由。幾種通訊協定簡單的整理比較如表 19-1 所示：

表 19-1(1)　基本微處理器通訊協定比較

特性	RS-232 （UART）	RS-485 （UART）	SPI	I²C	CAN Bus
通訊元件架構	1 對 1	1 對多或 多對多	1 對多	一對多 （可多主控端）	多對多
一般最高通訊速度 （bit/sec）	115K	1 M	400 K	400 K	1 M

表 19-1(2)　　基本微處理器通訊協定比較

特性	RS-232 （UART）	RS-485 （UART）	SPI	I²C	CAN Bus
最大通訊距離（m）	15	1200	0.5	0.5	1000
雙向通訊	全雙工	半雙工	同步全雙工	同步半雙工	半雙工
訊號電位	電位變化	差動訊號	電位變化（TTL）	電位變化（TTL）	差動訊號
最小通訊線材數量	2	2	4	2	2
資料長度限制（byte）	無	無	無	無	2.0B-8 FD-64

註：此處為概略數字作為比較參考，實際速度與距離常為成反比的關係，請參考相關國際協定。

　　除了表 19-1 的幾種通訊協定之外，消費性市場常見到的 USB 與 Ethernet（乙太網路），雖然有較高傳輸速度，但是其架構與硬體需求較為複雜，在一般的微處理器中較為少見，多數會以專用介面晶片中介處理，與微處理器之間還是以表 19-1 中的通訊協定進行。

　　由表 19-1 的比較不難看出 CAN Bus 是一個效率超越其他通訊協定的架構，希望可以提高傳輸速度，減少通訊線材需求，使用多對多的通訊架構提高通訊效率，使用差動訊號降低雜訊干擾提高通訊距離；這些設計都是為了因應最初的汽車應用，但是這些優點也廣為其他產業採用。較早的 CAN Bus 2.0B 最大的缺點在於其每一次通訊的資料框（Frame）長度最大僅為 8 位元組，速度限制最高為 1 Mbps；這是因為早期設計是以汽車控制命令與感測資料為目標，所以資料長度需求不高。但近年來隨著電子設備不斷的增加與資料內容的增加，在 2015 年制定了新的 CAN Bus FD 協定，針對這些需求提出解決方案。

　　CAN Bus FD 為了保持與 2.0B 版本硬體的相容性，所以在訊息資料框的前段保持與 2.0B 版本相同的設計架構與速度，但是一旦確認是 FD 版本的資料框之後，便可以加大資料長度並提高傳輸速度，而得以擴展 CAN Bus 網路的效能。這些效能在發展像汽車電子系統時，可以有效提高系統間資料的傳輸速率，而能維持上述 CAN Bus 的優點。更重要的是，2.0B 與 FD 版本的硬體可以同時混合存在於同一網路，只要使用者小心規劃使用，即可以避免錯誤的發生。

　　由於 CAN Bus FD 的設計是衍生自 2.0B 的架構，本書將以 2.0B 的架構先行介紹，再說明 FB 版本差異。最後再介紹 dsPIC33CK 微控制器中的 CAN Bus 模組功能。

19.1　CAN Bus 2.0B

　　如前面的介紹所描述，CAN Bus 是一個多對多且只用兩條差動訊號通訊線的半雙工通訊協定，因此在這兩條通訊匯流排上的訊號使用權就是一個非常重要的設計或使用觀念。由於在同一 CAN Bus 通訊網路上所有的元件都有機會跟權利在匯流排上發出訊息，因此就會有所謂的資料衝突（或稱碰撞）的情形可能發生。所謂衝突指的是兩個以上的元件在同一時間發出電子訊號，而改變匯流排上的狀態，如果只有一個元件發出訊號，則匯流排上的電位訊號將會由單一元件的訊號改變；但是如果有兩個以上的元件同時發出訊號，則匯流排上的電位就可能會因爲元件的訊號不同而產生不可預期的變化。通常在一個設計完善的通訊協定中，如何感測資料衝突、解決資料衝突，進而重新傳輸資料，都是非常重要的設計。

　　爲了解決資料傳輸可能的衝突而導致錯誤的情況，CAN Bus 2.0B 中設定了幾個機制以確保資料正確的傳輸，包括：

1. 載波偵測（Carrier Sensing, CS）—各個元件可以偵測判斷通訊網路上是否有資料傳輸的情況，以便決定是否可以上傳資料給其他元件。

2. 多方使用（Multiple Access, MA）—當通訊網路是閒置的時候，所有連結到通訊網路的元件都有機會啟動資料傳輸。

3. 碰撞偵測（Collission Detection, CD）—當兩個以上的元件同時使用通訊網路時，會造成資料電位的不正常變化而彼此干擾。因此元件必須能夠偵測到可能的資料傳輸碰撞，以便進行適當的處置。

4. 碰撞處理（Collision Resolution, CR）—當資料碰撞發生時，必須要有一個解決的機制，並且能夠維持後續資料傳輸的正確性。

　　這些觀念不只是 CAN Bus 通訊協定所專有，只要是多對多的傳輸協定，例如 Ethernet、或多主控端的 I²C 通訊架構，都有針對上述的機制設計適當的處理方式。而這些都會影響到使用 CAN Bus 時的效率與應用程式撰寫，使用者必須要先建立正確的觀念才能開發出正確的系統架構。

　　而在 CAN Bus 2.0B 中，所有的設計都是爲了要滿足上述的要求，以達到穩定快速的資料傳輸。接下來將逐一地介紹相關的設計與使用方式。

◉ 19.1.1　CAN Bus 的實體通訊線路電位

　　CAN Bus 是一個非同步通訊協定，所以並不像 SPI 或 I²C 協定具有一個同步時脈訊號。所以使用時，同一網路必須要設定一個傳輸速率以便所有元件判讀線路上的訊號。而爲求訊號能夠抗拒汽車上各項干擾訊號，例如引擎或馬達訊號，CAN Bus 使用差動訊號，所以訊號的變化是以兩條通訊線的電壓差來決定的。這兩條線一般標註爲 CANH 與 CANL，如圖 19-1 所示。

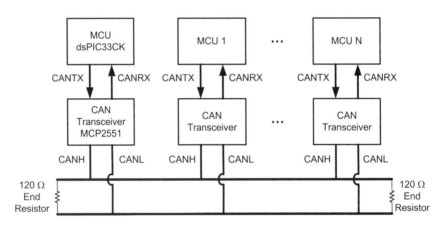

圖 19-1　CAN Bus 通訊線路示意圖

　　當這兩條線的差異大於 1.0 V 時，爲顯性主控（dominant）訊號，也就是邏輯訊號的 0；當這兩條線的差異小於 0.5 V 時，爲隱性衰退（reccessive）訊號，也就是邏輯訊號的 1。所以當通訊網路上的元件要發出 0 或 1 的訊號時，就必須要透過一個電位轉換元件（例如 Microchip 的 MCP2551）將微控制器的腳位訊號，例如 dsPIC33CK 腳位訊號 1 爲 3.3 V，0 爲 0 V 的邏輯訊號，轉換成邏輯訊號 0 能夠將 CANH 提升到 5 V，CANL 下降成 0 V 而產生差動訊號；邏輯訊號爲 1 時，將 CANH 與 CANL 變成同樣是 2.5 V 的電位。這樣的電位設計，或稱爲物理層設計，使得邏輯訊號 0 成爲強勢顯性的主導訊號，1 成爲弱勢隱性的退讓訊號。也就是說，如果通訊線路上有兩個元件同時發出不同的邏輯 1 或 0 的訊號時，CANH 與 CANL 兩條線將會出現大於 1.0 V 的電壓差，因而其他元件將會偵測到有一個訊號 0 的資料電位，而不會感測到 1 的電位訊號。所以在前面的介紹中說 0 是強勢顯性的主導訊號，1 是弱勢隱性的退讓訊號。另外，CAN Bus 的訊號網路設計是所有元件共用這兩條 CANH 與 CANL 線路，如圖 19-2 所示，因此所有網路上的元件將會同時偵測到一樣的訊號。

由於 CAN Bus 並沒有同步的時脈訊號，因此如同 UART 通訊協定，所有元件必須要事先設定號相同的通訊鮑率（Baud rate），也就是每秒傳輸多少個位元的速度，才正確的判讀線路的資料變化。

沒有任何資料訊號傳輸時，CANH 跟 CANL 將會保持在訊號 1 的狀態。因此所有元件將可以藉由偵測電路上為訊號 1 的時間長短，判別是否有其他元件使用 CAN Bus 通訊網路，這就是前面所說的載波偵測（Carrier Sensing）功能。如果有其他元件正在使用網路，控制元件將會等待到網路閒置足夠的時間後才會啟動資料傳輸。

除了傳輸資料需要的兩條線路之外，為了避免訊號干擾跟飄移，在一個 CAN Bus 通訊線路的最外兩端，通常會加上一個 120 Ω 的終端阻抗，建議使用者在系統開發時要確認終端阻抗的設置是否正確。

19.1.2 CAN Bus 傳統的標準資料框

每一次元件透過 CAN Bus 傳輸資料是以一個資料框為單位，每一個標準資料框的內容如圖 19-2 所示：

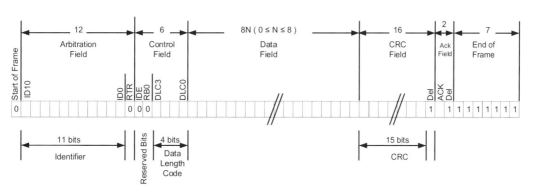

圖 19-2　傳統標準資料框的內容

資料框中的欄位與長度定義如下，括號內為欄位長度：

啟始位元（SOF）：資料框的傳輸開始。（1 位元）

訊息辨識碼（ID）：訊息辨識碼，也代表資料框傳輸優先級別。（11 位元）

遠端傳輸請求（RTR）：傳送資料框時為顯性（0），請求遠端回傳資料時是隱性（1）。（1 位元）

識別碼擴充位元（IDE）：對 11 位元資料辨識碼資料框格式，此位元為顯性（0）。（1 位元）

保留位元（R0）：保留位元是顯性（0）。（1 位元）

資料長度碼（DLC）：資料位元組數（0-8 位元組）。（3 位元）

資料區塊（Data field）：待傳輸資料（長度由資料長度碼 DLC 指定，0-8 位元組）

循環冗餘檢查（CRC）：循環冗餘檢查碼。（15 位元）

循環冗餘檢查邊界碼（CRC delimiter）：一定是隱性（1）。（1 位元）

確認碼（ACK）：發送端傳送隱性（1），但是任何接收端可以使用顯訊號（0）確認資料傳輸成功。（1 位元）

確認邊界碼（ACK delimiter）：一定是隱性（1）。（1 位元）

結束位元（EOF）：一定是隱性（1）。（7 位元）

CAN Bus 的資料傳輸是以廣播的方式進行，所以在網路上的任何元件都可以接收有興趣的資料。每一個資料框先是以起始位元（0）作為開始，讓其他元件知道元件要開始傳輸資料。由於 0 是顯性訊號，所以即便其他元件都是處於閒置的狀態，只要有一個元件發出起始位元訊號，就會將訊號線電為改成 0 的顯性狀態，而讓其他元件感知。相反的，當其他元件偵測到訊號線上不再是閒置的隱性狀態 1 時，就會失去發出訊號的權利，直到再次成功偵測到載波訊號（長時間的隱性訊號 1）為止。接下來發送端就會繼續傳出 11 個位元長度的訊息辨識碼（ID）供其他元件辨識這比資料框是否為其所想要接收的；如果是的話，接收裝置就會繼續後續的訊號接收與監聽，如果不是需要的訊息辨識碼時，就會忽略不管。

由於 CAN Bus 的資料框是以廣播方式進行傳輸，所以可以有一個以上的接收裝置同時接收所需要的資料框。所以接收裝置必須要能夠進行訊息辨識碼的內容並加以過濾，能夠有效地進行資料的接收。這個過濾的工作，在 dsPIC33CK 微控制器中將會由過濾器（Filter）與遮罩（Mask）共同完成。發送端如果需要其他元件回傳資料的話，可以將遠端傳輸請求（RTR）位元設為 1，讓遠端元件得知需要回覆資料。如果 RTR 位元為 0，則表示其他元件不需要回覆資料。因此，如果需要其他元件回傳資料時，常會以一個資料框的訊息廣播，並利用 RTR 告知需要回覆，並可以將所需要的資料內容定義在後續的資料內容中告知其他元件。在 RTR 位元後的兩個位元，識別碼擴充位元（IDE）與保留位元，並未在 CAN Bus 2.0B 中使用，不過在 CAN Bus FD 版本中就會有所改變。

接下來的 DLC 位元是表示此次資料框中的資料長度會有幾個位元組（Byte），大小可以是 0~8 的任何數字，這也就是後續資料位元組部分的長度定義。使用者可以視該筆資料框的內容需求自行決定大小。如果 DLC 的大小是 0，表示後續沒有資料；換句話說，其他元件的應用程式只需要以資料框的訊息辨識碼就可以得知發送端的目的。這常在跟其他元件要求資料時發生，也就是 RTR 位元為 1 的時候。

在資料區塊後面的是循環冗餘檢查碼（CRC），是作為檢查資料傳輸是否正確的數字，這部分通常會由硬體自動計算產生或比對。當接收端比對檢查碼發生錯誤時，將會產生一個錯誤訊息。

緊接著檢查碼後面的是確認碼（ACK），是由其他接收元件發出接收訊息是否正確的位元。前面的訊息都是由傳輸端在訊號線路上產生資料訊號變化供接收端讀取，但是確認碼是由接收端主動改變。此時傳輸端會在確認碼位元時間發出一個隱性訊號的 1，如果有任何一個網路上的元件確認收到正確的資料框，將會發出一個顯性訊號的 0；由於顯性的 0 比較強勢，所以將會讓發送端檢測到線路上有一個顯性訊號而確知有其他元件接收到訊息。由於訊息是以廣播方式傳送，所以只要有一個接收元件確認，即會讓發送端確認資料傳輸正確。即便有多個接收端發出 0，在線路上會是一樣的強勢狀態。如果在確認碼的時間沒有接收端發出強勢訊號，接收端將會認為這是一次錯誤的資料傳輸。

最後，發送端為了將線路還給網路上其他的元件使用，將會發出一連串的隱性訊號 1 作為資料框的結束，讓其他元件可以偵測到載波訊號，而讓需要傳輸資料的元件再次啟動資料傳輸。

　　值得再次提醒讀者注意的是，在資料框中是以訊息辨識碼作爲資料傳輸與接收的判斷，有別於 I²C 的元件位址觀念，每一個訊息都是分享於網路上可以由所有元件接收而非專屬於特定元件的設計。因此除了每個元件的應用程式開發外，一個完整的系統訊息架構圖（表）往往是非常重要的一環。有效的訊息內容設計往往可以減少訊息的數量而提高系統通訊的效能，利用廣播的方式讓需要的元件群以少量的訊息框分享資訊，而不是以特有專屬的訊息進行元件的溝通，是使用 CAN Bus 通訊非常重要的設計環節。

19.1.3　CAN Bus 其他的訊息框

　　除了前述源自傳統標準的訊息框之外，CAN Bus 2.0B 也定義了擴充訊息辨識碼的資料框以及其他數種訊息框，以便於處理系統間的問題。

■ 擴充資料框

　　標準的資料框訊息辨識碼僅有 11 個位元的長度，在日漸複雜的系統中逐漸不敷使用，因此在 2.0B 版本中便擴充了訊息辨識碼的長度到 29 個位元以增加系統的運用彈性，其資料框內容定義如圖 19-3 所示。

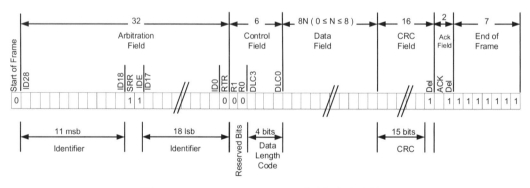

圖 19-3　CAN Bus 2.0B 的擴充資料框

　　除了擴充的 29 位元訊息識別碼之外，其他欄位與標準的資料框並無不同。一般硬體元件在設定時就必須根據系統規範選擇使用 11 位元或 29 位元長度的辨識碼，以免造成錯誤。除此之外，擴充資料框在前面 11 位元辨識碼之後的兩個位元（SRR/IDE）固定為 11 的組合也與標準資料框不同，也可以做為區隔標準與擴充資料框的差異。

■ 遠端訊息要求框

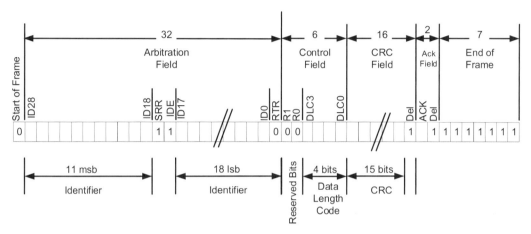

圖 19-4　CAN Bus 2.0B 的遠端訊息要求框定義

　　除了發送資料給予其他元件之外，有時為了要從其他元件取得資料，CAN Bus 協定設計有遠端傳輸要求（Remote Transfer Request, RTR）的訊息框，如圖 19-4 所示。除了其中的 RTR 位元設定為 1，以及沒有資料欄位之外，RTR 訊息框的架構與資料訊息框基本上是相同的。當其他元件收到 RTR 訊息框並且回應之後，藉由 RTR 位元的定義收到請求，便可以依據系統設計傳回所需要的資料，達成雙向溝通的需求。必要的時候也可以在 RTR 訊息框中加入資料欄位，但是因為 CAN Bus 的資料訊息框內容都是事先設計規劃的，所以通常只要以 RTR 訊息框提示遠端元件，就可以達到目的而不需要增加內容提示。

CHAPTER

19

■ 錯誤訊息框

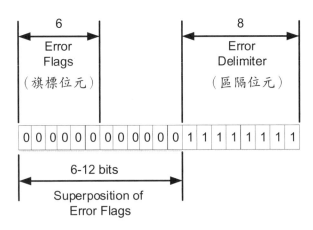

圖 19-5 CAN Bus 的錯誤訊息框

除了發送與接收訊息之外,網路上的各個元件也會監視線路上的訊號,並且在發現錯誤時發出錯誤訊息以提供元件紀錄。當錯誤次數累積到達一定次數時,發生錯誤的元件將會分兩階段式的暫停或停止參與網路運作,以避免影響到網路上其他元件的運作。正常運作的元件在發現錯誤的下一個位元時間,在錯誤旗標位元的欄位會發出至少 6 個顯性訊號 0;暫停中的元件則會發出隱性的 1(等於沒影響),如圖 19-5 所示。後面額外的 6 個位元時間則是保留其他元件可能發出 0 的重疊時間。CAN Bus 可能發出錯誤訊息的情況稍後說明。

■ 過載訊息框

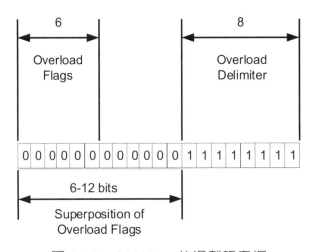

圖 19-6 CAN Bus 的過載訊息框

　　當某個元件需要更多的時間處理工作而無法在接收訊息時，可以發出過載訊息框，如圖 19-6 所示。它的格式與錯誤訊號框非常類似。6 個連續的顯性訊號其實隱含兩個意義：1. 顯性的 0 會覆蓋過隱性的 1，所以強勢影響到正常訊號的傳輸；2. CAN Bus 的協定中，大部分正常欄位不允許 6 個連續相同的訊號，所以 6 個顯性的 0 絕對可以干擾正常傳輸使其停止。

19.1.4　CAN Bus 訊息錯誤的情況

　　CAN Bus 通訊協定定義了幾種錯誤的情況，當偵測到錯誤時將會發出錯誤訊息框，發生錯誤的元件也會累計錯誤次數進而決定是否要暫停進入被動模式或停止參與退場。這些可以被偵測錯誤的狀況包括下列數種。

■ CRC 錯誤

　　在每一個訊息框的後面會加 5-bit 的循環餘裕檢查（Cyclic Redundant Check, CRC）自動地加入被傳送中訊息之 CRC 欄位，所有其他節點在接收訊息時會計算 CRC 後與接收到的 CRC 資料進行比對。若兩者 CRC 不相等則視為發生 CRC 錯誤，並且產生一個錯誤訊息框，傳送此訊息框的元件偵測到此錯誤訊息框後，將重新傳送原來的訊息。

■ 確認錯誤

　　傳送中的元件在發送訊息的最後會在確認（Ack）欄位等待網路上的其他元件回覆確認訊號。發送元件在 Ack Slot 確認欄位會發出一個隱性訊號 1，同時檢查網路上是否有出現顯性訊號 0 由其他元件發出。只要有任何元件發出顯性訊號 0，線路上就會呈現 0 的差動電壓而被發送元件察覺這個回應。如果線路上沒有任何改變則表示發送的訊息沒有被確認收到，因此是一個無效的訊息而產生確認錯誤（Acknowledge Error）。此時發送元件將會發出一個錯誤訊息框並重新傳送該次的訊息框。

■ 格式錯誤

　　若任一個元件在 CRC 邊界（Delimiter）、確認邊界、End of Frame（EOF）

欄位或訊息框的間隔偵測到有顯性訊號（0）位元則會產生一個 Error Frame 錯誤訊息框指明發生了格式錯誤（Form Error）。此時發送元件將會在錯誤訊息框結束後重新傳送該次的訊息框。

■ 填充錯誤

CAN Bus 的協定明確的定義，在一般欄位中不可以有超過 5 個狀態相同的位元訊號連續發生。若有需要，則要於 5 個相同的位元訊號後補充一個反相的位元訊號。例如，如果要連續傳送 6 個 0 位元，則需要傳送 0000010，在第 5 個 0 後面填充一個額外的 1 之後，再傳送第 6 個 0。如果有連續 6 個相同的 bit 位元訊號在 SOF 與 CRC Delimiter 間的欄位連續發生，則被視為違反了位元填充（bit Stuffing）的原則，其他元件將產生一個錯誤訊息框來回應偵測到的錯誤。此時發送元件將會在錯誤訊息框結束後重新傳送該次的訊息框。

■ 位元錯誤

傳送端在傳送訊息時會同時監視網路上的訊號狀態，當傳送端發現它送出的信號與實際出現在網路線路上的不同時，則判斷有位元錯誤（Bit Error）發生。但是發送元件在下列兩個例外狀況不會進行位元錯誤偵測：1. 仲裁（arbitration）位元的區間，也就是訊息辨識碼欄位，不會發出錯誤訊息框；2. 在確認（Ack）位元的欄位也不進行，因為傳送端會送出隱性訊號 1，而等待其他元件送出顯性電位訊號的認知程序。

■ 發生錯誤元件的處置

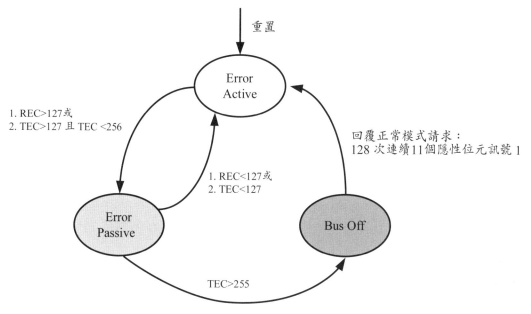

圖 19-7　CAN Bus 元件操作狀態的變化

　　CAN 元件本身會進行錯誤次數的累計，並依錯誤發生的嚴重程度來自動
地減少它們對傳輸網路控制的能力。錯誤的累計分成發送錯誤（Transmitt Er-
ror Count, TEC）與接收錯誤（Receive Error Count, REC）分別計算。透過如
圖 19-7 中三種狀態的轉換可以達成這樣的要求：

　　1. Error-Active（正常的操作模式）

　　2. Error-Passive（控制 CAN 網路的能力被降低）

　　3. Bus-Off（無法控制 CAN bus）

　　不同 Error-States 狀態間的變化在於錯誤次數的改變，如圖 16-7。而三個
狀態差異在於錯誤的元件應該如何被限制行為。CAN 對錯誤元件的能力限制
可防止有缺陷的元件運作而使得整個網路失能。

◎ 19.1.5　CAN Bus 的資料傳輸優先權與仲裁機制

　　在了解 CAN Bus 的資料框定義後，接著要討論兩個重要的觀念，資料衝
突與衝突處理。

　　由於 CAN Bus 是一個多對多的傳輸機制，換句話說，同一時間有多個元件可以共享這個網路傳輸線路。基本上網路上的元件並沒有限制，因爲可能有許多元件只是監聽訊息就可以運作。如果有越多的元件需要分享資料，當然就會影響到網路上的資料傳輸時間分配，進而影響整個網路的傳輸效率。

　　前面提到 CAN Bus 元件在發起資料傳輸前，必須要進行載波訊號的監測以確認沒有其他資料傳輸正在進行後，才能發起一個資料傳輸。這樣的機制可以避免使用中的網路線路被干擾，足以減少錯誤資料傳輸的發生。但是在極小的機率中，萬一有兩個以上的元件在同一時間一起發動資料傳輸的話，要如何解決呢？這就是資料衝突與衝突處理兩個機制要處理的現象。

　　資料衝突指的是各個元件要能夠偵測到與其他元件可能發生的資料訊號干擾，衝突處理則是在發現資料衝突之後的解決機制。這在多對多的傳輸協定中是必要的功能。

　　在 CAN Bus 的架構中，元件不但是在接收資料時偵測訊號線路的狀態已決定資料的內容，發送端也會隨時監測線路的狀態以判斷資料傳輸是否正確，如果有錯誤的情況發生將會做進一步的處理。所謂的錯誤情況就包含了資料衝突的部分。

　　在 CAN Bus 資料框的資料辨識碼（ID），除了作爲訊息辨識的作用外，也是作爲資料衝突的一個重要欄位。如果有兩個以上的元件同時發起資料傳輸的話，首先在起始位元的部分因爲是標準的顯性訊號 0，所以任何元件都會將訊號線路改變爲同樣有電壓差的電位狀態。但是當進入資料識別碼的傳輸時，因爲每個元件的功能不同，所以所要溝通的元件也不同，因此通常在資料識別碼這個欄位會有不同的編碼，而這組識別碼也同時被作爲資料衝突與衝突處理的依據。

元件 \ 識別碼	ID10	ID9	ID8	ID7	ID6	ID5	ID4	ID3	ID2	ID1	ID0
A	0	1	1	1	0	0	1	0	1	1	1
B	0	1	1	1	0	0	1	1	0	0	1

圖 19-8　訊息識別碼的仲裁機制示意圖

　　在繼續討論之前，再次提醒讀者 CAN Bus 的訊號有分爲顯性訊號的 0 與隱性訊號的 1 兩種。當兩個網路上的元件，簡稱 A 與 B 元件，同時發起資料傳輸時，假設它們個別發起的資料識別碼分別是如圖 19-8 的兩組編碼各 11 個位元。資料識別碼的傳輸順序是由高位元開始，所以當兩者是以同樣的速度在進行通訊線路上 CANH 與 CANL 的改變時，在 ID10~4 的 7 個位元時間中，由於兩者的資料辨識碼是相同的，所以兩個元件在監視線路資料時，會發現線路電位與所要傳輸的位元狀態是相符的；所以截至 ID4 爲止，兩者都無法認知資料的衝突。但是當在傳輸 ID3 位元時，元件 A 發出 0 的顯性訊號，元件 B 則發出隱性訊號 1；雖然兩者訊號不同，但是由於 0 是強勢的顯性訊號，因此網路電路上將會認知爲 0 的訊號狀態，這與元件 B 希望發出 1 的訊號狀態是不同的。因此，當元件 B 自我監視線路上的狀態而發現差異時，這時候就發生所謂的資料衝突事件。由於元件 B 發出弱勢的訊號 1，因此元件 B 將會因爲發現線路上的訊號不同而立即停止後續的所有動作，改以訊號監聽的方式繼續運作。換句話說，當元件 B 發現資料衝突時，衝突處理的方式將會是將弱勢訊號的元件停止資料的傳輸。而元件 A 因爲在位元訊號上取得優勢，所以它並未認知有資料衝突的情況發生而繼續傳送資料辨識碼。如果沒有比元件 A 的資料辨識碼更爲強勢的訊號發生的話，元件 A 將會在資料辨識碼之後繼續傳輸資料框直到結束。而元件 B 則必須等到其他元件的通訊完成之後，才能夠重新偵測載波訊號，然後再一次的發起資料傳輸的動作。在這裡我們學習到兩個重要的觀念：1. 資料辨識碼越小的數值，其高位元將會越早出現顯性訊號 0，因此更容易在資料衝突的過程中勝出而得以完成資料傳輸。2. CAN Bus 通訊的資料辨識碼是以資料框爲主體，不是以元件位址爲主體（例如：I^2C 與 Ethernet），所以傳輸的優先權不是以元件來規劃的，而是以資料本身的重要性來規劃的。因此，越重要的訊息資料框必須要賦予更小的資料辨識碼，以便在資料衝突時取得優先傳輸的權力。但是使用者也不需要過於強調資料辨識碼的大小，因爲資料衝突發生的機率不高，所以大部分的資料框都應該可以有機會取得傳輸的機會。除非系統應用 CAN Bus 過於飽和，才會造成資料衝突的頻繁發生。另一方面，由於 CAN Bus 是以訊息廣播方式進行通訊，所以同樣的訊息，網路上所有元件都可以同時獲得而不需要重複傳給不同元件，這也是 CAN Bus 有效率的優勢。

19.1.6　CAN Bus 的資料位元傳輸時間

CAN Bus 架構下，由於是非同步通訊機制，每一個資料框裡的位元傳輸速率是必須要先被設定為統一的速率，方能有效地進行訊號溝通。每一個位元的傳輸時間是以四個片段所組成的，分別為：

1. Synchronization（1 TQ）
2. Propogation（1~8 TQ）
3. Phase Segment 1（1~8 TQ）
4. Phase Segment 2（1~8 TQ）

這些片段的長度是以時間量塊（Time Quanta）來定義的，每個片段可以設定的時間量塊數量如括號中所示。根據這四個片段時間量塊的總數量就決定了一個位元傳輸的時間。換句話說，要決定位元傳輸時間或速度，必須要先決定時間量塊的大小與上述四個時間片段的時間量塊設定。另一個跟時間片段有關的是訊號的採樣點，一般的 CAN Bus 硬體會讓應用程式設定訊號採樣點時間，通常會設在 Phase Segment 1 跟 2 的中間。

19.1.7　CAN Bus FD 的差異

CAN Bus 2.0B 雖然滿足了早期的工業需求，但是隨著車輛電動化、電子化，資料傳輸量的要求與日俱增。2.0B 版本的架構下，每一個資料框最多只能傳輸 8 個位元組，而且在資料框的前後還有數十個相關位元的傳輸成本，使得 CAN Bus 的實際傳輸效率並未超越其他串列通訊協定許多。

為了改善傳輸速率，新的 CAN Bus FD 版本在 2015 被制定，主要是要提高每一個資料框的資料傳輸量與速度。同時為了保持與傳統的 2.0 版本相容性，在資料框的前段盡量保持原有的框架，但是在資料辨識碼與長度位元之後，就可以因為辨識出資料框為 FD 版本的格式，而加速資料傳輸速率進而達到高速率與高資料量的要求。

CAN Bus FD 版本的資料框格式與 2.0B 版本的比較如圖 19-9 所示：

Classic CAN Frame (11-bit ID)

CAN FD Frame (11-bit ID | 3 Data Bytes | Bit Rate Switch: Off)

圖 19-9　CAN Bus FD 與 2.0B 資料框對照

　　乍看之下，CAN Bus FD 版本的長度較傳統的 2.0B 版本為長，但是因為 FD 版本的資料框中最多可以傳輸 64 個位元組的資料，而且在控制位元區塊後的部分可以切換更高的傳輸速率（2、5 或 8 Mbit/sec），所以實際上 FD 版本的傳輸效率將遠高於 2.0B 版本。而且當資料長度大於 8 個位元組時，因為不需要等待並進行載波偵測與資料衝突處理，以及重複傳輸資料框前後的辨識碼、控制位元、檢查碼等等，更可以提高實際的傳輸效率。

　　而且由於 FD 版本考量到與 2.0B 版本的相容性，所以新的微控制器硬體通常可以裝置在新舊版本資料框的系統中，自行在辨識後進行速度與格式的切換。而未來 CAN Bus FD 勢必也會成為主流的版本，將會成為相關應用系統的 CAN Bus 標準功能。

19.2　dsPIC33CK 的 CAN Bus 模組功能

　　為了符合 CAN Bus FD 版本的定義，Microchip 在 dsPIC33CK 系列微控制器更新了 CAN Bus 模組的功能以相容於 FD 版本的規格，但是也同時保留與傳統 2.0B 版本相容的使用方式。除此之外，為了提升使用效率，CAN Bus FD 模組可以設定多達 32 組的發送或接收資料緩衝區塊，可以有效率的安排資料收發的處理程序；但是也因為這樣的程序會讓使用的過程增加許多設定與困難。

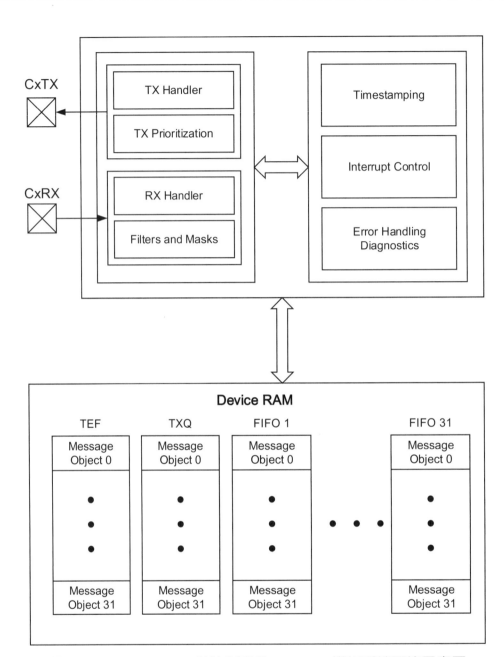

圖 19-10　dsPIC33CK 微控制器的 CAN FD 模組系統區塊示意圖

　　dsPIC33CK 系列微控制器的 CAN FD 模組系統架構如圖 19-10 所示，它擁有許多特性，包括：

■ 整體功能

　　一般（仲裁欄位）傳輸速率最高達 1 Mbps
　　資料欄位傳輸速率最高達 8 Mbps
　　兩種操作模式：混合 CAN 2.0B 與 FD 模式；或 CAN 2.0B 模式
　　符合 ISO 11898-1:2015 國際標準

■ 訊息先進先出（First-In-First-Out, FIFO）緩衝區塊

　　31 個 FIFO 緩衝區塊，可設定為發送或接收資料區塊
　　1 個傳送資料區塊（Transmit Queue, TXQ）
　　可記錄傳輸資料與 32 位元時間戳記的傳輸事件 FIFO 資料區塊（Transmit Event FIFO, TEF）

■ 訊息 FIFO 緩衝區塊

　　訊息傳輸優先設定：FIFO 間可以設定優先順序，TXQ 則可以根據訊息辨識碼自動排序
　　可設定自動重新傳輸次數：無限次、3 次或停用

■ 資料接收

　　32 個彈性的訊息辨識碼過濾或遮蔽設定單元
　　每一個單元可以設定成下列兩種過濾方式：標準辨識碼加 18 個資料位元；或 29 位元的擴充辨識碼
　　32 位元長度的時間戳記
　　CAN FD 位元串流處理器（Bit Stream Processor, BSP）依照國際標準自動將訊息轉換成符合國際標準的串列資料訊息；或者將網路訊號轉換成訊息並可以自動回應、偵測或判斷錯誤訊號並發出錯誤訊息。

　　發送處理器根據 FIFO 陣列裡的優先順序自動從 FIFO 緩衝區塊對應的資料記憶體取出訊息並傳送至 BSP 處理後發送。

CHAPTER

19

　　BSP 在接收到有效正確的訊息後自動傳送到接收 FIFO 資料緩衝區塊。接收處理器會依據過濾與遮蔽設定單元將過濾後的訊息傳送到資料記憶體中供後續程式使用。

　　每一個傳送或接收資料 FIFO 緩衝區塊為環狀（Ring）的設計，每個 FIFO 各自有訊息資料位址指標，在完成訊息的傳送或接受後，會自動調整指標位址以正確指向下一個需要處理的訊息資料記憶體位址。

　　TXQ 傳輸區塊是特別的傳輸 FIFO 區塊，其內部的訊息傳輸順序會依照訊息辨識碼（ID）自動排序。

　　TEF 傳輸事件區塊儲存傳輸成功的訊息辨識碼作為後續查證用途。

　　內建一個 32 位元循環計數的時間計數器（Time Base Counre, TBC）可以在 TEF 中加上時間戳記。

　　CAN FD 控制器模組可以在成功接收到新訊息或者傳送訊息完成後產生中斷事件訊號。

19.2.1　CAN FD 模組的訊息框

　　在 ISO11898-1:2015 中定義了 4 種 CAN Bus 的訊息框格式，分別是：
CAN 基本訊息框：使用標準 11 位元辨識碼的 CAN 2.0 傳統訊息框
CAN FD 基本訊息框：使用標準 11 位元辨識碼的 CAN FD 訊息框
CAN 擴充訊息框：使用擴充 29 位元辨識碼的 CAN 2.0 傳統訊息框
CAN FD 擴充訊息框：使用擴充 29 位元辨識碼的 CAN FD 訊息框
為了方便讀者學習，在後續的介紹中將以基本訊息框為主。但是在使用上，只要在開發程式設定適當的擴充訊息框功能，模組的 BSP 會自動調整或辨識對應的欄位，應用程式只要在對應的資料記憶體中就可以直接存入或取出完成的訊息。

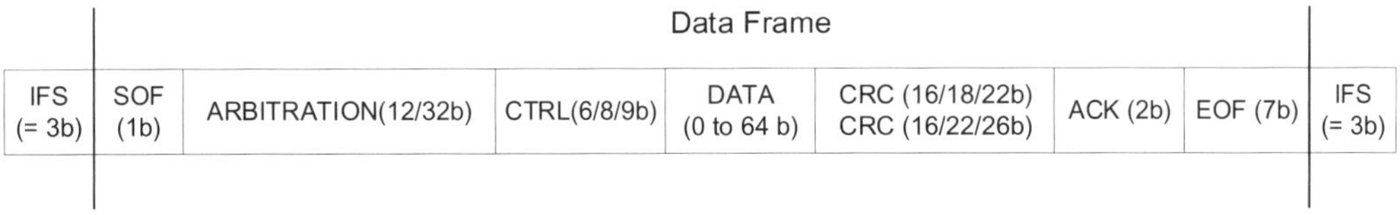

Data Frame								
IFS (= 3b)	SOF (1b)	ARBITRATION(12/32b)	CTRL(6/8/9b)	DATA (0 to 64 b)	CRC (16/18/22b) CRC (16/22/26b)	ACK (2b)	EOF (7b)	IFS (= 3b)

IFS：訊息間空間（Inter-Frame Space）（括號中爲 2.0 與 FD 版本位元長度，下同）
SOF：訊息空起始訊號（Start of Fram）
Arbitration：仲裁位元
CTRL：控制（Control）位元
Data：資料位元
CRC：循環餘裕檢查碼（Cyclic Redudancy Check）
ACK：確認（Acknowledge）位元
EOF：訊息框結束訊號（End of Frame）

圖 19-11　CAN Bus 一般資料訊息框欄位架構

　　CAN 的一般資料訊息框包含的欄位如圖 19-11 所示，欄位中的內容與位元定義會隨著使用的訊息框格式不同而有所改變。一般而言，在建立一個 CAN Bus 通訊網路系統時就會先決定要使用哪一種格式；一旦建立之後，通常就不會再改變格式。

■ 仲裁位元

圖 19-12　CAN Bus 仲裁位元

　　仲裁欄位主要是儲存訊息框的辨識碼，作為訊息廣播時是否接收辨識之用，但是同時也是作為當兩個以上的訊息框同時發出產生資料碰撞時的仲裁依據。如圖 19-12 所示，在傳統的 2.0 版本，前面 11 位元是訊息標準辨識碼（SID），加上一個遠端傳輸請求 RTR 位元；在 FD 版本中則是沒有 RTR 位元而是以遠端請求替代 RRS（Remote Request Substitution）位元取代。

■控制位元

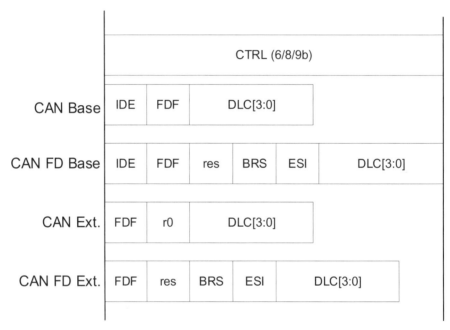

圖 19-13　CAN Bus 控制位元

　　控制位元主要是在完成仲裁後，讓處理器了解後續訊息欄位的組成與使用方式。如圖 19-13 所示，在傳統的 2.0 版本中，IDE 位元是設定辨識碼是否為擴充格式（29 位元），FDF（FD Format）是作為辨識訊息是否為 FD 版本格式的依據（在 2.0 版本為保留位元，通常為 0），DLC 則為資料長度編碼（數值0~8）。在 FD 版本中則增加 BRS（Bbit Rate Switching）位元做為資料欄位傳輸是否提升速度的辨識，錯誤狀態顯示 ESI（Error State Indicator）位元則是顯示傳送裝置的錯誤監控狀態（0 為 Error Active；1 為 Error Paasive）。

■ 資料長度編碼

　　資料長度編碼（Data Length Code, DLC）定義訊息框的資料長度，共有 5 個位元。在傳統的 2.0 版本中，其數值大小應爲 0~8；如果數值大於 8 則仍視爲 8。在 FD 的版本中，大於 8 的數值將會賦予不同的資料長度編碼，如表 19-2 所示。而其後的資料欄位長度將以此爲準。

表 19-2　CAN Bus FD 版本的 DLC 資料長度定義

DLC 數值	0~8	9	10	11	12	13	14	15
資料長度	0~8	12	16	20	24	32	48	64

■ CRC 欄位

　　CRC 主要是作爲檢查資料傳輸是否有誤的一個代碼，這個部分並不需要程式進行運算檢查，而是由 BSP 在傳輸或接收資料時由硬體自動完成並在傳輸時附加到 CRC 欄位；如果接收端元件檢查發現錯誤時，可以發出一個錯誤訊息框。爲兼容於過去的定義，可以選擇使用 ISO 標準或非 ISO 標準的檢查碼。以 ISO 標準的 CRC 檢查碼爲例，其欄位內容如圖 19-14 所示：

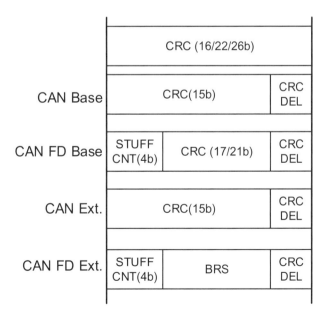

圖 19-14　CAN Bus 符合 ISO 標準的 CRC 位元

CHAPTER

19

如圖 19-14 所示，在 2.0 版本的 CRC 欄位中，檢查碼為 15 位元長，再加上 CRC 邊界碼。在 FD 版本中，由於資料長度較長，當資料長度小於 16 位元組時，使用 17 個位元（前面補充 4 個填補位元）；資料長度大於 16 位元組時，使用 21 個位元長度的 CRC 檢查碼。

了解這些訊息框的組成將有助於學習後續資料的組成與 CAN FD 模組的使用方式。除了一般資料訊息框之外，稍早也介紹過錯誤訊息框與過載訊息框。相關定義請參考前面的章節內容。

◉ 19.2.2　CAN FD 模組的操作模式

CAN Bus FD 通訊協定對於一個 CAN Bus 元件定義了三個工作狀態：Error Active、Error Passive、跟 Bus Off，大概可以對應到正常工作、保守（被動）工作與退出網路運作三個模式，如圖 19-7 所示。這些基本上是以通訊過程中出現錯誤的次數累積計算決定的。如果錯誤次數增加比正確次數快，就會逐漸退出網路運作；相反地，如果正確次數比錯誤次數高，除了保持在正常工作狀態，也可以逐漸從保守被動的模式回復到正常的模式工作。這些設計是為了避免一個故障的元件或錯誤的程式影響到整個網路的運作；因此，dsPIC33CK 系列微控制器為了確保 CAN FD 模組的使用正確，設計了 8 種操作模式，便於開發應用時檢查除錯，也有助於正式使用時的調整。這 8 個操作模式為：

設定模式：功能調整（Configuration mode）

一般 CAN FD 模式：支持 FD 與 2.0 版混合訊息傳輸

一般 CAN 2.0 模式：當收到 CAN FD 訊息時會出現錯誤。一旦設定，訊息中的 FD 格式設定（FDF）位元會強制為 0，即便是程式將代傳遞訊息的 FDF 位元設定為 1，只會以 2.0 的格式傳送訊息。

停止模式：停止一切通訊運作（Disable mode）

旁聽模式：只聽取訊號不做任何回復與傳輸（Listen Only mode）

限制操作模式：只進行有限的操作（Restricted Operation mode）

內部回傳模式：僅適用內部模組電路回傳訊息（Internal Loopback mode）

外部回傳模式：使用腳位電路回傳訊息（External Loopback mode）

上述模式的切換是透過 CxCONH 暫存器的 REQOP<2:0> 位元進行模式切換的請求，一旦模式切換完成則可以藉由 OPMOD<2:0> 位元檢查得知現有的操作模式為何。由於某些模式在傳輸過程中不可以進行切換的動作，因此在發起請求之後必須要進行 OPMOD 位元檢查確認後，或者使用模式切換的中斷事件確認後，再進行後續的動作。除此之外，並不是每一個模式都可以直接切換到所想要切換的另一個模式，切換模式的條件與可以切換的目標模式如圖 19-15 所示。

幾個值得注意的模式切換事項如下：

- 不可以直接在 CAN 2.0 模式與 CAN FD 模式間切換。但是可以經過設定模式之後再切換。

- 不可以直接在除錯模式之間切換，包括旁聽模式、限制操作模式與內外部回傳模式。但是可以經過設定模式之後再切換。

- 在一般操作模式下要切換成設定模式或使系統進入睡眠模式，必須要等待傳輸中的訊息完成才可以進行。

- 進入或離開停止模式必須要由程式進行請求，也就是使用 REQOP 位元改變。如果模組被設定使用 WAKIE 的喚醒中斷功能時，當 CxRX 腳位出現顯性的訊號位元（0）時，將必須要透過請求才能進入正常操作模式。這可能會導致失去幾個訊息的接收。

- 當模組要進入網路操作模式時，包括正常操作與除錯模式，此時模組會發出 11 個連續的隱性訊號（1），又稱為網路匯流排整合模式。

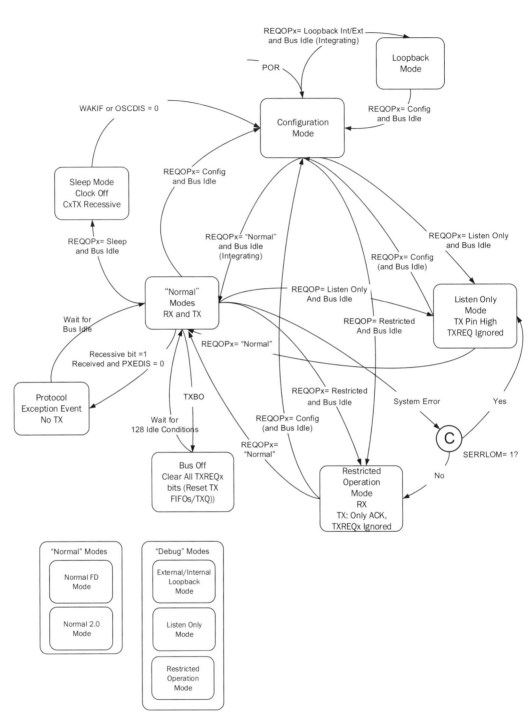

圖 19-15　dsPIC33CK 的模式切換關係圖

■ 設定模式

　　模組在系統重置後首先進入的就是設定模式（Configuration Mode）。進入設定模式時，所有的錯誤計數器將會被重置歸零（所以可以進入正常操作模式），所有的 CAN FD 模組暫存器設定會被恢復為初始值。在進入其他操作或除錯模式前，應用程式可以在操作模式下改變模組的設定。如果已經在其他操作模式時，可以藉由設定 CxCONH 暫存器的 REQOP<2:0> 位元 =100b 請求進入設定模式。應用程式可以檢查 OPMOD 位元是否為 100b 確認是否已經進入設定模式。部分重要的模組參數只能在設定模式下調整，包括：

　　C1CONL: WAKFIL, CLKSEL, PXEDIS, ISOCRCEN

　　C1CONH: TXQEN, STEF, SERRLOM, ESIGM, RTXAT

　　C1NBTCFGH/L, C1DBTCFGH/L, C1TDCH/L

　　C1TXQCONH: PLSIZE[2:0], FSIZE[4:0]

　　C1TXQCONL

　　C1FIFOCONxL: TXEN, RXTSEN

　　C1FIFOCONxH: PLSIZE[2:0], FSIZE[4:0]

　　C1TEFCONL: TEFTSEN

　　C1TEFCONH: FSIZE[4:0]

　　C1FIFOBAL/H

　　當模組正在進行訊息傳輸或接收時，會無法進行設定模式的切換以免產生錯誤的訊息影響到網路工作。當模組離開設定模式時，會將 C1TRECH/L、C1BDIAG0H/L 及 C1BDIAG1H/L 暫存器清除為 0，以便正常地開始通訊處理程序。在設定模式下，訊息資料區塊相關的 C1FIFOCONxL, C1TXQCONL 與 C1TEFCONL 暫存器中的 FRESET 位元也會被清除為 0。

■ 正常操作模式

　　完成設定後，可以利用將 REQOP 位元設定為 000b，請求進入正常的 CAN FD 操作模式，此時可以切換到較高的資料傳輸速率，也可以在資料訊息中一次傳輸多達 64 位元組的資料。如果要使用傳統的 CAN 2.0 模式，則將 REQOP 位元設定為 110b 而請求進入正常的 2.0 操作模式。在正常操作模式（Normal Mode）下，CAN FD 格式的訊息將無法被接收。如果模組偵測到 FD 格式的訊息時，可能會產生錯誤訊息。發送訊息資料中的 FDF 、BRS 與 ESI 位元將會被忽略而以 0 的訊號傳出。

　　由於兩種正常模式的差異，除非使用者確定網路中只會有 2.0 版本的訊息，使用 CAN FD 模式可以同時混合處理 FD 版本與 2.0 版本的訊息，是較為安全的設定方式。

■ 除錯模式

　　如果設定為旁聽模式（Listen Only Mode），模組將只會接收訊息但是不會發出任何的位元，這有點像市面上的 CAN Bus 分析儀，他們只會收集資料但是不會發出資料。如果發送資料的 TXQ 或 FIFO 有設定 TXREQ 位元企圖進行訊息傳輸的話，在旁聽模式下都會被忽略而不會有任何的動作。模組也不會對於網路上其他訊息的錯誤或要求確認進行任何回應或參與。這個模式可以在初始開發應用時，進行傳輸速率的確認，在確認可以收到有效訊息之後再進行其他的開發動作。在旁聽模式下，不會對於錯誤計數器有任何的動作。

■ 限制操作模式

　　與前述的旁聽模式類似，但是會進行資料與遠端傳輸請求訊息的接收與確認位元的發送。除此之外，與旁聽模式一樣不會發出其他的訊號或訊息框。

■ 回傳模式

　　不論是內部或外部回傳模式（Loopback Mode），都是將發送的訊號回傳至接收元件，只是內部模式不會使用到腳位，外部模式則會使用到實體腳位。回傳模式通常使用於應用程式開發初期，用於檢查程式流程是否有誤或訊息框傳輸是否有正確執行。但是因為沒有與外部元件互動，所以並不能夠完成所有功能的驗證。

■ 節能模式

　　當系統為了節省電能而採用睡眠或閒置模式時，將會造成系統時脈的暫停而對 CAN FD 模組造成影響。如果系統需要進入睡眠模式，則幾乎所有周邊元件，包括 CAN FD 模組將會跟著停止運作。因此，如果沒有在進入睡眠模式之前完成進行中的訊息框傳輸將會造成訊息處理的錯誤；當然也會造成接收訊息框不完整而形成錯誤。要避免這樣的問題，必須靠使用者在撰寫程式進入睡眠之前進行必要的 CAN FD 處理程序。

所謂睡眠前的必要程序就是要讓 CAN FD 模組進入停止模式（Disable mode），而要進入停止模式的必要條件就是要完成傳輸中或接收中的訊息框。因此，應用程式必須在執行睡眠（Sleep）指令之前，藉由檢查相關旗標位元，確認模組並未在執行任何訊息框的傳輸，然後將 REQOP<2:0> 位元設定為 001b 的指令請求將模組切換為停止狀態。然後程式可以利用輪詢（Polling）檢查的方式確認 OPMOD 位元是否改變成 001b 以確認模組進入停止模式；當然進階使用者也可以利用切換模式的中斷事件檢查，但在進入睡眠之前應該可以不用使用中斷的方式。一旦模組進入停止模式，程式便可以放心地執行睡眠指令。

當系統從睡眠模式被喚醒而需要再度啟動 CAN FD 模組時，必須要進入設定模式完成必要的設定後，再切換成正常的執行模式。

如果系統使進入閒置模式，則處理方式取決於應用程式對 CAN FD 模組的設定。如果模組的 SIDL 位元設定為 1，因為在閒置模式下模組不會運作，所以必須依照前述睡眠模式處理。如果模組的 SIDL 位元設定為 0，因為在閒置模式下模組將會繼續運作，所以模組將會持續傳輸或接收訊息框。如果在閒置模式下模組繼續運作的話，通常應用程式會設定一個可以喚醒系統的中斷事件，以便在完成資料傳輸之後可以喚醒系統處理訊息框的資訊，以達到即時處理的效果。

19.2.3 CAN FD 模組的設定

由於 CAN Bus FD 版本通訊協定本身就是一個高階的標準，因此許多功能的使用也就自然地變得更複雜，相對的設定也會比較繁瑣。在使用 CAN FD 模組前，有許多設定事項必須要完成以便順利地進行通訊傳輸。

■時脈設定

　　由於 CAN Bus 使一個以訊息廣播為主的通訊協定，因此每一個在網路上的元件必須要有相同的時脈設定與同樣的訊息訊號採樣點，方能正確無誤地進行資料交換。由於 CAN Bus 的位元時間是以時間量塊（Time Quanta）為單位進行設定，所以所需要的計時基礎將會因為每個位元所設定使用的時間量塊數量不同而有不同的需求，因為每一個位元時間最少會有 4 個以上的時間量塊，最多可以有數十個，所以所需要的時脈將會遠高於傳輸速率的要求。Microchip 建議在使用 dsPIC33CK 的 CAN FD 模組時，最好是將系統時脈設定 80 MHz、40 MHz 或 20 MHz，這樣比較方便系統設定或時間的運算。應用程式可以透過 C1CONL 暫存器裡的 CLKSEL 位元選擇使用系統的輔助時脈或者是模組自建的 CAN 時脈產生器。如果選擇使用系統輔助時脈的話，CANCLKCON 暫存器的 CANCLKSEL<3:0> 位元可以設定選擇適當的輔助時脈來源。如果所選擇的時脈來源高於所需要的速率，可以設定 CANCLKDIV<6:0> 位元進行除頻的訊號處理。如果選擇使用 CAN FD 模組內建的時脈產生器，則可以將 CANCLKEN 設定為 1 以啟動內建時脈。

■CAN 功能設定

　　在設定模式下，可以使用 CxCONL/H 暫存器進行部分 CAN 通訊功能的設定。

ISOCRCEN：是否使用 ISO 標準的 CRC 計算與檢查。

PXEDIS：是否進行通訊協定例外事件偵測。

WAKFIL：在睡眠模式下，是否在 CxRX 進行低通濾波處理訊號。

TXAT：如果有啟動重新傳輸的功能（RTXAT=1），當傳輸失敗時，重新傳輸的次數設定。

ESIGM：正常狀況下訊息中 ESI 位元反映元件目前的操作狀態。但是閘控模式下的錯誤狀態指標（ESI）有時可以因為 ESIGM 的設定，而以隱性訊號代替 ESI 位元的訊號。

SERRLOM：當系統錯誤發生時，可以藉由 SERRLOM 位元的設定調整操作模式為限制操作或旁聽模式。

TXQEN/STEF：如果要使用一般 FIFO 以外的記憶體作爲傳輸訊息框的緩衝器時，可以使用 TXQEN 位元在記憶體中設定 TXQ 區塊。如果需要記錄傳輸訊息框的事件，可以將 STEF 位元設定爲 1，即可保留資料記憶體做爲 TEF，並儲存所有傳輸訊息的記錄。

19.2.4　CAN FD 模組的位元時間設定

在 CAN FD 的模式下，爲了提高傳輸效能，可以在資料位元區塊切換爲較高的速率。所以應用程式必須要設定兩個位元速率：

一般位元速率（Nominal Bit Rate, NBR）：資料與 CRC 位元欄位以外的訊號傳輸速率。一般會不大於 1 Mbps。

資料位元速率（Data Bit Rate, DBR）：資料與 CRC 位元欄位的傳輸速率。可以切換爲 2，5，或 8 Mbps。要定義這兩個傳輸速率就必須要先定義各自的時間量塊（Time Quanta, TQ），分別簡稱 NTQ 與 DTQ。NTQ（與 DTQ）的大小等於使用的時脈訊號乘以除頻器的比例。然後就可以依照在一個位元時間內的四個片段（SYNC, PRSEG, PHSEG1 & PHSEG2）所使用的 TQ 數量決定位元時間的總長度。

只要位元時間相同，理論上便可以讓在同一個網路上的所有元件同步收發訊息框。由於在 CAN Bus 標準定義下，每一個元件除了要注意其他元件在線路上的訊號外，也會在自己發出訊號時自行監視訊號，特別是在仲裁區間的優先權判斷，所以對於訊號的採樣時間點定義就非常的重要。一般 CAN Bus 元件會以 PHSEG1 與 PHSEG2 兩者之間做爲採樣時間點，以避免訊號傳輸距離過長或受其他元件的影響所產生的時間延遲造成解讀錯誤。開發應用時，最好是有適當的測試了解網路訊號的延遲時間，以降低錯誤發生的機率。

由於 CAN FD 模組的時間定義非常的重要，以下列出位元時間相關的定義步驟供作參考。

1. 選擇可以作爲 CAN 時脈訊號的最高頻率訊號來源。設定時間量塊（TQ）時，時間越短越可以精確定義採樣時間點。最好將系統時脈設定爲 20，40 或 80 MHz 以提高時脈的準確性。

2. 選擇最低的一般位元傳輸速率與資料位元傳輸速率除頻器（NBRP/

DBRP）比例。較低的比例代表較短的時間量塊（TQ）。由於同步片段（SYNC）時間較短，接收元件可以更精準地與傳輸元件同步。

3. 使用相同的一般位元傳輸速率與資料位元傳輸速率除頻器（NBRP/DBRP）比例。這樣可以避免切換速率時的誤差。

4. 設定相同的一般位元傳輸速率與資料位元傳輸速率區塊的採樣時間點。

5. 設定最大可能的同步跳動寬度（Synchronization Jump Width, SJW）。這樣可以提高震盪器誤差的容許，也可以讓接收端較快與發送端重新同步。

6. 當資料傳輸速率高於 1 Mbps 時，應啟動自動的傳輸延遲補償（Transmitter Delay Compensation, TDC）。

◉ 19.2.5　CAN FD 模組的訊息資料緩衝區塊設定

　　CAN FD 模組訊息框使用的記憶體跟其他周邊功能模組使用特定的特殊功能暫存器不同，訊息框資料緩衝區塊是利用一般資料記憶體（RAM）進行規劃與設定，利用指標（Pointer）的方式由 CAN FD 模組使用。這樣的設計方式可以讓使用者自行規劃所需要的區塊大小，更為有效的利用有限的記憶體空間。如此一來，可以避免固定的特殊功能暫存器設計需要的大量記憶體需求。

　　CAN FD 模組訊息框緩衝區塊包括傳輸訊息框資料使用的 FIFO 區塊、特別的訊息框傳輸緩衝區塊 TXQ、接收訊息框資料使用的 FIFO 區塊、紀錄傳輸訊息框訊息的 TEF 區塊等等。其中傳輸與接收訊息框可以共同分享最多 31 個 FIFO 區塊的設定，再加上 TXQ 最多總共 32 個訊息框資料緩衝區塊，如果再加上 TEF 區塊會使用為數不少的微控制器記憶體。每個緩衝區塊內可以設定最多 32 個訊息框的資料，使用者可以依據應用需求，自行將相關的訊息框規劃在特定的資料緩衝區塊中。

　　根據應用程式的需求規劃，所需要的記憶體需求也會不同。因此訊息資料緩衝區塊的宣告就變成是程式設定的一環，而且必須要在設定模式下完成宣告設定後，才能在正常傳輸模式下使用。在宣告記憶體使用時，將會依照 TEF（如果需要的話），TXQ 與所需數量的 FIFO 順序進行記憶體配置。額外未使用的 FIFO 區塊就不需要宣告以節省記憶體空間。每個區塊內所需要的訊息框數量也是可以彈性地設定為不同的數量,並不需要完全一樣。

■TEF 區塊設定

傳輸事件 FIFO(Transmit Event FIFO, TEF)區塊是用來記錄傳輸訊息框事件紀錄,這個功能是可以由應用程式選擇是否使用。如果需要使用 TEF,則需要將 CxCONH 暫存器的 STEF 位元設定為 1;所需要記錄的傳輸訊息框數量則是由 CxTEFCONH 暫存器中的 FSIZE<4:0> 設定,最高為 32 個。如果事件記錄需要時間戳記的話,可以將 CxTEFCONL 暫存器的 TEFTSEN 位元設定為 1 即可以增加時間記錄。

■TXQ 區塊設定

傳輸緩衝區塊(Transmit Queue, TXQ)是一個與一般傳輸訊息框 FIFO 區塊不同的區塊,TXQ 內訊息傳輸的順序是以訊息辨識碼的高低決定而不是以訊息框元件排列順序傳輸,這樣的設計可以在即時處理資料時避免 FIFO 區塊先進先出的設計阻礙了高優先訊息框的傳輸。TXQ 區塊是可以由應用程式選擇是否使用。如果需要使用 TXQ,則需要將 CxCONH 暫存器的 TXQEN 位元設定為 1;所需要的傳輸訊息框數量則是由 CxTXQCONH 暫存器中的 FSIZE<4:0> 設定,最高為 32 個。TXQ 內的所有訊息框必須要有相同的資料位元組(Data Byte)數量,可以由 CxTXQCONH 暫存器的 PLSIZE<2:0> 位元設定,最低為 8 個(000b),最多為 64 個位元組(111b)。由於最低的資料位元組數量為 8 個,所以當 CAN FD 模組訊息框的資料長度編碼(DLC)小於 8 時,模組將只傳輸 DLC 所定義的數量。但是如果 DLC 定義的長度大於 PLSIZE 所定義的大小時,將不會傳輸訊息而且會發生一個錯誤事件(IVMIF)作為處理與檢查的依據。

■傳輸 FIFO 區塊設定

FIFO0~FIFO31 緩衝區塊是否使用是由個別對應的 CxFIFOnCONL 暫存器的 TXEN 位元決定,如果需要使用則將 TXEN 設定為 1。每個 FIFO 區塊內的傳輸訊息框數量則是由 CxFIFOnCONH 暫存器中的 FSIZE<4:0> 設定,最高為 32 個。FIFO 區塊內的所有訊息框必須要有相同的資料位元組(Data Byte)

數量，可以由 CxFIFOnCONH 暫存器的 PLSIZE<2:0> 位元設定，最低爲 8 個（000b），最多爲 64 個位元組（111b）。

■ 接收 FIFO 區塊設定

當 FIFO0~FIFO31 緩衝區塊不作爲傳輸訊息緩衝區塊時，便可以作爲接收訊息的 FIFO 區塊。要作爲接收訊息框 FIFO 區塊時，可以將個別對應的 Cx-FIFOnCONL 暫存器的 TXEN 位元清除爲 0 即可。每個 FIFO 區塊內的傳輸訊息框數量則是由 CxFIFOnCONH 暫存器中的 FSIZE<4:0> 設定，最高爲 32 個。FIFO 區塊內的所有訊息框必須要有相同的資料位元組（Data Byte）數量，可以由 CxFIFOnCONH 暫存器的 PLSIZE<2:0> 位元設定，最低爲 8 個（000b），最多爲 64 個位元組（111b）。

由上述的說明可以得知，CAN FD 模組所需要的記憶體數量是會根據應用程式的設定而有所不同的。由於硬體沒有設計固定的特殊功能暫存器供作使用，在完成設定規劃後必須要檢查所需要的記憶體數量是否可以配置於系統所選用的微處理器型號，以免編譯或執行時發生錯誤而無法完成相關的資料框資料記憶體設定。

19.3　CAN FD 模組的訊息傳輸

在完成 CAN FD 模組的設定之後，就可以準備進行訊息框的傳送與接收。由於 dsPIC33CK 系列微控制器的 CAN FD 模組設定，是以訊息緩衝區塊爲單位進行資料的傳輸與接收，因此在使用上必須要對緩衝區塊的架構先行了解，才能夠妥善的使用 CAN FD 模組的功能完成雙向資料的通訊。

19.3.1　CAN FD 模組的訊息緩衝區塊

CAN FD 模組的訊息傳輸與接收 FIFO 緩衝區塊與傳輸緩衝區塊 TXQ 都有著類似的記憶體配置架構與使用方式。每一個緩衝區塊都可以規劃最多 32 個訊息框的資料元件，每一個訊息框元件都包含了符合標準的 CAN Bus 通訊協定所需要的各個欄位資料，包括 SID 、 EID 、 DLC 、 IED 、 RTR 、 FDF 、

BRS、ESI 跟傳輸資料；除此之外，還有一個序列號碼 SEQ 作為傳輸資料的紀錄編號，但是 SEQ 僅作為 TEF 內部使用而不會傳送到網路上。完整的 CAN FD 模組訊息框元件組成表如表 19-3 所示：

表 19-3　CAN FD 模組傳輸 FIFO 與 TXQ 訊息框元件組成表

Words	Bits	Bit 15/7	Bit 14/6	Bit 13/5	Bit 12/4	Bit 11/3	Bit 10/2	Bit 9/1	Bit 8/0
T0	15:8	EID[4:0]					SID[10:8]		
	7:0	SID[7:0]							
T1	15:8	—	—	SID11	EID[17:13]				
	7:0	EID[12:5]							
T2	15:8	SEQ[6:0]							ESI
	7:0	FDF	BRS	RTR	IDE	DLC[3:0]			
T3	15:8	SEQ[22:15]							
	7:0	SEQ[14:7]							
T4	15:8	Transmit Data Byte 1							
	7:0	Transmit Data Byte 0							
T5	15:8	Transmit Data Byte 3							
	7:0	Transmit Data Byte 2							
T6	15:8	Transmit Data Byte 5							
	7:0	Transmit Data Byte 4							
T7	15:8	Transmit Data Byte 7							
	7:0	Transmit Data Byte 6							
Ti-1	15:8	Transmit Data Byte n-3							
	7:0	Transmit Data Byte n-2							
Ti	15:8	Transmit Data Byte n							
	7:0	Transmit Data Byte n-1							

bit 15:11 (T0)　**EID[4:0]:** Extended Identifier bits

bit 10-0 (T0)　**SID[10:0]:** Standard Identifier bits

bit 15-14 (T1)　**Unimplemented:** Read as 'x'

bit 13 (T1)　**SID11:** In FD mode, the Standard ID can be Extended to 12 bits Using r1 bit

bit 12-0 (T1)　**EID[17:5]:** Extended Identifier bits

bit 15-9 (T2)　**SEQ[22:0]:** Sequence to Keep Track of Transmitted Messages in Transmit Event FIFO bits

bit 8 (T2)　**ESI:** Error Status Indicator bit

In CAN to CAN Gateway mode (ESIGM (C1CONH[1]) = 1), the transmitted ESI flag is a "logical OR" of ESI (T1) and the error passive state of the CAN controller.

In Normal mode, ESI indicates the error status:

1 = Transmitting node is error passive

0 = Transmitting node is error active

bit 7 (T2)	**FDF:** FD Frame bit
	Distinguishes between CAN and CAN FD formats.
bit 6 (T2)	**BRS:** Bit Rate Switch bit
	Selects if Data Bit Rate is switched.
bit 5 (T2)	**RTR:** Remote Transmission Request bit (not used in CAN FD)
bit 4 (T2)	**IDE:** Identifier Extension bit
	Distinguishes between base and extended format.
bit 3-0 (T2)	**DLC[3:0]:** Data Length Code bits
bit 15:0 (T3)	**Unimplemented:** Read as 'x'

由於一個訊息框的資料眾多，為符合表 19-3 的訊息框位元配置，可以使用 C 程式語言中的物件導向、結構變數與集合變數的配置方式進行變數宣告而避免錯誤的發生。

在將上述的訊息框資料載入到所想要使用的 FIFO 或 TXQ 緩衝區塊前，必須要確認緩衝區塊是否已經飽和。如果 CxFIFOSTA 暫存器中的 TFNRFNIF 位元為 1，表示仍未飽和而可以繼續載入資料。可載入的訊息框數量取決於傳輸的速度與緩衝區塊的設定，最多為 32 個訊息框元件。如果強制載入一個已經飽和的緩衝區塊，將可能會導致正在傳輸中的訊息框被破壞而發生傳輸失敗的結果。

載入新的訊息框到 FIFO 緩衝區塊時，應用程式可以利用 CxFIFOUAnH/L 暫存器指向下一個可以被載入的訊息框元件記憶體位址。載入時，將會依照表 19-3 的位元組順序依序儲存到指定的記憶體位址。資料位元組的大小受到緩衝區塊控制暫存器 CxFIFOCONnL 的 PLSIZE 位元限制，同時也受到該筆訊息框的資料長度編碼 DLC 的限制，即便超過 DLC 定義數量的資料可以被載入但也不會被傳送出去。

當所有的訊息框資料被載入完成之後，應用程式可以將 CxFIFOCONnL 暫存器的 UINC 位元設定為 1，觸發 CAN FD 模組調整該緩衝區塊的閒置元件起始位址指標，同時更新 CxFIFOUAxH/L 中對應到資料記憶體的指標。完成這個位址更新動作後，這個被載入的訊息框就可以被傳輸出去。但是實際傳輸的時間還要視網路上訊息的傳輸量、優先順序與 dsPIC33CK 內部對於緩衝區塊優先權的設定。

　　載入新的區塊到 TXQ 傳輸區塊的方法與前述 FIFO 區塊的方法類似。應用程式可以檢查 CxTXQSTA 暫存器的 TXQNIF 位元是否為 1；如果 TXQNIF 為 1 則表示仍有可以載入訊息框的空間。當所有的訊息框資料被載入完成之後，應用程式可以將 CxTXQCONL 暫存器的 UINC 位元設定為 1，觸發 CAN FD 模組調整該緩衝區塊的閒置元件起始位址指標，同時更新 CxTXQUAH/L 中對應到資料記憶體的指標。

◎ 19.3.2　CAN FD 模組傳送訊息框的請求

　　當一個或多個訊息框被載入到傳輸 FIFO 緩衝區塊，就可以隨時請求傳送訊息框到 CAN Bus 的網路上。當應用程式將準備完成的傳輸 FIFO 緩衝區塊所對應的 CxFIFOCONnL 暫存器的 TXREQ 位元設定為 1 時，或者設定 Cx-TXREQH/L 中對應的位元時，即告知 CAN FD 模處該緩衝區塊已經可以將載入完成的訊息框進行傳輸。實際傳輸的時間點則視外部 CAN 網路狀況與內部緩衝區塊的優先順序設定而定，並非即時發生。應用程式可以同時設定多個緩衝區塊同時啟動傳輸的請求，但是傳輸的順序會依照 CxTXQCONL 中各個 FIFO 與 TXQ 所設定的優先順序來決定。當開始傳輸訊息框時，FIFO 緩衝區塊內的訊息框元件會以先進先出的順序，也就是先載入的訊息框元件會先被傳送出去。

　　當所有的訊息框都被傳送完成後，CxFIFOCONnL 暫存器的 TXREQ 位元將會被自動清除為 0，所以 TXREQ 位元也可以作為一個傳輸狀態的旗標位元。如果要確保 FIFO 緩衝區塊的元件被盡快地傳送，每一次載入新的訊息框資料後，必須將 UINC 與 TXREQ 位元設定為 1，以便立刻啟動訊息框傳輸。

　　請求 TXQ 緩衝區塊的傳輸也與 FIFO 區塊的方式類似，只要將 CxTXQ-CONL 暫存器的 TXREQ 設定為 1 即可，或者設定 CxTXREQH/L 中對應的位元即可啟動傳輸請求。傳輸的順序是依照 CxTXQCONL 中各個 FIFO 與 TXQ 所設定的優先順序來決定。當開始傳輸訊息框時，TXQ 緩衝區塊內的訊息框元件會以最低訊息辨識碼數值的順序，也就是高優先權的訊息框元件會先被傳送出去。同樣地，當所有的訊息框都被傳送完成後，CxTXQCONL 暫存器的 TXREQ 位元將會被自動清除為 0，所以 TXREQ 位元也可以作為一個傳輸狀態的旗標位元。如果要確保 TXQ 緩衝區塊的元件也可邊載入邊傳送，每一次載入新的訊息框資料後，必須將 UINC 與 TXREQ 位元設定為 1，以便立刻啟動訊息框傳輸。

如果應用程式對於 TXQ 與傳輸 FIFO 緩衝區塊逐一地設定 TXREQ 位元發出傳輸請求的話，可能會花費較長的時間，而且程式撰寫的方式也會影響原先設定的緩衝區塊優先權的實際順序，因為先設定 TXREQ 位元的區塊可能就先進行傳輸。因此，dsPIC33CK 微控制器就額外提供 CxTXREQH/L 暫存器的 32 個位元作為 TXQ 與傳輸 FIFO 緩衝區塊請求傳輸的第二個路徑。當對應的位元被設定為 1 時，即相當於發出傳輸請求。TXQ 對應到暫存器 CxTXREQL<0>，FIFO1 對應到 CxTXREQL<1>，……；FIFO16 對應到 Cx-TXREQH<0>，其餘的區塊以此類推。雖然 dsPIC33CK 是一個 16 位元系統的微控制器，一次僅能夠設定 16 個位元，但是已經可以更快的同時設定多個緩衝區塊的傳輸請求。要注意的是，將 CxTXREQH/L 暫存器特定的位元清除為 0 並不會停止傳輸；所以一旦設定後就會持續傳輸到緩衝區塊內的訊息框全部傳輸完畢為止。但是應用程式可以讀取 CxTXREQH/L 暫存器的內容，作為檢查傳輸是否完成的檢查。當緩衝區塊對應的位元為 1 時，表示仍有未完成的傳輸正在等待或進行中。

■CAN FD 模組傳送訊息框的優先順序

為了讓使用者可以在應用中自行安排訊息框傳輸的優先順序，每一個傳輸 FIFO 區塊都可以在 CxFIFOCONnH 暫存器的 TXPRI 位元 <4:0> 設定優先順序。設定數值越大表示優先順序越高，CAN FD 模組會在網路可以使用時優先傳輸高優先的區塊。傳輸 FIFO 區塊內的訊息框則是依照載入排列的順序，先進先出逐一地傳輸出去。

TXQ 緩衝區塊也可以在設定傳輸 CxTXQCONH 暫存器的 TXPRI 位元設定優先順序與 FIFO 區塊一起比較排序。但是當 TXQ 區塊開始傳輸時，區塊內的訊息框是以訊息辨識碼進行排序，辨識碼愈低的訊息框將會優先地被傳輸出去。這可以讓應用程式快速地將重要的訊息框傳輸出去，避免 FIFO 區塊的排序方式。如果 TXQ 區塊的優先順序又是設定為最高的 11111b 時，更可以確保重要訊息的優先傳輸順序。

■ 重新傳輸的次數

由於 CAN Bus 協定有因為傳輸衝突而產生仲裁的機制，所以可能會因為仲裁失去優先傳輸權力或發生錯誤時而停止傳輸。在此情況下，是否要再進行傳輸會是一個重要的設計觀念。

dsPIC33CK 微控制器可以在 CxCONH 暫存器的 RTXAT 位元設定是否要啟動重新傳輸。如果 RTXAT 為 0，則將啟用無限次數重新傳輸的功能；RTXAT 為 1 則啟動重新傳輸的功能，嘗試地次數則由各個區塊對應的 TXAT 位元決定。CxFIFOCONH 與 CxTXQCONH 暫存器的 TXAT<1:0> 分別設定 FIFOn 與 TXQ 區塊訊息框重新傳輸的次數。

TXAT=11b 或 10b：無限制的次數直到傳輸成功為止；

TXAT=01b：三次重新傳輸的嘗試

TXAT=00b：停止重新傳輸

當 TXAT=00b，如果訊息框傳輸因為仲裁失敗或錯誤而停止傳輸時，Cx-FIFOnSTA 或 CxTXQSTA 暫存器中的 TXATIF 位元將會設定為 1，以顯示傳輸失敗的狀態。

當 TXAT=01b，如果因為錯誤而導致傳輸失敗時，將會繼續重新傳輸最多 3 次的嘗試；但是如果是因為仲裁失敗而停止傳輸的話，該次的傳輸將不會計入嘗試的次數。如果 3 次嘗試都失敗的話，TXREQ 位元將會被清除為 0 而停止該區塊的傳輸，同時 CxFIFOnSTA 或 CxTXQSTA 暫存器中的 TXATIF 位元將會設定為 1 以顯示傳輸失敗的狀態。因此當 TXATIF 為 1 的話，應用程式應該要重新檢查確認相關的 CAN FD 設定與訊息框的內容是否正確無誤。

當 TXAT=10b 或 11b 時，CAN FD 將會持續地嘗試傳輸區塊內所有的訊息框。當所有的訊息框傳輸完成後，TXREQ 位元將會被清除為 0。

■ 放棄訊息框的傳輸

任何訊息框一旦開始傳輸是無法被中止的，這是要避免不必要的錯誤發生而影響整個網路的運作。

如果要停止某個特定的傳輸 FIFO 區塊進行傳輸，只需要將該區塊對應的 TXREQ 位元清除為 0 即可。清除 CxTXREQH/L 暫存器對應的特定位元為 0

是不會影響傳輸的，只能使用 TXREQ 位元。TXREQ 位元會在放棄傳輸成功後，或者正在傳輸的訊息框完成傳輸後才會真正變成 0。CxFIFOSTAn 暫存器的 TXABT 位元會在完成放棄傳輸成功後被設定為 1。

　　如果將 CxCON 暫存器的 ABAT 位元設定為 1，將會把所有傳輸 FIFO 區塊的傳輸全部取消。所有緩衝區塊對應的 TXREQ 位元在完成放棄後將會被清除為 0，如果要再重新進行傳輸的話，必須要將 ABAT 位元清除為 0 方能重新進行傳輸。

■ 遠端傳輸請求 RTR

　　雖然在 CAN Bus FD 協定中沒有被使用，但是 RTR 遠端傳輸請求的應用在 CAN 2.0 標準中是非常普遍的。請求端可以就由 RTR 讓其他元件回應所需要的資料，讓資料傳輸更有效率而不需要過度複雜的問答請求資料定義方式。當 CAN FD 模組接收資料的過濾器收到一個 RTR 的請求時，如果有設定 RTREN 位元設定的話，可以自動指定到對應的傳輸 FIFO 區塊，將預現載入的訊息框自動傳輸到網路上作為回復請求端的資料而不需要核心處理器或程式的介入。如果要進行自動 RTR 回復的處理時，可以參考下列設定 FIFO 區塊的步驟：

　　1. 將 CxFIFOCONnL 暫存器的 TXEN 設定為 1，設定該區塊為傳輸緩衝
　　　　區塊。
　　2. 啟動一個資料接收過濾器並設定對應的 RTR 訊息框的辨識碼。
　　3. 將 RTREN 位元設定為 1，以對應到 RTR 的請求。
　　4. 該 FIFO 區塊中至少要預先載入至少一個訊息框。

　　完成上述設定後，當一個指定的 RTR 訊息框被收到時，通過該訊息過濾器設定中被指定的 FIFO 區塊的 TXREQ 位元將會被設定為 1，然後依照該區塊被設定的優先順序進行訊息框的傳送。如果收到 RTR 請求訊息框時對應的 FIFO 區塊並沒有預先載入任何訊息框的話，將會造成接收訊息的錯誤，而使得 RXOVIF 中斷旗標被設定為 1 作為後續處理的提示。

■ 資料長度編碼與緩衝區塊資料長度設定不符

　　當資料長度編碼（DLC）與緩衝區塊資料的統一長度（Payload）設定不

符時，如果 DLC 數值小於統一長度，則將會傳輸 DLC 所定義的位元組數量；但是如果 DLC 數值較大的話，則該訊息框不會被傳輸，而且會觸發 CxINTL 的 IVMIF 中斷旗標與 CxBDIAG1H 中的 DLCMM 位元並清除 TXREQ 位元以停止錯誤的傳輸。如果應用程式想要檢查錯誤的訊息框資料的話，可以檢查 TEF 區塊。

■ 重置傳輸 FIFO 緩衝區塊或 TXQ 區塊

如果特定的 FIFO 或 TXQ 區塊需要被重置的話，可以使用 CxFIFO-CONnL 或 CxTXQCONL 暫存器中的 FRESET 位元設定為 1，或者將 CAN FD 改變為設定模式，即可以將緩衝區塊重置。重置後將會把區塊儲存訊息框位址指標重置，所以先前載入的訊息框將無法使用。相對應的 CxFIFOnSTA 或 CxTXQSTA 狀態暫存器的內容也會被重置。但是相關的區塊設定暫存器不會被改變，所以不用重新設定。

◉ 19.3.3　CAN FD 模組傳送訊息框的事件紀錄

傳輸事件緩衝區塊（Transmit Event FIFO, TEF）可以讓應用程式追蹤查詢已經完成傳輸的訊息框順序與時間，TEF 有點像是在接收訊息，只是它接收的是內部所發出的訊息框，而且所記錄的只有訊息框的重要資訊，並不包含資料欄位的內容。

當 CxCONH 暫存器的 STEF 位元被設定為 1 時，便會啟動 TEF 記錄的功能。記錄的同時，傳輸資料框的序列號（SEQ）也會被複製到區塊中；如果 TEFTSEN 位元被設定為 1 的話，模組內建的計數器數值也會被複製進去作為時間戳記。一筆傳輸訊息框的記錄資料元件如表 19-4 所示，其中前面兩個字元是由傳輸訊息框中複製而來，第三個字元的部分位元也是由傳輸訊息框複製而來，序列號與後續的時間戳記等等字元則是由模組自行複製產生。

CHAPTER

19

表 19-4　CAN FD 模組的傳輸事件區塊的元件組成

Words	Bits	Bit 15/7	Bit 14/6	Bit 13/5	Bit 12/4	Bit 11/3	Bit 10/2	Bit 9/1	Bit 8/0
TE0	15:8	EID[4:0]					SID[10:8]		
	7:0	SID[7:0]							
TE1	15:8	—	—	SID11	EID[17:13]				
	7:0	EID[12:5]							
TE2	15:8	SEQ[6:0]							ESI
	7:0	FDF	BRS	RTR	IDE	DLC[3:0]			
TE3	15:8	SEQ[22:15]							
	7:0	SEQ[14:7]							
TE4[(1)]	15:8	TXMSGTS[15:8]							
	7:0	TXMSGTS[7:0]							
TE5[(1)]	15:8	TXMSGTS[31:24]							
	7:0	TXMSGTS[23:16]							

在需要時，應用程式可以讀取 TEF 資料進行檢查。讀取之前必須要先確認 TEF 中是否有資料，應用程式可以檢查 CxTEFSTA 暫存器的 TEFNEIF 位元。當 TEFNEIF 為 1 時，表示 TEF 內尚有資料未被讀取。傳輸事件區塊也是使用指標的方式利用一般記憶體作為緩衝區塊，CAN FD 模組僅僅進行傳輸事件元件記憶體位址的指標管理。由於事件記錄包含許多資料，因此也是像前述的訊息框資料，建議使用 C 程式語言中的結構變數與指標方式進行對應的變數宣告與處理，方能得到最佳的效率。

一旦讀取一筆傳輸事件資料後，應用程式必須將 CxTEFCONL 暫存器中的 UINC 位元設定為 1，以便提示系統調整區塊事件記錄元件位址指標到下一個事件資料所在的記憶體位址。如果應用程式需要重置 TEF 區塊的話，類似重置傳輸 FIFO 區塊的方式，可以選擇將 CxTEFCONL 暫存器的 FRESET 位元設為 1；或者將操作模式設定為設定模式（OPMOD=100b），即可以將事件記錄元件位址指標重置。

┃程式範例 19-1┃ 以 CAN 模組發送標準訊息框

配合 Timer1 計時器的使用，每一秒鐘使用溫度感測器量取溫度並在 LCD 模組上顯示 VR2 的電壓值。並利用 CAN 模組將量測結果以標準識別碼 0x100 訊息框傳送到 CAN Bus 供其他系統接收使用。（本程式使用 PGD1/PGC1，請注意 DSW1 的設定（1/2 為 ON，3/4 為 OFF）。同時須將 DSW5 的 1、2 開關切至OFF，3、4開關切至ON以連接LCD模組的相關腳位。詳情請參考電路圖。

　　本範例要求使用CAN模組，所以使用時須注意相關腳位與電路連接方式。實驗板上有關 CAN 模組的電路圖請先行參閱。另外 CAN 模組與其他系統連結時，需要注意 CANH/CANL 的正確對接；同時在比較長距離或較多 CAN 元件連接時，有時必須要加上 120Ω 的電阻方能得到正確的電位訊號。

```c
// ********************************************************
// File : EX19_1_CAN_ADC_TX.c
// Purpose : 對CAN模組的設定、使用與資料檢查
//
// 動作 :
//   將 LCD 初始化成 2 行 5*7 文字模式
//   使用 APP020_LCD.c 中的副程式顯示下列字串
//     EX 19- CAN TX
//     CAN:    VR2:
//
//   將 Timer 1 規劃成 Period 為 1 ms 的 中斷
//   使用中斷執行函式的技巧檢測 1ms 的計時做分與秒的更新 !!
//   使用 ADC CORE0 對可變電阻進行電壓量測
//   將量測結果以 CAN 標訊息框傳輸到網路上
// ********************************************************

#include <xc.h>
#include "APP020_CAN_LCD.h"    // 將 LCD 函式的原型宣告檔案含入
#include "clock.h"             // 時脈調整設定宣告
#include "CAN_TX.h"            // CAN 函式設定宣告
#include "ADC_Func.h"          // ADC 函式設定宣告
#include "TMR1_Func.h"         // TMR1 函釋設定宣告

// 宣告字串於程式記憶體
const char My_String1[] = "EX 19- CAN TX" ;
// 宣告字串於資料記憶體
char My_String2[] = "CAN:    VR2:    " ;

unsigned int  miliSec = 0 ;   // 1 ms計時累計變數

// union 宣告將使 8 位元變數 ByteAccess 與 SystemFlag 結構變數
// 使用相同的記憶體，以利不同格式的位元運算需求
```

```
union{
  unsigned char ByteAccess ;
  struct{
    unsigned Bit0: 1 ;
    unsigned Bit1: 1 ;
    unsigned Bit2: 1 ;
    unsigned unused : 5 ;
  } ;
} SystemFlag ;

// 定義 OneSecond 旗標等同於 SystemFlag.Bit0 位元變數，
// 故將其使用一個位元記憶空間
#define OneSecond SystemFlag.Bit0

// 宣告傳輸訊息框緩衝區陣列，一定要 4 位元組對齊
#define MAX_WORDS 100
unsigned int __attribute__((aligned(4)))
                      CanTxBuffer[MAX_WORDS];

int main( void )
{
  LATBbits.LATB12 = 0;      //關閉 PORTB 腳位為低電壓
  TRISBbits.TRISB12 = 0;    //設定 RB12 腳位為輸出，正邏輯

  CLOCK_Initialize();     // 初始化系統時序訊號設定(含 CANCLK)
              // Fcy=40MIPS, FPLLO=160MIPS, CANSYS=40MIPS
  Init_ADC() ;            // 將 ADC 進行初始化設定
  CAN_Init();             // 初始化 CAN 模組
  OpenLCD() ;        // 使用 OpenLCD( )對 LCD 模組作初始化設定

  setcurLCD(0,0) ;    // 設定游標於 (0,0)
  putrsLCD( My_String1 ) ;// 將程式記憶體的字串輸出至 LCD
  setcurLCD(0,1) ;        // 設定游標於 (0,1)
  putrsLCD( My_String2 ) ;// 將資料記憶體的字串輸出至 LCD

  Init_TMR1();             // 初始化 TIMER1

  while(1){
    if ( OneSecond ){       // 詢問 1s 時間是否已到
      OneSecond = 0 ;
      Show_ADC() ;          // 將類比轉換結果顯示於 LCD 上
      LATBbits.LATB12=!LATBbits.LATB12;   // 反轉 D_LED2
```

```
    }
  }// End of while(1)
}//End of main()
```

　　這個範例以函式庫的方式撰寫，將所使用到的 Timer1、ADC、LCD 與 CAN 模組分別以函式庫於個別的檔案中撰寫組合而成，所以在程式的一開始必須要將相關所使用的函式與變數原型利用下列的標頭檔加以宣告才能使用。

```
#include <xc.h>
#include "APP020_CAN_LCD.h"    // 將 LCD 函式的原型宣告檔案含入
#include "clock.h"             // 時脈調整設定宣告
#include "CAN_TX.h"            // CAN 函式設定宣告
#include "ADC_Func.h"          // ADC 函式設定宣告
#include "TMR1_Func.h"         // TMR1 函釋設定宣告
```

　　程式設計使用到 Timer1 與 ADC 的部分源自範例 11-1，在此省略，請讀者自行參閱第十一章的說明。為了 CAN 模組傳輸訊息使用緩衝區的需求，取決於訊息數量的多寡與長短，使用者必須宣告一個陣列緩衝區如下所示：

```
// 宣告傳輸訊息框緩衝區陣列，一定要 4 位元組對齊
#define MAX_WORDS 100
unsigned int __attribute__ ((aligned(4)))
                        CanTxBuffer[MAX_WORDS];
```

此處因為對應 CAN 模組的硬體設計，所以一定要使用 4 位元組對齊（aligned(4)）的宣告方式。主程式除了加入額外的 D_LED2 閃爍提示外，基本上與範例 11-1 並無太大差異。但是詳細的細節將在後續中說明。

　　首先要使用 CAN 模組，特別是未來使用高速 CAN FD 協定時，由於傳輸速度可以高達數個 Mbits/Sec，而每個位元又必須要藉由多個時間量塊（TQ）組合而成，加上時間量塊又是以系統時脈為基礎定義，所以必須要將系統時脈提高到非常高的速率才能精確地定義訊息框的時間。Microchip 建議將系統時脈定義在至少 20 MHz、40 MHz、或 80 MHz，本範例使用 clock.c 中的時脈設定參數將系統 F_{PLLO} 定義在 80 MHz。換句話說，本範例的 F_{OSC} 為 80

MHz，F_{CY} 或 F_P 為 40 MHz。

　　當系統時脈設定後，原本 Timer1 計時器週期的設定也要隨之調整。由於每一個 ms 將會有 40,000 個時脈，所以必須將計時器設定在 39,999，以達到每一個毫秒觸發一次中斷的目的。藉由與範例 11-1 相同的手法，每一秒鐘進行一次 ADC Core0 的訊號轉換，並將結果顯示於 LCD 上。

　　在 LCD 螢幕的使用上，由於先前使用與 C1RX/C1TX 相同的腳位進行 LCD RS/RW 的觸發，此處必須要改用其他腳位控制 LCD。因此在 LCD 設定的函式中，重新定義 LCD RS/RW 腳位，並將函式檔案重新命名為 APP020_CAN_LCD.c，使用時務必注意相關設定。如果未來使用範例時需要搭配 UART 模組的話，使用者可以重新定義 UART 的 PPS 腳位選擇設定，將其修改為使用連結到 DSW2 的 1/2 腳位即可以繼續使用 UART 功能。這也是 PPS 腳位選擇功能非常方便彈性的優點。

　　到目前為止都尚未見到 CAN 模組相關的函式，到底相關的使用是在哪裡呢？在 ADC_Func.c 中的

```
// 將 ADC 結果顯示於 LCD 的函式
void Show_ADC(void){
  unsigned char ADCValue;

  ADCON3Lbits.CNVCHSEL= 0;      // 設定單一轉換通道為 AN0
  ADCON3Lbits.SWCTRG = 1;       // 觸發轉換
  while(!ADSTATLbits.AN0RDY);    // AN0 轉換是否完成？
  ADCValue=(unsigned char)(ADCBUF0>>4);// 讀取較高 8 位元資料
  setcurLCD(12,1) ;             // 設定游標
  put_Num_LCD( ADCValue ) ;     // 將結果以十進位顯示至 LCD

  CAN_TXQ(ADCValue);                   // 將 ADCC_Value 傳輸到 CAN 網路
}
```

最後一行 CAN_TX( ) 函式就是將資料傳輸到 CAN 網路的函式。這裡使用的是 TXQ 緩衝區，如果要使用 FIFO 緩衝區的話，可以修改相關函式即可。相關的 CAN 函式內容都是以函式庫的方式被集中 CAN_TX.h 表頭檔與 CAN_TX.c 程式檔中。

　　首先，要先說明 CAN_TX.h 的變數與函式原型宣告，因為其中的變數原型宣告與函式使用是非常重要的入門。CAN_TX.h 表頭檔的內容如下：

```
/*
 * File:   CAN_Func.h
 * Author: Stephen
 *
 * Created on September 1, 2020, 3:40 PM
*/

#ifndef CAN_TX_H
#define CAN_TX_H

    #ifdef __cplusplus
    extern "C" {
    #endif

    // CAN Variable and Type Definition
    /* Include fuse configuration code here. */

    /*Data structure to implement a CANFD message buffer. */
    /* CANFD Message Time Stamp */
    typedef unsigned long CANFD_MSG_TIMESTAMP;
    /* CAN TX Message Object Control*/
    typedef struct _CANFD_TX_MSGOBJ_CTRL {
        unsigned DLC:4;
        unsigned IDE:1;
        unsigned RTR:1;
        unsigned BRS:1;
        unsigned FDF:1;
        unsigned ESI:1;
        unsigned long SEQ:23;
        unsigned unimplemented1:16;
    } CANFD_TX_MSGOBJ_CTRL;
    /* CANFD TX Message ID*/
    typedef struct _CANFD_MSGOBJ_ID {
        unsigned SID:11;
        unsigned long EID:18;
        unsigned SID11:1;
        unsigned unimplemented1:2;
    } CANFD_MSGOBJ_ID;

    /* CAN TX Message Object*/
```

```
    typedef union _CANFD_TX_MSGOBJ {
      struct {
        CANFD_MSGOBJ_ID id;
        CANFD_TX_MSGOBJ_CTRL ctrl;
        CANFD_MSG_TIMESTAMP timeStamp;
      } bF;
      unsigned int word[4];
      unsigned char byte[8];
    } CANFD_TX_MSGOBJ;

    void CAN_Init(void);
    void CAN_TXQ(unsigned char);

    #ifdef __cplusplus
    }
    #endif
#endif /* CAN_TX_H */
```

表頭檔中定義了三個變數，CANFD_MSG_TIMESTAMP、CANFD_TX_MS-GOBJ_CTRL、CANFD_MSGOBJ_ID，他們分別對應到 CAN 模組中傳輸訊息時的時間戳記、訊息框控制欄位與識別碼欄位。訊息框控制欄位與識別碼欄位使用結構變數的方式定義，其位元順序的安排是配合 CAN 模組中對應訊息框的資料安排所定義的，如表 19-3 所示。識別碼欄位對應到 T0/1，訊息框控制欄位對應到 T2/3。讀者可以依照位元順序，由低位元開始，即可以了解這些結構變數的定義方式。

表頭檔中還有一個集合變數 CANFD_TX_MSGOBJ，這是 CAN 傳輸訊息框的實體資料變數。集合變數內容包含一個結構變數 bF 與兩個共享記憶體位址與內容的 word[4] 及 byte[8]。對於 C 語言技巧不是很熟悉的讀者，可能先要複習一下集合（union）變數與結構（struct）變數兩個重要的觀念，再繼續研讀。

第一個結構變數 bF 是將前面的識別碼欄位結構變數 CANFD_MSGOBJ_ID 與訊息框控制欄位 CANFD_TX_MSGOBJ_CTRL 與時間戳記變數 CANFD_MSG_TIMESTAMP 組合成一個變數。依照前述的順序，訊息框的內容依序為 CANFD_MSGOBJ_ID 的 32 位元（4 bytes）、CANFD_TX_MSGOBJ_CTRL 的 48 位元（6 bytes）與 CANFD_MSG_TIMESTAMP 的 4 bytes，共計 14 個

位元組的長度。如果依照表 19-4 的緩衝區訊息框記憶體規劃，前 8 個位元組是符合相關定義的，第 9-12 個位元組則是 CAN 模組自行運用的時間戳記。前 8 個位元又同時利用集合變數的宣告與 word[4]、byte[8] 兩個同樣是佔據 8 個位元組的陣列共享記憶體位址與內容。這裡使用集合變數的目的其實是為了在程式中可以使用不同的名稱或方式進行資料的讀寫所宣告的。前 8 個位元組是訊息框標準的辨識碼與控制欄位，所以可以直接用結構變數的方式填寫，但是在資料欄位的部分就必須使用 word[4]、byte[8] 兩個陣列進行處理。如果按照表 19-3 的訊息框定義方式，資料欄位是從 T4 開始，如果以 word[4]、byte[8] 兩個陣列來看，其實已經超過陣列宣告的範圍。為了單純起見，接下來的說明將以 byte[] 陣列為主，word[ ] 陣列只是一次以兩個位元組為單位的相同記憶體資料讀寫的另一個名稱而已。

由於在 C 程式語言中，陣列的名稱其實是定義陣列開始的記憶體位址，所以 byte[0] 是由起始位址開始的第一個位元組資料，byte[1] 是下一個位元組，……，以此類推。一般正常的使用方式，當宣告 byte[8] 即是保留了 byte[0] 到 byte[7] 的記憶體空間作使用。但是如果需要的話，使可以使用陣列指標指向位宣告的記憶體位址，例如 byte[8]，雖然未經宣告，但是就可以使用作為讀寫 byte[7] 後面一個位元組的位址。即使程式寫出 byte[20] 也可以讀寫從 byte[0] 位址開始計算的第 21 個位元組位置的資料內容。因此，除了識別碼欄位與控制欄位之外的資料，XC16 編譯器對於 CAN 訊息框的資料是設計 byte[ ]（或 word[ ]）陣列進行處理的。當程式需要讀寫表 19-3 的 T4 資料（也就是資料欄位的前兩個位元組）時，可以使用 byte[9]（T4<7:0>）跟 byte[10]（T4<15:8>），或者 word[5] 進行處理。如果資料欄位有 8 個位元組，就可以使用 byte[9] 到 [15] 代替 T4~T7 作為變數撰寫程式，或者使用 word[5] 到 word[8]，或者交替使用也可以。利用這樣的集合變數設計，程式便可以完成資料欄位的讀取或寫入。這也是 XC16 編譯器跟 CAN 模組訊息框記憶體規劃的巧妙結合。

有了這樣的規劃，讓我們先看 CAN_TX.c 程式檔中 CAN_TXQ( ) 函式的內容：

```
void CAN_TXQ(unsigned char ADCValue){
/* Get the address of the message buffer to write to. Load the
buffer and set the UINC bit.
 * Set the TXREQ bit next to send the message. */
   CANFD_TX_MSGOBJ *txObj;
   /* Transmit message from TXQ - CANFD base frame with BRS*/
   /* SID = 0x100, 1 bytes of data */
   txObj = (CANFD_TX_MSGOBJ *)C1TXQUAL;
   txObj->bF.id.SID = 0x100;
   txObj->bF.id.EID = 0x0000;
   txObj->bF.ctrl.BRS = 0 ; //Disable Switch bit rate
   txObj->bF.ctrl.DLC = 0x8; //8 byte < PLSIZE
   txObj->bF.ctrl.FDF = 0; // CANFD frame
   txObj->bF.ctrl.IDE = 0; //Standard frame
   txObj->byte[8] = ADCValue ; // Move ADC_Value into Data Field (1 Byte)

   C1TXQCONLbits.UINC = 1; // Set UINC bit
   C1TXQCONLbits.TXREQ = 1; // Set TXREQ bit
}
```

函式中先宣告了結構變數 txObj 為 CAN 訊息框的變數格式，然後用指標的方式定義了 txObj 為 TXQ 緩衝區位址 C1TXQUAL 所指向的區塊位址。接下來利用 txObj->bF 逐一地定義識別碼欄位與控制欄位的內容，最後將資料欄位的第一個位元組資料以 txObj->byte[8] = ADCValue 的方式填入。然後再將 UINC 設為 1 將緩衝區訊息框區塊位址加 1，並設定 TXREQ 為 1 以請求發送訊息框。如果程式需要填寫更多資料可以繼續以 byte[9]，……，繼續填寫。CAN_TXQ( ) 函式中訊息識別碼為 0x100，使用標準識別碼，部切換傳輸速度（也就是 CAN 2.0B 標準），資料長度為 8 位元組。

最後讓我們來觀察 CAN 模組初始化函式 CAN_Init( ) 的內容：

```
//CAN Module Initialization
void CAN_Init(void){
 // 設定 PPS 腳位
 TRISCbits.TRISC4=1;
 TRISCbits.TRISC5=0;
 __builtin_write_RPCON(0x0000); // 啟動 PPS 寫入功能
 RPINR26bits.CAN1RXR = 52; // 將 CAN1RX 設定到 RP52
 RPOR10bits.RP53R = 21; // 將 RP53 設定為 CAN1TX
 __builtin_write_RPCON(0x0800); // 鎖定 PPS 寫入功能
```

```
/* 啟動 CANFD 模組 */
C1CONLbits.CON = 1;
/* 調整 CAN 模組為設定模式*/
C1CONHbits.REQOP = 4;
while(C1CONHbits.OPMOD != 4);
/* 初始化緩衝區記憶體位址在 CanTxBuffer 陣列 */
C1FIFOBAL = (unsigned int) &CanTxBuffer;
/* 設定 CANFD 模組的識別碼與控制欄位傳輸速率及資料欄位傳輸速率
        。FD 模式是可以變速的*/
// 識別碼與控制欄位傳輸速率 500 Kbits/Sec
C1NBTCFGH = 0x003E;
C1NBTCFGL = 0x0F0F;
// 變速模式下，資料欄位傳輸速率 2 Mbits/Sec
C1DBTCFGH = 0x000E;
C1DBTCFGL = 0x0303;
C1TDCH = 0x0002; //TDCMOD is Auto
C1TDCL = 0x0F00;
/* 設定 CANFD 模組啟動 TXQ 與速率切換 */
C1CONLbits.BRSDIS = 0x1;  //關閉速率切換
C1CONHbits.STEF = 0x0; //不使用傳輸事件紀錄 TEF
C1CONHbits.TXQEN = 0x1;
/* 設定 TXQ 每次傳輸訊息框數量與長度*/
C1TXQCONHbits.FSIZE = 0x0; // single message
C1TXQCONHbits.PLSIZE = 0x0; // 8 bytes of data > DLC
/* 調整 CAN 模組為正常操作模式 */
C1CONHbits.REQOP = 0;
while(C1CONHbits.OPMOD != 0);
}
```

初始化除了設定 CAN 模組相關功能外，也一定要將 CAN 模組使用的腳位利用 PPS 腳位選擇功能進行適當的規劃，方可正確成功的編譯程式。

　　了解 CAN 模組的傳輸設定後，編譯此程式後下載並無法看到通訊的過程與結果，必須要接上一個外部的系統使用 CAN 通訊協定接收所傳輸的訊息，方可驗證程式的正確性。不過在實驗板上可以觀察下列幾個元件的運作是否正確：

　　1. D_LED2 是否有每秒閃爍？（Timer1 正確）

　　2. LCD 上的 VR2 數值是否每秒更新？（ADC 正確）

　　3. CAN RX/TX 腳位對應的 LED14/15 是否有些微的閃爍？（CAN 模組有

運作）

如果任何一個項目有錯誤，表示相對應模組的設定或使用程式是有問題的。

至於傳輸資料是否正確，就必須要有外部系統的連接與顯示才可以驗證。

練習 19-1

修改上述範例程式，將傳輸訊息框辨識碼改為 0x101，資料長度改為 2 個位元組，傳輸速度改為 1 Mbits/Sec。同時傳輸 VR1 與 VR2 的電壓轉換值到 CAN 網路。

程式範例 19-2   以 CAN 模組接收標準訊息框

延續範例 19-1 進行訊息框的接收，配合 Timer1 計時器的使用，每一秒鐘使用溫度感測器量取溫度並在 LCD 模組上顯示 VR2 的電壓值。並利用 CAN 模組接收以標準識別碼 0x100 訊息框，並將結果顯示於 LCD 上的 CAN 欄位。（本程式使用 PGD1/PGC1，請注意 DSW1 的設定（1/2 為 ON，3/4 為 OFF）。同時須將 DSW5 的 1、2 開關切至 OFF，3、4 開關切至 ON 以連接 LCD 模組的相關腳位。詳情請參考電路圖。

本範例基本上是要接收範例 19-1 的訊息框，並顯示於 LCD 上。要接收訊息必須進行兩件程序：接收訊息框緩衝區與的訊息過濾器的設定。範例程式的主程式如下所示：

```
// ****************************************************************
// File : EX19_2_CAN_ADC_RX.c
// Purpose : 對 CAN 模組的設定、使用與資料檢查
//
// 動作 :
//   將 LCD 初始化成 2 行 5*7 文字模式
//   使用 APP020_CAN_LCD.c 中的副程式顯示下列字串
//     EX 19- CAN RX
//     CAN:    VR2:
//
//   將 Timer 1 規劃成 Period 為 1 ms 的 中斷
//   使用中斷執行函式的技巧檢測 1ms 的計時做分與秒的更新 !!
//   使用 ADC CORE0 對可變電阻進行電壓量測
//   將 CAN 模組接收到 0x100 或 0101 的訊息框第一個位元組顯示於 LCD 上
```

```c
// ***********************************************************
#include <xc.h>
#include "APP020_CAN_LCD.h" // 將 LCD 函式的原型宣告檔案含入
#include "clock.h"            // 時脈調整設定宣告
#include "CAN_RX.h"           // CAN 函式設定宣告
#include "ADC_Func.h"         // ADC 函式設定宣告
#include "TMR1_Func.h"        // TMR1 函釋設定宣告
// 宣告字串於程式記憶體
const char My_String1[]="EX 19- CAN RX" ;
// 宣告字串於資料記憶體
char    My_String2[]="CAN:    VR2:     " ;

void Init_ADC(void) ; // 初始化 ADC 模組
void Show_ADC(void) ; // 將 ADC 結果顯示至液晶顯示器的函式
void Init_TMR1(void); // 初始化 TIMER1

unsigned int miliSec = 0 ;

// union 宣告將使 8 位元變數 ByteAccess 與 SystemFlag 結構變數
// 使用相同的記憶體，以利不同格式的位元運算需求
union{
  unsigned char ByteAccess ;
  struct{
    unsigned Bit0: 1 ;
    unsigned Bit1: 1 ;
    unsigned Bit2: 1 ;
    unsigned unused : 5 ;
  } ;
} SystemFlag ;

// 定義 OneSecond 旗標等同於 SystemFlag.Bit0 位元變數，
// 故將其使用一個位元記憶空間
#define OneSecond SystemFlag.Bit0

#define MAX_WORDS 100
unsigned int __attribute__((aligned(4)))
             CanRxBuffer[MAX_WORDS];

int main( void )
{
  LATBbits.LATB12 = 0;          //關閉 PORTB 腳位為低電壓
```

```
TRISBbits.TRISB12 = 0;     //設定 RB12 腳位為輸出，正邏輯

CLOCK_Initialize();// 初始化系統時序訊號設定(含 CANCLK)
          // Fcy=40MIPS, FPLLO=160MIPS, CANSYS=40MIPS
Init_ADC() ;              // 將 ADC 進行初始化設定
CAN_Init();              // 初始化 CAN 模組
OpenLCD() ;  // 使用 OpenLCD( )對 LCD 模組作初始化設定

setcurLCD(0,0) ; // 設定游標於 (0,0)
putrsLCD(My_String1);// 將程式記憶體的字串輸出至 LCD

setcurLCD(0,1) ; // 設定游標於 (0,1)
putrsLCD( My_String2 );// 將資料記憶體的字串輸出至 LCD

Init_TMR1();

while(1){
  CAN_RXFIFO1_Task();        // 檢查是否有 CAN RX 訊息
  if ( OneSecond ){          // 詢問 1s 時間是否已到
    OneSecond = 0 ;
    Show_ADC() ;       // 將類比轉換結果顯示於 LCD 上
    LATBbits.LATB12=!LATBbits.LATB12;  // 反轉 D_LED2
  }
}// End of while(1)
}//End of main()
```

　　這個範例基本上與範例 19-1 幾乎相同，唯一不同之處在於主程式永久迴圈中第一行呼叫 CAN_RXFIFO1_Task( ) 檢查並處理接收訊息框的程序。有關 CAN 功能的表頭檔 CAN_RX.h 的宣告內容也與 CAN_TX.h 稍有差異。

```
//CAN Module Initialization
void CAN_Init(void){
  // 設定 PPS 腳位
  TRISCbits.TRISC4=1;
  TRISCbits.TRISC5=0;
  __builtin_write_RPCON(0x0000); // 啟動 PPS 寫入功能
  RPINR26bits.CAN1RXR = 52; // 將 CAN1RX 設定到 RP52
  RPOR10bits.RP53R = 21; // 將 RP53 設定為 CAN1TX
  __builtin_write_RPCON(0x0800); // 鎖定 PPS 寫入功能
```

```
  /* 啟動 CANFD 模組 */
  C1CONLbits.CON = 1;
  /* 調整 CAN 模組為設定模式*/
  C1CONHbits.REQOP = 4;
  while(C1CONHbits.OPMOD != 4);
  /* 初始化緩衝區記憶體位址在 CanRxBuffer 陣列 */
  C1FIFOBAL = (unsigned int) &CanRxBuffer;
  /* 設定 CANFD 模組的識別碼與控制欄位傳輸速率
            及資料欄位傳輸速率。FD 模式是可以變速的*/
// 識別碼與控制欄位傳輸速率 1 Mbits/Sec
//  C1NBTCFGH = 0x001E;
//  C1NBTCFGL = 0x0707;
// 識別碼與控制欄位傳輸速率 500 Kbits/Sec
  C1NBTCFGH = 0x003E;
  C1NBTCFGL = 0x0F0F;
// 變速模式下，資料欄位傳輸速率 2 Mbits/Sec
  C1DBTCFGH = 0x000E;
  C1DBTCFGL = 0x0303;
  C1TDCH = 0x0002; //TDCMOD is Auto
  C1TDCL = 0x0F00;
  /* 設定 CANFD 模組啟動 TXQ 與速率切換 */
  C1CONLbits.BRSDIS = 0x1;  //關閉速率切換
  C1CONHbits.STEF = 0x0; //不使用傳輸事件紀錄 TEF
  C1CONHbits.TXQEN = 0x0; // 不使用 TXQ
  /* 設定 TXQ 每次傳輸訊息框數量與長度*/
  C1TXQCONHbits.FSIZE = 0x0; // single message
  C1TXQCONHbits.PLSIZE = 0x0; // 8 bytes of data > DLC
  C1FIFOCON1Lbits.TXEN = 0x0; //FIFO0 作為接收緩衝區
  /* 設定過濾器 0 與遮罩 0 以接收訊息框編碼 0x100 與 0x101 */
  C1FLTCON0Lbits.F0BP = 1; //  過濾器 0 使用 FIFO 緩衝區
  C1FLTOBJ0L = 0x100; // SID = 0x100,
  C1FLTOBJ0H = 0x0000; //使用標準訊息框
  C1MASK0L = 0x07FE; // 遮罩編碼 MSID = 0x7FE，最低位元為 0,
            // 配合 C1FLTOBJ0L=0x100 僅接收識別碼 0x100 & 0x101
  C1MASK0H = 0x6000; // 僅過濾標準訊息框
  C1FLTCON0Lbits.FLTEN0 = 1; // 啟動過濾器 0
  /* 設定 CAN 模組為正常模式. */
  C1CONHbits.REQOP = 0;
  while(C1CONHbits.OPMOD != 0);
}
```

在 CAN_RX.c 程式檔中的 CAN_Init( ) 函式除了與範例 19-1 相同的 CAN 模組設定外，也設定使用 FIFO1 緩衝區作為接收緩衝區，並設定過濾器與遮罩使得 FIFO1 僅接受識別碼為 0x100 或 0x101 的標準訊息框。同時在 CAN_RXFIFO1_Task( ) 函式中：

```
void CAN_RXFIFO1_Task(void){
  /* Get the address of the message buffer to
                       read the received messages.*/
  /* set UINC bit to update the FIFO tail */
  CANFD_RX_MSGOBJ *rxObj;
  if(C1FIFOSTA1bits.TFNRFNIF){
    //Process the received messages
    rxObj = (CANFD_RX_MSGOBJ *)C1FIFOUA1L;
    C1FIFOCON1Lbits.UINC=1;//Update the FIFO message pointer.

    setcurLCD(4,1) ;            // 設定游標
    put_Num_LCD( rxObj->byte[8] ) ;// 將結果以十進位顯示至 LCD
  }
};
```

利用檢查 TFNRFNIF 中斷旗標位元判斷 FIFO1 緩衝區中是否有接受到符合識別碼的訊息框。如果有的話，將訊息框資區塊使用 rxObj 讀取後將 UINC 設為 1 以遞加區塊指標；然後將資料欄位的第一個位元組，也就是 rxObj->byte[8]，顯示於 LCD 上。由於這個函式會在主程式的永久迴圈中循環的被執行檢查，所以只要有接收到適當的訊息框即會讀取訊息框並顯示於 LCD 上。

如果讀者有兩片 APP020+ 實驗板，就可以將範例 19-1 與 19-2 分別燒錄於兩個實驗板上，並將 CON13 或 CON13A 對接（請注意 CANH/CANL 的接法），即可以在接收端的 LCD 看到輸出端實驗板上的 VR2 電壓值。

練習 19-2

修改上述範例程式，將接收緩區塊過濾器調整為可接收辨識碼為 0x1F0、0x1E0 的訊息框。如果所收到的第一個位元組資料數值大於實驗板 VR2 的數值時，停止 D_LED2 的閃爍。

APP020 Plus-CK 實驗板

　　本書使用 Microchip APP020 Plus 實驗板為基礎，利用 dsPIC33CK-256MP505 轉接板與實驗板上相關外部元件連結，藉由範例程式示範與說明 dsPIC33CK 微控制器的各項功能。但是因為 APP020 Plus 的初始設計已經過十餘年，且須使用轉接板方可使用，因此在與 Micro 的合作下，另外更新設了一個更新的版本，APP020 Plus-CK，如圖 A-1 所示。在基礎功能與 APP020 Plus 完全相容的設計下，又增加了新的功能，包括：MicroBUS 介面、OLED 顯示器（使用 I2C 通訊介面）。同時也將原有模擬 QEI 四分編碼訊號的 PIC16 微控制器（U2 元件）改為 PIC16F1459，除了維持原有的功能外，也可以將 dsPIC33CK 微控制器的 UARTx 通訊設定到 RB13/RD1 腳位改用 PIC16F1459 的 USB 功能中通訊狀類別（USB communications device class, CDC）的介面模擬 UART 通訊，讓使用者可以由電腦的 USB 埠直接以 CDC 模擬 COM 埠與 dsPIC33CK 的 UART 通訊連接；並可以透過 CON11 的 MicroUSB 埠供電，讓實驗板的使用更為簡便。APP020 Plus-CK 實驗板電路圖亦包含在本書的附件中共讀者參考。

　　目前本書所有的範例皆可以在 APP020 Plus-CK 上執行，且元件編號與腳位標示亦全部更新以 dsPIC33CK256MP505 的腳位名稱註記，讓使用者可以更直接地檢視相關的電路設計與元件功能。因為與 APP020 Plus 完全相容的設計，即便使用 APP020 Plus-CK 實驗板配合本書閱讀也會得到完整的練習與實驗效果，可以做為新購實驗板時的最新選擇。讀者可以接洽 Microchip 台灣分公司購買。

附
錄
A

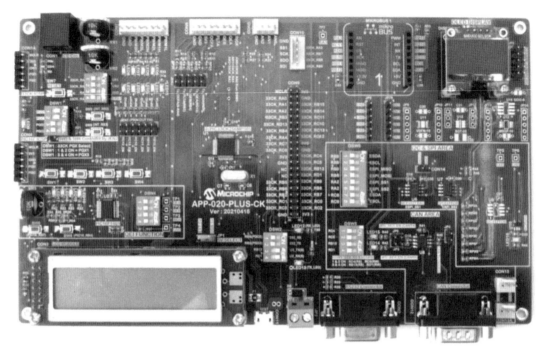

圖 A-1　Microchip APP020 Plus-CK 實驗板

參考文獻

1. "dsPIC33CK256MP508 Family Data Sheet," Microchip, DS70005349E, 2018.

2. "MPASM Assembler, MPLINK Object Linker, MPLIB Object Librarian Users Guide," Microchip, 33014L, 2013.

3. "MPLAB® XC16 ASSEMBLER, LINKER AND UTILITIES User's Guide," Microchip, 50002106C, 2016.

4. "XC16 C Compiler User Guide," Microchip, 50002071J, 2019.

5. "Getting Started with the dsPIC," Microchip

6. B.W. Kerighan & D. M. Ritchie, "The C Programming Language," 2nd Ed., 1989, Prentice Hall.

7. "MCP9800/1/2/3, 2-Wire High-Accuracy Temperature Sensor," Microchip, DS21909B, 2004.

8. "MCP4921/2, 12-Bit DAC with SPI Interface," Microchip, DS21897B, 2007.

9. "dsPIC33-PIC24 FRM, Capture Compare PWM Timer (MCCP and SCCP)," Microchip, 30003035b, 2019.

10. "dsPIC33/PIC24 FRM, Data Memory," Microchip, 70595C, 2011.

11. "dsPIC33/PIC24 FRM, UART," Microchip, 70000582e, 2013.

12. "dsPIC33 PIC24 FRM, Watchdog Timer and Power-Saving Modes," Microchip, DS70615C, 2011.

13. "dsPIC33/PIC24 FRM, Section 1. Introduction," Microchip, DS70573B, 2011.

14. "dsPIC33/PIC24 FRM, Section 8. Reset," Microchip, DS70602B, 2010.

15. "dsPIC33/PIC24 FRM, Dead-man Timer," Microchip, DS70005155A, 2014.

16. "dsPIC33/PIC24 FRM, Dual Partition Memory," Microchip, 70005156b, 2015.

17. "dsPIC33/PIC24 FRM, I^{2}C," Microchip, 70000195g, 2015.

18. "dsPIC33/PIC24 FRM, QEI," Microchip, 70000601c, 2018.

19. "dsPIC33/PIC24 FRM, Serial Peripheral Interface (SPI) with Audio Codec Support," Microchip, 70000601c, 2013.

20. "dsPIC33/PIC24 FRM, 12-Bit High Speed, Multiple SARs ADC Converter," Microchip, DS70005213G, 2019.

21. "dsPIC33/PIC24 FRM, CAN Flexible Data Rate (FD) Protocol Module," Microchip, DS70005340B, 2019.

22. "dsPIC33/PIC24 FRM, Program Memory," Microchip, DS70000613E, 2019.

23. "dsPIC33/PIC24 FRM, Enhanced CPU," Microchip, DS70005158C, 2019.

24. "dsPIC33/PIC24 FRM, Interrupts," Microchip, DS70000600E, 2019.

25. "dsPIC33/PIC24 FRM, Dual Watchdog Timer," Microchip, 70005250B, 2018.

26. "dsPIC33/PIC24 FRM, High-Speed Analog Comparator with Slope Compensation DAC," Microchip, DS70005280C, 2019.

27. "dsPIC33/PIC24 FRM, IO Ports with Edge Detect," Microchip, 70005322b, 2018.

28. "dsPIC33/PIC24 FRM, Oscillator Module with High Speed PLL," Microchip, 70005255b, 2017.

29. "dsPIC33/PIC24 FRM, Timer1 Module," Microchip, 70005279B, 2018.

30. "Getting Started with dsPIC30F Digital Signal Controllers User's Guide," Microchip, 2005.

31. "dsPIC Language Tools Getting Started," Microchip, 2005.

32. "dsPIC Language Tools Libraries," Microchip, 2004.

33. "dsPIC30F4011/4012 Data Sheet," Microchip, 2005.

34.《dsPIC 數位訊號控制器原理與應用》，曾百由，宏友出版公司，台北，第三版，2009。

35.《微處理器原理與應用——C 語言與 PIC18 微控制器》，曾百由，五南圖書出版公司，台北，第四版，2017。

36.《微處理器原理與應用 —— 組合語言與 PIC18 微控制器》，曾百由，五南圖書出版公司，台北，第二版，2009。

37.《微處理器 ——C 語言與 PIC18 微控制器》，曾百由，五南圖書出版公司，台北，2020。

38.《微處理器 —— 組合語言與 PIC18 微控制器》，曾百由，五南圖書出版公司，台北，2020。

附

錄

國家圖書館出版品預行編目資料

dsPIC數位訊號控制器應用開發／曾百由著.
-- 初版. -- 臺北市：五南圖書出版股份有
限公司, 2021.09
　　面；　公分
　ISBN 978-986-522-859-0（平裝）

1.微處理機　2.通訊工程

471.516　　　　　　　　110009166

5DM2

dsPIC數位訊號控制器應用開發

作　　　者 ─ 曾百由（281.2）

發 行 人 ─ 楊榮川

總 經 理 ─ 楊士清

總 編 輯 ─ 楊秀麗

主　　　編 ─ 高至廷

責任編輯 ─ 張維文

封面設計 ─ 王麗娟

出 版 者 ─ 五南圖書出版股份有限公司

地　　　址：106台北市大安區和平東路二段339號4樓

電　　　話：(02)2705-5066　　傳　　真：(02)2706-6100

網　　　址：https://www.wunan.com.tw

電子郵件：wunan@wunan.com.tw

劃撥帳號：01068953

戶　　　名：五南圖書出版股份有限公司

法律顧問　林勝安律師事務所　林勝安律師

出版日期　2021年9月初版一刷

定　　　價　新臺幣800元

※版權所有 · 欲利用本書內容，必須徵求本公司同意※

五南
WU-NAN

全新官方臉書

五南讀書趣

WUNAN
Books since1966

Facebook 按讚

👍 1秒變文青

★ 專業實用有趣
★ 搶先書籍開箱
★ 獨家優惠好康

不定期舉辦抽獎
贈書活動喔！！！

五南讀書趣 Wunan Books 🔍

經典永恆・名著常在

五十週年的獻禮 —— 經典名著文庫

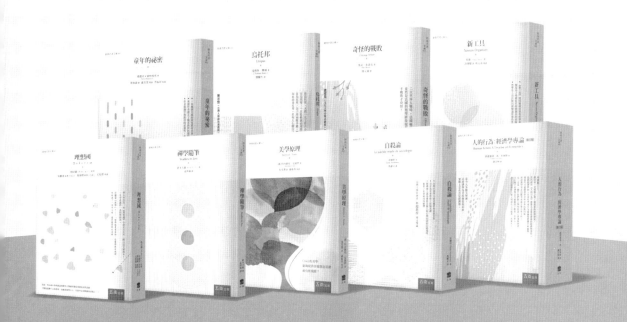

五南，五十年了，半個世紀，人生旅程的一大半，走過來了。

思索著，邁向百年的未來歷程，能為知識界、文化學術界作些什麼？

在速食文化的生態下，有什麼值得讓人雋永品味的？

歷代經典・當今名著，經過時間的洗禮，千錘百鍊，流傳至今，光芒耀人；

不僅使我們能領悟前人的智慧，同時也增深加廣我們思考的深度與視野。

我們決心投入巨資，有計畫的系統梳選，成立「經典名著文庫」，

希望收入古今中外思想性的、充滿睿智與獨見的經典、名著。

這是一項理想性的、永續性的巨大出版工程。

不在意讀者的眾寡，只考慮它的學術價值，力求完整展現先哲思想的軌跡；

為知識界開啟一片智慧之窗，營造一座百花綻放的世界文明公園，

任君遨遊、取菁吸蜜、嘉惠學子！